Géographie 2de

Sociétés et développement durable

Coordinatrices d'ouvrage

Anne GASNIER

professeur d'histoire-géographie au lycée Marguerite-Yourcenar au Mans

Fanny MAILLO-VIEL

professeur d'histoire-géographie au lycée Christophe-Colomb à Sucy-en-Brie

Auteurs

Julien PICOLLIER, chargé de cours à l'université de Chambéry

Valérie BODINEAU, Prag à l'université de Nantes, ESPÉ de l'académie de Nantes

Carole DAVROU, professeur d'histoire-géographie au collège Bellevue à Crosne

Stéphanie FAYOLLE, professeur d'histoire-géographie au lycée Darchicourt à Hénin-Beaumont

Thomas GANGNEUX, professeur de géographie en classes préparatoires au lycée Descartes à Tours

Christian GRATALOUP, Professeur de géographie à l'université Paris-VII Denis Diderot

Philippe REKACEWICZ, journaliste et cartographe

Emmanuelle RUIZ, professeur d'histoire-géographie à la cité scolaire de Mamers

Estelle UGINET, professeur d'histoire-géographie au collège Ampère à Oyonnax

hachette
ÉDUCATION

Sommaire

48-49

Chapitre 3

Chapitre 4

Sommaire

Thème 3
Aménager la ville

Thème 4 • 2 chapitres au choix
Gérer les ressources terrestres

Études de cas transversales

210-211

Chapitre 7

Chapitre 8

312-313

Atlas

Sommaire Méthode Bac

Étude de documents

Les savoir-faire de l'étude de documents

Production graphique

Composition

Les savoir-faire de la production graphique		Les savoir-faire de la composition	
Identifier les notions clés	p. 44	Identifier les notions clés	p. 46
Délimiter l'espace concerné		Délimiter l'espace concerné	
Identifier croquis et schéma	p. 84	Choisir une problématique	p. 46
Mobiliser des connaissances	p. 123	Construire un plan	p. 124
Construire une légende	p. 160	Rédiger une introduction	p. 124
Formuler les titres de la légende	p. 206	Rédiger un paragraphe de la composition	p. 208
Choisir des figurés	p. 207	Intégrer des schémas dans une composition	p. 243
Coordonner les figurés	p. 276	Rédiger une conclusion	p. 208
Choisir les crayons adaptés	p. 123		
Choisir la nomenclature	p. 161		
Présenter le croquis	p. 45		

Sommaire Études de cas transversales

Programme

Sociétés et développement durable Bulletin officiel n° 4 du 29 avril 2010

Thème introductif – Les enjeux du développement (7-8 heures)

Question obligatoire	*Mise en œuvre* *L'étude de cette question prend appui sur les problématiques indiquées et intègre des exemples.*
Du développement au développement durable	– Un développement inégal et déséquilibré à toutes les échelles. – De nouveaux besoins pour plus de 9 milliards d'hommes en 2050. – Mettre en œuvre des modes durables de développement .

Thème 2 – Gérer les ressources terrestres (14-15 heures)

On choisit deux questions parmi les trois proposées	*Mise en œuvre* *Chaque question est abordée à partir d'une étude de cas mise en perspective et prend appui sur les problématiques indiquées.*
Nourrir les hommes	– Croissance des populations, croissance des productions. – Assurer la sécurité alimentaire. – Développer des agricultures durables ?
L'eau, ressource essentielle	– Inégalité de répartition et d'accès à la ressource. – Maîtrise de l'eau et transformation des espaces. – Gérer une ressource convoitée et parfois menacée ?
L'enjeu énergétique	– Besoin en énergie et gestion des ressources. – Impacts environnementaux et tensions géopolitiques. – Quels choix énergétiques pour l'avenir ?

Thème 3 – Aménager la ville (9-10 heures)

Question obligatoire	*Mise en œuvre* *L'étude de cette question est abordée à partir de deux études de cas mises en perspective, l'une choisie dans les pays développés, l'autre prise dans les pays émergents ou en développement.* *Elle s'appuie sur les problématiques indiquées.*
Villes et développement durable	– Croissance urbaine, étalement urbain, inégalités socio-spatiales. – Transports et mobilités. – Aménager des villes « durables » ?

Thème 4 – Gérer les espaces terrestres (14-15 heures)

On choisit deux questions parmi les trois proposées	*Mise en œuvre* *Chaque question est abordée à partir d'une étude de cas mise en perspective et s'appuie sur les problématiques indiquées.*
Les mondes arctiques, une « nouvelle frontière » sur la planète	– Un milieu contraignant, un nouvel espace en voie d'intégration. – Des ressources convoitées, des tensions entre les États. – L'Arctique, un enjeu pour les équilibres mondiaux ?
Les littoraux, espaces convoités	– La concentration des hommes et des activités. – La concurrence pour l'espace. – Quels aménagements durables pour les littoraux ?
Les espaces exposés aux risques majeurs	– L'exposition aux risques naturels et technologiques – L'inégale vulnérabilité des sociétés – Quelles capacités d'adaptation, quelles politiques de prévention ?

En géographie, comme en histoire, le programme a été conçu pour être traité dans un horaire annuel de 44 à 48 heures.

Thème 1 Les enjeux du développement

Le recyclage des bouteilles en plastique à Dhaka (Bangladesh).

Dans les pays les plus pauvres, la gestion des déchets est difficile. En effet, l'adoption progressive de modes de vie occidentaux conduit à l'augmentation des déchets (bouteilles et sacs en plastique, emballages divers) alors que les infrastructures pour les traiter manquent. Au Bangladesh, ce problème a suscité la mise en place d'une filière de recyclage dynamique alimentant 3 000 usines transformant les bouteilles en flocons de plastique. Cette initiative s'avère bénéfique du point de vue économique (20 000 tonnes de flocons exportés chaque année), social (création d'emplois) et environnemental (recyclage des déchets).

CHAPITRE

1 Du développement au développement durable

- Grâce à la croissance économique, les conditions de vie progressent régulièrement dans le monde. Pourtant, des inégalités de développement persistent à toutes les échelles : entre les pays riches et pauvres, mais également au sein des États.
- La croissance démographique et urbaine entraîne de nouveaux besoins à satisfaire : alimentation, eau, énergie et logement.
- Le développement durable est proposé comme une réponse à ces défis. Il vise à prendre en compte à la fois les conditions économiques et sociales du développement mais également les conditions environnementales. Pourtant, aujourd'hui, les résultats sont très inégaux.

Comment assurer un développement durable pour plus de 7 milliards d'hommes ?

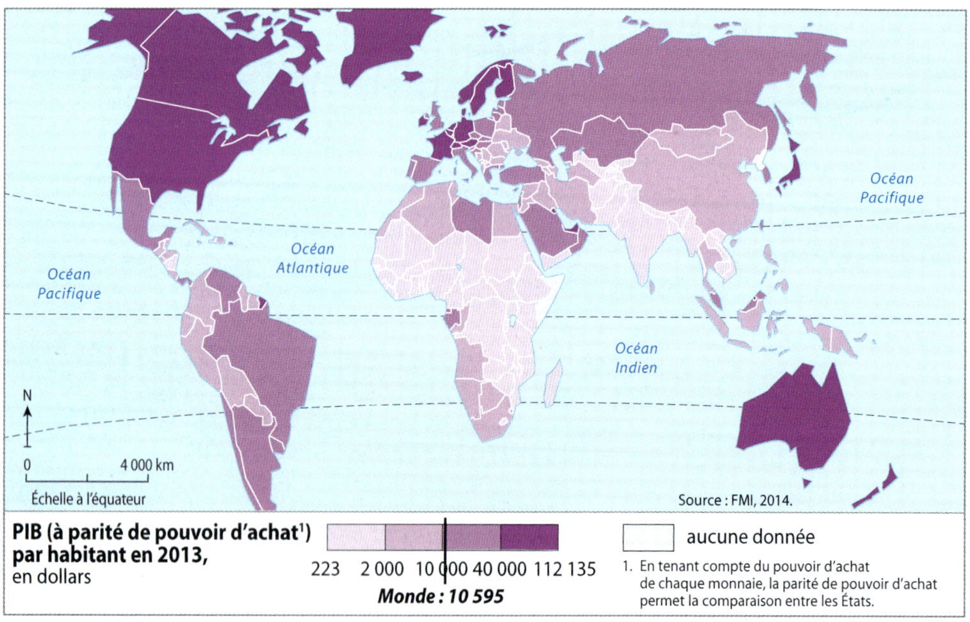

1 Les inégalités de richesse dans le monde

Questions

1. Quelles sont les régions dans le monde où le PIB par habitant est fort ? Quelles sont celles où il est faible ?
2. Quels contrastes du développement cette photographie montre-t-elle à Manille ?
3. Quels défis les Philippines doivent-elles relever en matière de développement ?

2 De forts contrastes de développement à Manille.
Manille est une ville de 12 millions d'habitants qui a connu une croissance spectaculaire. Sa population a été multipliée par 8 entre 1950 et 2010 et, selon l'ONU, elle devrait encore augmenter de 40 % d'ici 2025. Si, en 1950, 73 % de la population vivait en campagne, désormais un Philippin sur deux vit en ville. Cette explosion urbaine a des conséquences sur le développement : habitat précaire, absence d'égouts dans certains quartiers. À l'opposé, d'autres quartiers de la ville concentrent les populations favorisées. Les inégalités de développement y sont donc très fortes.

Des inégalités de développement à toutes les échelles

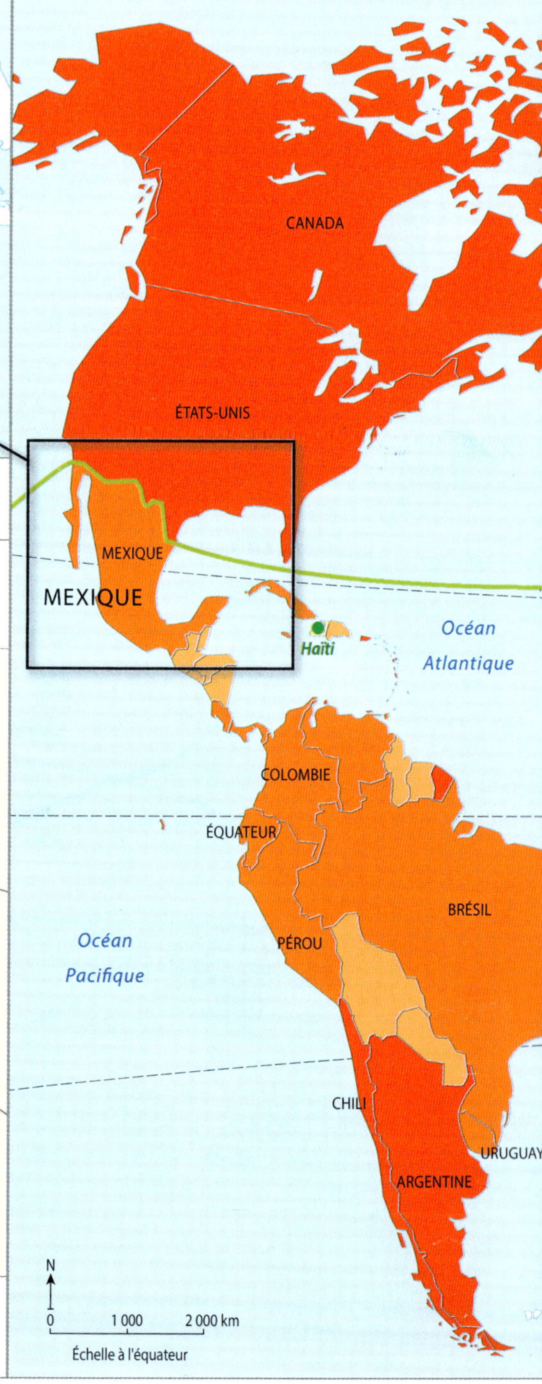

1 Le développement dans le monde

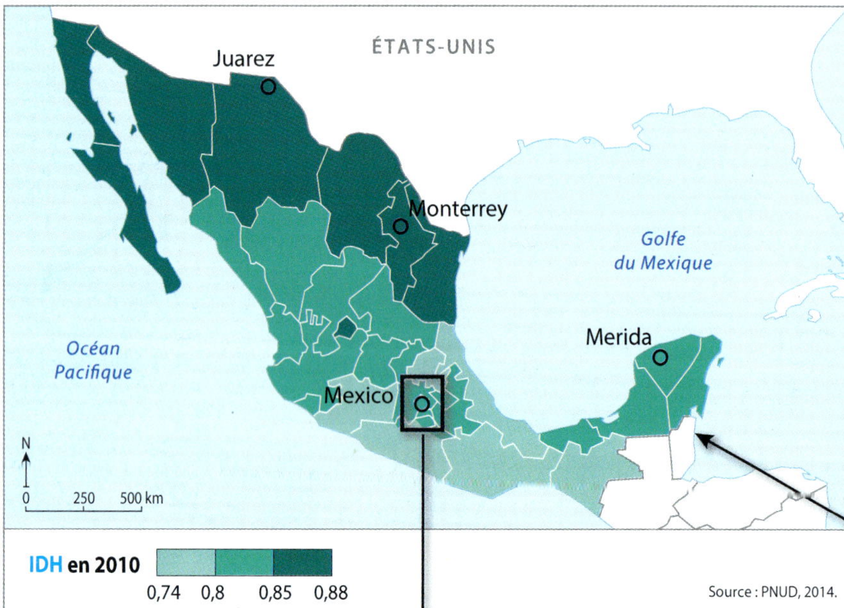

2 Le **développement** au Mexique

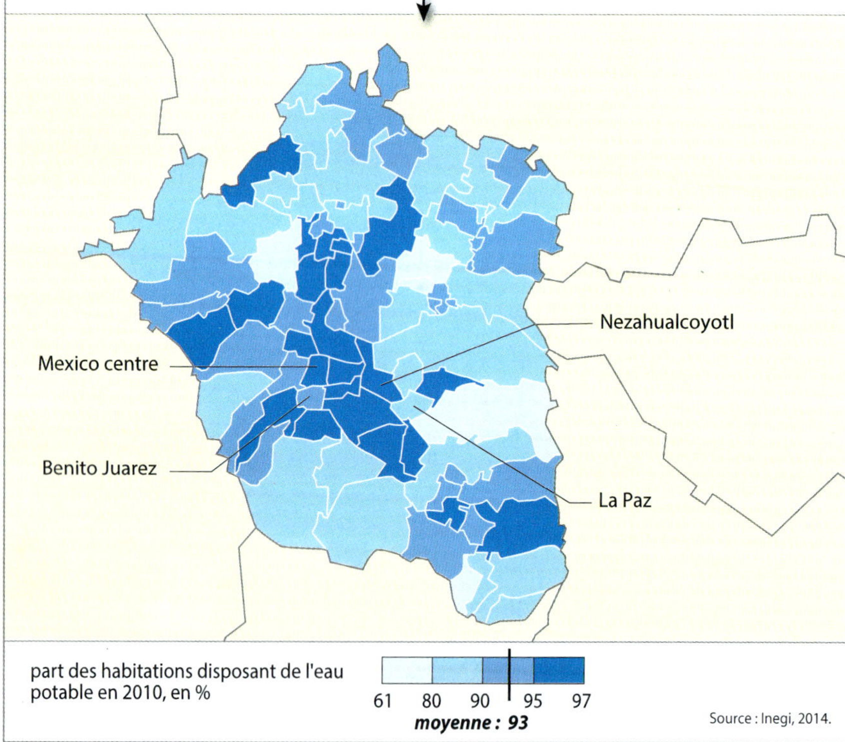

3 L'inégal accès à l'eau à Mexico

Vocabulaire

Développement : amélioration des conditions sociales et économiques apportant aux hommes la satisfaction de leurs besoins essentiels.

IDH (Indicateur de développement humain) : indicateur de développement qui prend en compte l'espérance de vie à la naissance, la durée de scolarisation et le revenu national brut par habitant.

Nord : voir p. 16.

PMA (Pays les moins avancés) : groupe des 49 États les plus pauvres et les moins développés.

Sud : voir p. 16.

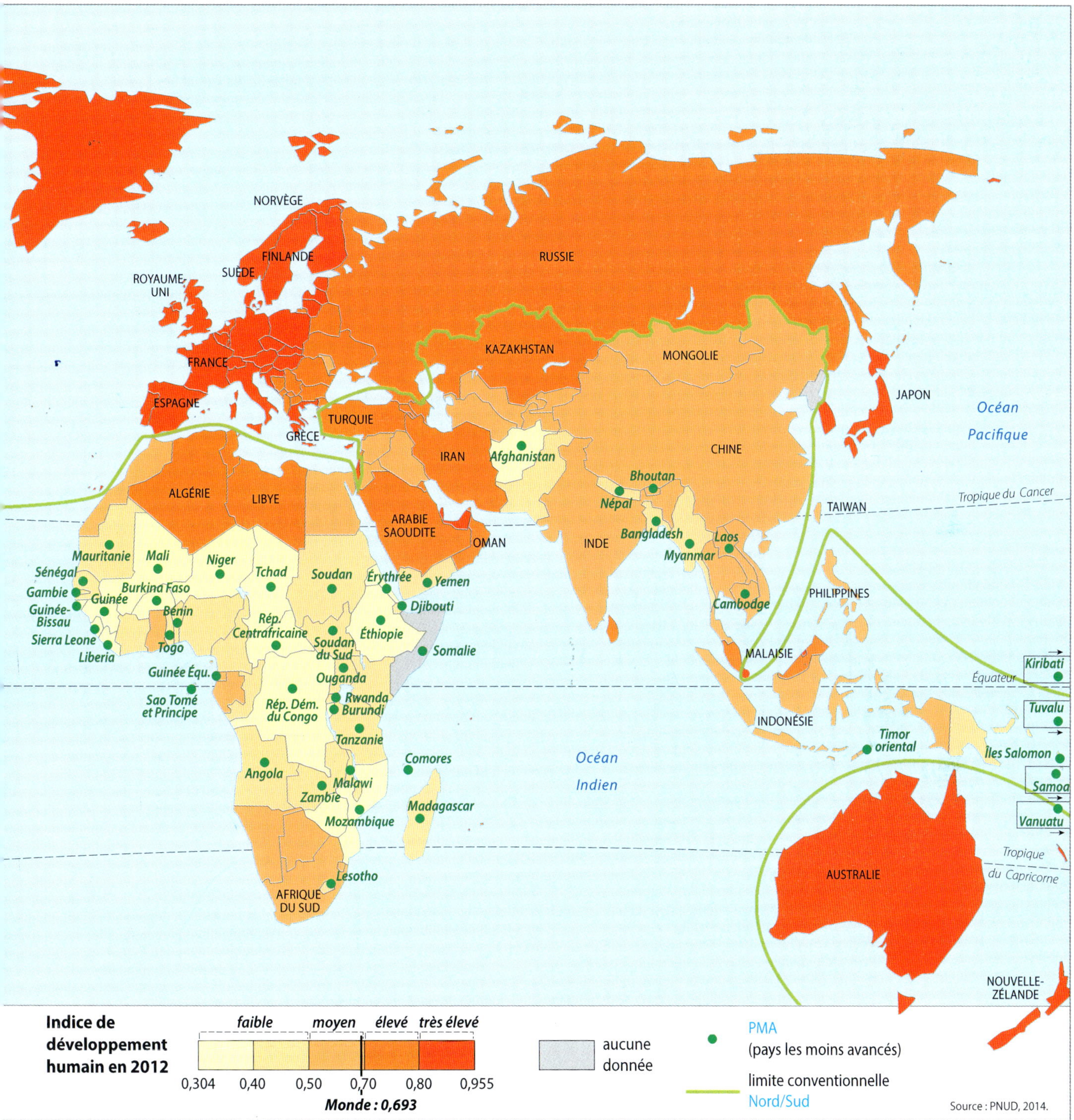

Questions

1) Quelles sont les régions dans le monde où l'IDH est fort ? Quelles sont celles où il est faible ? (doc. 1)

2) Quelle nuance le doc. 2 apporte-t-il à la situation de développement du Mexique présentée dans le doc. 1 ?

3) Pourquoi l'accès à l'eau est-il aussi un indicateur de développement ? Quelle nuance le doc. 3 apporte-t-il à la situation de développement de Mexico présentée dans le doc. 2 ?

Un développement inégal et déséquilibré

Quels sont les contrastes de développement dans le monde ?

A Comment mesurer le développement ?

• **Le développement mesure l'amélioration du niveau de vie d'une société.** En intégrant une dimension sociale, il ne prend pas en compte uniquement la richesse. Un pays peut être riche et présenter des problèmes de développement : en 2012, la Chine, 2e économie mondiale, n'est qu'au 101e rang du développement.

• **L'augmentation de la richesse est une condition nécessaire au développement mais elle n'est pas suffisante.** Le développement implique que la richesse bénéficie à la majorité de la population. Les pays les moins avancés (PMA) cumulent faible production de richesse et mauvaises conditions de vie.

• **Les indicateurs de mesure du développement font débat** (doc. 2). Le PIB mesure la richesse d'un État en cumulant la valeur des biens et services produits en une année. L'ONU a complété cet indicateur quantitatif en créant l'IDH, puis l'IPM en 2010, qui intègrent une dimension sociale. Ils mesurent l'inégal développement mais présentent chacun des limites.

B Des inégalités à toutes les échelles

• **Les pays du Nord ont un développement ancien mais contrasté.** Ils concentrent 70 % de la richesse mondiale et des sociétés dont les besoins essentiels (alimentation, logement, santé, éducation) sont assurés. Cependant, des différences existent : en 2011, l'espérance de vie de la Russie est de 69 ans contre 83 ans au Japon.

• **Les pays du Sud ont un développement récent et inégal.** Les 49 PMA, dont 34 se situent en Afrique, ont le développement le plus faible, alors que les pays émergents d'Amérique latine (Brésil, Mexique) ou d'Asie (Chine, Inde) connaissent un développement rapide. Leur point commun est leur difficulté à satisfaire, à des degrés différents, les besoins essentiels de leurs populations.

• **À l'échelle régionale et locale, les contrastes sont forts.** Des inégalités existent entre les régions d'un même État mais c'est à l'échelle urbaine qu'elles sont les plus visibles. Si les inégalités spatiales existent dans les villes du Nord, elles sont plus marquées dans celles du Sud (doc. 3 p. 14).

C Des inégalités en recul ?

• **La ligne conventionnelle Nord-Sud est de moins en moins pertinente.** Utilisée depuis 1980, cette ligne est aujourd'hui discutée. Les pays pétroliers, classés dans les Sud, ont un IDH comparable à celui des pays d'Europe de l'Est, classés dans les Nord (Repère).

• **Les migrations reflètent les inégalités planétaires.** À l'échelle nationale, l'exode rural apporte chaque année aux villes du Sud plus de 30 millions de paysans pauvres en quête de meilleures conditions de vie (doc. 2 p. 176). À l'échelle internationale, des flux migratoires en provenance du Sud se dirigent vers le Nord et les pays pétroliers.

• **Les OMD visent principalement une réduction de la pauvreté dans le monde.** Lancés en 2000, la plupart de ces objectifs ne seront pas atteints à l'horizon 2015, mais ils ont permis des progrès : la part des individus des pays du Sud vivant avec moins de 1,25 dollar par jour est passée de 43 % en 1990 à 21 % en 2010 (doc. 1).

Vocabulaire

Développement : voir p. 14.

IDH : voir p. 14.

IPM (Indicateur de pauvreté multidimensionnelle) : part de la population des pays du Sud vivant dans une pauvreté aiguë (forte mortalité infantile, malnutrition…).

Nord : ensemble des pays développés. Ce terme est souvent employé au pluriel pour qualifier la diversité de ces pays.

OMD (Objectifs du millénaire pour le développement) : ensemble des huit objectifs de développement pour la planète fixés en 2000 par l'ONU et à atteindre en 2015.

ONU (Organisation des Nations Unies) : institution internationale créée en 1945 groupant, en 2014, 193 États. Ses objectifs essentiels sont la promotion de la paix et du développement dans le monde.

Pays émergent : pays du Sud dont la croissance économique est forte et dont les conditions de vie des populations s'améliorent.

PIB (Produit intérieur brut) : valeur des richesses (biens et services) produites à l'intérieur d'un État.

PMA : voir p. 14.

Sud : ensemble des pays en développement. Ce terme est souvent employé au pluriel pour qualifier la grande diversité de ces pays.

REPÈRE

Une division Nord-Sud de plus en plus discutée

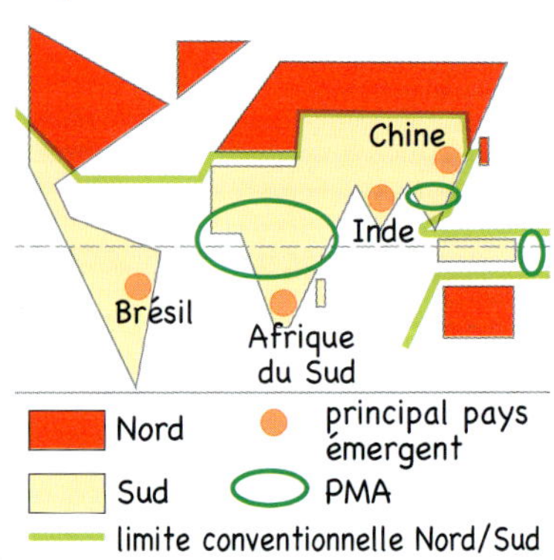

1 Éliminer la pauvreté, le premier Objectif du millénaire pour le développement.
Les autres OMD sont : assurer l'éducation primaire pour tous ; promouvoir l'égalité des sexes et l'autonomisation des femmes ; réduire la mortalité infantile ; améliorer la santé maternelle ; combattre le sida, le paludisme et d'autres maladies ; préserver l'environnement ; mettre en place un partenariat mondial pour le développement.

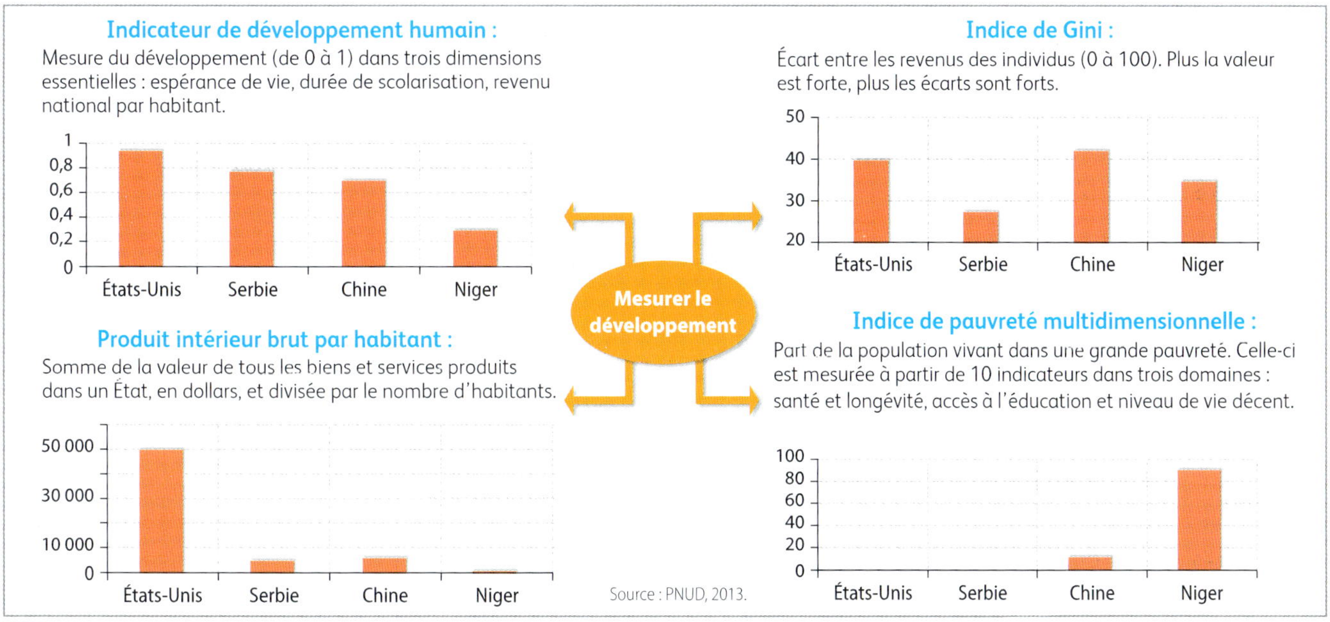

2 Les principaux indicateurs du développement

1. Classez les États donnés en exemple selon l'indicateur choisi. Quelles différences constatez-vous ? (doc. 2)
2. En vous aidant de la définition de chaque indicateur, formulez une phrase présentant la situation de développement de chaque État. (doc. 2)

Exemple 1

Quels indicateurs utiliser pour mesurer l'inégal développement en Asie de l'Est ?

L'Asie de l'Est est la région du monde qui connaît les plus fortes dynamiques de croissance et de développement. Pourtant, les inégalités y sont fortes tant entre les États qu'entre les régions d'un même État. Plusieurs indicateurs sont possibles pour mesurer et représenter ces inégalités.

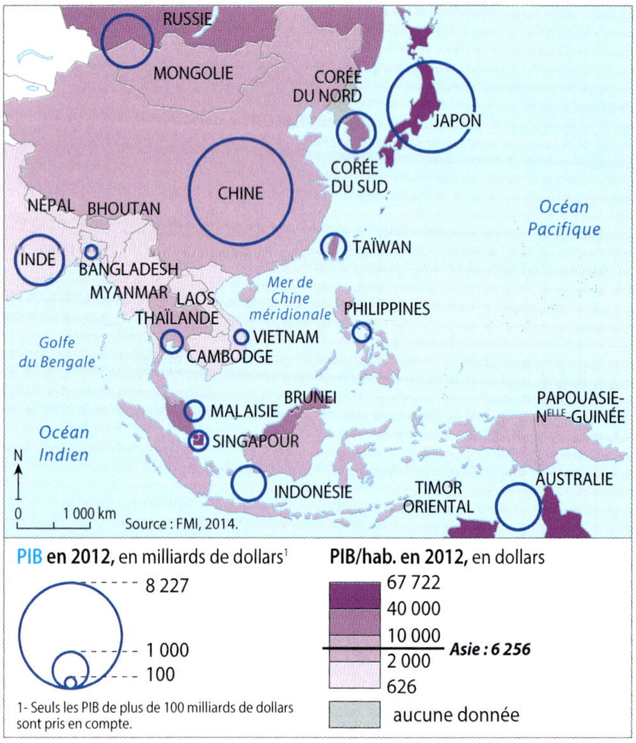

1 La richesse en Asie de l'Est

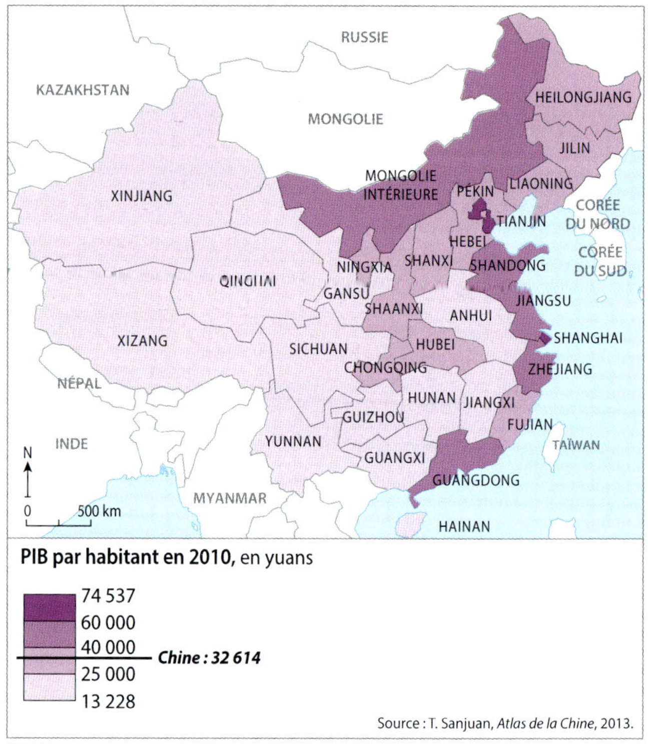

2 La richesse en Chine

3 Le **développement** de l'Asie de l'Est

	Japon	Brunei	Chine	Myanmar	Asie de l'Est
Indicateur de développement humain	0,912 (10e)	0,855 (30e)	0,699 (101e)	0,505 (149e)	**0,682**
Mesure du développement (de 0 à 1) dans trois dimensions essentielles :					
– espérance de vie, en années	83,6	78,1	73,7	65,7	**72,7**
– durée de scolarisation, en années	11,6	8,6	7,5	3,9	**7,2**
– revenu national par hab., en dollars	32 545	45 690	7 945	1 817	**6 894**

Source : PNUD, 2013.

Vocabulaire

Développement : amélioration des conditions sociales et économiques apportant aux hommes la satisfaction de leurs besoins essentiels.

IDH (Indicateur de développement humain) : indicateur de développement qui prend en compte l'espérance de vie à la naissance, la durée de scolarisation et le revenu national brut par habitant.

Nord : ensemble des pays développés. Ce terme est souvent employé au pluriel pour qualifier la diversité de ces pays.

PIB (Produit intérieur brut) : valeur des richesses (biens et services) produites à l'intérieur d'un État.

PMA (Pays les moins avancés) : groupe des 49 États les plus pauvres et les moins développés.

Sud : ensemble des pays en développement. Ce terme est employé au pluriel pour qualifier la grande diversité de ces pays.

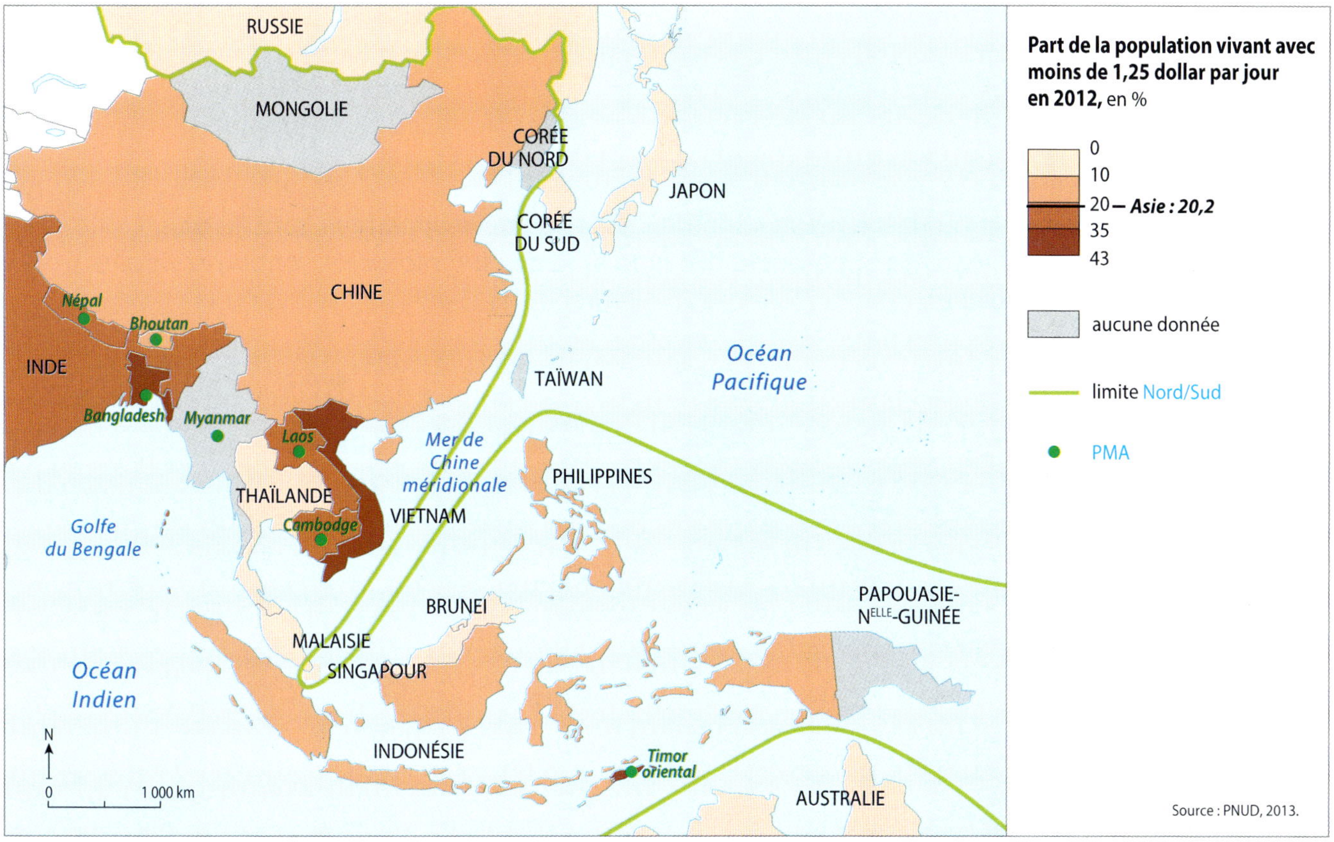

4 **La pauvreté en Asie de l'Est**

Activités

Recopiez le tableau suivant sur votre cahier et complétez-le à l'aide des informations des documents.

Indicateur	Que mesure-t-il ?	Quel découpage fait-il apparaître ?	Quelles sont les limites de cet indicateur ?
PIB (doc. 1)	• Richesse du pays	• Les pays riches : Chine, Japon… • Les pays pauvres : …	• Indicateur quantitatif qui mesure la richesse et non le développement
PIB par habitant (doc. 1 et 2)	•	• .... • .... • .... •	• Moyenne qui masque les inégalités régionales et sociales internes
IDH (doc. 3)	•	• .... •	• .... • ....
Part de la population vivant avec moins de 1,25 dollar par jour (doc. 4)	•	•	• ....

À partir du tableau complété, rédigez en une dizaine de lignes une réponse au sujet :
« Quels indicateurs utiliser pour mesurer l'inégal développement en Asie de l'Est ? »

Consigne Bac

En vous appuyant sur le document 1, présentez les inégalités de richesse en Asie.

▸ MÉTHODE

• Pour analyser le sujet et la consigne p. 40.

Exemple 2

Comment les inégalités Nord-Sud se manifestent-elles autour du bassin méditerranéen ?

Le bassin méditerranéen est l'un des espaces où les inégalités de développement sont les plus marquées au monde. Ces inégalités opposent la rive nord et la rive sud mais elles sont aussi visibles aux échelles nationale et locale.

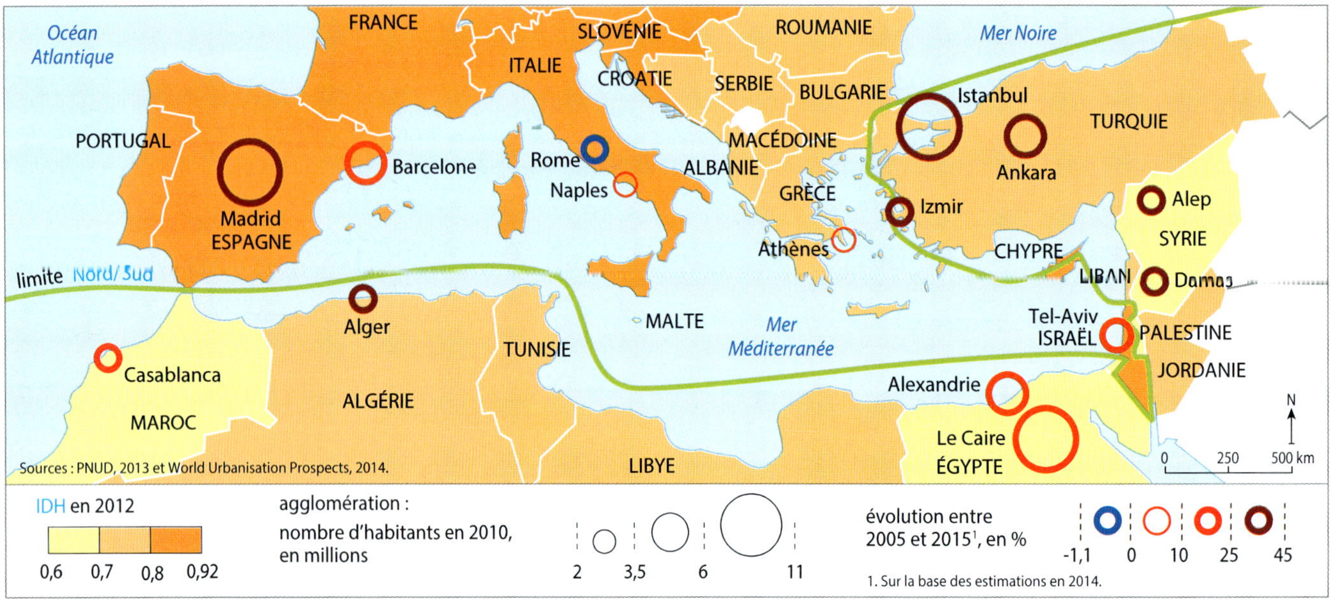

1 Des inégalités très marquées à l'échelle régionale

2 Quelques indicateurs de développement

	IDH en 2012 (rang mondial)	Espérance de vie en 2011, en années	Solde migratoire entre 2005 et 2010, en %	Part des utilisateurs d'Internet en 2011, en %
Albanie	0,749 (70e)	77	- 3	49
Égypte	0,662 (112e)	73	- 0,9	39
France	0,893 (20e)	82	+ 1,6	80
Israël	0,900 (16e)	81	+ 7,8	70
Maroc	0,591 (130e)	71	- 4,3	51

Sources : PNUD, 2013, et Banque mondiale, 2014.

Vocabulaire

Développement : amélioration des conditions sociales et économiques apportant aux hommes la satisfaction de leurs besoins essentiels.

IDH (Indicateur de développement humain) : indicateur de développement qui prend en compte l'espérance de vie à la naissance, la durée de scolarisation et le revenu national brut par habitant.

Nord : ensemble des pays développés. Ce terme est souvent employé au pluriel pour qualifier la diversité de ces pays.

Sud : ensemble des pays en développement. Ce terme est souvent employé au pluriel pour qualifier la grande diversité de ces pays.

3 Des inégalités internes : l'exemple de la Turquie

Si la Turquie comptait 38 milliardaires en 2011, la moitié de la population percevait, elle, un salaire inférieur à 230 € par mois. Ainsi, les 20 % de ménages les plus riches gagnent huit fois plus que les 20 % des ménages les plus pauvres. Pour comparaison, en France, les 20 % les plus aisés gagnent « seulement » quatre fois plus que les 20 % de ménages les plus modestes. Ces inégalités de revenus sont très marquées entre les territoires : les régions les plus riches sont Istanbul et la région égéenne, tandis que les régions de l'est et du sud-est de l'Anatolie (à majorité kurde) sont les plus pauvres. En 2011, 16 % de la population vivaient sous le seuil de pauvreté mais le taux atteint 40 % dans les zones rurales. Cette pauvreté incite les familles à faire travailler leurs enfants : si le travail infantile a tendance à baisser en Turquie, il reste important et représente 18 % de la force de travail du pays. Les enfants kurdes et roms, deux groupes très durement touchés par la pauvreté, ont plus de probabilité de devoir travailler que le reste de la population et si seulement 33 % des enfants vivent à la campagne, 55 % des enfants qui travaillent sont des ruraux.

A. Duvignaud, « Inégalités sociales et pauvreté en Turquie », ifre.fr, 2013.

4 **La frontière entre Israël (à gauche) et la Jordanie (à droite)**

Activités

Recopiez l'organigramme suivant sur votre cahier et complétez-le à l'aide des informations des documents.

	Des inégalités Nord/Sud (doc. 1, 2 et 4)	Des inégalités locales (doc. 3)
Nord :	• Ce sont des pays développés : IDH fort, ...	• .... • ....
Sud :	•	• Inégalités entre régions d'un même État (Turquie de l'Ouest riche / Turquie de l'Est pauvre) • ....

Consigne Bac

Montrez, à partir du document 2, que le développement est inégal dans le bassin méditerranéen.

▸ MÉTHODE

• Pour analyser le sujet et la consigne p. 40.
• Pour identifier le document p. 41.

La croissance démographique à l'origine de nouveaux besoins

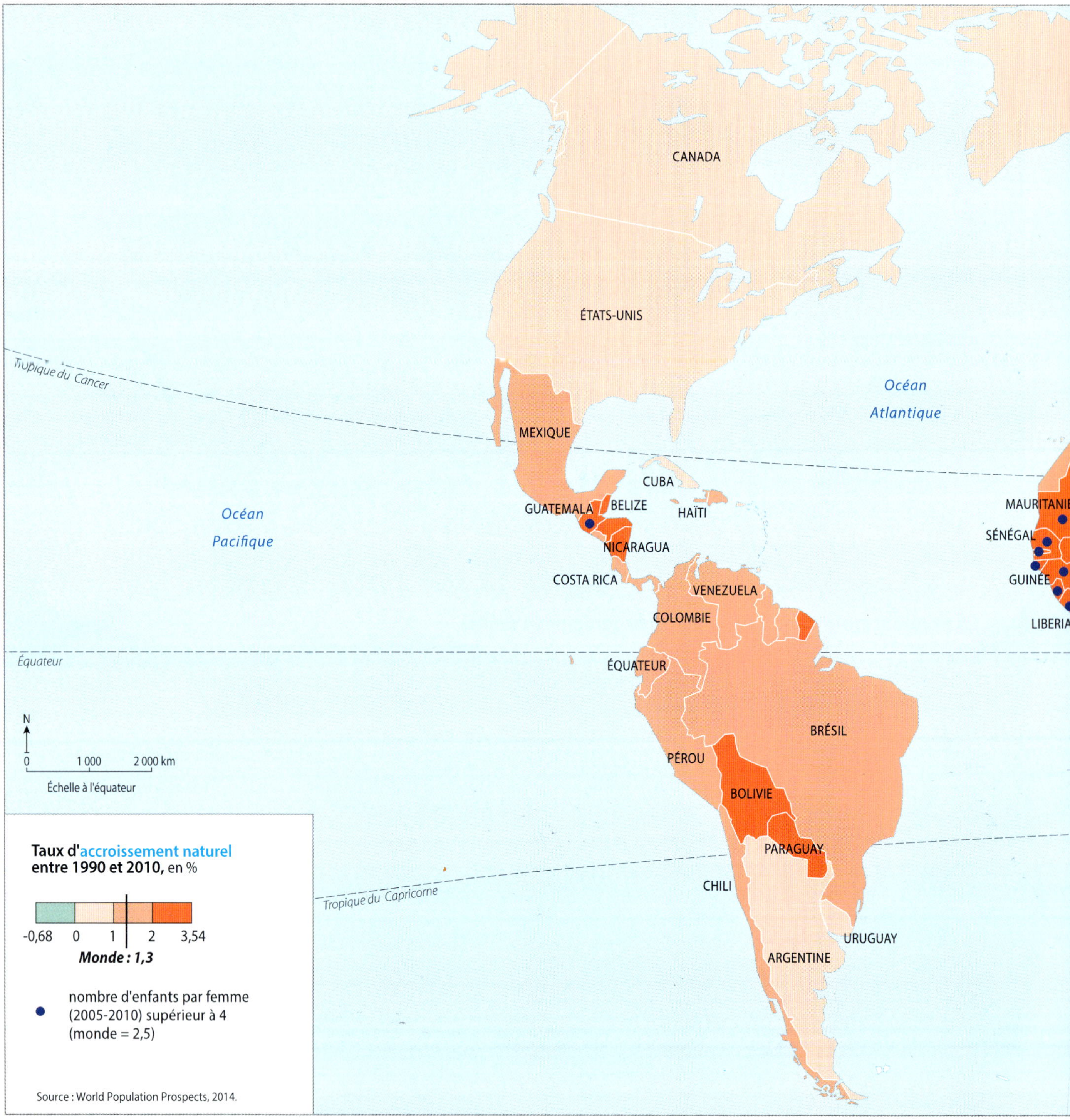

1 Des rythmes de croissance démographique différents

Vocabulaire

Accroissement naturel : différence entre la natalité et la mortalité.

Transition démographique : passage d'un niveau d'équilibre démographique élevé à un niveau d'équilibre démographique bas, par la baisse de la mortalité puis de la natalité.

Questions

1) Quelles sont les régions qui connaissent la plus forte croissance démographique ? La moins forte ? (doc. 1)

2) Comment l'accroissement naturel évolue-t-il durant la transition démographique ? Pourquoi ? (doc. 2)

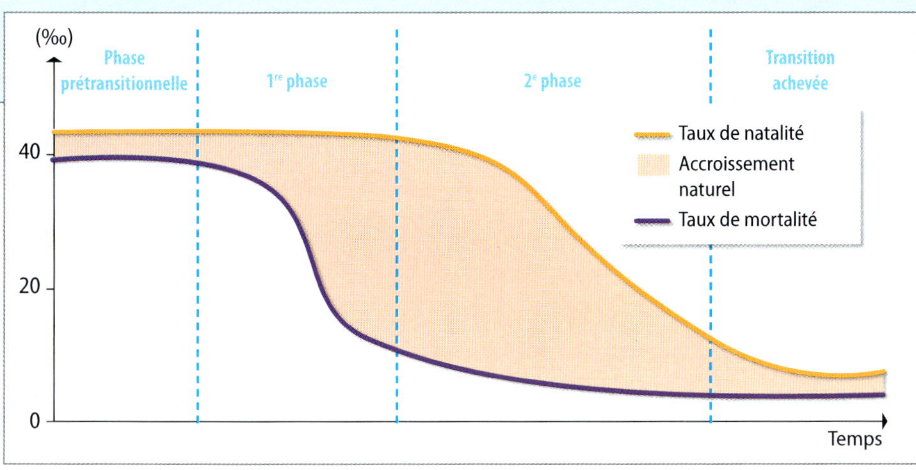

2 Une **transition démographique** en cours

De nouveaux besoins pour plus de 9 milliards d'hommes en 2050

Quelles sont les conséquences de la croissance démographique mondiale ?

A Une population mondiale multipliée par 4 durant le XXe siècle

• **L'explosion de la population est liée à la transition démographique.** Entre 1900 et 2000, la population mondiale a quadruplé en raison de la baisse de la mortalité (progrès de la médecine et des conditions de vie) alors que la natalité se maintenait à un niveau élevé, avant de baisser, parfois brutalement (Chine).

• **Le rythme de la croissance démographique est aujourd'hui ralenti.** Le pic de croissance a été atteint dans les années 1970 où l'accroissement naturel mondial a frôlé les 3 %. En 2013, il se situe à 1,2 % et devrait atteindre zéro avant 2050.

• **La croissance démographique est inégale selon les sociétés.** Alors que certains pays du Nord (Allemagne, Italie, Russie) ont une démographie négative compensée en partie par l'immigration, les populations du Sud n'ont pas terminé leur transition démographique (Repère A).

B Des besoins croissants inégalement satisfaits

• **La croissance démographique mondiale conjuguée au développement explique l'augmentation générale des besoins** en alimentation, eau potable, énergie et logement (Repère B). La consommation mondiale d'électricité a par exemple doublé entre 1990 et 2012 (doc. 2).

• **Au Nord, la satisfaction des besoins essentiels est assurée.** Mais le haut niveau de vie ainsi que le vieillissement de la population (33 % de plus de 60 ans en 2050) génèrent de nouveaux besoins (loisirs, communications, santé). La prise de conscience de la dégradation de l'environnement remet en cause certains choix de développement (gaspillage alimentaire ou énergétique).

• **Au Sud, la satisfaction des besoins dépend du niveau de développement.** Alors que les besoins essentiels ne sont pas toujours satisfaits (besoins alimentaires et sanitaires dans les PMA), d'autres besoins apparaissent avec l'urbanisation et l'augmentation du niveau de vie (industrialisation, alimentation, logement).

C Des défis à relever

• **À l'échelle mondiale, ces besoins croissants font craindre la surpopulation.** Mais celle-ci n'est pas scientifiquement justifiée et peut être compensée par la capacité technique des populations à satisfaire leurs besoins (irrigation, mécanisation) (doc. 3). Certains spécialistes s'alarment davantage des conséquences d'une éventuelle régression de la population mondiale : certains projettent un milliard d'hommes en moins en 2100.

• **La croissance des besoins continuera d'augmenter la pression sur les ressources renouvelables et non renouvelables** (doc. 1). Elle menace déjà certains espaces fragiles (montagnes, forêts, littoraux, mondes arctiques) et accentue les inégalités d'accès aux ressources. En Afrique subsaharienne, la population ayant accès à l'eau potable a doublé entre 1990 et 2010 mais les citadins ont deux fois plus de chances d'y accéder que les ruraux.

• **Les besoins futurs des 9 milliards d'hommes en 2050 et la capacité à les satisfaire font actuellement débat.** Un nouveau mode de développement semble nécessaire. Il aura pour objectif de combattre les inégalités, répondre aux nouveaux besoins et protéger l'environnement.

Vocabulaire

Accroissement naturel : différence entre la natalité et la mortalité.

Ressource renouvelable : ressource qui se régénère en permanence à l'échelle humaine (eau, bois). Néanmoins, en cas de prélèvement plus rapide que le renouvellement, une ressource renouvelable peut s'épuiser.

Surpopulation : excès de population par rapport aux ressources et infrastructures disponibles.

Transition démographique : voir p. 22.

REPÈRE A

L'évolution démographique entre 1950 et 2050

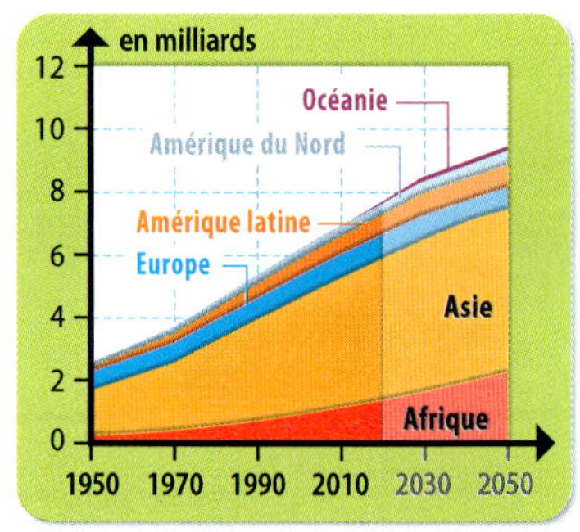

Source : ONU, 2014.

REPÈRE B

Pression sur les ressources et satisfaction des besoins dans le monde

	1990	2013
Production céréalière, en milliards de tonnes	1,9	2,5
Population sous-alimentée, en millions	1 000	868
Consommation en eau, en milliards de m³	3,7	4,5
Accès à l'eau en milieu rural, en % de la population	58	81

Sources : Banque mondiale, 2014, FAO, 2014 et World Population Prospects, 2014.

1 Affiche du WWF contre la déforestation. Les forêts représentent environ un tiers de la surface des terres émergées, abritent 2/3 des espèces vivantes de la planète et font vivre 1,6 milliard de personnes. En 2014, 13 % des forêts sont protégées.

Croissance énergétique

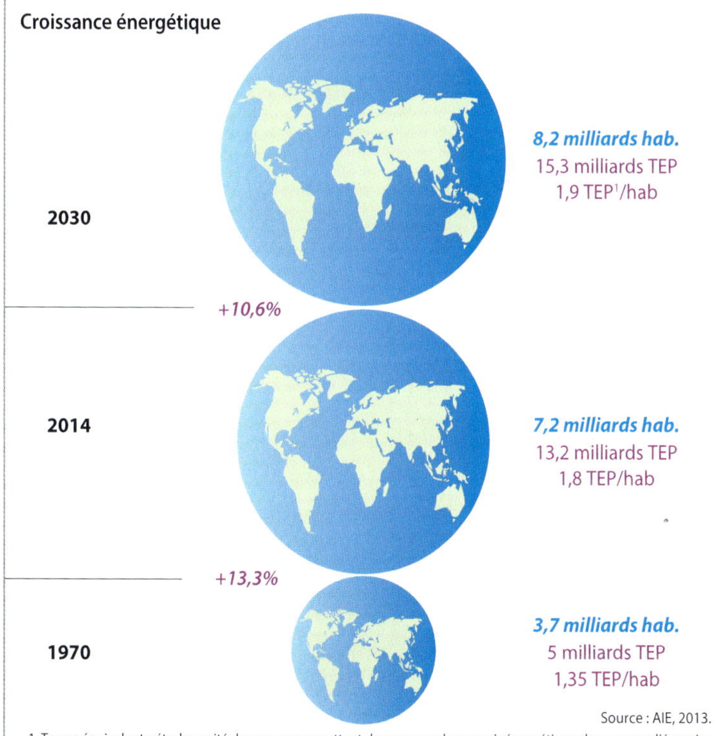

Source : AIE, 2013.

1. Tonne équivalent pétrole : unité de mesure permettant de comparer le pouvoir énergétique des sources d'énergie.

2 Une forte consommation énergétique pour répondre aux nouveaux besoins

3 Une crainte de la surpopulation injustifiée

Il n'y a pas de relation entre densité de population et pression sur l'environnement. Ainsi, certains espaces peu peuplés en milieu semi-aride sont néanmoins surpeuplés car fragiles, subissant une dégradation parfois irréversible des terres et des pâturages. À l'inverse, les Pays-Bas ou le Japon, où les densités de population sont très élevées, ne souffrent pas pour autant de surpeuplement. Le niveau de vie y est même très élevé. Globalement, les espaces les plus denses créent donc plus de richesses au km^2. Cette prospérité s'accompagne de modes de production et de vie dont les niveaux de consommation de ressources, de production de déchets et d'émission de gaz à effet de serre par habitant sont sans commune mesure avec ceux observés ailleurs. Il ne convient donc pas de déplorer l'augmentation de la population mondiale (en cours de ralentissement) ou l'expansion des pays émergents (qui contribue à réduire l'inégalité Nord-Sud) que de veiller à la durabilité du développement.

Y. Veyret et P. Arnould, *Atlas des développements durables,* Autrement, 2012.

La politique démographique de la Chine est-elle un moteur ou un frein à son développement ?

En 1979, la Chine, qui compte alors près d'un milliard d'habitants, lance la politique de l'enfant unique. Elle accélère ainsi sa **transition démographique** qui, cas unique au monde, s'accomplit avant le développement du pays. En 2014, elle compte 1,4 milliard d'habitants et doit faire face aux conséquences de cette politique sur le développement.

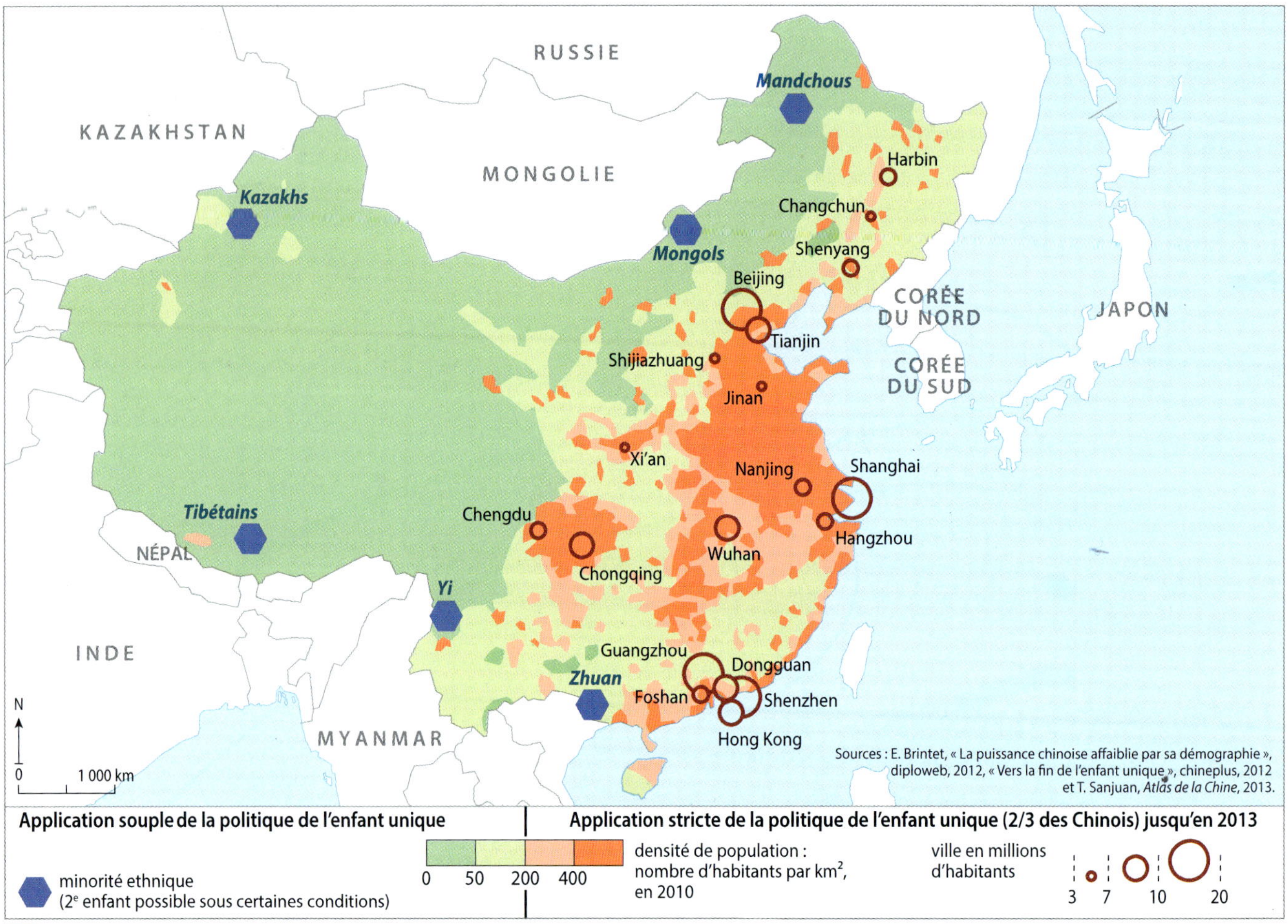

1 L'inégale application de la **politique antinataliste** de l'enfant unique

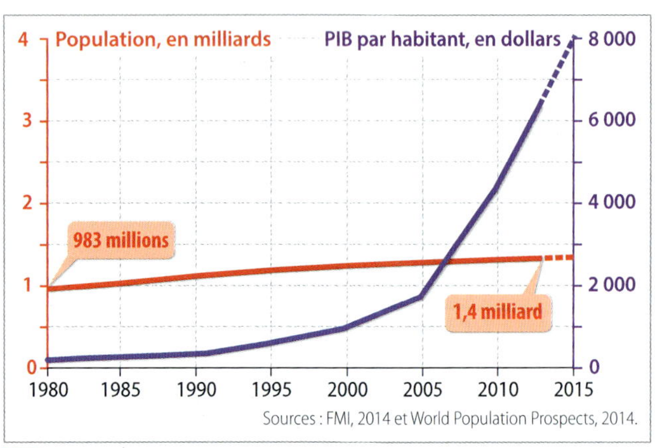

2 L'évolution démographique et économique de la Chine depuis 1980

Vocabulaire

Politique antinataliste : politique visant à diminuer la natalité par des mesures incitatives ou autoritaires.

Transition démographique : passage d'un niveau d'équilibre démographique élevé à un niveau d'équilibre démographique bas, par la baisse de la mortalité puis de la natalité.

3 **Une campagne d'affichage à Shanghai.** Traduction : ① Alerte contre l'augmentation de la population ! ② Il faut penser dès maintenant à l'avenir. ③ Avec un taux de natalité de 12,6 ‰, il y a chaque minute en Chine 31 naissances, soit 45 000 naissances par jour.

5 **Le vieillissement de la population, un fardeau à porter.**
Jiao Haiyang, 2012.
Les Chinois redoutent le syndrome 4-2-1 : une structure familiale composée de quatre grands-parents et deux parents qui reposera sur un seul actif.
Traduction : L'enfant unique : Je ne peux pas les prendre en charge !

4 L'assouplissement de la politique de l'enfant unique

Le Parti communiste chinois a finalement tranché en faveur d'une mesure expérimentée depuis plusieurs années dans certaines régions, et réclamée de façon unanime : un couple dont l'un au moins est enfant unique pourra avoir deux enfants. Cette décision répond au problème posé aujourd'hui par le vieillissement de la population chinoise. La Chine compte en 2013 200 millions de personnes âgées de 60 ans et plus, et elles seront 400 millions vers 2035, soit un passage de 14 % à 25 % de la population totale. La réforme est vue assez favorablement par les milieux économiques, qui espèrent qu'il en découlera une augmentation de la consommation. Il serait cependant souhaitable de poursuivre une politique permettant de contenir la population chinoise à un maximum de 1,5 milliard de personnes, précise le quotidien économique *Jingji Cankao Bao*. Les projections des démographes montrent qu'une fois la réforme appliquée, la population chinoise pourrait augmenter d'environ un million de personnes par an à partir de 2015. Selon les estimations des responsables nationaux de la planification des naissances, parmi les 15 à 20 millions de couples répondant actuellement aux critères d'assouplissement de la politique, 50 à 60 % aimeraient avoir un deuxième enfant. Par ailleurs, la proportion de parents souhaitant un deuxième enfant ne serait pas uniforme sur le territoire national, et l'on pourrait observer des phénomènes locaux de forte augmentation de la natalité.

Courrier international, 19 novembre 2013.

Activités

Recopiez l'organigramme suivant sur votre cahier et complétez-le à l'aide des informations des documents.

Une réussite ? (doc. 2 et 4)
- ....
- ....

La politique de l'enfant unique (définition/ modalités) : (doc. 1 et 3)
- Définition : ....
- Raisons : ....
- Modalités d'application : ....

Un frein au développement de la Chine ? (doc. 5)
- ....
- ....

Vers un assouplissement de la politique de l'enfant unique ? (doc. 5)
- ....

Consigne Bac

Montrez, à partir du document 1, que la politique de l'enfant unique est inégalement appliquée en Chine.

MÉTHODE
• Pour analyser un sujet p. 40.
• Pour étudier une carte p. 43.

La croissance démographique de l'Égypte est-elle un frein à son développement ?

Avec une croissance démographique de 2 % par an, la population de l'Égypte a doublé entre 1975 et 2010. Cette explosion démographique a des conséquences économiques et sociales importantes dans ce pays où la population se concentre essentiellement sur les rives du Nil.

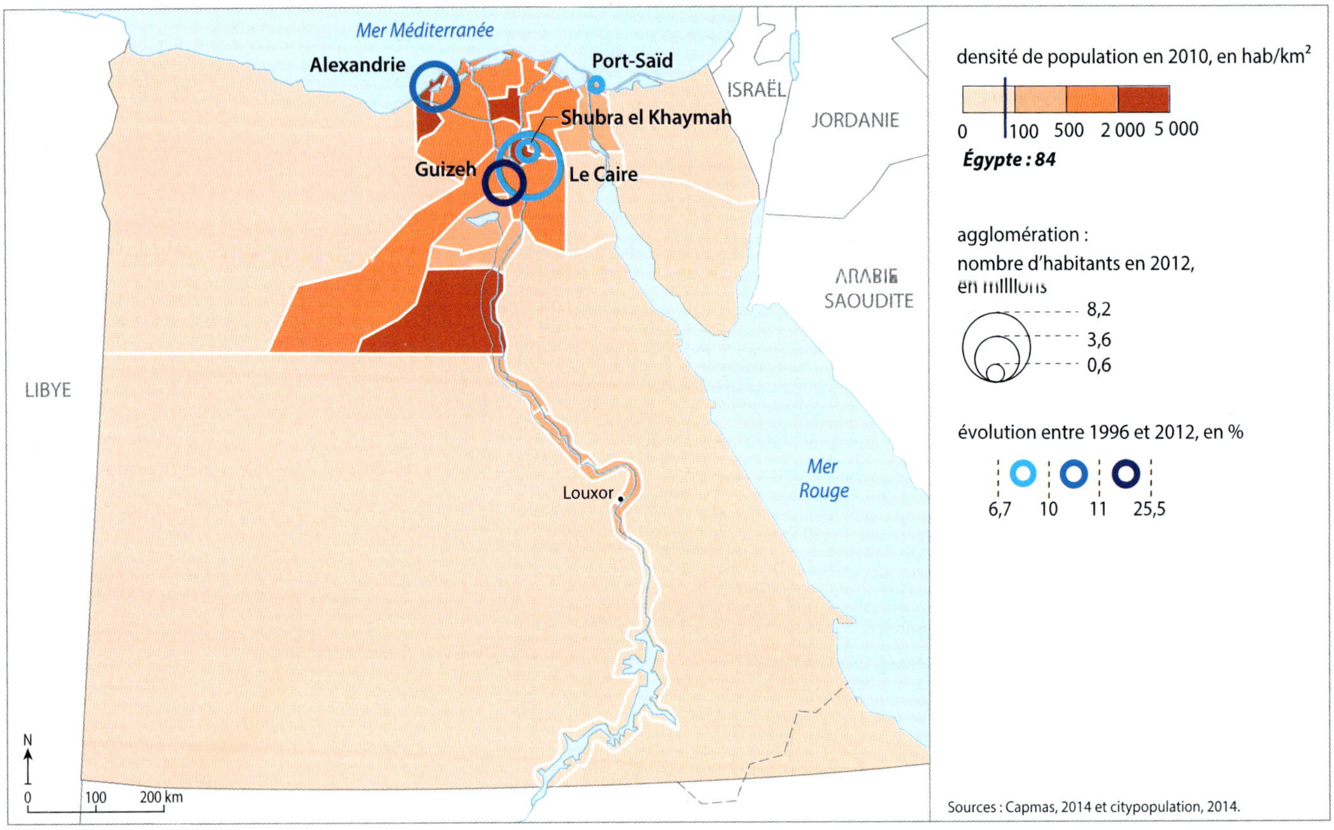

1 La vallée du Nil, cœur démographique de l'Égypte

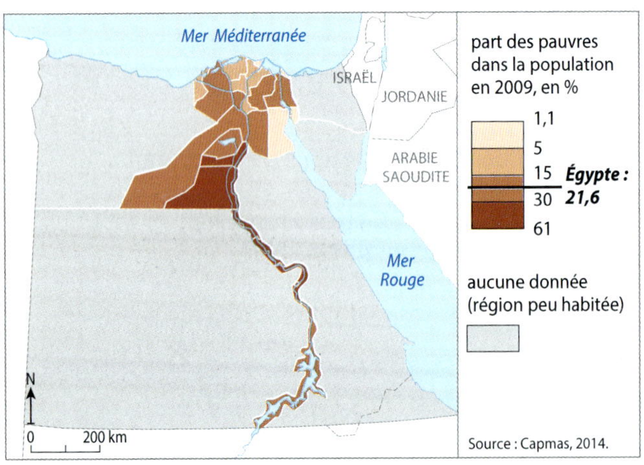

2 La pauvreté en Égypte

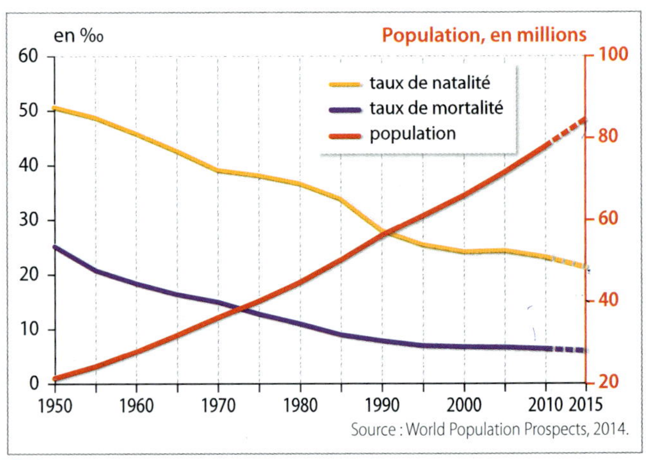

3 L'évolution de la population en Égypte depuis 1950

Vocabulaire

Surpopulation : excès de population par rapport aux ressources et infrastructures disponibles.

4 Une classe d'écoliers à Gurna (près de Louxor)

5 **L'explosion démographique, obstacle au développement ?**

L'explosion démographique a des conséquences lourdes pour l'économie du pays. La population se concentre dans la vallée du Nil, dont la densité moyenne est de 1 500 habitants/km². La surpopulation constitue la source de la plupart des problèmes de l'Égypte. Avec 4 % de croissance par an en moyenne[1], l'économie égyptienne ne peut subvenir aux besoins de ses habitants. Le revenu moyen ne dépasse pas 100 dollars par mois et 30 % des richesses sont captées par les 10 % plus riches. L'Égypte doit importer 50 % de ses céréales. Dans le même temps, la population souffre d'un manque d'infrastructures[2]. Les transports sont obsolètes et dépassés. Le secteur de la santé est frappé pour le sous-investissement alors que l'éducation ne parvient plus à faire évoluer positivement l'alphabétisation des ruraux.

L'Expansion, 27 novembre 2011.

1. Entre 1980 et 2012, le PIB égyptien a été multiplié par 11.
2. Logements, routes, hôpitaux, écoles, etc.

Malgré l'incertitude politique [révolution arabe de 2011], l'Égypte a fait des progrès en matière de développement et est en bonne voie pour atteindre les OMD. L'extrême pauvreté et la faim ont été réduits, la mortalité infantile et la malnutrition ont diminué de moitié, l'espérance de vie a augmenté de 64 à 71 ans. Cependant, les incertitudes politiques et économiques ont entraîné la baisse des recettes du tourisme et un manque de visibilité chez les investisseurs, qui ont soit reporté leurs projets soit retiré leurs capitaux, privant l'économie du pays, de milliers d'emplois.

Commission des Nations Unies pour l'Afrique, 2013.

Activités

Recopiez l'organigramme suivant sur votre cahier et complétez-le à l'aide des informations des documents.

Les caractéristiques démographiques (doc. 1 et 3)

- Doublement de la population en 30 ans
- ....

Les conséquences de l'explosion démographique (doc. 2, 4 et 5)

Des conséquences sur le développement :
- ....
- ....

Des inégalités qui se creusent :
- ....
- ....

≠

Des nuances : l'explosion démographique n'est pas responsable de tous les problèmes en Égypte (doc.1, 2 et 5)

- Les régions les plus peuplées ne sont pas les plus pauvres : ....
- ....

Consigne Bac

Montrez, à partir du document 5, que la croissance démographique égyptienne a des conséquences sur son développement.

▸ MÉTHODE

- Pour analyser le sujet et la consigne p. 40.
- Pour identifier le document p. 41.

Pourquoi mettre en œuvre des modes durables de développement ?

1 Les défis de la croissance de la population et des besoins

Il y a de fortes chances pour que la Terre soit peuplée de 10 milliards d'êtres humains avant le milieu du siècle. Quatre milliards de bouches supplémentaires à nourrir, à loger, chauffer, éclairer, alors que 800 millions de personnes souffrent toujours de faim à l'heure actuelle, qu'un milliard et demi n'ont pas accès à l'eau potable et deux milliards ne sont pas raccordés aux réseaux d'électricité ! Comment concilier progrès économique et social sans mettre en péril l'équilibre naturel de la planète ? Comment répartir les richesses entre les pays riches et ceux moins développés ? Comment donner un minimum de richesses à ces millions d'hommes encore démunis à l'heure où la planète semble déjà asphyxiée par le prélèvement effréné de ses ressources naturelles ? Et surtout, comment faire en sorte de léguer une terre en bonne santé à nos enfants ? C'est pour apporter des réponses concrètes à ces questions qu'est né le concept de **développement durable**. Pour y parvenir, les entreprises, les pouvoirs publics et la société civile devront travailler main dans la main afin de réconcilier trois mondes qui se sont longtemps ignorés : l'économie, l'environnement et le social. À long terme, il n'y aura pas de développement possible s'il n'est pas économiquement efficace, socialement équitable et écologiquement tolérable.

Ministère français de l'Écologie, du Développement durable et de l'Énergie, 2014.

2 Vers une mondialisation du développement durable ?

Vocabulaire

Agenda 21 local : plan d'action qui fixe la mise en œuvre de chaque pilier du développement durable à l'échelle d'un territoire (ville, région, État). Son adoption à l'échelle locale n'est pas obligatoire et son contenu est très variable.

Développement durable : développement qui permet de répondre aux besoins des générations actuelles sans compromettre la satisfaction des besoins des générations futures.

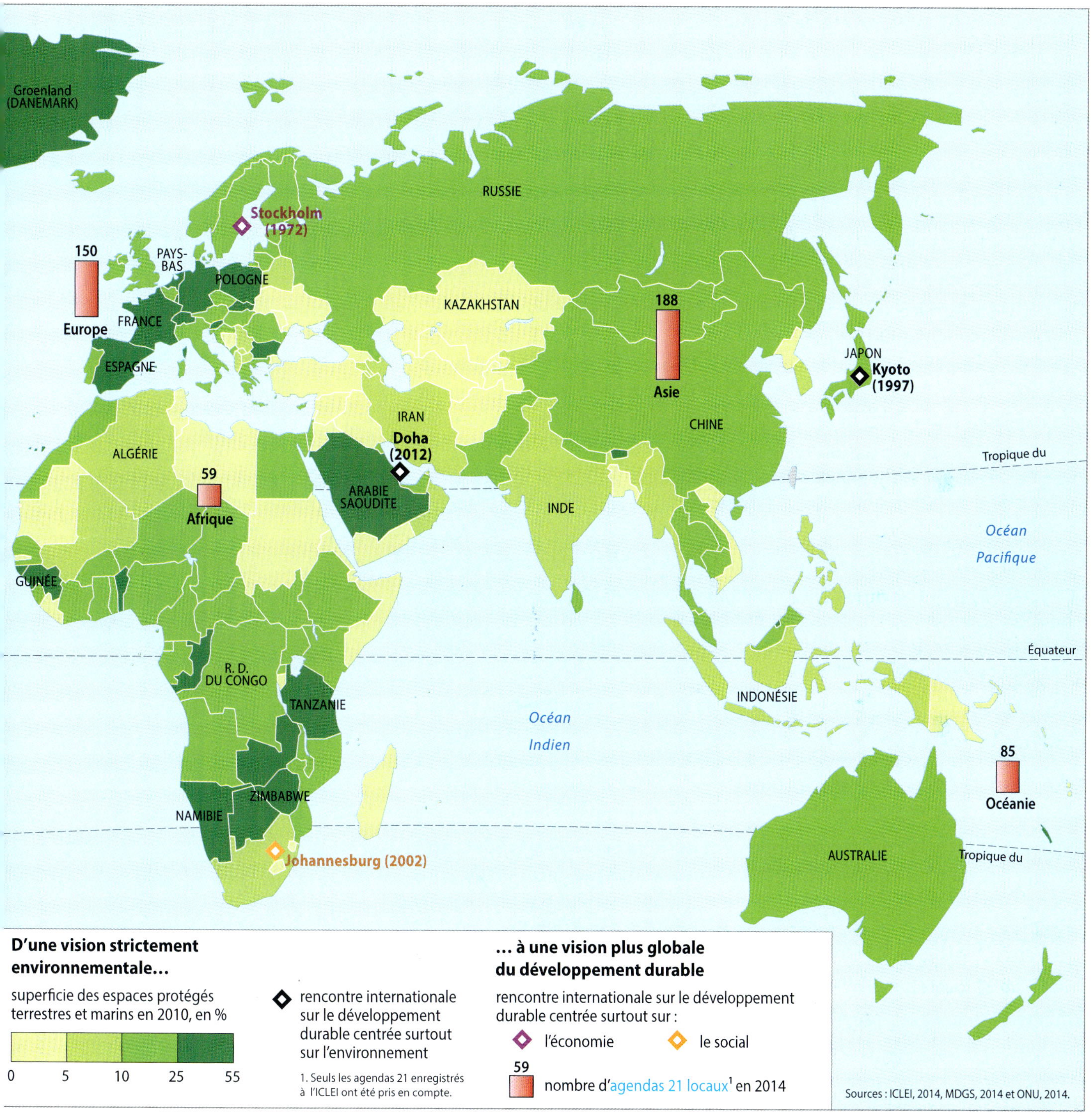

Questions

1. Quels sont les problèmes posés par la croissance démographique sur le développement et l'environnement ? (doc. 1)
2. Pourquoi le développement durable serait-il une solution pour répondre à ces problèmes ? (doc. 1)
3. Quel pilier (économique, social, environnemental) est privilégié lors des conférences internationales des années 1990 ? Montrez que les deux autres piliers sont également pris en compte dans les conférences internationales. (doc. 2)

Mettre en œuvre des modes durables de développement

▶ **Quels sont les enjeux du développement durable ?**

A Le développement durable, une nécessité ?

- **Le développement durable naît d'un double constat.** Les inégalités de développement persistent à toutes les échelles, alors que l'explosion démographique exerce une pression croissante sur l'environnement et les ressources. On s'interroge sur la capacité de la Terre à supporter plus de 7 milliards d'habitants et sur les changements environnementaux – changement climatique (doc. 1).

- **Le rapport Brundtland (1987) est le premier à définir le développement durable.** Commandé par l'ONU, ce programme vise à repenser les modes de développement afin de « répondre aux besoins du présent sans compromettre la capacité de satisfaire ceux des générations futures ». Depuis, il a été diffusé par les grandes conférences internationales de l'ONU (Sommet de la Terre à Rio en 1992, Rio + 20 en 2012) (planisphère 3 p. 30-31).

- **Le « développement durable » vise à concilier trois objectifs majeurs.** Il s'agit de promouvoir la croissance productive (pilier économique), en assurant une meilleure répartition des richesses (pilier social) tout en préservant les ressources naturelles (pilier environnemental). Son application nécessite la mise en place d'une gouvernance et s'ouvre désormais au pilier culturel (Repère).

B Le développement durable, une solution en débat

- **L'équilibre entre les 3 piliers fait débat.** Les partisans d'une durabilité forte donnent la priorité au pilier environnemental : l'économie et la société doivent s'adapter à la préservation de l'environnement, quitte à réduire l'activité économique. Ils s'opposent aux partisans de la durabilité douce pour qui le pilier économique reste primordial.

- **La nécessité d'un développement durable est parfois contestée.** L'impact des activités humaines sur les écosystèmes est l'objet de débats, comme le montre le changement climatique. Le GIEC explique l'augmentation des températures par la croissance des GES (gaz à effet de serre) alors qu'une minorité de scientifiques l'attribue à une variation climatique naturelle.

- **La communication sur le développement durable est souvent réductrice.** Elle se limite au pilier environnemental comme le montre la diffusion de l'empreinte écologique (doc. 3). Le développement durable est détourné par certains acteurs qui en font le support de leurs publicités (*Greenwashing*) (doc. 4).

C Des modes durables de développement à toutes les échelles

- **À l'échelle mondiale, le développement durable est porté par les organisations internationales** (ONU, Banque mondiale) mais sa mise en œuvre est complexe. Ainsi, les conventions sur le climat ne sont signées que par des pays volontaires qui promettent de réduire leurs GES sans engagement juridique et financier.

- **À l'échelle nationale, les États sont les acteurs du développement durable** (doc. 2). Alors que certains pays du Nord proposent des solutions techniques (technologies vertes) et encouragent l'écocitoyenneté, la satisfaction des besoins essentiels reste la priorité dans les pays du Sud. Celle-ci passe par la poursuite des OMD et relègue au second plan le pilier environnemental sauf dans le cas des pays émergents.

- **L'échelle locale semble aujourd'hui la plus efficace.** Les collectivités régionales ou locales, les entreprises et les citoyens cherchent à s'accorder sur des objectifs communs au sein des agendas 21 locaux (tri des déchets, pollution, logement).

Vocabulaire

Agenda 21 local : voir p. 30.

Développement durable : voir p. 30.

Écocitoyenneté : adoption de comportements quotidiens protecteurs de l'environnement.

Écosystème : voir p. 36.

GES (Gaz à effet de serre) : voir p. 38.

GIEC (Groupement intergouvernemental d'experts sur le climat) : bureau créé par l'ONU pour étudier la responsabilité de l'homme dans le changement climatique.

Gouvernance : coordination de l'ensemble des acteurs et des règles qui constituent une autorité pour gérer les affaires publiques.

***Greenwashing* (ou écoblanchiment) :** pratique commerciale qui consiste à utiliser des arguments environnementaux parfois trompeurs pour vendre des produits.

REPÈRE

Du développement…

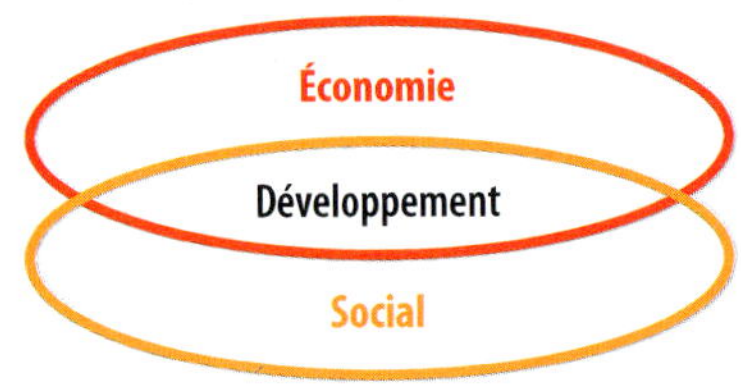

… au développement durable (Rio, 1992)…

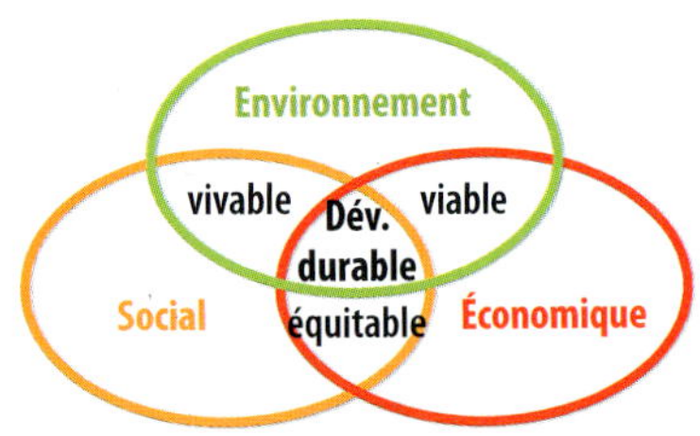

… au développement durable élargi (années 2000)

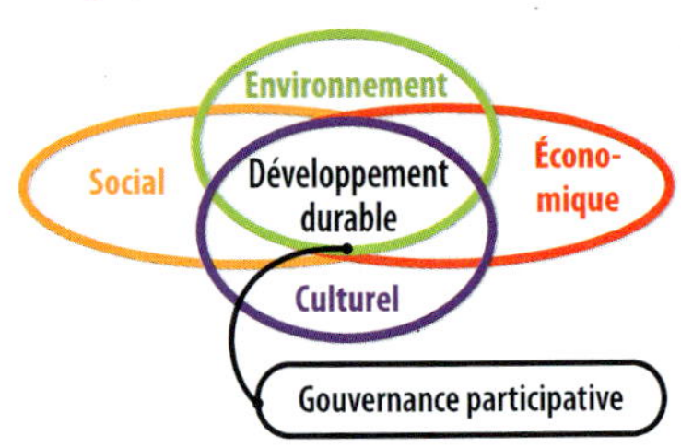

Source : A. Jégou, *L'Information géographique*, mars 2007.

1 **Le défi de la montée des eaux en Polynésie.** Des habitants de Kiribati construisent des digues avec du corail pour tenter de contenir la montée des eaux.

2 La protection durable de la faune en Namibie

La Namibie a vu disparaître le braconnage sur son territoire grâce aux « *Conservancies* », un système unique qui mêle gestion environnementale, chasse et tourisme. En 1996, la Namibie prend le contre-pied de ses voisins africains en matière de préservation des espèces en danger. Au lieu de développer les parcs nationaux, elle décide d'octroyer la propriété d'une partie du territoire national, avec les animaux sauvages qui la peuplent, aux populations locales, dont la mission est d'en assurer la préservation. En échange, celles-ci se voient promettre d'importantes rentrées financières, grâce aux contrats de chasse et de tourisme. Dans les années 1980, rhinocéros et éléphants sont en voie d'extinction, en raison d'un braconnage massif. « Depuis vingt-cinq ans, il n'y a pas eu un seul rhinocéros abattu dans les *Conservancies*, alors que dans les autres pays d'Afrique australe, les problèmes de braconnage ont repris. L'an dernier, nous avons empoché 14 000 euros de revenus. C'est le tourisme qui nous rapporte le plus », commente le président de la *Conservancy* d'Orupembe.

« Les Himbas se font gardiens de la faune en Namibie », terraeco.net, 2013.

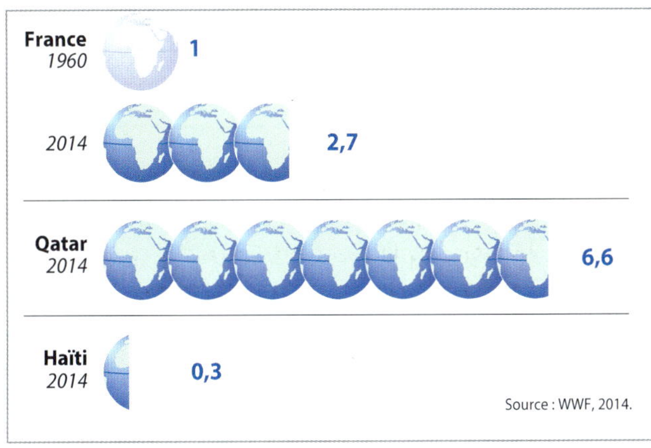

3 **L'empreinte écologique, un indicateur incomplet.** Elle classe les pays selon le nombre de « planètes Terre » nécessaires pour assurer les besoins de leur population. Elle prend en compte la pression sur les ressources, c'est-à-dire le pilier environnemental du développement durable. Ainsi, si tous les hommes vivaient comme les Qataris, il faudrait 6,6 « planètes Terre ».

4 **Le *greenwashing* : l'utilisation publicitaire du développement durable**

1) Pourquoi le système des *conservancies* est-il plus durable que la simple création de parcs naturels ? (doc. 2)

2) Quel État a la plus faible empreinte écologique ? La plus forte ? Pourquoi l'empreinte écologique est-elle un indicateur incomplet ? (doc. 3)

Pourquoi l'Union européenne est-elle le laboratoire du développement durable ?

Depuis 20 ans, l'Europe est le terrain d'expérimentation du **développement durable**. Ce principe est intégré aux politiques des États de l'Union européenne et concerne en particulier les villes, la protection de l'environnement ou les modes de production. Or, les expériences européennes montrent qu'il n'existe pas un modèle unique de développement durable mais « des » développements durables.

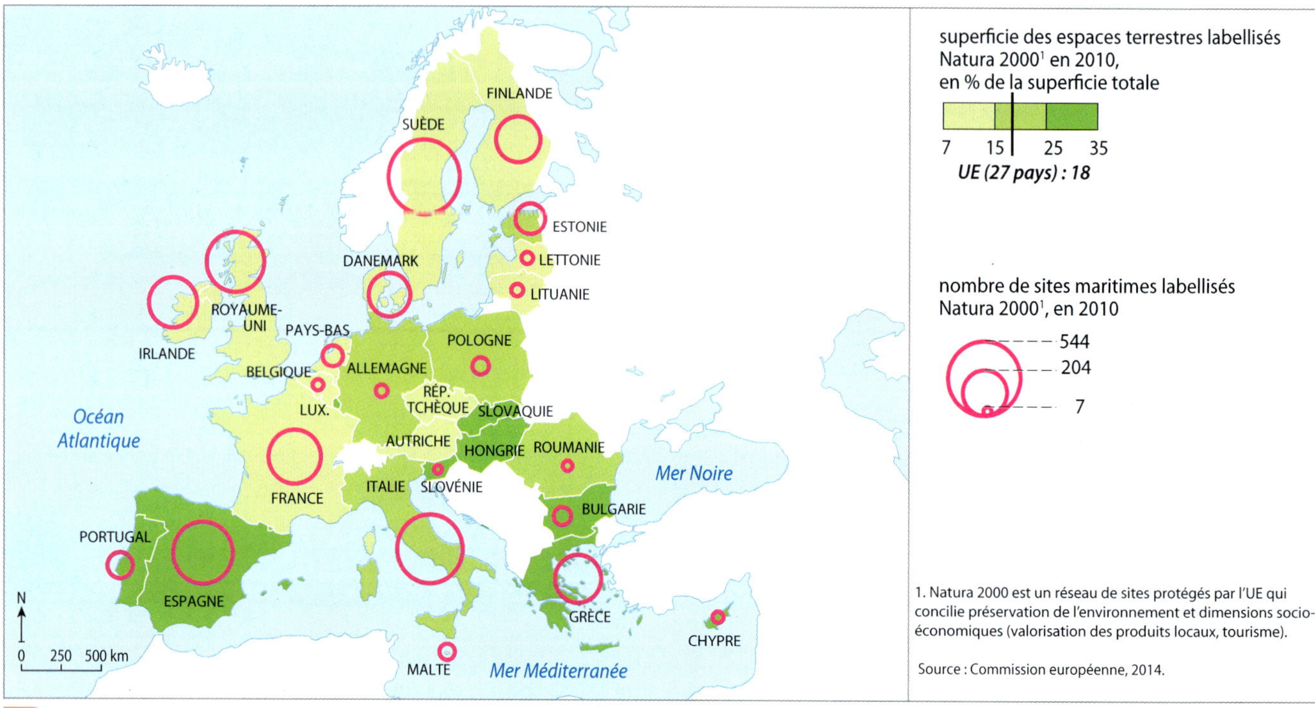

1. Natura 2000 est un réseau de sites protégés par l'UE qui concilie préservation de l'environnement et dimensions socio-économiques (valorisation des produits locaux, tourisme).

Source : Commission européenne, 2014.

1 Natura 2000 : le réseau de protection de la nature le plus avancé au monde

2 Turin, une valorisation durable du patrimoine industriel

Palais monumentaux, places pavées mais aussi tramways antiques, bus électriques, zones à vitesse limitée en centre ville, toits végétalisés et parcs installés sur d'anciennes friches industrielles… Longtemps connue pour abriter de grandes entreprises, comme l'usine Fiat, Turin a su se renouveler, en se tournant vers la culture et la préservation de son environnement. « La transformation qu'a connue Turin, explique E. Lavolta, adjoint au maire, a consisté à libérer des espaces qui ont permis de passer de 2 millions de m² d'espaces verts à 18 millions. » Turin a ainsi réinvesti le gigantesque bâtiment de l'entreprise automobile Fiat, pour le transformer en palais des congrès. Une autre friche[1] est devenue l'Environment Park, un immense parc où ont été déployés les toits végétalisés sur les parkings, où les espaces verts serpentent entre les immeubles et les vestiges industriels. Turin est aussi la capitale du *slow food*, c'est-à-dire de l'agriculture de proximité et avec elle de la responsabilité vis-à-vis des producteurs locaux et de l'environnement.

G. Lyvinec, « Turin échange avec Nantes Capitale verte », nantesmetropole, 2013.

1. Site abandonné ou inoccupé ayant accueilli une activité industrielle.

Vocabulaire

Agenda 21 local : plan d'action qui fixe la mise en œuvre de chaque pilier du développement durable à l'échelle d'un territoire (ville, région, État). Son adoption à l'échelle locale n'est pas obligatoire et son contenu est très variable.

Développement durable : voir p. 30.

Écocitoyenneté : voir p. 32.

Éco-construction : bâtiment construit dans le respect de l'environnement (matériaux locaux, énergie durable, récupération des eaux de pluie).

Écoquartier : quartier aménagé pour répondre aux objectifs du développement durable.

3 **Le premier** écoquartier **mondial : Vauban à Fribourg (1996 - Allemagne).** ① parc à vélo et piste cyclable ; ② voie du tramway ; ③ éco-constructions associant bureaux, commerces (produits biologiques, approvisionnement court) et logements (dont 20 % de logements sociaux).

4 **L'**Agenda 21 local **de la Communauté d'Agglomération du Sud-Est toulousain.** Depuis la conférence de Göteborg (Suède) en 2001, la stratégie européenne de développement durable adoptée par l'UE encourage les initiatives locales et en particulier l'adoption d'agendas 21 par les collectivités locales.

Activités

Recopiez l'organigramme suivant sur votre cahier et complétez-le à l'aide des informations des documents.

	À l'échelle européenne ou nationale (doc. 1)	À l'échelle locale (doc. 2, 3 et 4)
Pilier économique	• Natura 2000 :	• ....
Pilier environnemental	•	• ....
Pilier social et culturel	•	• Écocitoyenneté • ....

À partir du tableau complété, rédigez en une dizaine de lignes une réponse au sujet : « Pourquoi l'Union européenne est-elle le laboratoire du développement durable ? »

Consigne Bac

À partir des documents 3 et 4, montrez que la ville est au cœur du développement durable en Europe.

▸ MÉTHODE

• Pour analyser le sujet et la consigne p. 40.
• Pour identifier un document p. 41.

Exemple 6

La gestion des forêts au Gabon est-elle durable ?

Le Gabon (1,5 million d'habitants) dispose d'un sous-sol particulièrement riche (pétrole, métaux) et d'une superficie forestière immense (85 % du territoire). Alors que la production pétrolière a entamé son déclin, le Gabon affiche sa volonté de préserver et de valoriser ses forêts. Pourtant, la gestion durable de la forêt présente des limites.

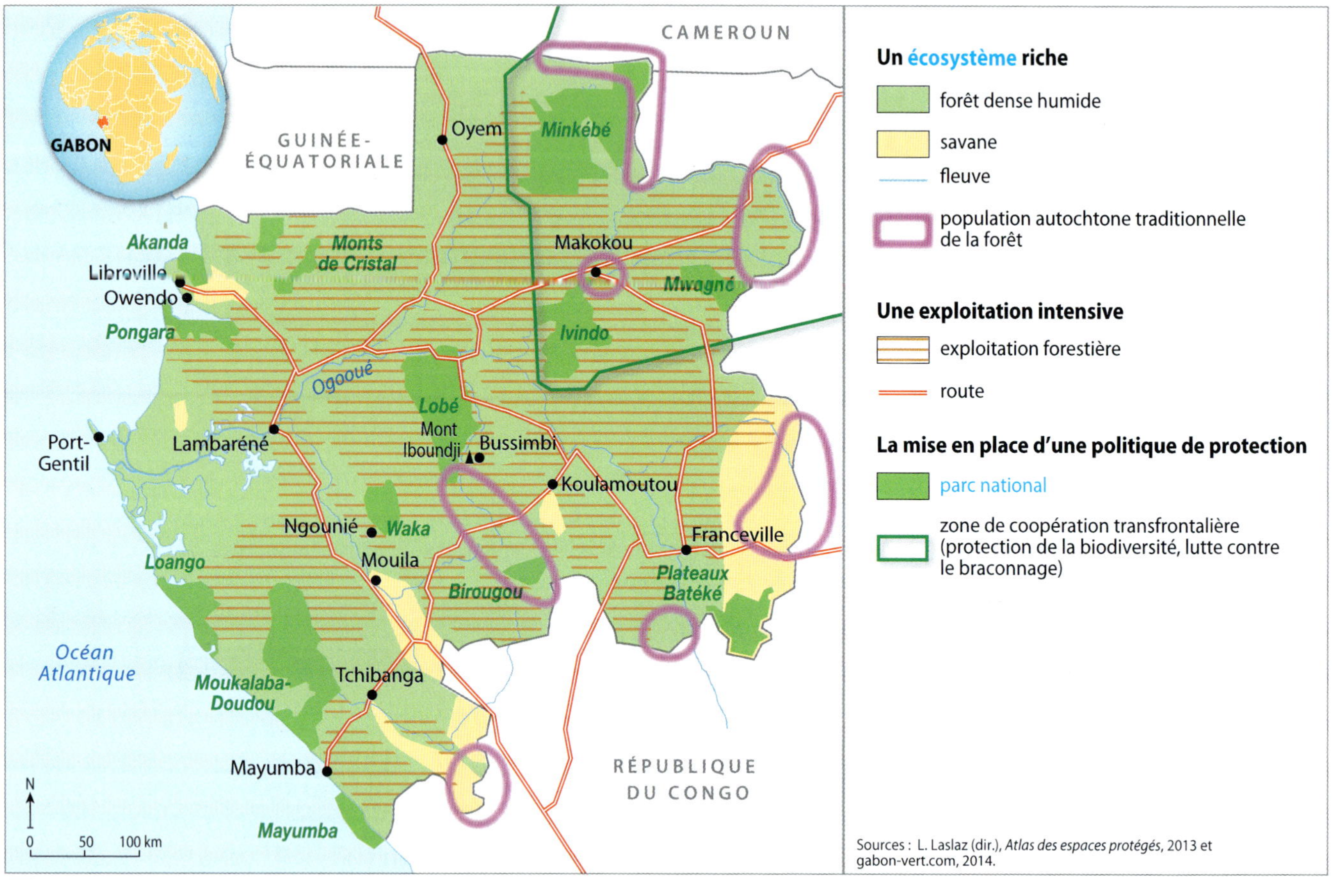

Sources : L. Laslaz (dir.), *Atlas des espaces protégés*, 2013 et gabon-vert.com, 2014.

1 Les forêts au Gabon, entre exploitation et protection

2 Le site officiel de l'État gabonais

Vocabulaire

Écosystème : système formé par un environnement et par l'ensemble des espèces qui y vivent.

***Greenwashing* (ou écoblanchiment) :** voir p. 32.

ONG (Organisation non gouvernementale) : organisation privée qui agit le plus souvent dans le domaine humanitaire ou environnemental. Elle ne relève ni d'un État ni d'une organisation internationale.

Parc national : espace protégé soumis à une réglementation spécifique pour assurer la sauvegarde de son patrimoine naturel ou/et culturel.

3 Les Pygmées, une population forestière marginalisée. Reconnus comme les premiers habitants de l'Afrique centrale, les Pygmées ne sont pourtant considérés comme citoyens gabonais que depuis 2013. Selon l'ONU, leur nombre varie entre 10 000 et 20 000 habitants, souvent dépossédés de leurs terres en faveur de l'exploitation forestière.

4 Des ONG environnementales présentes. Ce gardien de l'ONG WWF veille aux conditions durables d'exploitation de la forêt et à la protection des animaux sauvages.

5 Les freins à la gestion durable de la forêt

Les superficies exploitées ont doublé au cours des cinq dernières années, avec la présence de plus de 200 entreprises forestières, dont 57 concessions partagées entre les grandes entreprises européennes et asiatiques, dont les méthodes d'exploitation suscitent des interrogations écologiques et éthiques. L'organisation écologiste Global Forest Watch estime que si le déboisement se poursuit au rythme actuel, la moitié de la forêt gabonaise sera engloutie dans les années 2100. Les forêts du Gabon subissent des menaces de plus en plus graves à cause de l'exploitation forestière intense et de l'utilisation des techniques agricoles traditionnelles (brûlis). Mais le braconnage est considéré comme la menace la plus imminente pour les forêts et la diversité en Afrique centrale pour les dix prochaines années. Autant de signaux qui n'autorisent pas à parler d'un « Gabon vert » au présent. Il est évident qu'il y a des actions qui se réclament du développement durable mais qui ne sont qu'une « façade verte », un outil de marketing (***greenwashing***).

M. Ndoumou, *Le Niveau zéro du « Gabon vert » ou le comble d'une inquiétude*, Éditions universitaires européennes, 2012.

1. Superficie forestière louée à une entreprise qui en exploite le bois.

Activités

Recopiez le tableau suivant sur votre cahier et complétez-le à l'aide des informations des documents.

	Une politique affichée de gestion durable des forêts (doc. 1, 2 et 4)		Une politique critiquée (doc. 3 et 5)
	Actions et outils	Acteurs	
Pilier environnemental	•	•	• ....
Pilier économique	•	•	• ....
Pilier social et culturel	•	•	• ....

À partir du schéma complété, rédigez en une dizaine de lignes une réponse au sujet : « La gestion des forêts au Gabon est-elle durable ? »

Consigne Bac

À partir des documents 1 et 5, montrez que les intérêts sont parfois divergents entre les acteurs de la gestion des forêts au Gabon.

MÉTHODE
• Pour analyser le sujet et la consigne p. 40.
• Pour étudier une carte p. 43.

Comment l'Australie développe-t-elle un tourisme durable ?

Sensibles au fort impact environnemental provoqué par leur mode de vie, les Australiens instaurent aujourd'hui une politique globale de développement durable. Ainsi, pour accueillir des touristes au nombre croissant (3,7 millions en 1995, 6,4 en 2013), l'Australie développe un tourisme attractif fondé sur son patrimoine naturel et culturel. Grâce aux outils mis en place, cette stratégie sert de modèle de tourisme durable pour le reste du monde.

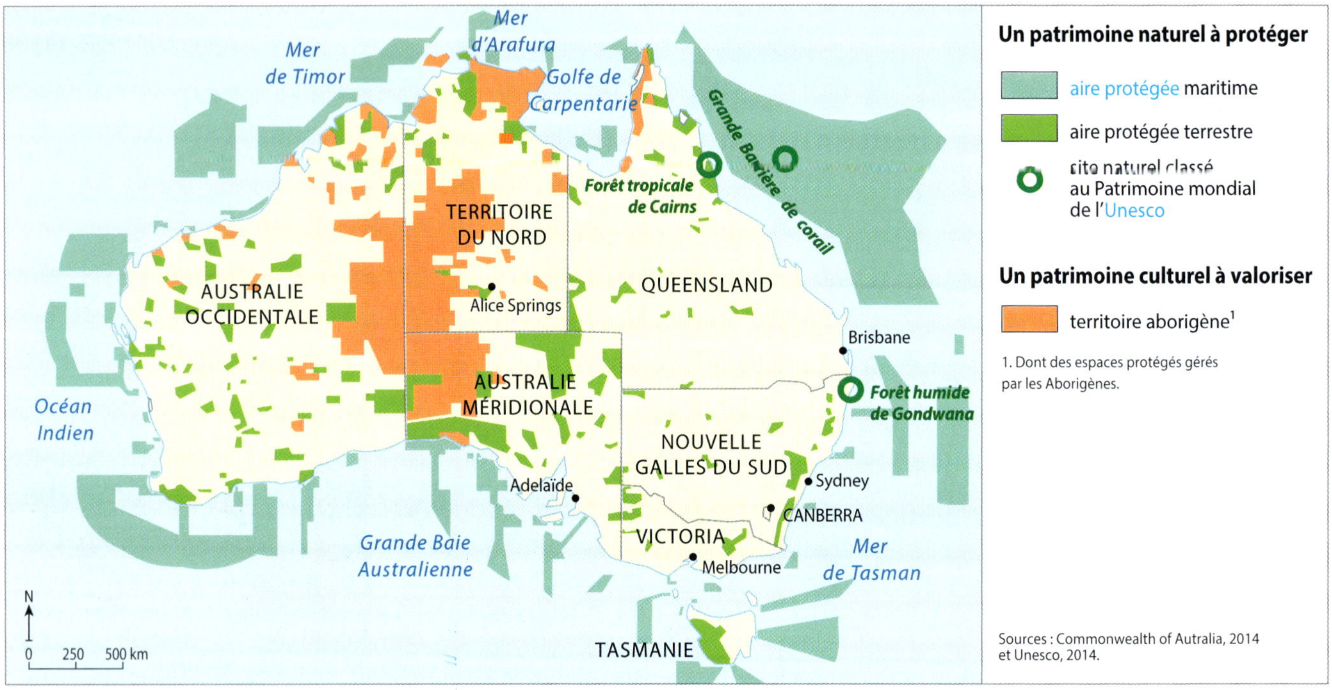

1 Les atouts du tourisme durable australien

2 La mise en place d'une politique de labels

Logos	Outils et acteurs	Exemples d'actions et réalisations
eco TOURISM AUSTRALIA	ONG australienne groupant des spécialistes de l'hébergement, des tour-opérateurs, des gestionnaires des aires protégées, des touristes et des chercheurs.	– Intégration de l'économie touristique à l'économie locale ; – Réduction de l'impact du tourisme sur l'environnement (gestion des déchets, énergies renouvelables) ; – Valorisation de la culture aborigène.
eco CERTIFIED Ecotourism	Label décerné par l'ONG Ecotourism Australia avec le soutien de l'État australien aux tour-opérateurs, aux communautés locales et aux particuliers.	– Centres de sensibilisation au tourisme durable ; – Logements écologiques.
Climate Action CERTIFICATION	Label décerné par l'État australien et l'ONG Ecotourism Australia aux hôtels, aux restaurants, aux sociétés de transport et aux agences de voyages.	Valorisation des actions qui réduisent les GES : – modes de transport qui respectent l'environnement ; – approvisionnement local dans la restauration.

Sources : ecotourism.org, 2014, et sustainabletourismaustralia.com, 2014.

Vocabulaire

Aire protégée : espace terrestre ou maritime soumis à une réglementation plus ou moins stricte visant à préserver son milieu (biodiversité, paysage, culture).

GES (Gaz à effet de serre) : gaz (CO_2, méthane, ozone) piégé dans l'atmosphère contribuant au changement climatique.

Mobilité douce : ensemble des modes de transport jugés plus propres à l'égard de l'environnement (vélo, tramway, téléphérique).

ONG (Organisation non gouvernementale) : voir p. 36.

Unesco : agence de l'ONU spécialisée dans la mise en place de projets destinés à favoriser la collaboration des États dans les domaines de l'éducation et de la culture.

3 Le Skyrail, une attraction écocertifiée (Queensland). Le tourisme durable en Australie développe notamment les mobilités douces. Dans les Cairns, ce téléphérique est la principale attraction touristique car il permet le survol des forêts tropicales sur plus de 7 km.

4 Concilier tourisme et protection de la nature, un défi difficile ?

Le gouvernement de l'État d'Australie occidentale a commencé l'abattage des grands requins blancs, tigres et taureaux de plus de trois mètres de long. Les écologistes et les militants des droits des animaux sont indignés par cette mesure, et certains scientifiques s'inquiètent des conséquences. L'Australie compte en effet 15 % des attaques mondiales de requins. Or, l'industrie du tourisme de l'Australie occidentale, qui emploie 56 000 personnes, est préoccupée par les conséquences à long terme de la hausse des attaques de requins. 64 % des touristes étrangers séjournent en bord de mer. Les grands blancs, qui sont responsables d'un tiers à la moitié de toutes les attaques de requins sur l'homme, constituent une espèce protégée en Australie et une exemption spéciale a été nécessaire pour l'abattage. En riposte, des manifestants se sont rassemblés sur les plages et dans les villes d'Australie sous le mot d'ordre « Les requins sont plus importants que les loisirs humains ».

The Washington Post, 7 février 2014.

5 La valorisation du patrimoine culturel des Aborigènes. Le tourisme durable en Australie comprend un volet socioculturel : le tourisme autochtone. Les Aborigènes sont directement impliqués dans cette activité qui valorise notamment la culture aborigène, comme en témoigne le festival annuel Garma.

Activités

Recopiez l'organigramme suivant sur votre cahier et complétez-le à l'aide des informations des documents.

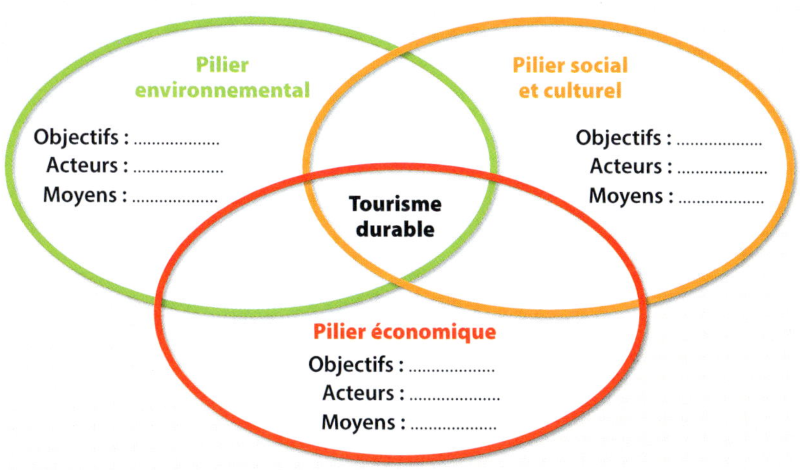

À partir de l'organigramme complété, rédigez en une dizaine de lignes une réponse au sujet : « Comment l'Australie développe-t-elle un tourisme durable ? »

Consigne Bac

À partir des documents 2 et 3, présentez les piliers du tourisme durable en Australie.

MÉTHODE

- Pour analyser le sujet et la consigne p. 40.

Étude de documents

Capacités travaillées
- Analyser un sujet et une consigne
- Identifier un document

Exercice guidé

SUJET : De nouveaux besoins pour 82 millions d'Égyptiens

À l'aide des documents, montrez que la croissance démographique de l'Égypte entraîne de nouveaux besoins à satisfaire.

1 **Familles dans un quartier populaire du Caire**

2 **L'évolution démographique et économique depuis 1990**

	1990	2012
Population, en millions d'habitants	56	82
Nombre d'enfants par femme	4,4	2,8
Espérance de vie, en années	65	71
PIB/hab., en dollars	766	3 187
Part de la superficie agricole, en %	2,7	3,7

Source : Banque mondiale, 2014.

A Analyser le sujet et la consigne

Méthode

Le sujet donne le thème central à étudier ; la consigne permet d'orienter le travail.

a. **Identifier les notions clés.** Apporter une définition géographique précise de ces notions clés en consultant les pages cours du manuel et le cahier.

b. **Délimiter l'espace concerné.**

1) Identifiez les notions clés et délimitez l'espace concerné.

Calculez l'augmentation de la population égyptienne entre 1990 et 2012. Comparez cette évolution avec celle de la population mondiale. Aide : Repère A p. 24

De nouveaux besoins pour 82 millions d'Égyptiens

À l'aide des documents, montrez que la croissance démographique de l'Égypte entraîne de nouveaux besoins à satisfaire

L'étude porte sur l'Égypte. Pourquoi est-ce un exemple intéressant pour illustrer la croissance démographique ? Aide p. 28-29

Quels sont les besoins essentiels à satisfaire pour une population ?

2 Dans le tableau suivant, listez les informations des documents en fonction des notions clés du sujet et de la consigne.

Notions clés	Doc. 1	Doc. 2
Croissance démographique	– …… – ……	– nombre d'enfants par femme en baisse = transition démographique en cours – ……
Nouveaux besoins	– ……	– ……

B Identifier un document

Méthode

La nature du document aide à comprendre le sujet.

a. **Identifier la nature du document :** texte, affiche, carte, graphique, dessin de presse, photographie…

b. **Identifier les conditions de production :** auteur, date, destinataire, sources…

3 Sélectionnez dans la liste suivante les termes adaptés et rédigez une phrase de présentation de la nature des documents :

histogramme ; données quantitatives ; organigramme ; tableau statistique ; photographie ; image satellitale ; schéma ; données officielles.

Sujet d'entraînement

SUJET : La gouvernance locale, un enjeu du développement durable

Montrez, à partir de cette affiche, que les agendas 21 locaux tentent de répondre aux objectifs économiques, sociaux et environnementaux du développement durable.

Étude de documents

Capacités travaillées
- Analyser un sujet et une consigne
- Étudier une carte

Exercice guidé

SUJET : Les inégalités de croissance démographique dans le monde

Montrez que la croissance démographique est inégale entre les pays du Nord et les pays du Sud, mais que les situations sont également très contrastées à l'intérieur de chacun de ces groupes.

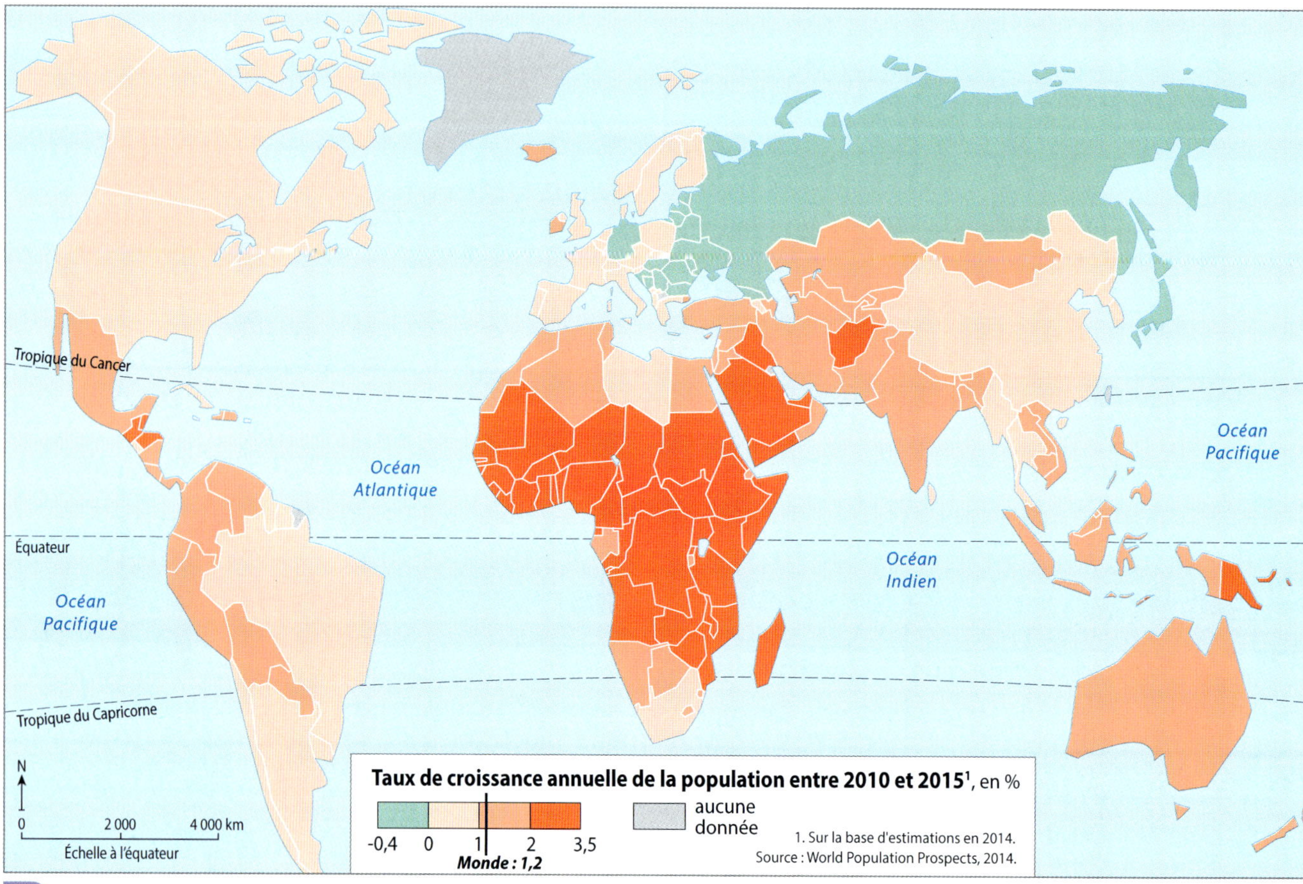

1 La croissance de la population dans le monde

A Analyser le sujet et la consigne

1) Identifiez les notions clés et délimitez l'espace concerné. **Méthode** p. 40

Comment expliquer les inégalités démographiques dans le monde ? **Aide p. 24**

La carte est à l'échelle mondiale mais donne des informations à l'échelle nationale.

Les inégalités de croissance démographique dans le monde

Montrez que la croissance démographique est inégale entre les pays du Nord et les pays du Sud, mais que les situations sont également très contrastées à l'intérieur de chacun de ces groupes.

Qu'est-ce que la croissance démographique ?

La consigne invite à étudier les inégalités à deux échelles. Lesquelles ?

B Étudier une carte

Méthode

La carte est l'outil de géographie par excellence.

a. Identifier la source : auteur, date, provenance des données chiffrées (FMI, PNUD…).

b. Décrire la carte :
– Repérer les grands ensembles géographiques dessinés en fonction de l'information représentée ;
– Identifier les exceptions au sein de chaque grand ensemble.

c. Interpréter la carte :
– Utiliser les connaissances extraites du cours pour expliquer les grands ensembles géographiques et les exceptions ;
– Organiser les informations en lien avec les différentes parties de la consigne.

Le titre informe sur la nature de l'information représentée.

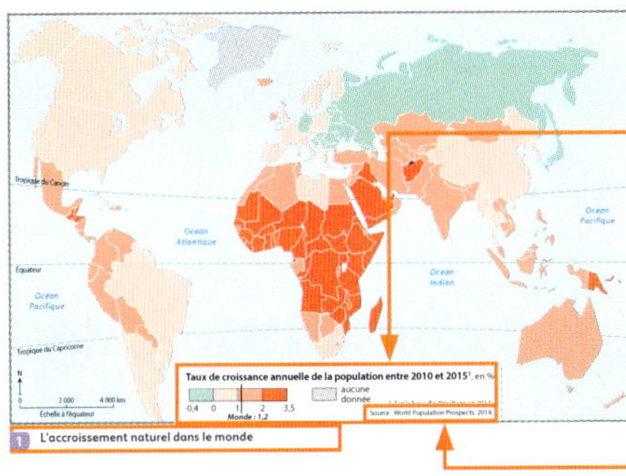

La légende permet la lecture de la carte.

Les sources informent sur la provenance des informations représentées. Ce sont souvent des sites institutionnels.

2 Rédigez une ou deux phrases de présentation du document en vous appuyant sur les informations fournies dans les cartouches de lecture.

3 Complétez le tableau suivant.

	Description des grands ensembles géographiques	Interprétation (explication du découpage)	Exceptions
Nord	– croissance démographique inférieure à 1 % –	– fécondité faible – .... **Aide** doc. 2 p. 22	– Australie : pays d'immigration
Sud	–	–	– .... **Aide** p. 26-27

Sujet d'entraînement

SUJET : Les inégalités de développement dans le monde

Montrez, à travers l'exemple des dépenses de santé, que les inégalités de développement sont importantes dans le monde.

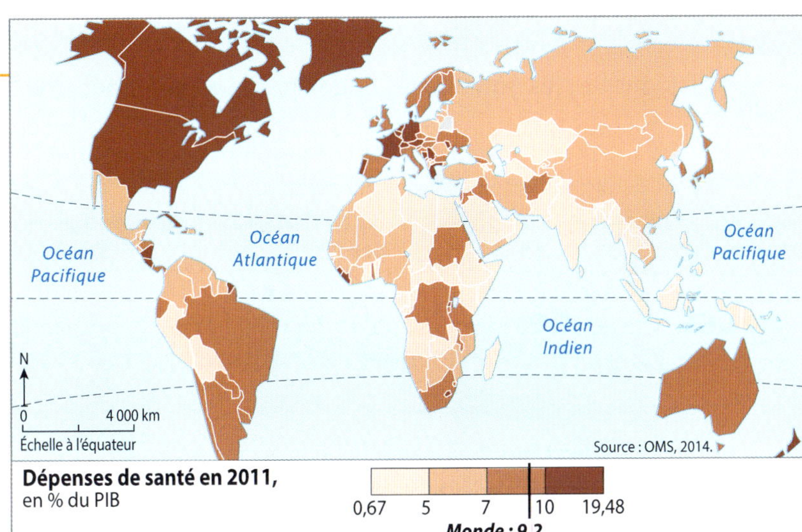

Production graphique

Capacités travaillées
- Analyser un sujet
- Présenter un croquis

Exercice guidé

SUJET : Les défis de la croissance démographique et du développement en Chine

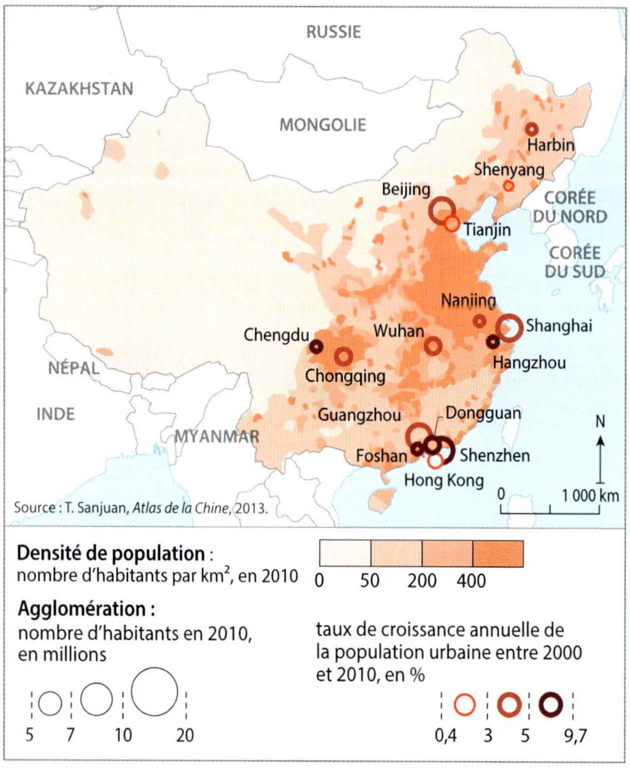

1 La population en Chine

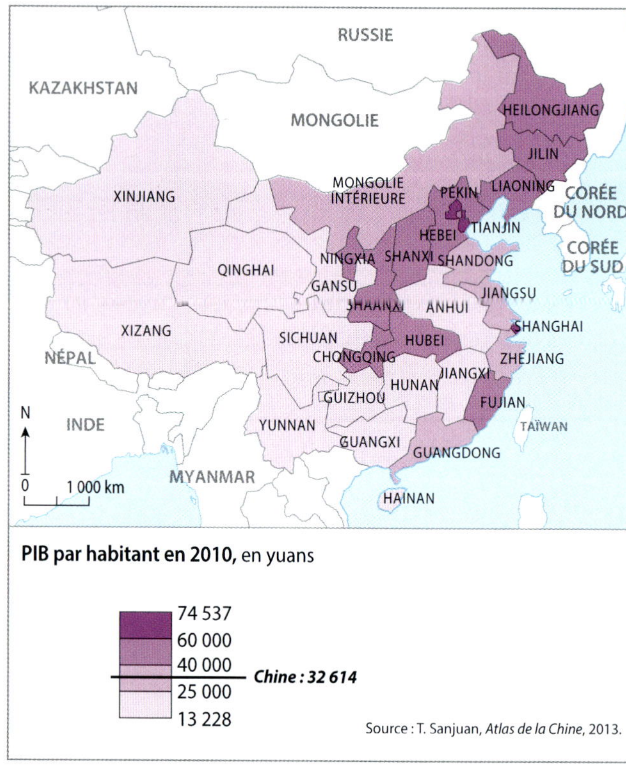

2 Le développement en Chine

A Analyser le sujet

Méthode

a. **Délimiter l'espace concerné :** comprendre son intérêt par rapport au sujet.
b. **Identifier et expliquer les notions clés :** réfléchir en particulier à la façon dont ces notions peuvent être cartographiées en mobilisant ses connaissances.
c. **Dégager une problématique :** comprendre le sujet.

1) Identifiez les notions clés et délimitez l'espace concerné.

Appuyez-vous sur les informations suivantes pour identifier les deux principaux défis liés au sujet.
Population chinoise : 1,4 milliard ; IDH : 101e rang mondial.

Définissez le développement.

Les défis de croissance démographique et du développement en Chine

La croissance démographique se reflète dans l'explosion urbaine de la Chine. Repérez les villes dont le taux de croissance annuelle est supérieur à 3 % (soit au moins 75 % en 10 ans).

Pourquoi la Chine est-elle un pays intéressant pour aborder les défis de la population et du développement ?

B Présenter un croquis

Méthode

Une carte comporte :

Titre
Orientation
Nomenclature (noms de lieux, océans…)
Légende comportant des figurés associés à des informations
Echelle
Cadre

Conseil : Dans cet ordre, les premières lettres de ces éléments forment un acronyme facile à mémoriser : **TONLEC**

2 Complétez le croquis, son titre et sa légende à partir des informations des doc. 1 et 2.

Titre : ……………………………………………………

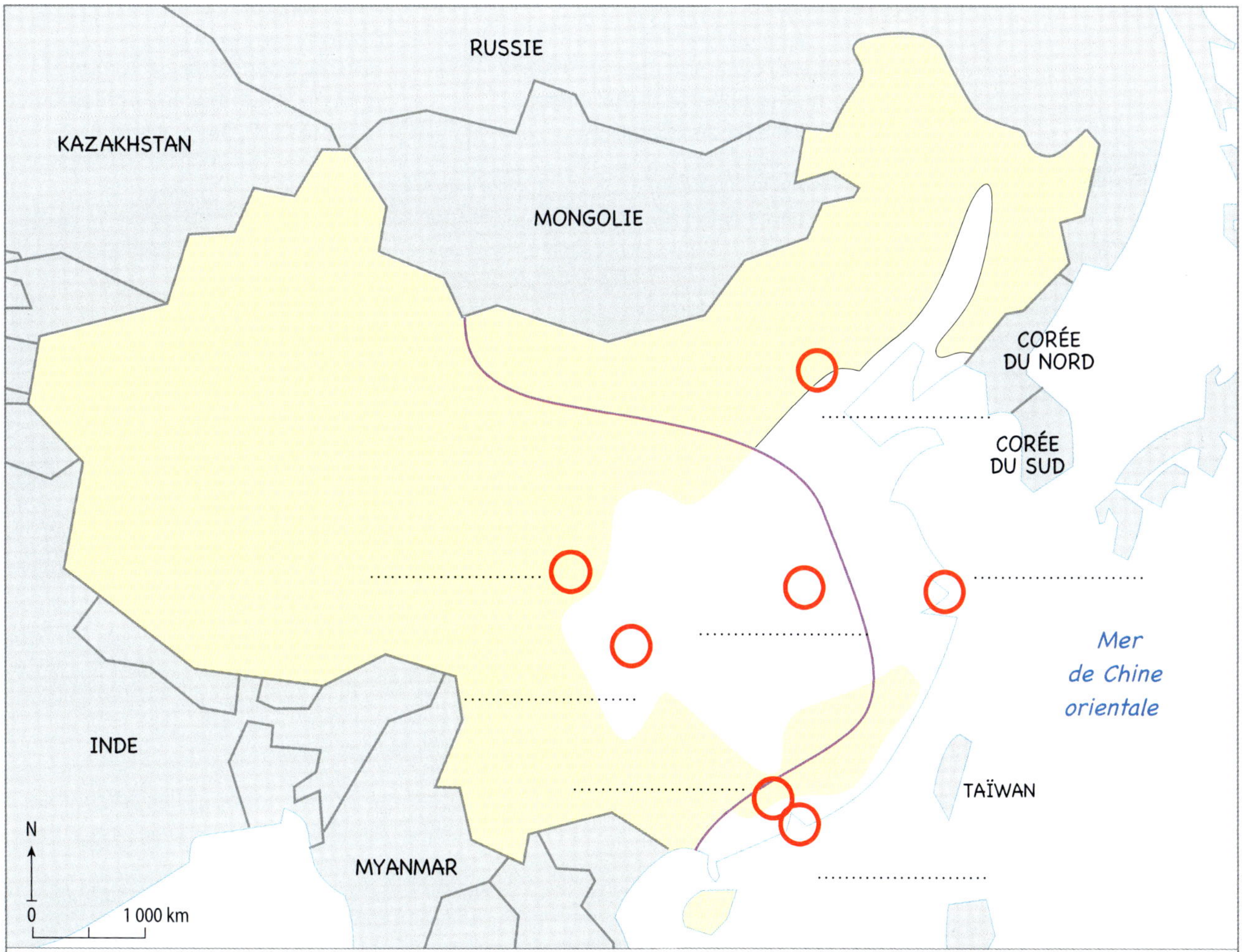

Des défis démographiques : inégalités de peuplement et croissance urbaine

- (orange) ……………………………………………
- (jaune pâle) zone de densité de population inférieure à 200 hab./km²
- (cercle rouge) ……………………………………………

Des défis de développement

- (blanc) ……………………………………………
- (hachuré) Chine en fort développement

3 Complétez le croquis en appliquant chaque point du TONLEC.

Composition

Capacités travaillées
- Analyser le sujet
- Choisir une problématique

Exercice guidé

SUJET : Les enjeux du développement durable dans le monde

A Analyser le sujet

Méthode

a. **Identifier et mettre en relation les notions clés.**
b. **Chercher dans le manuel les mots pour les définir.** Apporter une définition géographique.
c. **Délimiter l'espace concerné.**
– Quelle échelle ? *monde/continent/région/état/ville* ;
– Quel type d'espace ? *urbain/rural/littoral.*

● Identifiez les notions clés et délimitez l'espace concerné.

Le développement est l'ensemble des conditions sociales et économiques apportant aux hommes la satisfaction de leurs besoins essentiels.

L'espace concerné est le monde mais le sujet implique également d'autres échelles. Lesquelles ?

Les enjeux du développement durable dans le monde

Complétez la liste des enjeux du développement durable : mettre en place une gouvernance mondiale, satisfaire les besoins essentiels de toutes les sociétés…

Quelle différence y a-t-il entre le développement et le développement durable ? **Aide à la réponse** p. 32.

B Choisir une problématique

Méthode

a. **Interroger le sujet pour en dégager les enjeux :**
Quels problèmes ? Quelles solutions ? Quelles limites ?
b. **Formuler la problématique** sous la forme d'une question qui englobe l'ensemble du sujet. Elle doit servir de fil directeur à la composition.

La problématique la plus simple est : Quels sont les enjeux du développement durable dans le monde ?
Vous pouvez cependant formuler une problématique qui ne se contente pas de recopier les termes du sujet.
Proposition de formulation :

La formule donne une dynamique au sujet. Il est possible d'utiliser d'autres formules : Dans quelle mesure ? Par quels moyens ? Comment ?...

Le développement durable doit être défini en insistant sur sa spécificité par rapport au développement.

Ce terme insiste sur le rôle central du développement durable.

En quoi le développement durable est-il au cœur d'enjeux multiples à toutes les échelles ?

La formule met l'accent sur la grande diversité des questions liées au développement durable.

Cette précision montre la bonne compréhension du sujet qui n'est pas limité aux seules différences Nord/Sud.

Fiche de révision

COMMENT ASSURER UN DÉVELOPPEMENT DURABLE POUR PLUS DE 7 MILLIARDS D'HOMMES ?

DES CONTRASTES DE DÉVELOPPEMENT	DE NOUVEAUX BESOINS À SATISFAIRE	VERS UN DÉVELOPPEMENT DURABLE ?
Des indicateurs multiples de développement	Croissance démographique	Trois piliers : environnemental, économique et social
Des inégalités de développement : • À l'échelle mondiale : Nord/Sud • À l'échelle locale	Croissance des besoins	• Équilibre rare des trois piliers • Priorité à la satisfaction des besoins essentiels dans les pays du Sud
Des tentatives pour favoriser le développement (Objectifs du millénaire pour le développement)	Des défis à relever : • Satisfaire les besoins • Réduire les inégalités	+ Des outils à toutes les échelles • Conférences internationales • Agendas 21 locaux

A Quels sont les contrastes de développement dans le monde ?

Longtemps confondu avec la croissance du PIB, le développement est l'ensemble des conditions de vie apportant aux hommes la satisfaction de leurs besoins. Ses indicateurs de mesure, multiples (IDH, IPM) et objets de débat, montrent de grandes inégalités à toutes les échelles : entre pays du Nord et du Sud, et de plus en plus, à l'intérieur des régions (Asie, Afrique) et des États (Mexique, Brésil). Face à cette situation, l'ONU (OMD) œuvre pour une réduction de la pauvreté et des inégalités.

B Pourquoi les hommes ont-ils davantage de besoins à satisfaire ?

La population mondiale a quadruplé en un siècle en raison de la transition démographique (baisse de la mortalité, puis de la natalité). Si le rythme de croissance est aujourd'hui ralenti, il est aussi inégal (fort dans les PMA, faible au Nord) et crée de nouveaux besoins (alimentation, eau, énergie). Ces besoins sont inégalement satisfaits selon le niveau de développement et posent de nouveaux défis : gestion et préservation des ressources, pression sur les espaces fragiles (littoraux, Arctique).

C Quels sont les enjeux du développement durable ?

Le développement durable est proposé actuellement par les grandes organisations internationales (ONU) comme une solution pour répondre aux inégalités de développement et aux pressions sur les ressources. Objet de débat, il propose de poursuivre trois objectifs (économique, social et environnemental) sans pour autant s'imposer en modèle. En effet, chaque territoire doit trouver son propre mode durable de développement aussi bien à l'échelle des États (pays du Nord, pays émergents) qu'à l'échelle locale (régions et villes utilisant des agendas 21).

Comment gérer durablement les ressources terrestres ?

Comment faire face à la croissance urbaine ?

Comment gérer durablement les espaces terrestres fragiles ?

Thème 2 Gérer les ressources terrestres

Le centre d'agriculture biologique de Songhaï (Bénin).

Au Bénin, 40 % de la population vit de l'agriculture, et en particulier du coton. Le centre Songhaï, créé en 1985 par l'ONG du même nom, participe à la diversification agricole du pays (cultures vivrières, pisciculture) en formant les jeunes paysans aux techniques de l'agriculture biologique. On y pratique des techniques d'irrigation économes en eau (goutte à goutte, aspersion au jet), dans un pays où l'accès à l'eau n'est pas assuré pour 31 % de la population rurale. De même, l'énergie solaire et les agrocarburants y sont développés. L'objectif de ce centre est d'assurer une gestion durable de l'ensemble des ressources (terres, eau, énergie) du pays.

CHAPITRE

2 Nourrir les hommes

- La croissance des populations dans le monde entraîne une hausse de la demande en nourriture. Cependant, les situations sont très inégales et, si on compte aujourd'hui près d'un milliard de sous-alimentés, il y a autant de personnes en surpoids.
- Si l'agriculture vivrière reste vitale dans les pays du Sud, ce sont les progrès de l'agriculture commerciale qui ont permis la croissance des productions et des échanges mondiaux. Aujourd'hui, ces progrès atteignent leurs limites.
- Des solutions agricoles durables se développent pour produire, commercialiser et consommer autrement. L'enjeu est de nourrir sainement les hommes tout en respectant l'environnement et en permettant aux paysans de vivre décemment de leur travail.

Comment nourrir durablement plus de 7 milliards d'hommes ?

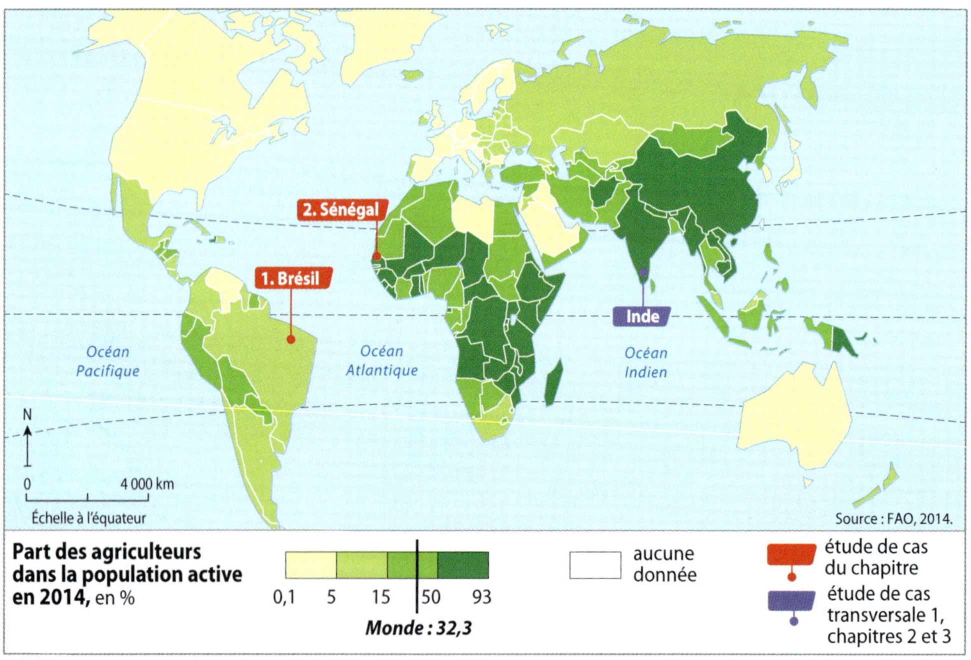

1 Les agriculteurs dans le monde

Questions

1. Comment la photographie ci-contre montre-t-elle que la riziculture est une activité majeure qui façonne les paysages indonésiens ?
2. Quelles sont les régions dans le monde où la part des actifs agricoles est forte ? Quelles sont celles où elle est faible ?
3. Quel est le rôle de la main-d'œuvre agricole dans la riziculture en Indonésie ?

2 Paysans cultivant des rizières en terrasses en Indonésie.

Les rizières indonésiennes, en particulier les rizières étagées, façonnent le paysage et résultent d'une mise en valeur et de techniques très anciennes. Les 110 millions de paysans que compte le pays produisent cette plante, à la base de l'alimentation nationale, dans de toutes petites exploitations et contribuent à faire du pays le troisième producteur mondial de riz. Pourtant, cette production ne suffit pas à satisfaire la forte consommation nationale (135 kg par personne et par an) et l'Indonésie doit importer un peu plus de riz chaque année de Thaïlande ou du Vietnam.

Le Brésil, la nouvelle ferme du monde ?

La croissance des productions agricoles du Brésil en fait aujourd'hui une des grandes puissances au monde. Elle a également accompagné la croissance de sa population, sans éliminer tous les problèmes alimentaires du pays. La mise en œuvre de modes agricoles durables est donc un enjeu majeur pour le Brésil.

Le Brésil en chiffres

- **Population :** 198 millions d'habitants
- **Superficie :** 8,5 millions de km²
- **IDH (rang mondial) :** 0,730 (85e)

A Quelle est la situation alimentaire au Brésil ?

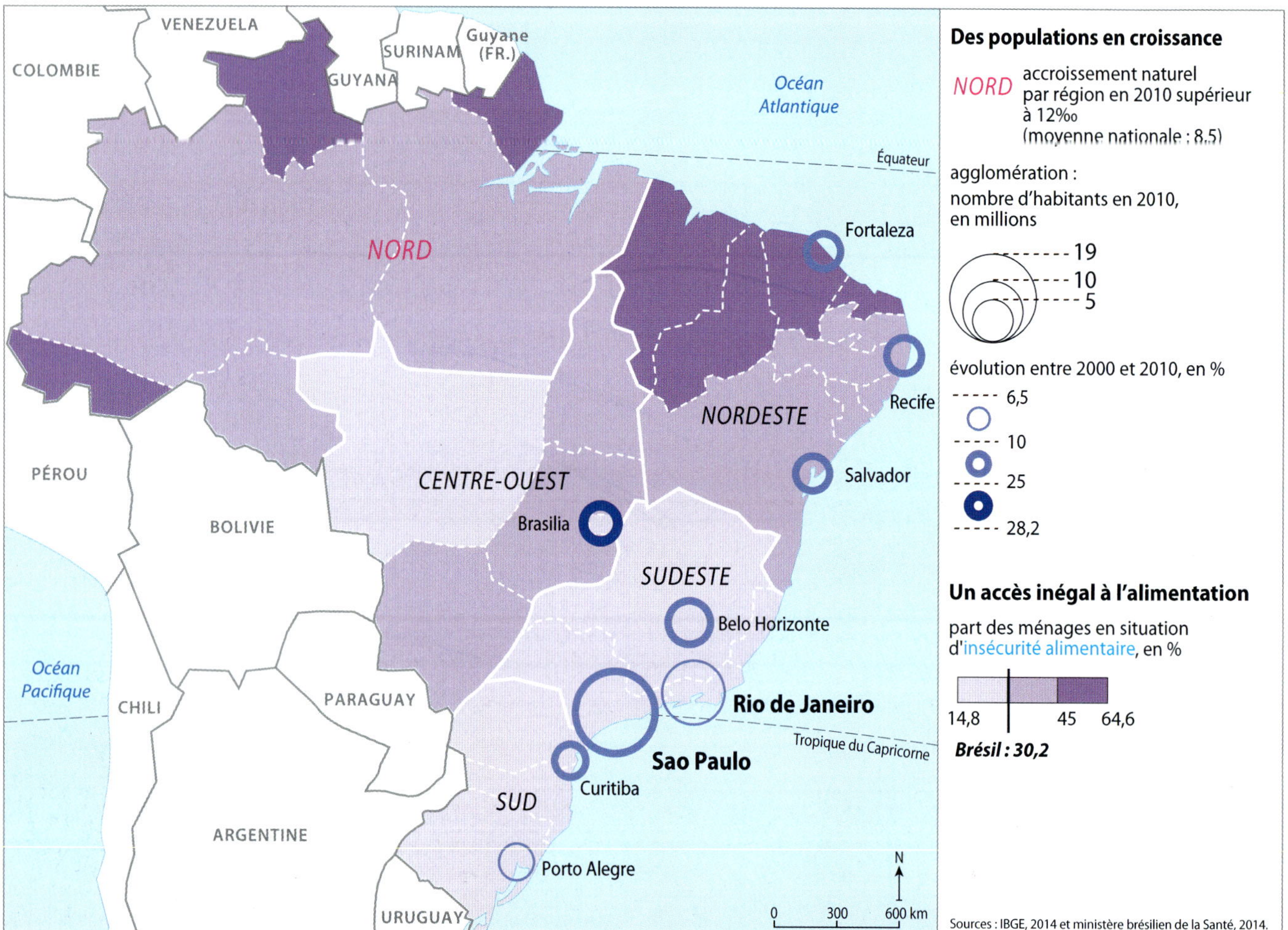

1 Croissance des populations et situation alimentaire

Vocabulaire

Insécurité alimentaire : situation d'une population n'ayant pas accès à une alimentation suffisante. La situation inverse caractérise la sécurité alimentaire.

Malnutrition : déséquilibre de la ration alimentaire quotidienne caractérisé par les carences ou les excès de certains aliments.

Obésité : maladie liée à l'accumulation excessive de graisses dans l'organisme.

Transition alimentaire : processus de modification des régimes alimentaires où les calories d'origine animale remplacent dans des proportions croissantes les calories d'origine végétale.

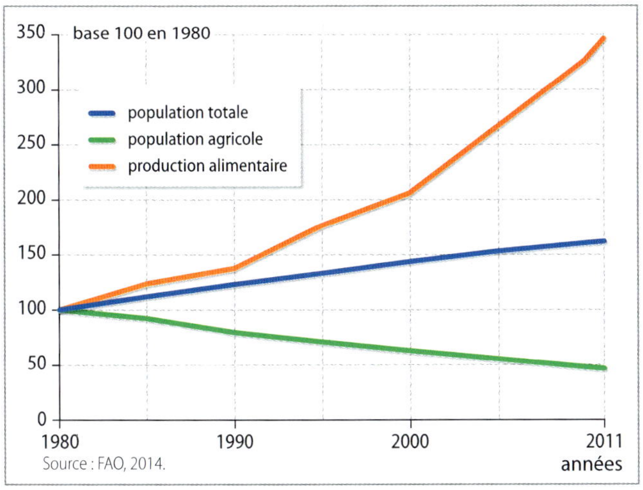

2 L'évolution de la demande alimentaire

3 **Distribution de vivres dans le cadre du programme *Fome zero*.** Ce programme alimentaire a permis, depuis 2003, une baisse de 70 % de la malnutrition et de la mortalité infantile de 47 %.

4 Une transition alimentaire en cours

	Quantité d'aliments consommée, en kg par personne et par an		Quantité d'aliments produite, en kg par personne et par an	
	1960	**2010**	**1960**	**2010**
manioc	77	43	244	125
riz	57	52	72	58
blé	30	54	7	32
viande bovine	18	38	18	47
lait	63	137	71	158

Source : FAO, 2014.

5 Les deux formes de malnutrition au Brésil

Eldorado est l'une des favelas les plus pauvres de Sao Paulo. « À l'école, les enfants ont un repas complet par jour », explique Jonathan Hannay, secrétaire général d'une association locale, la Children at Risk Foundation. « Mais pendant les vacances, ils arrivent sans avoir rien mangé. Alors nous leur donnons des bananes. C'est nourrissant, bon marché, et c'est bon pour le cerveau. » Si les enfants d'Eldorado sont mieux nourris aujourd'hui, c'est en partie grâce à la campagne *Fome Zero* [Faim zéro], qui a permis de réduire la malnutrition au Brésil. Cette campagne embrasse tous les aspects du problème, du programme conditionnel *Bolsa Familia* (qui accorde par exemple des aides aux familles pauvres dont les enfants sont scolarisés et vaccinés) aux projets d'irrigation en passant par le soutien des petits paysans.

Paradoxalement, la malnutrition peut également être un facteur d'obésité à l'âge adulte. Dans le ventre de la mère et durant les premières années de la vie, l'organisme s'adapte à un régime alimentaire pauvre en amassant tout ce qu'il peut sous forme de graisse (c'est-à-dire de réserves d'énergie). Le métabolisme ne change pas par la suite, ce qui explique l'explosion du taux d'obésité dans les pays sortis de la pauvreté[1].

The Economist, Londres, 24 février 2012.

1. 15 % des Brésiliens adultes sont obèses, particulièrement dans les grandes villes (17 % à Rio de Janeiro, 19 % à Porto Alegre).

Questions

1. Quelles sont les évolutions quantitatives et qualitatives de la demande et de l'offre alimentaires au Brésil ? (doc. 2 et 4)
2. Quels problèmes alimentaires le Brésil doit-il affronter ? (doc. 1 et 5)
3. Comment l'État brésilien y fait-il face ? (doc. 3 et 5)
4. Montrez que l'accès à l'alimentation est inégal à toutes les échelles. (doc. 1 et 5)

▶ **Bilan :** Complétez la 1re colonne de l'organigramme bilan p. 58.

B Quels sont les différents systèmes agricoles au Brésil ?

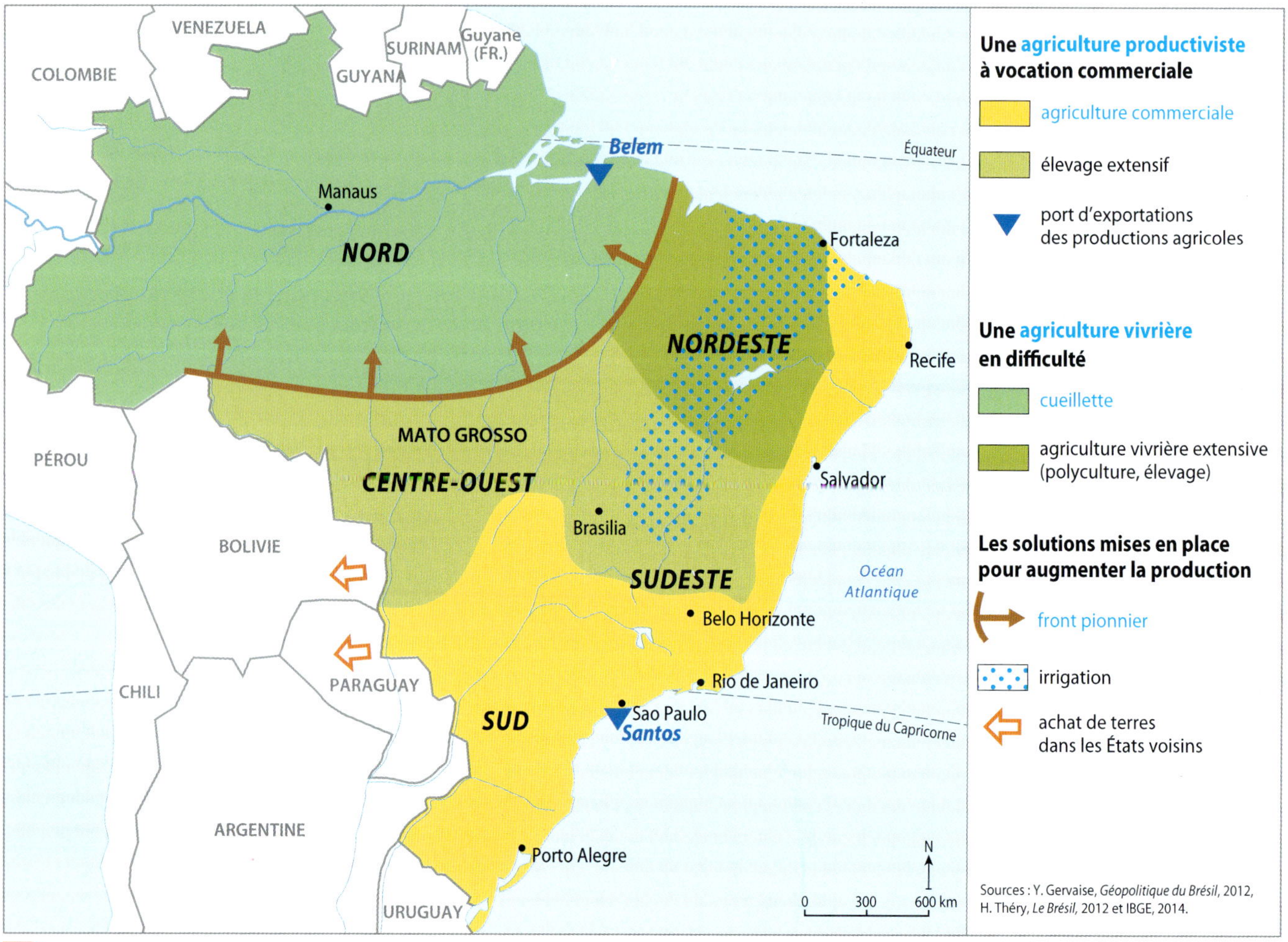

6 Des systèmes agricoles très contrastés

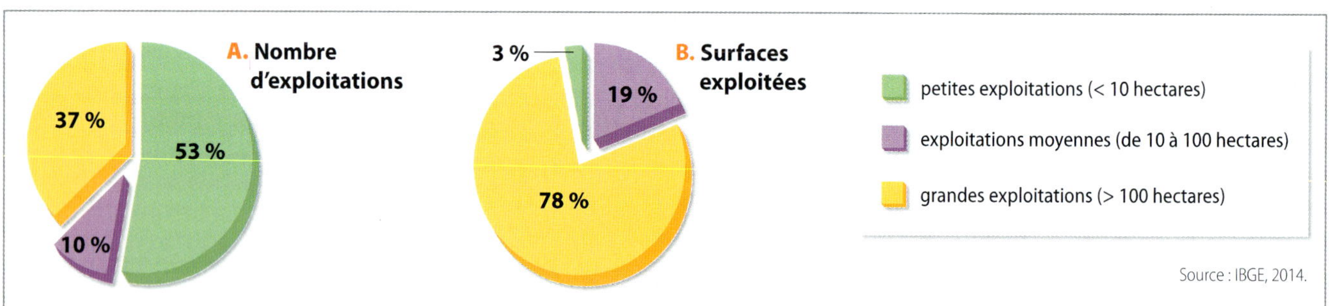

7 De profondes inégalités foncières

Vocabulaire

Agro-business : ensemble des activités développées autour de l'agriculture commerciale (transformation, commercialisation).

Agriculture commerciale : agriculture dont la production est destinée à la vente (marchés urbains, exportations).

Agriculture productiviste : agriculture commerciale recherchant l'augmentation des rendements par l'utilisation des progrès scientifiques et techniques.

Agriculture vivrière : agriculture dont la production est destinée à l'autoconsommation ou à la vente sur les marchés locaux.

Cueillette : ramassage des produits comestibles offerts par le milieu naturel.

Front pionnier : espace en cours de mise en valeur par les hommes.

Réforme agraire : transformation profonde du système agricole, par exemple par une redistribution des terres.

8 Une agriculture inégalitaire

Le Brésil s'affirme comme le futur géant du secteur, notamment par ses zones de production du Mato Grosso qui sont un exemple d'**agro-business**. La production agricole a augmenté de 62 % entre 1992 et 2006 grâce à la mécanisation, aux engrais et aux OGM. Il est aujourd'hui le 1er producteur mondial de sucre, de jus d'orange, le 2e de biocarburants (30 % de la production agricole destinée à l'exportation). Mais seulement 10 % de la population brésilienne possède 50 % du revenu national et 10 % des plus pauvres seulement 1 %. Le Mouvement des Sans Terre (MST, né en 1984) rassemble des centaines de milliers de paysans, métayers et salariés agricoles pour obtenir une **réforme agraire** pour 12 millions de paysans. Il instaure des programmes de formation agricole, des coopératives, gère près de 1 300 écoles primaires et fonde, en 2004, la première université populaire du Brésil. Il multiplie également les occupations de terre par l'implantation de campements agricoles au bénéfice des paysans les plus modestes.

F. Favier, *Amériques, un continent, deux mondes*, Ellipses, 2012.

9 Récolte de soja dans le Mato Grosso

10 Le Brésil, un géant agricole

	Exportations[1]	
	Part des exportations mondiales en 2011, en %	Rang
café	23	1er
jus d'orange	40	1er
sucre	44	1er
soja	36	2e
viande bovine	12	1er

Source : FAO, 2014.

1. Le Brésil exporte presque deux fois plus qu'il n'importe de produits agricoles.

11 Récolte de manioc en Amazonie

Questions

1. Quels sont les principaux types d'agriculture au Brésil ? (doc. 6)
2. Quels sont les acteurs et les moyens de l'agriculture vivrière brésilienne ? (doc. 7 et 11)
3. Quels sont les acteurs de l'agriculture productiviste brésilienne ? Quels moyens l'agriculture productiviste utilise-t-elle pour augmenter les productions ? (doc. 7 et 9)
4. Pourquoi peut-on dire que l'agriculture brésilienne est de plus en plus exportée ? (doc. 8 et 10)

▶ **Bilan :** Complétez la 2e colonne de l'organigramme bilan p. 58.

C Pourquoi le modèle agricole brésilien est-il peu durable ?

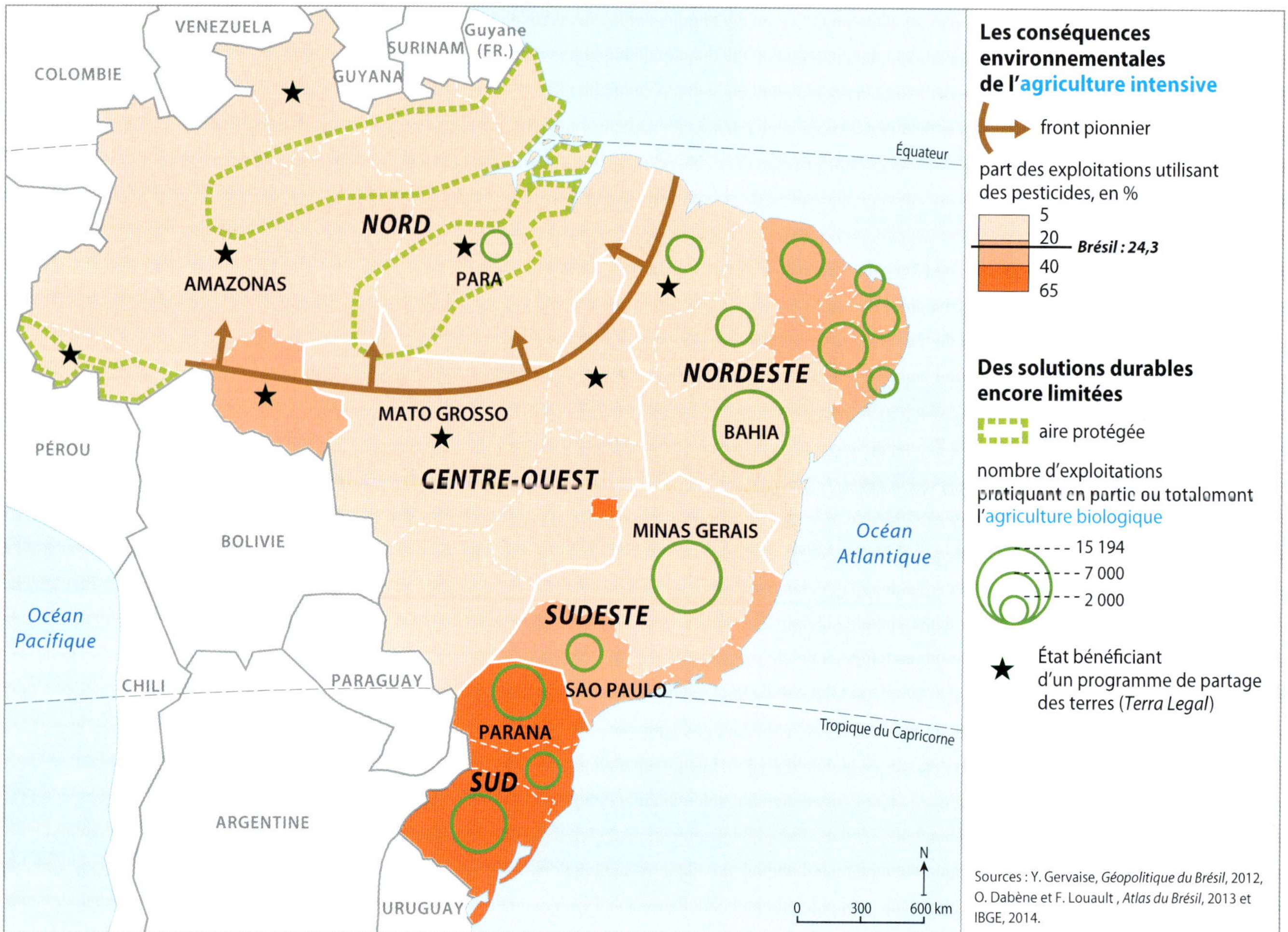

12 Les limites du modèle agricole brésilien

13 La déforestation au profit de la culture du soja en Amazonie

Vocabulaire

Agriculture biologique : agriculture n'utilisant ni intrants d'origine industrielle (pesticides, engrais) ni OGM.

Agriculture intensive : agriculture à fort rendement à l'hectare.

Commerce équitable : commerce qui cherche à assurer des revenus plus décents aux producteurs des pays du Sud par un meilleur partage de la valeur de la vente de leurs produits aux consommateurs du Nord.

Coopérative : groupement d'agriculteurs dont le but est d'organiser la production et la vente de leurs produits afin de défendre leurs intérêts (notamment leurs revenus) sur le marché agricole.

OGM (Organisme génétiquement modifié) : organisme vivant (animal, végétal ou micro-organisme) dont le patrimoine génétique a été modifié pour lui donner de nouvelles propriétés (résistance aux maladies et aux insectes, quantité d'aliments par plant).

14 La culture du soja OGM

Le soja [*génétiquement modifié*] représente 85 % des 25 millions d'hectares de soja plantés dans tout le Brésil, soit 7 % du territoire. En 2011, le Brésil était le 2e producteur et exportateur mondial – derrière les États-Unis – de cet oléagineux utilisé pour alimenter le bétail, la fabrication d'huile et de biocarburant. La Chine est le principal acheteur du soja brésilien. Monsanto, le géant américain de l'agrochimie, perçoit des millions de dollars par an pour l'utilisation de sa semence certifiée de soja Roundup Ready (RR), résistante à l'herbicide glysophate.
[*Les*] écologistes dénoncent la destruction d'écosystèmes fragiles et rejettent l'expansion spectaculaire de cette monoculture hautement mécanisée, souvent aux dépens de la forêt amazonienne. La progression de cette culture menace aussi le « *cerrado* » brésilien, une région de savane de deux millions de km^2 qui abrite 5 % de la biodiversité mondiale, a indiqué l'ONG environnementale WWF[1]. « Le soja transgénique occupe 44 % de la surface cultivée de céréales et d'oléagineux mais ne représente que 5,5 % des emplois du secteur agricole », [*déplore*] Sergio Schlesinger, chercheur et auteur du livre *Le grain qui a trop poussé*.
La hausse de la consommation de viande dans les pays émergents a contribué au succès du soja modifié génétiquement. La demande mondiale de cet oléagineux est forte, les stocks sont faibles, et son cours est en hausse.

AFP, 30 mai 2012.

1. *World Wide Fund for Nature* (Fonds mondial pour la nature).

Citron vert
Le Brésil est aujourd'hui le 2e producteur mondial d'agrumes (5e pour les citrons, 1er pour les oranges).

Coopérative Coagrosol
120 petits producteurs de l'État de Sao Paulo s'autogèrent et vendent leur production à Max Havelaar qui leur garantit des rémunérations correctes. 20 producteurs ont obtenu le label « Agriculture biologique » grâce à des formations au sein de la coopérative.

Max Havelaar
Association internationale délivrant un label « commerce équitable ».

15 Un exemple de commerce équitable

16 Une redistribution des terres en Amazonie : le programme *Terra Legal*. Le programme *Terra Legal* du ministère du Développement agraire vise à régulariser les titres de propriété de la terre des occupants illégaux tout en limitant la déforestation en Amazonie. La redistribution des terres est cependant lente en raison de la persistance de nombreux conflits fonciers.

Questions

1. Quelles sont les conséquences de l'intensification agricole au Brésil ? (doc. 12, 13 et 14)
2. Classez les solutions mises en place en fonction des trois piliers du développement durable. (doc. 12, 15 et 16)
3. Montrez cependant que ces solutions restent limitées. (doc. 12 et 15)

▶ **Bilan :** Complétez la 3e colonne de l'organigramme bilan p. 58.

Le Brésil, la nouvelle ferme du monde ?

L'essentiel

A Quelle est la situation alimentaire au Brésil ?

- L'évolution de l'offre alimentaire (croissance des productions) a suivi celle de la demande (croissance des populations).
- Le Brésil doit néanmoins faire face à des problèmes alimentaires : sous-nutrition, malnutrition, obésité.
- L'accès à l'alimentation est inégal à toutes les échelles (régionale, locale).

B Quels sont les différents systèmes agricoles au Brésil ?

- L'agriculture vivrière, exercée dans de petites exploitations, est traditionnelle et peu productive.
- L'agriculture productiviste, exercée dans les grandes exploitations, est moderne et performante.
- L'agriculture productiviste fait du Brésil une ferme du monde grâce aux exportations agricoles.

C Pourquoi le modèle agricole brésilien est-il peu durable ?

- L'intensification de l'agriculture productiviste (mécanisation, usage d'intrants, déforestation) menace l'environnement.
- Des solutions durables sont mises en place, plus saines du point de vue environnemental, équitables du point de vue social et viables du point de vue économique.
- Les solutions durables demeurent insuffisantes et marginales.

Passer à l'échelle mondiale

La situation alimentaire brésilienne est-elle représentative de celle du monde ?

Planisphère 1 (p. 68-69)
Cours 1 (p. 72)

En quoi l'agriculture brésilienne reflète-t-elle la diversité des systèmes agricoles mondiaux ?

Planisphère 2 (p. 70)
Cours 2 (p. 76)

Existe-t-il des agricultures plus durables que l'agriculture brésilienne ?

Planisphère 3 (p. 71)
Cours 3 (p. 78)

Travailler autrement

Recopiez et complétez l'organigramme bilan de l'étude de cas.

	UN ACCÈS INÉGAL À L'ALIMENTATION	UNE FERME DU MONDE AUX FORTES INÉGALITÉS	UN MODÈLE AGRICOLE PEU DURABLE
À L'ÉCHELLE DU BRÉSIL	Une sécurité alimentaire globalement assurée.	....	....
À L'ÉCHELLE RÉGIONALE	Les régions les plus pauvres (Nord et Nordeste) connaissent la sous-nutrition et la malnutrition.	....	Au Nord et au Nordeste, ...
À L'ÉCHELLE LOCALE	....	Présence de paysans sans terre qui multiplient les occupations de terres.	....

Des schémas…

A Un accès inégal à l'alimentation

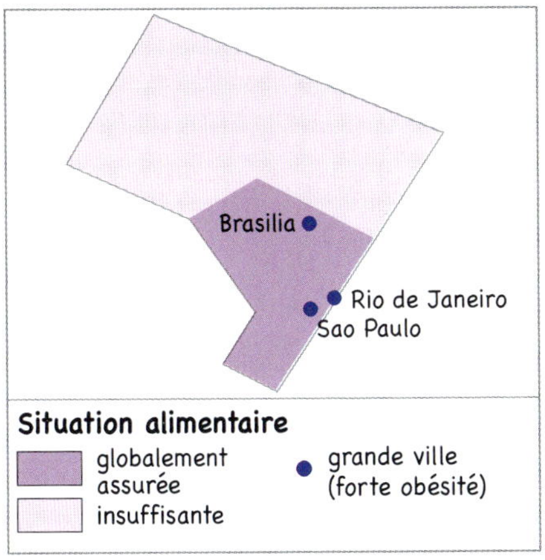

B Une ferme du monde aux fortes inégalités

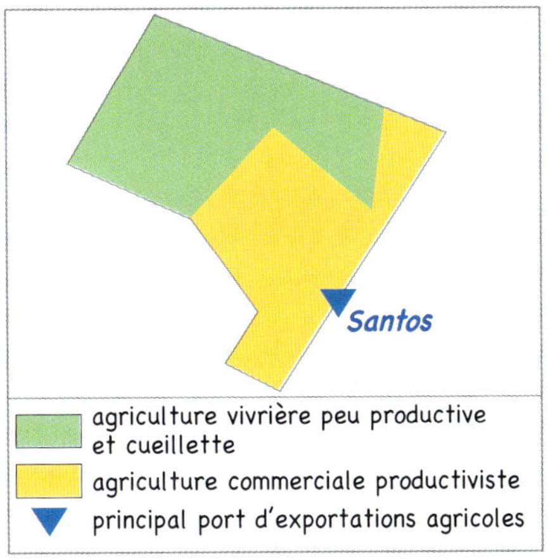

C Un modèle agricole peu durable

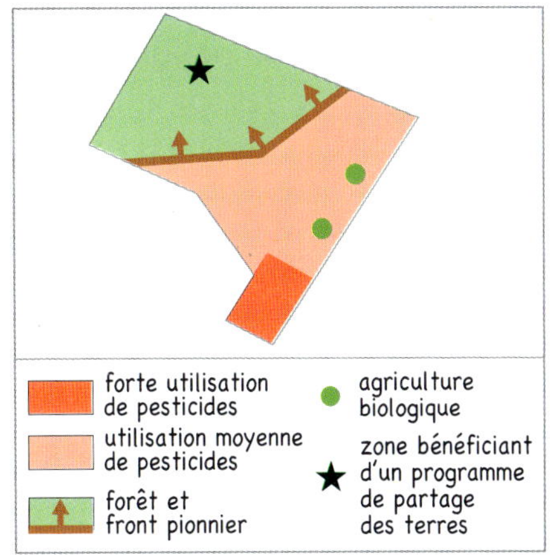

…au croquis de synthèse

Titre : ……………………………………………………………

Sur votre cahier, complétez le titre et la légende du croquis à l'aide des pages 52 à 57.

FICHE À COMPLETER
PDF
et correction en téléchargement sur le site Hachette-Éducation

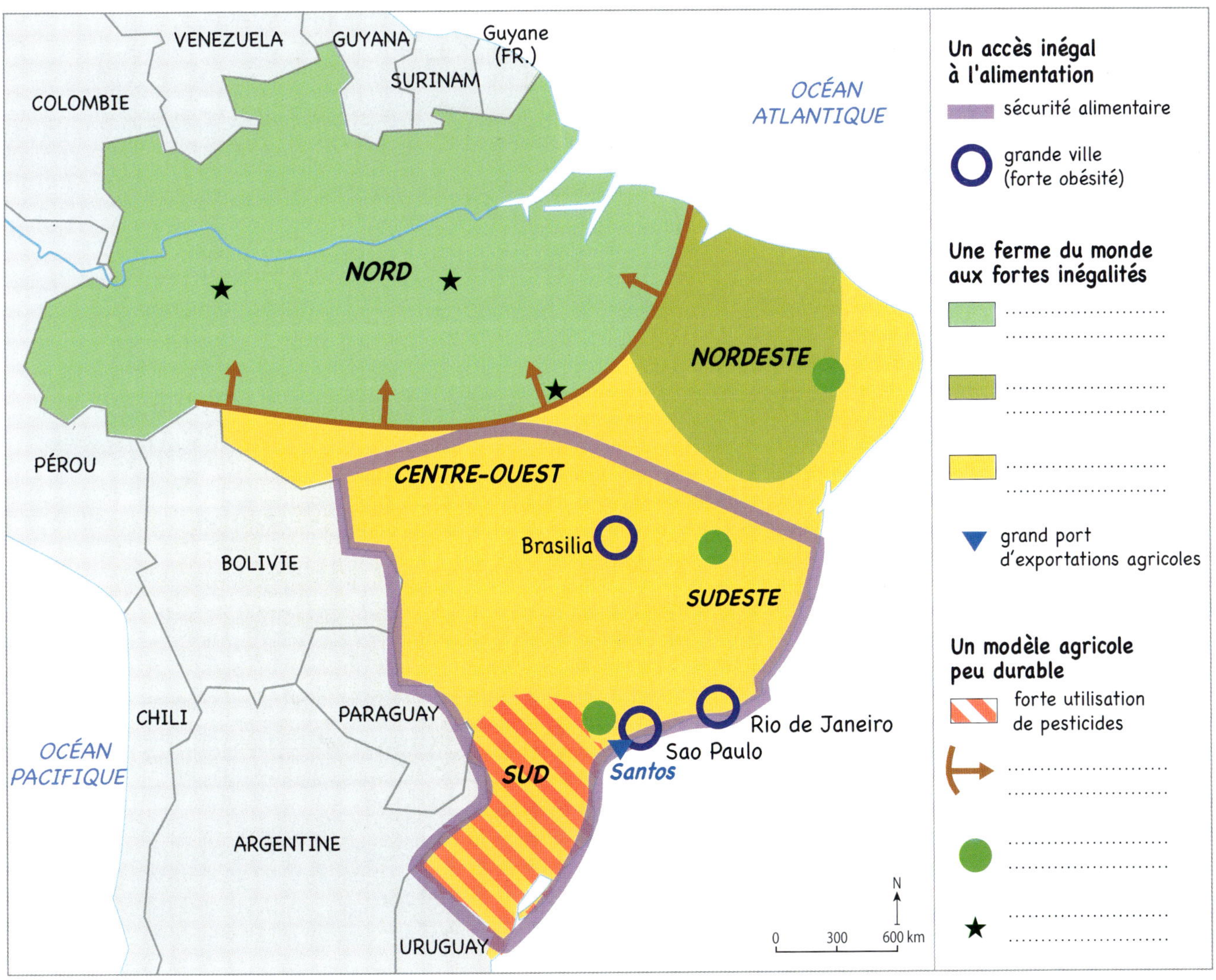

Le Sénégal : comment lutter contre l'insécurité alimentaire ?

La croissance de la population du Sénégal pose les problèmes de la sécurité alimentaire car les productions agricoles nationales ne suffisent pas à satisfaire la demande. La mise en œuvre de modes agricoles durables pour assurer l'indépendance alimentaire est donc un enjeu majeur pour le Sénégal.

Le Sénégal en chiffres

- **Population :** 13 millions d'habitants
- **Superficie :** 196 000 km^2
- **IDH (rang mondial) :** 0,470 (154e)

A Quelle est la situation alimentaire au Sénégal ?

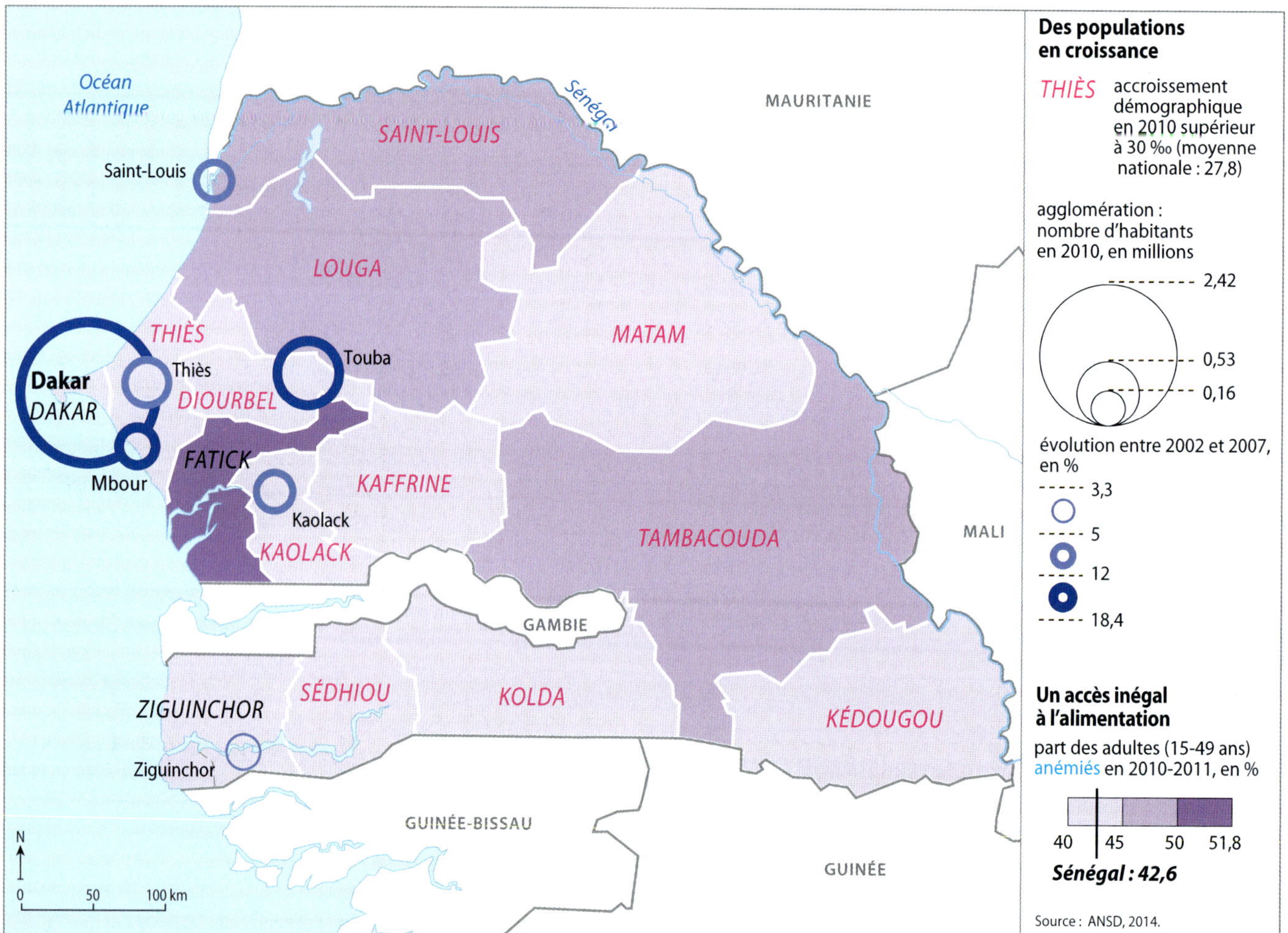

1 Croissance des populations et situation alimentaire

Vocabulaire

Aide alimentaire : don de produits alimentaires d'un pays ou organisme donateur (organismes publics, ONG) à un pays bénéficiaire.

Anémie : état maladif lié à des carences alimentaires.

Insécurité alimentaire : situation d'une population n'ayant pas accès à une alimentation suffisante. La situation inverse caractérise la sécurité alimentaire.

Malnutrition : déséquilibre de la ration alimentaire quotidienne caractérisé par les carences ou les excès de certains aliments.

Transition alimentaire : processus de modification des régimes alimentaires où les calories d'origine animale remplacent dans des proportions croissantes les calories d'origine végétale.

2 Une campagne de lutte contre la malnutrition. Le centre d'éducation nutritionnelle de Tambacounda financé par l'ONG AMD (Aide médicale et développement) dépiste les cas de malnutrition. Selon la FAO, le nombre de personnes sous-alimentées au Sénégal est resté stable entre 1995 et 2008 (2,3 millions) mais leur part dans la population totale a reculé de 26 à 19 %. L'aide alimentaire internationale, privée ou publique, contribue à la lutte contre la malnutrition.

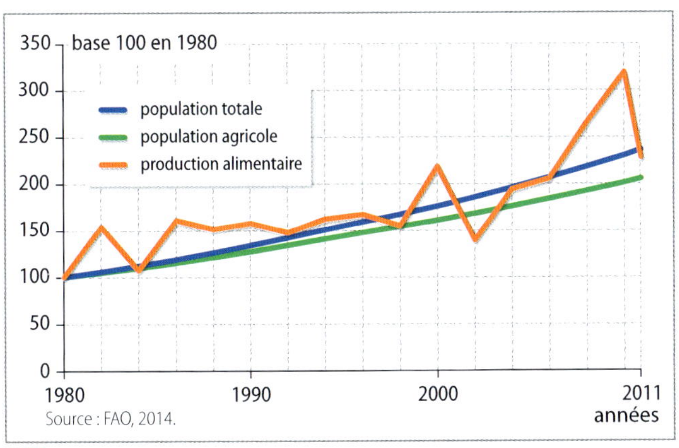

3 L'évolution de la demande alimentaire

4 Une transition alimentaire qui aggrave l'insécurité alimentaire

	Quantité d'aliments consommée, en kg par personne et par an		Quantité d'aliments produite, en kg par personne et par an	
	1960	**2010**	**1960**	**2010**
manioc	39	14	46	17
riz	75	107	26	49
blé	30	35	0	0
lait	29	39	24	14

Source : FAO, 2014.

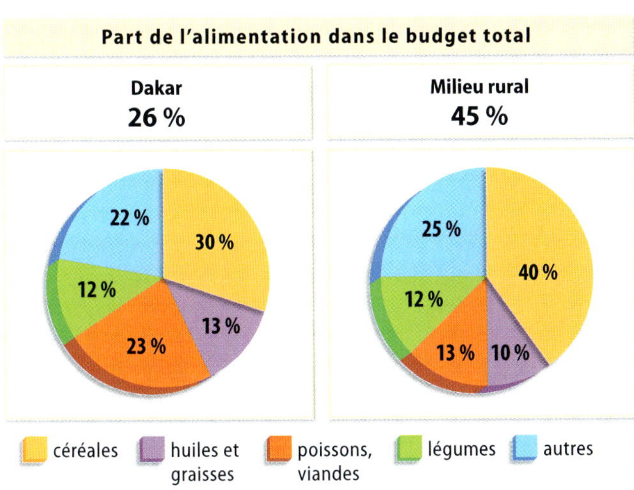

Source : B. Boubacar, *Agriculture et sécurité alimentaire au Sénégal*, 2008.

5 Des régimes alimentaires contrastés

Questions

1. Quelles sont les évolutions quantitatives et qualitatives de la demande et de l'offre alimentaires au Sénégal ? (doc. 3 et 4)
2. Quels problèmes alimentaires le Sénégal doit-il affronter ? (doc. 1 et 2)
3. Montrez que l'accès à l'alimentation est inégal à toutes les échelles. (doc. 1 et 5)

▶ **Bilan :** Complétez la 1re colonne de l'organigramme bilan p. 66.

B Pourquoi le Sénégal n'assure-t-il pas sa sécurité alimentaire ?

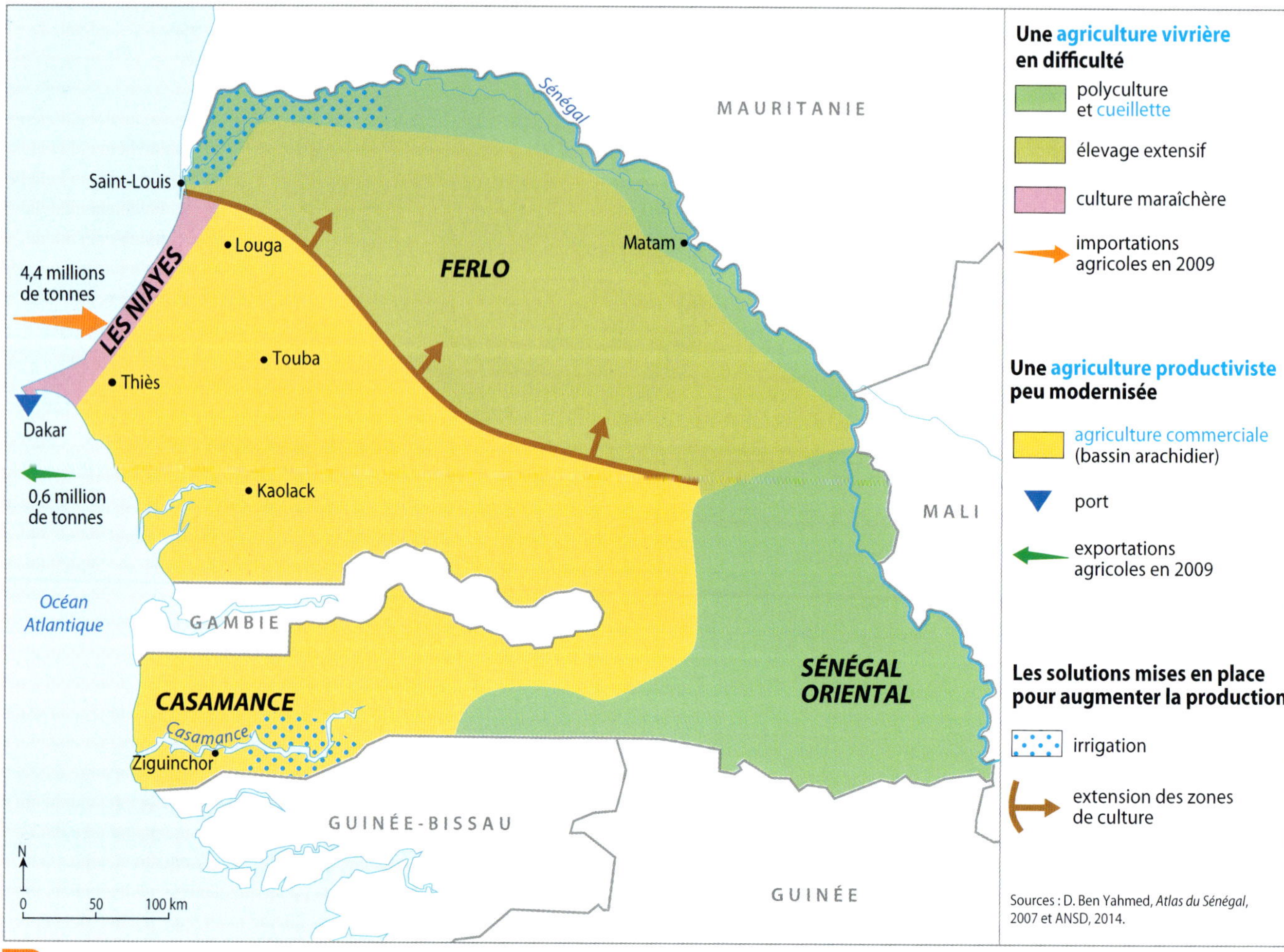

6 Des espaces agricoles inégalement performants

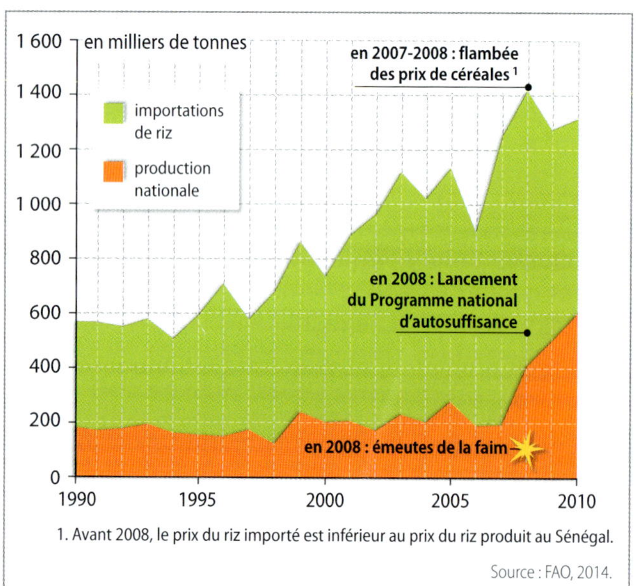

7 Évolution de la production et des importations de riz depuis 1990

Vocabulaire

Agriculture commerciale : agriculture dont la production est destinée à la vente (marchés urbains, exportations).

Agriculture productiviste : agriculture commerciale recherchant l'augmentation des rendements par l'utilisation des progrès scientifiques et techniques.

Agriculture vivrière : agriculture dont la production est destinée à l'autoconsommation ou à la vente sur les marchés locaux.

Cueillette : ramassage des produits comestibles offerts par le milieu naturel.

Industrie agroalimentaire : industrie de transformation et de valorisation d'un produit agricole.

Intrants : produits utilisés pour accroître la croissance des plantes (engrais, produits de traitement des végétaux, semences). Certains nuisent à l'environnement.

8 **Une agriculture peu productive et menacée**

L'agriculture sénégalaise n'est guère performante. Sous-mécanisée et trop dépendante d'une pluviométrie largement aléatoire, ses performances suivent une tendance à la baisse des rendements qui, généralement, ne dépassent pas une tonne par hectare. Seule la filière maraîchère fait exception à ce tableau. Quant à l'**industrie agroalimentaire**, elle est encore à l'état embryonnaire. Résultat ? Le secteur agricole (qui polarise près de 60 % de la population totale) ne contribue qu'à hauteur de 15 % dans le PIB. L'un des premiers facteurs qui expliquent cette contre-performance de l'agriculture sénégalaise, c'est le manque d'**intrants** en qualité et en quantité suffisantes.

Le Soleil, quotidien de Dakar, 7 juillet 2012.

Au Sénégal, le phénomène d'accaparement des terres[1] touche près de 670 000 ha. Face à cette situation, les organisations paysannes de femmes, la société civile et les producteurs se sont fortement mobilisés pour sensibiliser et proposer des solutions alternatives aux nouvelles autorités, sur les problèmes du monde rural et les dangers de l'accaparement des terres.

Le Soleil, quotidien de Dakar, 30 mai 2012.

1. Terres agricoles achetées par des multinationales, des particuliers étrangers ou de grands propriétaires terriens locaux.

9 **Les cultures maraîchères vivrières près du fleuve Sénégal (région de Matam)**

10 **La plantation de l'arachide commerciale près de Touba**

Questions

1. Quels sont les deux principaux types d'agriculture au Sénégal ? (doc. 6)
2. Quels sont les acteurs et les moyens de l'agriculture vivrière sénégalaise ? (doc. 6, 8 et 9)
3. Quels sont les moyens de l'agriculture commerciale sénégalaise ? Quelles en sont les limites ? (doc. 6 et 10)
4. Montrez que le Sénégal est dépendant du point de vue alimentaire. (doc. 7 et 8)

▶ **Bilan :** Complétez la 2e colonne de l'organigramme bilan p. 66.

C Comment le Sénégal peut-il mettre en place une agriculture durable ?

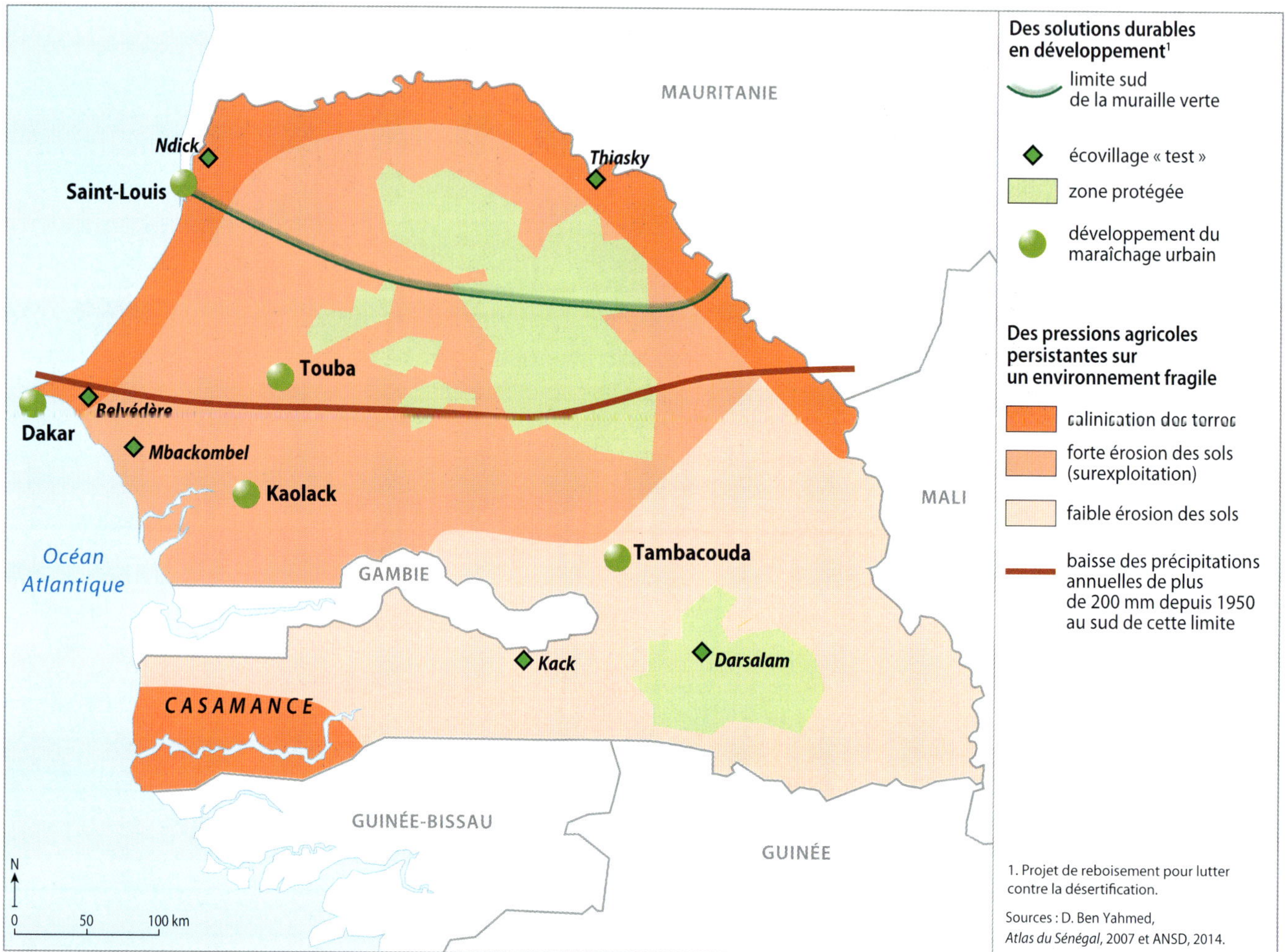

11 Des solutions durables nécessaires pour assurer la sécurité alimentaire

12 Une priorité : atteindre l'autosuffisance

Pour atteindre l'autosuffisance alimentaire, le Sénégal doit mettre en place une politique globale de promotion de l'agriculture maraîchère. Pour cela, il faut soutenir les exploitants agricoles par le biais de subventions, par l'assistance, en fournissant du matériel agricole moderne, cela afin d'accroître les rendements agricoles. Une **réforme agraire** pourrait également être mise en place. Même si les conditions climatiques sont difficiles dans différentes régions du pays, la richesse et la diversité du sol ne sont plus à démontrer. L'État doit seulement mettre en place des politiques permettant l'irrigation des zones où la sécheresse et l'aridité sont parfois présentes. Il est important de diversifier la production agricole et accroître la production du mil, du riz, du sorgho, du maïs, des oignons.

« Sénégal : à quand la diversification de la production agricole ? », yonuyokyte.com, 2014.

Vocabulaire

Circuit court : circuit de distribution d'un produit limitant les intermédiaires et les kilomètres entre le producteur et le consommateur.

FAO (*Food and Agriculture Organization*) : agence de l'ONU spécialisée dans la collecte d'informations et dans la mise en place de projets destinés à améliorer la situation alimentaire et agricole dans le monde.

Réforme agraire : transformation profonde du système agricole, par exemple par une redistribution des terres.

13 **Le développement de l'agriculture vivrière dans les grandes agglomérations.**
Un microjardin à Dakar. La FAO encourage le développement du maraîchage en milieu urbain et les circuits courts pour limiter les importations alimentaires.

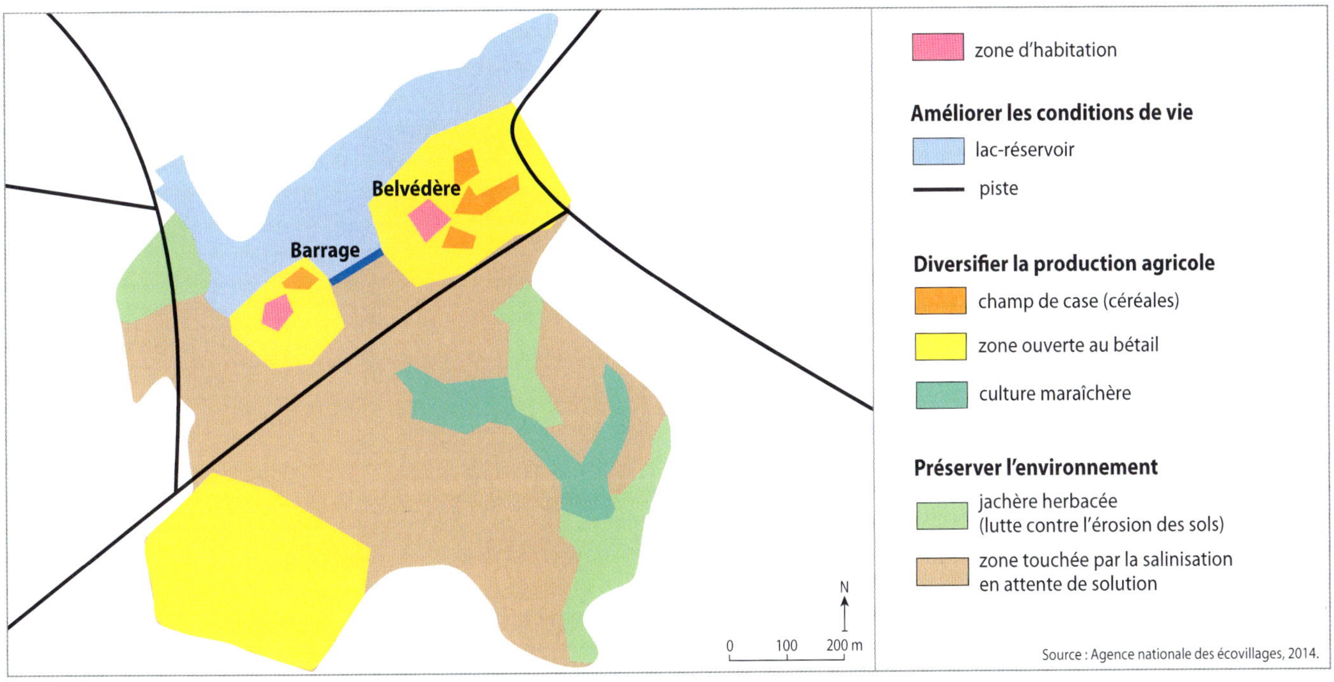

14 **L'écovillage de Belvédère, un modèle agricole durable.**
Ce village peul est un des premiers écovillages du Sénégal. Depuis 2008, grâce au gouvernement sénégalais, au Fonds mondial pour l'environnement et au Programme des Nations Unies pour le Développement, le village a diversifié sa production alimentaire, a développé sa maîtrise de l'eau et dispose maintenant d'électricité solaire. Ce programme devrait concerner 14 000 villages d'ici 2020.

Questions

1. À quels problèmes l'agriculture sénégalaise doit-elle faire face ? (doc. 11)
2. Quelles sont les solutions proposées pour produire autrement ? Quels sont les acteurs impliqués dans ces nouvelles stratégies ? (doc. 12 et 14)
3. Quelles solutions sont proposées pour commercer autrement ? (doc. 11 et 13)

▶ **Bilan :** Complétez la 2e colonne de l'organigramme bilan p. 66.

Bilan de l'étude de cas 2

Le Sénégal : comment lutter contre l'insécurité alimentaire ?

L'essentiel

A Quelle est la situation alimentaire au Sénégal ?

- L'évolution de l'offre alimentaire (croissance des productions) n'a pas suivi celle de la demande (croissance des populations).
- Le Sénégal doit faire face à des problèmes alimentaires : sous-nutrition, malnutrition.
- L'accès à l'alimentation est inégal à toutes les échelles (régionale, locale).

B Pourquoi le Sénégal n'assure-t-il pas sa sécurité alimentaire ?

- L'agriculture vivrière, exercée dans de petites exploitations, est dominante mais en difficulté.
- L'agriculture productiviste est peu développée et peu performante.
- Le Sénégal est donc fortement dépendant de ses importations alimentaires.

C Comment le Sénégal peut-il mettre en place une agriculture durable ?

- L'environnement vulnérable doit faire face à de fortes pressions agricoles.
- Des tentatives pour produire autrement sont mises en place mais elles demeurent limitées.
- Les tentatives pour commercer autrement sont également insuffisantes et marginales.

Passer à l'échelle mondiale

La situation alimentaire au Sénégal est-elle représentative de l'inégal accès à l'alimentation dans le monde ?

Planisphère 1 (p. 68-69)
Cours 1 (p. 72)

En quoi l'agriculture sénégalaise reflète-t-elle la diversité des systèmes agricoles mondiaux ?

Planisphère 2 (p. 70)
Cours 2 (p. 76)

Existe-t-il des agricultures plus durables que l'agriculture sénégalaise ?

Planisphère 3 (p. 71)
Cours 3 (p. 78)

Travailler autrement

Recopiez et complétez l'organigramme bilan de l'étude de cas.

NOURRIR LA POPULATION SÉNÉGALAISE

Un accès inégal à l'alimentation	Une agriculture peu productive	Des solutions durables encore limitées
Croissance rapide de la population ……	Agriculture productiviste limitée ……	Environnement vulnérable ……
+	+	↓
Croissance plus lente des productions ……	Agriculture vivrière en difficulté ……	Tentatives pour produire autrement ……
↓	+	+
Disponibilités alimentaires insuffisantes ……	Forte dépendance au marché alimentaire mondial ……	Tentatives pour commercialiser autrement ……
≠		
Persistance de problèmes alimentaires ……		

Des schémas...

A Un accès inégal à l'alimentation

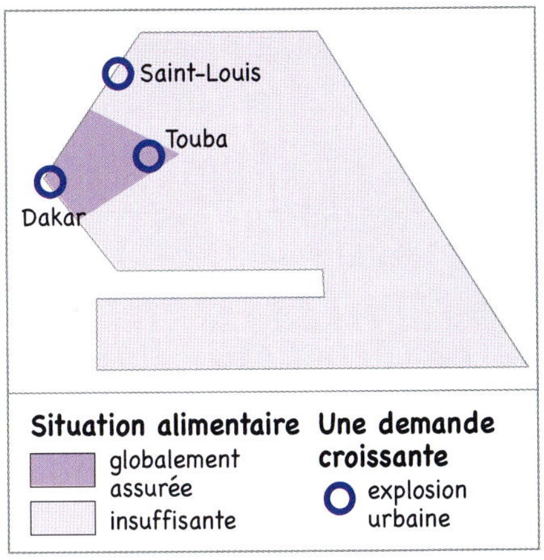

B Une agriculture peu productive

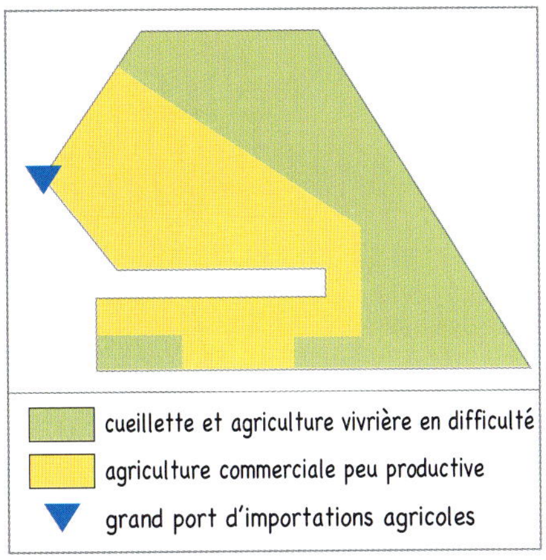

C Des solutions durables encore limitées

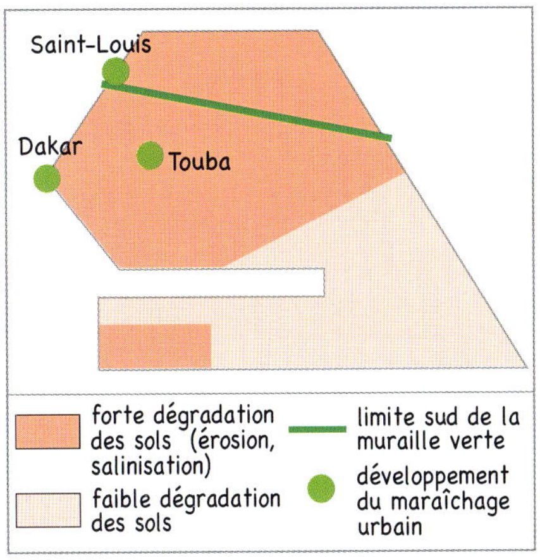

...au croquis de synthèse

Titre : ....

Sur votre cahier, complétez le titre et la légende du croquis à l'aide des pages 60 à 65.

PDF FICHE À COMPLÉTER et correction en téléchargement sur le site Hachette-Éducation

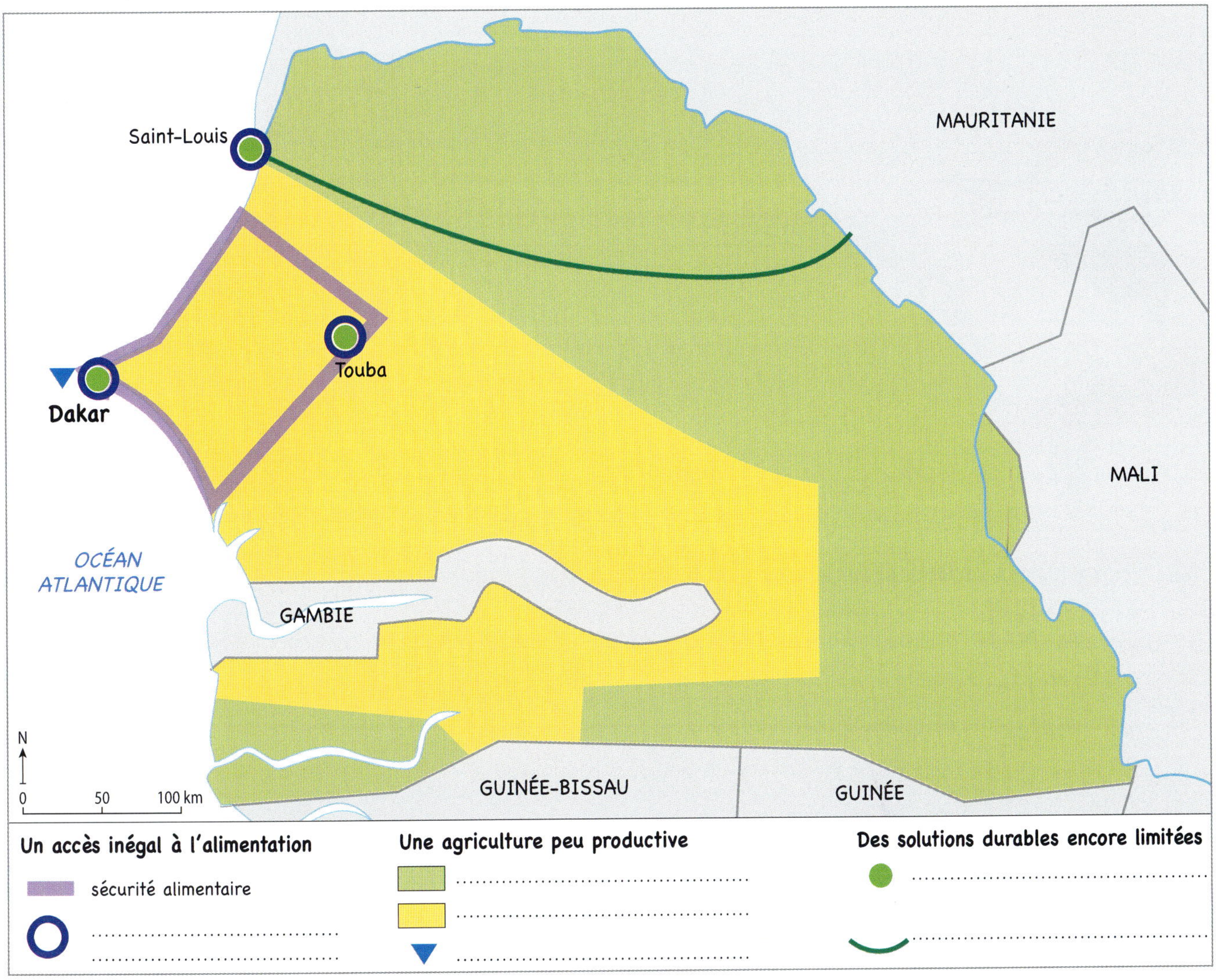

La situation alimentaire dans le monde

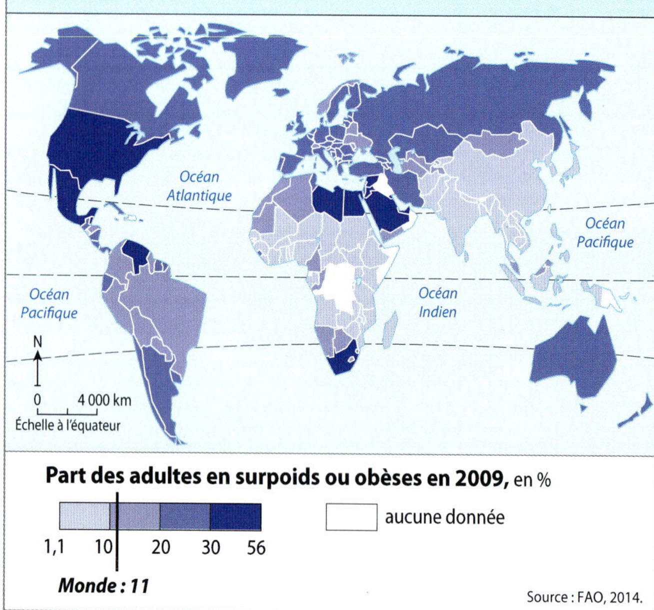

1 Une nouvelle forme de malnutrition : l'obésité

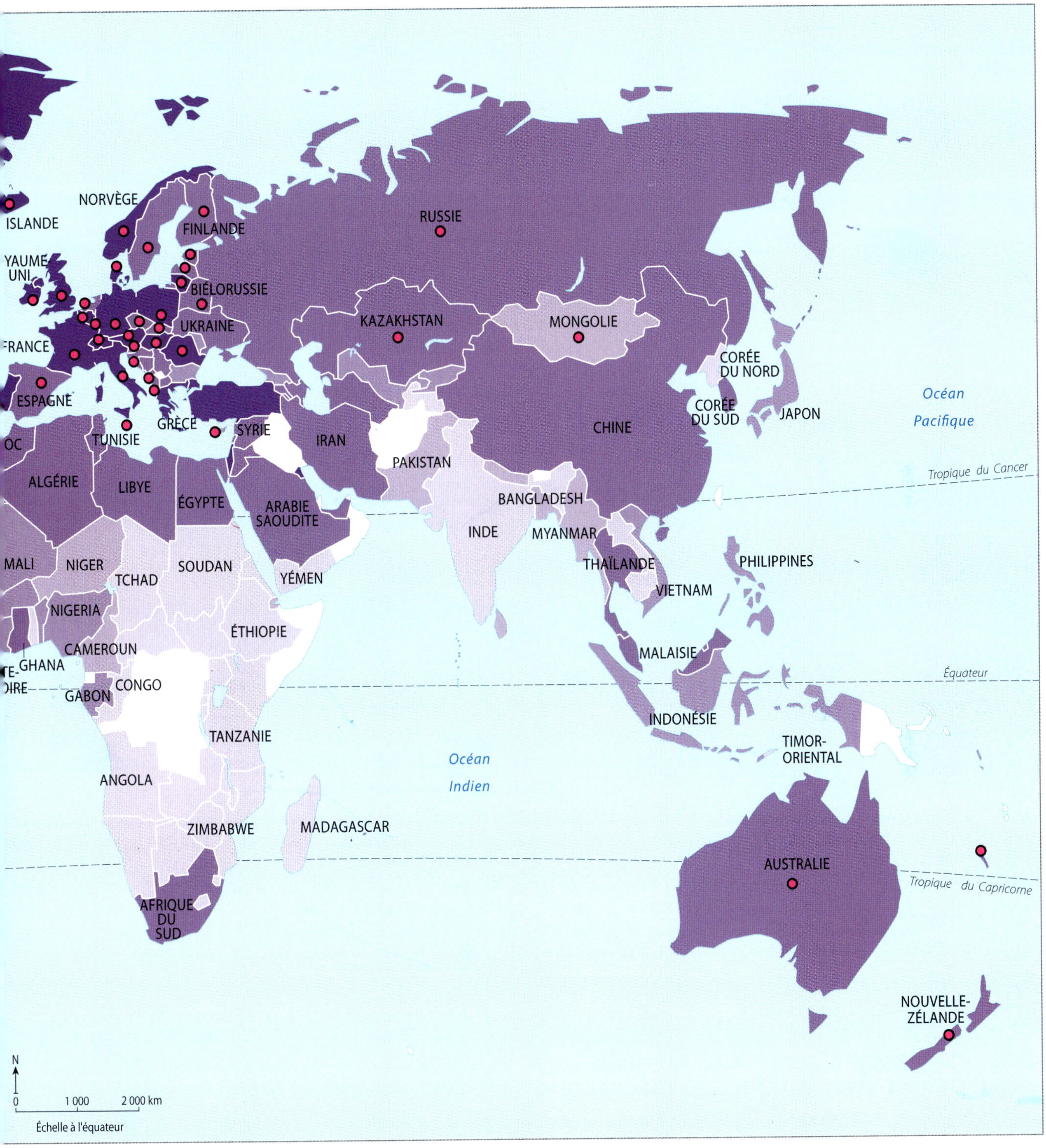

2 **Les disponibilités alimentaires dans le monde**

Vocabulaire

Disponibilité alimentaire : quantité de nourriture théoriquement disponible pour un individu.

Obésité : maladie liée à l'accumulation excessive de graisses dans l'organisme.

Questions

1. Quels sont les deux problèmes alimentaires présentés dans ces cartes ?
2. Quelles sont les inégalités dans la disponibilité alimentaire dans le monde ?
3. Citez les pays les plus touchés par l'obésité.

Deux modèles agricoles dominants

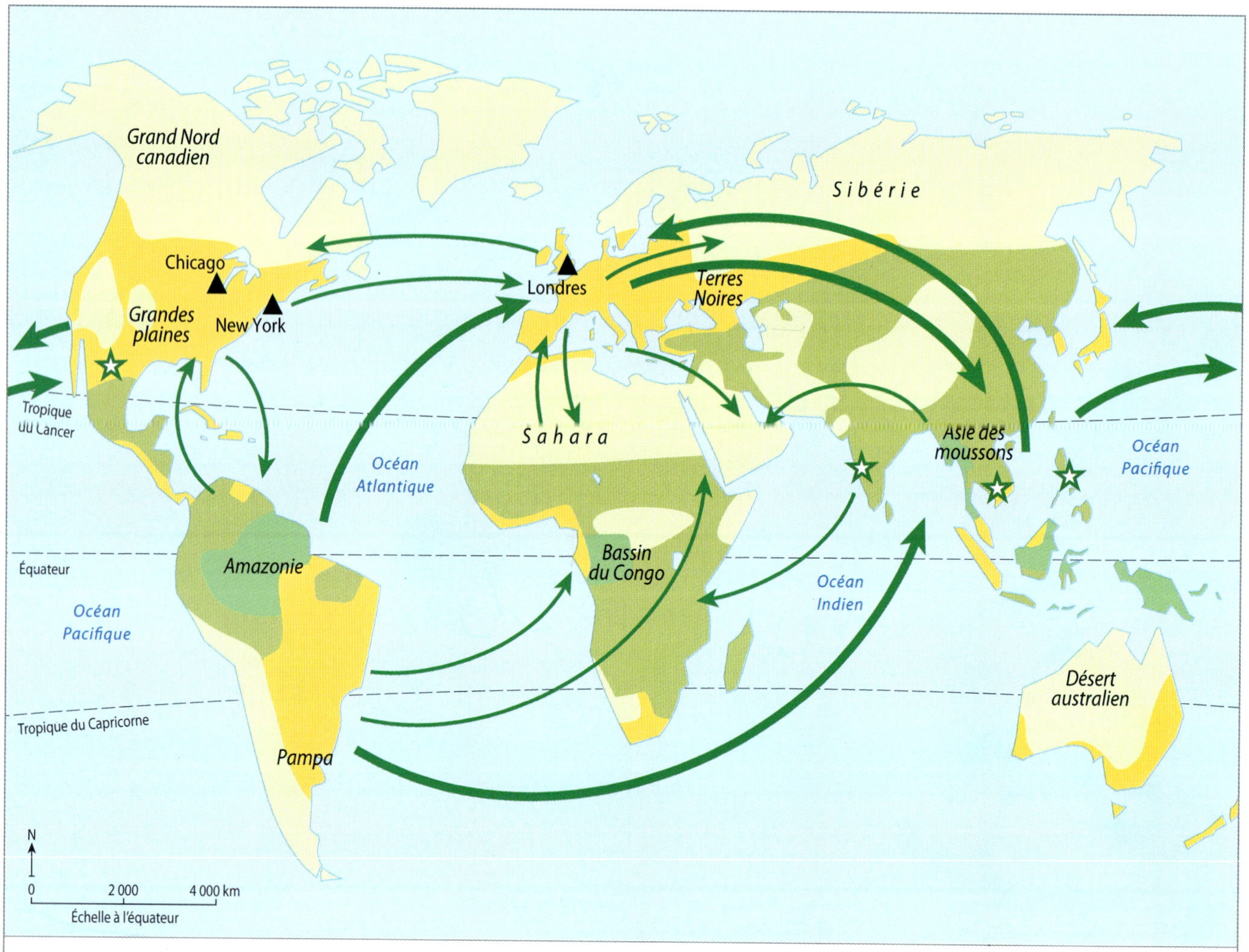

Des agricultures productivistes
- agriculture moderne et commerciale
- ☆ foyer de la révolution verte

Des agricultures vivrières
- agriculture traditionnelle et vivrière
- cueillette
- absence de mise en valeur agricole (déserts, montagnes)

Des échanges agricoles croissants

flux de produits alimentaires en 2012, en milliards de dollars[1]
- plus de 30
- 10 à 30

1. Seules les exportations de plus de 10 milliards de dollars sont prises en compte.

- ▲ bourse de produits agricoles

Sources : J.-P. Charvet, *Atlas de l'agriculture*, 2012 et OMC, 2014.

Vocabulaire

Agriculture productiviste : voir p. 54.
Agriculture vivrière : voir p. 54.
Révolution verte : intensification de la culture du riz ou du blé. Elle résulte de l'utilisation conjuguée de semences à haut rendement, de l'irrigation et d'intrants (engrais).

Questions

1. Dans quelles régions se concentre l'agriculture productiviste ? L'agriculture vivrière ?
2. Montrez que les échanges agricoles ont lieu entre toutes les régions du monde.

La recherche de nouvelles solutions agricoles

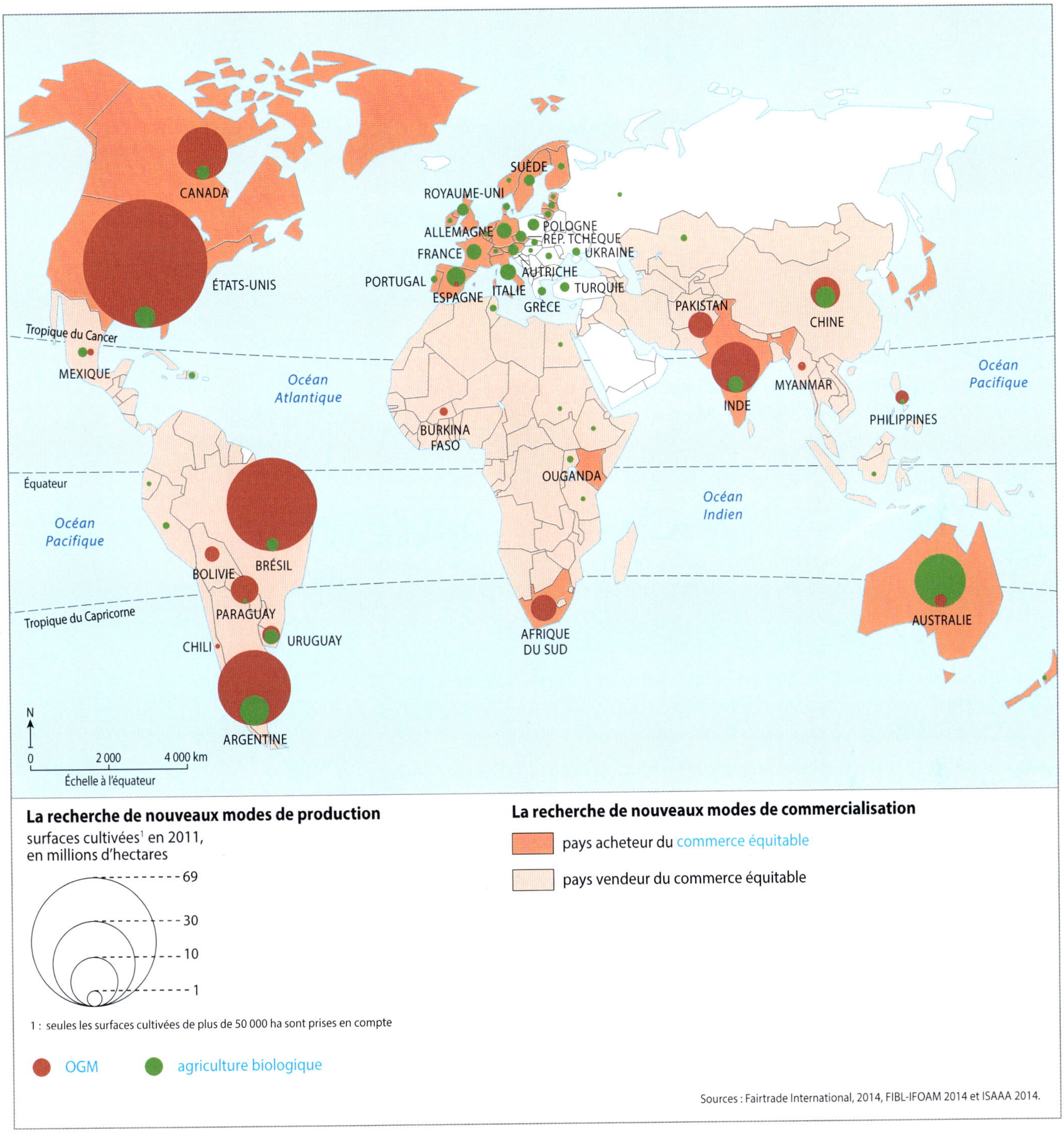

Questions

1. Quelles régions du monde produisent les OGM ? Quelles régions n'en produisent pas ?
2. Quelles régions du monde ont les plus grandes surfaces d'agriculture biologique ?
3. À quelles catégories les pays vendeurs et les pays acheteurs du commerce équitable appartiennent-ils ?

Vocabulaire

Agriculture biologique : agriculture n'utilisant ni intrants d'origine industrielle (pesticides, engrais) ni OGM.

Commerce équitable : voir p. 56.

OGM (Organisme génétiquement modifié) : voir p. 56.

Croissance des populations, croissance des productions

La croissance des productions permet-elle de nourrir la population mondiale ?

A Une demande alimentaire croissante qui se modifie

• **Les consommateurs sont de plus en plus nombreux en raison de la transition démographique.** La population mondiale a doublé en 50 ans et, dans les pays du Sud, la croissance démographique se poursuit (doc. 1).

• **Les régimes alimentaires connaissent des mutations : une transition alimentaire est en cours.** Avec l'urbanisation croissante et l'augmentation du niveau de vie moyen des populations, le blé se substitue aux céréales locales (mil, sorgho) et la consommation de viande augmente (de 25 kg/hab./an en 1970 à 38 kg en 2012) (doc. 4 p. 53).

• **La sécurité alimentaire reste menacée, particulièrement dans les pays du Sud** où la population augmente très vite. Selon la FAO, pour nourrir 9 milliards d'hommes en 2050, la production agricole doit augmenter de 70 %, voire de 100 % dans les pays du Sud.

B Des disponibilités alimentaires qui semblent suffisantes

• **Les disponibilités alimentaires mondiales sont globalement suffisantes.** Depuis les années 1960, la production agricole a triplé alors que la population doublait (Repère A) et la part des sous-alimentés a été divisée par 2 (Repère B). Aujourd'hui, l'humanité dispose en moyenne de 2 800 calories par jour et par personne alors que 2 400 suffisent (**Planisphère 1** p. 68-69).

• **Les productions agricoles ont en effet connu une forte hausse** grâce à l'augmentation des rendements et à la mise en valeur de nouvelles terres. Les productions de blé et de riz ont ainsi triplé entre 1960 et 2010.

• **Depuis 2000, le rythme de croissance des productions agricoles est ralenti** et les agricultures sont sollicitées pour la production de céréales (soja, maïs) destinées au bétail et pour la production d'agrocarburants (soja, canne à sucre). Ces cultures d'exportation concurrencent les agricultures vivrières des pays du Sud et participent à la déforestation (Amazonie) (doc. 1).

C Un accès inégal à l'alimentation

• **La sous-nutrition touche essentiellement les pays les plus pauvres.** Si les famines sont plus rares, la grande pauvreté, l'instabilité politique ou les aléas climatiques de certaines régions expliquent que, selon la FAO, en 2012, plus d'un milliard d'hommes sont sous-alimentés dans le monde. 63 % des sous-alimentés vivent en Asie et 26 % en Afrique (doc. 2).

• **La malnutrition progresse dans les pays du Nord et s'étend désormais aux pays du Sud.** Un milliard d'hommes est en surcharge pondérale, dont 400 millions d'obèses. L'OMS évoque un risque global d'obésité tandis que les carences (vitamine A, fer, iode) liées à la faible diversité alimentaire ont des conséquences sur la santé des populations du Sud (doc. 3).

• **Les inégalités alimentaires se lisent à toutes les échelles.** L'obésité affecte autant les populations pauvres des pays riches que les populations riches des pays pauvres. Dans les pays émergents (Brésil, Inde), les déséquilibres alimentaires entre les régions, d'une part, et entre villes (alimentation plus riche en protéines) et campagnes, d'autre part, sont également très forts.

Vocabulaire

Disponibilité alimentaire : voir p. 69.
FAO (*Food and Agriculture Organization*) : voir p. 64.
Malnutrition : voir p. 52.
Obésité : voir p. 52.
Sécurité alimentaire : situation d'une population ayant accès à une alimentation suffisante. La situation inverse caractérise l'insécurité alimentaire.
Sous-nutrition (ou sous-alimentation) : voir p. 87.
Transition alimentaire : voir p. 52.
Transition démographique : voir p. 24.

REPÈRE A

Croissance des populations mondiales, croissance des productions mondiales

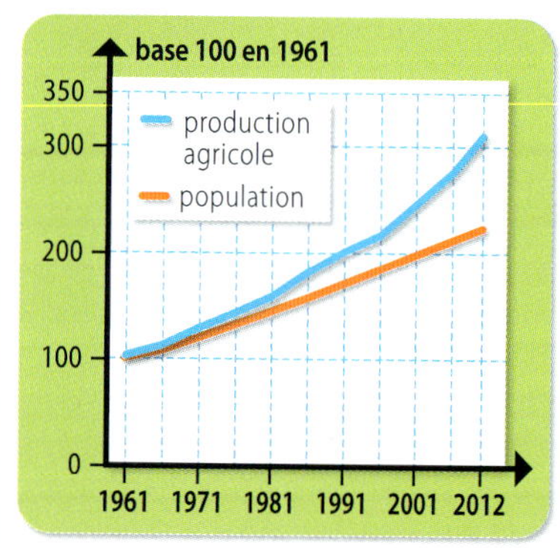

Source : FAO, 2014.

REPÈRE B

Un Sud mieux nourri

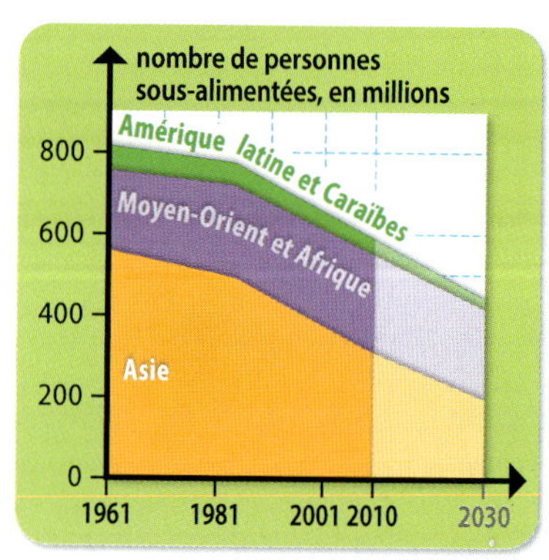

Source : FAO, 2014.

1 **Une demande alimentaire croissante.**
16 mars 2011, *The Khaleej Times*, Émirats arabes unis.

2 **La sous-nutrition et la malnutrition en Inde**

La malnutrition qui continue de toucher des millions d'enfants en Inde est un motif de « honte nationale », a reconnu le Premier ministre, en dévoilant une étude selon laquelle 42 % des enfants de moins de cinq ans sont sous-alimentés, rappelant toutefois que la proportion avait diminué de 11 % en sept ans. Un rapport de l'ONG *Save The Children* publié en 2009 soulignait qu'en Inde près de 2 millions d'enfants de moins de cinq ans mouraient chaque année, la moitié de ces décès intervenant le premier mois suivant la naissance. Près d'un enfant sur trois souffrant de malnutrition habite en Inde et 45,9 % des enfants indiens de moins de 3 ans sont trop maigres. Or un enfant mal nourri présente neuf fois plus de risques de mourir qu'un autre enfant. Selon Rohini Mukherjee, qui travaille au sein de la Fondation *Naadi* ayant participé au rapport, la richesse créée dans un pays où vivaient l'an dernier 57 milliardaires ne s'est pas propagée suffisamment vite aux populations défavorisées. L'Inde a lancé un vaste programme d'aide à la prime enfance mais son action est rongée par la corruption.

L'Express, 10 janvier 2012.

1) Quelle est la principale cause de décès des enfants de moins de 5 ans en Inde ?

2) Montrez que cette situation touche surtout les plus jeunes enfants.

3 **La lutte contre l'obésité en Australie.**
Traduction : Il vous faudra 2 heures de jogging pour éliminer ce burger. Essayez plutôt celui-là.
Fixer des limites à la prise de poids.

Quelle est la situation alimentaire aux États-Unis ?

Globalement, les États-Unis assurent sans difficulté la **sécurité alimentaire** de leurs 315 millions d'habitants grâce à une agriculture fortement productiviste et exportatrice. Pourtant, des problèmes y persistent tant au niveau de la qualité que de l'accès à l'alimentation.

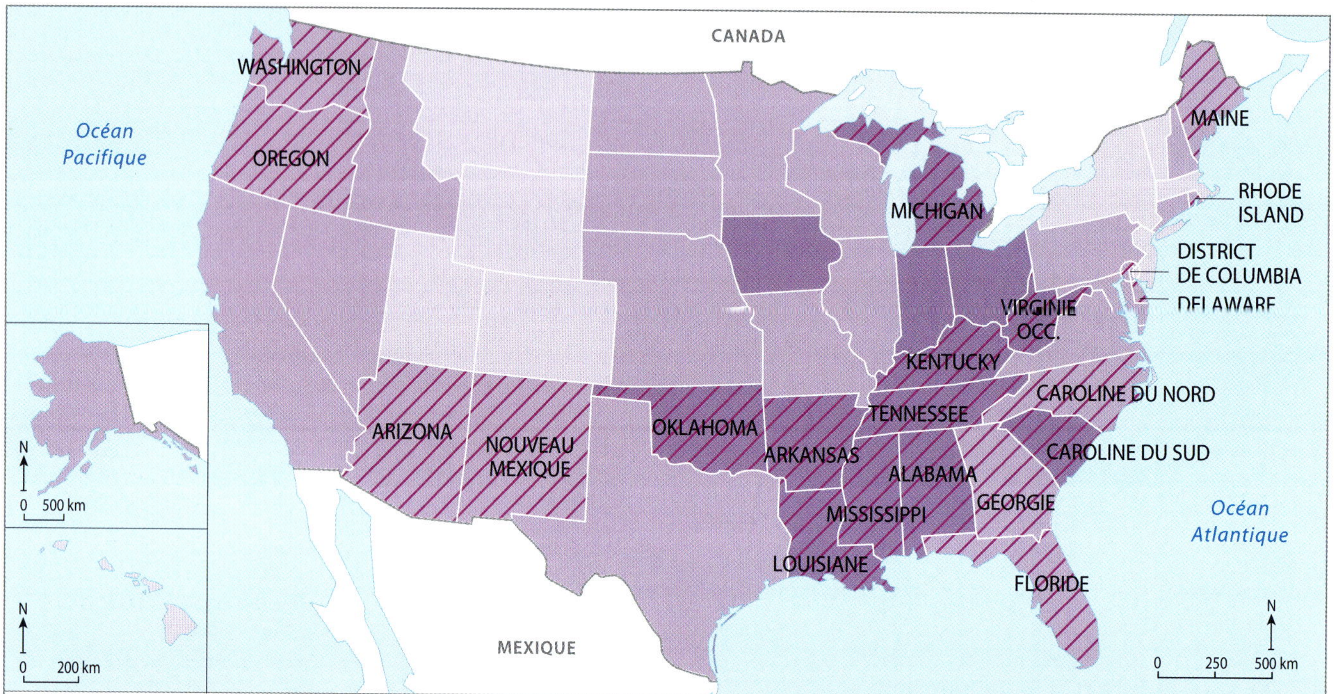

1. Dans le monde, la part d'adultes obèses est de 11% selon la FAO.
2. Bons alimentaires délivrés par le gouvernement aux plus démunis et échangeables dans les commerces contre des aliments.

Sources : CDC, 2014 et USDA, 2014.

1 Les problèmes alimentaires aux États-Unis

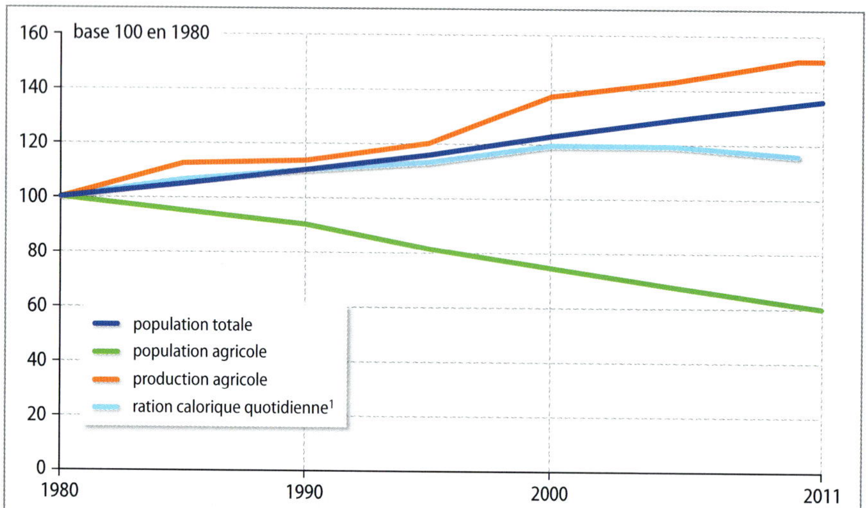

1. La ration calorique est passée de 2 881 à 3 688 kcal/hab./jour entre 1960 et 2010.

Source : FAO, 2014.

2 L'évolution de la demande alimentaire aux États-Unis

Vocabulaire

Obésité : maladie liée à l'accumulation excessive de graisses dans l'organisme.

Sécurité alimentaire : situation d'une population ayant accès à une alimentation suffisante. La situation inverse caractérise l'insécurité alimentaire.

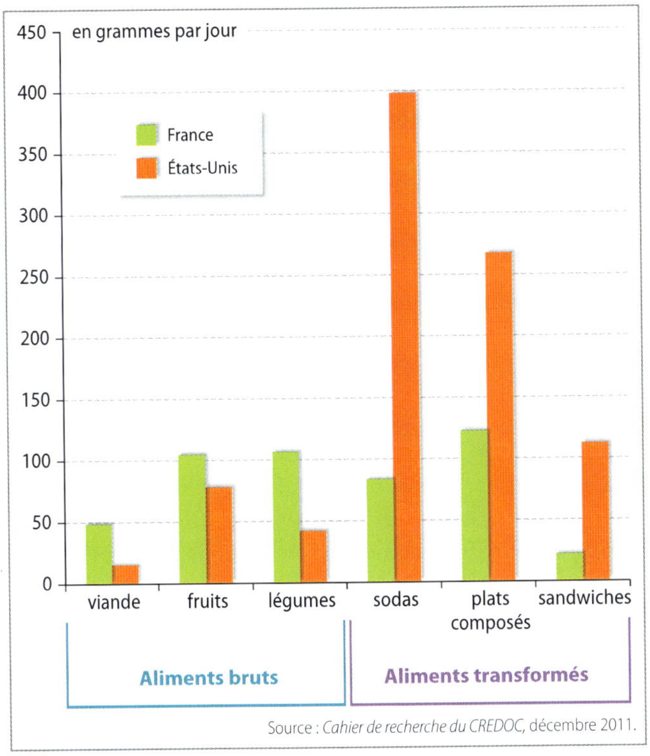

Source : *Cahier de recherche du CREDOC*, décembre 2011.

3 Le régime alimentaire aux États-Unis et en France

4 L'épidémie d'obésité en régression aux États-Unis ?

L'augmentation de l'obésité observée chez tous les adolescents aux États-Unis s'est stabilisée. Mais, cette tendance masque une inégalité socio-économique dans la lutte contre l'obésité chez les jeunes, qui constitue l'une des principales préoccupations de santé publique. S'il y a un recul de l'obésité chez les jeunes venant de familles aisées, ce problème continue de croître chez les adolescents issus de familles pauvres.
La différence dans les progrès contre l'obésité entre enfants riches et pauvres s'explique surtout par l'activité physique. Un adolescent sur cinq venant d'une famille dont les parents sont pauvres ne fait aucun exercice durant la semaine. Dans les comtés pauvres, il y a beaucoup moins d'activités sportives offertes par les écoles. Les quartiers pauvres souffrent également de l'insécurité, ce qui conduit les parents à empêcher leurs enfants de sortir pour s'adonner à des activités d'extérieur. En outre, les aliments sains comme les légumes et fruits frais sont non seulement plus chers que les aliments industriels et le « *fast food* », mais ils sont aussi difficiles à trouver dans les quartiers pauvres.

Le Parisien, 13 janvier 2014.

5 Une banque alimentaire dans l'Ohio.

Depuis la crise économique de 2008 et la montée du chômage, les banques alimentaires, associations à but non lucratif, collectent et distribuent de plus en plus de produits alimentaires. En 2011, 49 millions d'Américains sont en situation d'insécurité alimentaire, surtout dans les familles monoparentales, afro-américaines et hispaniques.

Activités

Recopiez le tableau suivant sur votre cahier et complétez-le à l'aide des informations des documents.

		Caractéristiques	Causes	Solutions
Sécurité alimentaire (doc. 2)		• augmentation de la ration calorique de 16 % entre 1980 et 2010		
Problèmes alimentaires persistants	**Obésité** (doc. 1, 3 et 4)			
	Sous-nutrition (doc. 1 et 5)			

À partir du tableau complété, rédigez en une dizaine de lignes une réponse au sujet :
« Quelle est la situation alimentaire aux États-Unis ? »

Consigne Bac

En vous appuyant sur le document 1, montrez que la situation alimentaire aux États-Unis est contrastée.

▸ MÉTHODE
• Étudier une carte p. 43.
• Identifier des informations géographiques p. 81.

Assurer la sécurité alimentaire

Comment assurer l'alimentation de plus de 7 milliards d'hommes ?

A Un monde nourri par l'agriculture productiviste

• **Les progrès de l'agriculture productiviste ont permis d'assurer la sécurité alimentaire.** Pour produire plus, deux stratégies ont été développées : l'augmentation des surfaces cultivées (front pionnier en Amazonie ou en Indonésie) et l'augmentation des rendements, solution aujourd'hui la plus préconisée. En Asie, la révolution verte a contribué à l'autosuffisance alimentaire.

• **L'augmentation des rendements a été obtenue grâce à une agriculture intensive et moderne** (doc. 2) : utilisation d'intrants, mécanisation (Repère A), irrigation, cultures sous serres et élevage hors-sol, recherche agronomique. Grâce à la mécanisation, les plus performants des céréaliculteurs des pays industrialisés produisent plus de 90 quintaux par hectare et par an, alors que le paysan sahélien peine à atteindre 6 quintaux de mil ou de sorgho.

• **Les acteurs de cette agriculture productiviste ont souvent des stratégies opposées.** Les producteurs et les États, particulièrement du Sud, dépendent souvent des puissantes firmes transnationales (FTN) de l'industrie agroalimentaire et chimique (Bayer, Monsanto) et des cours fixés dans quelques places boursières du Nord (Chicago).

B Des productions vivrières en difficulté

• **Les agricultures vivrières n'assurent pas ou peu la sécurité alimentaire dans un grand nombre de pays du Sud.** Paradoxalement, les petits agriculteurs qui, d'après la FAO représentent 45 % de la population active mondiale, sont touchés pour les trois quarts d'entre eux par la sous-nutrition.

• **Les techniques de l'agriculture vivrière restent souvent traditionnelles** (doc. 1). L'utilisation d'intrants est limitée et les rendements faibles. Pourtant les progrès se multiplient : développement de l'agriculture maraîchère dans les périphéries des villes africaines, cultures vivrières destinées à nourrir les marchés urbains nationaux, essor de l'aquaculture.

• **L'agriculture vivrière manque d'investissements de la part des États.** Peu productive, elle est souvent abandonnée au profit de l'agriculture commerciale. L'Éthiopie a encouragé les plantations de café aux dépens des cultures vivrières, générant une hausse des importations agricoles.

C Des flux agricoles en croissance

• **L'alimentation des hommes est désormais mondialisée** grâce aux succès de l'agriculture productiviste. Quelques grands exportateurs (États-Unis, Union européenne, Brésil), considérés comme les greniers du monde, dominent le marché mondial alimentaire.

• **La dépendance alimentaire des États les plus pauvres s'accentue.** Les pays dépendants des importations alimentaires et ceux qui ont misé sur les cultures commerciales sont soumis aux cours mondiaux fluctuants et aux décisions prises à l'OMC. L'aide alimentaire internationale, souvent nécessaire, accentue la dépendance et concurrence la production locale (Repère B).

• **Les États les plus puissants développent des stratégies pour réduire cette dépendance au marché agricole** et assurer leur sécurité alimentaire. Ils accaparent des terres ou des droits de pêche à l'étranger (Chine, Suède) au détriment le plus souvent des droits des petits paysans ou pêcheurs (doc. 3).

Vocabulaire

Aide alimentaire : voir p. 60.
Agriculture commerciale : voir p. 54.
Agriculture vivrière : voir p. 54.
Aquaculture : élevage d'animaux ou de végétaux aquatiques (poissons, crustacés).
***Feed lot* :** parc d'engraissement de bovins.
Intrants : voir p. 62.
OMC (Organisation mondiale du commerce) : organisation régulant le commerce international et réglant les différends commerciaux.
Révolution verte : voir p. 70.
Sécurité alimentaire : voir p. 72.

REPÈRE A

La mécanisation de l'agriculture dans le monde

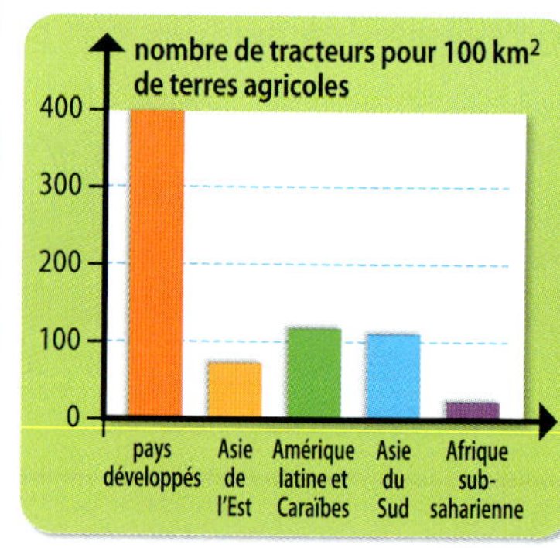

Source : FAO, 2012.

REPÈRE B

Les 5 plus grandes FTN de l'agroalimentaire dans le monde

Rang	Entreprise (pays d'origine)	Chiffre d'affaires en 2013, en milliards de dollars
1	Nestlé (Suisse)	98,5
2	Archer Daniels Midland (États-Unis)	89
3	Unilever (Royaume-Uni, Pays-Bas)	66
4	PepsiCo (États-Unis)	65,5
5	Coca Cola (États-Unis)	48

Source : *Fortune*, 2014.

1 **L'élevage extensif en Tanzanie**

2 **L'élevage intensif dans un *feed lot* aux États-Unis**

1) Comparez les moyens utilisés dans ces deux formes d'élevage. (doc. 1 et 2)

2) Quelle forme d'élevage est pratiquée dans l'agriculture productiviste ? Laquelle est davantage pratiquée dans le cadre de l'agriculture vivrière ? (doc. 1 et 2)

3 **L'accaparement des terres**

La superficie totale des terres agricoles acquises depuis dix ans au gré d'investissements internationaux permettrait de nourrir un milliard d'humains, autant que de personnes souffrant de la faim dans le monde, assure l'organisation Oxfam[1]. Entre 2000 et 2010, les investissements étrangers dans des terres agricoles ont atteint une surface totale équivalente à trois fois la taille de la France. Or 60 % de ces transactions ont eu lieu dans des régions « gravement touchées par le problème de la faim » et « plus des deux tiers étaient destinées à des cultures pouvant servir à la production d'agrocarburants » souligne [l'ONG]. Le phénomène atteint de telles proportions que dans les pays pauvres, « une superficie équivalant à celle de Paris est vendue à des investisseurs étrangers toutes les 10 heures », selon l'ONG. Ainsi, au Liberia, sorti en 2003 de plus de vingt ans de guerre, « 30 % du territoire national a fait l'objet de transactions foncières en seulement cinq ans » et au Cambodge, les ONG estiment que « 56 à 63 % des terres arables ont été cédées à des intérêts privés ».

Le Monde, 4 octobre 2012.

1. ONG internationale développant notamment le commerce équitable.

3) Pourquoi peut-on dire que l'accaparement des terres est un facteur aggravant de l'insécurité alimentaire ? (doc. 3)

Développer des agricultures durables

Les agricultures durables peuvent-elles nourrir une population croissante ?

A Les limites de l'agriculture intensive

• **L'extension des surfaces cultivées est une solution insuffisante.** Les rares réserves foncières se situent surtout en Amérique latine et en Afrique, posant la question de la préservation des écosystèmes fragiles. De même, l'étalement urbain réduit l'espace cultivé.

• **Le modèle productiviste d'intensification des cultures a atteint ses limites.** L'usage massif de produits chimiques menace les ressources en eaux (nappes phréatiques polluées) (doc. 1) et accélère l'érosion des sols. La spécialisation des territoires éloigne les espaces de consommation et de production, générant des transports (*food miles*) onéreux et polluants. Socialement, la concentration des exploitations a renforcé l'inégalité de l'accès à la terre.

• **Le défi d'une alimentation de qualité est posé.** Les risques sanitaires liés à l'agriculture productiviste augmentent (grippe aviaire, maladie de la vache folle) et inquiètent les consommateurs. Des systèmes de traçabilité ou de labels (AOC en France, Origin pour l'OMC) sont mis en place pour les rassurer.

B Produire autrement

• **L'agriculture biologique ne peut répondre seule aux besoins alimentaires croissants des pays du Sud** (Repère A). Sollicité par les consommateurs du Nord (Europe, Amérique du Nord), ce système agricole offre des rendements par hectare de 30 à 40 % inférieurs à ceux de l'agriculture conventionnelle, ce qui implique des prix plus élevés.

• **Les OGM (soja, maïs, colza) sont présentés comme une réponse à la croissance de la demande.** Leurs avantages (moins de pesticides et d'eau, semis direct) expliquent le développement mondial de ces cultures qui représentent 16 % des terres cultivées en grains en 2010, mais suscitent aussi la réticence des consommateurs, principalement en Europe occidentale (Repère B).

• **L'agriculture raisonnée est une solution durable.** Même si elle ne rompt que partiellement avec l'agriculture productiviste, elle propose une meilleure intégration des exploitations à l'environnement (doc. 2). En Inde, cette approche inspire notamment une révolution « doublement » verte (Étude de cas transversale 1, p. 314-317).

C Commercialiser et consommer autrement

• **Une nouvelle régulation des marchés agricoles est nécessaire.** Le fonctionnement de l'OMC pénalise les agricultures les plus pauvres. Le coût de l'alimentation reste un obstacle dans de nombreux pays du Sud qui ne peuvent acheter les excédents des pays du Nord issus d'une agriculture subventionnée.

• **De nouveaux circuits de distribution se développent bien qu'ils soient encore minoritaires.** Le commerce équitable répond aux exigences d'une meilleure répartition de la valeur ajoutée de la vente des produits alimentaires, alors que les AMAP en Europe, le système Trikkei au Japon ou les cueillettes à la ferme offrent aux consommateurs des produits locaux, associés à l'idée de fraîcheur et de qualité.

• **Plus globalement, une modification des comportements alimentaires s'impose pour nourrir 9 milliards d'hommes en 2050.** Dans les pays les plus riches, elle passe par la baisse de la consommation de viande, la lutte contre le gaspillage dans la distribution et dans la consommation, la sensibilisation au goût (doc. 3).

Vocabulaire

Agriculture biologique : voir p. 56.

Agriculture raisonnée : agriculture recherchant l'efficacité économique tout en limitant l'utilisation d'intrants d'origine industrielle.

AMAP (Association pour le maintien de l'agriculture paysanne) : partenariat entre un groupe de consommateurs et un producteur, basé sur un système de distribution de « paniers » composés des produits de la ferme.

Commerce équitable : voir p. 56.

***Food miles* (Kilomètres alimentaires) :** kilomètres parcourus par les produits alimentaires, du lieu de production au lieu de consommation.

OGM : voir p. 56.

Traçabilité : système permettant d'identifier l'origine et de reconstituer le parcours d'un produit.

REPÈRE A

Surface consacrée à l'agriculture biologique dans le monde

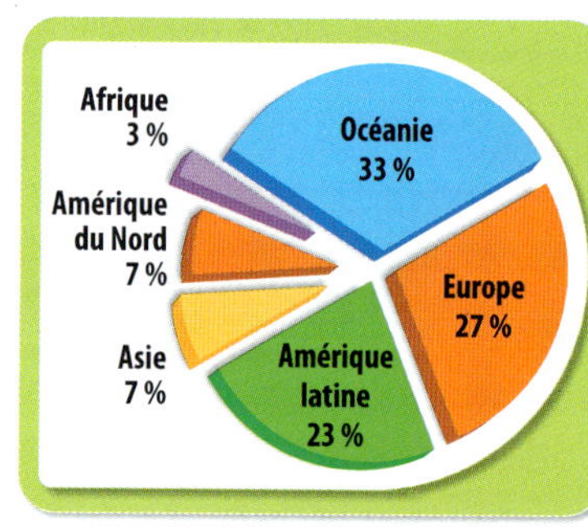

Source : FIBL-IFOAM, 2012.

REPÈRE B

Progression du maïs et du soja OMG dans le monde

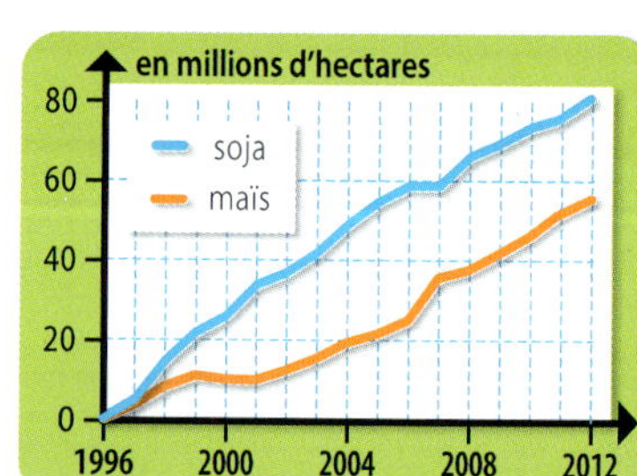

Source : ISAAA, 2014.

Les conséquences de l'intensification agricole : les algues vertes sur les plages chinoises. Conjugués à d'autres sources de pollution, les pesticides, en s'infiltrant dans les nappes phréatiques, ont tendance à favoriser la prolifération des algues vertes sur les plages.

1

2 **L'agriculture raisonnée : une agriculture durable ?**

Les agricultures raisonnées cherchent à réduire l'emploi d'intrants d'origine chimique, mais, à la différence de l'agriculture biologique, elles ne s'interdisent pas d'y recourir de façon mesurée et raisonnée, dans des situations bien précises. Pour les agriculteurs bio, les agricultures raisonnées ne constituent pas une véritable agriculture durable dans la mesure où la rupture avec les modèles de l'agriculture productiviste n'est que partielle. Mais l'agriculture raisonnée constitue bien une voie allant vers l'agriculture durable. L'agriculture raisonnée recommande des apports d'intrants strictement limités aux besoins des cultures, l'intégration de la culture d'engrais verts, la prise en compte du bien-être animal, la traçabilité de la production et des pratiques agricoles, l'entretien des paysages et de la biodiversité. Des réductions de 20 à 30 % des apports de pesticides sont possibles, même s'il est difficile d'aller au-delà. Les agricultures raisonnées sont appelées à se développer bien davantage que l'agriculture biologique. Elles réclament des compétences techniques de haut niveau, avec une bonne connaissance de l'agronomie et une gestion fine de la production.

J.-P. Charvet, *Atlas de l'agriculture*, Autrement, 2012.

3 **La lutte contre les gaspillages alimentaires en France**

1) Quelles sont les différences entre l'agriculture biologique et l'agriculture raisonnée ?

Capacités travaillées
- Étudier un texte
- Identifier des informations géographiques

Exercice guidé

SUJET : Sous-nutrition et obésité dans le monde

Montrez que la sous-nutrition et l'obésité sont deux problèmes alimentaires à l'échelle mondiale qui touchent les pays du Sud et les pays du Nord.

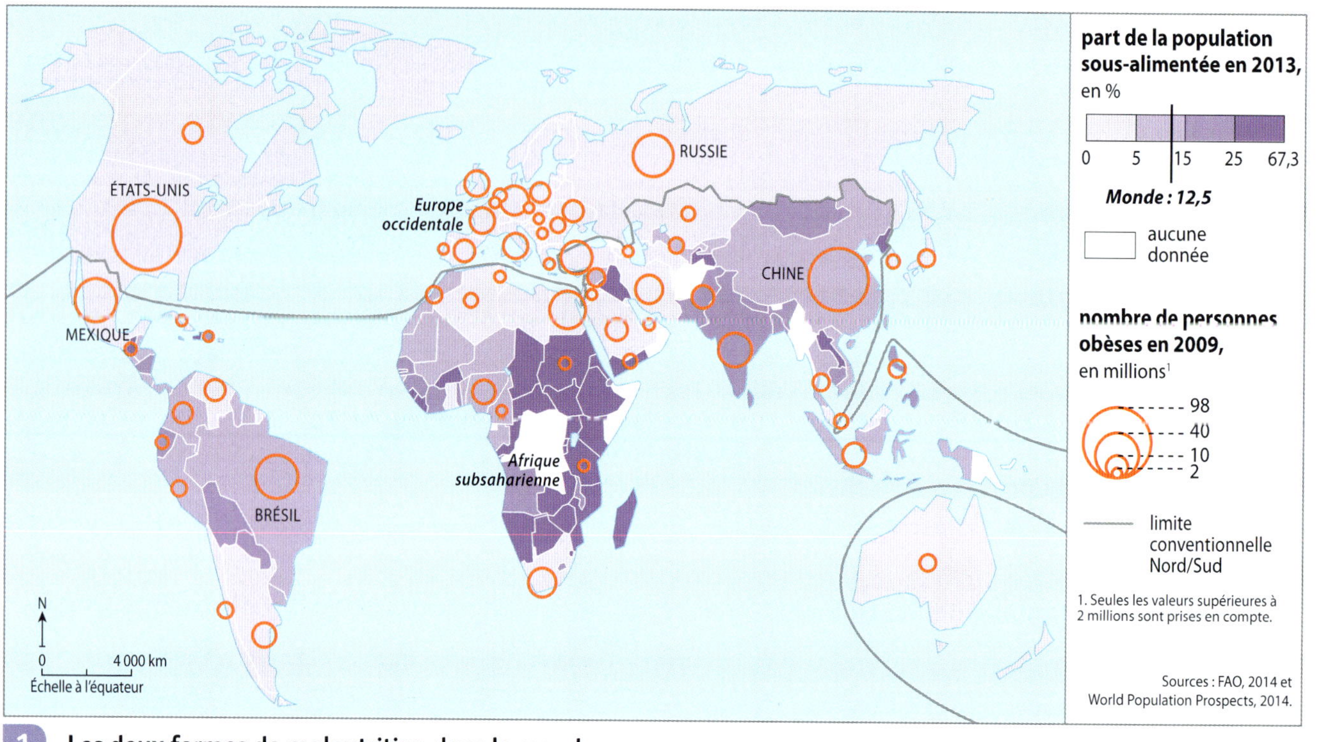

1 Les deux formes de malnutrition dans le monde

2 Les deux formes de malnutrition en Afrique

En 1980, moins de 20 % de la population africaine souffrait de surpoids et à peine 5 % d'obésité. En 2008, c'est un tiers du continent qui est concerné par le surpoids et 10 % par l'obésité. Une grande partie des pays du continent qui sont concernés par le problème de l'obésité le sont aussi par celui des carences alimentaires. Même si la sédentarisation et l'urbanisation des Africains jouent un rôle important dans le développement de l'obésité, la FAO pointe aussi le rôle des systèmes agricole et alimentaire dans leur ensemble : les monocultures et la transformation des aliments engendrent une non-diversification de l'alimentation favorisant la prise de poids comme les carences. Mais la FAO rappelle que sa priorité sur le continent reste la lutte contre la malnutrition et la sous-nutrition, en particulier en Afrique subsaharienne.

C. Cosset, *Malnutrition et obésité en Afrique inquiètent la FAO*, jeune.afrique.com, 2013.

A Analyser les documents

Méthode

Étudier un texte

a. Identifier la source : auteur, date, provenance (ouvrage scientifique, article de presse) ;

b. Repérer l'idée générale (notions clés, espace concerné) **et l'organisation du texte** : grandes parties, arguments (causes, conséquences) et exemples (preuves chiffrées, espaces) ;

c. Interpréter le texte :
- en utilisant les notions clés ;
- en expliquant les informations du texte à l'aide des connaissances ;
- en illustrant les idées par des exemples ;
- en dégageant les limites du texte.

1 Sur le modèle proposé, terminez l'identification des éléments composant le texte.

En 1980, moins de 20 % de la population africaine souffrait de surpoids et à peine 5 % d'obésité. En 2008, c'est un tiers du continent qui est concerné par le surpoids et 10 % par l'obésité. Une grande partie des pays du continent qui sont concernés par le problème de l'**obésité** le sont aussi par celui des **carences alimentaires**. Même si la sédentarisation et l'urbanisation des Africains jouent un rôle important dans le développement de l'obésité, la FAO pointe aussi ....

Exemple : preuve chiffrée de l'évolution

Idée générale du texte : obésité et sous-nutrition vont souvent ensemble

Notions clés : **obésité**, **carences alimentaires**

Arguments d'explication

2 Sur le modèle proposé p. 45, identifiez les éléments composant la carte.

Méthode pour étudier une carte p. 43.

B Identifier des informations géographiques

Méthode

a. **Décrire le document :** grands ensembles géographiques de la carte ; éléments visuels et slogans d'une affiche ; grandes tendances d'un graphique ; cadre environnemental d'une photographie (paysage urbain, rural...) ; thèmes essentiels d'un texte... ;

b. **Associer les informations** aux notions essentielles du chapitre. Seules les informations en lien avec ces notions ont de l'intérêt pour l'étude du document.

3 Complétez le tableau suivant.

	Identifier les informations	Interpréter les informations à l'aide des notions essentielles
Sous-nutrition	– Doc. 2 : « carence alimentaire » –	→ Sous-nutrition : insuffisance quantitative de la ration calorique quotidienne (inférieure à 2 400 kcal. par jour). –
Obésité	– Doc 1 : poids de l'Amérique du Nord –	**Aide** : Étude de cas flash p. 74-75.

Sujet d'entraînement

SUJET : L'agriculture américaine, au cœur de l'agrobusiness

Montrez que l'agriculture américaine est productiviste et qu'elle occupe de nombreux acteurs.

1 L'agrobusiness aux États-Unis

Si les agriculteurs américains représentent moins de 2% de la population des États-Unis, les entreprises situées en amont de la production agricole en regroupent environ 3 % et celles situées en aval de 12 à 13 % en incluant la restauration rapide, soit un total de plus de 17 % de la population active du pays dans l'agroalimentaire[1]. En amont, on trouve la production de tracteurs et de machines agricoles (Case, John Deere, etc.), d'engrais et de produits phytosanitaires ainsi que de semences, souvent OGM aujourd'hui, réalisées par des firmes comme Monsanto, DuPont-Pioneer, Dow, etc.
En aval, les activités sont encore plus diversifiées avec les minoteries et les huileries, la production de biocarburants, d'aliments pour le bétail et les nombreuses activités d'élevage industriel, les abattoirs, le conditionnement et la transformation des viandes et des fruits et légumes, les transports, les chaînes de la grande distribution et celles de la restauration rapide.

J.-P. Charvet, *Atlas de l'agriculture*, Autrement, 2012.

1. Secteur industriel ayant pour objet la transformation et le conditionnement des produits agricoles en denrées alimentaires destinées à la consommation humaine et animale.

Capacités travaillées
- Étudier une affiche

Exercice guidé

SUJET : Des solutions en débat pour nourrir durablement les hommes

Montrez que l'agriculture biologique, l'approvisionnement local et le commerce équitable sont des solutions durables qui présentent des limites.

Quel(s) aliment(s) du panier illustrent le commerce équitable ?

Quelle contradiction existe-t-il entre ces deux éléments ? (cours 3 p. 78)

Les solutions proposées sont-elles toujours conciliables ? (doc. 2)

Montrez les apports et les limites de chaque solution proposée pour « L'homme et la planète ». (cours 3 p. 78)

1 La promotion de solutions alimentaires durables

2 **Les paradoxes de la consommation alimentaire : l'exemple allemand**

En Allemagne, on achète des fraises en hiver, mais bio, et du poisson pané fabriqué à partir de colin d'Alaska menacé, l'achat s'accompagnant d'un don en faveur de la protection du milieu marin. On ne mange plus ses hamburgers que dans un fastfood dont le toit est équipé d'une installation photovoltaïque, même si la production de la viande de bœuf a des effets dévastateurs sur le climat. Les agriculteurs bio [ne sont] plus en mesure d'alimenter suffisamment le marché, les chaînes bio, les supermarchés et les magasins *discount* ont complété leur offre en achetant à l'étranger. Aujourd'hui encore, la moitié des légumes est importée. En Allemagne, la part des produits issus du commerce équitable reste marginale avec une part de marché de 1 à 2 %, alors que cela fait plus de 40 ans que les consommateurs connaissent le principe du commerce équitable. La consommation de poisson augmente alors que les océans ont été pratiquement vidés par la pêche. Les Allemands consomment en moyenne 89 kg de viande par an alors que l'élevage d'animaux pour la consommation humaine est responsable d'émissions de gaz nuisibles au climat.

Goethe.de, 2014.

A Analyser le sujet et la consigne

1) Identifiez les notions clés et délimitez l'espace concerné.

Méthode p. 40.

Des solutions en débat pour nourrir durablement les hommes

Montrez que l'agriculture biologique, l'approvisionnement local et le commerce équitable sont des solutions durables qui présentent des limites.

B Étudier l'affiche

Méthode

a. Décrire l'affiche :
- Repérer les éléments visuels : décor, couleurs, personnages, objets, mise en scène ;
- Dégager les informations contenues dans le texte : titre, slogans et style du texte (informatif, ironique, humoristique, provocateur) ;
- Identifier les auteurs grâce au logo.

b. Interpréter l'affiche :
- Utiliser les connaissances extraites du cours pour interpréter les informations ;
- Interpréter l'intention des auteurs de l'affiche : convaincre, séduire, provoquer ;
- Organiser les informations en lien avec les différentes parties de la consigne.

2 Complétez les cartouches de description de l'affiche.

Textes : slogan, ...

Éléments visuels : fond vert, ...

Logos : ....

3 Complétez le tableau suivant.

	Identifier les informations	Interpréter les informations à l'aide des notions essentielles
Les solutions durables	– Doc. 1 : « bio » → –	– Agriculture biologique : .... –
Les limites	– Doc 2 : « Aujourd'hui encore, la moitié des légumes [bio] est importée » –	**Aide** : Répondez aux questions posées dans les cartouches entourant le doc. 1.

Sujet d'entraînement

SUJET : Assurer la sécurité alimentaire au Sénégal par les ressources locales ?

Montrez que les ressources locales sont à la fois encouragées et menacées.

1 Des ressources poissonnières locales menacées

Au large de l'Afrique de l'Ouest, des eaux froides riches en nutriments remontent des profondeurs, attirant des bancs de petits poissons (sardinelles, anchois...) et des bateaux-usines russes, coréens, espagnols qui raflent cette manne au détriment des pirogues sénégalaises. Scientifiques, ONG et pêcheurs constatent que la ressource s'épuise. Or, si les étrangers sont attirés par la concentration saisonnière de poissons-fourrage qu'ils transforment en farine pour l'alimentation du bétail, les Sénégalais, eux, les consomment. La raréfaction de la sardinelle a des répercussions sérieuses sur la sécurité alimentaire du pays.

Le Monde, 9 janvier 2014.

2 Le recours aux ressources locales en riz

Capacités travaillées
- Passer du croquis au schéma
- Passer du texte au schéma

MÉTHODE BAC

Exercice guidé

SUJET : Assurer la sécurité alimentaire en Asie

A Différencier cartes, croquis et schémas

Carte : La situation alimentaire en Asie du Sud et de l'Est

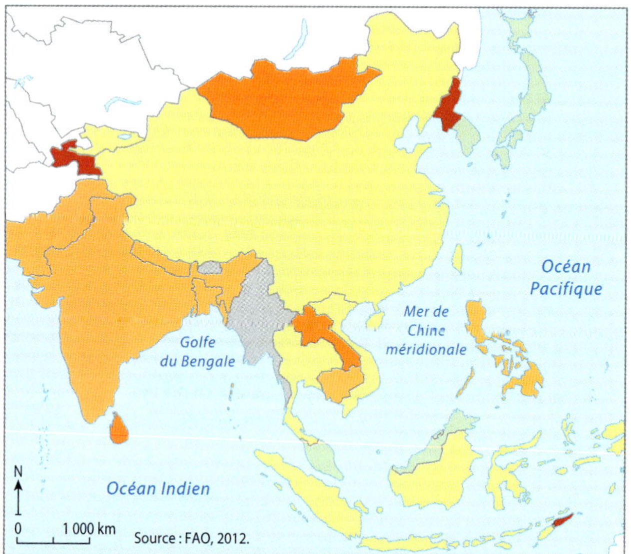

Part de la population sous-alimentée dans la population totale en 2010, en %

5 | 15 | 23 | 30 | 38
Asie : 13,9

Aucune donnée

Croquis : La situation alimentaire en Asie du Sud et de l'Est

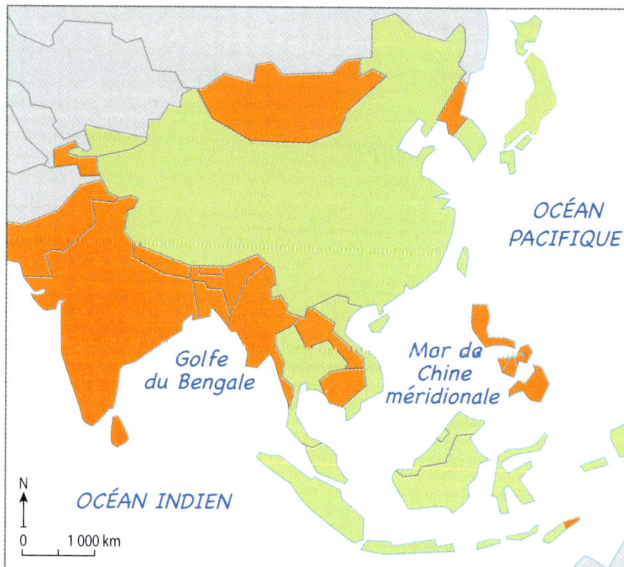

- forte proportion de la population sous-alimentée
- faible proportion de la population sous-alimentée

Schéma : La situation alimentaire en Asie du Sud et de l'Est

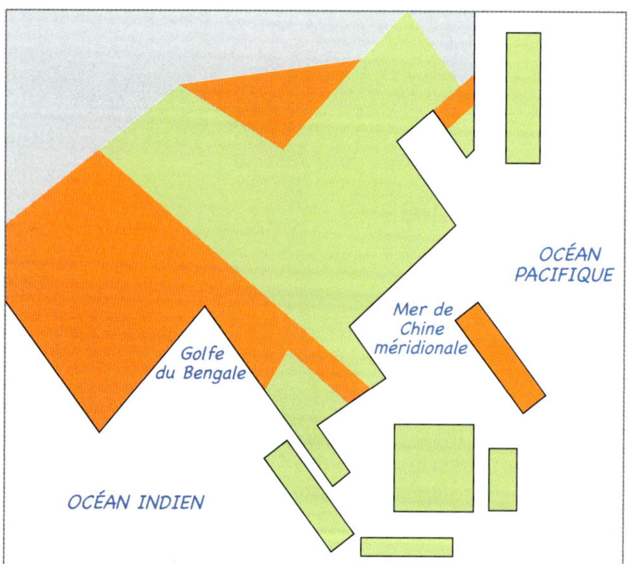

- forte proportion de la population sous-alimentée
- faible proportion de la population sous-alimentée

Méthode

Identifier carte, croquis et schéma

	Carte	Croquis	Schéma
Points communs	langage commun : figurés, couleurs, règles cartographiques, titre et légende organisée.		
Spécificités	document scientifique qui permet de localiser des lieux, de représenter des données. La légende n'est pas nécessairement problématisée.	document plus simplifié que la carte, qui présente des informations organisées et hiérarchisées.	document plus simplifié que le croquis, dans la forme (tracé géométrique) et dans les informations (moins nombreuses).
Épreuves du bac	Étude de document	Production graphique	
		fond fourni	fond à dessiner par l'élève
			Composition

1 Listez les points communs et les différences de ces trois représentations cartographiques.

B Passer du croquis au schéma

2 À partir du croquis ci-dessous, complétez la légende et le schéma ci-contre.

PDF **FICHE À COMPLÉTER** et correction en téléchargement sur le site Hachette-Éducation

Les espaces et les dynamiques agricoles en Chine

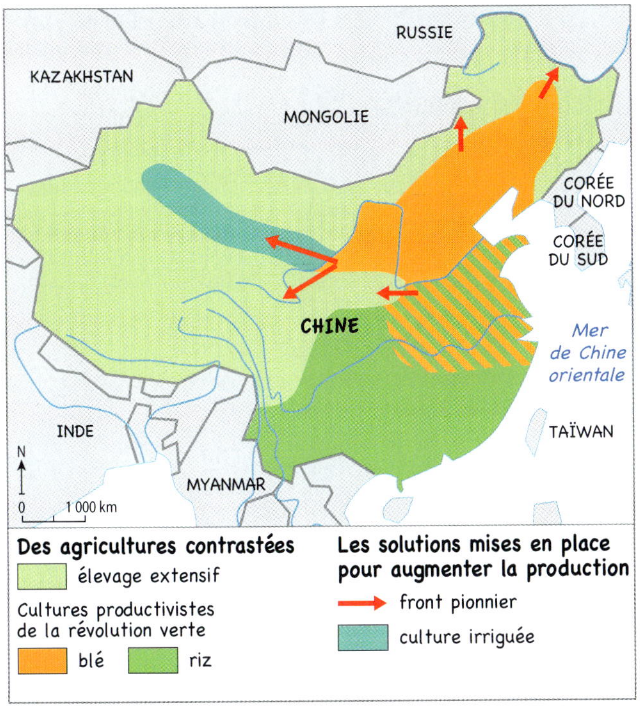

Titre : ....

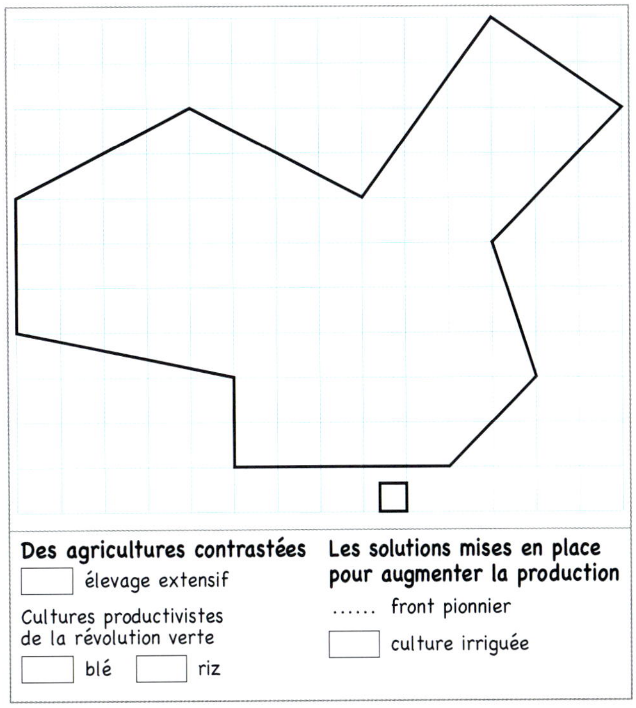

3 Réalisez un schéma à partir du croquis de synthèse de l'étude de cas vue en classe (Brésil p. 59 ou Sénégal p. 67).

C Passer du texte au schéma

4 Recopiez et complétez la légende du schéma à partir de l'extrait de composition suivant et donnez-lui un titre.

Les atteintes environnementales liées aux pratiques agricoles concernent une grande partie du territoire indien. Si la frange littorale orientale est peu affectée, l'ouest et le nord du pays le sont davantage. Les régions agricoles riveraines de la mer d'Oman, en particulier, sont fortement touchées par les dégradations environnementales, de même que les régions les plus au nord du pays.

Titre : ....

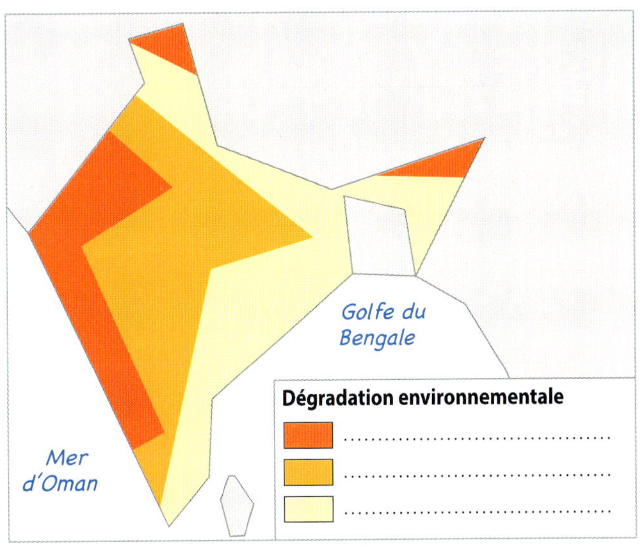

5 À l'aide du planisphère p. 68-69, réalisez un schéma qui illustre la partie du cours 1 p. 72 « Un accès inégal à l'alimentation ».

Utiliser un globe virtuel

Capacités travaillées
- Se repérer sur un globe virtuel
- Identifier et trier des informations

Sujet L'élevage intensif aux États-Unis

1. Barre de recherche de l'espace choisi

2. Outil de changement d'échelle et d'orientation

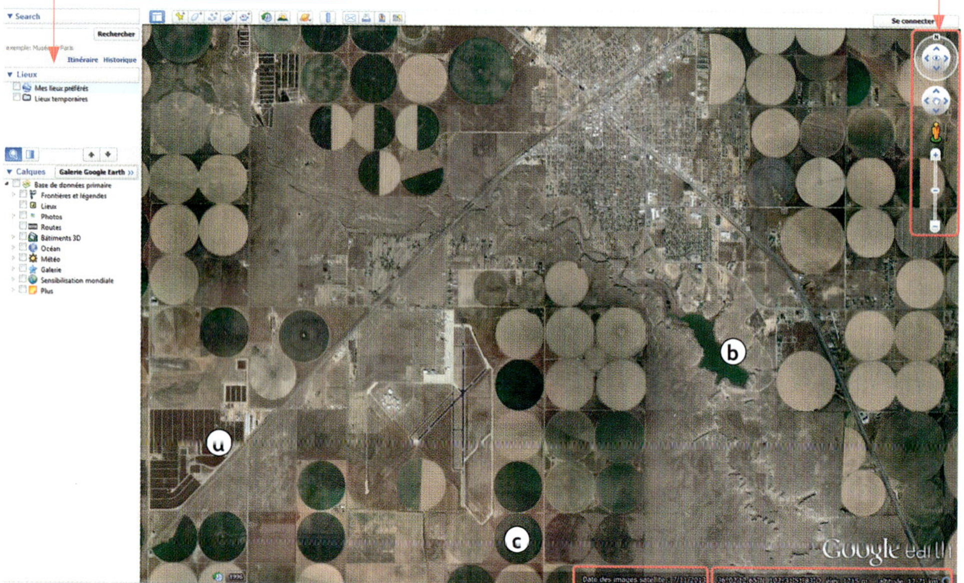

3. Date des images

4. Coordonnées géographiques du point où se situe le curseur

Image satellite du sud-ouest de Dalhart (Texas). (36°03'55.29''N 102°31'23.00'' O, altitude 1216 m)

Aide à la lecture :
a. *feed lot*
b. lac-réservoir
c. champ circulaire irrigué servant à l'alimentation du bétail.

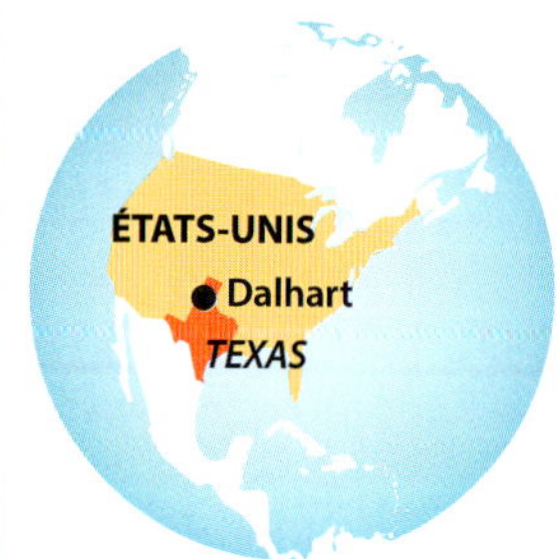

1 Réalisez l'exercice d'application en vous aidant de la méthode proposée

Méthode pour utiliser un globe virtuel	Application
A. Rechercher l'espace choisi grâce au nom du lieu ou grâce à ses coordonnées géographiques.	Tapez Dalhart (Texas) dans la barre de recherche (1). Repérez-vous grâce aux coordonnées géographiques du curseur (4).
B. Identifier les éléments structurants de cet espace visibles sur l'image (route, rivière, urbanisation…).	Naviguez dans l'image en changeant d'échelle (2) pour identifier les éléments structurants : lisier (pollution des nappes phréatiques), aéroport, autoroute, *feed lot*, silo à grains, route et voie ferrée d'approvisionnement et d'acheminement du bétail, ville, champ circulaire irrigué (céréales), lac-réservoir (contrainte de l'aridité).
C. Organiser les informations relevées dans un plan organisé.	Classez ces informations dans 3 parties grâce à ces titres : – Une agriculture productiviste – Un espace de production relié aux centres de consommation – Un environnement vulnérable

2 Réalisez une trace écrite de l'analyse de l'espace

PDF FICHE À COMPLÉTER et correction en téléchargement sur le site Hachette-Éducation

Réalisez un croquis d'interprétation de l'espace étudié :

– Choisissez les figurés adaptés pour chaque information retenue (Mémento cartographique).

– Reproduisez et complétez le croquis suivant sans oublier les noms de lieux, l'orientation et l'échelle.

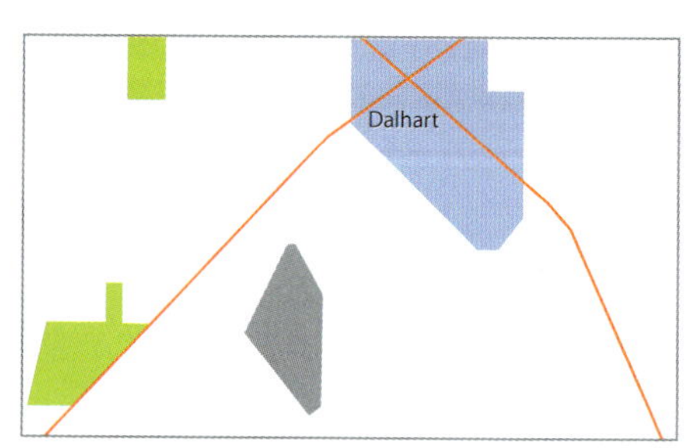

Fiche de révision

COMMENT NOURRIR DURABLEMENT PLUS DE 7 MILLIARDS D'HOMMES ?

SITUATION ALIMENTAIRE	SITUATION AGRICOLE	VERS DES SOLUTIONS DURABLES ?
Croissance rapide des populations	Agriculture productiviste qui nourrit le monde →	Conséquences environnementales et sanitaires de l'agriculture productiviste
+	+	↓
Croissance des productions (←)	Agriculture vivrière en difficulté	Produire autrement
↓	+	+
Disponibilités alimentaires mondiales suffisantes	Flux agricoles en augmentation →	Commercialiser et consommer autrement
≠		
Persistance de problèmes alimentaires : • sous-nutrition • malnutrition		

A La croissance des productions suit-elle la croissance des populations ?

La demande alimentaire est croissante en raison de la croissance des populations liée à la transition démographique. La croissance des productions (multipliée par 3 depuis 1960) a été plus forte que celle des populations (multipliée par 2 depuis 1960), assurant globalement la sécurité alimentaire. Pourtant les problèmes alimentaires persistent à toutes les échelles : sous-nutrition, malnutrition liée aux carences (Sénégal, Inde) ou liée à l'obésité (villes du Brésil, États-Unis).

B Comment assurer la sécurité alimentaire ?

Les progrès agricoles ont permis l'augmentation des productions : révolution verte, mécanisation, utilisation d'intrants (Inde). L'agriculture productiviste (Europe, Amérique du Nord, Brésil) assure aujourd'hui la sécurité alimentaire contrairement à l'agriculture vivrière, trop traditionnelle et peu productive (Asie du Sud et de l'Est, Afrique subsaharienne dont le Sénégal). L'alimentation des hommes est de plus en plus mondialisée : croissance des flux agricoles (Brésil), aide alimentaire et accaparement des terres (Sénégal).

C Comment développer des agricultures durables ?

Le modèle productiviste a atteint ses limites : atteintes environnementales, qualité des aliments. Il est nécessaire de produire autrement : agriculture biologique, agriculture raisonnée. Le recours aux OGM est une solution en débat (Brésil). Certains modes de commercialisation (commerce équitable, circuits courts) et de consommation (moins de viande et de gaspillage dans les pays riches) sont expérimentés ou se développent.

NE PAS CONFONDRE

Agriculture extensive / Agriculture intensive :

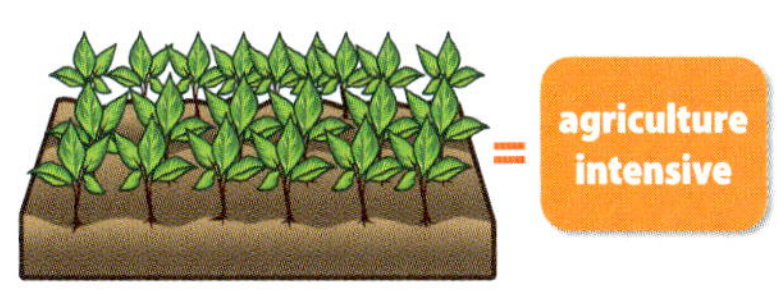

Malnutrition / Sous-nutrition

Malnutrition : déséquilibre de la ration alimentaire quotidienne caractérisé par les carences ou les excès de certains aliments.

Sous-nutrition (ou sous-alimentation) : insuffisance quantitative de la ration calorique quotidienne (inférieure à 2 400 kilocalories par jour).

CHAPITRE

3 L'eau, ressource essentielle

L'eau est une ressource indispensable à la vie. Bien qu'abondante sur la terre, elle est très inégalement répartie selon les régions et selon les saisons. Plus de deux milliards d'hommes n'ont pas accès à l'eau potable.

Les activités humaines, dont l'agriculture, et l'augmentation de la population entraînent une hausse continue des besoins en eau. Pour tenter d'y répondre, des aménagements pour stocker et déplacer l'eau se multiplient. Cependant, leur coût élevé limite leur développement dans les pays les plus pauvres.

Dans de nombreuses régions du monde, la qualité et la quantité des ressources en eau se dégradent, entraînant des tensions entre les usagers. Toutefois, une gestion durable de l'eau se met en place ainsi qu'une coopération politique entre les États.

Comment répondre durablement aux besoins en eau de plus de 7 milliards d'hommes ?

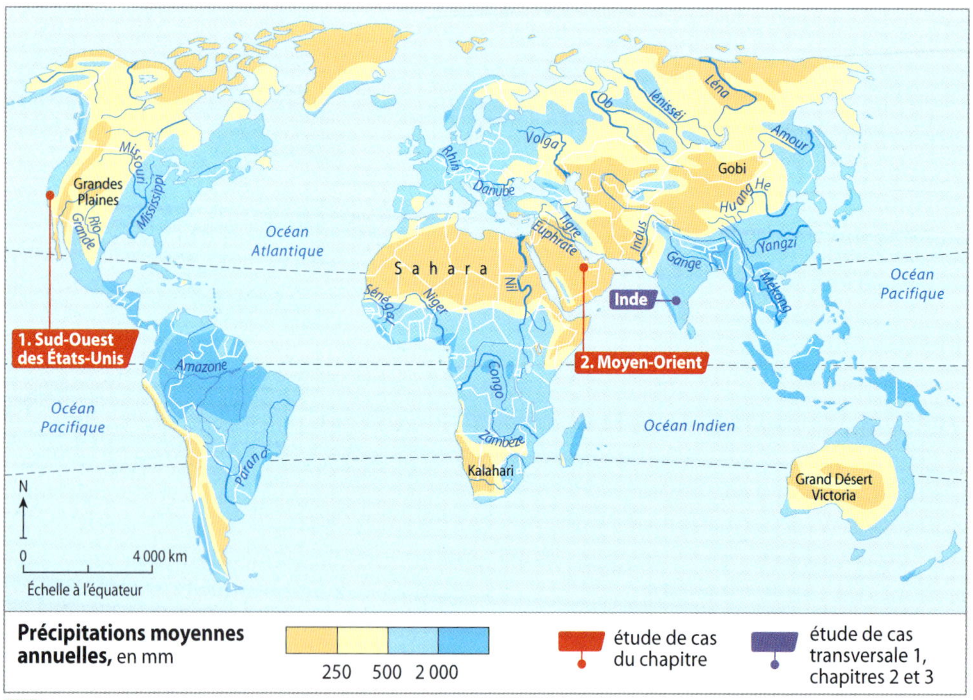

1 Les précipitations dans le monde

Questions

1) Comment ces femmes et ces enfants s'approvisionnent-ils en eau ? Quels problèmes cela pose-t-il ?

2) D'après la carte, dans quelles parties du monde les précipitations sont-elles supérieures à 500 mm ?

3) Pourquoi en Éthiopie, malgré des précipitations suffisantes, toutes les populations n'ont-elles pas un accès à l'eau satisfaisant ?

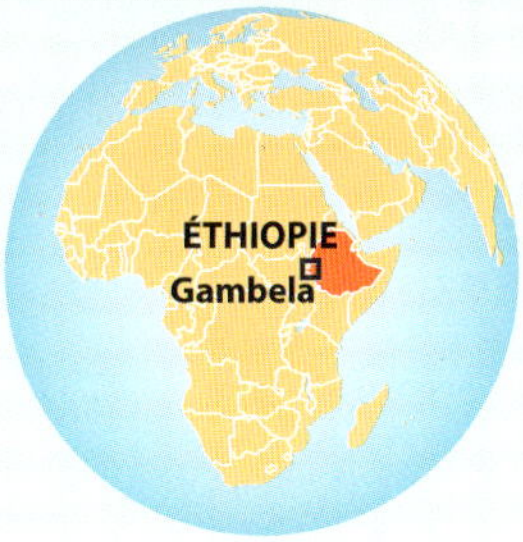

2 **L'accès à l'eau en Éthiopie (province de Gambela).**
L'Éthiopie est surnommée le « château d'eau » en Afrique de l'Est car elle possède des ressources en eau douce importantes. Cependant, la pression sur cette ressource y est forte à cause de l'explosion démographique et de l'urbanisation galopante. Seuls 44 % de la population a accès à l'eau potable. Les réservoirs pour stocker l'eau pendant la saison sèche sont trop peu nombreux, surtout en milieu rural, ce qui oblige les habitants à collecter des eaux insalubres. D'immenses travaux hydrauliques ont été engagés pour améliorer l'accès à l'eau.

Repenser la gestion de l'eau dans le Sud-Ouest des États-Unis

Le Sud-Ouest des États-Unis est une région riche mais ses ressources en eau sont insuffisantes. Malgré la variété des aménagements qui marquent fortement les paysages, l'eau est devenue une ressource menacée, ce qui nécessite la mise en place d'une gestion durable.

Le Sud-Ouest des États-Unis en chiffres

- **Population :** 45,8 millions d'habitants
- **Superficie :** 0,9 million de km^2

A Quelles sont les inégalités liées à la ressource en eau dans le Sud-Ouest des États-Unis ?

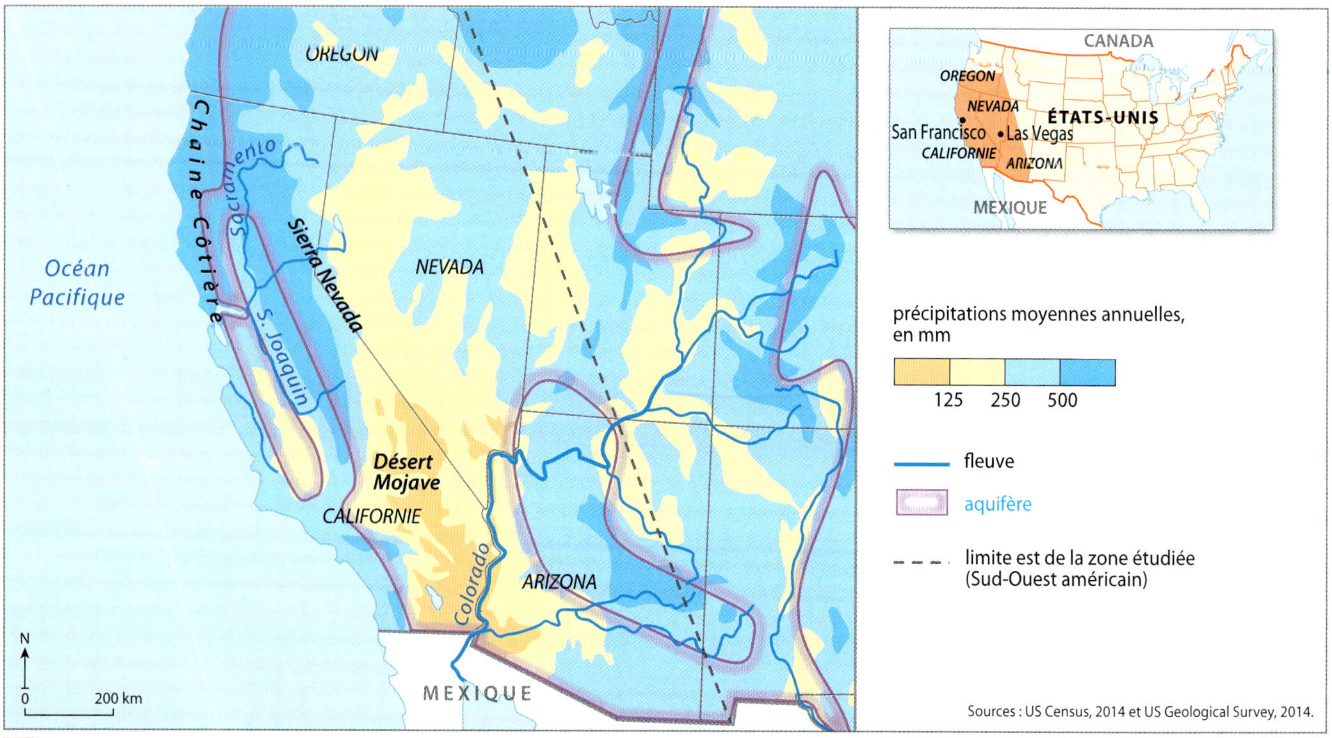

1 **Une répartition très inégale des ressources en eau**

2 **L'eau en Californie, une ressource rare mais un accès assuré**

Le climat doux de la Californie et les abondantes ressources naturelles ont attiré les premiers colons[1], mais c'est l'eau qui a véritablement été le catalyseur du développement d'un État prospère. Capter l'eau et la mettre à profit requiert des moyens, il faut la déplacer du nord de la Californie, où 75 % des précipitations tombent, vers le centre et le sud de la Californie, où se trouve 75 % de la demande. Le développement des ressources, les projets de stockage et de distribution ont amené l'eau là où on en avait le plus besoin, transformant les déserts en terres agricoles et donnant vie à de nouvelles villes, à de nouveaux villages. Sans ces projets, une grande partie de l'État serait bien différente de ce que l'on connaît actuellement. Dès les premiers jours de l'histoire américaine, la recherche et la garantie d'un approvisionnement satisfaisant en eau potable se sont imposées comme une priorité. Aujourd'hui, les progrès technologiques assurent un approvisionnement en eau potable de qualité pour la plupart des gens.

Water Education Foundation, 2013.

1. Au XVIIIe siècle.

Vocabulaire

Aquifère : réserve d'eau souterraine contenue dans les roches.

3 **Accéder à l'eau en plein désert : le Canyon Gate Country Club (Las Vegas).** Las Vegas compte 2 millions d'habitants et près de 40 millions de touristes par an. Bien que la ville soit en plein désert, l'utilisation de l'eau est considérable comme en témoigne la multiplication des golfs.

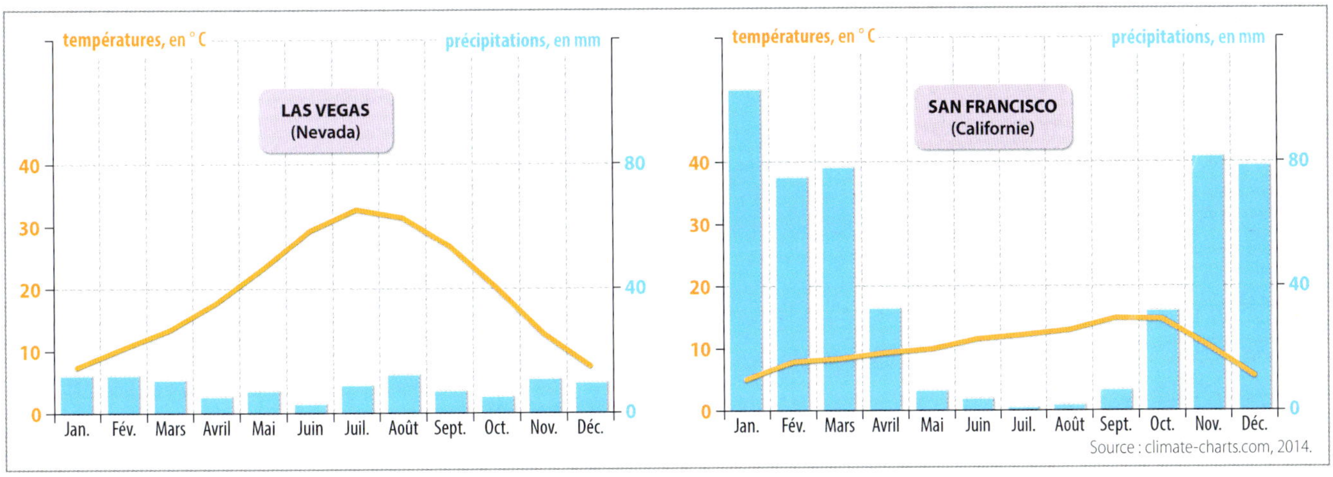

Source : climate-charts.com, 2014.

4 **De fortes variations climatiques annuelles**

Questions

1. Quelles sont les principales ressources en eau dans le Sud-Ouest des États-Unis ? (doc. 1)
2. Montrez que ces ressources sont inégalement réparties sur le territoire et au cours de l'année. (doc. 1 et 4)
3. Montrez que, grâce au développement économique et technologique de la région, l'accès à l'eau est pour l'instant garanti, même dans le désert. (doc. 2 et 3)

▶ **Bilan :** Complétez la 1re colonne de l'organigramme bilan p. 96.

B Comment les aménagements hydrauliques répondent-ils aux besoins du Sud-Ouest des États-Unis ?

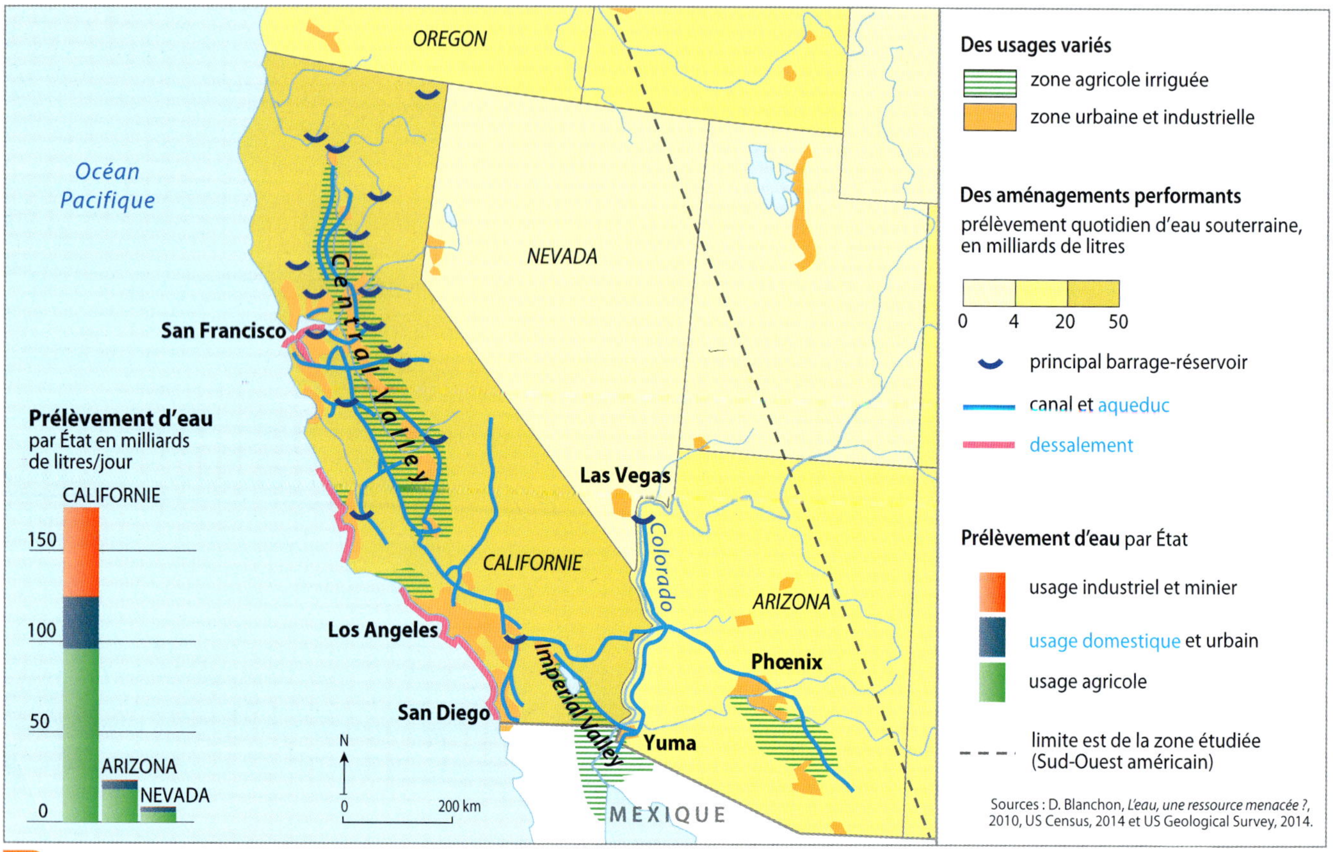

5 Des aménagements nombreux pour répondre à des besoins croissants

6 Une consommation croissante de l'eau

	Nombre d'habitants en 2010, en millions	Évolution de la population entre 2000 et 2010, en %	Usage domestique de l'eau par jour et par personne, en litres
Californie	37	10	469
Arizona	6	25	530
Nevada	3	35	419
États-Unis	**309**	**10**	**370**

Sources : US Census, 2014, et US Geological Survey, 2014.

Vocabulaire

Aqueduc : aménagement hydraulique pour le transport de l'eau.
Dessalement : technique de transformation de l'eau de mer en eau douce.
Irrigation : opération consistant à apporter de l'eau sur des terres cultivées.
Usage domestique : consommation d'eau par les ménages (hors industrie et agriculture).

7 Le canal de l'Arizona, un facteur de transformation du paysage.
① canal de l'Arizona (80 km de long) ; ② champs irrigués ; ③ ville de Scottsdale.

8 L'irrigation, une nécessité pour l'agriculture

La plupart des gens pensent à l'Arizona comme à un grand désert poussiéreux, et ils sont surpris d'apprendre que Yuma est la capitale mondiale de la production de légumes d'hiver. Plusieurs choses entrent en ligne de compte : un soleil abondant, un sol riche, un travail important et une irrigation de grande qualité. Avec des hivers doux, peu de risque de gel et plus de 350 jours de soleil par an, le comté de Yuma bénéficie de la saison de croissance pour les légumes la plus longue du pays. Mais avec moins de trois pouces[1] de pluie par an, l'eau est l'élément manquant, même si le puissant Colorado coule à proximité. Actuellement sur les 230 000 hectares de terres utilisées pour l'agriculture dans le comté de Yuma, 100 % sont irrigués avec de l'eau du fleuve Colorado. Environ 90 % des légumes feuillus cultivés aux États-Unis de novembre à mars sont cultivés dans et autour de la région. La région de Yuma est le foyer de neuf usines qui produisent laitues en sac et mélanges de salades.

visityuma.com, 2013.

1. Soit 76 mm.

Questions

1) Quels sont les principaux usages de l'eau dans le Sud-Ouest des États-Unis ? Montrez que la consommation d'eau est croissante. (doc. 5, 6 et 8)

2) Quels sont les différents aménagements hydrauliques de la région ? Pourquoi sont-ils essentiels au fonctionnement économique et au développement urbain ? (doc. 5 et 8)

3) Quelles transformations du paysage cette maîtrise de l'eau entraîne-t-elle ? (doc. 7)

▶ **Bilan :** Complétez la 2e colonne de l'organigramme bilan p. 96.

C Comment faire face aux menaces et tensions liées à l'eau dans le Sud-Ouest des États-Unis ?

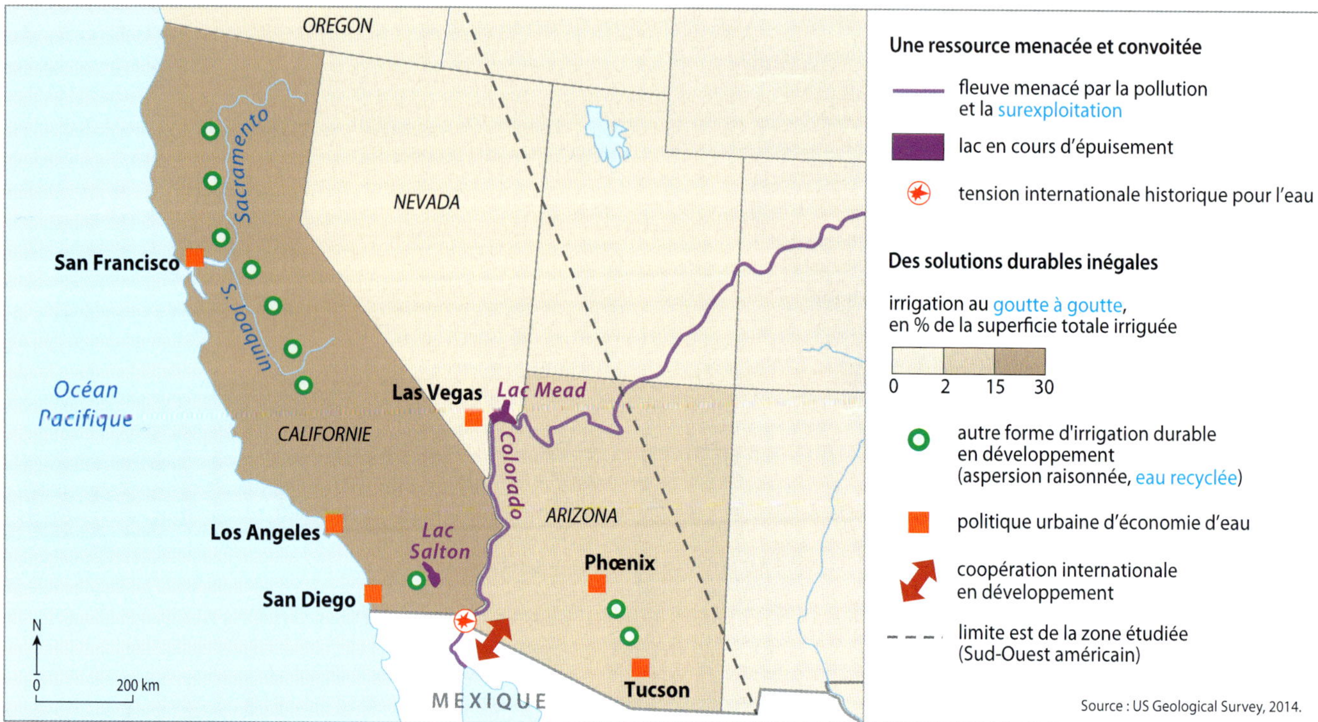

9 Menaces et gestion durable des ressources en eau

10 Les conflits d'usage dans l'Imperial Valley

Au nord, plus de [12 000 hectares] de terres cultivables de l'Imperial Valley ont été mis en jachère[1] cet été pour permettre aux citadins d'utiliser l'eau qui serait autrement allée irriguer les champs de luzerne ou d'autres cultures. Cette décision a été prise dans le cadre de l'accord que les autorités de San Diego ont imposé, il y a une dizaine d'années, pour sécuriser l'approvisionnement en eau des résidents du comté. Le long des routes poussiéreuses de la vallée, des cadenas sur des installations d'irrigation sont peints en rouge pour expliquer qu'aucune eau ne peut être livrée à ces champs. Au lieu de cela, l'eau est déviée vers les maisons de San Diego et le lac Salton, qui menace de s'assécher. Le programme est conçu pour minimiser les dommages financiers et écologiques dans l'Imperial Valley mais des tas d'arbres morts et des centaines d'hectares d'orangers et d'avocatiers flétris dessinent la frontière nord du comté de San Diego, l'une des zones agricoles les plus rentables des États-Unis.

UT San Diego, quotidien californien, 14 juillet 2012.

1. Surface agricole non cultivée.

11 **Des solutions durables pour l'irrigation en Californie.**
(1) pieds de fraisiers ; (2) paillis en plastique réduisant l'évaporation ; (3) tubes d'irrigation goutte à goutte ; (4) irrigation utilisant de l'eau recyclée.

Vocabulaire

Conflit d'usage : concurrence entre différents acteurs pour le contrôle et l'utilisation d'un espace ou d'une ressource.

Eau recyclée : eau usée réutilisable à la suite d'un traitement spécifique.

Goutte à goutte : procédé de micro-irrigation qui distribue la juste quantité d'eau aux plantes.

Surexploitation : situation dans laquelle le prélèvement de la ressource est supérieur à sa capacité de renouvellement.

12 L'assèchement du lac Mead. Le lac Mead est le réservoir du barrage hydroélectrique Hoover sur le fleuve Colorado. Le cerne blanc sur ses berges témoigne de la baisse du niveau de l'eau (actuellement à 50 % de son niveau d'origine) à cause de sécheresses et de la surexploitation du fleuve.

MEXIQUE → **ACCORD MINUTE 319 (20 novembre 2012) COOPÉRATION POUR UNE GESTION DURABLE DES EAUX DU COLORADO** ← **ÉTATS-UNIS**

MEXIQUE
- **Restauration du delta asséché du Colorado et de sa biodiversité** (une quantité d'eau minimale du fleuve est garantie jusqu'à son embouchure)
- **Restauration du réseau d'irrigation endommagé par le séisme de 2010 dans la vallée de Mexicali**

Gestion partagée des eaux du Colorado, en cas de surplus ou de pénurie

ÉTATS-UNIS
- **Partenariat pour le développement des investissements états-uniens dans le dessalement au Mexique**
- **Garantie d'un accroissement des ressources en eau du Sud-Ouest des États-Unis**

Source : D'après l'*UT San Diego*, quotidien californien, 21 novembre 2012.

13 Un accord international pour le fleuve Colorado : l'accord Minute 319

Questions

1) Montrez que les ressources en eau du Sud-Ouest des États-Unis sont menacées. (doc. 9 et 12)

2) Pourquoi peut-on dire que l'eau est une source de tensions à l'échelle régionale et à l'échelle internationale ? Montrez que la coopération internationale l'emporte aujourd'hui. (doc. 9, 10 et 13)

3) Quelles nouvelles solutions durables sont mises en place pour gérer les ressources en eau du Sud-Ouest des États-Unis ? (doc. 9 et 11)

▶ **Bilan :** Complétez la 3e colonne de l'organigramme bilan p. 96.

Repenser la gestion de l'eau dans le Sud-Ouest des États-Unis

L'essentiel

A Quelles sont les inégalités liées à la ressource en eau dans le Sud-Ouest des États-Unis ?

- Les ressources en eau disponibles sont composées des précipitations et des eaux fluviales et souterraines.
- Les ressources en eau sont insuffisantes au sud de la région et pendant la période estivale.
- Un accès à l'eau est cependant garanti aux populations et aux touristes de la région.

B Comment les aménagements hydrauliques répondent-ils aux besoins du Sud-Ouest des États-Unis ?

- Le Sud-Ouest des États-Unis a d'importants besoins en eau : usage agricole dominant, usages industriel et urbain en augmentation.
- Des aménagements hydrauliques nombreux, variés et innovants répondent efficacement aux besoins en eau.
- La maîtrise de l'eau transforme les paysages et permet aux activités humaines de se développer dans le désert.

C Comment faire face aux menaces et tensions liées à l'eau dans le Sud-Ouest des États-Unis ?

- La prise de conscience que les ressources en eau du Sud-Ouest sont surexploitées est encore insuffisante.
- Le manque d'eau provoque des conflits d'usage à l'échelle régionale et une nécessaire coopération à l'échelle internationale (Colorado).
- Les solutions pour un partage et un usage plus durable des ressources en eau se développent.

Passer à l'échelle mondiale

Dans quelles régions du monde les ressources et les conditions d'accès à l'eau sont-elles comparables à celles du Sud-Ouest des États-Unis ?

Planisphère 1 (p. 106-107)
Cours 1 (p. 110)

Les besoins et les aménagements hydrauliques du Sud-Ouest des États-Unis reflètent-ils ceux du reste du monde ?

Planisphère 2 (p. 108)
Cours 2 (p. 112)

Les menaces et les tensions qui pèsent sur les ressources en eau dans le Sud-Ouest des États-Unis sont-elles représentatives de la situation mondiale ?

Planisphère 3 (p. 109)
Cours 3 (p. 114)

Travailler autrement

Complétez l'organigramme bilan de l'étude de cas avec des exemples prélevés dans les documents 1 à 13.

GÉRER DURABLEMENT L'EAU DANS LE SUD-OUEST DES ÉTATS-UNIS

DES RESSOURCES EN EAU INÉGALES

- Un accès à l'eau garanti ……………………
- \+ Des ressources en eau inégalement réparties dans l'espace ……………………
- \+ Des ressources en eau inégalement réparties dans le temps ……………………

DES USAGES ET DES AMÉNAGEMENTS VARIÉS

- Des besoins importants et croissants
  - Usage agricole dominant pour l'irrigation ……………………
  - Consommation urbaine croissante ……………………
- Une maîtrise de l'eau perfectionnée ……………………
- Des paysages transformés ……………………

UNE GESTION DURABLE DE L'EAU EN DÉVELOPPEMENT

- Une ressource menacée ……………………
- \+ Une ressource convoitée
  - Conflits d'usage : ……………………
  - Tensions internationales : ……………………
- Des solutions durables en développement ……………………

Des schémas...

A Des ressources en eau inégales

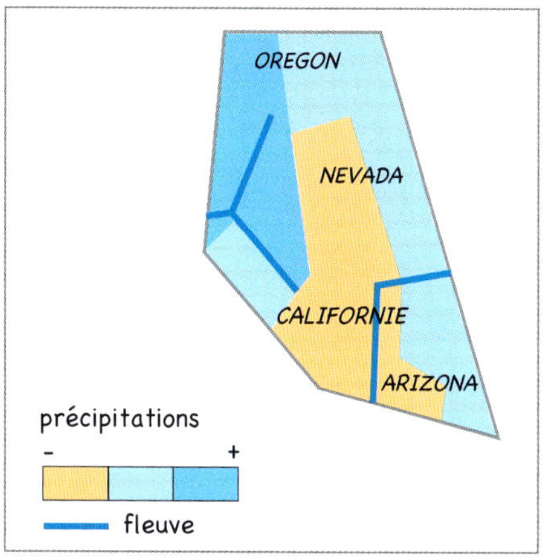

B Des usages et des aménagements variés

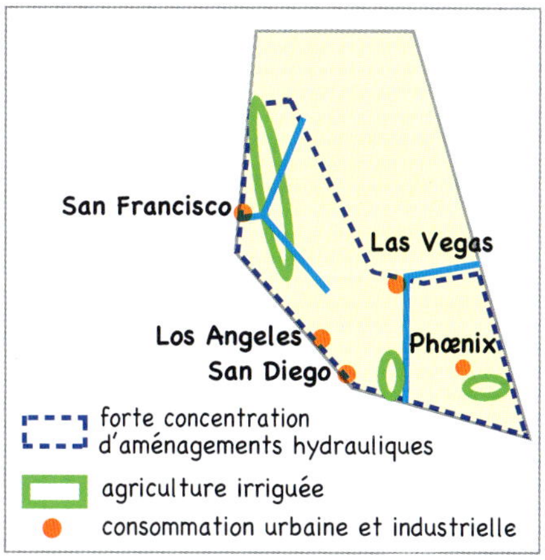

C Une gestion durable de l'eau en développement

...au croquis de synthèse

Sur votre cahier, complétez le titre, la légende et le croquis à l'aide des pages 90 à 95.

PDF **FICHE À COMPLÉTER** et correction en téléchargement sur le site Hachette-Éducation

Titre : ....

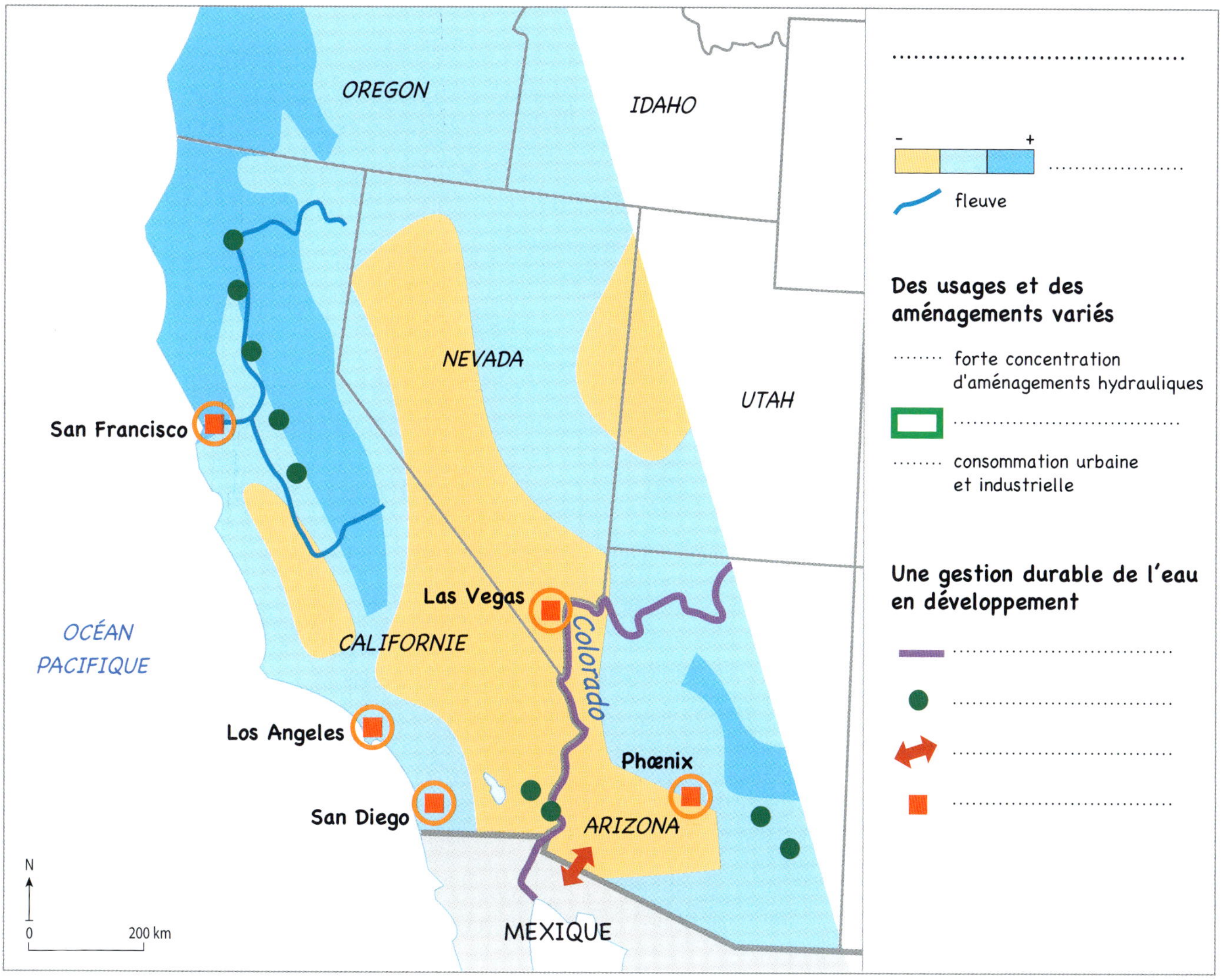

L'eau, une ressource convoitée au Moyen-Orient

Les ressources en eau sont la clé du développement du Moyen-Orient globalement marqué par l'aridité. C'est pourquoi les aménagements pour mobiliser l'eau se multiplient mais ils accentuent aussi les tensions entre les États. Une gestion durable de l'eau n'est pourtant envisagée que dans quelques pays.

Le Moyen-Orient en chiffres

- **Population :** 300 millions d'habitants
- **Superficie :** 5,6 millions de km^2

A Pourquoi l'accès à l'eau est-il difficile au Moyen-Orient ?

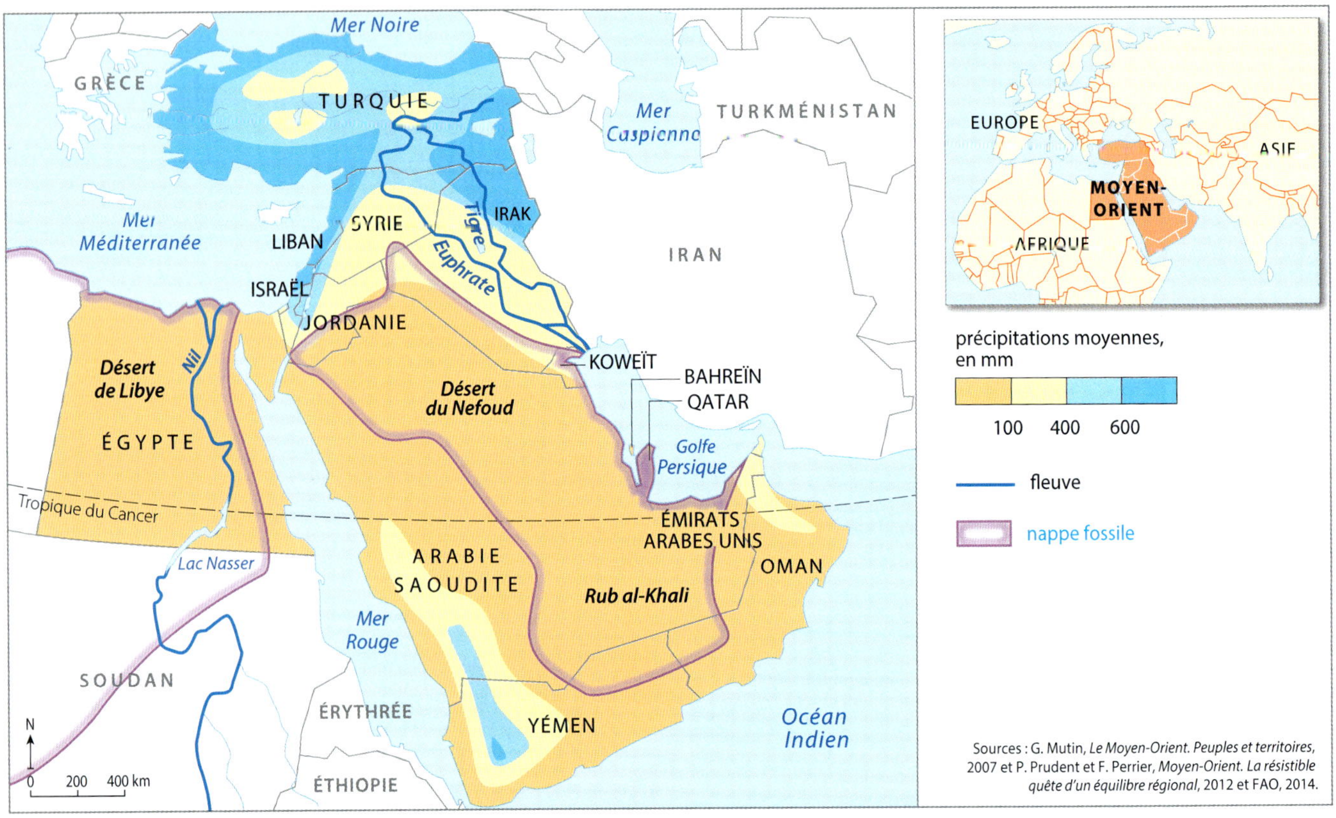

Sources : G. Mutin, *Le Moyen-Orient. Peuples et territoires*, 2007 et P. Prudent et F. Perrier, *Moyen-Orient. La résistible quête d'un équilibre régional*, 2012 et FAO, 2014.

1 Une région globalement marquée par l'aridité

2 Un accès à l'eau inégal en Irak

En 2011, plus d'un quart de la population avait accès au réseau d'eau général pendant moins de deux heures par jour et près de la moitié de la population considérait la qualité des services d'eau comme mauvaise ou très mauvaise. Selon les Nations Unies, la plupart des Irakiens ont un accès limité à l'eau potable, car les infrastructures sont mal entretenues et le système d'approvisionnement en eau manque de financements. Les experts signalent cependant que les statistiques varient sensiblement selon les régions et certains Irakiens pensent que le gouvernement actuel, à majorité chiite, fournit des services préférentiels aux membres de cette communauté. Ainsi, ces derniers mois, l'insatisfaction concernant les prestations de services dans certaines provinces majoritairement sunnites a déclenché des manifestations massives.

irinews.org, 24 avril 2013.

Vocabulaire

Accès à l'eau : accès à domicile ou à moins de 15 minutes de marche à un minimum de 20 litres d'eau potable par personne et par jour.

Aridité : sécheresse liée à de faibles précipitations et à une forte évaporation.

Disponibilité en eau : volume d'eau renouvelable théoriquement disponible pour un individu.

Nappe fossile : aquifère profond non renouvelable à l'échelle humaine.

Pénurie : situation d'un pays qui dispose de moins de 1 000 m^3/hab./an d'eau douce renouvelable, ce qui pose des problèmes importants d'approvisionnement.

Stress hydrique : situation d'un pays dont la disponibilité en eau est comprise entre 1 000 et 1 700 m^3/hab./an, ce qui pose des problèmes d'approvisionnement saisonnier.

3 **Les problèmes d'approvisionnement en eau à Sanaa (Yémen).** Les habitants les plus pauvres de Sanaa, comme 34 % de la population yéménite, n'ont pas accès à l'eau potable.

4 Les inégalités de disponibilité et d'accès à l'eau

Disponibilité en eau	États	Ressource en eau renouvelable en 2011, en m^3/hab./an	Accès à l'eau	
			en milieu urbain en 2011, en %	en milieu rural en 2011, en %
Situation de pénurie	Émirats arabes unis	19	100	100
	Yémen	82	72	47
	Jordanie	145	97	91
	Israël	231	100	100
Situation de stress hydrique	Liban	1 049	100	100
Ressources en eau suffisantes	Irak	2 666	94	67
	Turquie	2 840	100	99

Sources : Aquastat, 2014, et Banque mondiale, 2014.

Questions

1. Quelles sont les ressources en eau renouvelables et non renouvelables au Moyen-Orient ? (doc. 1)
2. Montrez que la répartition des ressources en eau est inégale au Moyen-Orient. (doc. 1 et 4)
3. Pourquoi peut-on dire que l'accès à l'eau est inégal au Moyen-Orient ? Montrez que les inégalités ne concernent pas seulement les régions en situation de pénurie ou de stress hydrique. (doc. 2, 3 et 4)

▶ **Bilan :** Complétez la 1re colonne de l'organigramme bilan p. 104.

B Comment les aménagements hydrauliques peuvent-ils répondre aux besoins en eau du Moyen-Orient ?

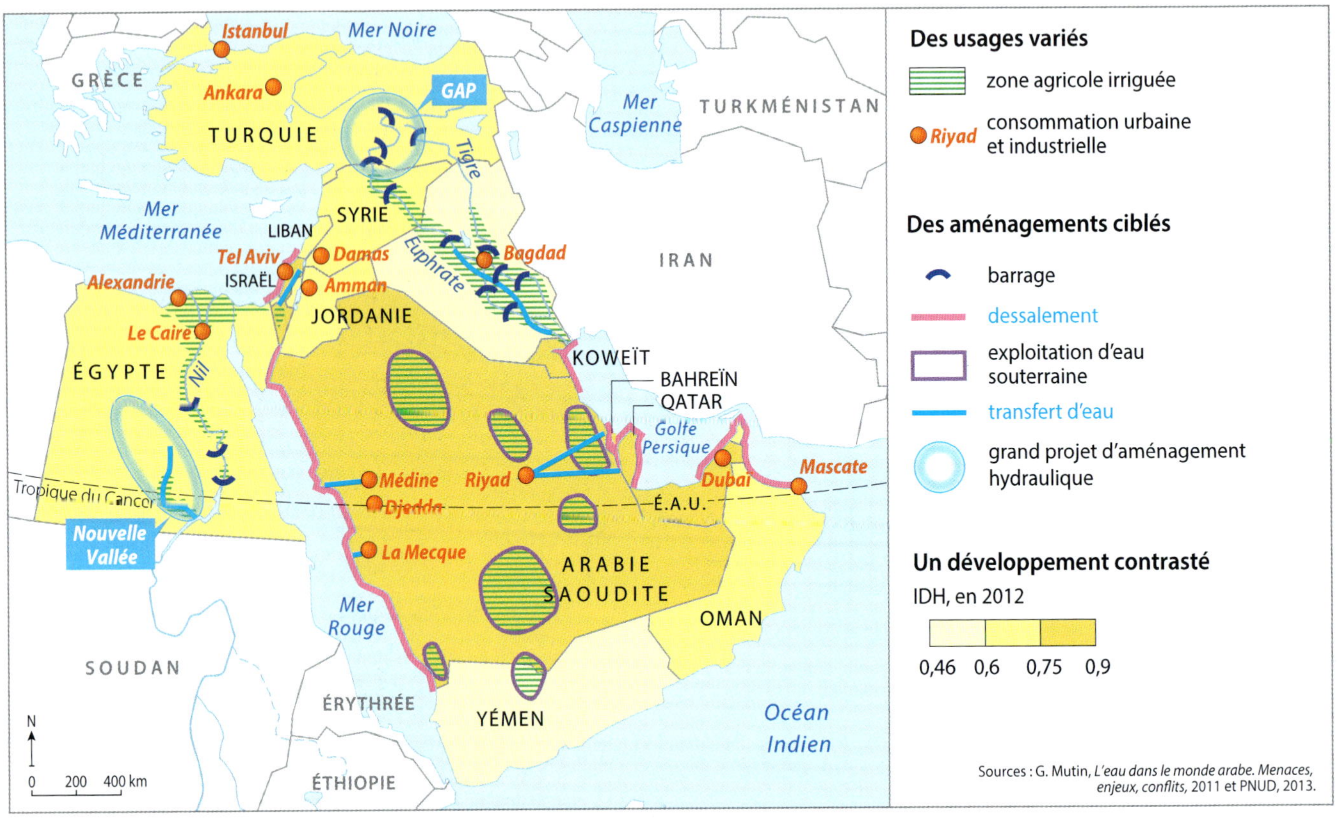

5 Des aménagements hydrauliques, reflets de l'inégal développement

6 Des aménagements nécessaires pour répondre à des besoins en eau croissants

Les terres cultivées progressent contre le désert. Cette avancée permet de tendre vers l'idée d'une autosuffisance [*agricole*] et une réduction des besoins d'importation. L'eau destinée à l'agriculture est gratuite dans certains pays, notamment en Égypte. Cette mesure n'incite pas à une gestion rationnelle de la ressource. Tout indique que la pénurie qui s'aggrave depuis de nombreuses années s'accentuera encore à l'avenir. Avec 3,4 enfants par femme, pour une moyenne mondiale de 2,7, le taux de fécondité reste élevé. Le total de la population a quadruplé de 1960 à 2010, atteignant aujourd'hui près de 300 millions d'habitants. L'augmentation du niveau de vie va [aussi] contribuer à cet accroissement [de la demande en eau], même si la situation immédiate de certains pays en révolution, voire en guerre civile, n'est guère propice à cette augmentation. Sur le moyen et long terme, on peut penser que l'évolution globalement favorable va se poursuivre, en particulier dans les pays riches en hydrocarbures. Ainsi, la demande de ressources en eau sera encore plus forte, précisément dans les pays les plus pauvres en eau.

rukh.fr, avril 2013.

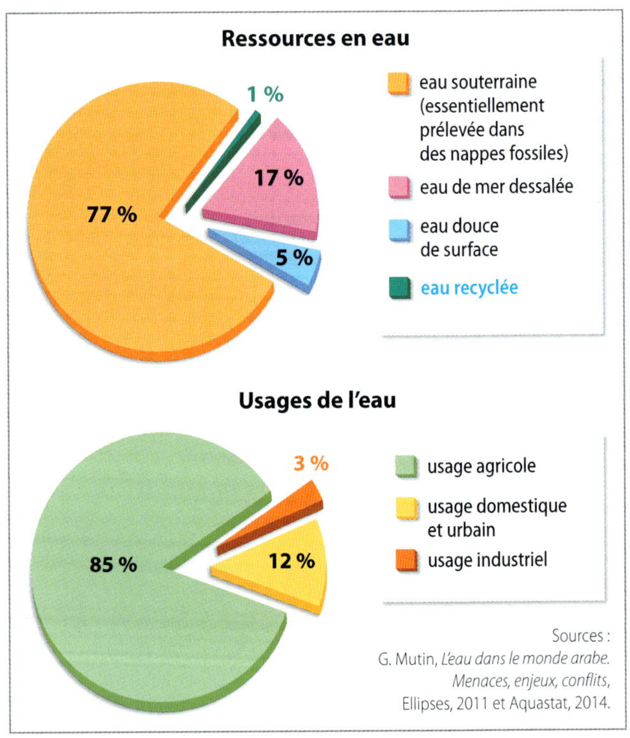

7 Ressources et usages de l'eau dans les pays riches de la péninsule arabique[1].

1. Arabie saoudite, Émirats arabes unis, Koweït, Bahreïn, Qatar, Oman.

8 Wild Wadi, un parc aquatique en milieu désertique (Dubaï).
Bien que Dubaï soit un pays aride, sa consommation d'eau par habitant est l'une des plus élevées du monde à cause de la croissance rapide de la population, de l'urbanisation et du tourisme. Cette forte demande en eau est en partie satisfaite par le dessalement, pourtant très coûteux.

Vocabulaire

Dessalement : technique de transformation de l'eau de mer en eau douce.

Eau recyclée : eau usée réutilisable à la suite d'un traitement spécifique.

Irrigation : opération consistant à apporter de l'eau sur des terres cultivées.

Transfert d'eau : transport des eaux souterraines ou fluviales par des canalisations et sur une longue distance.

9 L'irrigation dans le désert du Rub al-Khali (Arabie saoudite), facteur de transformation des paysages.
(1) désert du Rub al-Khali ; (2) champs de tomates (dont l'Arabie saoudite produit 400 000 tonnes par an) ; (3) pivot de la rampe d'aspersion (pompage dans les nappes fossiles) ; (4) exploitation agricole.

Questions

1) Quels sont les principaux usages de l'eau au Moyen-Orient ? (doc. 5, 7 et 8) Pourquoi les besoins en eau augmentent-ils ? (doc. 6)

2) Classez les aménagements hydrauliques du Moyen-Orient en fonction des ressources en eau utilisées. Montrez qu'ils dépendent du niveau de développement des États. (doc. 5, 7 et 9)

3) Montrez que la maîtrise de l'eau transforme les paysages du Moyen-Orient. (doc. 9)

▶ **Bilan :** Complétez la 2e colonne de l'organigramme bilan p. 104.

C Comment faire face aux menaces et tensions liées à l'eau au Moyen-Orient ?

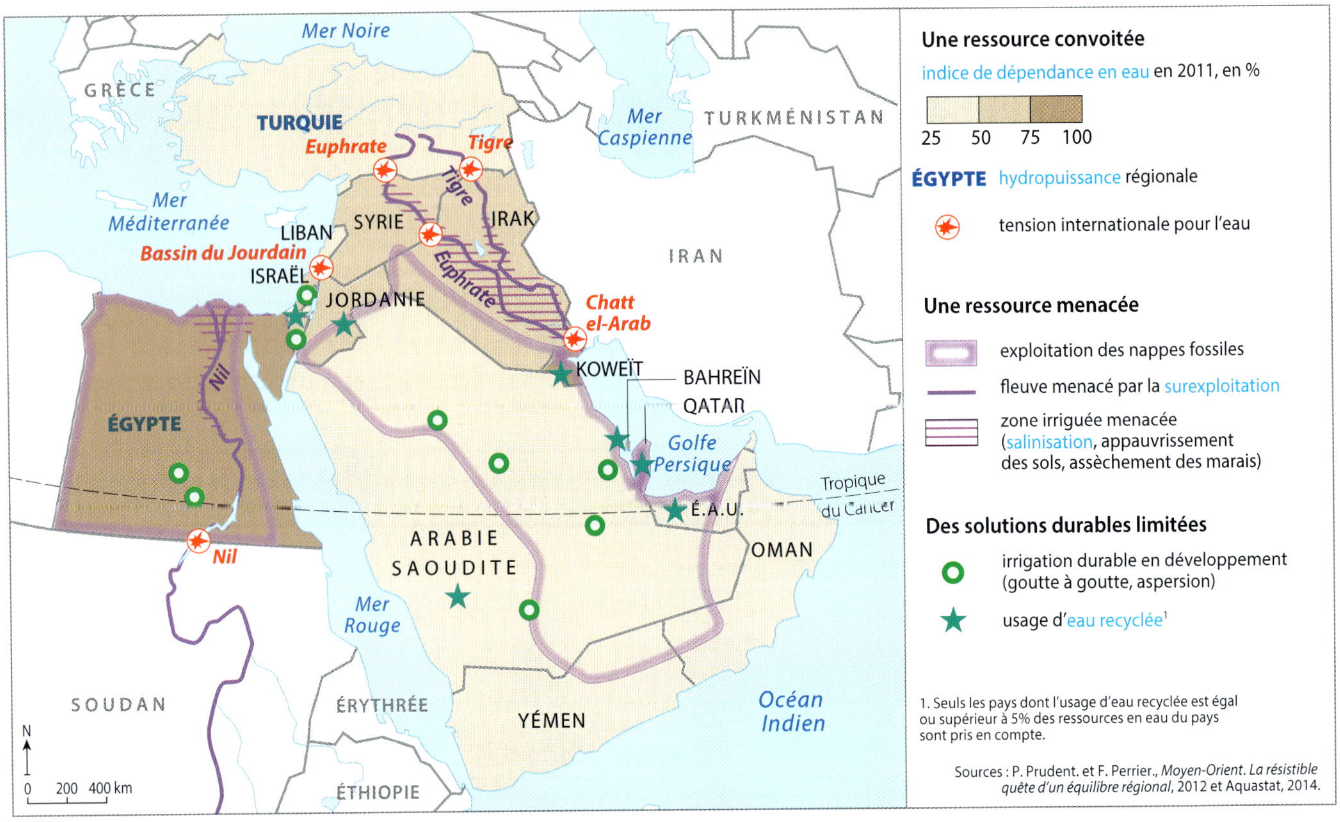

10 L'eau, entre menaces, tensions et gestion durable

Barrage d'Ilisu sur le Tigre (mise en service 2016)

À L'ÉCHELLE LOCALE

Objectif
Développement économique de l'est turc (région kurde)
↓
Problème
Submersion de 52 villages et 15 villes moyennes
↓
Opposition des populations locales

À L'ÉCHELLE NATIONALE

Objectif
Développement de la production hydroélectrique
↓
Problème
Inondation de la ville historique de Hasankeyf (2 millions de touristes par an)
↓
Opposition de l'opinion publique nationale

À L'ÉCHELLE INTERNATIONALE

Objectif
Réduction de la dépendance énergétique de la Turquie
↓
Problème pour l'Irak :
Réduction de 25 % du débit du Tigre, risque de pollution du Tigre
↓
Opposition groupée des États voisins
Opposition de la communauté internationale

Sources : G. Mutin, *L'eau dans le monde arabe. Menaces, enjeux, conflits*, Ellipses, 2011 et *Barrages hydroélectriques, le cas de la Turquie et du Niger*, Le dessous des cartes, 2013.

11 Prendre en compte les tensions à toutes les échelles : l'exemple du barrage d'Ilisu (Turquie)

Vocabulaire

Eau recyclée : eau usée réutilisable à la suite d'un traitement spécifique.

Eau virtuelle : quantité totale d'eau nécessaire à une production agricole ou industrielle.

Hydropuissance : État possédant suffisamment de pouvoir (économique, politique) au sein d'un bassin versant pour contrôler la répartition et la gestion des ressources en eau.

Indice de dépendance en eau : part des ressources en eau provenant d'autres États.

Salinisation : processus d'accumulation de sels dans les sols, qui nuit à la croissance des plantes.

Surexploitation : situation dans laquelle le prélèvement de la ressource est supérieur à sa capacité de renouvellement.

12 La pollution de l'eau à Gaza. La pauvreté et l'instabilité politique rendent difficile l'entretien du système d'évacuation des eaux usées à Gaza (Palestine). Cela renforce la pollution de l'eau causée par les rejets agricoles, industriels et urbains.

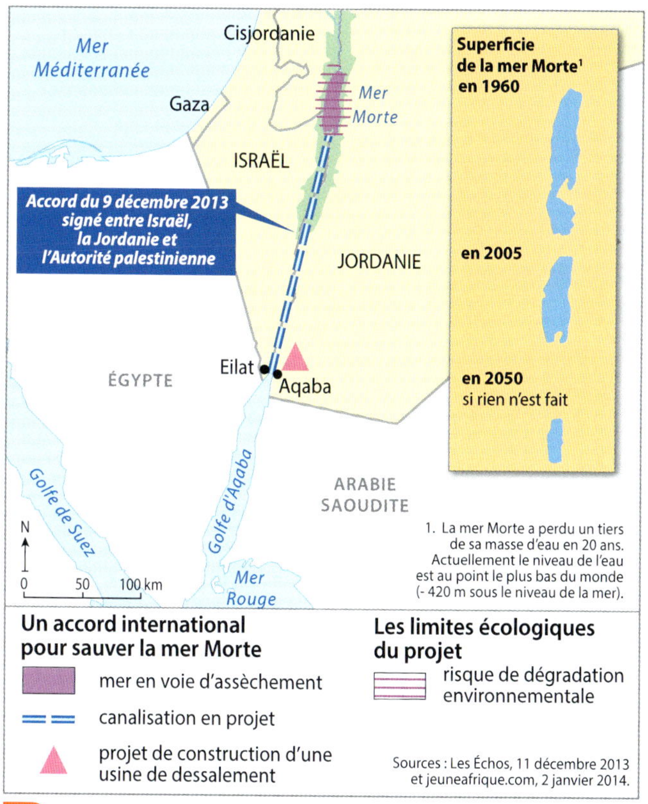

13 Un accord international pour sauver la mer Morte

14 Des solutions durables pour satisfaire les besoins en eau ?

Comment la région s'est-elle révélée si résistante face à la rareté des ressources en eau ? Le commerce est le premier moyen. L'importation de denrées de base comme le blé permet en fait d'importer de « l'eau virtuelle ». La population croissante de la région importe environ un tiers de la nourriture qu'elle consomme. Se développent également le traitement et la réutilisation des eaux usées. Une technique plus ancienne consiste à collecter les eaux de pluie, les agriculteurs jordaniens avaient l'habitude de construire des digues de sable sur les pentes pour empêcher l'eau de ruisseler et permettre la recharge des réserves souterraines. Le dessalement est quant à lui un procédé énergivore ce qui soulève d'autres préoccupations : l'Arabie saoudite, qui utilise 1,5 million de barils de pétrole par jour pour alimenter ses usines de dessalement, cherche à développer des usines à l'énergie solaire. Des adaptations au niveau de la demande s'avèrent indispensables, notamment l'amélioration de l'efficacité des usages de l'eau et la coopération entre les pays pour une utilisation durable des ressources actuelles.

D'après irinnews.org, 14 mars 2013.

Questions

1) Montrez que les ressources en eau au Moyen-Orient sont menacées. (doc. 10, 12 et 13)

2) Montrez que les tensions pour l'eau se multiplient à toutes les échelles mais que des amorces de coopération se développent entre certains États. (doc. 10, 11 et 13)

3) Quelles sont les solutions développées par les pays du Moyen-Orient pour faire face à l'augmentation de la demande en eau ? Laquelle semble la moins durable ? (doc. 10 et 14)

L'eau, une ressource convoitée au Moyen-Orient

L'essentiel

A Pourquoi l'accès à l'eau est-il difficile au Moyen-Orient ?

- Les ressources en eau sont variées (fleuves, nappes fossiles), mais les ressources renouvelables sont peu importantes.
- Même si la répartition de l'eau est contrastée, la disponibilité en eau est faible dans la majeure partie du Moyen-Orient.
- L'accès à l'eau révèle les inégalités de développement à toutes les échelles (internationale, régionale, locale).

B Comment les aménagements hydrauliques peuvent-ils répondre aux besoins en eau du Moyen-Orient ?

- Les aménagements se multiplient pour répondre à la croissance des besoins en eau (croissance démographique, développement régional).
- Mais ces aménagements ne permettent qu'une maîtrise inégale de la ressource. Elle dépend du niveau de développement des pays.
- Localement, les aménagements transforment les paysages du Moyen-Orient déjà traditionnellement marqués par la maîtrise de l'eau.

C Comment faire face aux menaces et tensions liées à l'eau au Moyen-Orient ?

- La prise de conscience que l'eau est surexploitée et menacée est inégale.
- Les nouveaux aménagements hydrauliques doivent tenir compte des tensions à toutes les échelles (locale, régionale ou internationale).
- Une gestion plus durable des ressources en eau apparaît dans les pays les plus développés mais elle reste ponctuelle et insuffisante.

Passer à l'échelle mondiale

Dans quelles régions du monde les ressources en eau et leur accès sont-ils comparables à ceux du Moyen-Orient ?

Planisphère 1 (p. 106-107)
Cours 1 (p. 110)

Les besoins et les aménagements hydrauliques du Moyen-Orient reflètent-ils ceux du reste du monde ?

Planisphère 2 (p. 108)
Cours 2 (p. 112)

Les menaces et les tensions qui pèsent sur les ressources en eau au Moyen-Orient sont-elles représentatives de la situation mondiale ?

Planisphère 3 (p. 109)
Cours 3 (p. 114)

Travailler autrement

Complétez l'organigramme bilan de l'étude de cas avec des exemples prélevés dans les documents 1 à 13.

L'EAU AU MOYEN-ORIENT, UNE RESSOURCE CONVOITÉE ET MENACÉE

	DES RESSOURCES EN EAU INÉGALES	DES USAGES ET DES AMÉNAGEMENTS CONTRASTÉS	DES SOLUTIONS DURABLES ENCORE LIMITÉES
À L'ÉCHELLE LOCALE	....	....	....
À L'ÉCHELLE NATIONALE	....	Dessalement souvent réservé à un usage littoral et urbain	....
À L'ÉCHELLE INTERNATIONALE	.... Inégalité d'accès à l'eau	....	....

Des schémas...

A Des ressources en eau inégales

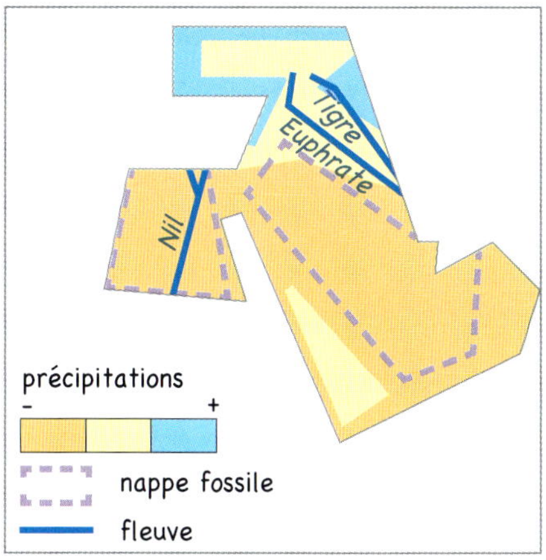

B Des usages et des aménagements contrastés

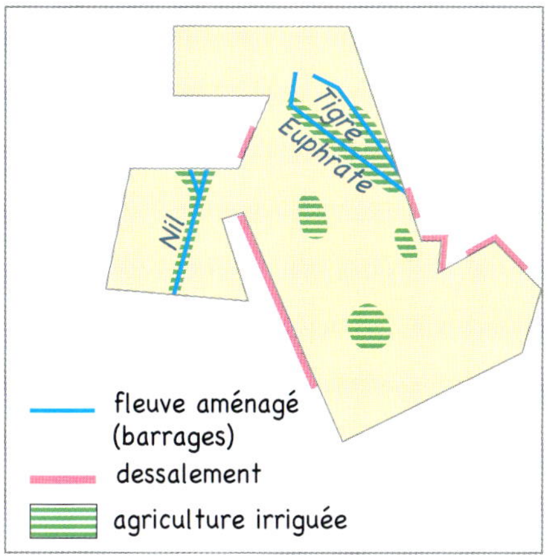

C Des solutions durables encore limitées

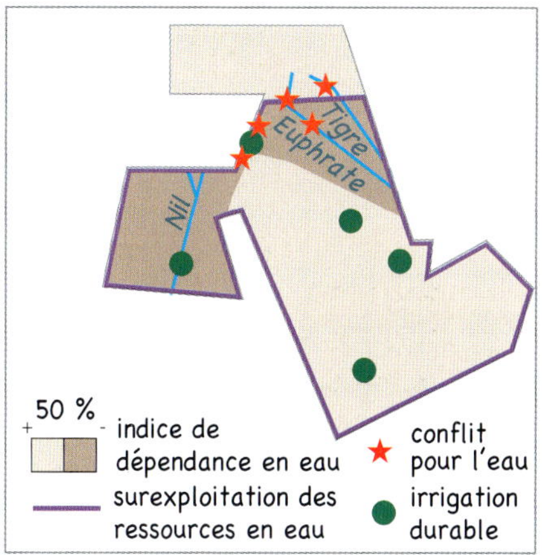

...au croquis de synthèse

Sur votre cahier, complétez le titre, la légende et le croquis à l'aide des pages 98 à 103.

PDF **FICHE À COMPLÉTER** et correction en téléchargement sur le site Hachette-Éducation

Titre : ....

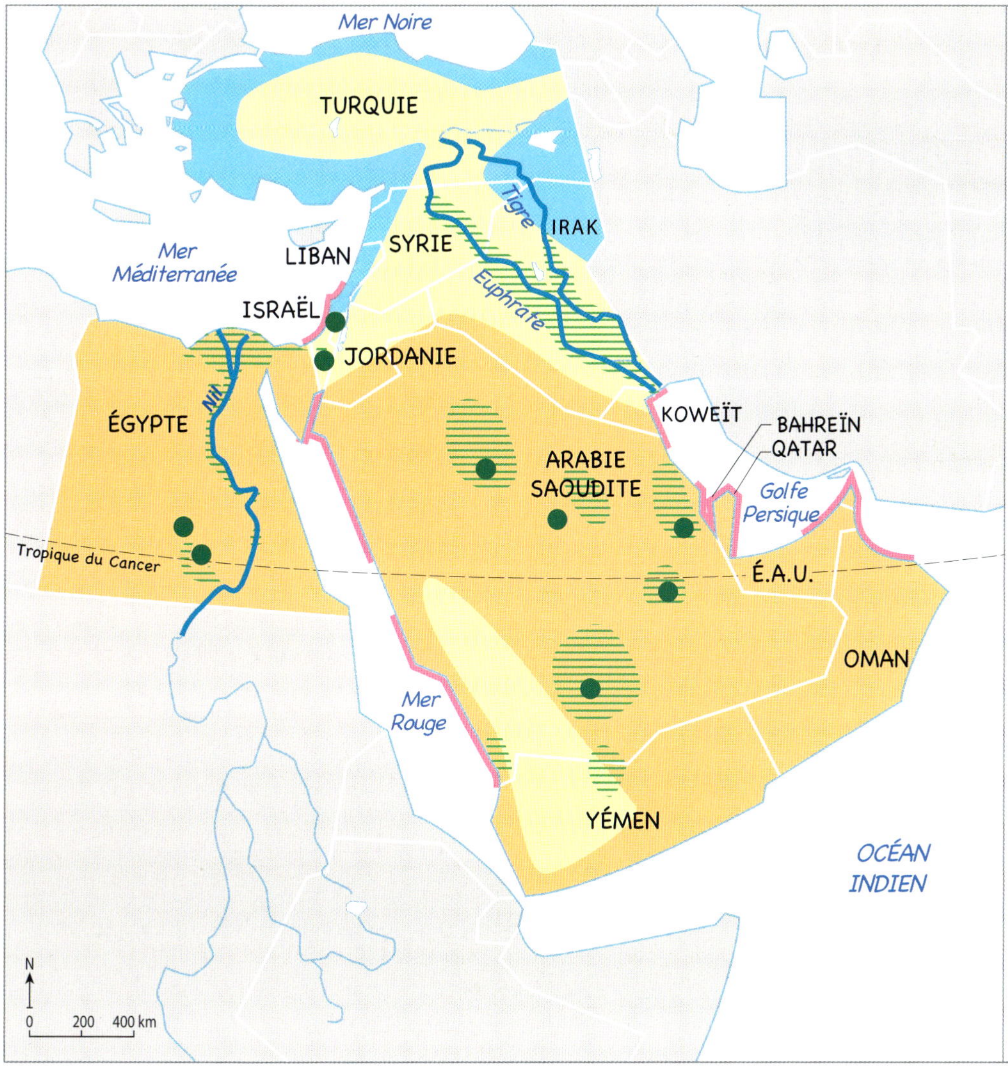

Des ressources en eau inégales

précipitations
- +

.... nappe fossile

.... fleuve

Des usages et des aménagements contrastés

fleuve aménagé (barrages)

....

....

Des solutions durables encore limitées

.... surexploitation des ressources en eau

.... conflit international pour l'eau

....

La disponibilité et l'accès à l'eau dans le monde

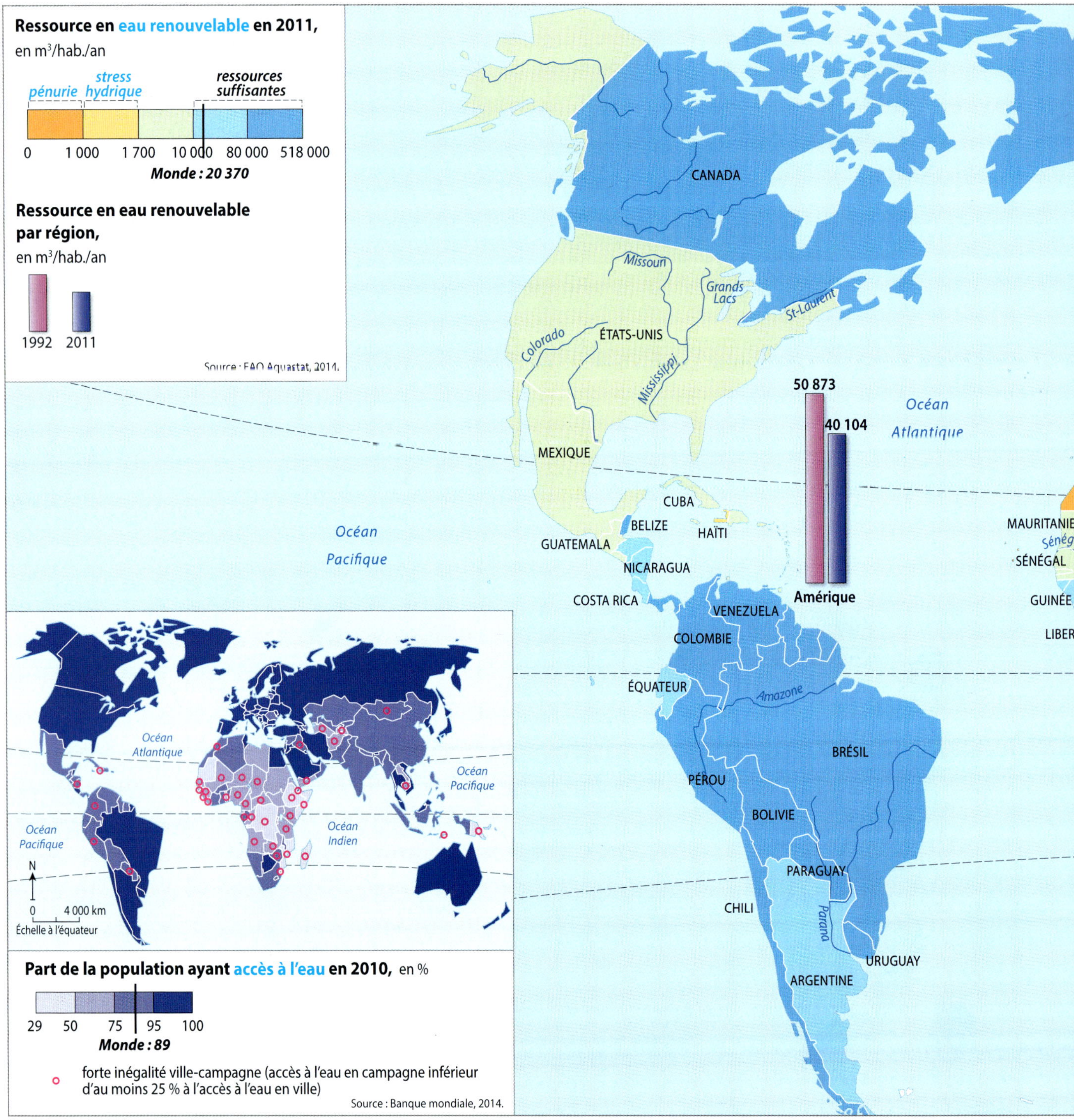

1 L'accès à l'eau dans le monde

Vocabulaire

Accès à l'eau : accès à domicile ou à moins de 15 minutes de marche à un minimum de 20 litres d'eau potable par personne et par jour.

Disponibilité en eau : volume d'eau renouvelable théoriquement disponible pour un individu.

Eau renouvelable : eau souterraine ou de surface qui se renouvelle au sein du cycle de l'eau.

Pénurie : voir p. 98.

Stress hydrique : voir p. 98.

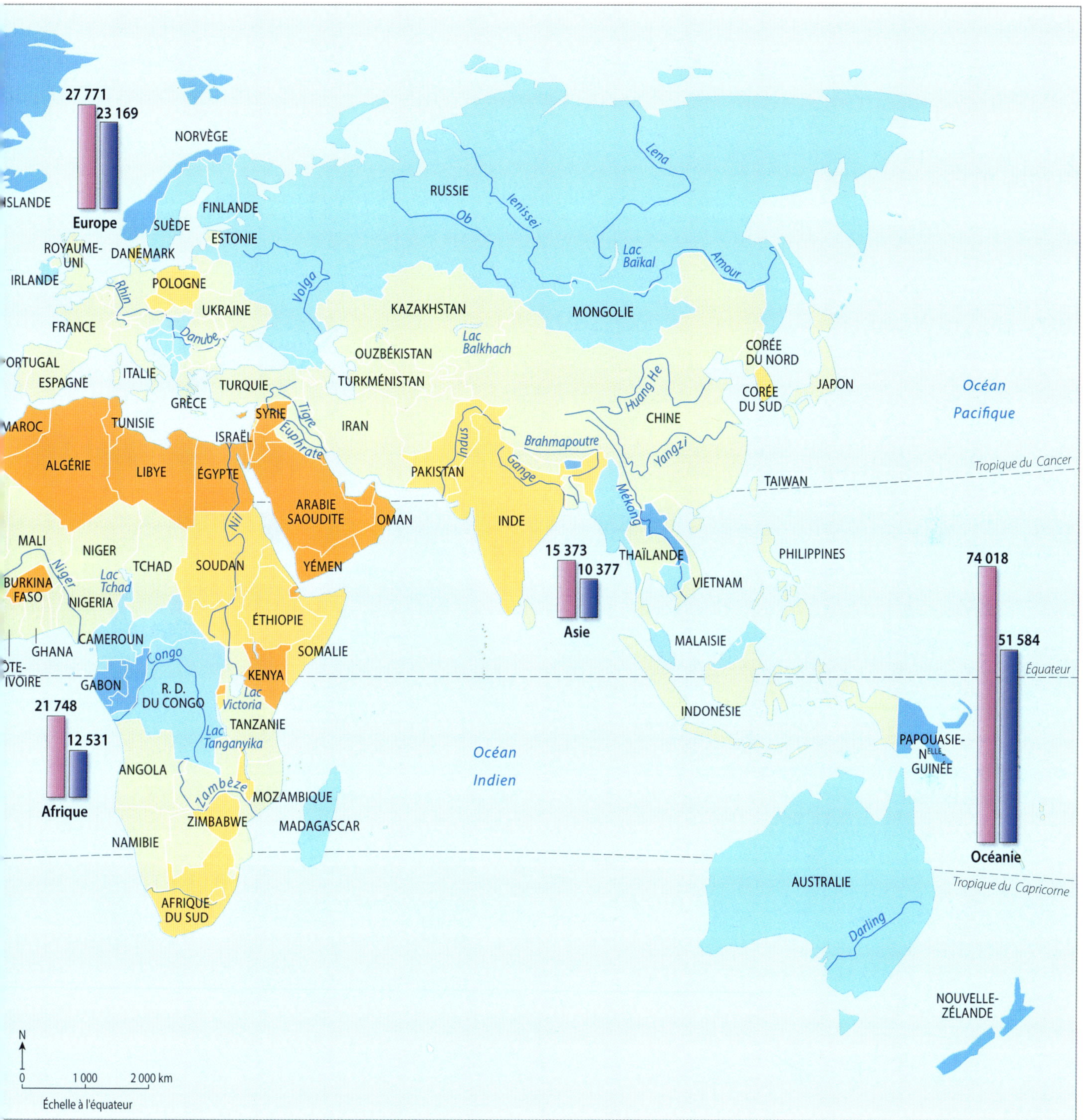

2 La **disponibilité en eau** dans le monde

Questions

1) Dans quelles parties du monde les ressources en eau par habitant sont-elles abondantes ? Dans quelles parties sont-elles insuffisantes ?

2) Comparez la disponibilité en eau par habitant et les précipitations dans le monde. (doc. 1 p. 88) Les pays en situation de stress hydrique sont-ils toujours les moins arrosés ?

3) Montrez qu'il n'y a pas toujours de lien entre la répartition des ressources et l'accès à l'eau.

Besoins et maîtrise de l'eau

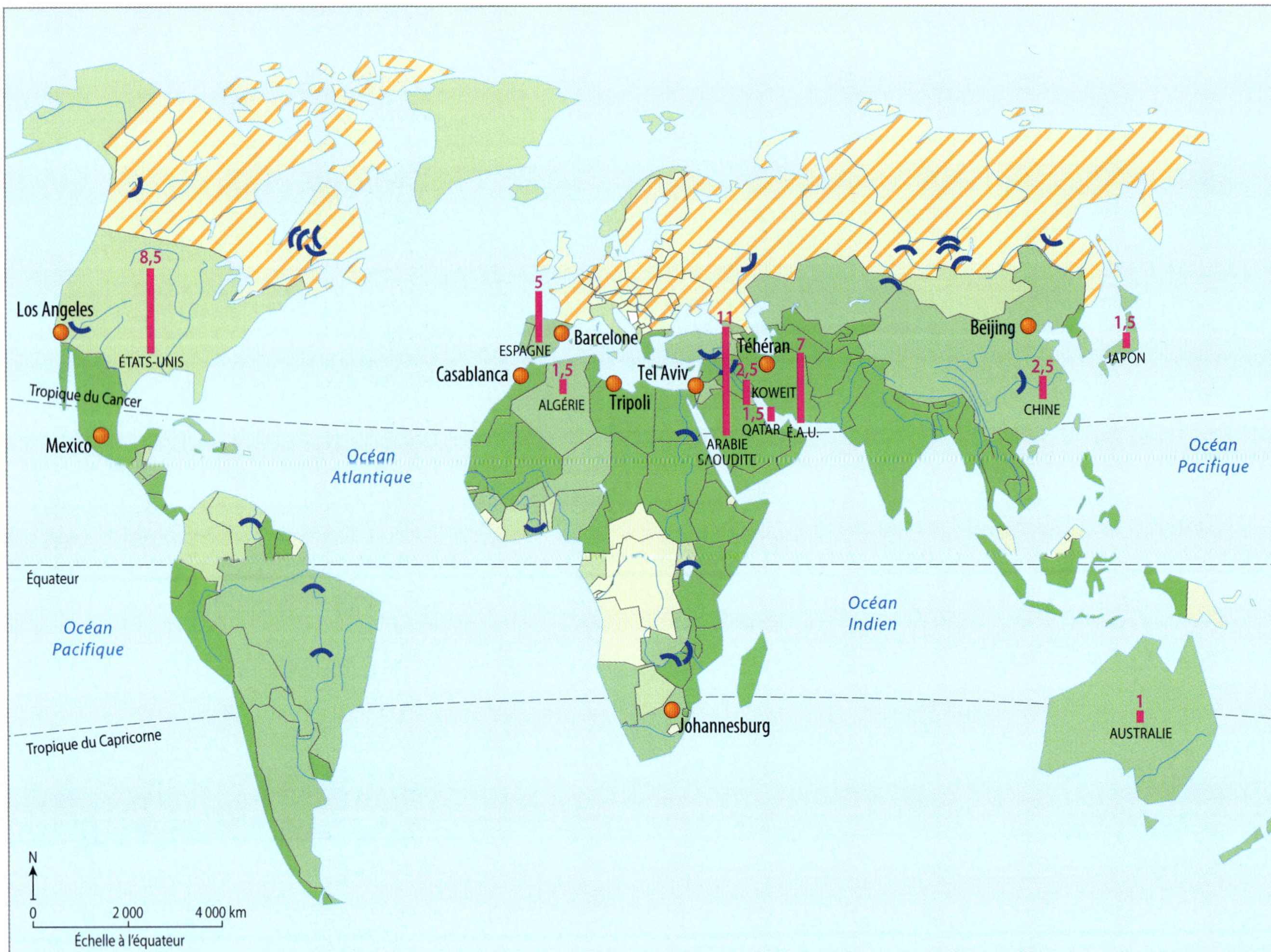

Des besoins multiples

part des prélèvements agricoles dans le total des prélèvements d'eau (2000-2011), en %

0 – 25 – 50 – 75 – 99,5

Monde : 70

prélèvement industriel dominant

De grands aménagements hydrauliques

grand barrage[1]

principale ville alimentée par transfert d'eau

1,5 top 10 des États qui ont la plus grande capacité de dessalement en 2012, en millions de m³/jour

1. Seuls les barrages dont le volume de retenue est supérieur à 36 km³ sont pris en compte.

Sources : DesalData, 2012, D. Blanchon, *Atlas mondial de l'eau*, 2013, FAO Aquastat, 2014 et Global water system project, 2014.

Vocabulaire

Dessalement : technique de transformation de l'eau de mer en eau douce.

Transfert d'eau : transport des eaux souterraines ou fluviales par des canalisations et sur une longue distance.

Questions

1. Dans quelles régions du monde l'eau est-elle majoritairement consacrée à l'agriculture ? Aux industries ?
2. Comparez les aménagements hydrauliques et les ressources en eau (doc. 2 p. 106-107). Quels types d'aménagements sont construits dans les régions aux ressources suffisantes ? Dans les régions de stress hydrique ou de pénurie ?

3

Les menaces et les tensions liées à l'eau

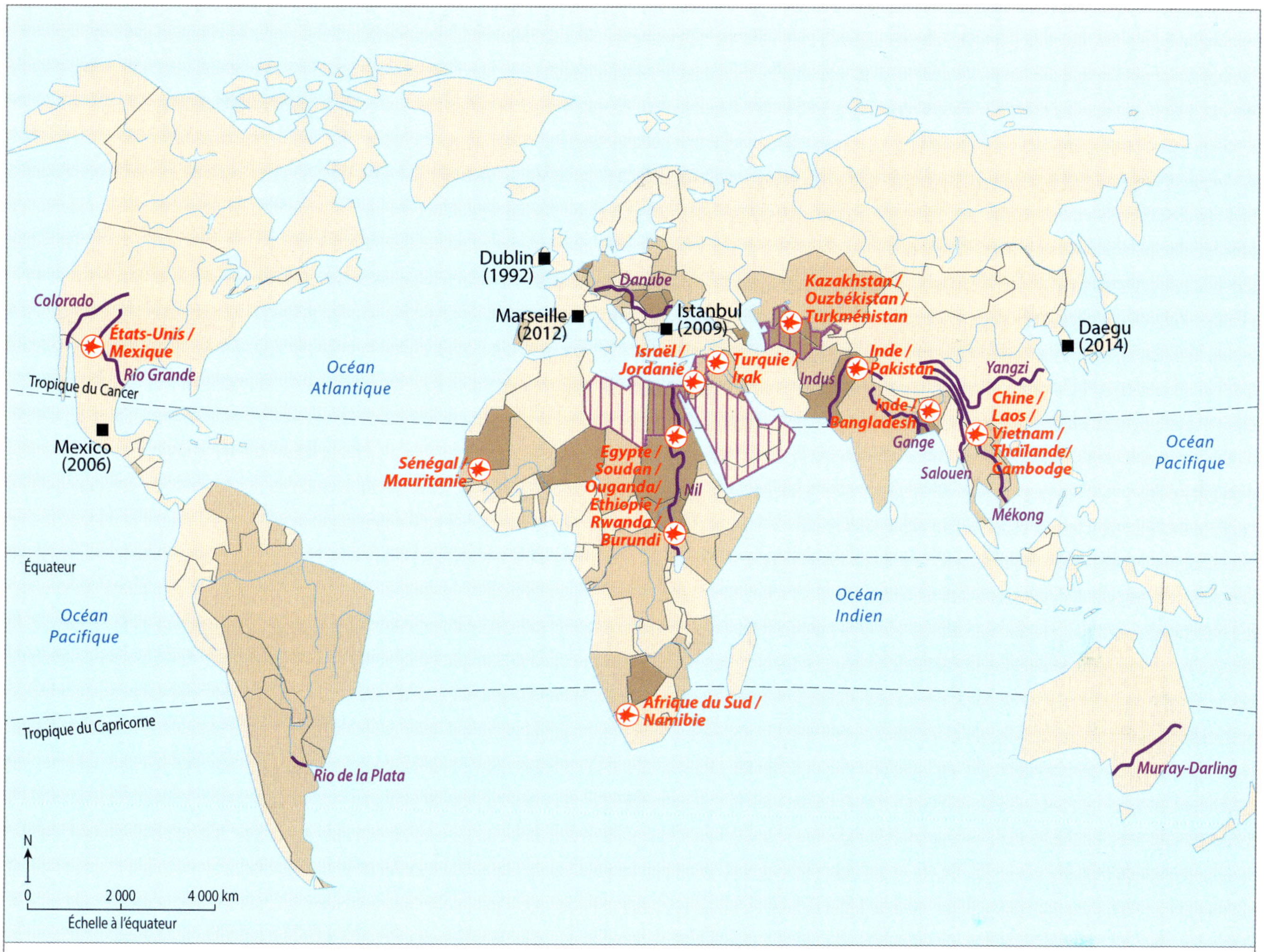

Des ressources menacées

- région utilisant plus de 80 % de ses ressources en eau renouvelable
- grand fleuve menacé (pollution, diminution du débit)

Des ressources à partager

indice de dépendance en eau en 2011, en %

0 | 25 | 75 | 100

Monde : 22

- tension internationale pour l'eau
- conférence internationale sur l'eau

Sources : *Sciences humaines*, juillet 2009, D. Blanchon, *Atlas mondial de l'eau*, 2013 et FAO Aquastat, 2014.

Vocabulaire

Indice de dépendance en eau : part des ressources en eau provenant d'autres États.

Questions

1. Quelles menaces pèsent sur les ressources en eau à l'échelle mondiale ?
2. Dans quelles régions se concentrent les tensions majeures liées à l'eau ? Quelles sont leurs causes principales ?

Cours 1

Une répartition et un accès à l'eau inégaux

Comment l'inégal accès aux ressources en eau des sociétés humaines s'explique-t-il ?

A Une ressource globalement abondante

• **Plus de 70 % de la surface terrestre est recouverte d'eau mais l'eau douce n'est qu'une petite partie des eaux terrestres.** Piégée aux deux tiers dans les inlandsis, l'eau douce disponible ne représente ainsi que 0,7 % du stock d'eau mondial (40 millions de km^3) (Repère).

• **L'eau des fleuves, des lacs ou des aquifères se renouvelle au sein du cycle de l'eau.** L'énergie solaire provoque l'évaporation de l'eau qui retombe sous forme de précipitations puis s'écoule et s'infiltre (doc. 1). L'eau peut être stockée naturellement : d'une semaine dans les végétaux à plusieurs milliers d'années dans les nappes fossiles.

• **L'eau douce disponible serait suffisante en théorie pour répondre aux besoins des hommes.** Pour cela, elle est puisée dans les aquifères, les cours d'eau et les lacs, plus grands réservoirs d'eau douce de surface, comme le lac Baïkal en Russie (23 600 km^3).

B Une ressource inégalement répartie

• **L'eau est inégalement distribuée dans l'espace.** Les régions équatoriales et tempérées ont des ressources importantes (Canada : 87 000 m^3/hab./an) grâce à leurs fortes précipitations. Le stress hydrique ou la pénurie d'eau dans certaines régions tropicales (Koweït : 7 m^3/hab./an) résultent de leur aridité.

• **L'eau est irrégulièrement disponible dans le temps**, et cela risque de s'accentuer avec les changements climatiques en cours. Cette variabilité est saisonnière (dans le climat tropical ou méditerranéen) ou interannuelle. En Afrique du Nord, par exemple, le volume des précipitations peut varier de 1 à 9 en fonction des années.

• **Les ressources en eau sont inégalement exploitables.** Les eaux souterraines (90 % des ressources utilisables) ont l'avantage d'être moins variables et moins polluées que les eaux des lacs et des fleuves (doc. 1). Mais elles sont souvent moins accessibles.

C Une ressource inégalement accessible

• **À l'échelle mondiale, l'accès à l'eau dépend du niveau de développement.** La capacité d'investissement dans la production et la distribution d'eau potable dépend de la richesse et de la maîtrise technique des pays. Ainsi, dans des conditions climatiques d'aridité similaires, au Yémen (IDH : 0,47) 55 % des habitants ont accès à l'eau contre 100 % au Qatar (IDH : 0,76 grâce à la rente pétrolière).

• **À l'échelle mondiale, l'accès à une eau de qualité est inégal.** Dans les pays du Sud, 90 % des eaux usées ne sont pas traitées et polluent les nappes phréatiques. Le manque de réseaux d'assainissement facilite la diffusion de nombreuses maladies de l'eau, comme le choléra qui tue chaque année plus de 130 000 personnes dans le monde (doc. 3).

• **À l'échelle locale, l'accès à l'eau potable résulte des inégalités socio-économiques** (doc. 2). Dans les pays en développement, les quartiers aisés sont branchés à un réseau d'adduction d'eau, alors que les quartiers pauvres sont desservis par des bornes fontaines ou par des camions.

Vocabulaire

Accès à l'eau : voir p. 106.

Aquifère : voir p. 90.

Aridité : sécheresse liée à de faibles précipitations et à une forte évaporation.

Inlandsis : calotte glaciaire, formée d'eau douce, recouvrant le Groenland dans l'espace arctique et le continent Antarctique.

Nappe fossile : voir p. 98.

Nappe phréatique : aquifère qui se recharge grâce à l'infiltration des eaux de surface.

Pénurie : voir p. 98.

Réseau d'adduction d'eau : réseau aménagé (conduites, aqueducs) permettant de transporter l'eau de sa source à son lieu de consommation.

Réseau d'assainissement : maintien de bonnes conditions d'hygiène dans un espace par la collecte, l'élimination efficace des excréments (fosses protégées, chasses d'eau) et l'évacuation des eaux usées.

Stress hydrique : voir p. 98.

REPÈRE

Les stocks d'eau dans le monde

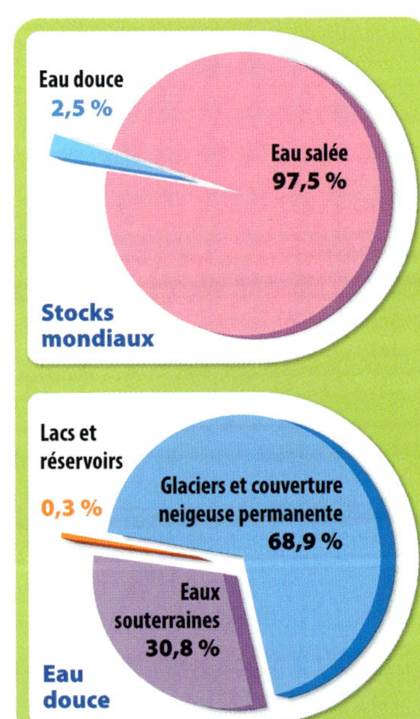

Source : D. Blanchon, *Atlas mondial de l'eau*, 2013.

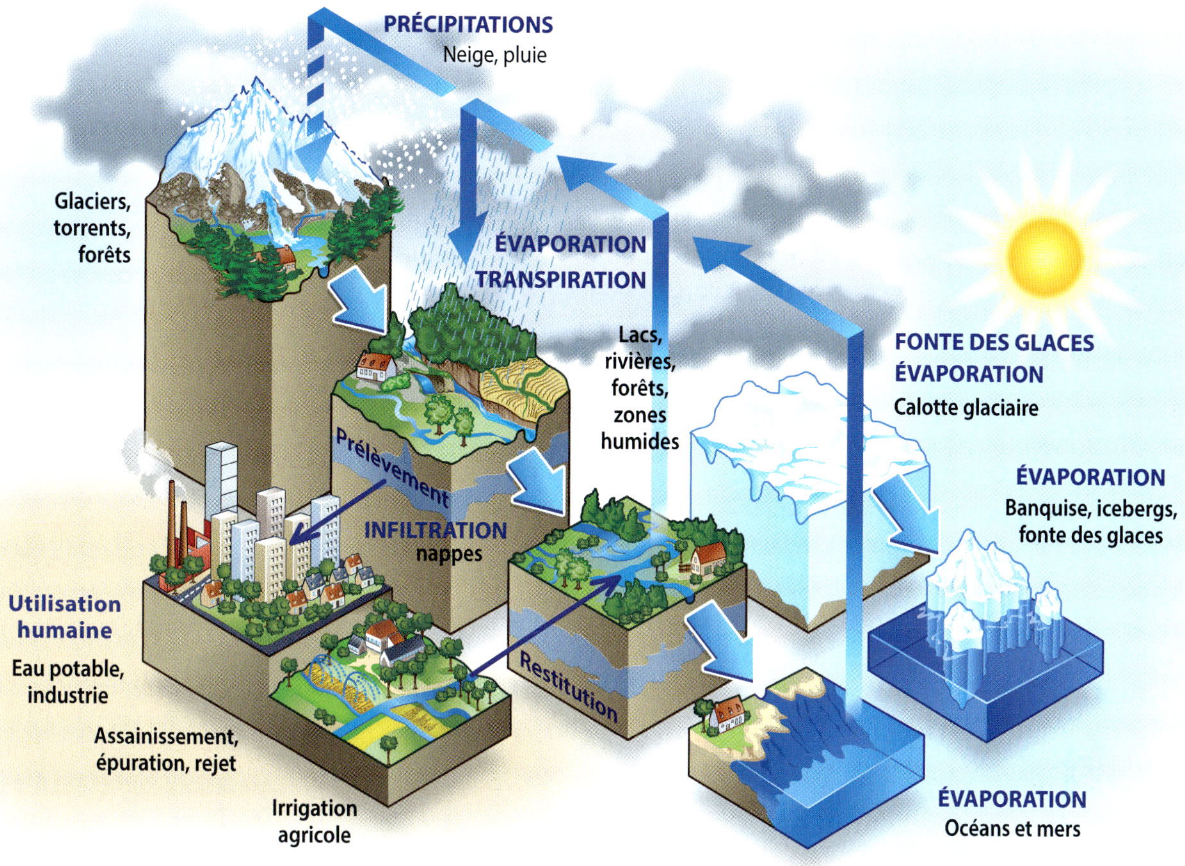

1 La place de l'homme dans le cycle de l'eau

2 De très fortes inégalités d'accès à l'eau au Vietnam

Alors que la société vietnamienne s'urbanise très rapidement, nombre de familles restent à l'écart du réseau d'eau potable. En milieu urbain, environ un tiers des foyers ne serait toujours pas relié au réseau. Les agglomérations du delta du Mékong, au sud du Vietnam, n'échappent pas à cette situation. Alors que certains quartiers ou zones ne bénéficient pas du réseau, les infrastructures en service sont souvent mal dimensionnées par rapport à la demande des habitants. L'état du réseau laisse à désirer : plus d'un tiers de l'eau est gaspillé à cause des fuites.

Par économie ou par nécessité (pour ceux qui ne sont pas reliés au réseau), les habitants utilisent l'eau puisée dans le puits du jardin ou dans un canal à proximité de la maison. Ces habitudes posent des problèmes d'hygiène et de santé, en particulier quand l'eau est destinée à la cuisine. Les provinces côtières du delta sont affectées par la remontée des eaux salines. Ce phénomène tend à s'accentuer avec le changement climatique. Les opérateurs sont aujourd'hui obligés d'aller capter les eaux de plus en plus loin, en amont. Cela renchérit considérablement les coûts de production de l'eau dans ces provinces côtières.

Agence française de développement, 2014.

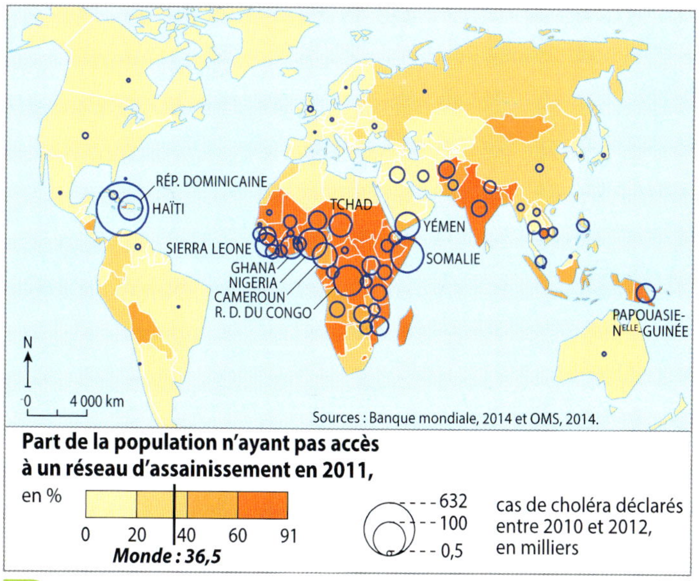

3 Maladie de l'eau et accès à l'assainissement

1) Quels problèmes pose le réseau d'alimentation en eau potable dans le delta du Mékong ? Quels risques cela fait-il courir à la population ? (doc. 2)

2) Quel lien peut-on établir entre le manque d'assainissement et la diffusion du choléra à l'échelle mondiale ? (doc. 3)

L'eau, une ressource à maîtriser

Comment les aménagements hydrauliques peuvent-ils répondre aux usages de l'eau ?

A Des aménagements au service d'usages nombreux et croissants

• **À l'échelle mondiale, les besoins en eau ont été multipliés par 3 depuis 1950.** Ils s'expliquent par la croissance des populations et par leur développement (industrialisation, urbanisation, irrigation intensive). En Inde, la consommation d'eau a explosé entre 1990 et 2010, à la fois pour approvisionner les villes (+ 124 %) et répondre à la demande agricole (+ 50 %).

• **L'agriculture reste la plus grande utilisatrice de l'eau.** L'irrigation capte 70 % de l'eau douce planétaire (Repère A) et la superficie des terres irriguées a doublé depuis 1960. Les pays où l'agriculture irriguée est fortement développée font partie des États qui consomment le plus d'eau (États-Unis, Égypte, Inde).

• **Les usages domestiques et industriels de l'eau explosent** (Repère B) **et varient selon les pays.** Ils dépendent du développement des États, de leur urbanisation et de leurs activités économiques (doc. 1). Dans les pays du Nord, 59 % de l'eau prélevée est utilisée pour l'industrie et la production énergétique (hydroélectricité, centrales nucléaires) contre 8 % au Sud.

B Des aménagements hydrauliques de plus en plus coûteux

• **Les ouvrages de stockage restent incontournables.** Les barrages ont des rôles multiples : contrôle des crues, irrigation, production hydroélectrique. Facteur de développement, ils sont aussi contestés pour leurs conséquences sociales ou environnementales : celui de Belo Monte au Brésil menace de submerger 500 km^2 de terres indigènes.

• **Les transferts d'eau approvisionnent des territoires de plus en plus éloignés.** Les distances et les volumes transportés par aqueducs, canaux, et conduites souterraines sont en augmentation. Ainsi les eaux du Yangzi sont transférées vers Beijing par deux canaux de plus de 1 000 km chacun.

• **Les ressources en eau exploitées se diversifient.** La profondeur des pompages souterrains augmente considérablement et le dessalement de l'eau de mer se répand. Cependant ces techniques, coûteuses, se développent essentiellement dans les pays riches (Arabie saoudite, États-Unis, Australie) (doc.3).

C Des aménagements qui transforment les paysages

• **Les aménagements hydrauliques façonnent les paysages ruraux.** Rizières, huertas et oasis sont des espaces agricoles caractéristiques des différentes techniques de maîtrise de l'eau. Dans le sud de l'Espagne, pompages, réserves, barrages et usines de dessalement ont permis le développement de l'agriculture irriguée et des complexes touristiques (doc. 2).

• **Les aménagements hydrauliques se développent** (nombre, taille, coût) pour répondre à la diversification et à la croissance des besoins. Ainsi le Qatar crée dans le désert des fermes ultramodernes actuellement irriguées par une eau dessalée coûteuse, et s'apprête à investir massivement dans des technologies perfectionnées d'économies d'eau.

• **Les aménagements hydrauliques ont des conséquences sur l'environnement.** Une irrigation excessive entraîne la salinisation des sols et leur stérilité (50 % des terres irriguées d'Irak ou d'Ouzbékistan). L'assèchement des fleuves ou des lacs par un pompage excessif perturbe l'ensemble des activités d'une région (lac Tchad, mer d'Aral).

Vocabulaire

Dessalement : voir p. 108.
Huerta : espace agricole méditerranéen divisé en petites parcelles irriguées sur lesquelles est pratiquée une culture intensive de fruits et légumes.
Hydroélectricité : électricité produite grâce à l'énergie des cours d'eau.
Irrigation : opération consistant à apporter de l'eau sur des terres cultivées.
Maîtrise de l'eau : ensemble des techniques visant à rendre l'eau accessible ou utilisable pour les activités humaines.
Oasis : espace caractérisé par la présence de végétation autour d'un point d'eau (puits, lac) dans un désert.
Salinisation : processus d'accumulation de sels dans les sols, qui nuit à la croissance des plantes.
Transfert d'eau : voir p. 108.

REPÈRE A

Les usages de l'eau dans le monde

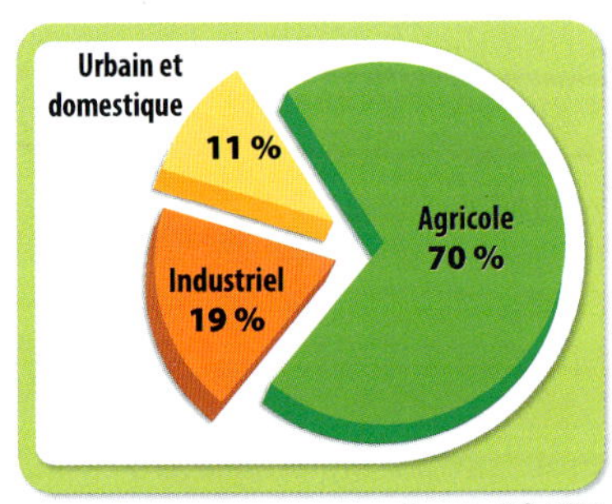

Source : FAO, 2014.

REPÈRE B

Projections des besoins en eau en 2050

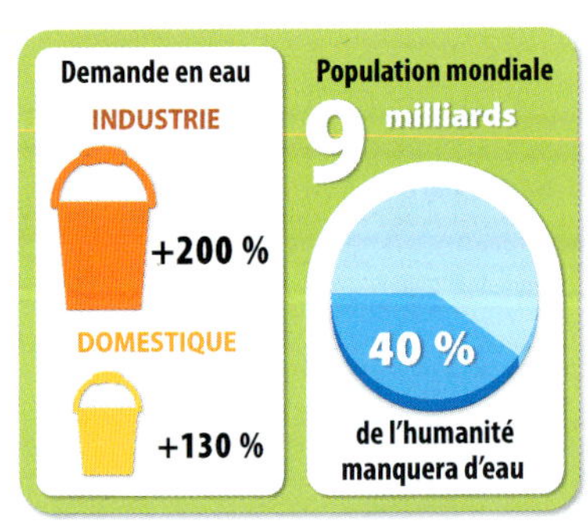

Source : ONU, 2013.

1 Les raisons de la croissance des besoins en eau

Les besoins en eau de la planète explosent du fait de l'augmentation de la population mondiale, de nos habitudes alimentaires, de nos modes de vie ou encore de l'intensification de nos activités économiques. Nous consommons de plus en plus d'eau, aussi bien individuellement qu'à cause du développement économique – notamment dans les pays émergents. L'urbanisation galopante joue aussi un rôle important. Aujourd'hui, plus de la moitié des habitants de la planète (3,5 milliards d'individus) vivent en milieu urbain, un pourcentage qui bondira à 70 % d'ici 2050. Or qui dit ville dit utilisation importante d'eau puisque l'urbanisation (et encore plus l'accession à la classe moyenne) signifie souvent un meilleur confort et une meilleure hygiène qui passent par l'eau courante, l'installation de sanitaires, etc. À la consommation des particuliers s'ajoute celle des infrastructures publiques et des différents services offerts par les villes (hôpitaux, administrations, restaurants et commerces), et l'entretien et la mise en place de loisirs gourmands en eau (parcs, fontaines, piscines et bassins, etc.).

la-chronique-agora.com, 29 août 2013.

2 Un paysage transformé par les besoins en eau près de Murcie (Espagne).
① parcelles irriguées ; ② réservoir d'eau pour l'irrigation ; ③ golf avec sa réserve d'eau ; ④ complexe hôtelier.

3 La plus grande usine de dessalement du monde (Melbourne, Australie).
Conçue pour répondre à des besoins en eau croissants, cette usine de dessalement (coût de construction : 2,2 milliards d'euros) produit jusqu'à 450 000 m^3 d'eau potable par jour et alimente Melbourne grâce à un pipeline de 84 km. Elle utilise des sources d'énergie renouvelable et s'intègre, avec son toit végétalisé, à un vaste parc côtier.

1) Pourquoi l'urbanisation et le développement économique provoquent-ils une augmentation de la consommation d'eau de la population d'un pays ? (doc. 1)

2) Expliquez quel rôle joue l'eau dans la transformation du paysage en Espagne. (doc 2)

Gérer une ressource menacée et convoitée

Comment faire face aux menaces et aux pressions qui pèsent sur les ressources en eau ?

A Une ressource menacée

- **L'augmentation de la demande entraîne localement des pénuries, surtout dans les régions arides.** Elles résultent de la croissance des populations, de la diversification des usages et de la vétusté des réseaux d'eau.
- **La ressource est également fragilisée par sa surexploitation.** Le débit des fleuves diminue, le niveau des aquifères s'abaisse. Aux États-Unis, l'épuisement de l'aquifère Ogallala s'explique par l'introduction d'une agriculture très gourmande en eau dans les Hautes Plaines semi-arides (coton, élevage).
- **Enfin, la qualité des eaux se dégrade dans de nombreux États** à cause des engrais, pesticides ou rejets industriels non traités (doc. 1). En Chine, la croissance industrielle parfois peu réglementée explique la présence de pétrole, de déchets chimiques ou plastiques dans le fleuve Yangzi.

B Une ressource convoitée

- **À l'échelle locale, les conflits d'usage pour l'eau se multiplient.** Les prélèvements urbains, industriels ou touristiques réduisent la disponibilité de l'eau pour les activités traditionnelles et rurales. À Marrakech, l'usage de l'eau pour le tourisme destiné à un public aisé (golfs, piscines) entre ainsi en concurrence avec l'agriculture irriguée locale.
- **À l'échelle continentale, l'eau peut aggraver les tensions internationales,** comme entre les hydropuissances et les États auxquels elles confisquent l'eau. En Asie centrale, l'Ouzbékistan suspend régulièrement ses livraisons de gaz aux pays en amont (Kirghizstan, Tadjikistan) pour qu'ils renoncent à la construction de barrages hydroélectriques sur leurs fleuves communs.
- **L'eau devient un bien marchand.** Certaines FTN sont accusées de remettre en cause son statut de bien commun. Nestlé achète des sources au Brésil, pour y commercialiser l'eau en bouteille. Les FTN s'associent aux municipalités pour la gestion des réseaux urbains. Cependant aujourd'hui, de plus en plus de villes choisissent une gestion publique de l'eau (doc. 2).

C Une ressource à gérer durablement

- **L'eau est une ressource à économiser,** au moyen de solutions techniques (goutte à goutte, utilisation d'eaux recyclées, doc. 3), ou de stratégies économiques nationales (importation d'eau virtuelle). Réguler la demande s'avère également indispensable face aux changements climatiques en cours : certaines villes australiennes imposent des restrictions à la consommation.
- **L'eau est une ressource à préserver.** L'encadrement des activités polluantes et la protection des zones humides améliorent la qualité des eaux. En Europe, la réglementation sur les engrais et les pesticides (production, utilisation) a permis de limiter la pollution des cours d'eau.
- **L'eau est une ressource à partager.** Elle est désormais considérée comme un bien commun de l'humanité par les institutions internationales. L'ONU soutient la coopération pour la gestion des eaux transfrontalières (Repère A). La Banque mondiale finance l'amélioration de l'accès à l'eau, un des OMD (Repère B), comme au Népal où elle a permis à plus d'un million de ruraux l'accès à une eau potable.

Vocabulaire

Bien commun : ressource utilisée et gérée en commun.
Conflit d'usage : voir p. 94.
Eau recyclée : voir p. 94.
Eau virtuelle : quantité totale d'eau nécessaire à une production agricole ou industrielle.
FTN (Firme transnationale) : entreprise possédant au moins une filiale à l'étranger.
Hydropuissance : voir p. 102.
Surexploitation : voir p. 94.

REPÈRE A

La coopération transfrontalière pour la gestion des fleuves

	Nombre de bassins trans-frontaliers	Nombre d'orga-nismes de gestion
Afrique	59	18
Asie	57	6
Europe	69	10
Amérique	78	10
TOTAL	263	44

Sources : Stockholm International Water Institute, 2012, et RIOB, 2014.

REPÈRE B

Les progrès dans l'accès à l'eau

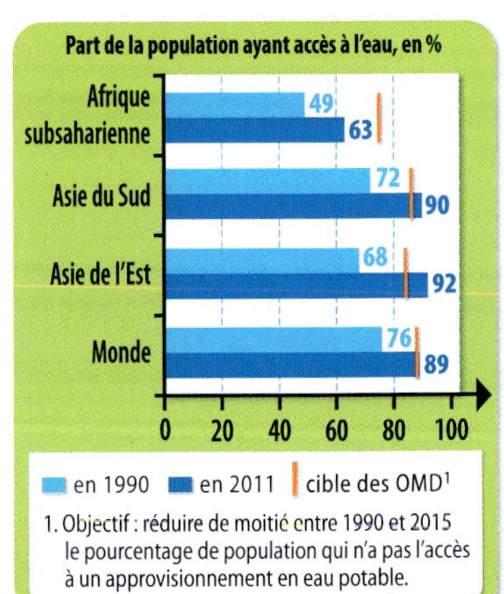

Source : ONU, 2012.

1 Le drainage du fleuve Ting contaminé par une mine de cuivre (Chine) en 2010

2 Les enjeux de la gestion de l'eau à Santa Fe (Argentine)

Seul 1 % du débit du Parana suffit à alimenter en eau les principales villes de la province argentine de Santa Fe. Et pourtant on manque d'eau et certains n'ont pas accès aux réseaux de base dans leur domicile. Les réseaux d'eau et d'assainissement des quinze villes principales ont été mis en concession privée dans les années 1990. Leur gestion fut confiée à une FTN. L'expérience de participation du secteur privé n'a cependant duré que dix ans et s'est achevée en 2005 au terme d'un conflit politique et économique majeur. En effet, la FTN fut accusée de ne pas remplir ses obligations, notamment en matière d'investissements pour l'extension du réseau et l'inclusion des populations plus pauvres au sein du réseau. L'eau fut re-provincialisée et l'objectif politique affirmé fut celui de la mise en place du droit à l'eau, autrement dit de l'accès universel au réseau.

citego.info, novembre 2012.

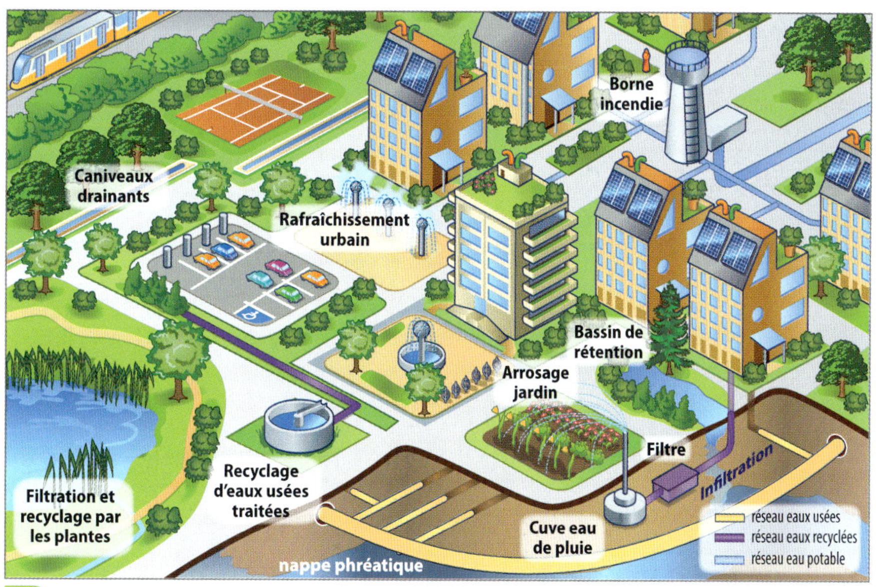

3 Le système des eaux d'un écoquartier[1].

1. Quartier aménagé pour répondre aux objectifs du développement durable.

1 Quels sont les sujets de désaccords qui aboutissent au retrait de la FTN de la gestion de l'eau à Santa Fe ? (doc. 2)

2 Quelles solutions durables de gestion des eaux urbaines peuvent être proposées dans un écoquartier ? (doc. 3)

Comment l'Afrique du Sud peut-elle assurer une gestion durable de l'eau ?

Depuis la fin du régime d'apartheid (1991), l'Afrique du Sud met en œuvre une gestion durable de l'eau résumée par le slogan « *Some, for all, forever* » (Un peu, pour tous, pour toujours). Mais elle se heurte à de nombreux obstacles, notamment une disponibilité en eau proche de la pénurie et une croissance démographique encore rapide.

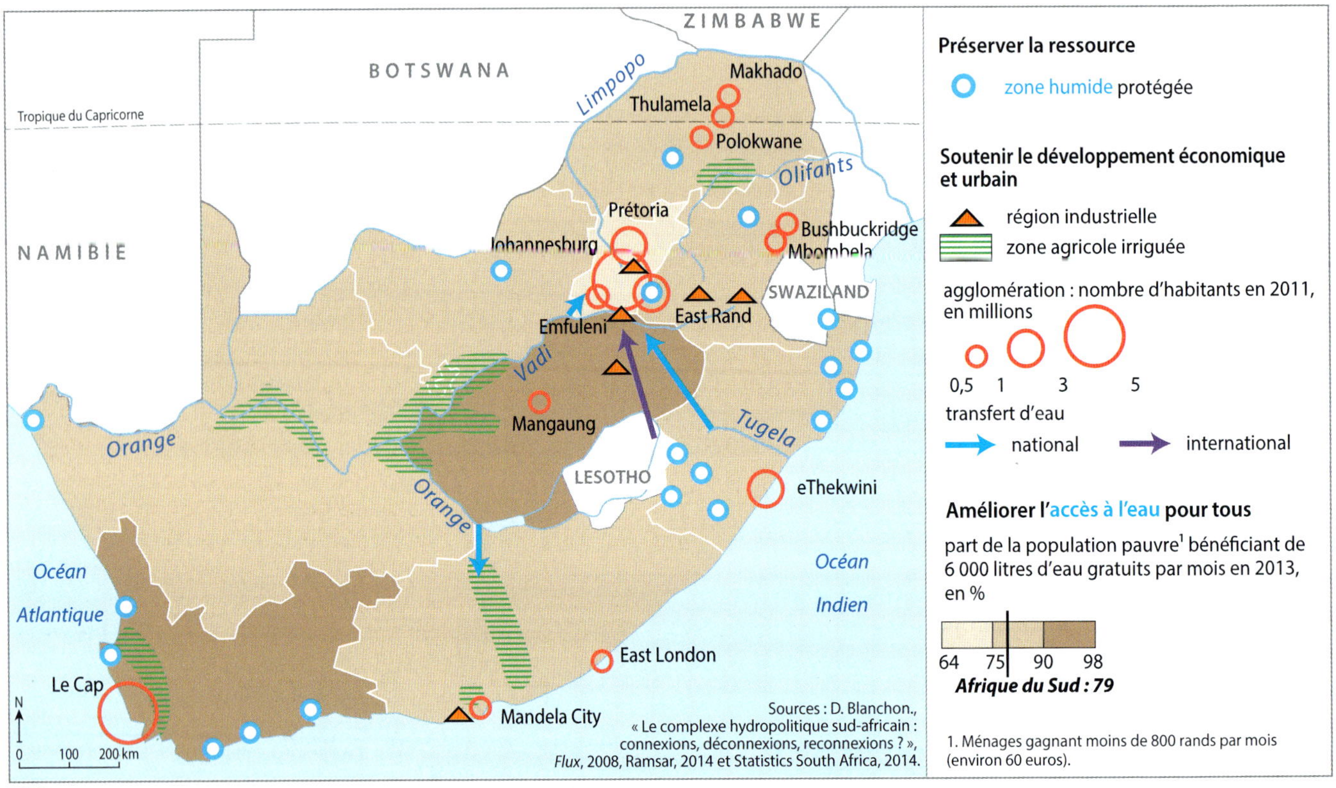

1 Les objectifs et la mise en œuvre inégale d'une gestion durable de l'eau

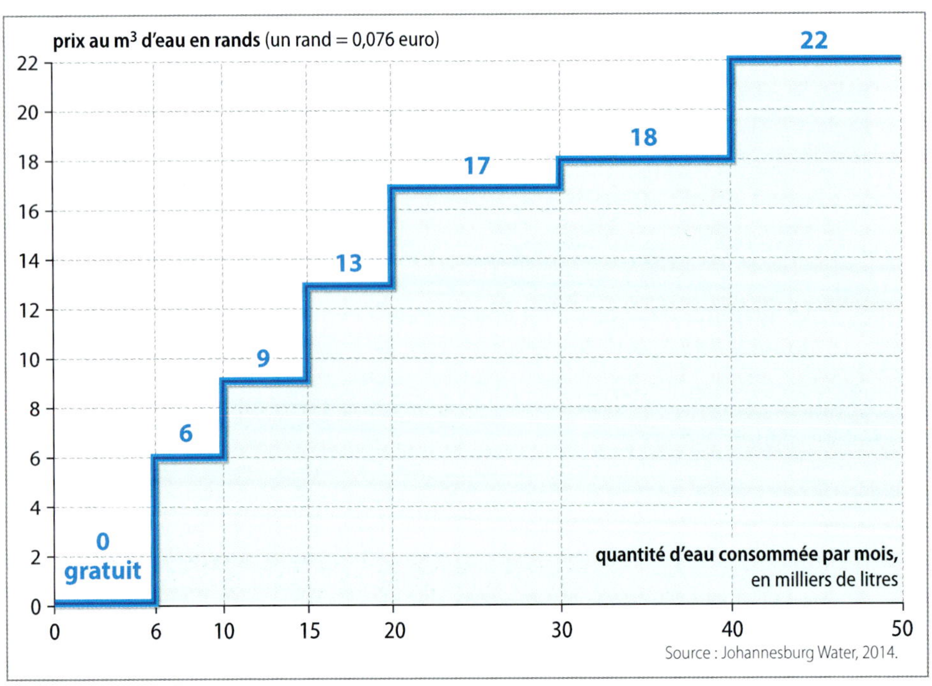

2 La **tarification sociale** de l'eau à Johannesburg

Vocabulaire

Accès à l'eau : accès à domicile ou à moins de 15 minutes de marche à un minimum de 20 litres d'eau potable par personne et par jour.

Tarification sociale de l'eau : politique selon laquelle le prix de l'eau dépend de la quantité consommée (plus la quantité est importante, plus l'eau coûte cher). Elle favorise les économies d'eau et l'accès des plus pauvres à la ressource.

Zone humide : étendue de terre inondée ou gorgée d'eau douce ou salée, de façon permanente ou temporaire.

3 Approvisionnement en eau dans le bidonville de Soweto (Johannesburg). À la suite de l'affirmation du droit à l'eau dans la Constitution sud-africaine (1996), plusieurs mesures visent à améliorer l'accès à l'eau : installation de points d'approvisionnement dans les bidonvilles, tarification sociale de l'eau, fourniture gratuite de 6 000 litres d'eau par ménage.

4 La persistance d'une crise de l'eau en Afrique du Sud

Les municipalités [du Gauteng, la province la plus riche du pays, ont] « perdu » d'avril 2011 à mars 2012 l'équivalent de 190 000 piscines olympiques. Le chiffre est en hausse, et les fuites et vols atteignent désormais presque 40 % de l'eau achetée dans la province. Les autorités sud-africaines reconnaissent désormais que le pays risque d'être confronté à une crise majeure d'approvisionnement en eau. D'ici à 2030, les besoins en eau de la première puissance du continent devraient croître de près d'un tiers en raison de l'augmentation de la population et de la croissance de l'économie. Les autorités annoncent aussi qu'elles vont faire la chasse aux resquilleurs[1]. Plusieurs centaines d'agriculteurs n'hésitent pas à pomper illégalement de l'eau dans les rivières avoisinant leurs champs. Ce n'est pas seulement la quantité d'eau qui est menacée en Afrique du Sud, mais aussi sa qualité. Les exploitants agricoles tout comme les compagnies minières et certaines industries sont pointés [du doigt]. « 65 % des retenues d'eau sud-africaines sont eutrophiées[2] ou sur le point de l'être, et 90 % d'entre elles contiennent des algues toxiques qui peuvent nuire à la santé et détruire des cultures », explique J. Nel, spécialiste de la biodiversité.

Le Monde, 14 mai 2013.

1. Consommateurs d'eau qui ne paient pas leurs factures.
2. Polluées par la prolifération de végétaux.

Activités

Complétez le tableau suivant à l'aide des informations des documents.

	Les objectifs d'une gestion durable de l'eau (doc. 1)	Des aménagements et mesures inégalement durables (doc. 1, 2 et 3)	Des problèmes persistants (doc. 1 et 4)
Pilier environnemental			
Pilier économique			
Pilier social			

À partir du tableau complété, rédigez en une dizaine de lignes une réponse au sujet : « Comment l'Afrique du Sud peut-elle assurer une gestion durable de l'eau ? »

Consigne Bac

À l'aide des documents 3 et 4, montrez que la gestion de l'eau s'améliore en Afrique du Sud mais qu'elle rencontre encore des limites.

▸ MÉTHODE

- Pour étudier une photographie p. 118.
- Pour étudier un texte p. 80.

Étude de documents

Capacités travaillées
- Étudier une photographie
- Prélever des informations

Exercice guidé

SUJET : La maîtrise de l'eau et la transformation des paysages à la frontière des États-Unis et du Mexique

Après avoir présenté la photographie, vous montrerez comment les usages variés de l'eau transforment inégalement les paysages à la frontière entre les États-Unis et le Mexique.

Le Colorado à la frontière entre le Mexique et les États-Unis

A Analyser le sujet et la consigne

1) Identifiez les notions clés et délimitez l'espace concerné.

Méthode p. 40

Les usages de l'eau et la transformation des paysages à la frontière des États-Unis et du Mexique

Après avoir présenté la photographie, vous montrerez en quoi **les usages variés de l'eau transforment inégalement les paysages à la frontière entre les États-Unis et le Mexique**.

B Étudier une photographie

Méthode

a. **Localiser** précisément le lieu de la prise de vue.

b. **Identifier** le type de prise de vue (au sol, aérienne, oblique, verticale).

c. **Décrire la photographie :**
- Repérer les éléments structurants de l'image : fleuve, route, zone d'habitations… ;
- Délimiter les plans de la photographie (premier, deuxième, arrière-plan) et les sous-ensembles.

d. **Interpréter la photographie :**
- Utiliser les connaissances pour expliquer les éléments géographiques identifiés sur la photographie ;
- Organiser les informations en lien avec les différentes parties de la consigne.

2) Sélectionnez parmi les adjectifs suivants ceux qui qualifient la photographie :
aérienne ; verticale ; au sol ; plongée ; contre-plongée ; oblique ; panoramique.

3) Rédigez une ou deux phrases de présentation du document en vous appuyant sur les informations fournies avec la photographie.

Méthode

Prélever les informations

a. Prélever les informations en tenant compte de la consigne. Les classer en fonction des notions clés.
b. Ne prélever que les informations utiles au sujet.
c. Ne prélever que les informations que vous pourrez expliquer et commenter.

4) À l'aide de la méthode ci-dessus, complétez la 2e colonne du tableau suivant.

	Informations prélevées dans la photographie	**Connaissances personnelles** **Aide** Étude de cas 1 p. 90-95
Les usages de l'eau	– Usage agricole : .... – .... –	– .... – .... – ....
La maîtrise de l'eau	– Climat semi-désertique : .... – .... –	– .... – .... – ....
Un paysage inégalement transformé par la maîtrise de l'eau	– Aux États-Unis : .... – Au Mexique :	– .... – .... – ....

5) Sélectionnez dans la liste suivante les informations puis complétez la 3e colonne du tableau.
Forte consommation d'eau pour la production de cultures de contre-saison ; conflits d'usage ; moins de 200 mm de précipitations par an ; aménagements très coûteux ; très forte consommation urbaine ; différence de moyens financiers et techniques entre le Mexique et les États-Unis ; tensions et accord à propos du Colorado entre le Mexique et les États-Unis ; forte pollution ; changement climatique.

Sujet d'entraînement

SUJET : L'accès à l'eau dans les pays du Sud

Montrez que ce document reflète les usages et les problèmes de l'eau dans les villes du Sud.

Aide Un camion citerne public distribue de l'eau aux résidents de Kusumpur Pahari, un bidonville du sud de New Delhi.

1 **Distribution publique d'eau potable à New Delhi (Inde)**

Étude de documents

Capacités travaillées
- Étudier un tableau de données chiffrées
- Rédiger l'introduction d'une étude de documents

Exercice guidé

SUJET : L'eau, une ressource inégalement accessible

À l'aide des documents, montrez que l'accès à l'eau dans le monde est inégal selon les échelles et qu'il reflète les inégalités de développement.

1 Des situations mondiales contrastées

	Afrique du Sud	États-Unis	Niger
Ressources en eau renouvelables en 2011, en m³/hab./an	1 019	9 802	2 094
Accès à l'eau en milieu urbain en 2011, en %	99	100	100
Accès à l'eau en milieu rural en 2011, en %	79	94	40
Accès à l'assainissement en 2011, en %	74	100	10
Prélèvement d'eau total, en m³/hab./an	272	1 583	71
IDH : rang (indice) en 2012	123 (0,629)	3 (0,937)	187 (0,304)

Sources : PNUD, 2013, et Banque mondiale, 2014.

2 L'inégal accès à l'eau dans les pays du Sud

L'OMS estime qu'environ un sixième de la population mondiale est sans accès à l'eau potable. L'accès à l'eau constitue par conséquent un puissant marqueur des inégalités socio-spatiales et représente – pour les femmes surtout – une véritable servitude. Dans les pays du Sud, l'accès constant à l'eau demeure un privilège réservé à une minorité… limité à certains quartiers quand les plus nombreux se contentent soit d'une distribution interrompue soit d'un point d'eau collectif (borne-fontaine). À Dakar, dans certains quartiers privilégiés, on dispose d'un accès 24 heures sur 24. Dans les quartiers populaires, on ne trouve souvent qu'un seul robinet par étage et dans les quartiers les plus pauvres qui abritent 80 % de la population, l'eau n'est disponible que dans la rue, théâtre fréquent de « robinet-bagarre » dans la mesure où les femmes épuisées par les files d'attente au soleil se battent entre elles.

F. Buchy et P. Dallenne, *La mondialisation*, Ellipses, 2013.

A Étudier un tableau de données chiffrées

Méthode

a. Identifier la source : auteur, date, provenance des chiffres (Banque mondiale, FAO…).

b. Décrire le tableau :
- Repérer les valeurs les plus hautes, les plus basses et les moyennes ;
- Repérer la tendance générale à la fois en ligne et en colonne ;
- Mesurer ces tendances par des calculs simples (addition, soustraction, moyenne, multiplication).

c. Interpréter le tableau :
- Utiliser les connaissances extraites du cours pour expliquer les grandes tendances ;
- Organiser les informations en lien avec les différentes parties de la consigne.

1) Que sont la Banque mondiale et le PNUD ? Aide Lexique p. 332 à 334

2) Remplissez le tableau suivant en prélevant des chiffres dans le doc. 1 et des informations dans le doc. 2

Méthode pour étudier un texte p. 81

	Description Des inégalités d'accès à l'eau…	**Interprétation** … qui s'expliquent par des inégalités de développement
À l'échelle mondiale	– Doc. 1 : Accès à l'eau en milieu rural : 40 % au Niger ; 94 % aux États-Unis	– Des inégalités d'accès à l'eau entre pays du Sud et pays du Nord
	– …………………………	– Des inégalités de capacité de traitement des eaux usées, porteuses de maladies
	– …………………………	– Des inégalités de prélèvement qui reflètent des usages différents de l'eau selon le développement économique
	– …………………………	– Des inégalités qui ne sont pas proportionnelles aux ressources en eau des pays
À l'échelle nationale	– …………………………	– Des inégalités entre villes et campagnes
À l'échelle locale	– …………………………	– Des inégalités entre les quartiers riches et les quartiers pauvres dans les villes du Sud

B Rédiger l'introduction d'une étude de document

Méthode

L'introduction se limite à 4 ou 5 phrases qui doivent :

a. Présenter le sujet en analysant les notions clés du sujet et de la consigne ;

b. Présenter le ou les documents et leur utilité pour traiter le sujet et répondre à la consigne.

3) Choisissez l'introduction qui convient le mieux au sujet et justifiez votre choix.

a. Les inégalités d'accès à l'eau dans le monde sont très marquées. Le tableau de chiffres provenant du PNUD et de la Banque mondiale, évoque la situation de l'Afrique du Sud, des États-Unis et du Niger alors que le texte présente l'inégal accès à l'eau dans les pays du Sud. Ce dernier est extrait d'un ouvrage de géographie de F. Buchy et P. Dallenne intitulé <u>La mondialisation</u> paru en 2013. Les deux documents montrent que ces disparités sont visibles à toutes les échelles et reflètent les inégalités de développement.

b. Depuis 10 ans, le nombre de personnes ayant accès à l'eau potable et à un système d'assainissement de base a augmenté de 1 milliard grâce notamment aux politiques liées aux OMD. Mais ces chiffres masquent les inégalités d'accès à l'eau qui sont le reflet des inégalités de développement. En effet, elles sont visibles à l'échelle mondiale (Nord/Sud), à l'échelle nationale (régions développées/peu développées ; ville/campagne) et à l'échelle locale (bidonvilles/quartiers riches).

Sujet d'entraînement

SUJET : Les usages de l'eau au Moyen-Orient

Montrez que les usages de l'eau sont le reflet des inégalités de richesse au Moyen-Orient.

1 Usages de l'eau et richesse

		Qatar	Turquie	Égypte	Yémen
PIB par habitant en 2012, en dollars		89 736	10 666	3 256	1 496
Consommation d'eau par type d'usage, en %	agricole	59	73	86	90
	industriel	2	11	6	2
	urbain et domestique	39	16	8	8

2 Bassins devant la tour Burj Khalifa (Dubaï, Émirats arabes unis)

Production graphique

Capacités travaillées
- Mobiliser des connaissances
- Choisir les crayons adaptés

SUJET : L'eau en Espagne : une ressource rare convoitée

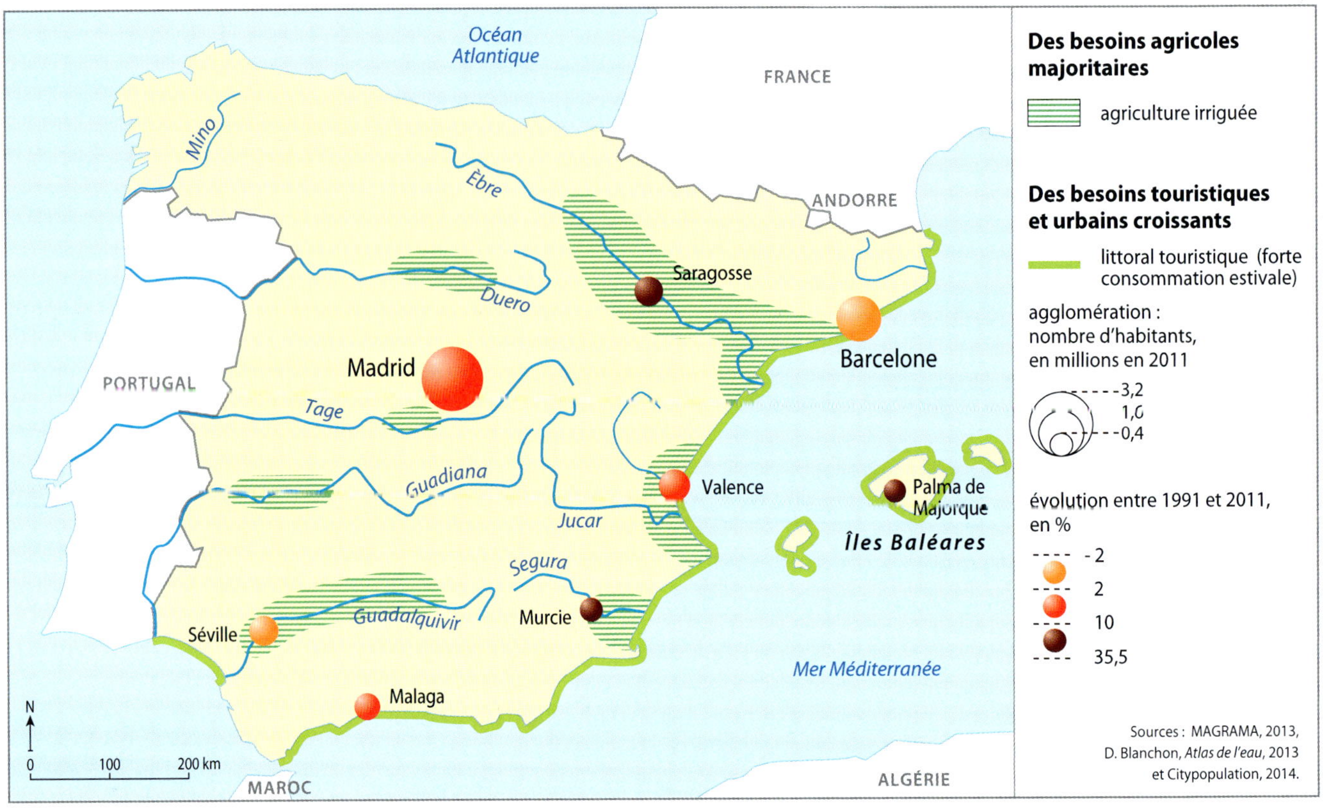

1 Les usages de l'eau

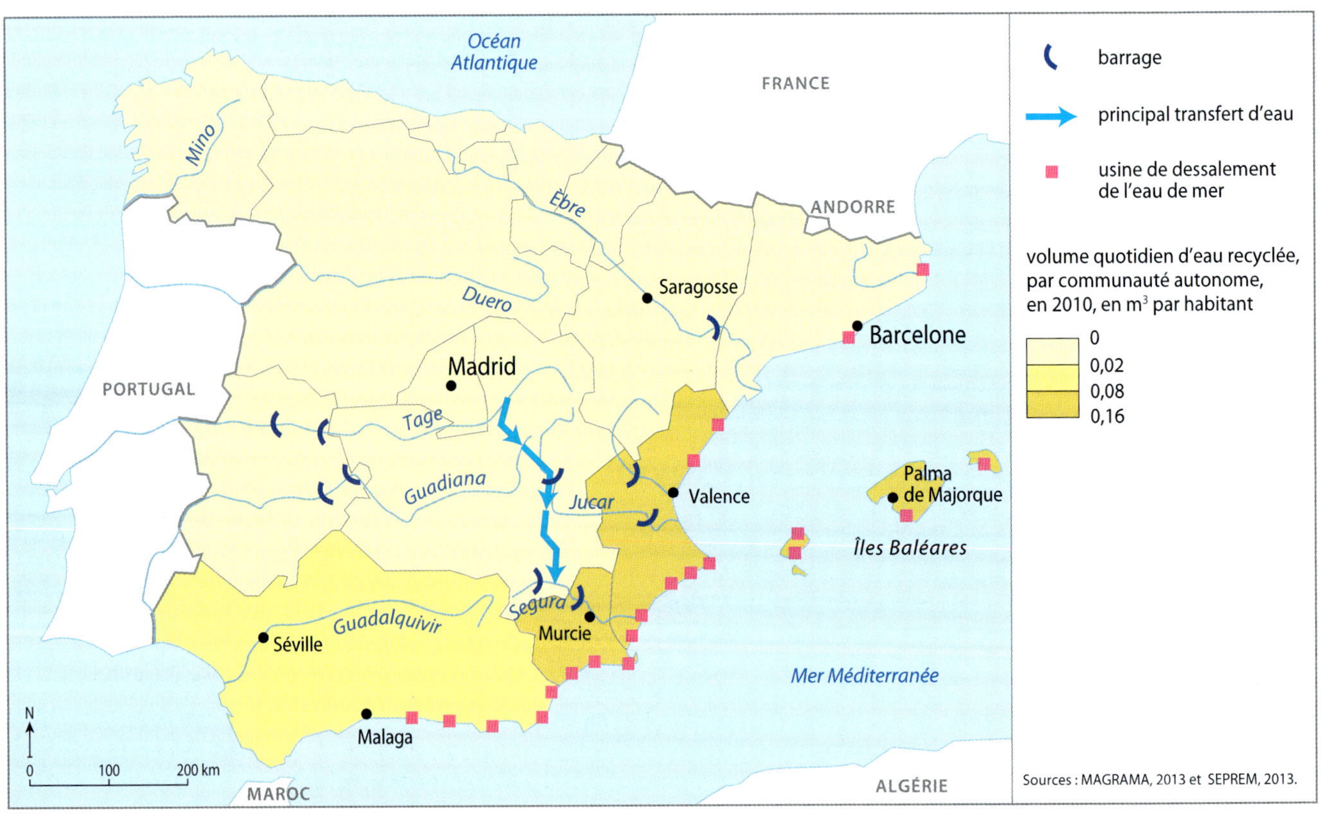

2 Une maîtrise de l'eau inégalement durable

A Mobiliser des connaissances

Méthode

a. Les informations utiles sont contenues dans les cartes du manuel ou d'un atlas ;
b. Seules les informations susceptibles d'être cartographiées sont mobilisées ;
c. En raison du nombre limité d'informations sur un croquis ou un schéma, seules les informations essentielles sont mobilisées.

1) Prélevez dans la légende des documents p. 122, les informations les plus utiles pour répondre au sujet. Justifiez vos choix.

2) Complétez la légende du croquis ci-dessous à l'aide des informations sélectionnées.

B Choisir les crayons adaptés pour réaliser le croquis

Méthode

L'utilisation des crayons répond à des règles d'usage qu'il faut appliquer pour représenter les figurés :
– Utiliser des crayons de couleur pour les aplats ;
– Utiliser des feutres fins pour les hachures, les figurés ponctuels ou linéaires et la nomenclature.

3) Complétez le croquis en utilisant les crayons appropriés.

4) Vérifiez chacun des éléments TONLEC de présentation du croquis. **Méthode** p. 45

Titre : ……………………………………………………………………………

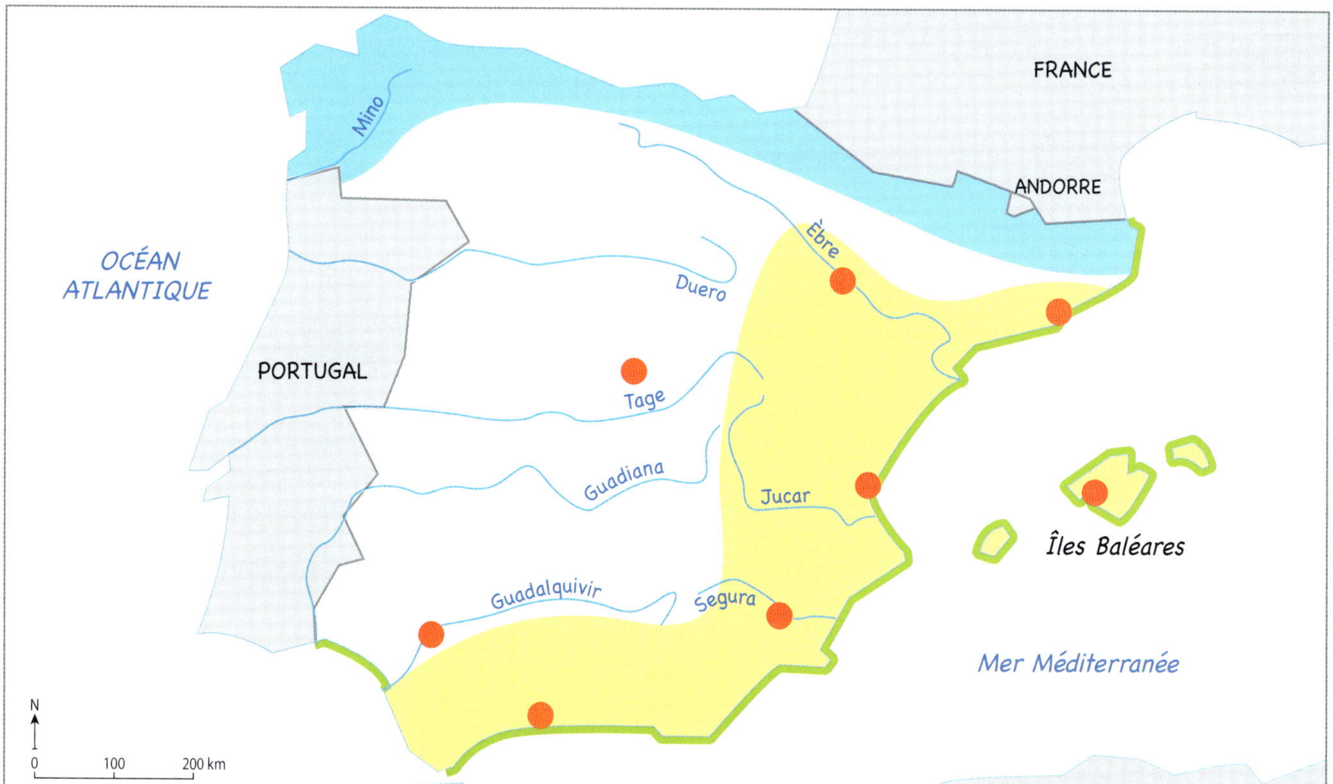

Des ressources contrastées
- région déficitaire en eau
- région bien pourvue en eau
- fleuve

Des usages variés
- ……………………………………
- ……………………………………
- ……………………………………

Des aménagements inégalement durables
- ……………………………………
- ……………………………………
- ……………………………………

Composition

Capacités travaillées
- Construire un plan
- Rédiger une introduction

Exercice guidé

SUJET : L'eau dans le monde : une ressource menacée et convoitée

Problématique suggérée : Pourquoi les menaces et les tensions sur les ressources en eau nécessitent-elles la mise en place d'une gestion durable de cette ressource ?

A Construire un plan

Méthode

a. **Choisir le type de plan.** En géographie, il existe deux possibilités :
 – Plan thématique (groupement des idées par grands thèmes) ;
 – Plan par échelle (échelle mondiale, échelle régionale, échelle locale).

b. **Organiser les idées** autour de grandes parties qui se divisent chacune en deux ou trois sous-parties ;

c. **Le plan doit répondre à la problématique.**

1 Choisissez le plan qui répond le mieux au sujet en justifiant votre réponse.

Plan 1	Plan 2
1. Les menaces et les tensions dans les pays du Nord	**1.** Les menaces qui pèsent sur l'eau
2. Les menaces et les tensions dans les pays du Sud	**2.** Les tensions pour l'accès à l'eau
3. Les menaces et les tensions dans les villes	**3.** Les solutions : vers une gestion durable de la ressource en eau

2 Classez les thèmes suivants dans chaque grande partie :

politiques de préservation de l'eau ; pénurie ; dégradation de la qualité de l'eau ; accords de coopération ; échelle régionale : concurrence pour l'eau entre régions ; échelle internationale : conflits ; surexploitation de l'eau ; politiques de réduction de la consommation ; échelle locale : conflits d'usage.

B Rédiger une introduction

Méthode

a. **Définir le sujet :** apporter une définition géographique aux notions clés, délimiter l'espace concerné ;

b. **Formuler la problématique :** elle doit couvrir l'ensemble du sujet ; elle soulève une question qui sera le fil conducteur de la composition ;

c. **Annoncer les grandes parties de la composition.**

3 Attribuez un titre à chaque paragraphe (définition du sujet, problématique, annonce du plan).

Titre : ....

Pourquoi les menaces et les tensions sur les ressources en eau nécessitent-elles la mise en place d'une gestion durable de cette ressource ?

Titre : ....

D'après l'OMS, un tiers de la population mondiale, n'aura toujours pas accès à des services d'assainissement amélioré en 2015. Cela témoigne des menaces qui pèsent sur la qualité et la quantité de l'eau disponible. Ces menaces accentuent les tensions à différentes échelles. De l'eau propre et accessible à tous représente donc un défi mondial.

Titre : ....

Après avoir analysé ...., nous présenterons ....

4 Reconstituez l'ordre et complétez le paragraphe manquant de l'introduction de la composition.

COMMENT RÉPONDRE DURABLEMENT AUX BESOINS EN EAU DE PLUS DE 7 MILLIARDS D'HOMMES ?

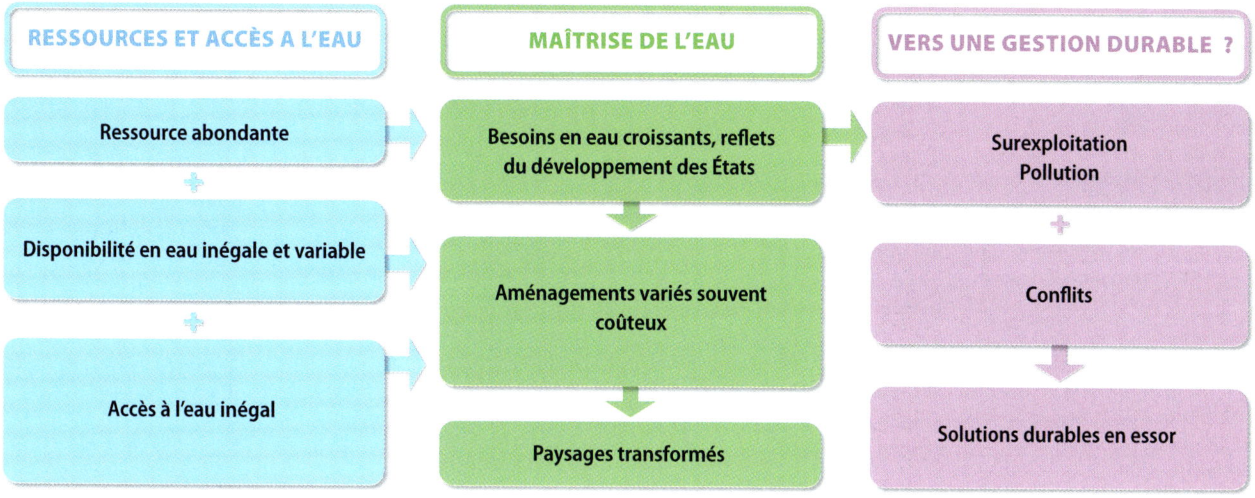

A Comment s'explique l'inégal accès aux ressources en eau des sociétés humaines ?

Les ressources en eau douce renouvelable (lacs, rivières, aquifères) sont globalement suffisantes pour répondre aux besoins humains. Cependant elles sont inégalement réparties ou exploitables (Moyen-Orient) et irrégulièrement disponibles (Californie). L'accès des populations à une eau potable dépend du développement des États et révèle les inégalités socio-économiques à l'échelle locale (Afrique du Sud, Inde).

B Comment les sociétés mobilisent-elles leurs ressources en eau ?

Les besoins en eau augmentent fortement à cause de l'expansion des surfaces agricoles irriguées (Moyen-Orient, États-Unis, Brésil) et de la croissance des usages domestiques, industriels et touristiques de l'eau (Espagne), particulièrement dans les pays en développement (Afrique du Sud). Les aménagements hydrauliques se multiplient et se diversifient pour exploiter l'essentiel des ressources disponibles, et les paysages sont transformés (Moyen-Orient, Colorado).

C Comment faire face aux menaces et aux pressions qui pèsent sur les ressources en eau ?

Les ressources en eau sont menacées : surexploitées dans certaines régions (Moyen-Orient), elles entraînent des pénuries et leur qualité se dégrade (Afrique du Sud). Elles peuvent également être source de tensions à l'échelle locale (Sud-Ouest des États-Unis) ou internationale (Moyen-Orient). Les démarches de gestion durable se multiplient pour économiser l'eau (Afrique du Sud), surveiller sa qualité et développer la coopération de l'échelle locale et à l'échelle internationale.

NE PAS CONFONDRE

Aquifères, nappe phréatique et nappe fossile

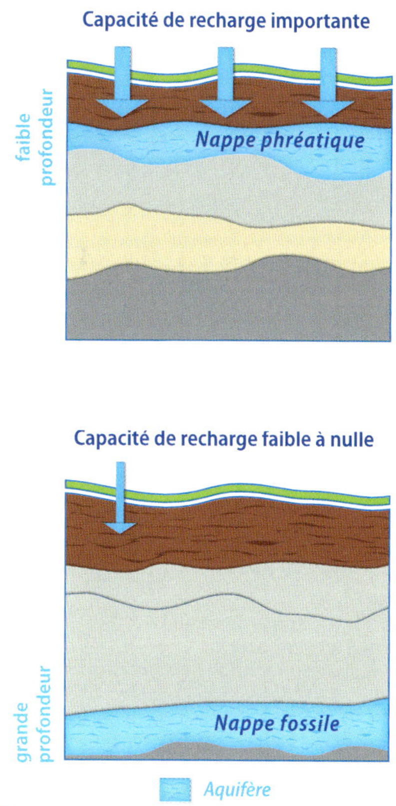

CHAPITRE 4

L'enjeu énergétique

La demande énergétique ne cesse d'augmenter à l'échelle mondiale. Elle résulte de l'amélioration du niveau de vie et de la croissance démographique. Or, les énergies fossiles comme le charbon ou le pétrole couvrent encore l'essentiel des besoins.

L'énergie est un facteur de tensions entre les États qui cherchent à contrôler les ressources et leur approvisionnement. En raison de l'impact environnemental de la consommation énergétique, les États réfléchissent également à de nouvelles stratégies énergétiques.

Le remplacement des énergies fossiles par de nouvelles solutions énergétiques plus propres est donc un pas vers une gestion durable de l'énergie. Mais l'enjeu est aussi de répondre aux besoins de tous de manière sûre et équitable.

Comment répondre durablement aux besoins énergétiques de plus de 7 milliards d'hommes ?

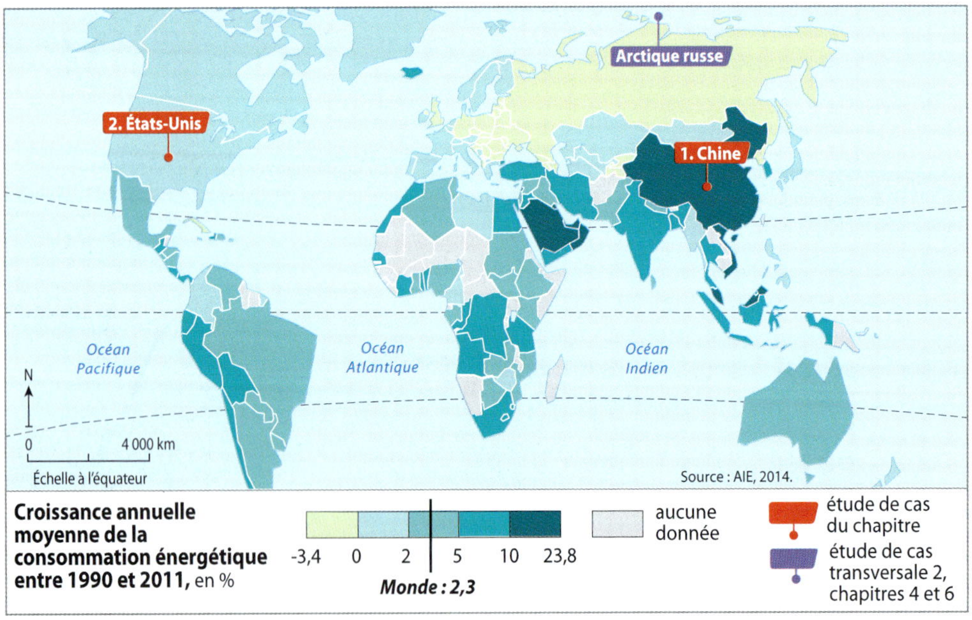

1 **L'évolution des besoins énergétiques mondiaux**

Questions

1 Quelles régions du monde connaissent une forte croissance de la consommation énergétique ?

2 À partir de la photographie, décrivez la solution énergétique développée par l'émirat d'Abu Dhabi ? Expliquez ce choix.

3 Listez les atouts qui font de l'énergie solaire une solution durable pour répondre aux besoins énergétiques du Moyen-Orient.

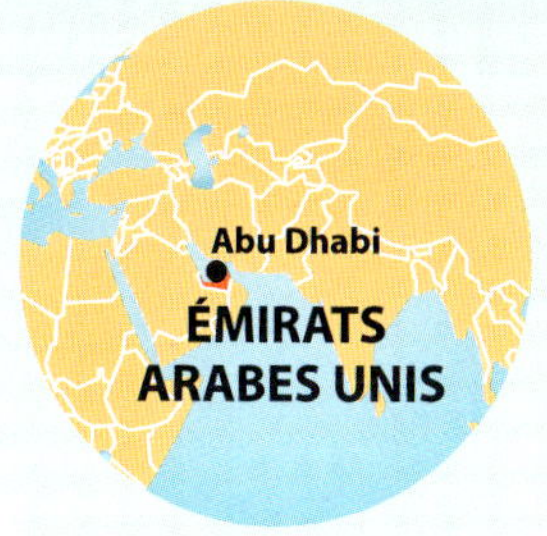

2 Préparer l'après-pétrole aux Émirats arabes unis : la centrale solaire Shams 1.

Shams 1 (Abu Dhabi) est une des plus grandes centrales solaires à concentration du monde et la première de ce type au Moyen-Orient qui dispose d'un taux d'ensoleillement très élevé. Elle alimente 20 000 foyers en électricité et évite le rejet dans l'atmosphère de 175 000 tonnes de CO_2 par an. Producteur de pétrole, l'émirat d'Abu Dhabi s'est fixé pour objectif de diversifier sa production d'énergie et d'atteindre 7 % d'énergie d'origine renouvelable dans sa consommation d'ici 2020.

Comment la Chine peut-elle satisfaire des besoins énergétiques croissants ?

La Chine est devenue en 2010 le premier consommateur et producteur d'énergie mondiale. Sa dépendance à l'égard des énergies fossiles est donc croissante ce qui la conduit à développer des stratégies nouvelles pour assurer son approvisionnement. Mais le défi est aussi de répondre durablement aux besoins énergétiques de cette puissance émergente.

La Chine en chiffres

- **Population :** 1,4 milliard d'habitants (19 % de la population mondiale)
- **Part dans la consommation énergétique mondiale :** 22 %
- **Part dans la production énergétique mondiale :** 18 %

A Quelle est la situation énergétique de la Chine ?

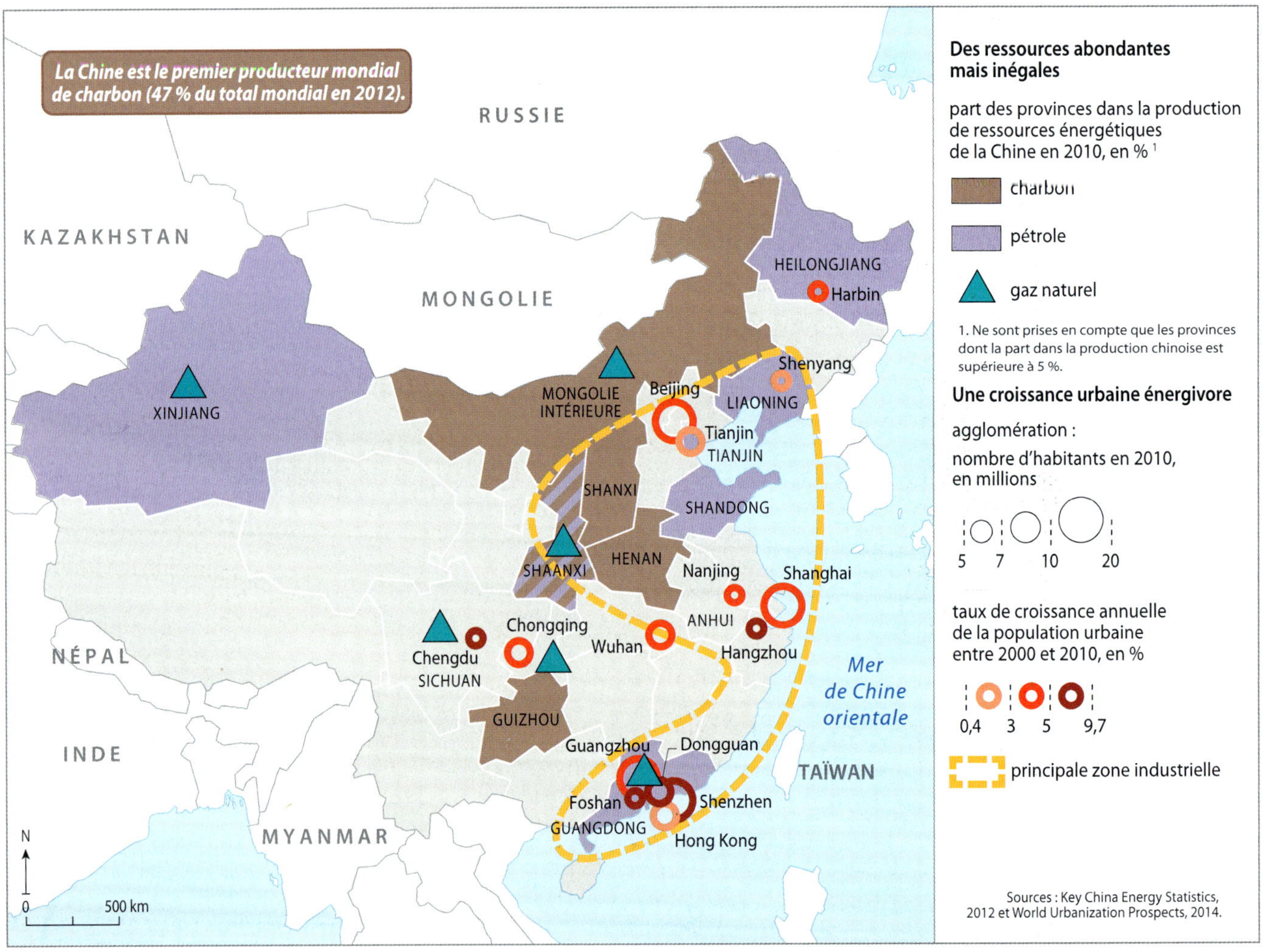

1 Des besoins croissants et des ressources en énergies fossiles concentrées

Vocabulaire

Énergie fossile : énergie non renouvelable produite à partir du pétrole, du gaz ou du charbon contenus dans le sous-sol.

Énergie renouvelable : énergie fournie par la nature en quantité illimitée (soleil, vent, eau) ou se régénérant à l'échelle humaine (biomasse, agrocarburant).

Mix énergétique : répartition des diverses sources d'énergie dans la consommation d'un État.

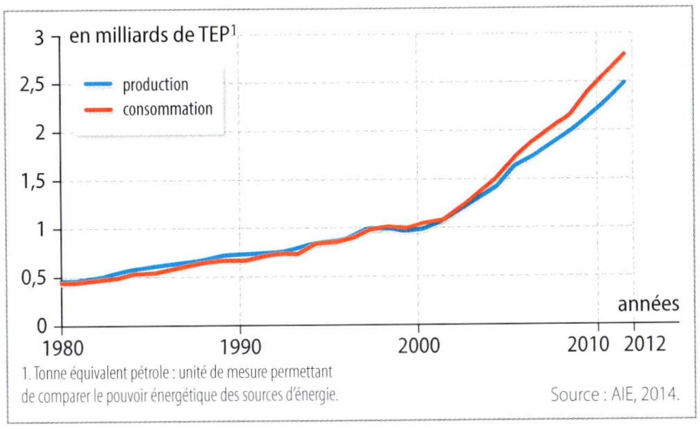

2 L'évolution de la consommation et de la production d'énergie en Chine

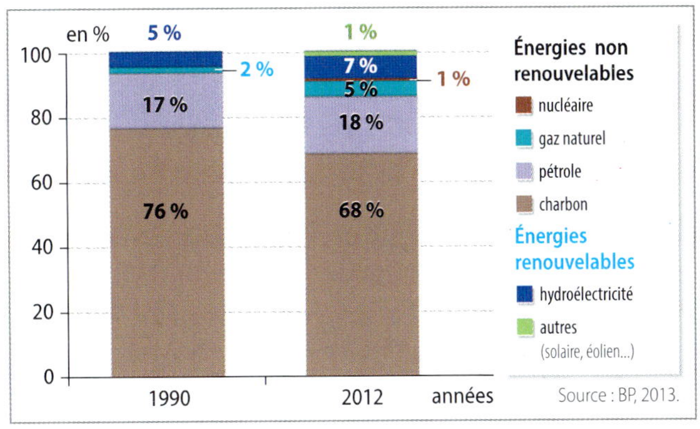

3 L'évolution du mix énergétique chinois

4 Des villes énergivores : la circulation automobile à Shanghai.
Le développement économique et la croissance urbaine chinoise s'accompagnent d'une explosion de la circulation automobile. La vente de voitures est passée de 4 millions en 2005 à 15,5 millions en 2012, faisant de la Chine le premier marché automobile mondial depuis 2009.

5 Les problèmes de la gestion de l'énergie en Chine

La Chine ne dispose que de 6 % des réserves mondiales de pétrole et de gaz par habitant. Sa dépendance pétrolière a augmenté de 26 % au début du siècle à 57 % en 2011 alors que dans le même temps, ses importations de pétrole et de gaz sont de plus en plus dépendantes de voies d'exportations contrôlées par d'autres pays. Quatre secteurs industriels (l'acier, les métaux non ferreux, les matériaux de construction et la chimie) utilisent près de 50 % de la consommation d'énergie du pays et ont des intensités énergétiques[1] trop élevées par rapport aux standards mondiaux. Le développement économique et énergétique du pays n'est pas équilibré. Les problèmes de transport du charbon et de l'électricité sont récurrents. Les zones rurales ne sont pas bien équipées, certaines n'ayant même pas encore accès à l'électricité.

S. Cornot-Gandolphe, « Transition énergétique à la chinoise : le nouveau plan quinquennal énergétique », IFRI, 2013.

1. Indicateur mesurant le degré d'efficacité énergétique d'un pays.

Questions

1. Comment la consommation énergétique chinoise évolue-t-elle ? Quels sont les facteurs de cette évolution ? (doc. 2, 3 et 4)
2. Quelles sont les énergies fossiles exploitées en Chine ? Comment la production énergétique chinoise évolue-t-elle ? (doc. 1 et 2)
3. Montrez que, selon les énergies, les besoins sont inégalement couverts. (doc. 1 et 5)
4. Quels sont les problèmes posés par la gestion de l'énergie en Chine ? (doc. 5)

Bilan : Complétez la 1re colonne de l'organigramme bilan p. 134.

B Quelles sont les conséquences de la forte consommation énergétique chinoise ?

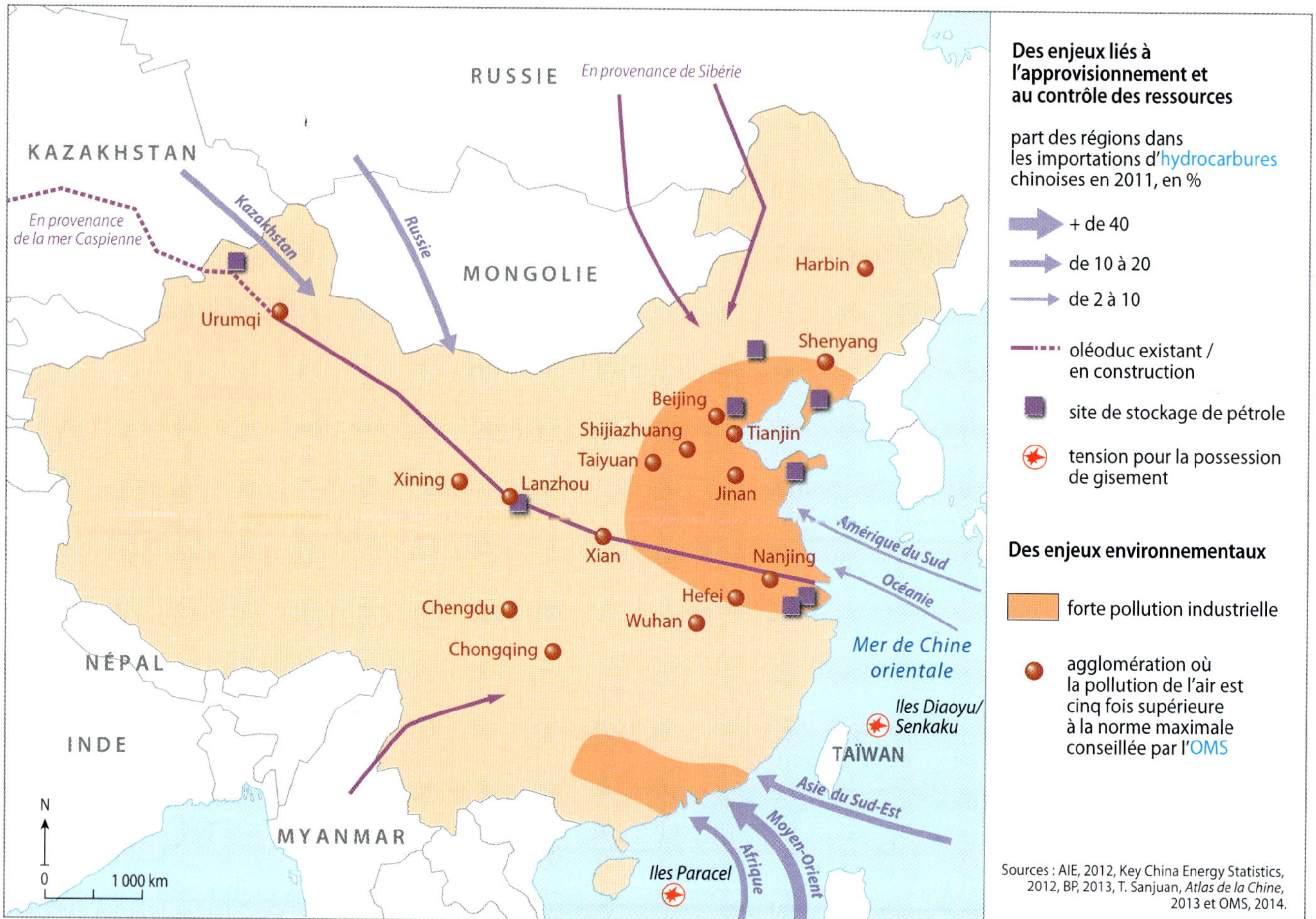

6 **Enjeux géopolitiques et environnementaux : des défis à relever pour la Chine**

7 **La mer de Chine, un espace stratégique pour les ressources énergétiques**

Les tensions de la Chine avec ses voisins sont récurrentes. Elles concernent différents archipels et îles de la mer de Chine méridionale, revendiqués en totalité ou en partie par la Chine, Taiwan, le Vietnam, les Philippines, la Malaisie et Brunei. Il s'agit des îles Spratley et des îles Paracel. La mer de Chine méridionale est un carrefour de routes commerciales d'une importance capitale car c'est la route la plus courte entre le Pacifique Nord et l'océan Indien. Par le détroit de Malacca passe 5 fois plus de pétrole que par le canal de Suez et 15 fois plus que par le canal de Panama. Par la mer de Chine méridionale transitent les 2/3 de l'approvisionnement énergétique de la Corée du Sud, 60 % de l'approvisionnement énergétique du Japon et de Taiwan et 80 % des importations chinoises en pétrole, ce qui fait plus de la moitié des importations énergétiques d'Asie du Nord-Est. La mer de Chine renferme un stock estimé à 25 000 milliards de m^3 de gaz naturel, ce qui fait presque 13,4 % des réserves mondiales, convoité par la Chine et les pays riverains.

J.-B. Pinatel, « Le développement de la puissance chinoise se heurte à la résistance des États riverains », geopolitique-geostrategie.fr, 2012.

Vocabulaire

Hydrocarbure : composé formé de carbone et d'hydrogène (pétrole, gaz).

OMS (Organisation mondiale de la santé) : agence de l'ONU spécialisée dans la collecte d'informations et la mise en place de projets destinés à améliorer la situation sanitaire dans le monde.

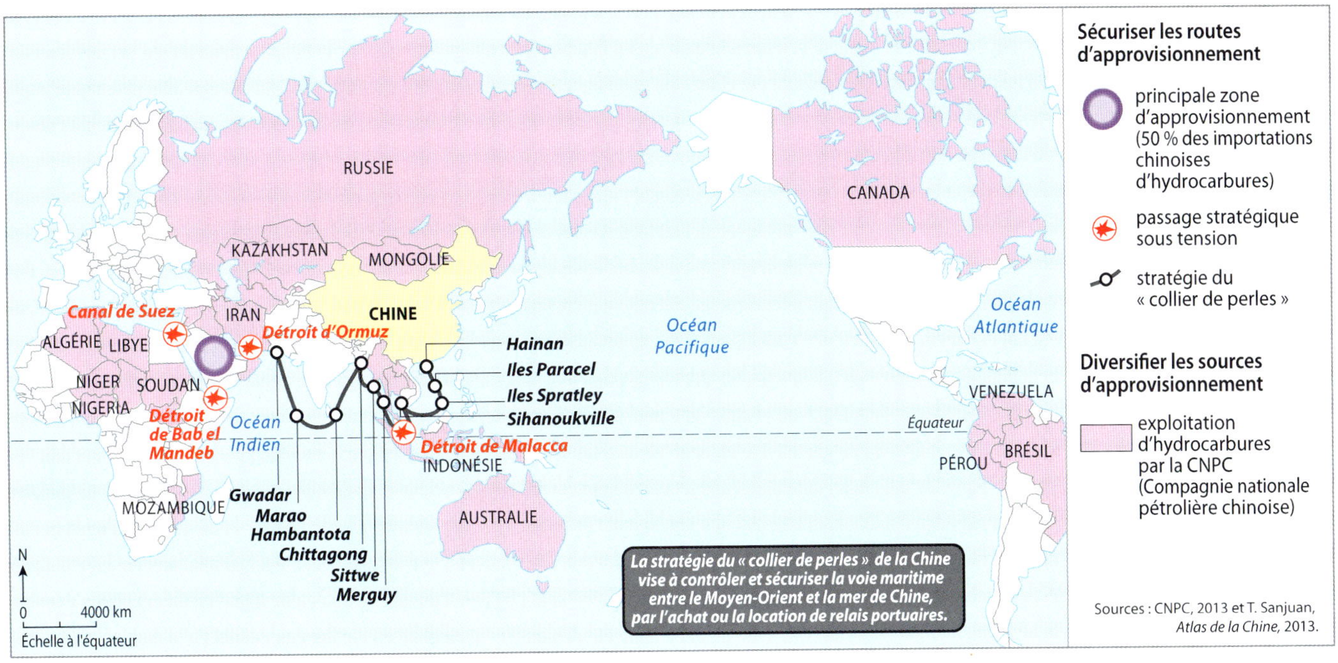

8 **Une priorité : assurer les besoins en hydrocarbures**

9 **La pollution de la centrale à charbon de Datong (Quinghai).** Durant les années 2000, chaque semaine, la Chine a inauguré deux centrales à charbon qui produisent aujourd'hui 82 % de l'électricité consommée et sont responsables d'un quart des émissions de CO_2. L'OMS estime à 1,2 million le nombre de décès prématurés liés à la pollution de l'air en Chine, en 2010.

Questions

1. Quelles sont les stratégies de la Chine pour sécuriser ses approvisionnements énergétiques ? (doc. 6 et 8)
2. Montrez que le contrôle des ressources énergétiques par la Chine est un facteur de tensions avec les autres États. (doc. 7)
3. Quelles sont les conséquences environnementales et sanitaires de la forte demande énergétique chinoise ? (doc. 6 et 9)

▶ **Bilan :** Complétez la 2e colonne de l'organigramme bilan p. 134.

C Comment répondre durablement aux besoins énergétiques en Chine ?

10 **Une nécessité : trouver d'autres solutions énergétiques**

11 **Le poids des énergies renouvelables[1] : une situation paradoxale**

	Part dans la consommation d'énergie de la Chine en 2012, en %	Part de la Chine dans la capacité de production mondiale en 2012, en % (rang)
Énergie hydroélectrique	7,1	23 (1er)
Énergie éolienne	0,8	26,5 (1er)
Énergie solaire chauffage solaire électricité photovoltaïque	0,03	 68 (1er) 7 (4e)
Agrocarburants	0,06	2,1 (6e)

Sources : BP, 2013 et Rapport mondial sur les Énergies renouvelables, REN21, 2013.

1. La Chine est le plus gros investisseur mondial dans les énergies renouvelables. Ses investissements sont passés de 2,6 milliards de dollars en 2004 à 67 milliards en 2012.

Vocabulaire

Agrocarburant : carburant issu de la transformation de productions agricoles (colza, betterave, huile de palme).

Électricité primaire : électricité d'origine nucléaire, hydraulique, éolienne, solaire et géothermique.

Énergie renouvelable : voir p. 128.

Offshore : technique d'exploitation des énergies en mer (pétrole, parc éolien).

Transition énergétique : passage d'un système énergétique fondé sur la consommation d'énergies fossiles à un système énergétique intégrant efficacité énergétique et énergies renouvelables.

12 La China Solar Valley à Dezhou (province de Shandong), une vitrine de la transition énergétique chinoise.
Construit avec des techniques permettant d'économiser 88 % d'énergie par rapport aux constructions traditionnelles, le Riyuetan est à la fois un hôtel de luxe, un centre de recherche sur les énergies solaires et le siège d'Himin Solar (1er producteur mondial d'installations solaires).

13 Le plan quinquennal 2011-2015 : une révolution énergétique ?

La part des énergies non fossiles atteindrait 11,4 % de la consommation d'énergie primaire et 30 % de la capacité électrique installée en 2015. Le gouvernement fonde sa politique énergétique sur le développement de l'hydraulique, du nucléaire, des énergies renouvelables (éolien et solaire) et du charbon propre[1]. Pour mettre en place la transition vers un système moins énergivore et plus respectueux de l'environnement, l'accent est mis sur la construction de réseaux intelligents[2] et le développement des véhicules électriques et au gaz naturel. La part du charbon dans la consommation d'énergie primaire baisserait à 65 %. Là réside le changement le plus radical de cette nouvelle politique : un virage à 180 degrés dans la contribution du charbon au bilan énergétique chinois.

S. Cornot-Gandolphe, « Transition énergétique à la chinoise : le nouveau plan quinquennal énergétique », IFRI, 2013.

1. Technique expérimentale de combustion moins polluante du charbon.
2. Réseau d'électricité géré informatiquement pour optimiser la production et la consommation d'énergie.

14 Le barrage des Trois-Gorges, la plus grande centrale hydroélectrique mondiale. Achevé en 2012, le barrage des Trois-Gorges produit 11 % de la capacité hydroélectrique du pays, soit l'équivalent de 31 millions de tonnes de charbon par an. Cependant, sa construction a nécessité le déplacement de plus de 1,2 million de personnes et la submersion de nombreux sites archéologiques.

Questions

1. Comment la Chine réduit-elle la part des énergies fossiles dans sa consommation énergétique ? (doc. 10, 13 et 14)
2. Quelles sont les solutions mises en œuvre pour réduire sa consommation énergétique ? (doc. 12 et 13)
3. Montrez que la Chine est un leader des énergies renouvelables mais que sa transition énergétique est à peine amorcée. (doc. 11 et 13)

▶ **Bilan :** Complétez la 3e colonne de l'organigramme bilan p. 134.

Comment la Chine peut-elle satisfaire des besoins énergétiques croissants ?

L'essentiel

A Quelle est la situation énergétique de la Chine ?

- La Chine est un pays énergivore. Depuis 2000, la consommation augmente plus vite que la production.
- Les énergies fossiles de la Chine sont abondantes mais insuffisantes et inégalement réparties.
- La gestion énergétique constitue un enjeu d'avenir (dépendance énergétique et inégalité d'accès aux ressources).

B Quelles sont les conséquences de la forte consommation énergétique chinoise ?

- La Chine sécurise ses approvisionnements et les diversifie (investissements des compagnies pétrolières chinoises, nouveaux oléoducs).
- Les tensions pour le contrôle de zones de production et les routes maritimes sont fortes.
- L'utilisation massive des énergies fossiles est responsable d'une forte pollution de l'air et d'une augmentation des émissions de CO_2.

C Comment répondre durablement aux besoins énergétiques en Chine ?

- Les énergies fossiles restent dominantes dans le mix énergétique de la Chine. Elle investit dans le nucléaire pour limiter sa dépendance.
- La Chine mise sur les innovations technologiques pour maîtriser la croissance de la consommation.
- La transition énergétique est à peine amorcée et les énergies renouvelables sont encore trop limitées pour répondre durablement aux besoins.

Passer à l'échelle mondiale

La situation énergétique de la Chine est-elle représentative de celle du monde ?

Planisphère 1 (p. 144-145)
Cours 1 (p. 148)

Les enjeux énergétiques de la Chine sont-ils révélateurs des enjeux énergétiques mondiaux ?

Planisphère 2 (p. 146)
Cours 2 (p. 150)

Existe-t-il des systèmes énergétiques plus durables que celui de la Chine ?

Planisphère 3 (p. 147)
Cours 3 (p. 154)

Travailler autrement

Recopiez et complétez l'organigramme bilan de l'étude de cas en illustrant par des exemples précis.

ASSURER LES BESOINS ÉNERGÉTIQUES DE LA CHINE

UNE SITUATION ÉNERGÉTIQUE CONTRASTÉE
- Des besoins croissants ……………………
- \+
- Des ressources inégales ……………………
- =
- Une gestion contrastée ……………………

DES DÉFIS GÉOPOLITIQUES ET ENVIRONNEMENTAUX
- Sécuriser l'approvisionnement énergétique ……………………
- \+
- Diversifier les ressources ……………………
- ↓
- Des tensions liées au contrôle des ressources
- \+
- Réduire la forte pollution ……………………

DES SOLUTIONS DURABLES ENCORE LIMITÉES
- Pour limiter les énergies fossiles …………………… (→ Sécuriser l'approvisionnement énergétique)
- \+
- Pour développer les énergies renouvelables ……………………
- ↓
- Une transition énergétique à peine amorcée …………………… (→ Réduire la forte pollution)

Des schémas...

A Une situation énergétique contrastée

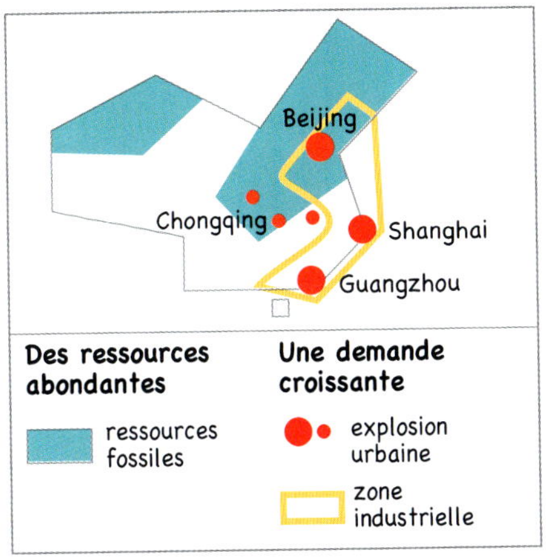

B Des défis géopolitiques et environnementaux

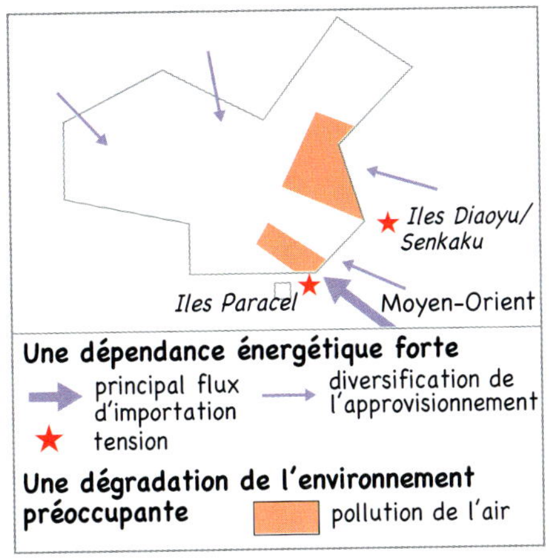

C Des solutions durables encore limitées

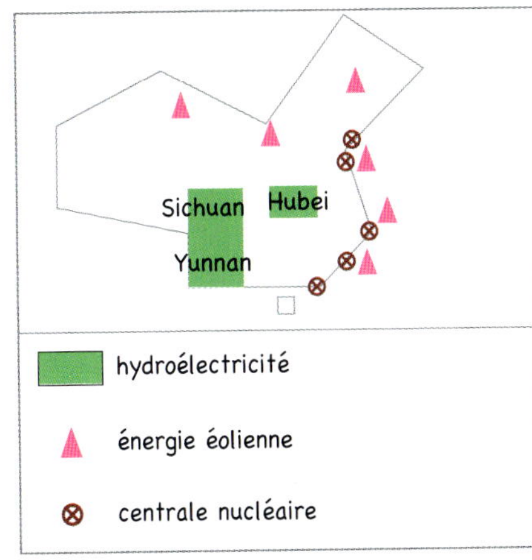

...au croquis de synthèse

Complétez la légende, le croquis, la nomenclature et le titre à l'aide des pages 128 à 133.

PDF FICHE À COMPLÉTER et correction en téléchargement sur le site Hachette-Éducation

Titre : ....

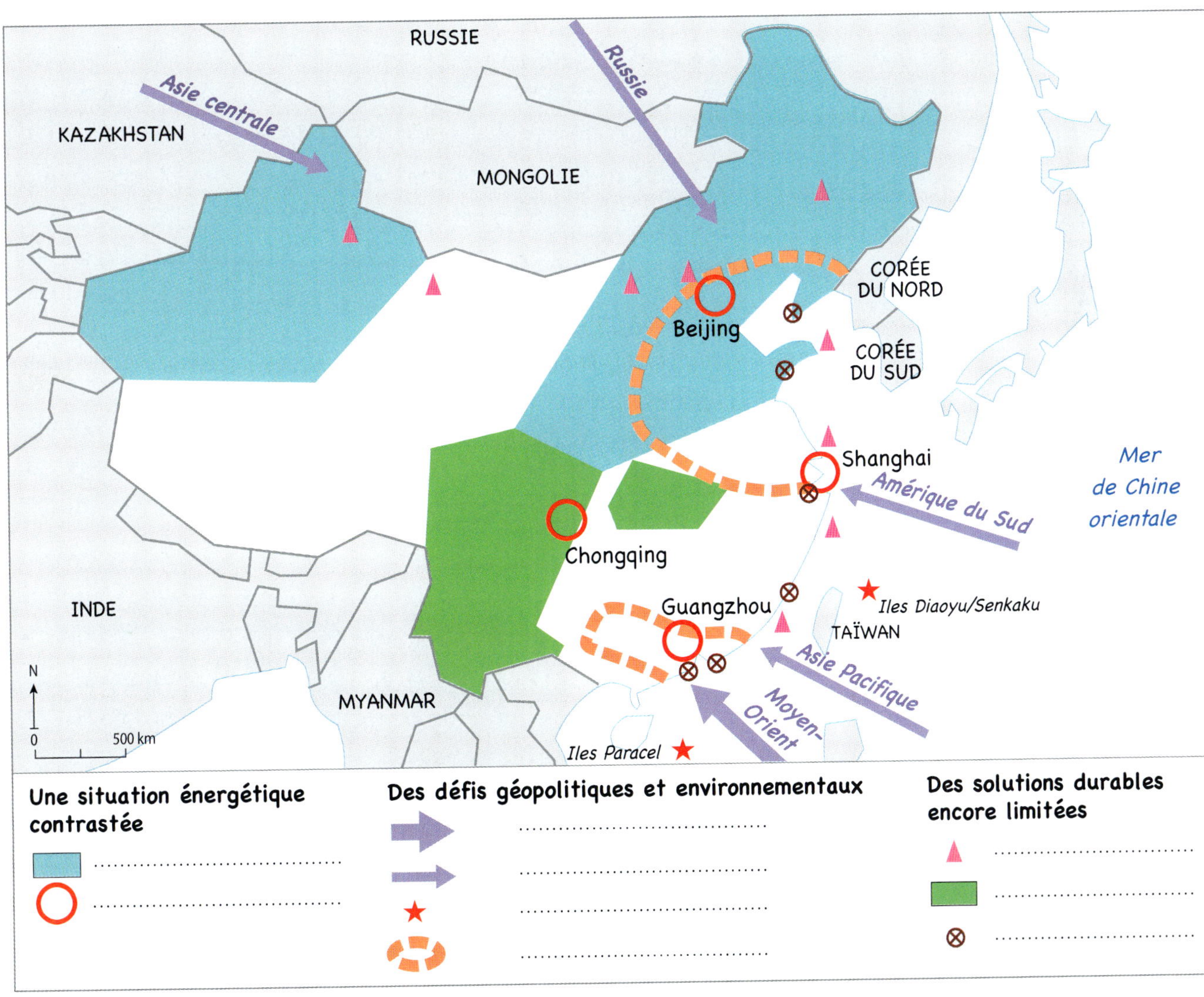

Une situation énergétique contrastée

- (bleu) ....
- (cercle rouge) ....

Des défis géopolitiques et environnementaux

- (grosse flèche) ....
- (flèche) ....
- ★ ....
- (tirets orange) ....

Des solutions durables encore limitées

- ▲ ....
- (vert) ....
- ⊗ ....

Est-il possible d'assurer durablement la sécurité énergétique des États-Unis ?

Deuxièmes consommateurs mondiaux d'énergie après la Chine, les États-Unis s'efforcent de réduire leur dépendance aux importations. Pour cela, ils diversifient leurs approvisionnements et exploitent de nouvelles ressources sur leur territoire. Maîtriser la consommation et développer les énergies renouvelables sont les défis qu'ils doivent désormais relever.

Les États-Unis en chiffres

- **Population :** 315 millions d'habitants (4,5 % de la population mondiale)
- **Part dans la consommation énergétique mondiale :** 17,7 %
- **Part dans la production énergétique mondiale :** 13,6 %

A Quelle est la situation énergétique des États-Unis ?

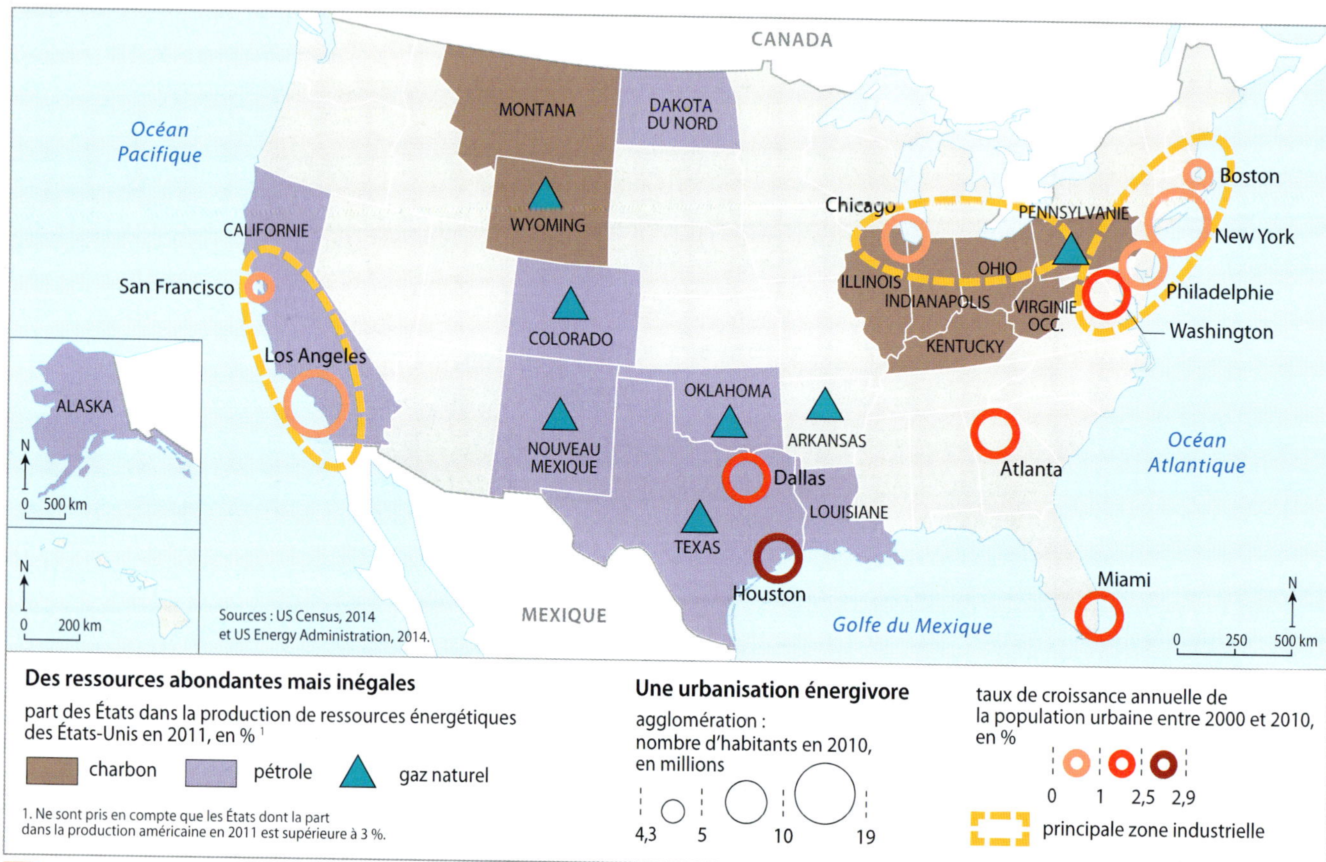

1 Des ressources en énergies fossiles abondantes pour des besoins importants

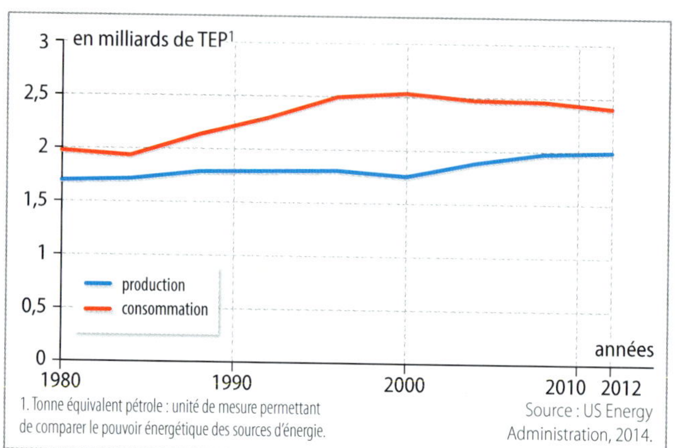

2 L'évolution de la consommation et de la production d'énergie des États-Unis

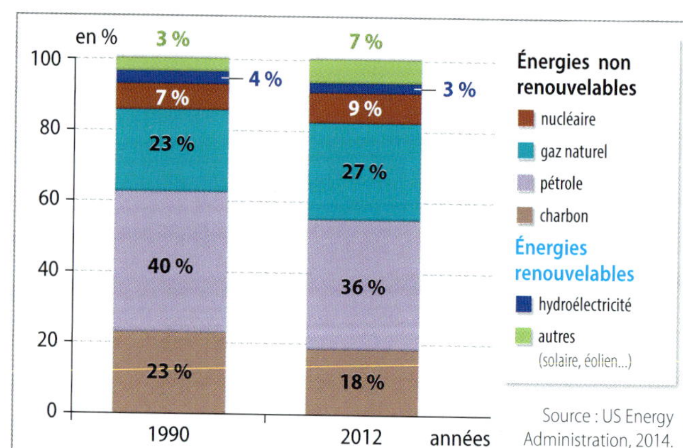

3 L'évolution du mix énergétique des États-Unis

4 **Les conséquences paysagères de l'exploitation du gaz de schiste au Texas.** Le gaz de schiste nécessite pour son extraction des méthodes spécifiques. Il constitue 30 % de la production de gaz des États-Unis qui sont ainsi devenus les premiers producteurs mondiaux de gaz devant la Russie.

5 Vers une nouvelle donne énergétique des États-Unis ?

Depuis quelques années, les États-Unis ont considérablement développé leur production nationale d'**hydrocarbures**[1]. Le pétrole représente aujourd'hui environ 40 % des besoins énergétiques américains (94 % dans les transports). Depuis 2005, les importations nettes de pétrole ont chuté d'un tiers. Elles représentent désormais 45 % de la consommation nationale, contre 60 % en 2005. La baisse de ces importations s'explique par la conjugaison d'une forte augmentation de la production nationale alors que, dans le même temps, la consommation a diminué de 9 %. Le premier phénomène est dû à l'accroissement de la production des **hydrocarbures non conventionnels** ainsi que du développement de l'**offshore** profond. Le second est d'abord et avant tout le fruit des économies d'énergie et de la place croissante prise par les agrocarburants (éthanol, biodiesel).

B. Tertrais, « La révolution pétrolière américaine : quelles conséquences stratégiques ? », Fondation pour la recherche stratégique, avril 2013.

1. Depuis 2011, les États-Unis sont devenus exportateurs de produits pétroliers raffinés (diesel, fuel, essence) mais ils restent encore les premiers importateurs de pétrole brut devant la Chine.

Vocabulaire

Énergie fossile : énergie non renouvelable produite à partir du pétrole, du gaz ou du charbon contenus dans le sous-sol.

Énergie renouvelable : énergie fournie par la nature en quantité illimitée (soleil, vent, eau) ou se régénérant à l'échelle humaine (biomasse, agrocarburant).

Hydrocarbure : composé formé de carbone et d'hydrogène (pétrole, gaz).

Hydrocarbure non conventionnel : hydrocarbure piégé dans la roche ou le sable et difficile d'accès nécessitant des techniques d'extraction complexes (bitume, huile, gaz de schiste).

Mix énergétique : répartition des diverses sources d'énergie dans la consommation d'un État.

Offshore : technique d'exploitation des énergies en mer (pétrole, parc éolien).

Questions

1. Comment la consommation énergétique des États-Unis évolue-t-elle ? (doc. 2 et 3)
2. Comment la production énergétique des États-Unis évolue-t-elle ? Montrez que les ressources fossiles sont abondantes. (doc. 1 et 2)
3. Quelles sont les conséquences des choix énergétiques actuels des États-Unis ? (doc. 4 et 5)

▶ **Bilan :** Complétez la 1re colonne de l'organigramme bilan p. 142.

B Quels sont les enjeux liés à la forte consommation énergétique des États-Unis ?

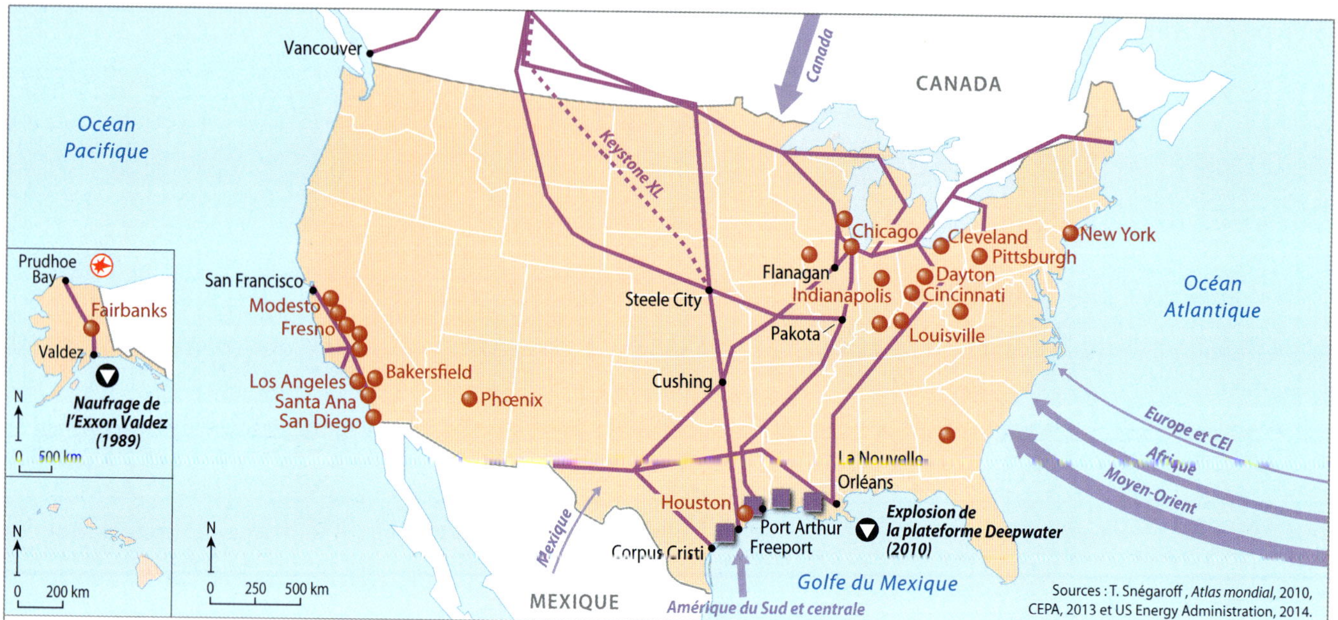

Des enjeux liés à l'approvisionnement et au contrôle des ressources

part des régions dans les importations d'hydrocarbures des États-Unis en 2011, en %
- plus de 20
- 11 à 20
- 5 à 10
- oléoduc existant / en projet
- réserve stratégique de pétrole
- tension pour la possession de gisement d'hydrocarbures

Des enjeux environnementaux
- marée noire
- agglomération où la pollution de l'air est supérieure à la norme maximale conseillée par l'OMS

6 **Enjeux géopolitiques et environnementaux : des défis à relever**

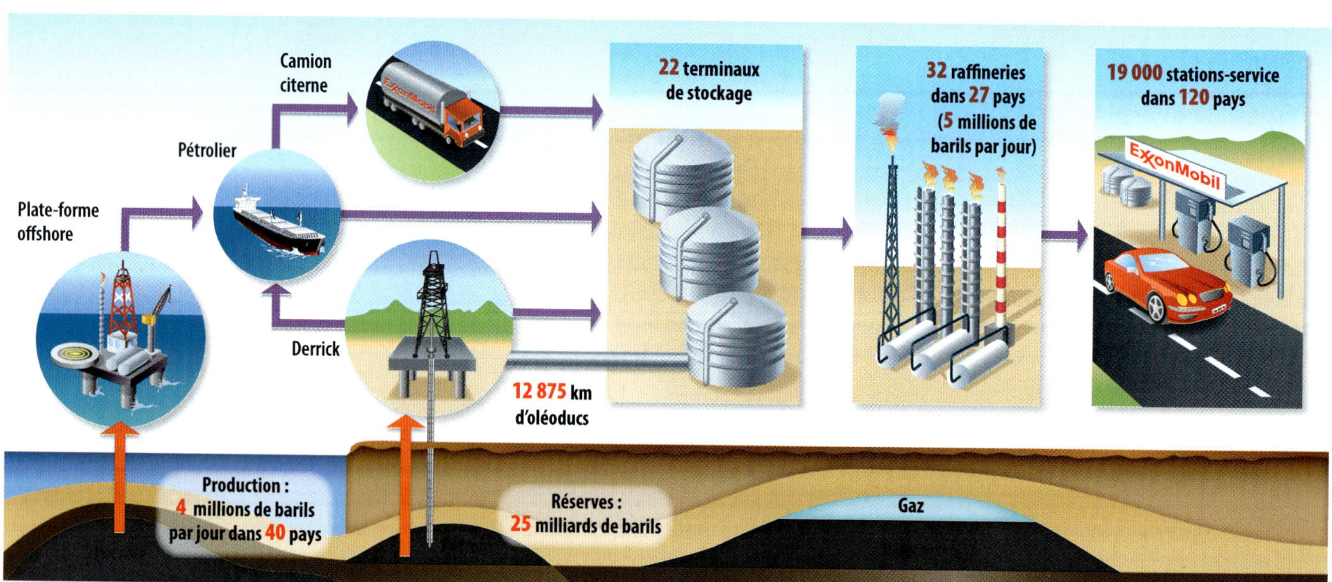

7 **Exxon-Mobil, une supermajor américaine au déploiement planétaire**

Source : Exxon-Mobil, 2014.

Vocabulaire

OMS (Organisation mondiale de la santé) : agence de l'ONU spécialisée dans la collecte d'informations et la mise en place de projets destinés à améliorer la situation sanitaire dans le monde.

Sécurité énergétique : situation d'une population ayant accès à une énergie suffisante et à un prix acceptable. La situation inverse caractérise l'insécurité énergétique.

Supermajor : grande compagnie pétrolière privée américaine ou européenne implantée internationalement.

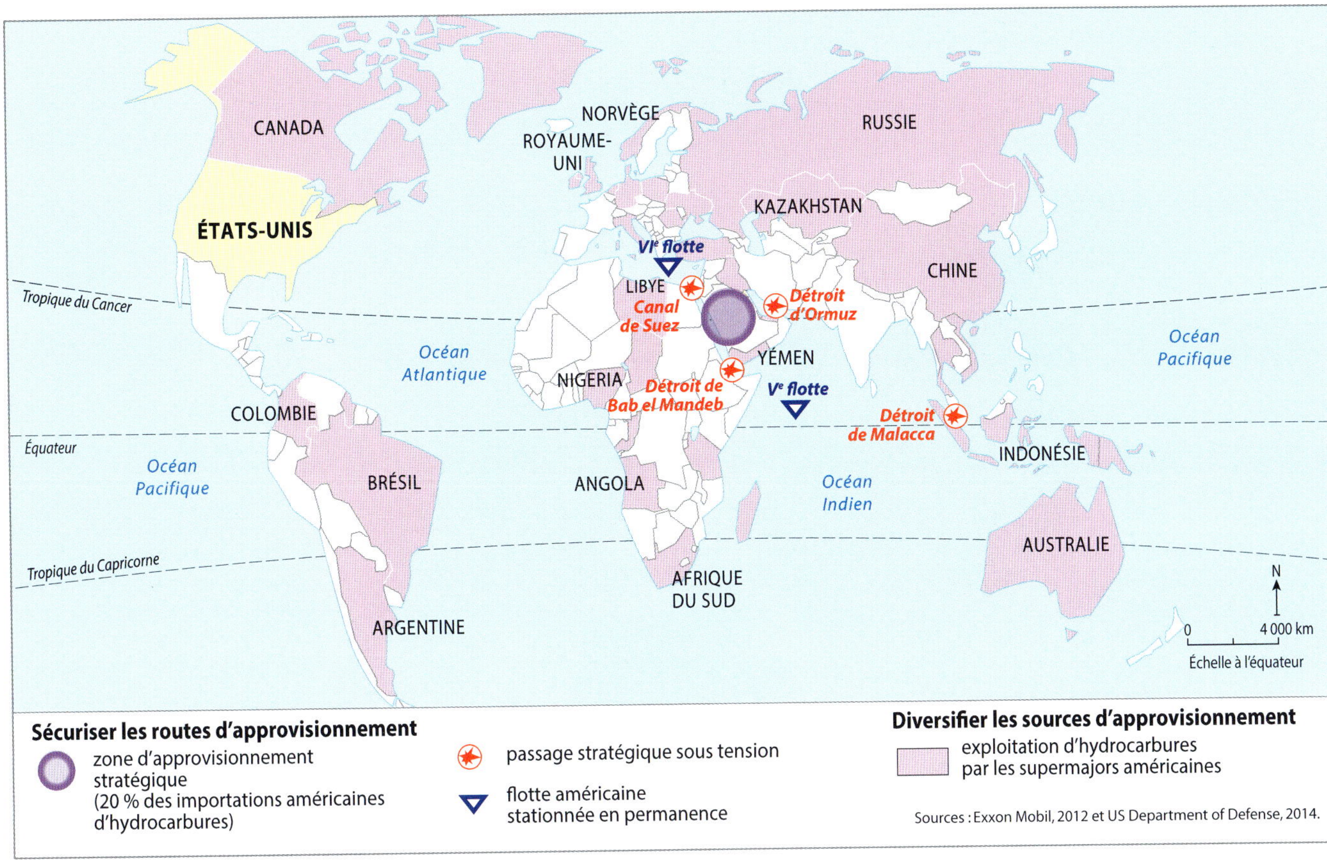

8 Les stratégies pétrolières des États-Unis dans le monde

9 **Manifestation contre l'exploitation des hydrocarbures non conventionnels à Washington.**

Le projet de l'oléoduc (*pipeline*) Keystone XL qui doit transporter du pétrole non conventionnel (en anglais *Tar sands*) fait l'objet d'une vive opposition.

Traduction : Le changement climatique n'est pas dans notre intérêt ; pas de pipeline Keystone XL pour le pétrole non conventionnel.

Questions

1) Quelles sont les stratégies des États-Unis pour assurer leur **sécurité énergétique** ? (doc. 6 et 8)

2) Montrez que le contrôle des ressources énergétiques est un facteur de puissance mais aussi de tensions. Quels en sont les acteurs ? (doc. 7 et 8)

3) Quelles sont les conséquences environnementales de l'exploitation et de la consommation énergétiques aux États-Unis ? (doc. 6 et 9)

▶ **Bilan :** Complétez la 2e colonne de l'organigramme p. 142.

C Les États-Unis peuvent-ils subvenir durablement à leurs besoins énergétiques ?

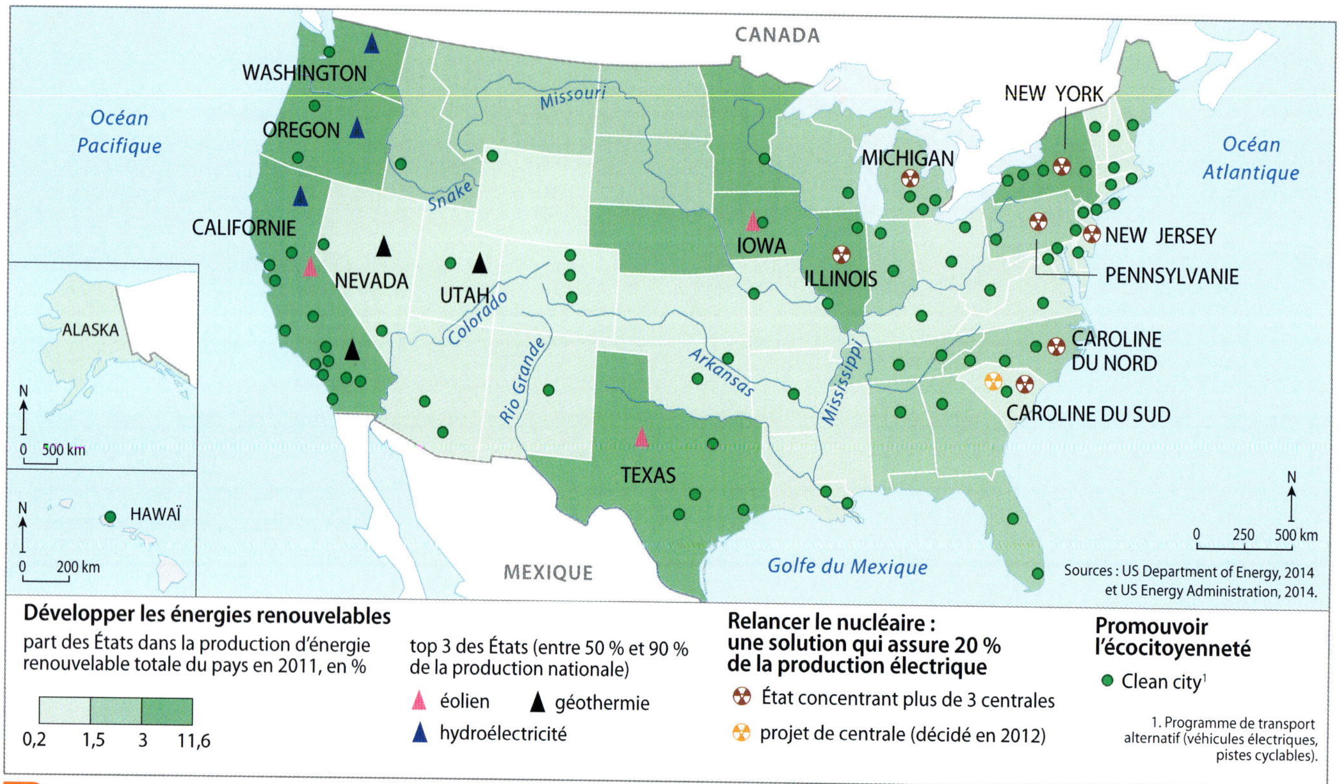

10 Une volonté : rechercher d'autres solutions énergétiques

11 Le poids des énergies renouvelables : une situation paradoxale

	Part dans la consommation d'énergie des États-Unis en 2012, en %	Part des États-Unis dans la capacité de production mondiale en 2012, en % (rang)
Énergie hydroélectrique	2,8	7,9 (3e)
Énergie éolienne	1,4	21,2 (2e)
Énergie solaire	0,2	
électricité photovoltaïque		7,2 (3e)
Agrocarburants (ethanol, biodiesel)	2	54 (1er)
Géothermie	0,2	8,4 (2e)

Sources : Rapport mondial sur les énergies renouvelables, REN21, 2013, et US Energy Administration, 2014.

Vocabulaire

Agrocarburant : carburant issu de la transformation de productions agricoles (colza, betterave, huile de palme).

Éco-construction : bâtiment construit dans le respect de l'environnement (matériaux issus de circuits courts, énergie durable, récupération des eaux de pluie).

Efficacité énergétique : production et consommation énergétiques plus économes pour un même service rendu.

Géothermie : système permettant de capter la chaleur présente dans le sol.

Nimby (*Not in my back yard - pas dans mon jardin*) : opposition de riverains à l'implantation d'une infrastructure (transport, industrie, énergie).

Transition énergétique : passage d'un système énergétique fondé sur la consommation d'énergies fossiles à un système énergétique intégrant efficacité énergétique et énergies renouvelables.

12 **L'opposition Nimby à l'implantation d'éoliennes dans le Wisconsin.** Dessin de presse publié dans le *Green Bay Press Gazette* (Wisconsin), 24 mars 2011.

Malgré les nombreuses protestations Nimby, la compagnie électrique du Wisconsin exploite en 2014 un parc éolien de 465 éoliennes.

Traduction : Nucléaire, pétrole, charbon ; « Mais c'est dans *mon* jardin ! ».

13 Une transition énergétique en marche ?

En termes d'énergie primaire, la part des renouvelables représentait 9,4 % en 2012. La consommation totale d'énergie a diminué de 6,4 % entre 2007 et 2012 aux États-Unis, alors que le PIB a augmenté de 3 % sur cette période. Cette diminution est intervenue principalement dans les secteurs résidentiel, commercial et du transport, grâce aux mesures d'efficacité énergétique pour les véhicules et les bâtiments. Pour ce qui concerne les transports, on retiendra notamment les standards pour les véhicules mis en place par l'administration Obama, les incitations pour le développement des véhicules hybrides[1] et électriques (488 000 véhicules vendus en 2012 soit 3,2 % des ventes de véhicules aux États-Unis). Dans le secteur des bâtiments, l'efficacité énergétique a permis de maintenir la consommation de gaz naturel résidentielle et commerciale relativement stable depuis 2005. Si le développement à grande échelle des énergies renouvelables va encore nécessiter de nombreux efforts[2] (intégration dans les réseaux électriques, compétitivité avec les autres sources), cette révolution silencieuse dans les énergies renouvelables aux États-Unis ne doit pas être sous-estimée.

Ambassade de France aux États-Unis, février 2013.

1. Véhicule combinant plusieurs sources d'énergies (gaz ou essence et électricité).
2. Les énergies éolienne et solaire sont des énergies intermittentes au coût élevé. Le stockage et le transport restent des problèmes techniques.

14 **L'éco-construction en Californie.** Le bâtiment de l'Académie des sciences à San Francisco est couvert de toits végétalisés et de panneaux solaires et l'isolation de ses murs est à base de jeans recyclés. Il a recours aux énergies renouvelables, techniques encouragées par le programme California PACE auquel 142 villes de l'État ont adhéré.

Questions

1. Quelles sont les solutions des États-Unis pour réduire la part des énergies fossiles ? (doc. 10, 11 et 13)
2. Quelles sont les politiques mises en place pour encourager la baisse de la consommation énergétique ? (doc. 13 et 14)
3. Montrez que la production et l'utilisation des énergies renouvelables sont limitées. Pourquoi ? (doc. 10 à 12)

▶ **Bilan :** Complétez la 3e colonne de l'organigramme bilan p. 142.

Est-il possible d'assurer durablement la sécurité énergétique des États-Unis ?

L'essentiel

A Quelle est la situation énergétique des États-Unis?

- Les États-Unis sont les deuxièmes consommateurs d'énergie au monde. Leur mode de vie repose sur une utilisation massive du pétrole et du gaz.
- Les abondantes ressources énergétiques ne couvrent pas les besoins, entraînant une dépendance aux importations.
- La baisse de la consommation et l'exploitation de nouvelles ressources locales assurent cependant la sécurité énergétique des États-Unis.

B Quels sont les enjeux liés à la forte consommation énergétique des États-Unis ?

- Les États-Unis utilisent leur puissance militaire pour assurer la stabilité et la sécurité des approvisionnements énergétiques.
- Ils diversifient leurs sources d'approvisionnement pour réduire leur dépendance vis-à-vis du Moyen-Orient mais le contrôle des ressources est source de tensions.
- L'impact environnemental de l'exploitation des différents hydrocarbures fait débat.

C Les États-Unis peuvent-ils subvenir durablement à leurs besoins énergétiques ?

- La réduction des énergies fossiles passe par le développement des énergies renouvelables et le maintien du nucléaire.
- Pour réduire la consommation, l'État et les collectivités locales encouragent l'efficacité énergétique, les économies d'énergie et le développement de technologies innovantes.
- Les énergies renouvelables se diversifient mais elles sont géographiquement concentrées et suscitent parfois des contestations.

Passer à l'échelle mondiale

La situation énergétique des États-Unis est-elle représentative de celle du monde ?

Planisphère 1 (p. 144-145)
Cours 1 (p. 148)

Les enjeux énergétiques des États-Unis sont-ils révélateurs des enjeux énergétiques mondiaux ?

Planisphère 2 (p. 146)
Cours 2 (p. 150)

Existe-t-il des systèmes énergétiques plus durables que celui des États-Unis ?

Planisphère 3 (p. 147)
Cours 3 (p. 154)

Travailler autrement

Recopiez et complétez l'organigramme bilan de l'étude de cas en illustrant par des exemples précis.

ASSURER LES BESOINS ÉNERGÉTIQUES DES ÉTATS-UNIS

UNE SITUATION ÉNERGÉTIQUE CONTRASTÉE	DES DÉFIS GÉOPOLITIQUES ET ENVIRONNEMENTAUX	DES SOLUTIONS DURABLES QUI PROGRESSENT
Des besoins importants	Sécuriser l'approvisionnement énergétique	Pour limiter les énergies fossiles ....
+	+	+
Des ressources abondantes	Diversifier les approvisionnements	Pour développer les énergies renouvelables ....
=	+	↓
Une gestion contrastée	Réduire la pollution	Une transition énergétique en marche ....

Des schémas...

A Une situation énergétique contrastée

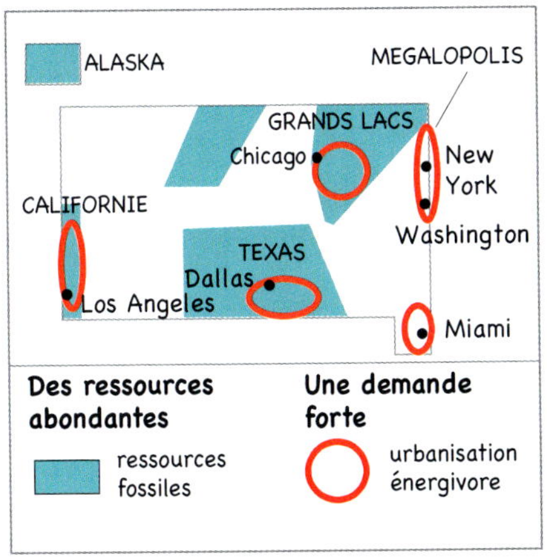

B Des défis géopolitiques et environnementaux

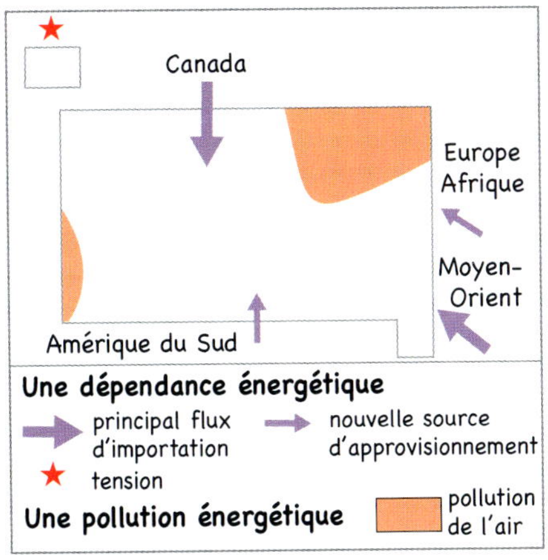

C Des solutions durables qui progressent

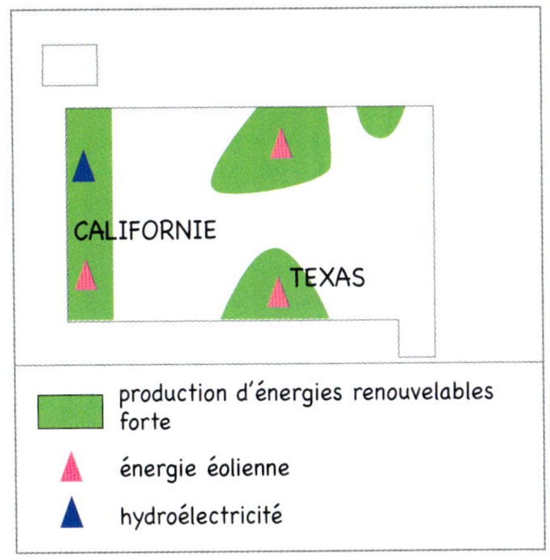

...au croquis de synthèse

Sur votre cahier, complétez le titre et la légende du croquis à l'aide des pages 136 à 141.

PDF **FICHE À COMPLÉTER** et correction en téléchargement sur le site Hachette-Éducation

Titre : ....

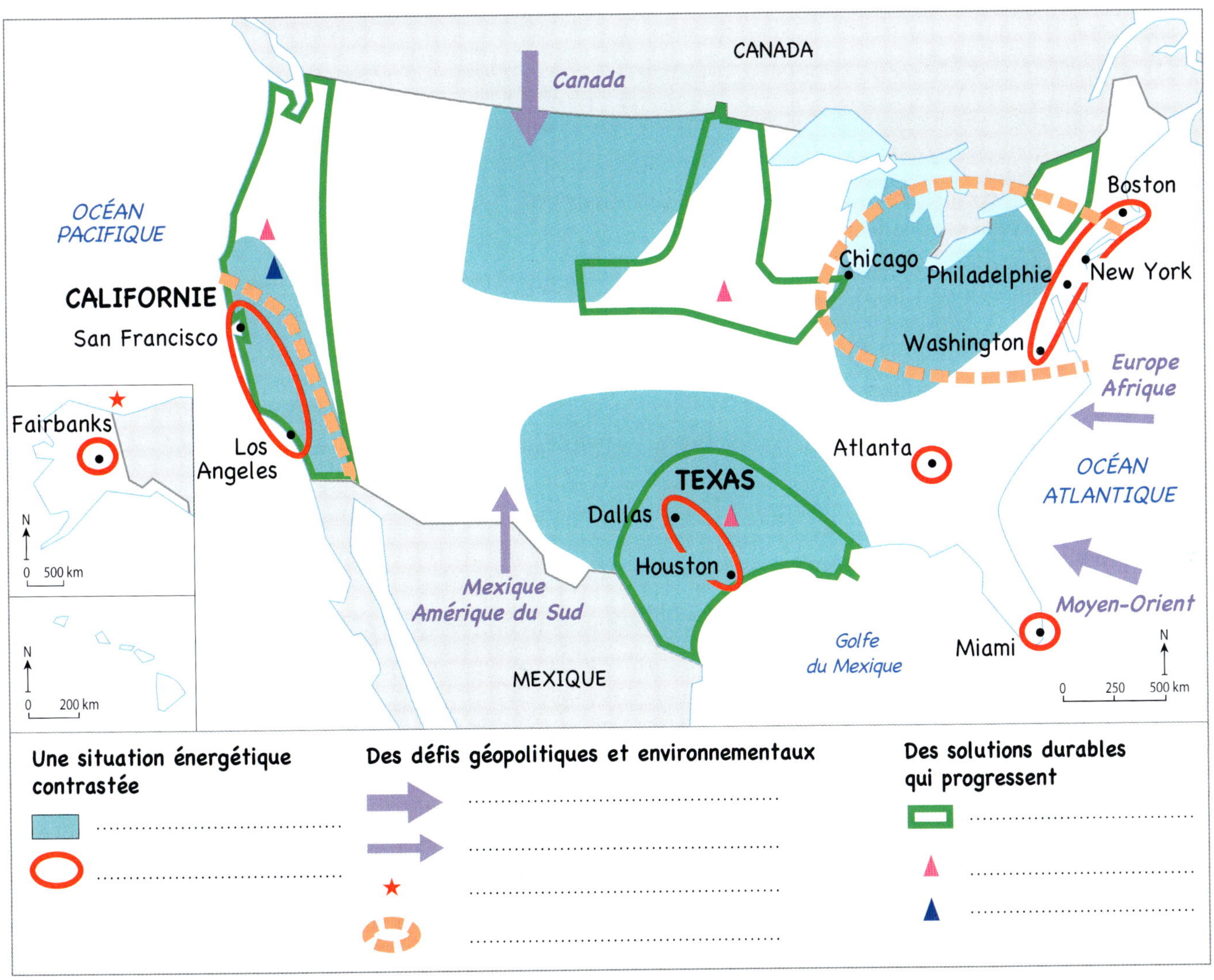

La situation énergétique dans le monde

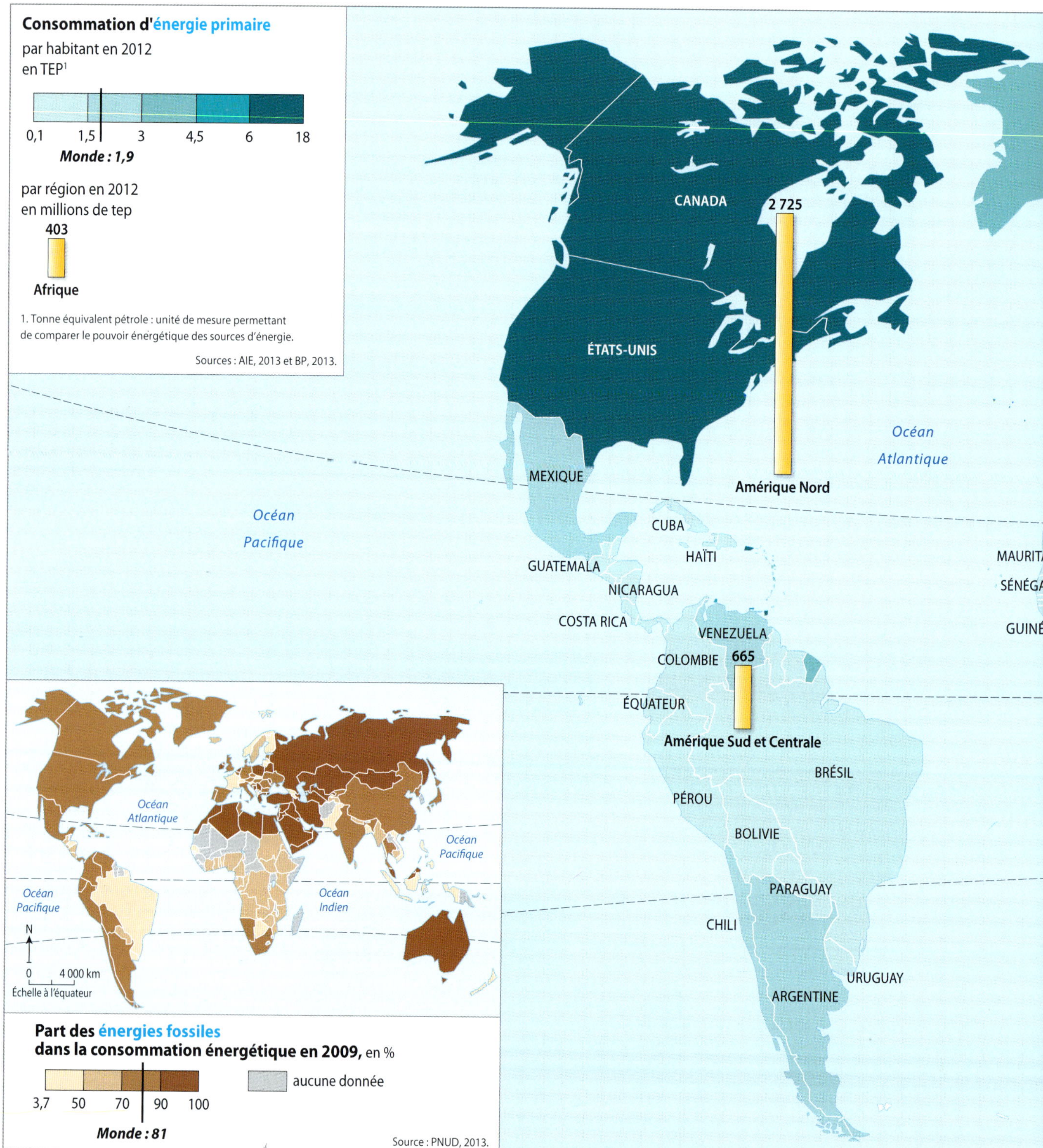

1 Un poids inégal des énergies fossiles

Vocabulaire

Énergie fossile : énergie non renouvelable produite à partir du pétrole, du gaz ou du charbon contenus dans le sous-sol.

Énergie primaire : produit énergétique non transformé (pétrole brut, rayonnement solaire, énergie du vent).

2 **La consommation énergétique dans le monde**

Questions

1) Montrez que les inégalités dans la consommation énergétique mondiale reflètent les inégalités de développement. Aide p. 14-15

2) Montrez que la consommation repose essentiellement sur les énergies fossiles.

Les enjeux géopolitiques de l'énergie

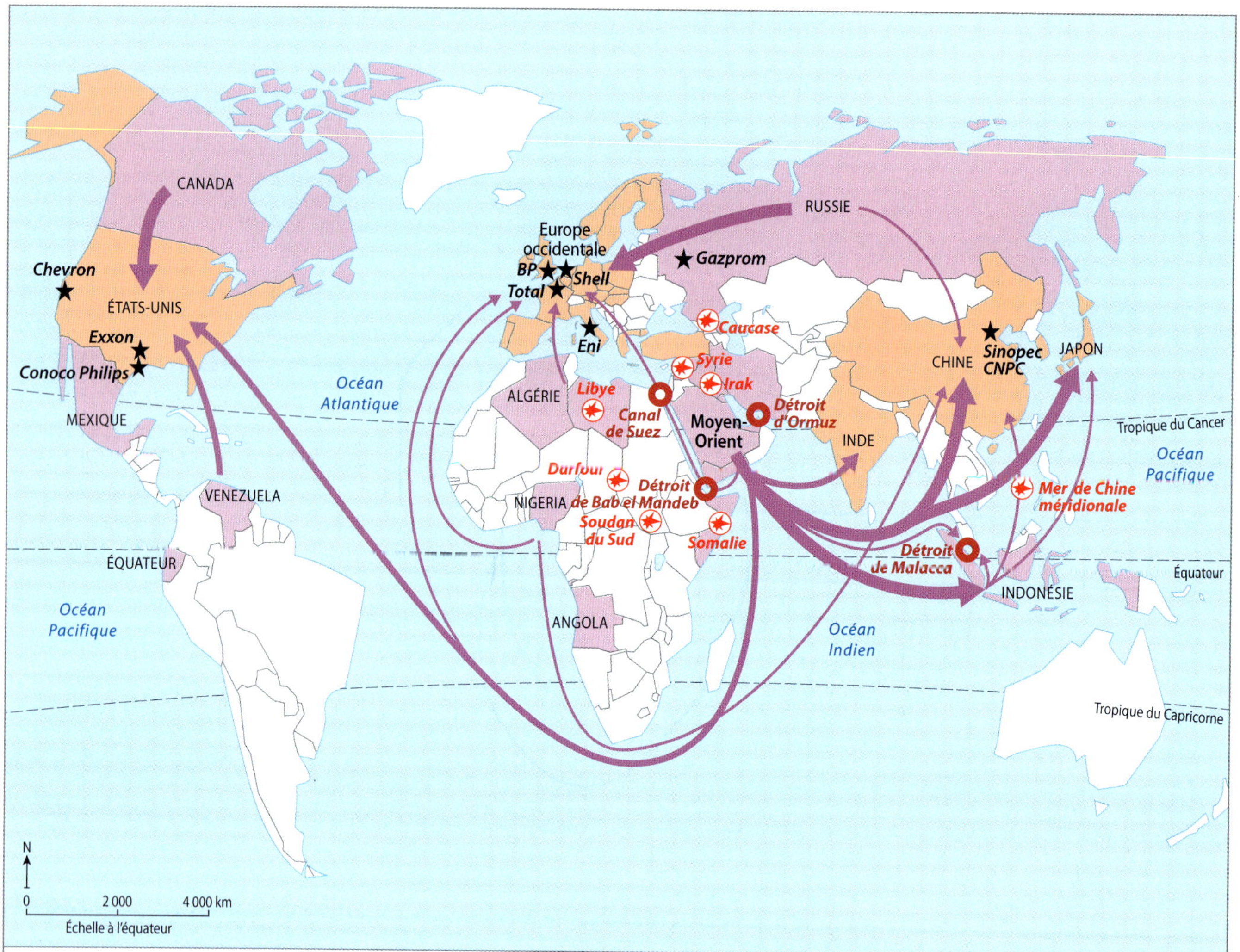

Des exportateurs et importateurs d'hydrocarbures interdépendants

- exportateur
- importateur

flux de pétrole en 2012, en millions de tonnes

- de 50 à 90
- de 90 à 140
- plus de 140

Des espaces aux enjeux stratégiques

- passage stratégique
- tension (revendications, conflits)

Des grandes entreprises, acteurs du marché des hydrocarbures

- ★ 10 premières entreprises mondiales d'hydrocarbures en 2012

Sources : *Atlas du Monde Diplomatique*, 2013, AIE, 2013 et Fortune 500, 2014.

Vocabulaire

Agrocarburant : voir p. 140.

Biomasse : matière organique permettant de produire de l'énergie. Dans les pays du Nord, elle est utilisée après transformation (déchets ménagers, biogaz), contrairement à la biomasse traditionnelle (bois, déjections animales) des pays du Sud.

Énergie renouvelable : voir p. 137.

Hydrocarbure : composé formé de carbone et d'hydrogène (pétrole, gaz).

3

La recherche d'autres solutions énergétiques

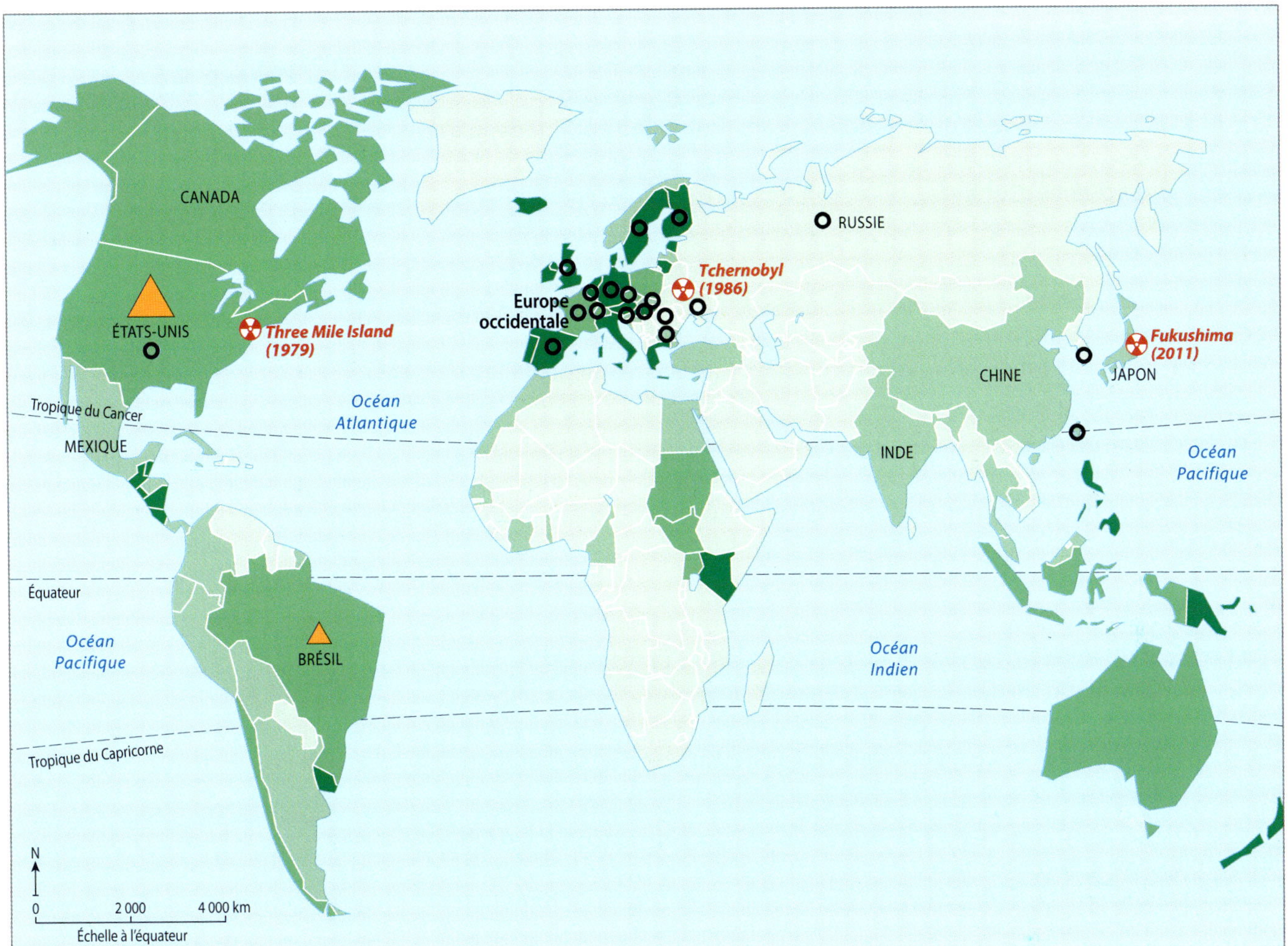

L'énergie nucléaire, une solution en débat

- part de l'énergie nucléaire dans la production énergétique totale supérieure à 15 % en 2012
- accident majeur depuis 1979

Les énergies renouvelables, un potentiel inégalement développé

part des énergies renouvelables[1] dans la production électrique totale des pays en 2011, en %

0 1 4 8 43,5

Monde : 4,6

1. Ne sont pris en compte que l'énergie solaire, éolienne et géothermique, ainsi que la biomasse.

Les agrocarburants, une production très concentrée

part du pays dans la production mondiale totale d'agrocarburant en 2012, en %

45,4 22,5

Sources : AIE, 2013 et US Energy Administration, 2014.

Questions

1) Montrez que le marché des hydrocarbures est un marché mondialisé. Quelles sont les tensions liées aux enjeux énergétiques ? (planisphère 2)

2) Quelles sont les solutions énergétiques mises en œuvre pour limiter les énergies fossiles ? (planisphère 3)

3) Quel lien peut-on établir entre la dépendance et la recherche de nouvelles solutions énergétiques ? (planisphères 2 et 3)

Besoin en énergie et gestion des ressources

Les ressources énergétiques peuvent-elles satisfaire les besoins mondiaux ?

A Des besoins croissants

• **La consommation énergétique mondiale a été multipliée par 2,4 depuis 1970.** La croissance démographique et économique mondiale et l'explosion des transports expliquent cette hausse. La consommation mondiale repose à 87 % sur des ressources fossiles non renouvelables (pétrole, charbon et gaz) (Repère A).

• **L'énergie électrique est devenue vitale pour les sociétés.** Entre 1973 et 2010, la hausse du niveau de vie et les progrès technologiques ont multiplié par 3,5 la consommation mondiale d'électricité (doc. 3). Plus de 60 % de la production mondiale est assurée par des centrales thermiques alimentées au charbon et au gaz.

• **Le développement rapide des pays émergents stimule la demande mondiale.** Si l'Amérique du Nord et l'Europe représentent 46 % de la consommation totale d'énergie primaire, la Chine, 1er consommateur d'énergie depuis 2010, a multiplié par 6 sa consommation en 20 ans.

B Des ressources inégales

• **Les ressources fossiles facilement exploitables vont s'épuiser au cours du siècle.** En 2013, la moitié des réserves mondiales de pétrole sont au Moyen-Orient. La Russie, l'Iran et l'Irak ont 55 % des réserves de gaz naturel. Les États-Unis, la Russie et la Chine ont près de 60 % des réserves de charbon. Mais les conditions d'extraction deviennent difficiles et coûteuses (doc. 2).

• **Le poids des énergies fossiles varie dans le mix énergétique en fonction des choix politiques et des ressources locales.** Pour réduire sa facture pétrolière, le Brésil a développé les agrocarburants. Au Moyen-Orient, la consommation repose essentiellement sur les hydrocarbures, très abondants, alors qu'en Asie, le charbon représente plus de la moitié de la consommation.

• **La recherche de nouveaux gisements d'énergie fossile est permanente.** La découverte récente de gisements (Amérique latine, Afrique, Caucase) diversifie les sources d'approvisionnement. Les gisements offshore de la mer du Nord, du golfe de Guinée et du golfe du Mexique fournissent près du tiers de la production mondiale de pétrole (doc. 1). L'exploitation des hydrocarbures non conventionnels en Amérique du Nord bouleverse les marchés énergétiques.

C Une gestion contrastée

• **Les inégalités de la consommation énergétique reflètent les écarts de développement.** La consommation moyenne d'énergie par an par habitant en Inde est de 0,6 Tep contre 5,5 en Suède et 16 au Qatar. Dans les pays du Sud, 1,3 milliard de personnes n'ont pas accès à l'électricité et la biomasse reste la principale source d'énergie pour le chauffage et l'éclairage.

• **Le degré de dépendance énergétique varie beaucoup.** Le Japon, qui ne dispose pas de ressources fossiles, importe 82 % de l'énergie consommée alors que le Brésil couvre 90 % de ses besoins par l'exploitation des ressources locales (Repère B).

• **Afin d'assurer leur sécurité énergétique, les États font des choix.** Ils varient selon les ressources locales et la consommation. Ainsi, la France a fait le choix du nucléaire pour limiter sa dépendance aux importations. En 2013, il représente 40 % de sa consommation énergétique.

Vocabulaire

Biomasse : voir p. 146.
Énergie fossile : énergie non renouvelable produite à partir du pétrole, du gaz ou du charbon contenus dans le sous-sol.
Énergie primaire : voir p. 144.
Hydrocarbure : composé formé de carbone et d'hydrogène (pétrole, gaz).
Hydrocarbure non conventionnel : voir p. 137.
Mix énergétique : répartition des diverses sources d'énergie dans la consommation d'un État.
Offshore : voir p. 137.
Sécurité énergétique : voir p. 138.

REPÈRE A

Évolution du mix énergétique mondial

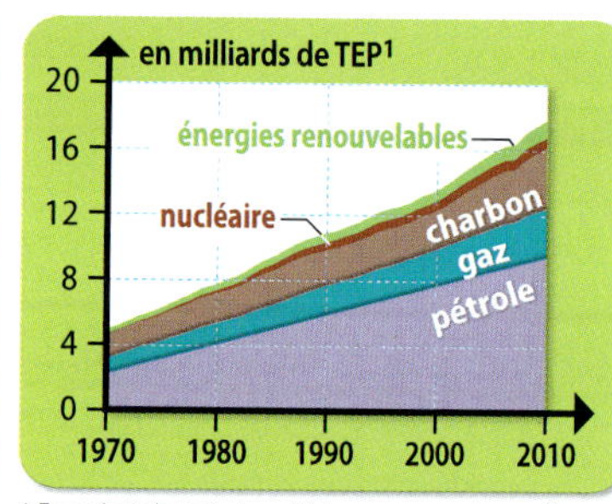

1. Tonne équivalent pétrole : unité de mesure permettant de comparer le pouvoir énergétique des sources d'énergie.

Source : BP, 2013.

REPÈRE B

Une dépendance énergétique très variable

	Part des importations dans la consommation énergétique, en %
Russie	0
Chine	13,8
États-Unis	28
France	49
Japon	82
Maroc	99,5

Sources : AIE, 2013 et Eurostat, 2014.

1 Une nouvelle génération de plate-forme pétrolière : Pazflor au large de l'Angola.
Installée par Total, Pazflor est la plus grande plate-forme pétrolière flottante du monde et extrait le pétrole par plus de 200 mètres de fond. En effet, il devient de plus en plus rentable d'exploiter les gisements profonds offshore (au large de l'Angola, du Brésil, de la Russie ou du Vietnam) avec la hausse du cours du pétrole.

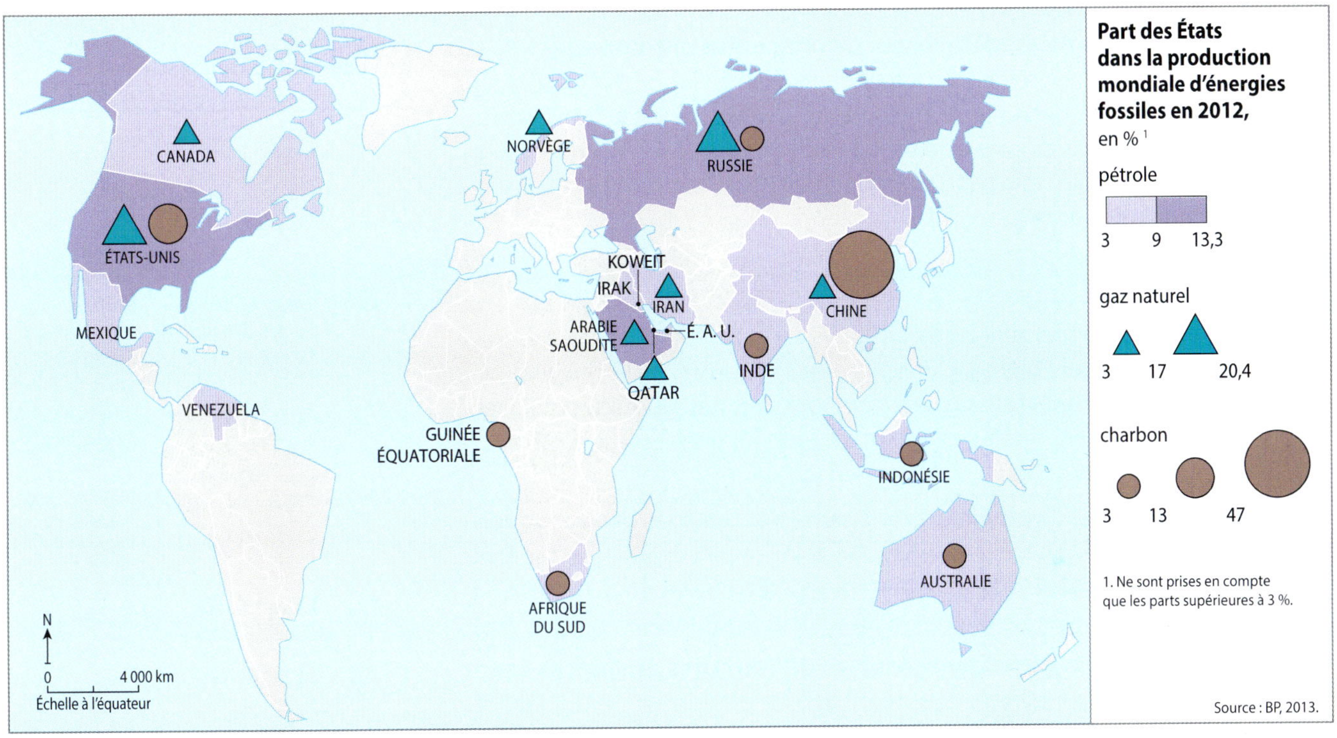

2 Les grands producteurs d'énergies fossiles

3 Le numérique, à l'origine de nouveaux besoins énergétiques

Ordinateurs, téléphones, tablettes, on a longtemps pensé que leur impact était marginal. En fait, il représente déjà 10 % de la consommation mondiale [d'énergie]. Consulter ses mails, surfer sur les smartphones : des gestes quotidiens qui activent à chaque instant une immense machine : antennes-relais, boîtiers, réseaux câblés, centres de traitement des données. Une consommation presque invisible qui représente chaque année l'équivalent de la production de l'électricité allemande et japonaise réunies. À la maison, les appareils numériques, toujours plus connectés, consomment davantage que des appareils réputés gourmands : 18,2 watts pour la partie télévision et la box, en rajoutant la partie Internet, on atteint 35 watts, soit 2 fois la consommation d'un lave-linge. Cette tendance ne va pas s'essouffler. Dans les magasins spécialisés, les ventes d'ordinateurs sont stables (1,5 milliard vendus par an). Les smartphones sont en nette hausse : 3 milliards devraient être écoulés en 2015. Le trafic Internet des téléphones sera multiplié par 10 dans les 5 ans.

France 2, 27 août 2013.

1. Quels sont les géants de la production d'énergie fossile ? (doc. 2)
2. Listez les éléments qui font des nouvelles technologies des activités énergivores. Pourquoi constituent-ils un facteur de croissance des besoins énergétiques ? (doc. 3)

Impacts environnementaux et tensions géopolitiques

▶ **Quels sont les enjeux environnementaux et géopolitiques liés à l'énergie ?**

A Des enjeux liés aux échanges énergétiques

• **La distance entre foyers de production et de consommation engendre des flux internationaux importants.** Ils relient les zones d'exportation aux grands foyers de consommation (Europe, Amérique du Nord, Asie de l'Est). 62 % du pétrole transite par voie maritime et 75 % du gaz par gazoduc.

• **L'interdépendance entre pays producteurs et pays consommateurs est forte.** Pour maintenir des prix stables et sécuriser les approvisionnements, pays importateurs et exportateurs passent des accords pour protéger leurs intérêts : l'OPEP et l'Agence internationale de l'énergie œuvrent à prévenir les crises pouvant déstabiliser les marchés énergétiques (doc. 1).

• **Le marché de l'énergie est dominé par de puissantes entreprises** (Repère A). Les supermajors américaines ou européennes (Exxon Mobil, Total) sont les acteurs privés incontournables dans la recherche, le transport et la transformation énergétiques. Mais, de plus en plus, les États producteurs contrôlent leur production à travers des compagnies nationales (Gazprom en Russie, Saudi Aramco en Arabie saoudite).

B Des enjeux liés au contrôle des ressources

• **L'énergie est facteur de puissance.** Les pays exportateurs d'hydrocarbures (Qatar, Arabie saoudite) valorisent la rente énergétique (2 000 milliards de dollars en 2012) dans des investissements financiers internationaux (immobilier, sport). Les ressources énergétiques du Kazakhstan lui permettent d'affirmer son indépendance énergétique vis-à-vis de la Russie (doc. 2).

• **Le contrôle des zones de production engendre des tensions géopolitiques.** Le partage des nouveaux gisements en Arctique ou en mer de Chine est source de conflits entre États alors que les supermajors s'affrontent pour l'accès aux ressources (mer Caspienne). Le Moyen-Orient constitue une zone de tension vive.

• **La sécurité des points de passage (canaux, détroits) des ressources énergétiques est un enjeu majeur.** La piraterie (golfes d'Aden ou de Guinée) et les tensions géopolitiques menacent la sécurité des approvisionnements. C'est pourquoi la flotte américaine stationne dans les détroits du Moyen-Orient, débouché des flux pétroliers vers les États-Unis, l'Europe et l'Asie (doc. 1).

C Des enjeux environnementaux à toutes les échelles

• **Le transport des hydrocarbures est source de risques majeurs** (doc. 3) : 160 marées noires dévastatrices pour les milieux maritimes depuis 1970, sabotages d'oléoducs ou gazoducs (nord de la Syrie en 2012). Pour y faire face, les États développés mettent en place des législations : les États-Unis imposent par exemple les pétroliers triple coque dans leurs eaux territoriales.

• **La production et le stockage des énergies peuvent porter atteinte à l'environnement.** L'extraction des hydrocarbures constitue un risque de pollution (méthane, produits chimiques) en cas de fuite du forage ou de non-respect des normes d'exploitation (doc. 3). Les déchets nucléaires très radioactifs posent la question de la sécurité de leur stockage car ils ne sont pas recyclables.

• **À l'échelle mondiale, l'usage croissant des énergies fossiles accroît les GES.** Or le lien entre ces émissions de CO_2 et le réchauffement climatique est posé. Entre 1973 et 2010, elles ont doublé et inquiètent le GIEC et les ONG écologistes qui attribuent le réchauffement climatique global aux GES (Repère B).

Vocabulaire

GES (Gaz à effet de serre) : voir p. 32.
GIEC : voir p. 38.
OPEP (Organisation des pays exportateurs de pétrole) : organisation imposant des quotas de production pour éviter la chute des cours et maintenir les revenus des pays membres.
Rente énergétique : revenus financiers d'un État reposant sur l'exploitation de ses ressources énergétiques.
Supermajor : voir p. 138.

REPÈRE A

Les 5 premières entreprises de l'énergie

Rang	Entreprise (pays d'origine)	Chiffre d'affaires en 2013, en milliards de dollars
1er	Royal Dutch Shell (Pays-Bas et Royaume-Uni)	482
2e	Exxon Mobil (États-Unis)	450
3e	Sinopec Group (Chine)	428
4e	CNPC (Chine)	408
5e	BP (Royaume-Uni)	388

Source : *Fortune*, 2014.

REPÈRE B

Les principaux émetteurs de CO_2 dans le monde

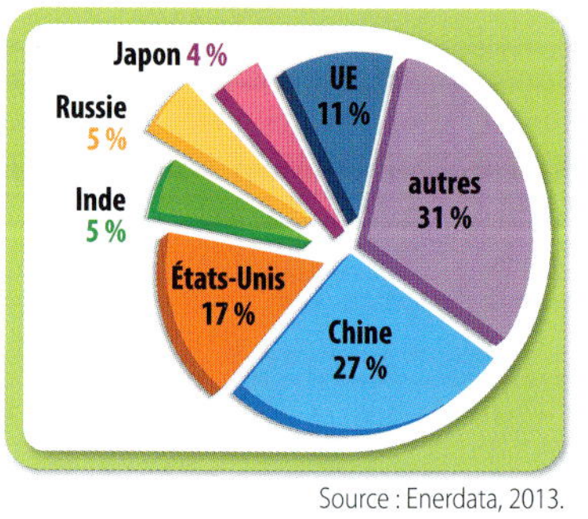

Source : Enerdata, 2013.

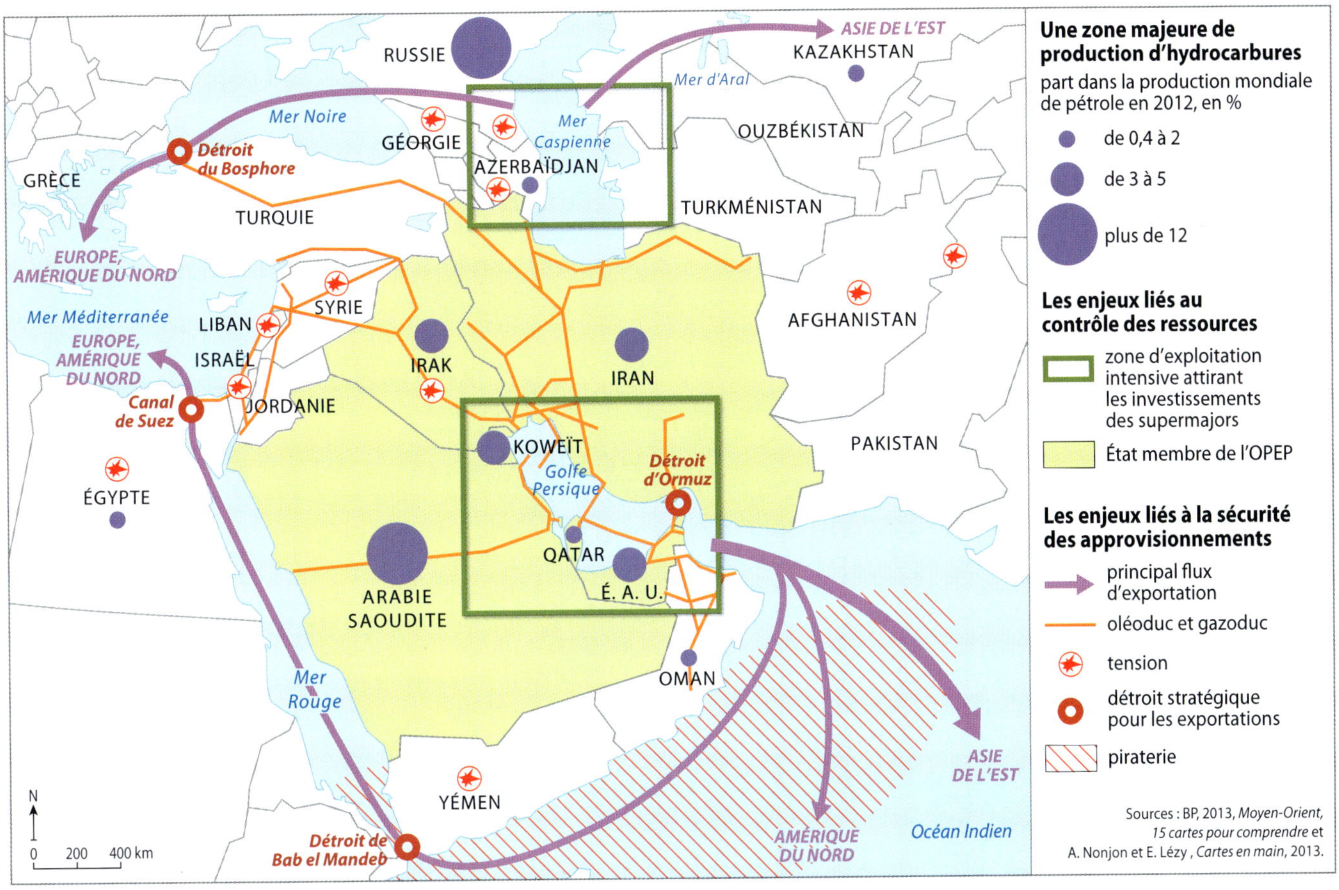

1 **Le Moyen-Orient et la mer Caspienne, un espace au cœur des enjeux énergétiques mondiaux**

2 **L'énergie, un facteur de développement pour le Kazakhstan ?**

Le Kazakhstan abrite d'importants gisements d'hydrocarbures tant sur son territoire que dans ses eaux territoriales. Les réserves prouvées de pétrole classent le pays au 7e rang mondial et au 8e rang pour le gaz naturel. Les réserves de charbon sont également abondantes. Doté de ce potentiel, le Kazakhstan est appelé à jouer un rôle clé sur les marchés pétroliers et gaziers dans les années à venir. Ce patrimoine énergétique permet au Kazakhstan de figurer parmi les principaux exportateurs de pétrole et de connaître un taux de croissance élevé (le PIB du pays a été multiplié par deux depuis 2007). Toutefois, l'enthousiasme doit être tempéré car l'exploitation de gisements de pétrole n'apporte pas toujours le développement économique. Les activités de raffinage et de transformation se déroulent souvent en dehors du lieu d'extraction et ne favorisent guère le développement industriel [du pays].

F. Lafargue et V. Lafargue, *La Géographie économique*, Hachette, 2013.

3 **Campagne d'Amnesty International contre l'exploitation pétrolière au Nigeria.**
En janvier 2013, sous la pression d'Amnesty International et des Amis de la Terre, Shell a été condamné par la justice néerlandaise pour ne pas suffisamment protéger ses oléoducs des fuites causées par les vols et les sabotages.

1) Quels enjeux énergétiques mondiaux font du Moyen-Orient une région d'importance stratégique majeure ? (doc. 1)

2) Montrez que le contrôle des ressources est un facteur de développement pour le Kazakhstan mais qu'il rencontre des limites. (doc. 2)

Comment le Qatar gère-t-il ses immenses ressources énergétiques ?

La richesse et la puissance du Qatar sont aujourd'hui indissociables de son gaz et de son pétrole. 3e producteur et 1er exportateur de gaz naturel au monde, le Qatar assure 95 % de ses exportations et 75 % de ses recettes par les hydrocarbures. Cependant, l'abondance des ressources entraîne un énorme gaspillage.

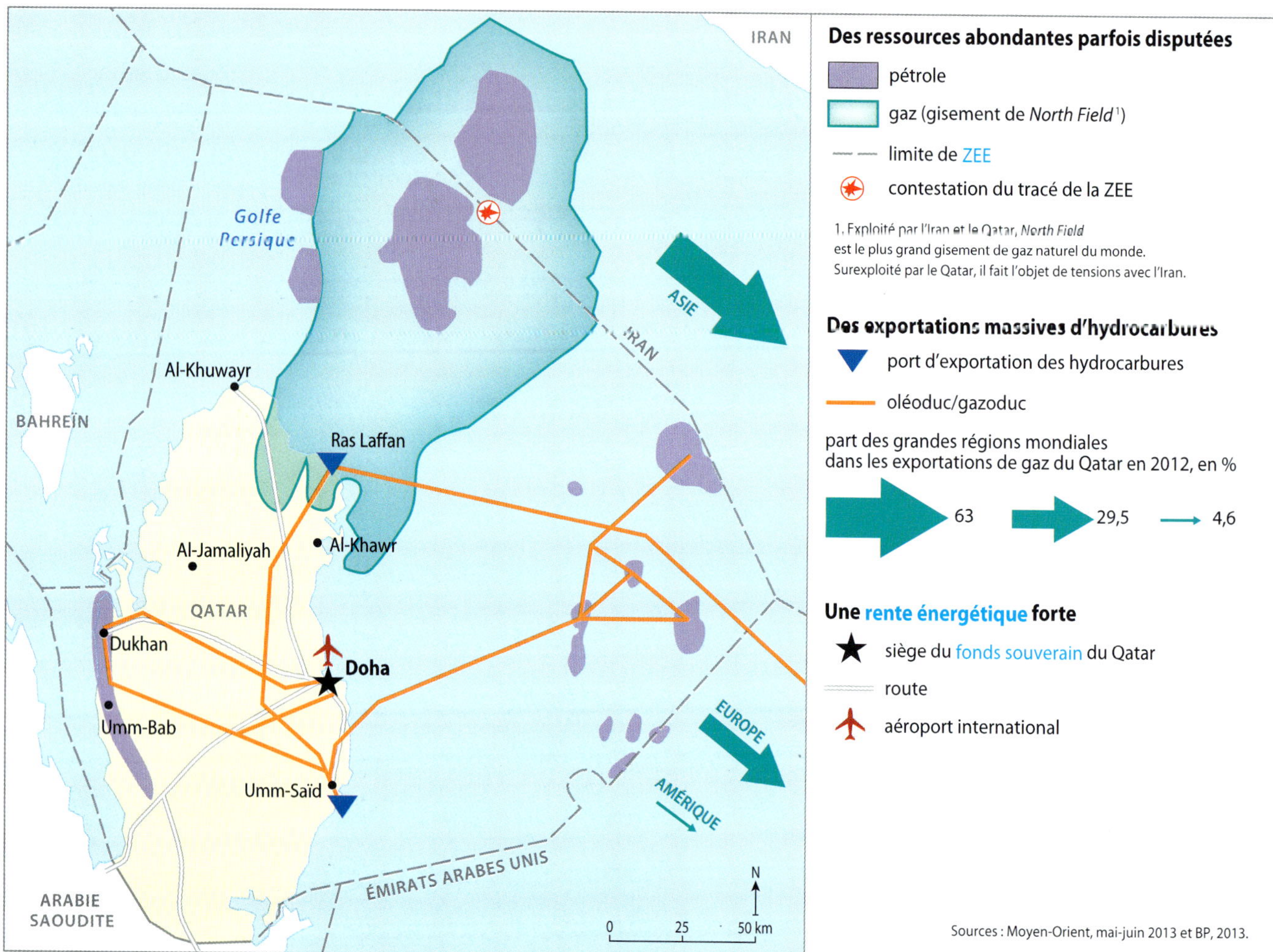

1 Des ressources énergétiques abondantes, sources de richesse

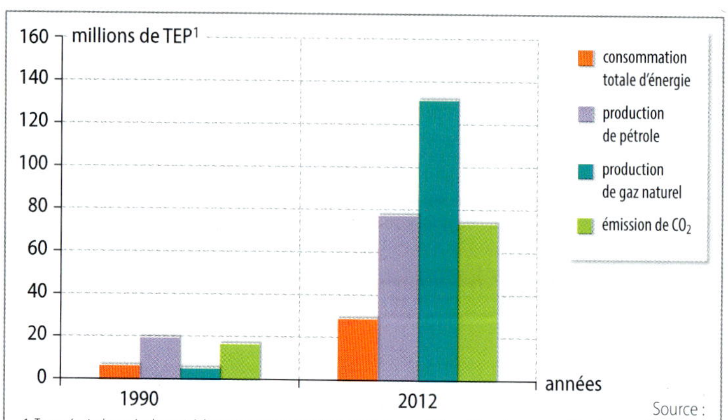

1. Tonne équivalent pétrole : unité de mesure permettant de comparer le pouvoir énergétique des sources d'énergie.

Source : BP, 2013.

2 L'évolution de la consommation et de la production énergétique du Qatar

Vocabulaire

Fonds souverain : réserve alimentée par les excédents financiers d'un État qui place ces capitaux à l'étranger (immobilier, industrie, foncier).

Hydrocarbure : composé formé de carbone et d'hydrogène (pétrole, gaz).

Mix énergétique : répartition des diverses sources d'énergie dans la consommation d'un État.

Rente énergétique : revenus financiers d'un État reposant sur l'exploitation de ses ressources énergétiques.

ZEE (Zone économique exclusive) : espace marin large de 200 milles nautiques (370 km) dans lequel l'État côtier dispose de droits exclusifs sur l'exploration et l'exploitation des ressources.

3 Les installations gazières du port de Ras Laffan. Construit dans les années 1990 et géré par la société nationale Qatar Petroleum, le port de Ras Laffan est le plus grand site de transformation et d'exportation de gaz naturel liquéfié (GNL) au monde. ① usine de transformation ; ② cuve de stockage ; ③ terminal d'exportation.

4 Modifier les comportements énergétiques, un défi à relever pour le Qatar

Les Qataris détiennent le record d'émissions de CO_2 par habitant : 44 tonnes selon l'ONU, soit presque trois fois plus qu'un Américain. Si 80 % du **mix énergétique** du pays vient du gaz et seulement 20 % du pétrole, l'industrie qatarie, essentiellement gazière et pétrochimique, s'avère extrêmement intensive en énergie. La demande en énergie de la population augmente par ailleurs de 7 % chaque année, portée par le développement économique. L'électricité étant gratuite, son gaspillage n'est pas pénalisé. Le Qatar semble toutefois disposé à inverser la tendance. En 2009, la compagnie Qatar Airways a réalisé le premier vol commercial à base de gaz naturel, entre Londres et Doha, afin de réduire les rejets aériens. Le pays entreprend en outre de limiter les rejets de ses industries grâce à la récupération et la réutilisation des gaz associés à la combustion des **hydrocarbures** – au lieu de les détruire en torchères, ce qui constitue un gaspillage de ressources énergétiques et une pollution inutile. Enfin, des recherches sont menées pour stocker le CO_2.

Le Monde, 25 novembre 2012.

Activités

Recopiez le tableau suivant sur votre cahier et complétez-le à l'aide des informations des documents.

Des ressources énergétiques abondantes (doc. 1, 2 et 3)
- Ressources gérées par l'État : ....
- ....
- ....

↓ ↓

Des besoins croissants satisfaits (doc. 2 et 4)	**Un fort développement économique (doc. 1 et 4)**
• .... •	• .... • .... • ....

↓ ↓

Des conséquences environnementales (doc. 4)
- ....
- ....
- ....
- ....

À partir de l'organigramme complété, rédigez en une dizaine de lignes une réponse au sujet :
« Comment le Qatar gère-t-il ses ressources énergétiques ? »

Consigne Bac

À partir des documents 1 et 2, montrez que le Qatar dispose de ressources importantes qui permettent le développement du pays.

▸ MÉTHODE

- Méthode pour étudier un graphique p. 158
- Méthode pour mobiliser des connaissances p. 159

Quels choix énergétiques pour l'avenir ?

Comment assurer durablement des besoins énergétiques croissants ?

A Limiter les énergies fossiles

• **Il est possible de réduire la pollution liée aux énergies fossiles.** Des techniques existent (centrales thermiques moins polluantes, capture du CO_2) mais leur coût est élevé. Des recherches européennes et américaines visent à rendre la capture du CO_2 rentable, ce qui permettrait de valoriser les abondantes ressources de charbon.

• **Le nucléaire est une solution en débat.** Cette énergie émet peu de CO_2 et les réserves d'uranium sont importantes. En dépit des inquiétudes (gestion des déchets, accidents de Tchernobyl ou Fukushima), de nombreux pays voient dans le nucléaire une alternative pour répondre à leurs besoins croissants (doc. 1).

• **Des États commencent à engager une transition énergétique**, en orientant les systèmes énergétiques vers des énergies renouvelables (Repère A). En effet, même si la question du pic pétrolier est discutée, les coûts de l'énergie inquiètent. Depuis 1990, ils ont été multipliés par 5 car les ressources pétrolières facilement accessibles se raréfient et la demande a fortement augmenté.

B Réduire la consommation

• **Une meilleure efficacité énergétique est recherchée.** Les pays du Nord optimisent leurs rendements énergétiques et développent des produits plus sobres en énergie (automobile, habitat). L'Union européenne vise à améliorer son efficacité énergétique de 20 % entre 1990 et 2020. La prise en compte de l'énergie grise se généralise.

• **Il est possible de lutter contre le gaspillage énergétique.** Dans les pays du Nord, des campagnes de sensibilisation encouragent l'écocitoyenneté. Le programme « Top-runner » japonais impose chaque année des normes plus sévères en matière de consommation énergétique des biens de consommation.

• **Nord et Sud doivent privilégier un développement moins énergivore.** Si la biomasse traditionnelle est très utilisée par les populations pauvres d'Afrique et d'Asie, les énergies fossiles, à la base de la croissance économique, couvrent 90 % du mix énergétique de ces continents. L'aide financière et technologique du Nord peut permettre au Sud d'accéder à des systèmes énergétiques durables et réduire les inégalités dans l'accès à l'énergie (doc. 2).

C Développer les énergies renouvelables

• **Les énergies renouvelables progressent.** Leur consommation a presque doublé depuis 1990 mais ne couvre que 8 % des besoins mondiaux. Si les investissements sont élevés (barrages, parc éolien ou solaire), les coûts d'exploitation sont faibles et celui des matières premières souvent nul (soleil, vent, biomasse).

• **Le développement des énergies renouvelables est inégal** (Repère B). L'énergie hydraulique est la première source d'énergie renouvelable (16,3 %) dans la production d'électricité mondiale, avant l'éolien (2,1 %). Le solaire ne couvre que 0,3 % de la consommation mais connaît la plus forte progression (+ 45 % par an depuis 2001). La géothermie est peu utilisée (0,3 %). Les agrocarburants représentent 3 % de la consommation mondiale de carburants (doc. 3).

• **Les énergies renouvelables ont aussi leurs limites** (doc. 4). Elles dépendent des conditions locales (ensoleillement, vent régulier). Leur transport et leur stockage sont difficiles tandis que leur implantation suscite des oppositions (Nimby). L'impact environnemental est également important pour l'hydraulique.

Vocabulaire

Agrocarburant : voir p. 140.
Biomasse : voir p. 146.
Écocitoyenneté : voir p. 32.
Efficacité énergétique : voir p. 140.
Énergie grise : somme de toute l'énergie nécessaire à la fabrication, l'utilisation et le recyclage d'un produit.
Énergie renouvelable : énergie fournie par la nature en quantité illimitée (soleil, vent, eau) ou se régénérant à l'échelle humaine (biomasse, agrocarburant).
Géothermie : voir p. 140.
Nimby (*Not in my back yard* - pas dans mon jardin) : voir p. 140.
Pic pétrolier : moment où la consommation pétrolière dépassera durablement les capacités de production en raison de l'épuisement de la ressource.
Transition énergétique : voir p. 140.

REPÈRE A

La biomasse dans le monde

Pays	Part de la biomasse dans les énergies renouvelables en 2012, en %	Rang
Nigeria	81	1er
Norvège	43	2e
Brésil	43	3e
Suède	40	4e
Finlande	31	5e

Source : Enerdata, 2014.

REPÈRE B

La croissance des énergies renouvelables

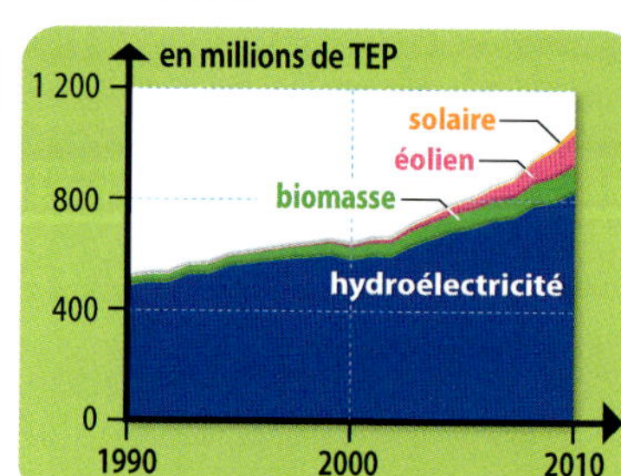

Source : BP, 2013.

1 Le nucléaire, une solution en débat

	Avantages	Inconvénients
Une énergie complexe	– Peu d'émission de CO_2 – Réserves connues d'uranium estimées à 100 ans – Forte production énergétique : la combustion nucléaire de 7 g d'uranium équivaut à la combustion d'une tonne de charbon	– Coût de construction élevé – Risque d'accident – Coût élevé de la déconstruction et du stockage des déchets (non recyclables) – Grande consommation d'eau
Des choix différents	– Poursuite de programmes nucléaires existants : France, États-Unis, Chine – Lancement en 2012/2013 d'un 1er programme nucléaire : Vietnam, Bangladesh, Émirats arabes unis, Turquie, Biélorussie, Jordanie et Arabie saoudite	– Sortie du nucléaire amorcée : Allemagne, Japon – Sortie du nucléaire terminée : Italie

Sources : B. Mérenne-Schoumacker, *Atlas mondial des matières premières*, 2013, et CEA, 2014.

2 Une micro-installation solaire dans un village en Mauritanie.
Seuls 3 % de la population mauritanienne ont accès à l'électricité. Les petites installations solaires sont donc encouragées pour assurer les besoins élémentaires en énergie et assurer le pompage de l'eau des puits.

3 Le développement des agrocarburants vu par un caricaturiste brésilien. Cars Simanca Osmani, Brésil.
Le Brésil est le 2e producteur mondial d'agrocarburants après les États-Unis. Ensemble, ces deux pays produisent 68 % de la production mondiale accusée de s'étendre au détriment des surfaces agricoles destinées à l'alimentation.

4 Atouts et limites des énergies renouvelables

L'utilisation des énergies renouvelables n'entraîne pratiquement pas d'émissions de CO_2. Elles ont donc une place à prendre aux côtés de la diminution de la consommation globale d'énergie et du nucléaire. Leurs technologies ont récemment fait l'objet de progrès importants mais attention à ne pas surestimer le rythme de ce progrès et le coût de ces recherches. De plus, si les énergies fossiles et l'uranium sont localisés en des lieux bien précis, les énergies renouvelables, à l'exception de l'hydroélectricité, présentent un caractère diffus. De même, si certaines sont disponibles en permanence, l'intermittence de la majorité d'entre elles est gênante car les besoins en énergie ne suivent ni le vent ni le soleil. Comme l'électricité se stocke difficilement, cela pose un problème de fond. Enfin, si l'hydroélectricité a un coût de production imbattable, c'est l'inverse pour la plupart des énergies renouvelables, surtout l'éolien et le solaire électrique. L'adoption de ces énergies n'est donc souvent possible que grâce à un fort soutien des pouvoirs publics.

H. Bichat, *La Biomasse, énergie d'avenir*, Quae, 2013.

1. Pourquoi le nucléaire apparaît-il comme une solution alternative aux énergies fossiles traditionnelles ? Montrez que c'est une solution en débat. (doc. 1)
2. Quels atouts présentent les énergies renouvelables dans les pays en développement ? Quelles en sont les limites ? (doc. 2, 3 et 4)

En quoi le Danemark est-il un modèle énergétique durable ?

Le Danemark veut atteindre en 2050 l'objectif des 100 % d'énergies renouvelables. Depuis 1990, il a d'ailleurs entamé une révolution énergétique en modifiant sa consommation d'énergie. Ses émissions de CO_2 ont diminué d'un tiers depuis 2006. Ces efforts pour limiter les énergies fossiles se poursuivent mais nécessitent l'adhésion des populations.

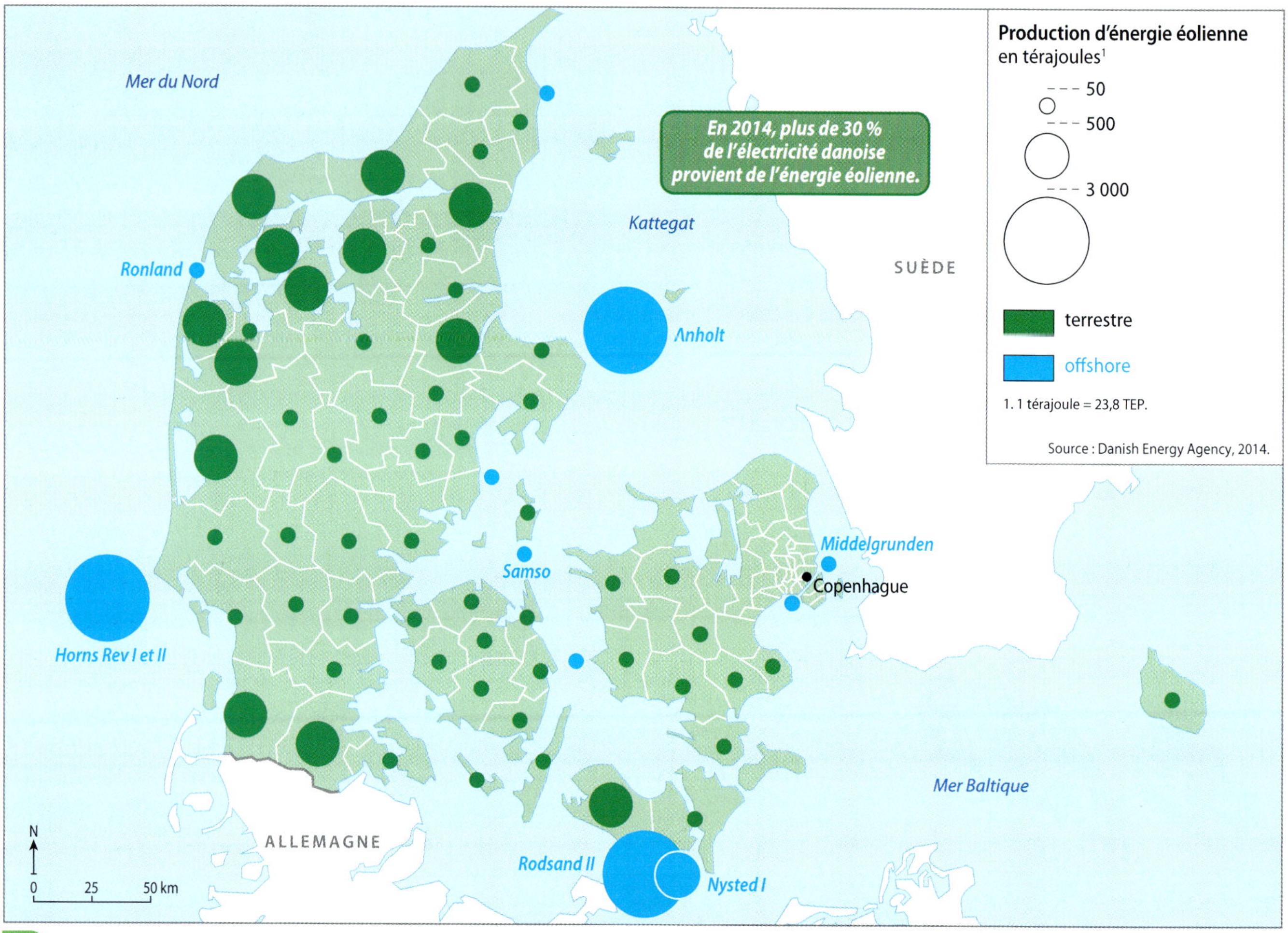

1 **L'énergie éolienne, la solution énergétique choisie par le Danemark**

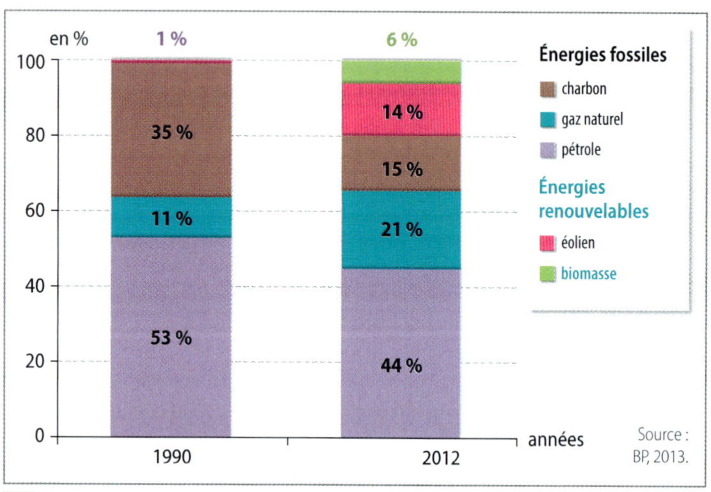

2 **L'évolution du mix énergétique danois**

Vocabulaire

Biomasse : matière organique (bois, déchets, déjections animales) permettant de produire de l'énergie. Dans les pays du Nord, elle est utilisée après transformation, contrairement à la biomasse traditionnelle des pays du Sud.

Énergie renouvelable : énergie fournie par la nature en quantité illimitée (soleil, vent, eau) ou se régénérant à l'échelle humaine (biomasse, agrocarburant).

Offshore : technique d'exploitation des énergies en mer (pétrole, parc éolien).

Transition énergétique : passage d'un système énergétique fondé sur la consommation d'énergies fossiles à un système énergétique intégrant efficacité énergétique et énergies renouvelables.

3 **Le parc éolien offshore d'Anholt.** Inauguré en septembre 2013, le parc éolien offshore d'Anholt est le plus grand du Danemark. Même si l'énergie éolienne reste une énergie intermittente dépendante de la puissance des vents, à puissance maximale, les 111 éoliennes d'Anholt alimentent en électricité 400 000 ménages, soit 4 % de la consommation d'électricité du pays.

4 L'État, moteur de la transition énergétique danoise

Grand chantier danois, le chauffage urbain fournit près de 60 % des habitations chauffées. Ce système, qui fonctionne comme un immense chauffage central à l'échelle d'une ville, permet d'alimenter des bâtiments à usage privé, public, résidentiel, de service ou industriel. Cette avancée spectaculaire est due à l'adoption d'un certain nombre de mesures par les pouvoirs publics : normes juridiques obligeant les propriétaires d'immeubles à se raccorder au chauffage urbain, interdiction d'installation de chauffage électrique dans les constructions neuves. Enfin, l'État a eu la bonne idée de faire participer la population puisque les sociétés de chauffage urbain sont détenues par les consommateurs, grâce à des coopératives ou des sociétés municipales. Il a fallu que l'État subventionne en masse pour rendre le marché attractif. Les autorités danoises ont donc créé de nouvelles taxes environnementales accentuant la pression fiscale des ménages qui paient leur électricité 2,5 fois plus cher qu'en France. Ceci est d'autant plus difficile à admettre pour les Danois que l'électricité provient des mêmes éoliennes qui provoquent les nuisances sonores et visuelles dont se plaignent les habitants.

L. Mathy, « Le Danemark, leader des énergies vertes », opinion-internationale.com, 2013.

Activités

Recopiez le tableau suivant sur votre cahier et complétez-le à l'aide des informations des documents.

Le modèle énergétique danois	Évolution depuis 1990	Explications	Limites
Énergies fossiles	• .... •	•	• Encore 80 % du mix énergétique danois.
Énergies renouvelables	•	• Rôle moteur de l'État :	• .... • .... • ....

À partir du tableau complété, rédigez en une dizaine de lignes une réponse au sujet :
« En quoi le Danemark est-il un modèle énergétique durable ? »

Consigne Bac

À partir du document 2, montrez que les choix énergétiques du Danemark sont durables.

MÉTHODE

• Méthode pour étudier un graphique p. 158
• Méthode pour mobiliser des connaissances p. 159

Étude de documents

Capacités travaillées
- Étudier un graphique
- Mobiliser des connaissances

Exercice guidé

SUJET : Les enjeux énergétiques des États-Unis

Montrez que la gestion des besoins et des ressources énergétiques des États-Unis a des conséquences géopolitiques et environnementales à l'échelle mondiale.

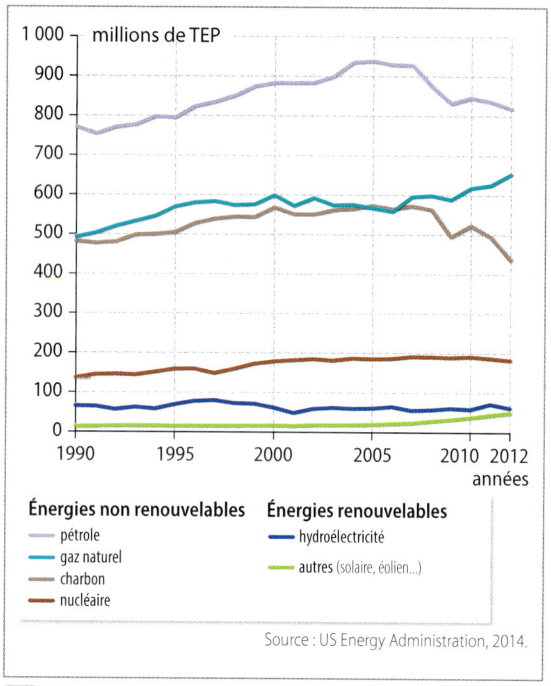

1 L'évolution du mix énergétique des États-Unis

2 Les conséquences géopolitiques et environnementales

Depuis juillet 2011, les États-Unis sont redevenus exportateurs de produits pétroliers, une situation inédite depuis 1949. Si cette évolution se confirme, l'Amérique pourrait être en mesure de réduire sa dépendance à l'égard de l'étranger au cours de la prochaine décennie, et de ce fait d'assurer son indépendance énergétique. Les États-Unis devraient néanmoins continuer de porter à la région du Moyen-Orient un intérêt soutenu puisqu'elle assure un cinquième des importations en pétrole de l'Union européenne, alliée des États-Unis. Par leur présence militaire dans le golfe arabo-persique, les États-Unis garantissent la liberté de circulation maritime et *de facto* contrôlent l'approvisionnement pétrolier des pays asiatiques, et plus particulièrement de la Chine. Mais la sécurité énergétique risque d'être obtenue au mépris de l'environnement. La nécessité de créer des emplois et d'offrir une énergie abondante et bon marché amène à ignorer les conséquences néfastes d'une exploitation intensive des hydrocarbures par le biais de la fracturation hydraulique[1].

Diplomatie, mai-juin 2013.

1. Technique d'exploitation des hydrocarbures non conventionnels consistant à injecter dans le sous-sol un liquide composé d'eau et d'additifs.

A Étudier un graphique

Méthode

a. **Identifier la source :** auteur, date, provenance des données chiffrées (FMI, PNUD…).

b. **Décrire le graphique :**
- Repérer les éléments de construction : forme (circulaire, histogramme, courbe…), axe et unité de mesure ;
- Repérer la tendance générale : augmentation ou diminution pour une courbe, équilibre ou déséquilibre des données pour les graphiques circulaires ou histogrammes ;
- Identifier les exceptions : irrégularité d'une courbe, faiblesse ou importance d'une donnée.

c. **Interpréter le graphique :**
- Utiliser les connaissances extraites du cours pour expliquer les grandes tendances et les exceptions ;
- Organiser les informations en lien avec les différentes parties de la consigne.

1) Au brouillon, répondez aux questions posées dans les cartouches de lecture. Puis à l'aide de vos réponses, rédigez deux phrases de présentation du document.

Quelle est la fonction de l'axe des ordonnées ? des abscisses ?

Quels sont les termes du titre qui donnent l'idée générale ?

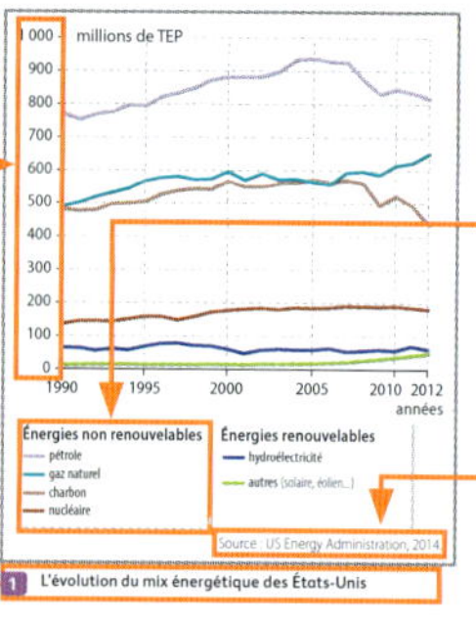

Comment les sources énergétiques sont-elles classées ? Pourquoi ?

Pourquoi peut-on dire que cette source est institutionnelle ?

B Mobiliser des connaissances

Méthode

a. Pourquoi mobiliser des connaissances ?
- pour comprendre les enjeux du sujet ;
- pour expliquer les documents ;
- pour apporter d'autres exemples qui mettent le document en perspective.

b. Comment mobiliser ses connaissances ?
- Utiliser le cours (notions clés, étude de cas, fiche de révision) ;
- Utiliser le manuel (lexique, cours, carte pour situer le cas étudié) ;
- Utiliser la culture personnelle.

2) À l'aide de la méthode ci-dessus, complétez le tableau suivant.

▶ **Méthode pour étudier un texte** p. 80.

	Identifier les informations	Mobiliser des connaissances
Gestion des ressources (doc. 1)	– Les énergies fossiles restent dominantes. – …………	– Raison : modèle de développement fondé sur le charbon et les hydrocarbures. – …………
Conséquences (doc. 1 et 2)	– Enjeux géopolitiques : ………… ………… – Enjeux environnementaux : ………… …………	– ………… ▶ **Aide** Étude de cas p. 138-139. – Pollution atmosphérique – …………

Sujet d'entraînement

SUJET : Des besoins et des ressources énergétiques inégaux dans le monde

Montrez que l'évolution des besoins et des ressources énergétiques est inégale selon les grandes régions du monde.

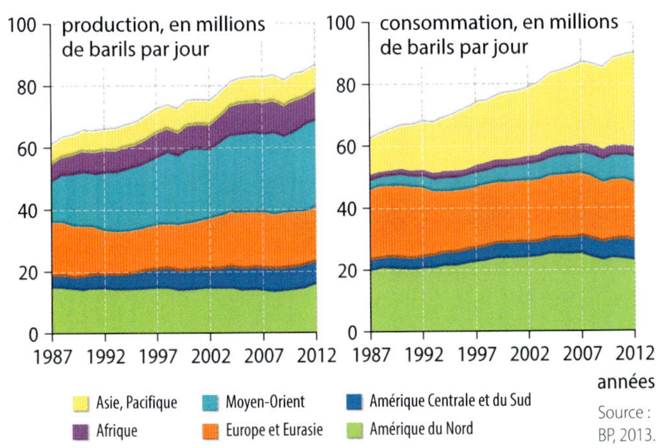

1 La consommation et la production de pétrole dans le monde

2 Les inégalités énergétiques dans le monde

Le prix des énergies fossiles augmente en raison d'une forte hausse de la demande mondiale et de la conscience des perspectives d'épuisement à moyen terme. Le pic pétrolier – moment où la production pétrolière mondiale déclinera – approche. Le marché du gaz y est étroitement lié. Les réserves de charbon dureront plus longtemps, mais on hésite à les solliciter car le charbon pollue. Les lieux de production et de consommation des hydrocarbures ne sont guère corrélés. Les premiers sont au Moyen-Orient, en Russie (gaz), au Venezuela et aux États-Unis. Les seconds sont les pays les plus développés et les pays émergents géants. Bien des tensions en découlent. Pour les producteurs, ces énergies fossiles [offrent une rente énergétique] et constituent un moyen d'influence internationale. Chez les consommateurs, la course aux réserves disponibles, la diversification et la recherche d'énergies renouvelables soulignent les contrastes de développement.

Y. Veyret et P. Arnould (dir.), *Atlas des développements durables*, Autrement, 2012.

Production graphique

Capacités travaillées
- Construire une légende
- Choisir la nomenclature

Exercice guidé

SUJET : L'enjeu énergétique dans le monde

A Analyser le sujet et choisir une problématique

Méthode pour analyser le sujet p. 44

1) Identifiez les notions clés.

Un enjeu désigne ce que l'on risque dans une situation particulière mais est aussi parfois synonyme de « défi » à relever. Quels sont les enjeux liés à la croissance des besoins énergétiques dans le monde ?

L'enjeu énergétique dans le monde

Quels sont les grands types de ressources énergétiques ?

Pourquoi les enjeux énergétiques se comprennent-ils à l'échelle mondiale ?

2) Délimitez l'espace concerné.

B Construire une légende

Méthode

a. Grouper les informations en grands thèmes distincts qui forment les parties. La formulation du sujet aide à dégager les grandes idées de la légende ;
b. Déterminer l'ordre des parties. Il dépend du sujet ;
c. Donner un titre significatif à chacune des parties de la légende ;
d. Choisir un figuré pour chacune des informations.

3) Sur votre cahier, reliez chaque information à une idée générale et donnez un titre à la 3e idée générale.

I **Des besoins et des ressources inégalement répartis** •

II **Des enjeux géopolitiques** •

III **Des enjeux ....** •

- principal consommateur énergétique
- environnement pollué
- passage stratégique pour la sécurité des approvisionnements
- forte progression des énergies renouvelables
- réserve d'hydrocarbures
- tension pour le contrôle des ressources
- conférence internationale sur l'environnement
- flux majeur d'hydrocarbures

4) L'ordre proposé pour les trois parties de la légende convient-il ? Justifiez votre réponse.

5 En vous aidant des planisphères pages 144 à 147, complétez la légende du croquis en attribuant une information à chaque figuré.

C Choisir la nomenclature

Méthode

a. La nomenclature doit être complète : tous les États majeurs, toutes les villes représentées…
b. L'écriture des noms doit être horizontale, sauf pour les fleuves ;
c. La taille des lettres doit être identique pour un même type d'information ;
d. La taille ou la couleur des lettres doit varier selon la nature de l'information : ÉTATS-UNIS, *OCÉAN INDIEN*, Kyoto.

6 Complétez le titre, la nomenclature et la légende du croquis.

Titre : ……………………………………………………………

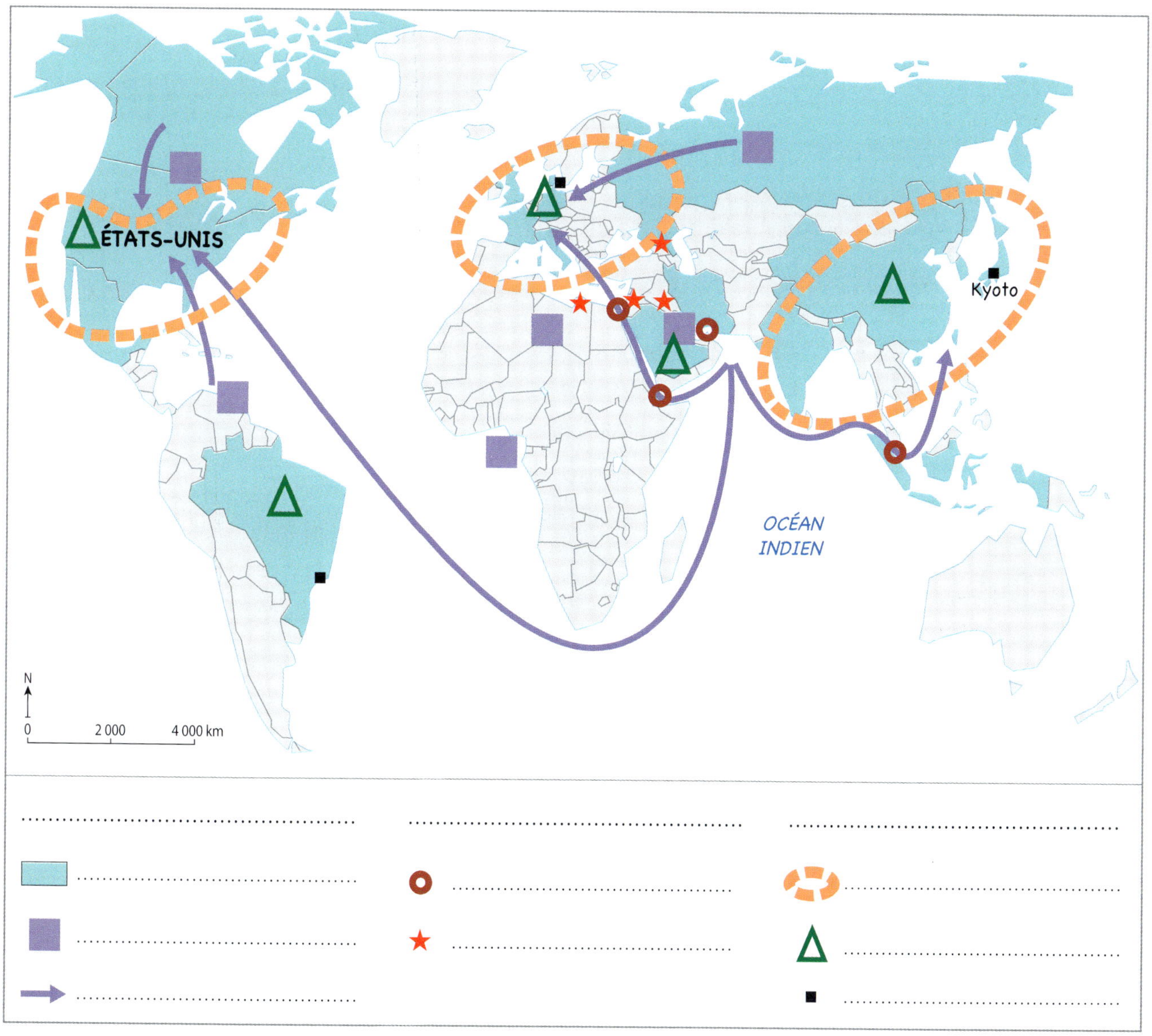

……………………………… ……………………………… ………………………………

……………………………… ……………………………… ………………………………

……………………………… ……………………………… ………………………………

……………………………… ………………………………

Utiliser un jeu documentaire

Capacités travaillées
- Explorer un jeu documentaire en ligne
- Analyser le rôle des acteurs en géographie

Sujet Les enjeux de l'exploitation des hydrocarbures non conventionnels

1 Fort McMoney, un jeu documentaire de David Dufresne

2 Fort McMoney vu par la presse française lors de son lancement

Un documentaire ? Un jeu vidéo ? Les deux. « Fort McMoney » propose aux internautes de découvrir la ville canadienne de Fort McMurray mais également de jouer pour la transformer. Du moins virtuellement. Le joueur part à la découverte de cette « boomtown » du Grand Nord canadien, où les plus vastes industries du monde extraient du pétrole des sables bitumineux de l'Alberta. Les questions sociales, environnementales et économiques, inextricablement liées les unes aux autres, sont abordées au cours du documentaire. La ville imaginaire, cogérée par les internautes, va évoluer au fil des semaines en fonction des décisions prises par les joueurs. Avec plus de 85 000 connexions en quatre jours, la « population » de Fort McMoney a dépassé la population réelle de Fort McMurray. Production internationale, « Fort McMoney » a une déclinaison allemande et une version canadienne, anglophone.

20 minutes, 1er décembre 2013.

1 Réalisez l'exercice d'application en vous aidant de la méthode proposée.

Méthode pour utiliser un jeu documentaire en ligne	Application
Choisir le jeu documentaire en ligne utile au sujet : jeu documentaire d'ONG, de l'Éducation nationale… ;	Allez sur le site « FortMcmoney.com » ;
Consulter la règle du jeu en regardant la bande annonce, en lisant le manuel numérique… ;	Regardez la bande annonce du jeu « Fortmcmoney » ;
Explorer les différents espaces, interroger les personnages… ;	Déplacez-vous dans la ville : repérez les grands espaces (centre ville, forêt, usine…), identifiez les personnages… ;
Prélever les informations utiles au sujet en les organisant en grandes parties.	Classez les informations dans les trois grandes parties suivantes : – L'exploitation énergétique – Les conséquences économiques et sociales – Les conséquences environnementales

2 En guise de conclusion, complétez le tableau suivant.

	LES ACTEURS	LES ARGUMENTS
Les partisans de l'exploitation des hydrocarbures	• la mairesse de la ville • …………	• prospérité économique • …………
Les opposants à l'exploitation des hydrocarbures	• les populations autochtones (Inuits) • …………	• ………… • …………

Fiche de révision

COMMENT RÉPONDRE DURABLEMENT AUX BESOINS ÉNERGÉTIQUES DE PLUS DE 7 MILLIARDS D'HOMMES ?

SITUATION ÉNERGÉTIQUE		ENJEUX GÉOPOLITIQUES ET ENVIRONNEMENTAUX		VERS DES SOLUTIONS DURABLES ?
Besoins croissants	→	Diversifier et sécuriser les échanges énergétiques	→	Limiter les énergies fossiles
+		+		+
Ressources inégales		Réduire les tensions pour le contrôle des ressources		Réduire la consommation
=		+		↓
• Dépendance énergétique croissante • Accès à l'énergie inégale		Réduire les impacts environnementaux	→	Développer les énergies renouvelables

A Les ressources énergétiques sont-elles suffisantes pour répondre à la demande croissante ?

La demande énergétique augmente fortement en raison de la croissance démographique et économique des pays en développement (Chine) et des modes de vie plus énergivores des sociétés (transports, nouvelles technologies). Les ressources fossiles assurent 87 % des besoins mais elles sont inégalement réparties, fournissant une rente énergétique aux pays exportateurs (Qatar) et entraînant une dépendance pour les pays importateurs (États-Unis, Chine). L'accès à l'énergie reste inégal dans le monde : 1,3 milliard de personnes n'ont pas accès à l'électricité en 2012.

B Quels sont les enjeux énergétiques majeurs ?

Le marché de l'énergie est un marché mondialisé et sous tension. Les régions d'exportation sont des zones de tensions majeures (Moyen-Orient). La sécurité des approvisionnements constitue un enjeu géopolitique pour les États importateurs (États-Unis, Chine). Les États exportateurs cherchent à garder le contrôle de leurs ressources et leurs compagnies nationales (Qatar Petroleum) concurrencent les majors occidentales (Shell, Exxon Mobil). Les dégradations environnementales liées aux énergies fossiles obligent à repenser leur poids dans les mix énergétiques.

C Comment assurer une transition énergétique durable ?

Des progrès technologiques sont essentiels pour réduire les pollutions des énergies fossiles et améliorer l'efficacité énergétique mais la réduction de la consommation est un enjeu clé. Les politiques de sensibilisation pour modifier les comportements se développent (États-Unis, Danemark). L'énergie nucléaire est une solution qui fait débat (peu d'émissions de CO_2, déchets difficiles à traiter, risque technologique). Les énergies renouvelables progressent (Chine, Danemark) mais les coûts d'investissements sont encore élevés. Leur part reste faible dans le mix énergétique mondial (8 % en 2012).

NE PAS CONFONDRE

Énergie non renouvelable : énergie dont les quantités sont limitées dans le temps.

Pétrole

Gaz naturel

Charbon

Nucléaire

Énergie renouvelable : énergie fournie par la nature en quantité illimitée (soleil, vent, eau).

Éolien

Solaire

Biomasse

Agrocarburants

Hydroélectrique

Thème 3 Aménager la ville

Le projet Skycycle de Londres.

Le projet Skycycle, lancé en 2012, est encore à l'état d'étude. Il prévoit plus de 200 kilomètres de pistes cyclables perchées à une quinzaine de mètres au-dessus des lignes de trains de banlieue. Disséminées partout dans la capitale britannique, plus de 200 entrées, jumelées à des parkings automobiles, permettraient d'accéder au réseau cyclable. Les obstacles restent nombreux (coût, durée des travaux) mais l'initiative témoigne de la réflexion en cours pour aménager durablement les villes.

CHAPITRE

5 Villes et développement durable

Aujourd'hui, un homme sur deux vit en ville. L'explosion urbaine se poursuit à un rythme exceptionnel depuis les années 1950, surtout dans les pays du Sud. En conséquence, les villes s'étalent et de profondes inégalités apparaissent entre les quartiers.

La croissance urbaine s'accompagne de l'essor des déplacements des citadins, en lien avec le développement de l'automobile. Mais, pour limiter son usage, les villes encouragent de nouvelles formes de transport en commun ou individuel.

Face aux multiples problèmes générés par la croissance des villes, les autorités urbaines s'efforcent de satisfaire les besoins des citadins : se loger, se déplacer… L'enjeu est donc d'aménager des villes plus durables tout en répondant aux besoins des populations.

Comment aménager durablement les villes pour répondre à la croissance urbaine ?

1 Un monde de plus en plus urbain

Questions

1) Dans quelles régions du monde la population urbaine augmente-t-elle fortement ? Dans quelles régions stagne-t-elle ou baisse-t-elle ?

2) D'après la photographie, quels sont les signes de l'étalement de Bangkok ? Quel type de transport apparaît sur la photographie ?

3) Quels liens peut-on établir entre la croissance de la population urbaine, l'étalement urbain et l'augmentation des déplacements ?

2 L'étalement urbain de Bangkok.
Bangkok est une ville qui connaît une croissance démographique spectaculaire : elle a gagné 2 millions d'habitants entre 2000 et 2010, passant ainsi de 6,3 millions à 8. Si le nombre de véhicules est encore limité dans le pays (67 pour 1 000 habitants en 2010), il augmente rapidement en raison de l'élévation du niveau de vie. L'augmentation des déplacements génère une circulation permanente, y compris la nuit, et des embouteillages en journée. Cela constitue un problème majeur dans une ville de plus en plus étalée. La municipalité développe aujourd'hui des politiques de transports collectifs (métro, trains régionaux, bus).

Londres, ville durable ?

Londres est une métropole ancienne peuplée aujourd'hui de 9,6 millions d'habitants et qui s'étend sur une région immense appelée Grand Londres. Elle doit gérer des mobilités grandissantes et adapter ses infrastructures de transport à cet étalement urbain. Des politiques urbaines innovantes sont ainsi menées pour tenter de faire de Londres une ville durable.

Londres en chiffres

- **Population :** 9,6 millions d'habitants (15 % de la population du Royaume-Uni)
- **Superficie (Grand Londres) :** 1 572 km²

A Comment la croissance urbaine se manifeste-t-elle à Londres ?

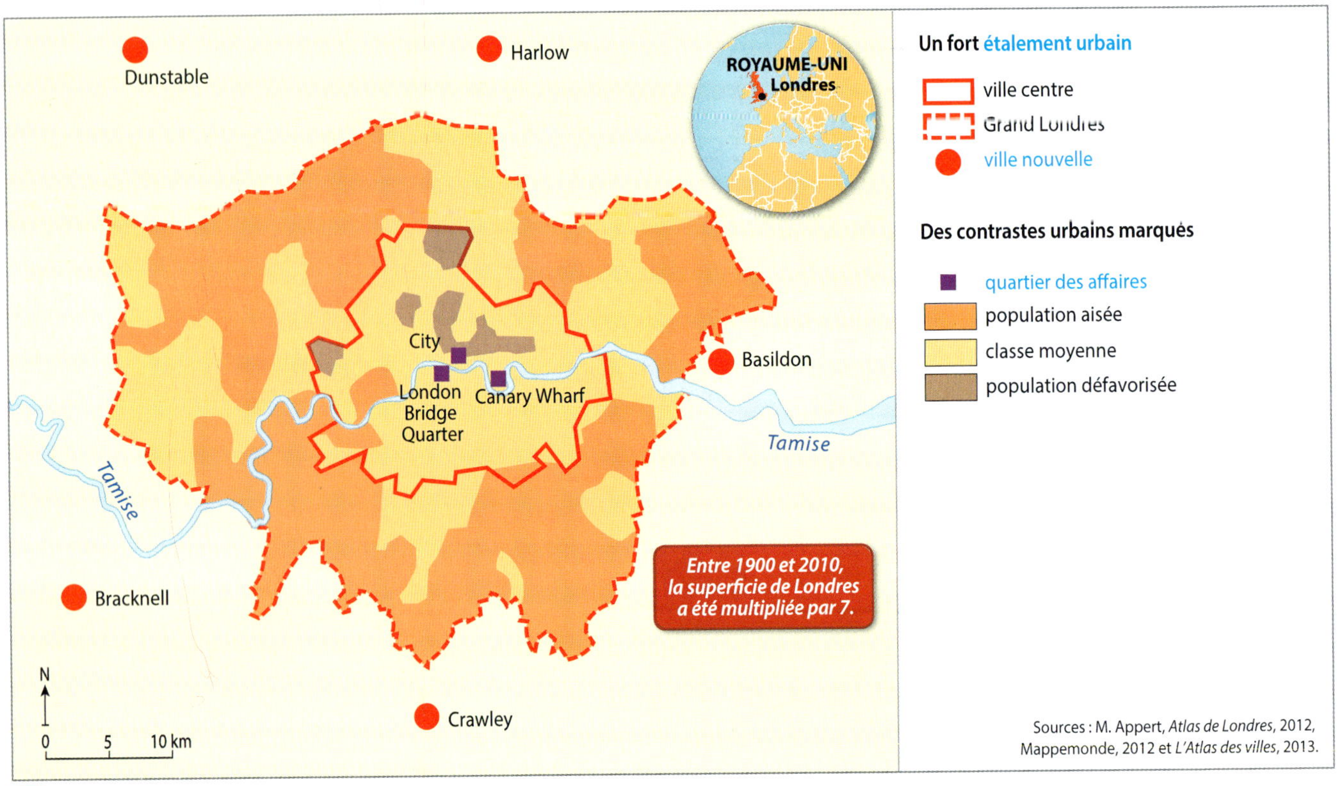

1 Londres, une métropole étalée et divisée

Vocabulaire

Étalement urbain : croissance spatiale des villes sous l'effet d'un accroissement démographique, et/ou de l'implantation de nouvelles activités.

Gentrification : afflux d'une population aisée dans un quartier auparavant populaire.

Métropole : grande ville qui concentre la population, les activités et les fonctions de commandement et qui exerce une influence sur le territoire qui l'entoure.

Quartier des affaires : quartier qui concentre les activités économiques décisionnelles des métropoles (sièges sociaux des grandes entreprises, place boursière).

Ville nouvelle : ville créée à proximité d'une métropole afin d'y délocaliser certaines activités pour éviter la saturation de la métropole.

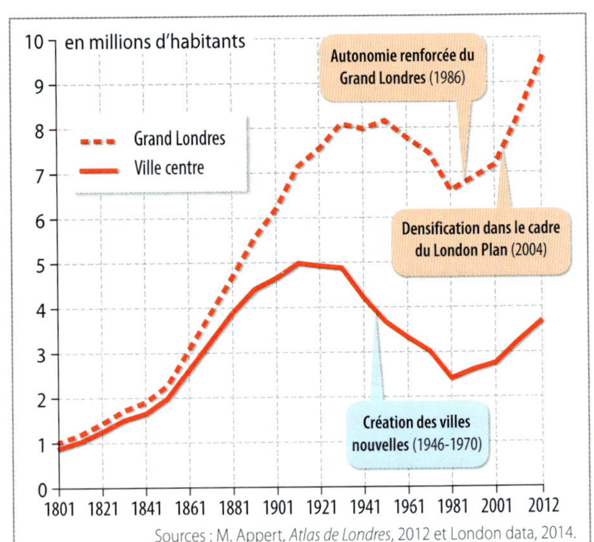

2 L'évolution de la population de Londres

3 Le centre de Londres, un espace aux fonctions multiples. Quartiers des affaires : ① London Bridge Quarter ; ② la City. Quartier résidentiel : ③ Docks Sainte-Katharine.

4 Une ville en mutation constante

Au XIXe siècle, la ville connaît une croissance fulgurante, passant de 900 000 habitants en 1801 à 7 millions en 1911, nourrie par l'exode rural et l'immigration irlandaise et écossaise. La capitale industrielle et financière s'affirme alors comme la première métropole mondiale. La spécialisation de la City[1] contribue à réduire fortement [la population de ce quartier], passant de 128 000 habitants en 1801 à 26 800 en 1901. Après la Seconde Guerre [mondiale], une ceinture verte est mise en place pour limiter la croissance spatiale de Londres et des villes nouvelles, comme Harlow ou Basildon, sont créées pour absorber la croissance démographique de Londres. Les Londoniens qui en ont les moyens quittent la ville pour s'installer au-delà de la ceinture verte. Les classes moyennes et supérieures réinvestissent certains quartiers centraux, provoquant les premiers phénomènes de gentrification qui se poursuivent encore aujourd'hui tandis que les plus pauvres sont rejetés plus loin ou se concentrent en quartiers selon les appartenances ethniques.

M. Appert, *Atlas de Londres*, Autrement, 2012.

1. La City est le plus ancien quartier des affaires de Londres.

5 Des activités et des infrastructures dévoreuses d'espace

	Superficie[1], en hectares
Transport Ex. : aéroport d'Heathrow	1 233
Zones commerciales Ex. : Westfield London	53
Industries Ex. : ZI de Dagenham	1 790
Loisirs Ex. : parc de tennis de Wimbledon parc de Wembley	 20 160

Source : Google Earth, 2014.

1. Les parkings et entrepôts annexes sont compris dans la superficie.

Questions

1. Pourquoi peut-on dire que la croissance urbaine de Londres est ancienne ? Comment la population évolue-t-elle depuis le milieu du XXe siècle ? Expliquez cette évolution. (doc. 2 et 4)
2. Quelles sont les conséquences spatiales et sociales de la croissance de la population londonienne ? (doc. 1, 3 et 5)
3. Quelles solutions ont été mises en place pour contrôler cette croissance ? (doc. 4)

▶ **Bilan :** Complétez la 1re colonne de l'organigramme bilan p. 174.

B Quels sont les enjeux liés aux transports et aux mobilités à Londres ?

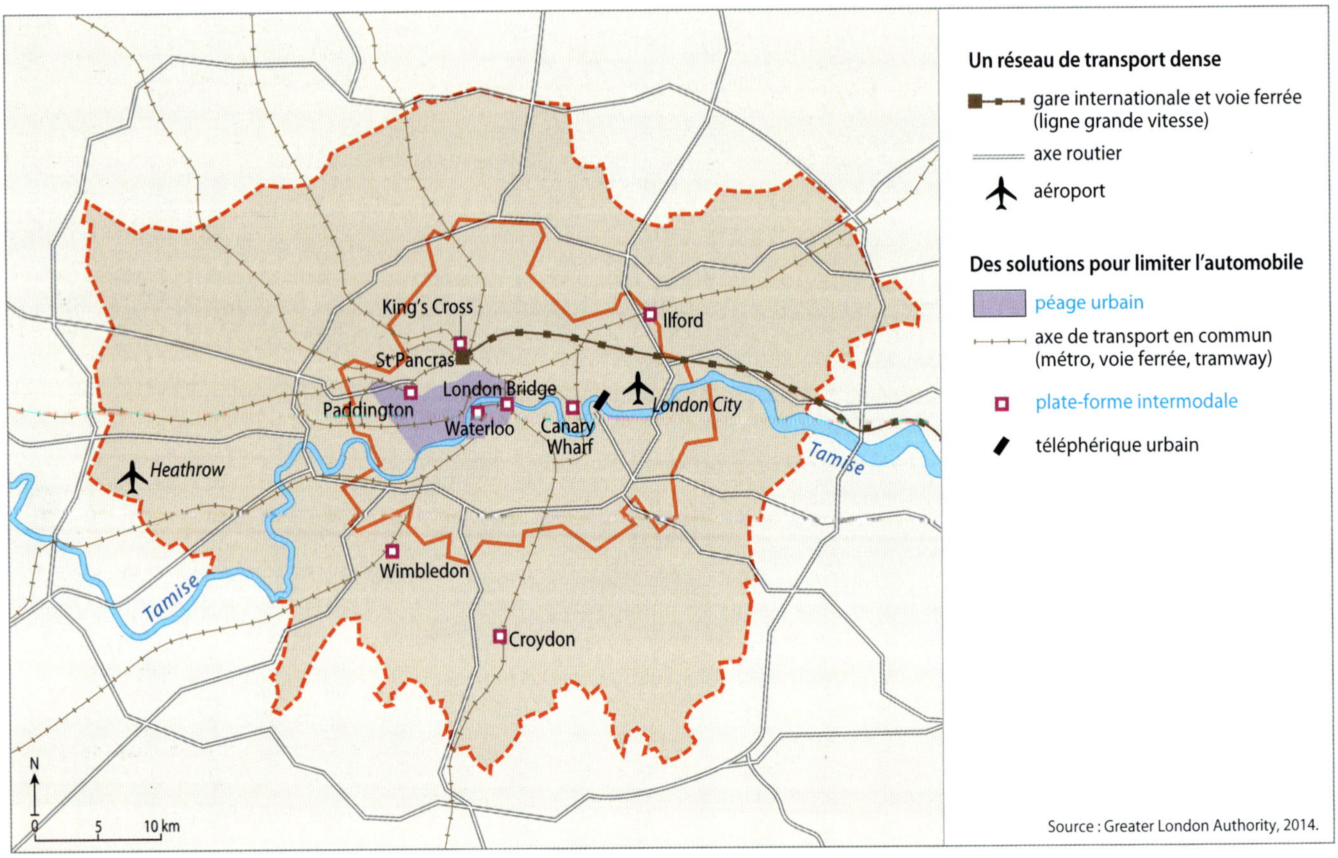

6 Des réseaux de transport efficaces

7 Le péage urbain, un frein aux mobilités pendulaires ?

Dix ans [après son inauguration], le bilan de la *congestion charge*[1] est mitigé. La mairie de Londres a encaissé 1,2 milliard de livres (1,4 milliard d'euros), entièrement investis dans l'amélioration des transports en commun. Londres est ainsi entré dans un cercle vertueux, décourageant les voitures mais offrant aux voyageurs des bus plus fréquents. La *congestion charge* montre aujourd'hui ses limites : les embouteillages sont revenus au niveau de 2003 car les rues sont en chantier quasi permanent, des couloirs de bus et pistes cyclables réduisent la surface allouée aux voitures. La circulation s'est partiellement détournée : la grande avenue qui contourne le nord du péage urbain est réputée pour ses bouchons. La pollution du centre de Londres a ainsi retrouvé le niveau de 2003. La zone couverte par le péage urbain ne représente que 3,5 % de la circulation du Grand Londres. Bien accepté dans son emplacement actuel, la City, où presque personne n'habite, le péage a provoqué une intense controverse[2] lors de son extension dans l'ouest résidentiel de la ville en 2007.

Le Monde, 21 février 2013.

1. Péage urbain destiné à diminuer le trafic de véhicules. En effet, les mobilités pendulaires dans le Grand Londres sont passées de 7 km à 51 km par hab. entre 1950 et 2010, essentiellement entre les périphéries et le centre.
2. En 2013, le péage urbain coûte à l'automobiliste environ 13 euros par jour.

Vocabulaire

Intermodalité : utilisation combinée de plusieurs moyens de transport pour un même trajet.

Mobilité pendulaire : déplacement quotidien effectué entre le domicile et le lieu de travail.

Péage urbain : taxe de circulation dans une zone du centre d'une grande ville.

Plate-forme intermodale : nœud de circulation qui facilite le passage d'un moyen de transport à un autre.

8 La plate-forme intermodale de King's Cross.
① station de métro de King's Cross ; ② couloir de bus ; ③ station de taxis.

9 **Un transport des marchandises réglementé.** Source : London Plan.

Cette affiche a été envoyée en plusieurs langues aux transporteurs internationaux de marchandises pour les informer de la mise en place d'un périmètre de faible émission de CO_2 dans le Grand Londres, où les transports en poids lourds sont fortement réglementés.

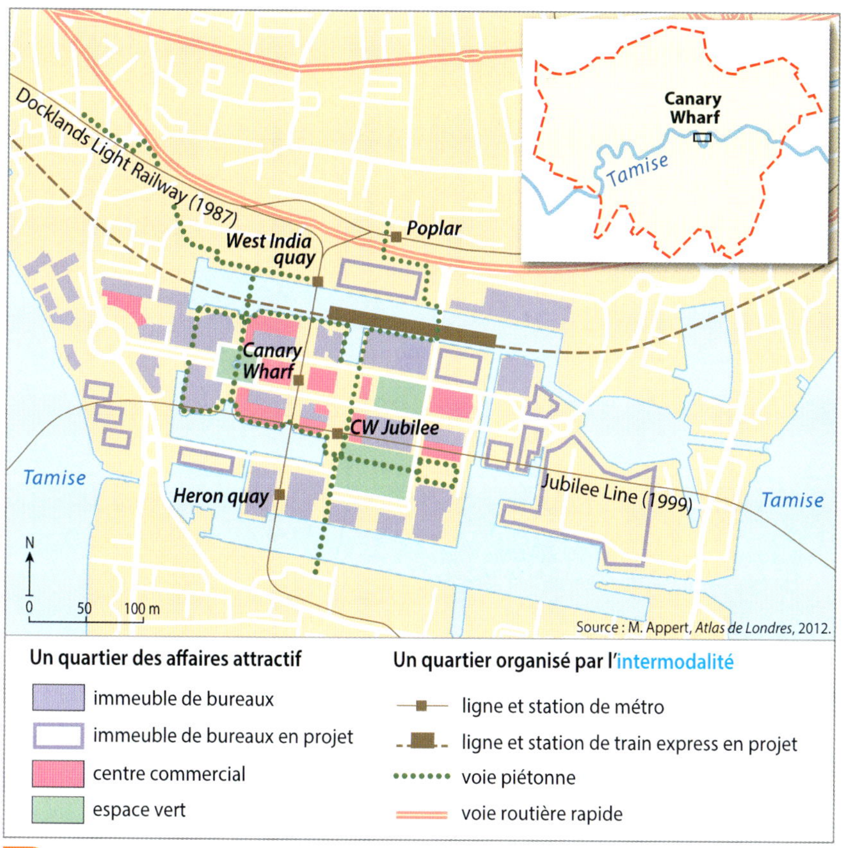

10 **Canary Wharf, un quartier en mutation au cœur des réseaux de transport**

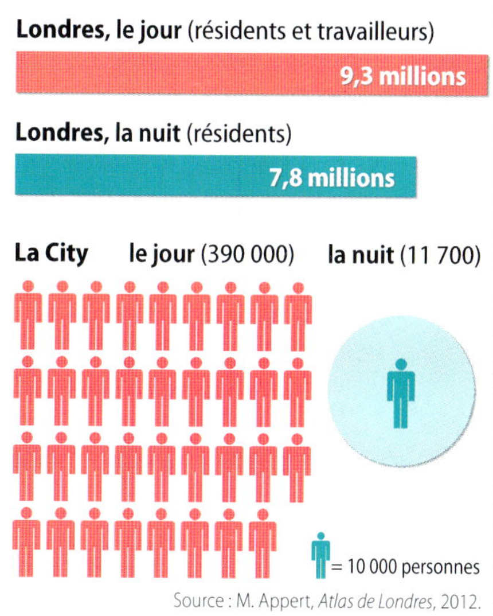

11 **Londres, une ville vide la nuit**

Questions

1 Quelles sont les mobilités à Londres ? Quels transports permettent d'y répondre ? (doc. 6, 10 et 11)

2 Quelles sont les nuisances liées aux mobilités ? (doc. 7 et 8)

3 Quelles sont les solutions mises en place pour diminuer ces nuisances ? (doc. 6, 8 et 9)

▶ **Bilan :** Complétez la 2e colonne de l'organigramme bilan p. 174.

C Quels aménagements pourraient faire de Londres une ville durable ?

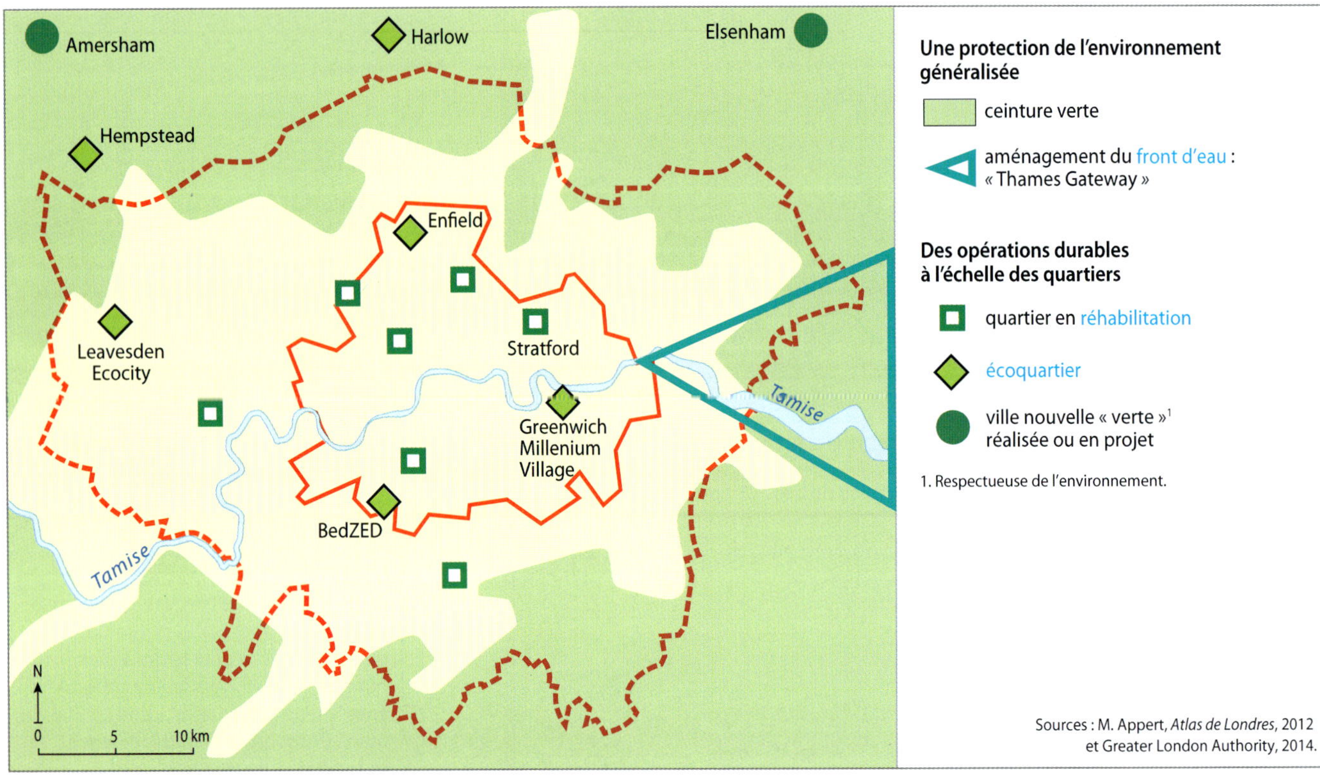

12 **La mise en place d'aménagements durables**

13 **Le *London Plan*, une politique ambitieuse**

	Objectifs	Exemples
À l'échelle de la ville	Densifier la ville	– Transformation des entrepôts des Docklands en logements, bureaux, équipements culturels. – 15 villes nouvelles « vertes » à l'habitat dense (Elsenham, Amersham…).
	Protéger l'environnement	– Programme Retrofit d'économie d'énergie (toits végétalisés, tri sélectif). – Thames Gateway : aménagement du front d'eau conciliant développement des activités et protection de la nature.
	Améliorer l'accessibilité	– Plates-formes intermodales : Ilford, Wimbledon.
À l'échelle du quartier	Développer la **mixité sociale**	– Reconversion du village olympique de Stratford en habitat collectif, dont la moitié en logement social.
	Construire des écoquartiers	– Hempstead, Enfield.

Source : London Plan (municipalité de Londres), 2014.

Vocabulaire

Écoquartier : quartier aménagé pour répondre aux objectifs du développement durable.

Front d'eau : espace situé au bord de l'eau dont l'aménagement tire profit de cette proximité au niveau économique (commerce, tourisme) et du cadre de vie (loisirs).

Mixité sociale : mélange sur un même territoire de personnes aux niveaux de vie et aux cultures différentes. Elle s'oppose à la ségrégation socio-spatiale.

Réhabilitation : réaménagement d'un quartier par la restauration et la modernisation des bâtiments.

14 Le site olympique de Stratford, un exemple d'aménagement durable ? L'aménagement du site olympique de 2012 associe espaces verts, voies piétonnes (1) et plate-forme intermodale (2). Le village olympique (3) est destiné à être transformé en habitat mixte (logements privés et logements sociaux) et certains quartiers défavorisés ont été réhabilités (4), même si la plupart ont été détruits et les habitants chassés.

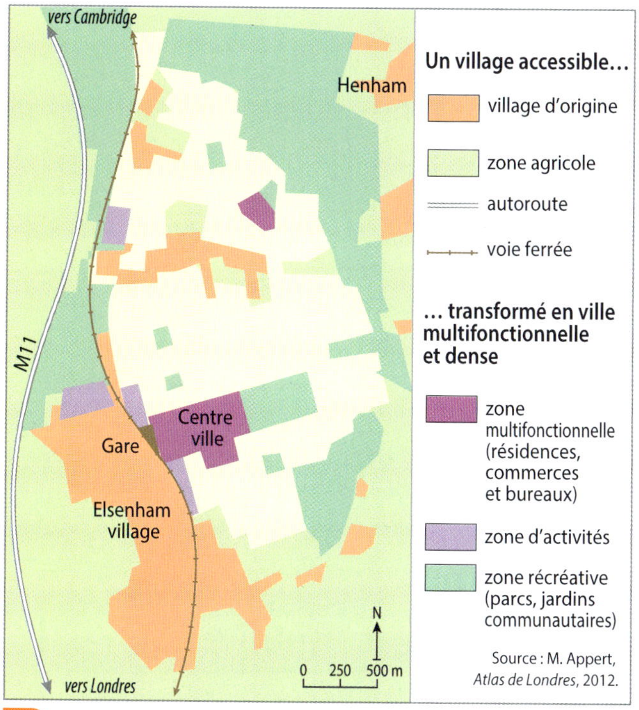

15 La ville nouvelle « verte » d'Elsenham
(2 272 hab. en 2011)

16 BedZED, un écoquartier modèle ? Bien qu'il soit l'écoquartier le plus médiatisé d'Europe, le bilan de BedZED est mitigé. En effet, la mixité fonctionnelle et sociale annoncée dans le projet n'existe pas (fermeture des bureaux installés à l'origine, logements sociaux non intégrés). La centrale énergétique au bois a été remplacée par un raccordement au réseau électrique et l'usage de l'automobile perdure.

Questions

1) Quels sont les aménagements durables envisagés ou réalisés ? Classez-les en fonction des piliers du développement durable. (doc. 12 et 13)

2) En quoi le site olympique de Stratford et Elsenham répondent-ils aux piliers du développement durable ? (doc. 14 et 15)

3) Quelles sont les limites de tels aménagements ? (doc. 15 et 16)

▶ **Bilan :** Complétez la 3e colonne de l'organigramme bilan p. 174.

Londres, ville durable ?

L'essentiel

A Comment la croissance urbaine se manifeste-t-elle à Londres ?

- La croissance urbaine de Londres est ancienne.
- La croissance urbaine se traduit par l'étalement urbain que les autorités tentent de maîtriser.
- Londres est aujourd'hui une ville multipolaire au niveau économique et divisée au niveau social.

B Quels sont les enjeux liés aux transports et aux mobilités à Londres ?

- L'étalement urbain engendre des mobilités pendulaires importantes entre le centre, la périphérie et les villes nouvelles.
- L'usage excessif de l'automobile entraîne des nuisances.
- Des solutions sont développées pour densifier la ville et limiter l'usage de l'automobile. L'usage des transports en commun est encouragé.

C Quels aménagements pourraient faire de Londres une ville durable ?

- Londres donne priorité au volet environnemental afin de réduire la pollution.
- Des opérations durables existent à l'échelle du quartier. Le site olympique de Stratford a été pensé selon les objectifs de durabilité.
- Cependant, dans ces opérations urbaines, le pilier social est souvent négligé.

Passer à l'échelle mondiale

La croissance de Londres est-elle représentative de l'évolution des villes du Nord ?

Planisphère 1 (p. 188-189)
Cours 1 (p. 192)

En quoi les réseaux de transport de Londres reflètent-ils les enjeux des déplacements dans les grandes villes du monde ?

Planisphère 2 (p. 190)
Cours 2 (p. 194)

Les solutions durables de Londres sont-elles identiques aux solutions envisagées à l'échelle mondiale ?

Planisphère 3 (p. 191)
Cours 3 (p. 198)

Travailler autrement

Recopiez et complétez l'organigramme bilan de l'étude de cas en illustrant les idées d'exemples précis.

FAIRE DE LONDRES UNE VILLE DURABLE

UNE CROISSANCE URBAINE ANCIENNE
- Une croissance forte depuis 1800 ....
- ↓ Un étalement urbain important ....
- ↓ Une ville divisée et multipolaire ....

→

DES TRANSPORTS GLOBALEMENT EFFICACES POUR DES MOBILITÉS CROISSANTES
- Des mobilités croissantes ....
- ↓ Des nuisances multiples ....
- ↓ Des solutions mises en œuvre ....

DES AMÉNAGEMENTS DURABLES EN DÉVELOPPEMENT
- Une priorité environnementale ....
- + Des opérations durables ....
- ↓ De nouveaux défis à relever ....

Des schémas…

A Une croissance urbaine ancienne

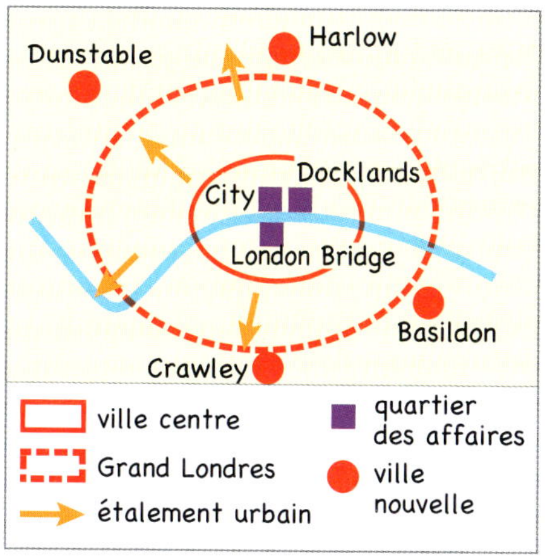

B Des transports globalement efficaces pour des mobilités croissantes

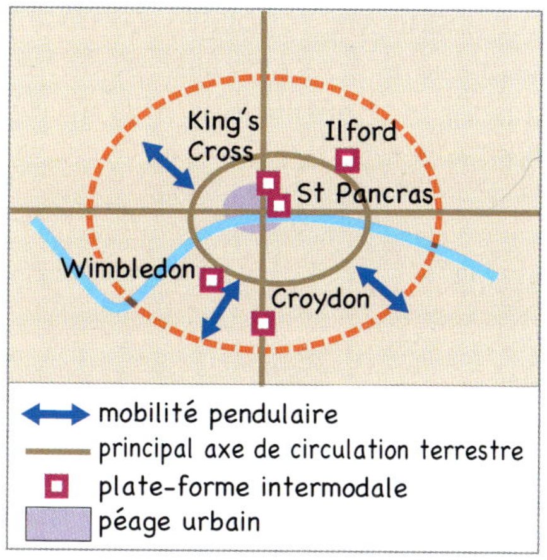

C Des aménagements durables en développement

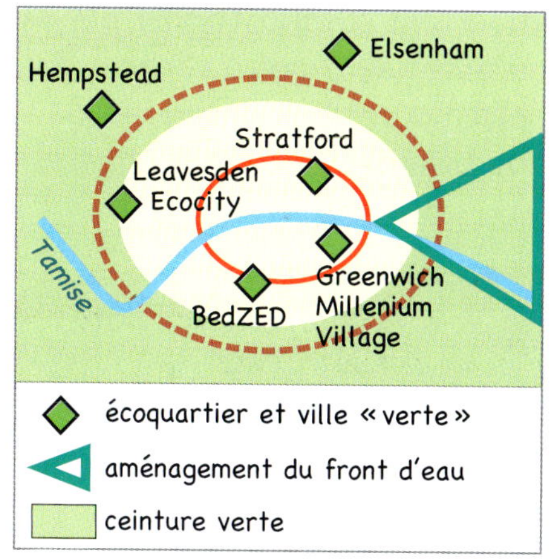

…au croquis de synthèse

Sur votre cahier, complétez le croquis et la légende à l'aide des pages 168 à 173.

FICHE À COMPLÉTER et correction en téléchargement sur le site Hachette-Éducation

Titre : ……………………………………………………………………………………

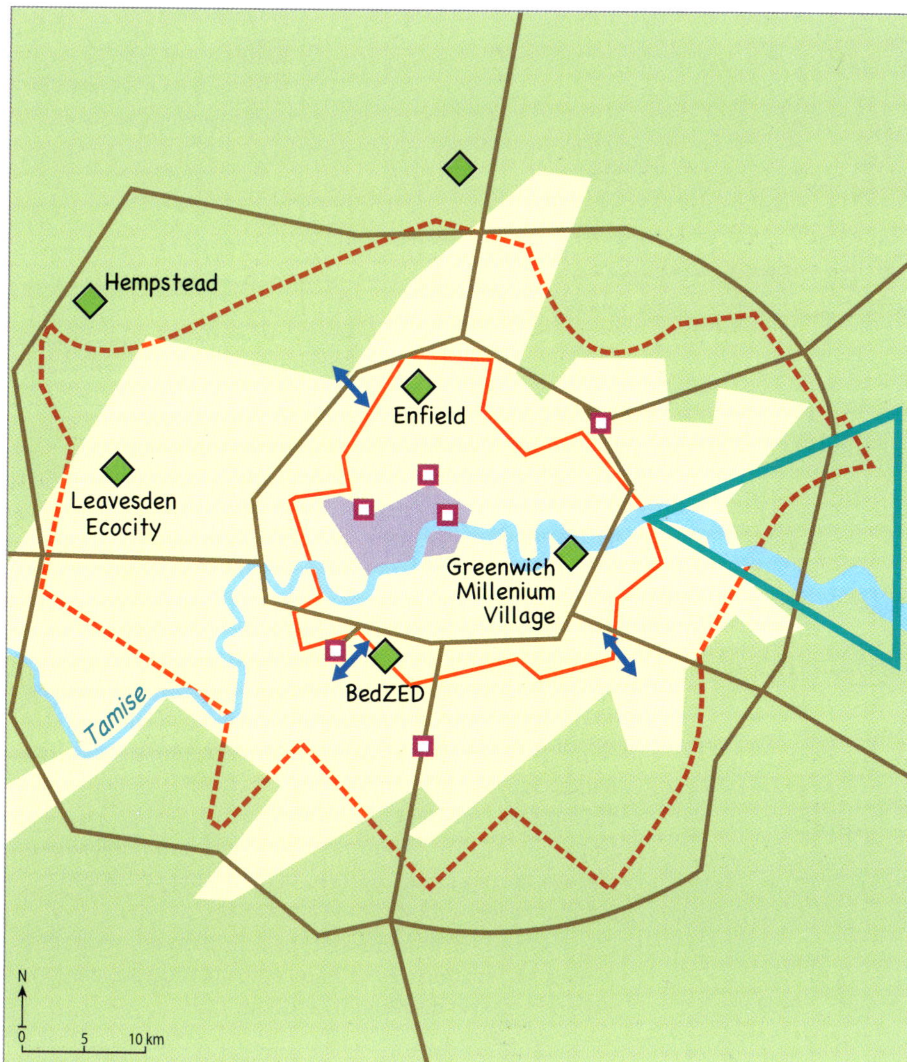

Une croissance urbaine ancienne

- ville centre
- ………………………………
- …… étalement urbain
- …… quartier des affaires
- …… ………………………………

Des transports globalement efficaces pour des mobilités croissantes

- ………………………………
- principal axe de circulation terrestre (route et voie ferrée)
- ………………………………
- ………………………………

Des aménagements durables en développement

- ………………………………
- …… aménagement du front d'eau
- ………………………………

Lagos : faire face à l'explosion urbaine

Lagos connaît une croissance urbaine spectaculaire et un étalement urbain important (Grand Lagos) qui s'accompagne de mobilités croissantes. Les autorités de Lagos cherchent donc à améliorer l'accessibilité et doivent aussi pallier la pénurie en services de base pour les populations afin de gérer plus durablement la ville.

Lagos en chiffres

- **Population :** 25 millions d'habitants (15 % de la population du Nigeria)
- **Superficie (Grand Lagos) :** 3 345 km^2

A Quelles sont les conséquences de la croissance urbaine de Lagos ?

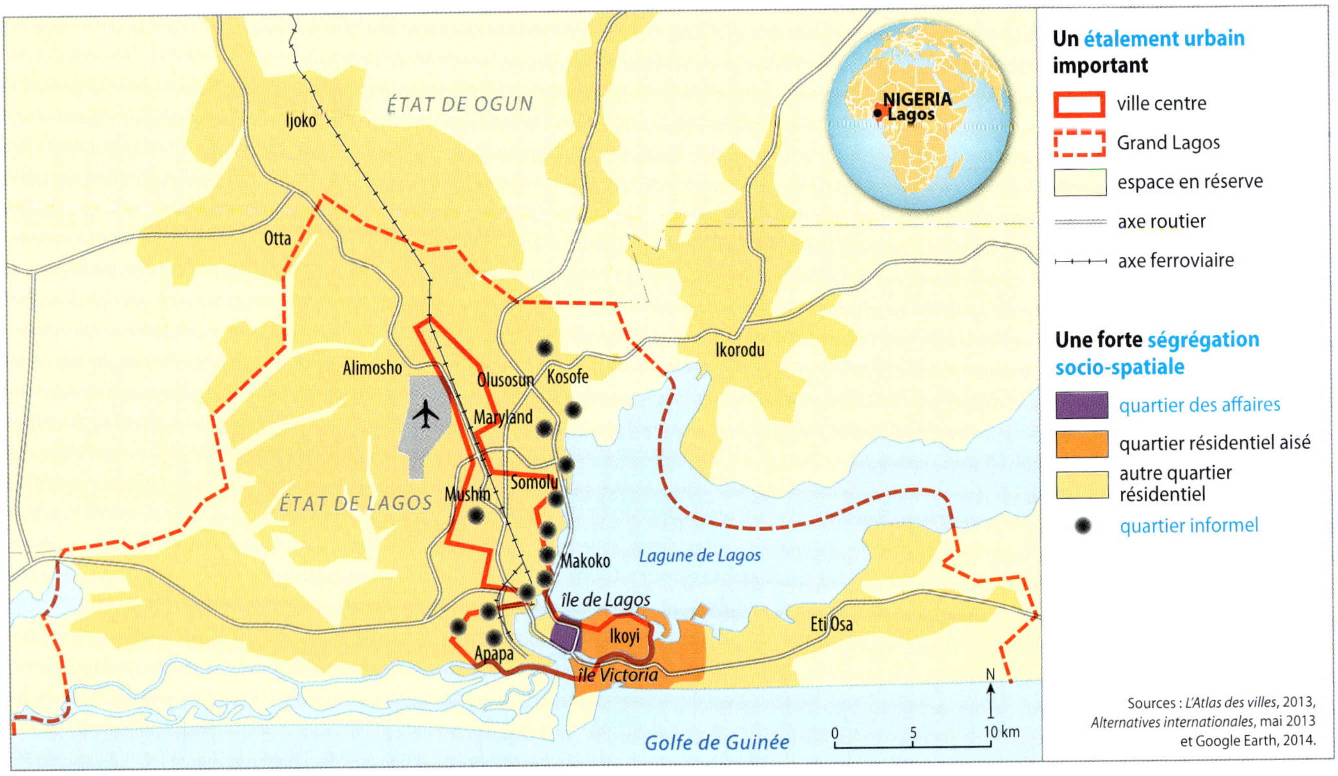

1 Une **mégapole** étalée aux fortes inégalités

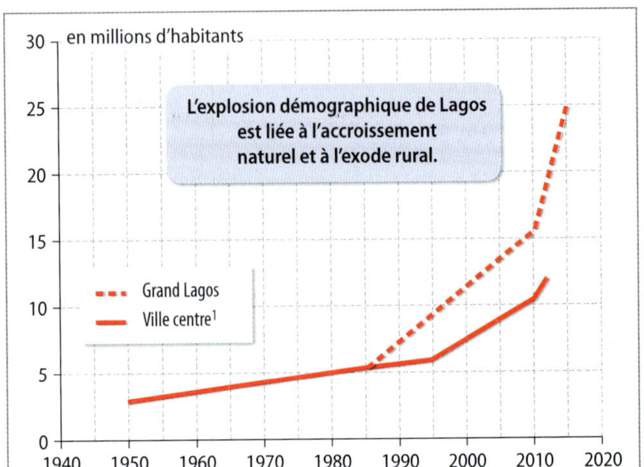

1. Faute de recensement fiable, les estimations du nombre d'habitants diffèrent beaucoup selon les sources : 11,5 millions d'habitants en 2012 selon l'ONU, 21 millions selon le gouvernement nigérian.

Sources : Ifra et ONU, 2014.

2 L'évolution de la population de Lagos

Vocabulaire

Étalement urbain : croissance spatiale des villes sous l'effet d'un accroissement démographique, et/ou de l'implantation de nouvelles activités.

Mégapole : très grande agglomération de plus de 10 millions d'habitants (seuil fixé par l'ONU).

Quartier des affaires : quartier qui concentre les activités économiques décisionnelles des métropoles (sièges sociaux des grandes entreprises, place boursière).

Quartier informel (bidonville) : quartier d'habitations précaires occupant des espaces délaissés par l'urbanisation traditionnelle (décharge, zone inondable).

Ségrégation socio-spatiale : spécialisation des territoires urbains en fonction des catégories sociales de population. Elle s'oppose à la mixité socio-spatiale.

3 L'inégalité d'accès au transport. Le Third Mainland Bridge relie le continent au quartier des affaires de l'île de Lagos (en arrière-plan). Au premier plan, le bidonville de Makoko n'est pas desservi par ce pont et se trouve donc isolé du reste de la ville.

4 Une ville embouteillée

« Ville poubelle », « enfer », les Nigérians ne manquent pas de qualificatifs pour décrire Lagos. Tous plus négatifs les uns que les autres. De fait, la plus importante mégapole d'Afrique de l'ouest est un aimant monstrueux. Lagos qui représente plus de 50 % du PIB du pays ne cesse de grossir. On estime que près de 6 000 personnes viennent chaque jour s'y établir dans l'espoir d'une vie meilleure. La croissance de sa population – 6 % par an – est l'une des plus élevées du monde. Cette pieuvre étend même ses tentacules sur l'État fédéré voisin[1]. À cheval entre le continent, une île et une presqu'île, Lagos suffoque de son manque de terre. Dès 5 heures du matin, des dizaines de milliers de personnes massées dans les *danfos*, minibus jaunes, font le trajet vers les quartiers des affaires de Victoria Island et Ikoyi. Les 12 km du Third Mainland Bridge sont totalement saturés[2]. Quant à la zone lagunaire qui encercle la mégapole, elle se pare de bateaux-navettes. Au petit matin et à la fermeture des bureaux, de plus en plus de travailleurs font la queue le long des débarcadères fraîchement construits. Tandis que de nombreuses routes sont quasiment impraticables quelle que soit l'heure de la journée. Un frein à la mobilité de la population et des marchandises qui pénalise la productivité de la capitale économique du Nigeria.

Alternatives internationales, mai 2013.

1. Le Nigeria est un État fédéral composé de 36 États fédérés.
2. Pour limiter les embouteillages, la circulation des *danfos* est interdite depuis septembre 2013 sur les ponts menant à la l'île de Lagos.

Questions

1) Pourquoi peut-on parler d'une explosion démographique de Lagos ? (doc. 2 et 4)

2) Quelles sont les conséquences de la croissance de Lagos ? Pourquoi peut-on dire qu'elle accentue la ségrégation socio-spatiale ? (doc. 1, 3 et 4)

3) Comment expliquer l'augmentation des mobilités à Lagos ? Quels transports les permettent ? (doc. 3 et 4)

4) Quels sont les problèmes liés aux mobilités ? (doc. 3 et 4)

▶ **Bilan :** Complétez les deux premières colonnes de l'organigramme bilan p. 180.

B Pourquoi est-il difficile de gérer durablement Lagos ?

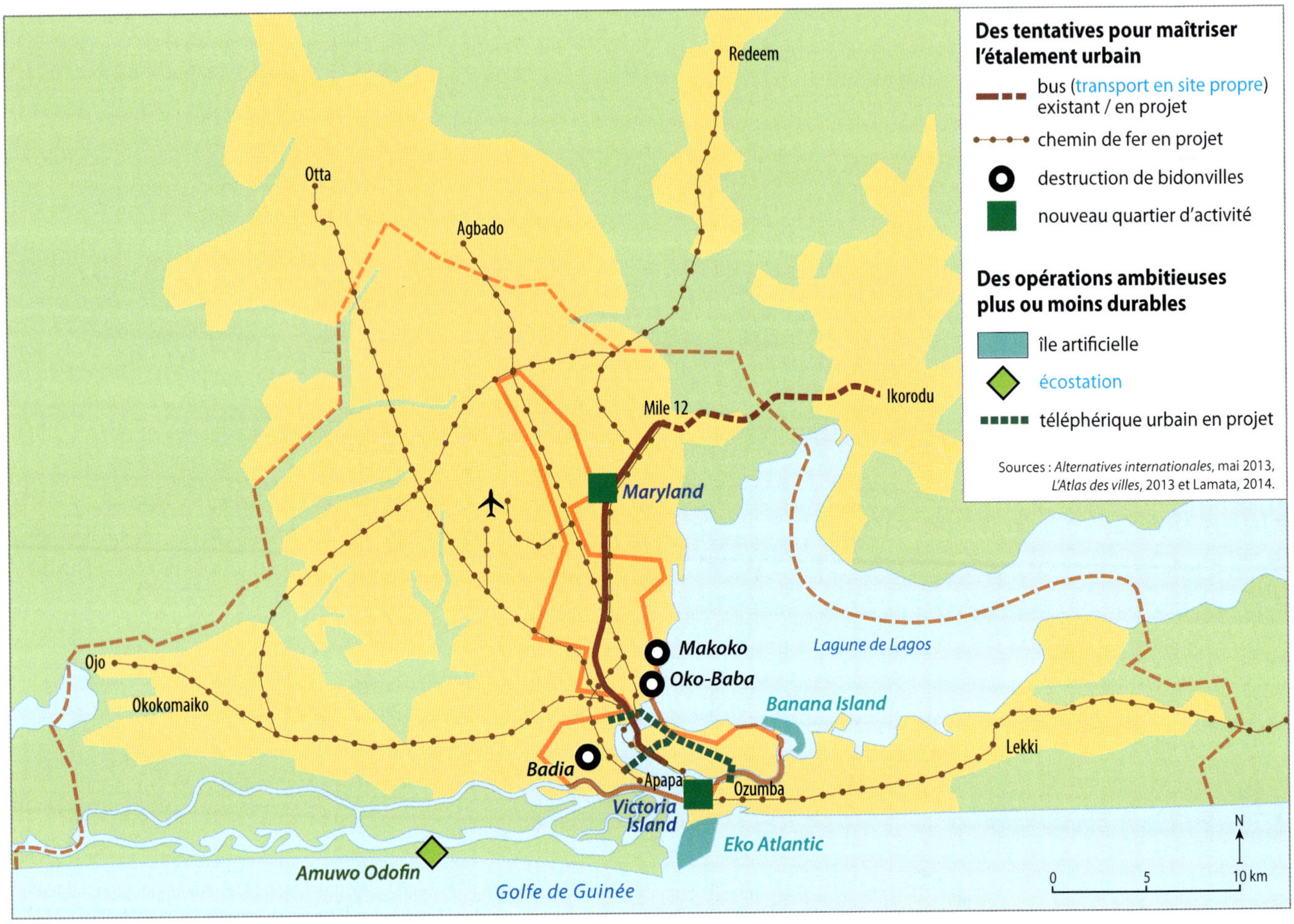

5 Des difficultés pour aménager durablement la ville

6 La priorité de la municipalité de Lagos depuis 2010 : assurer les besoins essentiels

	2010	Objectif 2020
Accès à l'eau, en % de la population	50	80
Ramassage et recyclage des déchets, en % du total	15	60
Accès à une surface habitable suffisante[1], en % de la population	65	90

Sources : *L'État des villes africaines*, UN-Habitat, 2010 et *Alternatives internationales*, mai 2013.

1. Un logement est considéré comme doté d'une surface habitable suffisante si chaque pièce est partagée par un maximum de deux personnes.

7 La destruction de bidonvilles, une solution aux effets contrastés

Le gouverneur de Lagos a fait part de son intention de démolir les habitations [du bidonville d'Oko-Baba] et de remplacer les cabanes par des immeubles modernes. Cependant, il n'a pas dit un mot sur le sort des 350 000 habitants. La Chrio Foundation, une ONG chrétienne, estime que, « pour que les habitants d'Oko-Baba soient relogés, il faudrait les recenser et mettre à leur disposition des maisons, des écoles, des hôpitaux ». Le secrétaire du Mouvement des jeunes de Mainland (une des zones de l'État de Lagos) affirme : « Beaucoup de ceux qui vivent ici ont été expulsés d'autres quartiers de la ville, comme Makoko (en juillet 2012, une partie du bidonville de Makoko a été rasée). Si le gouvernement nous chasse sans nous proposer d'autres solutions, de nombreuses vies en seront affectées, surtout parmi les jeunes. »

This Day, quotidien de Lagos, cité par *Courrier International*, 12-18 septembre 2013.

Vocabulaire

Écostation : lieu touristique conçu pour limiter l'impact sur le milieu naturel et culturel dans lequel il s'implante.

Transport en site propre : transport empruntant une voie qui lui est réservée (tramway, piste cyclable).

8 Le bidonville d'Olusosun : une décharge habitée.
Olusosun est la plus grande décharge d'Afrique où vivent de la récupération des déchets environ mille familles, dans des conditions d'extrême pauvreté.
La mairie de Lagos envisage de détruire les habitations et de fermer la décharge mais aucune date n'est avancée.

9 Eko Atlantic, un projet vitrine pour Lagos.
Photomontage de l'île artificielle d'Eko Atlantic. En construction depuis 2009, ce projet combine protection contre l'océan, logements (250 000 habitants) et quartier des affaires. Entièrement privé, ce quartier aura sa propre centrale électrique, son système d'eau potable et sera protégé par une société de sécurité.

Questions

1. Quelles sont les actions mises en place pour maîtriser l'étalement urbain ? (doc. 5)
2. Quelles sont les actions mises en place pour assurer la satisfaction des besoins essentiels des habitants de Lagos ? Quelles sont leurs limites ? (doc. 6, 7 et 8)
3. Quels acteurs interviennent dans les projets ? (doc. 6, 7 et 9) Montrez que des projets ambitieux sont mis en place pour aménager Lagos. Quelles sont leurs limites par rapport aux trois piliers du développement durable ? (doc. 6 et 9)

▶ **Bilan :** Complétez la 3e colonne de l'organigramme bilan p. 180.

Bilan de l'étude de cas 2

Lagos : faire face à l'explosion urbaine

L'essentiel

A Comment se manifeste l'étalement urbain à Lagos ?

- Lagos est une mégapole récente qui connaît une explosion urbaine.
- L'étalement urbain est important et anarchique.
- L'étalement urbain accentue la ségrégation socio-spatiale : les bidonvilles sont nombreux et accueillent la majorité des nouveaux arrivants.

B Quels sont les problèmes liés aux mobilités à Lagos ?

- Lagos est un pôle attractif au Nigeria, ce qui entraîne de nombreuses mobilités pendulaires et un exode rural important.
- Lagos est fortement congestionnée. Les infrastructures de transport sont insuffisantes et génèrent des inégalités spatiales.
- Les autorités locales réfléchissent à une politique de transport plus efficace.

C Est-il possible de gérer durablement Lagos ?

- Pour maîtriser l'explosion urbaine, des zones d'activité périphériques sont créées.
- La satisfaction des besoins essentiels par les services de base (eau, électricité...) est un préalable au développement durable de Lagos. Pourtant, la prise en compte des plus pauvres est souvent négligée.
- Lagos développe quelques aménagements innovants. Mais ils risquent d'aggraver la ségrégation socio-spatiale.

Passer à l'échelle mondiale

La croissance urbaine de Lagos reflète-t-elle la situation des villes du Sud ?

Planisphère 1 (p. 188-189)
Cours 1 (p. 192)

Les problèmes de mobilités de Lagos sont-ils représentatifs de ceux des autres mégapoles du Sud ?

Planisphère 2 (p. 190)
Cours 2 (p. 194)

Les solutions durables de Lagos sont-elles identiques aux solutions envisagées à l'échelle mondiale ?

Planisphère 3 (p. 191)
Cours 3 (p. 198)

Travailler autrement

Recopiez et complétez l'organigramme bilan de l'étude de cas en illustrant les idées d'exemples précis.

FAIRE FACE À L'EXPLOSION URBAINE DE LAGOS

UN ÉTALEMENT URBAIN SPECTACULAIRE

- Une croissance urbaine récente ....
- ↓ Un étalement urbain anarchique ....
- ↓ Une mégapole divisée ....

→

DES MOBILITÉS CROISSANTES MAIS DES TRANSPORTS PEU EFFICACES

- Des mobilités pendulaires importantes ....
- ↓ Des nuisances multiples ....
- ↓ Des solutions limitées ....

→

DES DIFFICULTÉS POUR AMÉNAGER DURABLEMENT LA VILLE

- La mise en place de services de base ....
- \+ Des mesures pour limiter l'étalement urbain ....
- \+ Des opérations vitrine ....
- ↓ Des défis à relever ....

Des schémas...

A Un étalement urbain spectaculaire

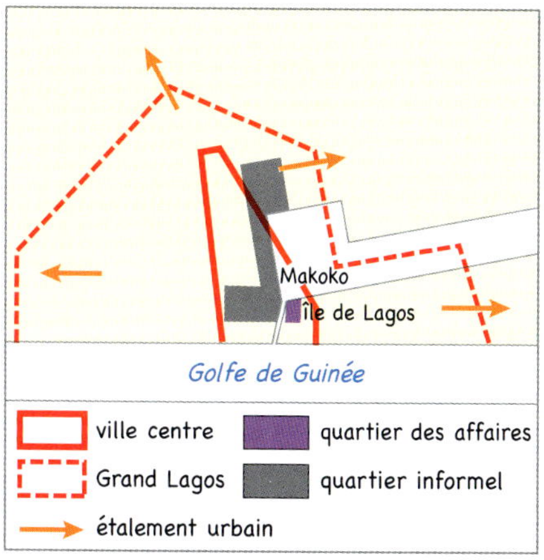

B Des mobilités croissantes mais des transports peu efficaces

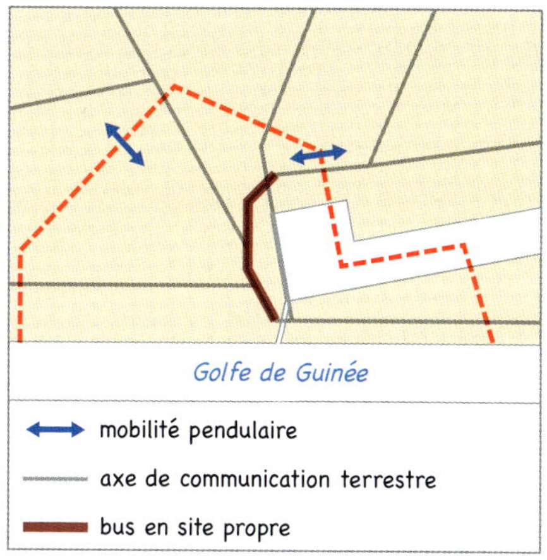

C Des difficultés pour aménager durablement la ville

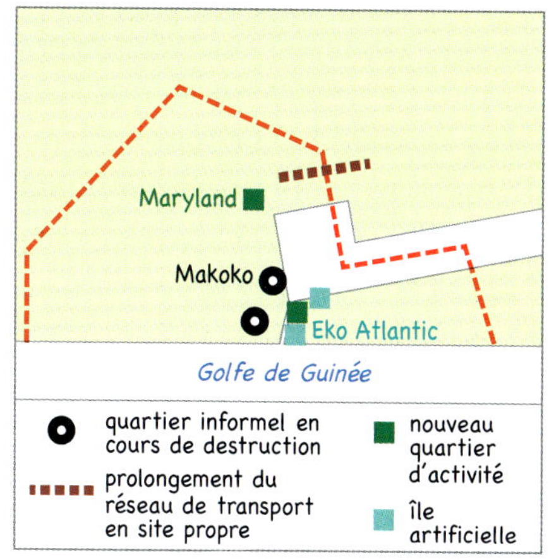

...au croquis de synthèse

Sur votre cahier, complétez le croquis et la légende à l'aide des pages 176 à 179.

FICHE À COMPLÉTER
PDF
et correction en téléchargement sur le site Hachette-Éducation

Titre : ....

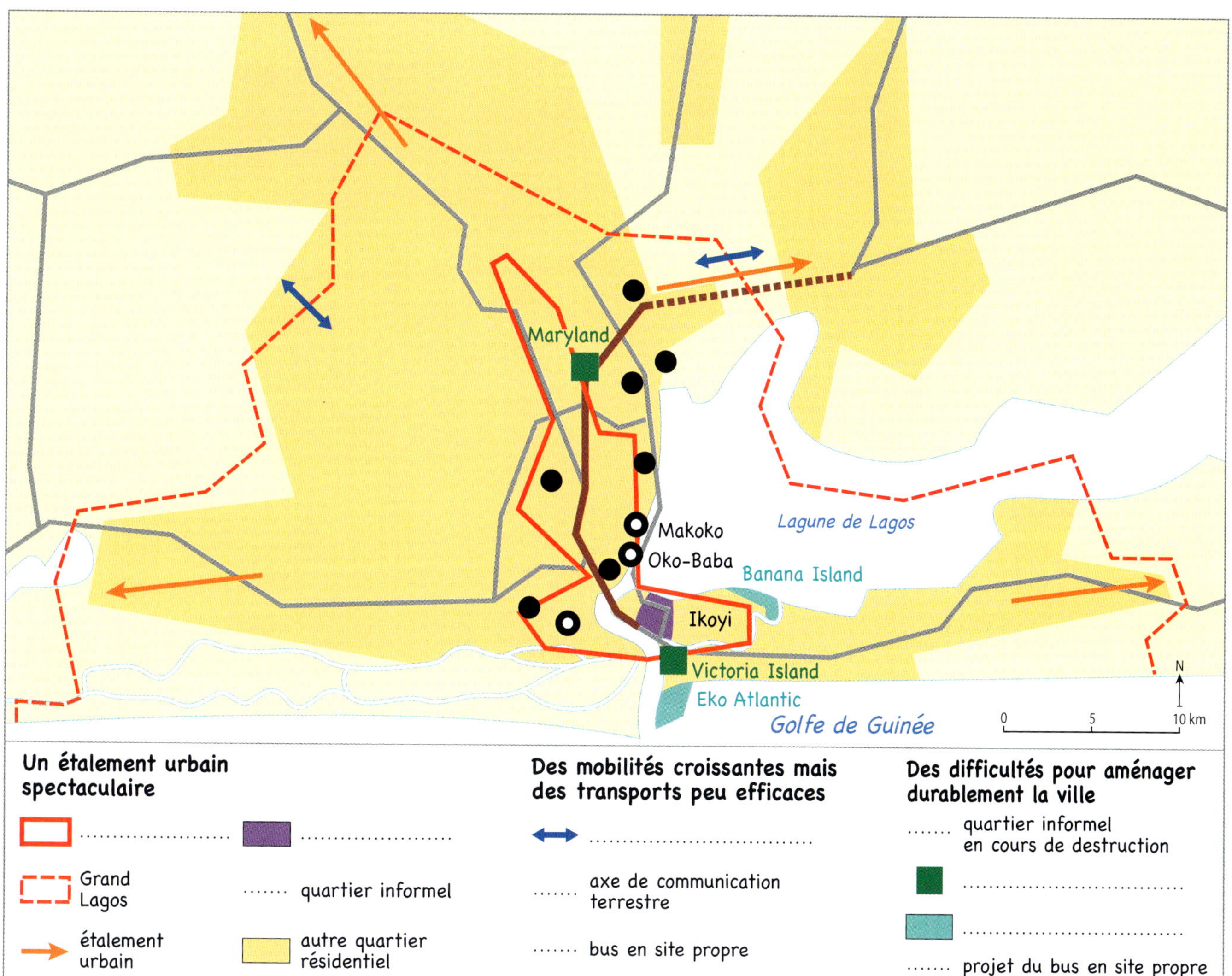

Kuala Lumpur : aménager durablement une métropole émergente

Kuala Lumpur est une ville récente qui a connu une croissance urbaine et un développement économique fulgurants : c'est une métropole émergente. Elle tente aujourd'hui de faire face aux fortes inégalités sociales et aux problèmes de mobilités, tout en développant des projets innovants et durables.

Kuala Lumpur en chiffres

- **Population :** 7,2 millions d'habitants (25 % de la population de la Malaisie)
- **Superficie (Grand Kuala Lumpur) :** 7 950 km²

A Quelles sont les conséquences de la croissance urbaine à Kuala Lumpur ?

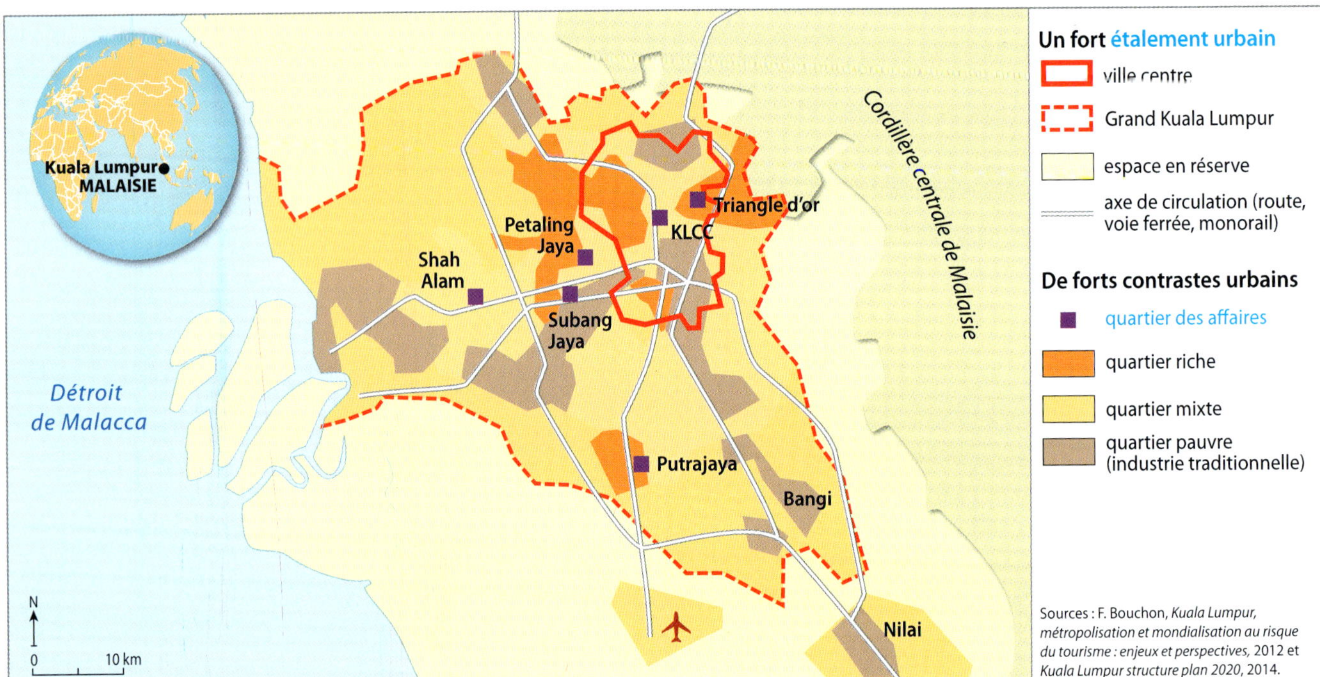

1 Les défis urbains d'une métropole émergente

Vocabulaire

Étalement urbain : croissance spatiale des villes sous l'effet d'un accroissement démographique, et/ou de l'implantation de nouvelles activités.
Gentrification : afflux d'une population aisée dans un quartier auparavant populaire.
Métropole : grande ville qui concentre la population, les activités et les fonctions de commandement et qui exerce une influence sur le territoire qui l'entoure.
Mobilité pendulaire : déplacement quotidien effectué entre le domicile et le lieu de travail.
Quartier des affaires : quartier qui concentre les activités économiques décisionnelles des métropoles (sièges sociaux des grandes entreprises, place boursière).

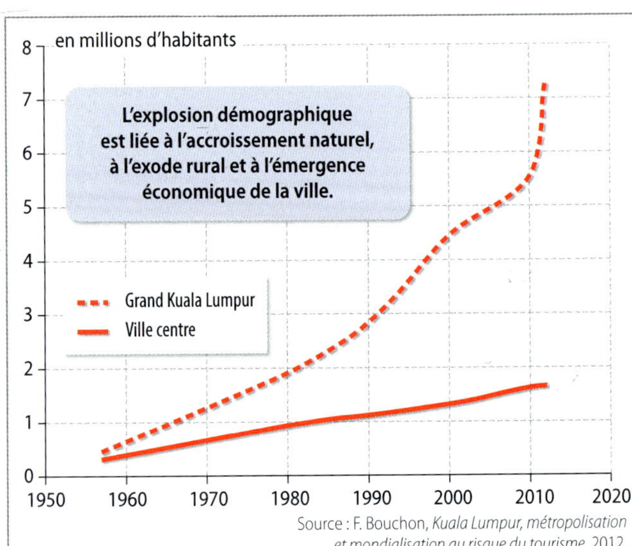

2 L'évolution de la population de Kuala Lumpur

3 Le Triangle d'or, principal quartier des affaires.
Planifié à la fin des années 1990 pour décongestionner le centre ville, le Triangle d'or est dominé par les tours jumelles Petronas (entreprise pétrolière malaise).

4 Une urbanisation à deux vitesses

Des opérations de rénovation urbaine apparaissent dans les anciens quartiers industriels de Kuala Lumpur. Le quartier de Bangsar, par exemple, est devenu une enclave riche, avec des thématiques bobo[1] (mode du bio, artisanat de luxe). Un mouvement de **gentrification** s'organise et altère l'équilibre social urbain tandis que les plus anciennes banlieues industrielles et les anciens *kampungs*[2] concentrent la classe ouvrière dans des immeubles, dans un paysage urbain généralement sinistré : congestion automobile, autoroutes en viaduc, usines, pollution. Des zones de squatteurs persistent avant d'être rasées quand le développement d'un nouveau centre commercial ou de lotissements les chasse. La pauvreté est repoussée aux marges de la ville où les quartiers s'organisent par communautés. Les zones d'exclusion accueillent aussi les migrants économiques, principalement indonésiens, bangladais et birmans. Ces inégalités sociales et la criminalité incitent une partie de la classe moyenne à s'isoler dans des forteresses gardées.

D'après F. Bouchon, *Kuala Lumpur, métropolisation et mondialisation au risque du tourisme : enjeux et perspectives*, 2012.

1. Contraction des mots « bourgeois » et « bohème », désigne des personnes relativement aisées qui partagent une même façon de vivre.
2. Quartier traditionnel ayant conservé un aspect villageois.

5 Le monorail, cœur d'un réseau de transport saturé par les mobilités pendulaires.
En 2014, 6 lignes de métro, 10 lignes de bus et une ligne de monorail constituent le système de transport de Kuala Lumpur qui arrive à saturation pour les 579 000 passagers quotidiens (en 2012).

Questions

1) Comment évolue la population de Kuala Lumpur ? Pourquoi ? (doc. 2)

2) Comment se manifeste l'étalement urbain à Kuala Lumpur ? Quelles sont ses conséquences spatiales et sociales ? (doc. 1, 3 et 4)

3) Comment expliquer l'augmentation des mobilités à Kuala Lumpur ? Quels transports permettent de les réaliser ? (doc. 1 et 5)

4) Quelles sont les nuisances entraînées par ces mobilités ? (doc. 4 et 5)

▶ **Bilan :** Complétez les deux premières colonnes de l'organigramme bilan p. 186.

B Quelles sont les solutions proposées pour aménager durablement Kuala Lumpur ?

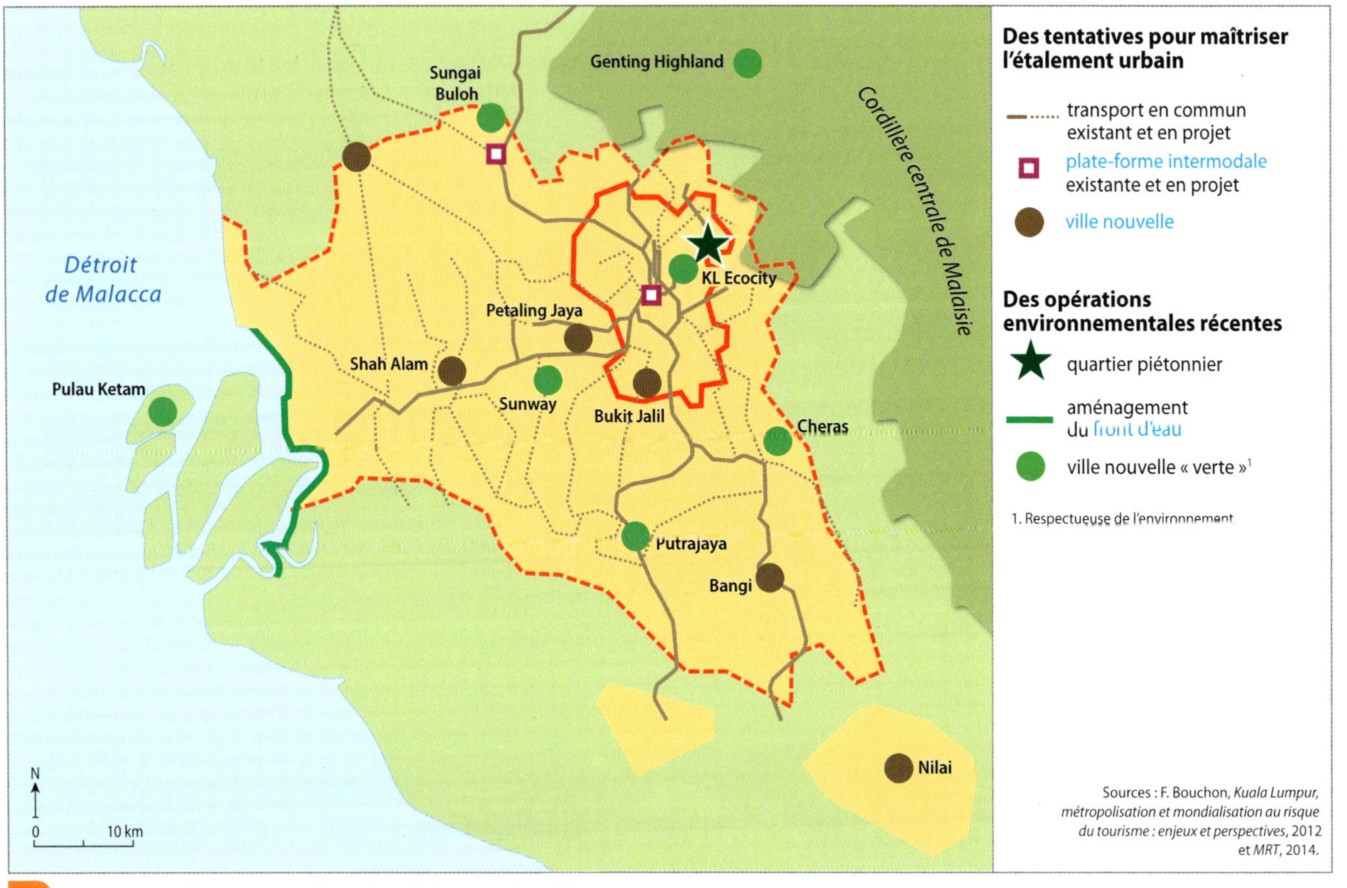

6 Des tentatives pour gérer durablement la ville

7 Une politique de transport tardive

L'État de Selangor mène des études de faisabilité sur la construction d'une seconde puis d'une troisième ligne de MRT[1], a annoncé le directeur des transports publics de la ville et du Grand Kuala Lumpur. Il a dit que la seconde ligne, *the Circle Line*, serait une ligne périphérique autour de la ville centre de Kuala Lumpur et que le mégaprojet de MRT viserait principalement à « décongestionner la circulation dans Kuala Lumpur ». « Le nombre de nouvelles voitures entrant sur le marché chaque année s'élève à environ un demi-million. Il y a aussi neuf millions de cyclomoteurs. C'est un très grand nombre à assumer et il est impossible de construire assez de nouvelles routes pour absorber toutes les nouvelles immatriculations chaque année. C'est pourquoi nous avons besoin d'une augmentation significative de la capacité ferroviaire pour atteindre les 50 % du nombre des usagers en 2020 », a-t-il dit. Il a admis que le niveau des usagers des transports en commun aujourd'hui (environ 17 %) était « très bas » comparé à d'autres villes comme Hong Kong (87 %) et Singapour (presque 66 %). Ce projet de construction de MRT est le plus grand projet d'infrastructure que ce pays ait jamais entrepris.

The Star Online, quotidien malais, avril 2013.

1. Réseau de transport en commun rapide (métro, monorail) dans le Grand Kuala Lumpur.

Vocabulaire

Front d'eau : espace situé au bord de l'eau dont l'aménagement tire profit de cette proximité au niveau économique (commerce, tourisme) et du cadre de vie (loisirs).

***Gated community* :** quartier résidentiel fermé et surveillé.

OMD (Objectifs du millénaire pour le développement) : voir p. 16.

Plate-forme intermodale : nœud de circulation qui facilite le passage d'un moyen de transport à un autre.

Ville nouvelle : ville créée à proximité d'une métropole afin d'y délocaliser certaines activités pour éviter la saturation de la métropole.

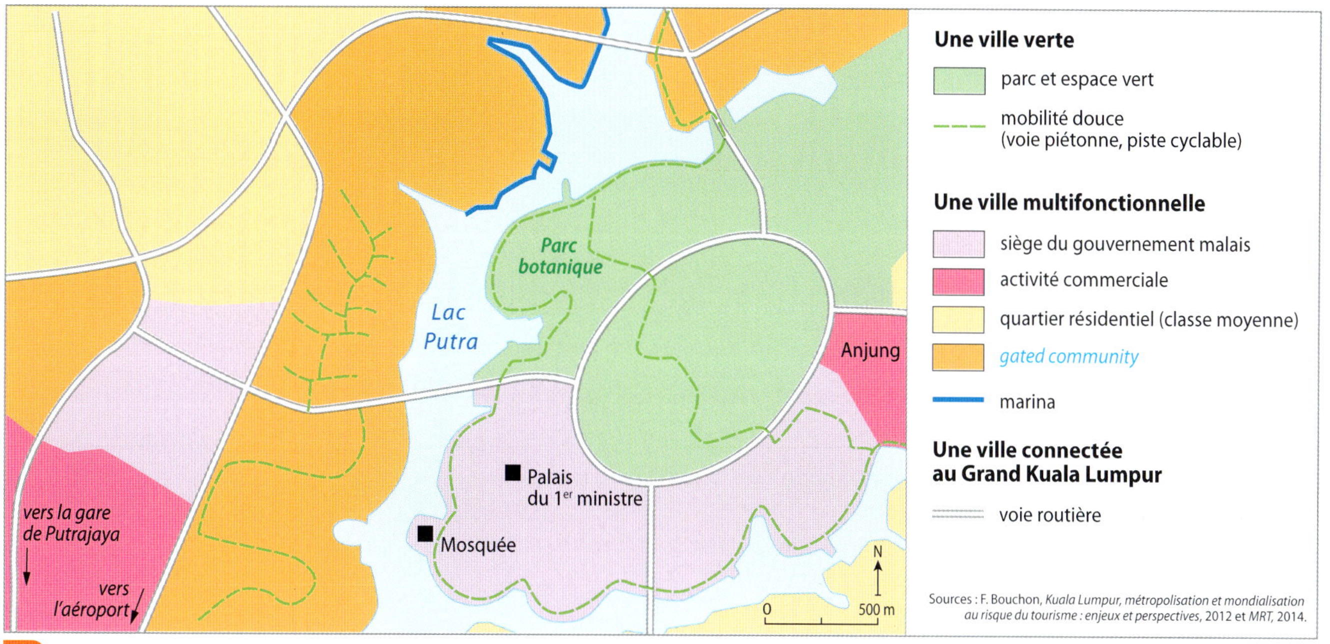

8 **Putrajaya, une vitrine pour Kuala Lumpur et la Malaisie.** Putrajaya, qui regroupe 70 000 habitants, est depuis 1995 la nouvelle capitale administrative de la Malaisie. Avec ses espaces verts, son lac artificiel et ses espaces piétonniers et cyclables, Putrajaya est une vitrine écologique chargée de redorer l'image de la Malaisie accusée par ailleurs de déforestation.

9 **Réduire les poches de pauvreté persistante.** La Malaisie, citée en modèle par l'ONU en 2012 pour l'accomplissement des **OMD**, conserve cependant des poches de pauvreté, particulièrement dans les quartiers périphériques et à tradition industrielle.

10 **Le projet de plate-forme intermodale de Sungai Buloh.** En construction depuis 2011 et financées par le gouvernement de Malaisie et des entreprises privées, la nouvelle ligne de MRT et la plate-forme intermodale de Sungai Buloh accueilleront, à partir de 2017, 1,2 million de passagers chaque jour.

Questions

1. Comment la politique des transports de Kuala Lumpur tente-t-elle de satisfaire les mobilités croissantes ? (doc. 6, 7 et 10)
2. Quelles sont les actions mises en place pour maîtriser l'étalement urbain ? (doc. 6 et 8)
3. Quels sont les projets à l'échelle des quartiers ? Quelles sont leurs limites par rapport aux trois piliers du développement durable ? (doc. 6, 8 et 9)

Bilan : Complétez la 3e colonne de l'organigramme bilan p. 186

Bilan de l'étude de cas 3

Kuala Lumpur : aménager durablement une métropole émergente

L'essentiel

A Comment se manifeste l'étalement urbain à Kuala Lumpur ?

- Kuala Lumpur est une métropole émergente qui connaît une croissance urbaine spectaculaire.
- L'étalement urbain est important et la création du Grand Kuala Lumpur vise à mieux le maîtriser.
- Cependant, l'étalement urbain accentue les inégalités socio-spatiales.

B Comment la politique de transport cherche-t-elle à contenir l'explosion des mobilités ?

- Kuala Lumpur est une métropole multipolaire, ce qui entraîne de nombreuses mobilités pendulaires.
- Pour faire face aux nuisances liées aux mobilités, les autorités locales font de la politique des transports une priorité.
- L'accent est mis sur les transports en commun et la limitation de l'automobile.

C Quelles sont les solutions proposées pour aménager durablement Kuala Lumpur ?

- Pour contenir l'étalement urbain, des villes nouvelles et de nouveaux quartiers des affaires sont créés.
- Des actions durables ponctuelles sont menées mais concernent surtout les quartiers riches.
- Le pilier social du développement durable est négligé et des poches de pauvreté persistent dans la ville.

Passer à l'échelle mondiale

La croissance urbaine de Kuala Lumpur est-elle représentative de celle des métropoles émergentes ?

Planisphère 1 (p. 188-189)
Cours 1 (p. 192)

Les problèmes de mobilités de Kuala Lumpur sont-ils identiques à ceux des autres métropoles émergentes ?

Planisphère 2 (p. 190)
Cours 2 (p. 194)

Les solutions durables de Kuala Lumpur sont-elles identiques aux solutions envisagées à l'échelle mondiale ?

Planisphère 3 (p. 191)
Cours 3 (p. 198)

Travailler autrement

Recopiez et complétez l'organigramme bilan de l'étude de cas en illustrant les idées d'exemples précis.

RÉPONDRE AU DÉFI DE L'ÉMERGENCE À KUALA LUMPUR

MAÎTRISER L'ÉTALEMENT URBAIN ET LES INÉGALITÉS SOCIO-SPATIALES	GÉRER DES MOBILITÉS CROISSANTES	AMÉNAGER DURABLEMENT LA VILLE
Une croissance urbaine fulgurante	Des mobilités croissantes	Des mesures pour contenir l'étalement urbain ....
↓	↓	+
Un étalement urbain considérable	Limiter l'automobile	Des opérations ambitieuses ....
↓	+	≠
Une ville divisée et multipolaire	Développer les transports en commun	Le pilier social est négligé ....

Des schémas…

A Maîtriser l'étalement urbain et les inégalités socio-spatiales

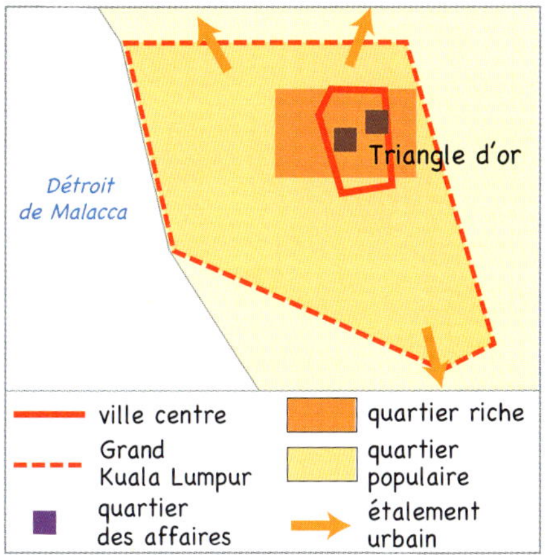

B Gérer des mobilités croissantes

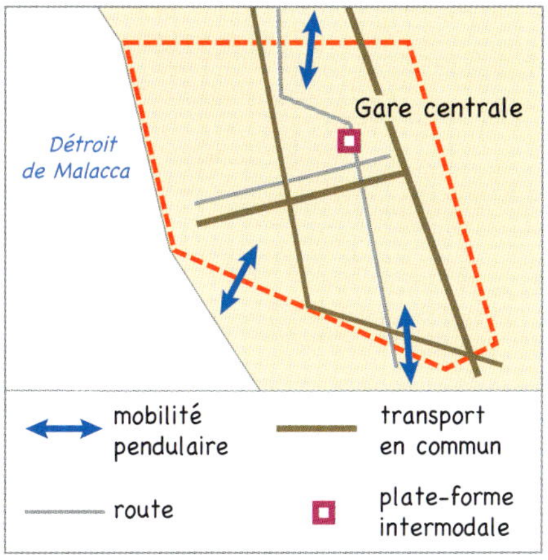

C Aménager durablement la ville

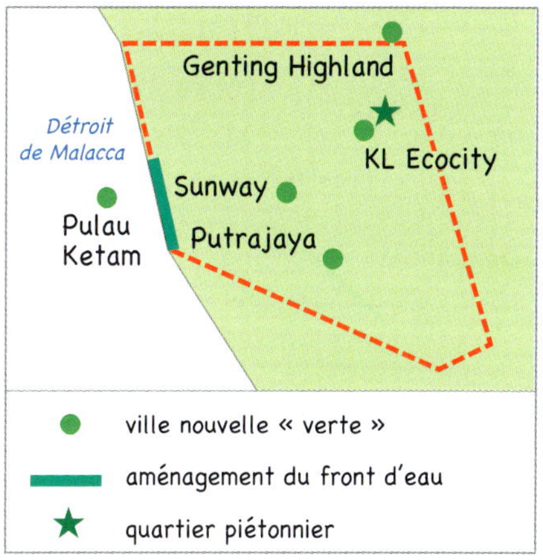

…au croquis de synthèse

Sur votre cahier, complétez le croquis et la légende à l'aide des pages 182 à 185.

FICHE À COMPLÉTER PDF et correction en téléchargement sur le site Hachette-Éducation

Titre : ……………………………………………

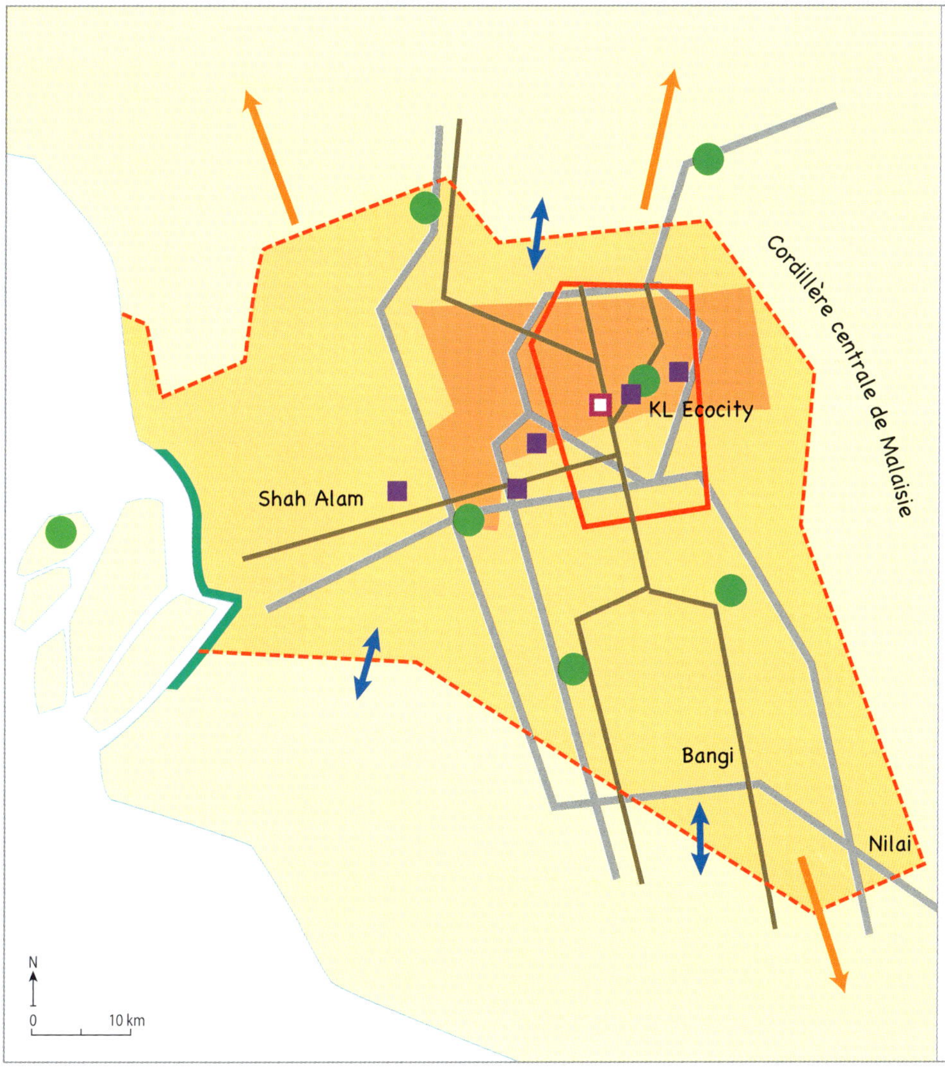

Maîtriser l'étalement urbain et les inégalités socio-spatiales

- ville centre
- ····· Grand Kuala Lumpur
- ····· quartier des affaires
- ····· quartier riche
- quartier mixte et pauvre
- ……………………………

Gérer des mobilités croissantes

- ……………………………
- ····· route
- ……………………………
- ····· plate-forme intermodale

……………………………

- ····· ville nouvelle « verte »
- ……………………………
- ····· quartier piétonnier

L'urbanisation dans le monde

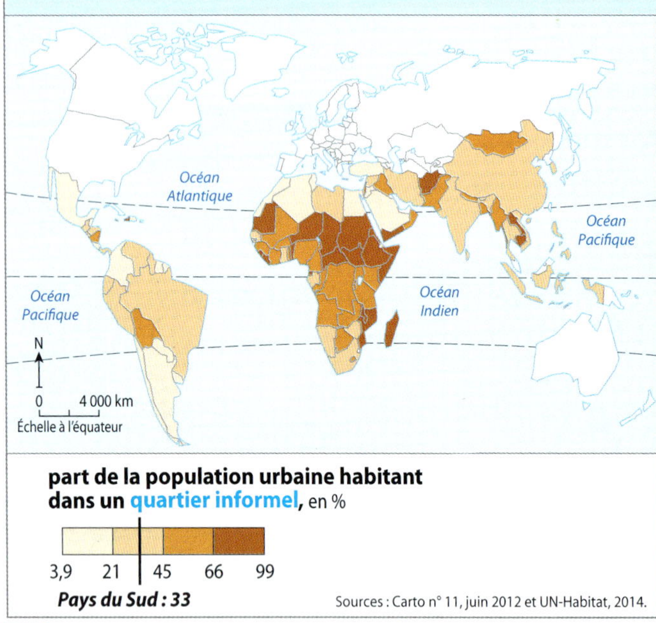

1 Les bidonvilles dans le monde

2 Une urbanisation inégale

Vocabulaire

Agglomération : unité urbaine qui s'étend sur plusieurs communes.

Mégapole : très grande agglomération de plus de 10 millions d'habitants (seuil fixé par l'ONU).

Quartier informel (bidonville) : quartier d'habitations précaires occupant des espaces délaissés par l'urbanisation traditionnelle (décharge, zone inondable).

Taux d'urbanisation : part d'urbains dans la population totale.

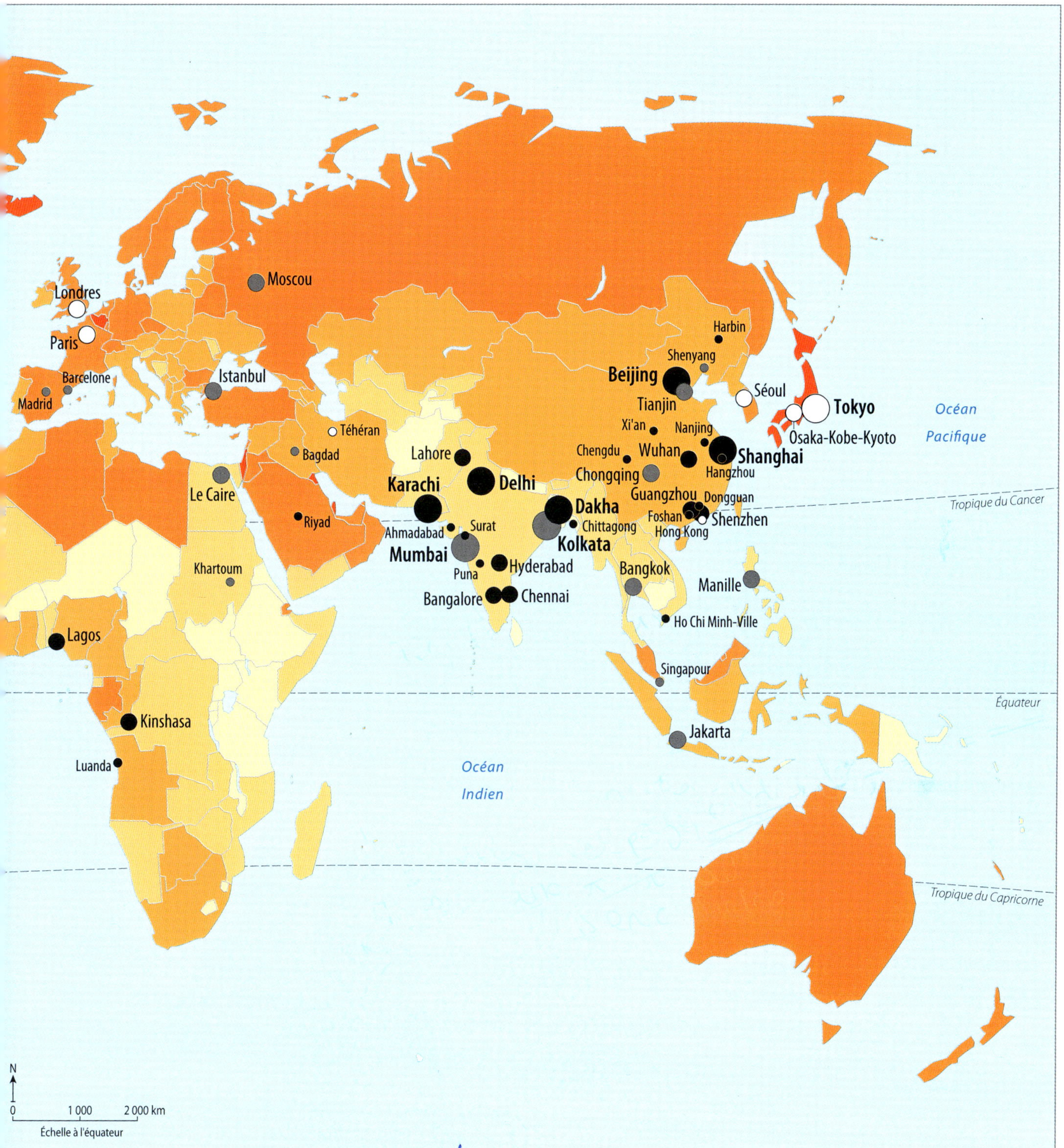

Questions

1. Dans quelles régions du monde la part des urbains est-elle forte ? Dans quelles régions est-elle faible ?
2. Dans quelles régions du monde se localisent les mégapoles ? Quelles sont les régions où la population des mégapoles augmente fortement ? Quelles sont celles où elle stagne ?
3. Dans quels pays du Sud la part des populations vivant dans un bidonville est-elle forte ? Quel lien peut-on établir entre la croissance des mégapoles et la présence de bidonvilles ?

Les transports urbains dans le monde

Un accès inégal au transport

taux de motorisation en 2011, en véhicules pour 1 000 habitants

0 – 25 – 100 – 400 – 797 ; *Monde : 176*

aucune donnée

◆ taux de croissance de la motorisation entre 2005 et 2010 supérieur à 40 %

Les problèmes urbains liés aux transports

● ville ayant plus de 50 km d'embouteillages quotidiens

○ mégapole où la pollution atmosphérique moyenne est 2,5 fois supérieure à la norme recommandée par l'OMS

Sources : Rianovosti, 2013, Banque mondiale, 2014 et OMS, 2014.

Vocabulaire

OMS : agence de l'ONU spécialisée dans la collecte d'informations et la mise en place de projets destinés à améliorer la situation sanitaire dans le monde.

Taux de motorisation : nombre de véhicules motorisés (automobiles, deux roues à moteur) pour 1 000 habitants.

Questions

1. Quelles sont les régions du monde où le taux de motorisation est élevé ? Quelles sont celles où il est faible ?
2. Peut-on établir un lien entre la taille des villes (doc. 1 p. 188-189), les embouteillages quotidiens et la pollution atmosphérique ?

La recherche de nouvelles solutions urbaines

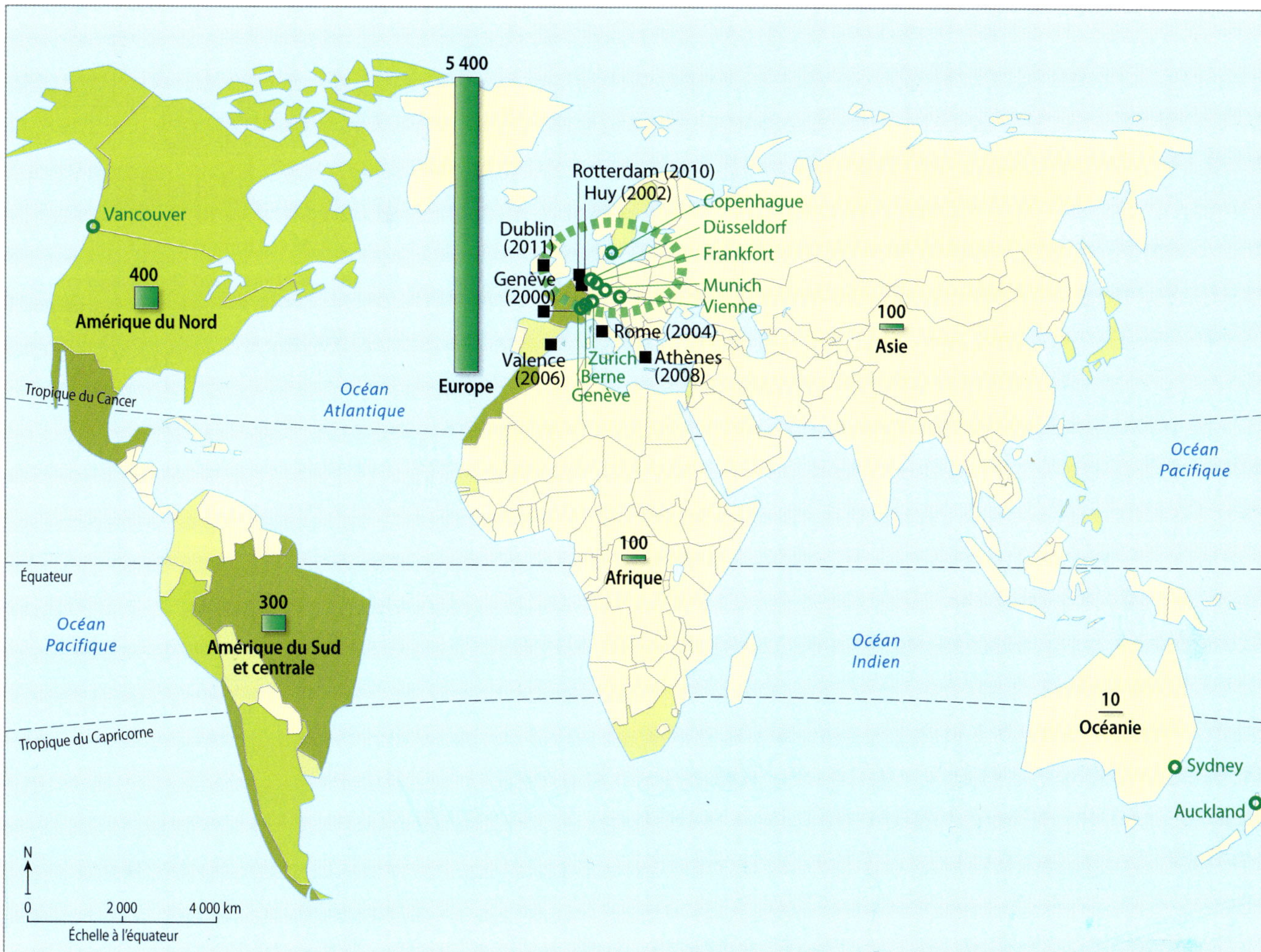

La ville durable, un concept inégalement mondialisé

- lieu de naissance des premières villes durables
- 400 : nombre de villes disposant d'un agenda 21 local
- 10 premières villes mondiales pour la « qualité de vie » (selon le classement Mercer[1] 2013)

1. Classement établi sur 39 critères (santé, éducation, transports, services publiques, loisirs…) par un cabinet privé de conseil aux entreprises.

La recherche d'une gouvernance mondiale

nombre de villes signataires du Pacte climatique mondial des villes, en 2010

0
2
4
6
26

■ Dublin (2011) : sommet contre la pauvreté urbaine depuis 2000

Sources : R. Le Goix et Y. Veyret, *Atlas des villes durables*, 2011, Classement Mercer, 2013 et Pacte de Mexico, 2014.

Vocabulaire

Agenda 21 local : plan d'action qui fixe la mise en œuvre de chaque pilier du développement durable à l'échelle d'un territoire, ici celui d'une ville.

Ville durable : ville qui cherche à prendre en compte simultanément les enjeux sociaux, économiques et environnementaux, conformément aux trois piliers du développement durable.

Questions

1. Quelles régions du monde développent de nouvelles solutions urbaines ? Quelles régions sont en retard dans ce domaine ?
2. Classez chacune des solutions urbaines en fonction des trois principaux piliers du développement durable.

La croissance urbaine et ses conséquences

Quelles sont les manifestations de la croissance urbaine dans le monde ?

A Un monde de plus en plus urbain

- **Le monde connaît une explosion urbaine.** En 1900, il comptait 260 millions de citadins contre 3,5 milliards en 2010. Cela s'explique par la croissance démographique, l'exode rural (recherche d'emploi et d'une meilleure qualité de vie) et la concentration croissante des activités dans les grandes villes.
- **La transition urbaine est donc en cours.** Depuis 2007, dans le monde, plus d'un homme sur deux vit en ville contre un sur dix en 1900. Le taux d'urbanisation mondial (53 % en 2013) devrait atteindre 70 % en 2050 (Repère A).
- **Cependant, la croissance urbaine est inégale selon les continents.** Dans les pays du Nord, l'urbanisation est ancienne et le taux d'urbanisation s'est stabilisé à 76 % en moyenne. Dans les pays du Sud, il est plus faible mais inégal (36 % en Afrique subsaharienne, 79 % en Amérique latine) et augmente à un rythme soutenu.

B Des villes de plus en plus étalées

- **La croissance urbaine explique que les villes s'étalent** (doc. 2). Cet étalement urbain est lié au développement du logement pavillonnaire, de l'automobile et à l'implantation d'infrastructures dévoreuses d'espace (aéroports, zones industrielles) (doc. 1). Ainsi, la surface urbanisée en Chine a presque quadruplé entre 1980 et 2014.
- **Les très grandes villes se multiplient.** En 1950, seules New York et Tokyo comptaient plus de 10 millions d'habitants. En 2014, il existe 28 mégapoles dans le monde, dont 21 dans les pays du Sud. Elles abritent environ 345 millions de citadins (Repère B).
- **L'étalement urbain a des conséquences environnementales.** 20 millions d'hectares de terres agricoles disparaissent chaque année au profit des constructions urbaines. Les limites entre la ville et la campagne sont ainsi de plus en plus floues. Cet étalement entraîne des mobilités, émettrices de GES.

C Des espaces urbains de plus en plus divisés

- **Les villes sont des espaces multipolaires.** Chaque pôle urbain a une fonction spécifique, ce qui contribue au zonage. Depuis les années 1960, les zones d'activités industrielles et commerciales forment de nouveaux pôles dynamiques en périphérie des villes (doc. 1).
- **La ségrégation socio-spatiale s'accentue, surtout dans les villes du Sud.** La gentrification contribue à la hausse des prix des logements des centres-villes (Galatasaray à Istanbul, East Side à New York) et rejette les populations pauvres en périphérie (doc. 2). Néanmoins, les périphéries sont très contrastées (banlieue pavillonnaire, habitat collectif) et des poches de pauvreté subsistent dans les centres-villes : un million de pauvres vivent entassés dans d'anciens abris souterrains du centre de Pékin.
- **La ségrégation socio-spatiale, poussée à l'extrême, conduit au cloisonnement** (doc. 3). Les *gated communities* sont réservés aux populations les plus riches, et de plus en plus aux classes moyennes. Les quartiers informels des villes du Sud (*favelas* de Rio de Janeiro, *slums* de Mumbai) concentrent les populations les plus pauvres tandis que les ghettos sont réservés à une seule communauté (South Side à Chicago habité à 70 % par des Afro-Américains).

Vocabulaire

Étalement urbain : voir p. 168.
***Gated community* :** voir p. 184.
Gentrification : voir p. 168.
Ghetto : quartier marginalisé réservé à une communauté, le plus souvent ethnique.
Mégapole : voir p. 188.
Quartier informel (bidonville) : voir p. 176.
Ségrégation socio-spatiale : voir p. 176.
Transition urbaine : passage d'une société majoritairement rurale à une société majoritairement urbaine.
Zonage : spécialisation des territoires urbains en fonction des activités.

REPÈRE A

La transition urbaine en Asie

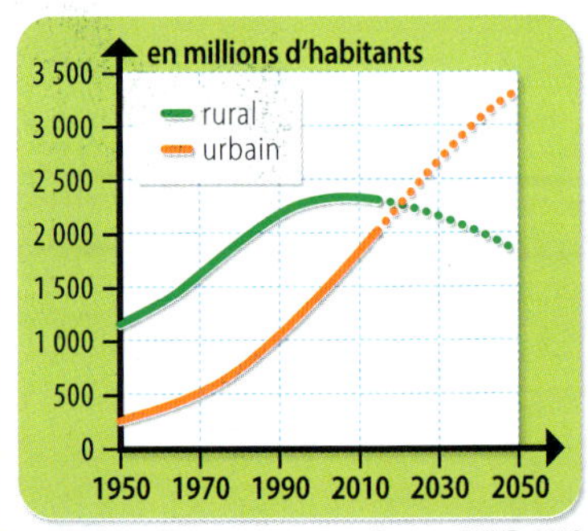

Source : PNUD, 2013.

REPÈRE B

Les 5 mégapoles les plus peuplées du monde en 2014

Agglomération	Nombre d'habitants, en millions
Tokyo	38,2
Delhi	25,6
Shanghai	22,9
Mexico	21,7
New York	21,3

Source : World Urbanization Prospects, 2014.

1 **L'étalement urbain et le zonage dans la périphérie de Melbourne**

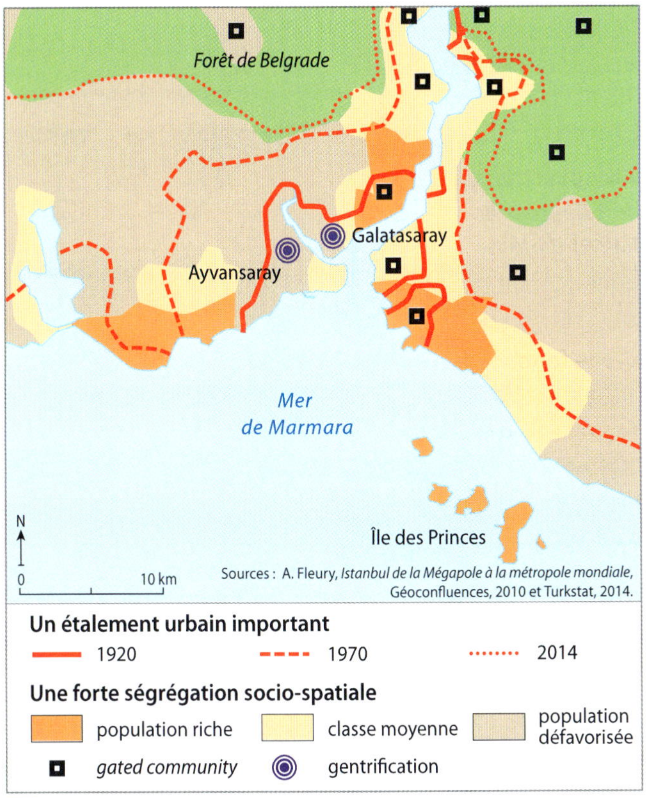

2 **Istanbul, une mégapole étalée et divisée**

3 ***Gated community* et bidonville à Sao Paulo**

1) Quelles sont les fonctions dévoreuses d'espace à Melbourne ? (doc. 1)

2) Comment les doc. 2 et 3 illustrent-ils la ségrégation socio-spatiale des villes du Sud ?

Transports et mobilités

Pourquoi les transports et les mobilités sont-ils des enjeux urbains majeurs ?

A Des mobilités accrues

• **Les mobilités s'accroissent en raison de la croissance, de l'étalement et du zonage des villes** (Repère A). Les **mobilités pendulaires** augmentent en distance. Dans les villes du Sud, elles explosent avec l'élévation du niveau de vie : en 2013, Shanghai compte 19 millions de véhicules contre 2,5 millions en 2007.

• **L'automobile, dont le nombre croît toujours dans le monde, reste le premier mode de transport en ville** (Repère B). Elle représente 70 % des déplacements à Los Angeles. Dans les grandes villes, les **transports en commun** sont une alternative à l'automobile : tramway à Amsterdam, métro au Caire.

• **Les transports répondent inégalement aux besoins de mobilité.** Si les citadins du Nord sont mobiles (automobile, transport en commun), la situation est plus difficile au Sud. À l'échelle urbaine, certains quartiers sont délaissés par les infrastructures de transport pour des raisons politiques (Soweto à Johannesburg) ou financières (quartier escarpé de Netzahualcoyotl à Mexico).

B Des conséquences multiples

• **L'essor des mobilités a des conséquences sociales.** Les inégalités d'accès aux transports contribuent à la ségrégation socio-spatiale. La **congestion** génère une perte de temps (52 heures de conduite annuelle dans les bouchons pour un Londonien). Ces difficultés sont plus importantes encore dans les villes du Sud en raison de la faiblesse des infrastructures (doc. 1).

• **L'essor des mobilités a des conséquences financières.** La congestion ralentit les échanges économiques : la vitesse moyenne de circulation à Moscou est de 18 km/h. Le coût de la mobilité est élevé pour les villes (infrastructures) et les ménages : 18 % du budget des ménages français en 2012 ; moins de 10 % dans les villes du Sud où les plus pauvres font les trajets à pied.

• **L'essor des mobilités a des conséquences environnementales.** Elles absorbent 30 % de l'énergie consommée dans le monde en 2012 et entraînent des pics de pollution. Elles contribuent aussi aux problèmes sanitaires (maladies cardiaques, asthme) : 2,1 millions de citadins sont morts, en 2010, des conséquences de la pollution urbaine en Asie du Sud.

C Des solutions nouvelles à développer

• **Des solutions pour limiter l'usage de l'automobile sont mises en place.** Les transports en commun et l'**intermodalité** sont de plus en plus utilisés (doc. 3). À Curitiba, plus de 2,2 millions de passagers empruntent tous les jours les 400 lignes du réseau municipal. Singapour et Stockholm ont choisi le péage automobile et Mexico mise sur la circulation alternée.

• **Des modes durables de transport apparaissent.** La **mobilité douce** (vélo à Amsterdam, covoiturage à Séoul) se développe ainsi que les **transports en site propre** dans les métropoles du Nord (1 800 km environ à Berlin) et du Sud (réseau *TransJakarta*). De nouveaux modes de transport émergent, comme les téléphériques urbains (Rio de Janeiro, Medellin – doc. 2).

• **La gestion des mobilités passe par une réflexion plus globale des acteurs publics sur l'organisation de l'espace urbain.** Certaines politiques actuelles de la ville luttent contre l'étalement urbain (Hanovre, Mulhouse) et favorisent la **mixité fonctionnelle**. Ainsi, l'agence d'écologie urbaine de Barcelone tente de mixer les fonctions des quartiers de la ville.

Vocabulaire

Congestion : augmentation du trafic de véhicules provoquant un ralentissement du trafic.

Intermodalité : utilisation combinée de plusieurs moyens de transport pour un même trajet.

Mixité fonctionnelle : mélange sur un même territoire de plusieurs fonctions urbaines (habitat, commerce).

Mobilité douce : ensemble des modes de transport jugés plus respectueux de l'environnement (vélo, tramway).

Mobilité pendulaire : voir p. 170.

Transport en commun : moyen de transport qui permet d'acheminer plusieurs personnes ensemble (autocar, métro, pédibus).

Transport en site propre : voir p. 178.

REPÈRE A

Les motifs de déplacement dans les villes millionnaires mondiales

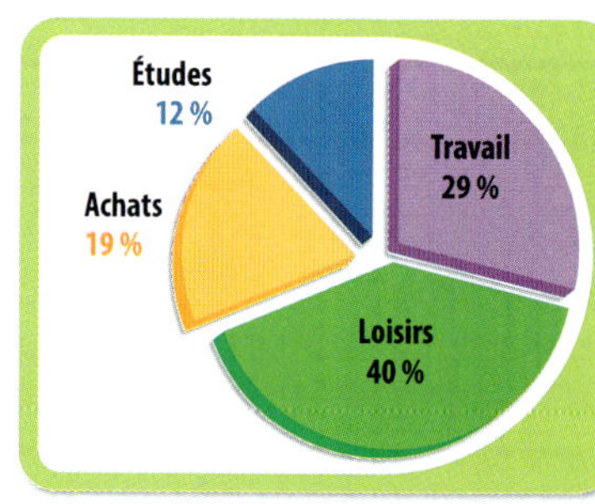

Source : J. Varlet et P. Zembri, *Atlas des transports*, 2010.

REPÈRE B

Évolution du nombre d'automobiles depuis 1985

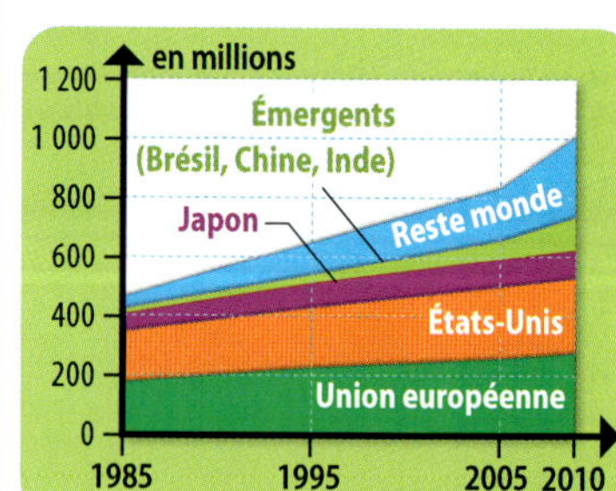

Sources : CCFA, 2014 et World Population Prospects, 2014.

1 Mumbai, la ville la plus embouteillée du monde

Le système ferroviaire de Mumbai est aujourd'hui une infrastructure largement au bord de la rupture. Des rames qui devaient recevoir 1 500 passagers en accueillent en fait 5 000 ; les Mumbaikars doivent parfois voyager entre deux wagons ou sur le toit, et la densité atteint le chiffre aberrant de 16 personnes par m^2 aux heures de pointe.
Côté route, ce n'est pas mieux. La mairie a admis récemment que Mumbai était « la ville la plus embouteillée du monde »... et les ennuis ne font que commencer : à mesure que la classe moyenne grandit, le nombre de voitures augmente. En 2005, les autorités ont lancé un plan d'urbanisme sur 30 ans qui prévoit notamment la construction d'un nouvel aéroport, 334 ronds-points, 91 autoroutes surélevées et près de 2 000 km de trottoir. En attendant que les dirigeants rattrapent ce retard, les Mumbaikars ont massivement privilégié une solution : le *rickshaw*[1]. Abordables et se faufilant là où les voitures ne passent pas, leur nombre a [été multiplié par 5] en quinze ans.

« Un *rickshaw* dans la ville », France 5, 7 janvier 2013.

1. Tricycle motorisé pour le transport de personnes.

2 Le téléphérique de Medellin, une solution durable. À Medellin, le téléphérique installé en 2006 transporte chaque jour 1 habitant sur 5, principalement issus des quartiers informels. Dans le monde, une trentaine de téléphériques urbains ont été construits. Leur empreinte écologique est très faible et leur coût de construction est limité (10 millions d'euros au km contre 40 pour un tramway et 80 pour un métro aérien).

3 Transbay (San Francisco), un modèle de plate-forme intermodale.
Livraison 2017.

1) Pourquoi le téléphérique urbain est-il une solution durable, particulièrement dans les villes du Sud ? (doc. 2)

2) Repérez sur le doc. 3 les différents moyens de transport de Transbay. Comment participent-ils à l'intermodalité ?

Étude de cas flash

Pourquoi la politique de transports de Bogota est-elle innovante ?

Capitale de la Colombie, Bogota compte 8,7 millions d'habitants en 2014. Elle est confrontée à une croissance urbaine forte et à l'augmentation des mobilités. Face aux problèmes d'embouteillages et de pollution, des acteurs publics et privés participent depuis 2000 à une politique de transport en commun cohérente et innovante mais qui montre aujourd'hui ses limites.

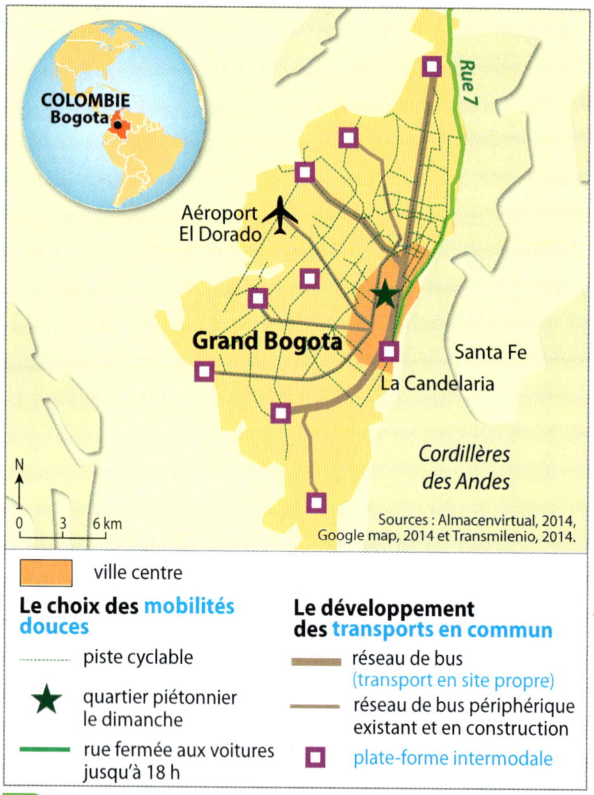

1 **Le développement de transports durables**

2 **Une politique de transport innovante**

À Bogota, plus de 300 km de pistes cyclables ont été construites, s'étendant des bidonvilles et des banlieues jusqu'à la ville centre. Depuis [2005], le nombre de vélos utilisés a été multiplié par cinq. Un grand nombre de ces trajets ont lieu dans les quartiers les plus pauvres du sud. Le réseau cyclable relie les principaux centres de la ville de façon directe et rapide, par exemple les principales zones d'activités et d'éducation aux quartiers résidentiels les plus peuplés. Le système des transports publics a lui aussi été amélioré. Il n'y a pas de métro dans la ville, mais à la place, le *Transmilenio*, un système de bus rapides à prix abordable, a été mis en place. Les bus ont des voies réservées et, dans les stations, des voies supplémentaires permettent aux bus express de passer sans s'arrêter. Grâce aux restrictions de circulation des véhicules privés dans le centre ville pendant les heures de pointe, les bus du *Transmilenio* transitent trois fois plus vite qu'un bus à New York et la circulation dans Bogota s'est réduite de 40 %. Par ailleurs, les « dimanches sans voiture » et l'ouverture de milliers d'emplacements de parking ont rendu les routes plus conviviales pour les piétons. Bogota est devenue une ville plus saine et plus sûre avec une plus grande intégration sociale.

Sustainable Cities, 26 novembre 2012.

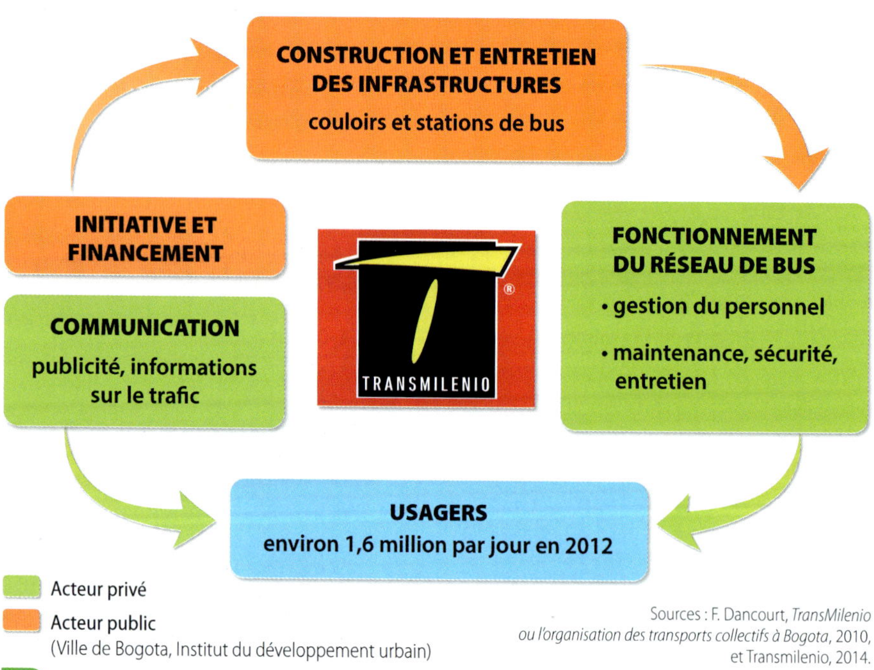

3 **L'implication des différents acteurs dans le *Transmilenio***

Vocabulaire

Mobilité douce : ensemble des modes de transport jugés plus propres à l'égard de l'environnement (vélo, tramway).

Mobilité pendulaire : déplacement quotidien effectué entre le domicile et le lieu de travail.

Plate-forme intermodale : nœud de circulation qui facilite le passage d'un moyen de transport à un autre.

Transport en commun : moyen de transport qui permet d'acheminer plusieurs personnes ensemble (autocar, métro, pédibus).

Transport en site propre : transport empruntant une voie qui lui est réservée (tramway, piste cyclable).

4 **Bogota à l'heure des mobilités pendulaires**

La critique du système de transport dans le quotidien local *Primicia Diario*, 6 juin 2012. **5**
Outre les bus bondés, le journal dénonce aussi les tarifs croissants et la fermeture de nombreuses lignes du *Transmilenio*.

Activités

Recopiez l'organigramme suivant et complétez-le à l'aide des informations des documents.

Situation des transports à Bogota avant 2000 (doc. 2)
....

Solutions mises en place et acteurs (doc. 1, 2 et 3)
....
....

Limites (doc. 4 et 5)
....

À partir de l'organigramme complété, rédigez en une dizaine de lignes une réponse au sujet : « Pourquoi la politique de transports de Bogota est-elle innovante ? »

Consigne Bac

Montrez, à partir du document 4, que la politique des transports de Bogota est innovante mais qu'elle a ses limites.

MÉTHODE

- Pour étudier une photographie p. 118.
- Pour mobiliser des connaissances p. 159.

Aménager durablement les villes

Est-il possible d'aménager durablement les villes ?

A Qu'est-ce qu'une ville durable ?

• **Face aux problèmes urbains, la ville doit être repensée sur le long terme.** La **ville durable**, définie à la conférence d'Aalborg (Danemark) en 1994, n'est pas un modèle mais un projet destiné à un territoire spécifique. L'agenda 21 de Copenhague vise à créer la première ville mondiale sans émission de CO_2 d'ici 2025 avec 50 % des déplacements en transport doux.

• **Les objectifs de la ville durable sont triples** (Repère). Elle est respectueuse de l'environnement (espaces verts à Curitiba) et impulse un développement économique (activités économiques au rez-de-chaussée des immeubles du Greenwich Millenium Village à Londres). Elle intègre également les préoccupations sociales pour améliorer la qualité de vie des citadins (accès aux personnes à mobilité réduite à Barcelone).

• **La ville durable se construit avec des acteurs multiples.** Si l'impulsion émane d'acteurs internationaux (ONU, sommet de la Terre de Rio en 2012), elle implique surtout les acteurs locaux dans le cadre d'une **démocratie participative** (doc. 2 p. 200). Depuis 1989, la ville de Porto Alegre au Brésil associe ses habitants à la gestion du budget et des politiques de la ville.

B Au Nord, développer des villes durables

• **Dans les villes du Nord, l'accent est surtout mis sur le volet environnemental.** L'**éco-construction** vise à réduire la pollution et limiter la consommation énergétique : toits végétalisés à Tokyo, récupération des eaux de pluie à Seattle. La **réhabilitation** transforme certains quartiers pauvres (Harlem à New York) ou industriels (**front d'eau** de Hambourg) tandis que des opérations de densification urbaine sont menées ponctuellement (doc. 3).

• **Les exemples d'opérations durables se multiplient à l'échelle du quartier.** Les **écoquartiers** comme Vauban à Fribourg ou Cité Verte à Québec privilégient des modes de vie respectueux de l'environnement : éco-construction, **circuit court**, mobilités douces (doc. 1).

• **Cependant, ces opérations concilient rarement les trois piliers du développement durable.** À Malmö en Suède, les prix des logements ont augmenté de 25 % depuis la création de l'écoquartier Bo01. Les écoquartiers, généralement périphériques (le Raquet à Douai, Ecocity à Melbourne), sont souvent mal connectés du reste de la ville et la **mixité sociale** y est rare.

C Au Sud, gérer durablement les villes

• **Dans les villes du Sud, la maîtrise de l'explosion urbaine est une priorité.** Les villes s'étalent de manière anarchique et de nombreux bidonvilles se créent en périphérie. Selon l'ONU, un milliard d'hommes vit dans un bidonville en 2013, ce qui représente un citadin sur trois.

• **Il s'agit donc de parer à l'urgence.** Les services de base sont souvent insuffisants dans les villes du Sud : transports, traitement des déchets, accès à l'eau. À Dharavi, le plus grand bidonville de Mumbai, moins de 65 % des enfants sont scolarisés (doc. 2).

• **Cependant, des opérations plus ou moins efficaces émergent.** Ce sont souvent des vitrines médiatisées comme Masdar, aux Émirats arabes unis, dont l'objectif est de devenir la première ville « zéro carbone, zéro déchet, zéro voiture ».

Vocabulaire

Circuit court : voir p. 64.

Démocratie participative : forme de partage et d'exercice du pouvoir qui implique la participation des citoyens.

Éco-construction : bâtiment construit dans le respect de l'environnement (matériaux issus de circuits courts, énergie durable, récupération des eaux de pluie).

Écoquartier : quartier urbain aménagé pour répondre aux objectifs du développement durable.

Front d'eau : espace situé au bord de l'eau dont l'aménagement tire profit de cette proximité au niveau économique (commerce, tourisme) et du cadre de vie (loisirs).

Mixité sociale : mélange sur un même territoire de personnes aux niveaux de vie et aux cultures différentes. Elle s'oppose à la ségrégation socio-spatiale.

Réhabilitation : réaménagement d'un quartier par la restauration et la modernisation des bâtiments.

Ville durable : ville qui cherche à prendre en compte simultanément les enjeux sociaux, économiques et environnementaux, conformément aux trois piliers du développement durable.

REPÈRE

Les trois piliers de la ville durable

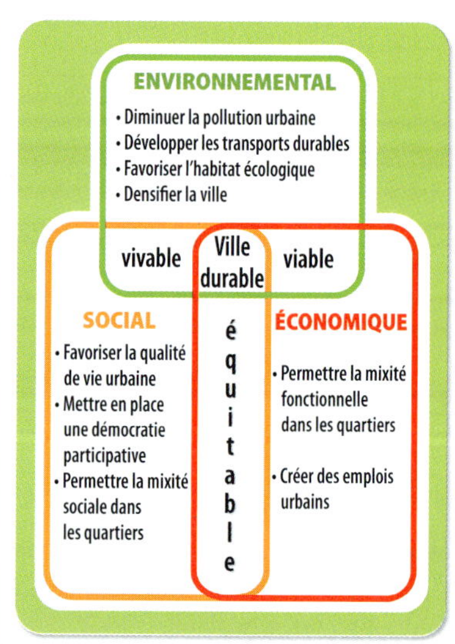

1 L'écoquartier GWTP à Austin (États-Unis) photomontage du projet : (1) mixité fonctionnelle (bureaux, commerces, hôtels, résidences) ; (2) panneaux photovoltaïques ; (3) toits végétalisés ; (4) récupération des eaux de pluie ; (5) insertion dans le tissu urbain existant.

2 Des services de base insuffisants dans les villes du Sud

3 Densifier la ville : le Bimby et ses acteurs

Le Bimby (*Build in my backyard* – Construire dans mon jardin) consiste à utiliser les espaces disponibles dans la ville pour limiter l'étalement urbain. Il repose sur l'initiative des propriétaires de terrains mais se fait dans le cadre d'un projet de la commune. Ces initiatives sont encouragées par les collectivités territoriales car elles permettent d'offrir de nouveaux logements sans avoir à financer de nouvelles infrastructures (routes, réseau d'eau potable).

Bimby, 2014.

1) Montrez que le Bimby (doc. 3) cherche à concilier l'intérêt du particulier et celui de la collectivité contrairement au Nimby évoqué sur le doc. 12 p. 141.

2) Relevez les caractéristiques de l'écoquartier GWTP d'Austin. (doc. 1)

Comment Vancouver devient-elle une ville durable ?

Avec plus de 600 000 habitants, Vancouver est la troisième métropole canadienne. Elle a mis en place un plan d'actions et d'objectifs durables en 2011 afin de devenir « la ville la plus verte du monde » en 2020. Mais, sur le plan social, le risque de ségrégation socio-spatiale reste important.

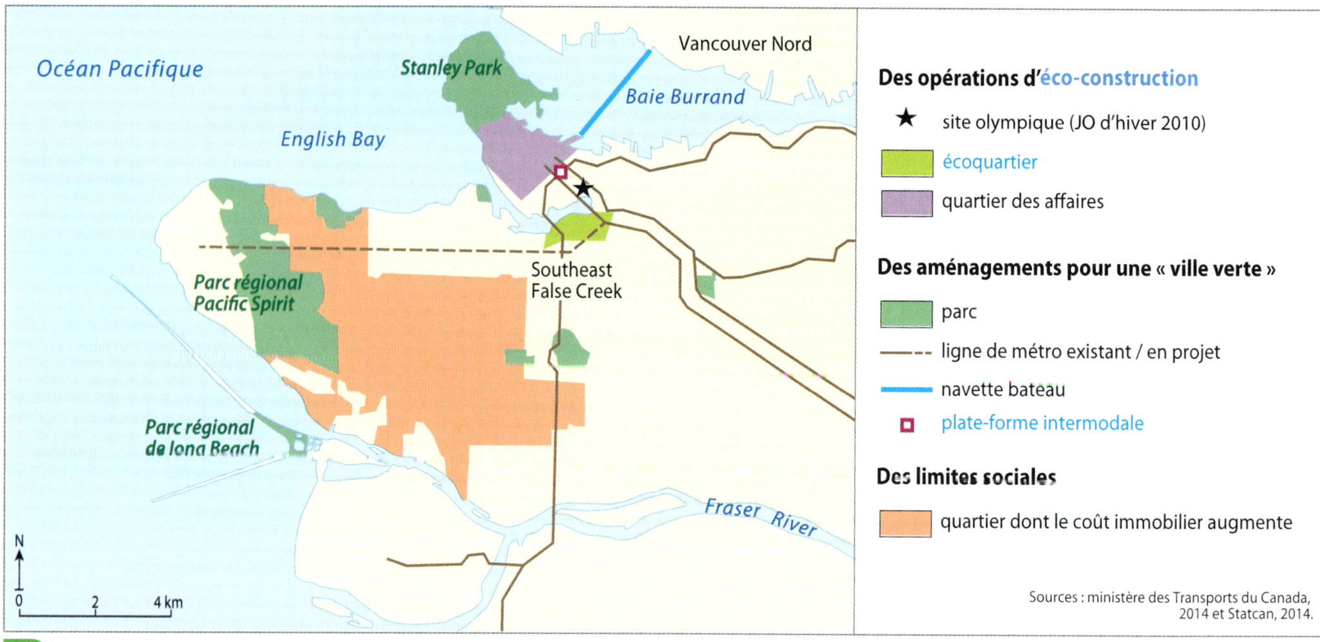

1 **Les opérations durables et leurs défis**

2 **Un appel à la démocratie participative.**

Traduction : LA VILLE LA PLUS VERTE. Rejoignez-nous pour une journée de découverte, d'échanges et de rencontres avec des passionnés, pour faire de Vancouver la ville la plus verte du monde d'ici à 2020.

Vocabulaire

Démocratie participative : forme de partage et d'exercice du pouvoir qui implique la participation des citoyens.

Éco-construction : bâtiment construit dans le respect de l'environnement (matériaux issus de circuits courts, énergie durable, récupération des eaux de pluie).

Écoquartier : quartier urbain aménagé pour répondre aux objectifs du développement durable.

Mixité sociale : voir p. 198.

Plate-forme intermodale : nœud de communication qui facilite le passage d'un moyen de transport à un autre.

Ville durable : voir p. 198.

3 Une ville en quête de nature.
(1) quartier des affaires (toit végétalisé, éco-construction) ;
(2) Stanley Park (piste cyclable, équipements sportifs, sensibilisation à l'environnement) ;
(3) transport en commun par navette-bateau.

4 Un modèle de ville durable ?

Vancouver est tellement tournée vers le développement durable que sa politique est connue dans le monde entier sous le nom de vancouvérisme. Il s'agit d'une philosophie fondée sur les économies d'énergie dans les transports et les bâtiments, la création d'espaces verts, le recyclage des eaux usées et l'utilisation massive du bois. D'après le *Los Angeles Times*, la ville est parvenue à baisser ses émissions de CO_2 par habitant au niveau le plus faible de toute l'Amérique du Nord alors que sa population du centre ville a plus que doublé. Le centre ville a presqu'entièrement été réservé aux bus, aux vélos et aux piétons. Dans les permis de construire les promoteurs sont obligés d'aménager des parcs, des centres de loisirs, des bibliothèques, des crèches... si bien qu'au-delà de l'aménagement urbain c'est tout un aspect socio-économique qui a été repensé. Cependant, les prix du centre ville sont devenus inabordables en raison de la rénovation écologique du quartier. Le vancouvérisme voulait aboutir à une **mixité sociale** mais elle n'existe pas. Le centre ville est donc pris d'assaut et le réseau de bus peut devenir très vite insuffisant.

« Vancouver, un modèle de ville environnementale », ecocopro.com, avril 2011.

Activités

Recopiez l'organigramme suivant et complétez-le à l'aide des informations des documents.

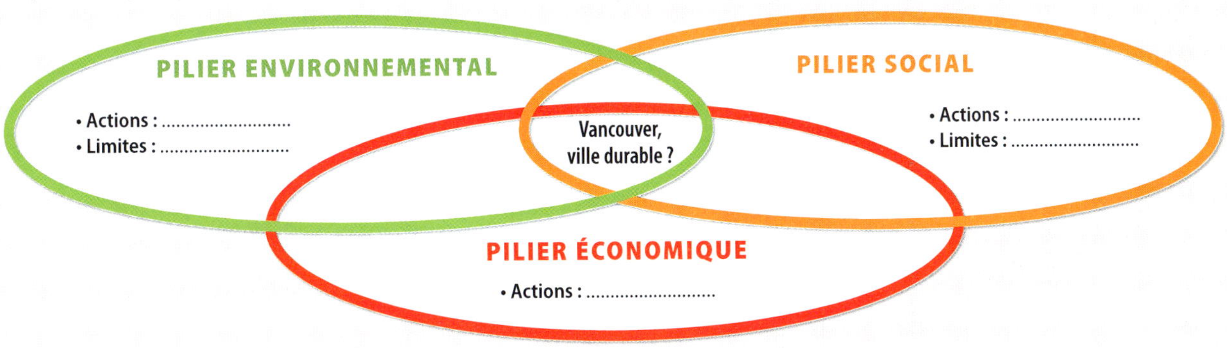

À partir de l'organigramme complété, rédigez en une dizaine de lignes une réponse au sujet : « Comment Vancouver devient-elle une ville durable ? »

Consigne Bac

Montrez, à partir des documents 1 et 4, que Vancouver mène une politique écologique mais que celle-ci ne répond pas aux trois piliers du développement durable.

MÉTHODE
• Pour étudier une carte p. 43.
• Pour confronter deux documents p. 203.

Étude de documents

Capacités travaillées
- Analyser le sujet
- Confronter deux documents

Exercice guidé

SUJET : Le téléphérique urbain à Londres, une solution durable ?

En confrontant les documents, montrez que le téléphérique urbain est une solution durable pour répondre aux mobilités croissantes mais que celui de Londres présente des limites.

1 Le téléphérique, l'avenir des transports urbains ?

Le téléphérique est en train de gagner les villes. Londres a inauguré pour les Jeux olympiques de 2012 son *Emirates Air Line*, 34 cabines perchées à 90 m de hauteur pour franchir la Tamise au-dessus de Greenwich. La liste des villes équipées de téléphérique ne cesse de s'allonger.
Le téléphérique, conçu comme un véritable mode de transport de masse, est devenu un vecteur « propre » de mobilité – aucune émission de CO_2. Économique, écologique, sûr, nécessitant peu de travaux, le câble séduit les élus locaux pour franchir les obstacles naturels, rivières ou dénivelés, et éviter la construction d'ouvrages d'art coûteux. Un kilomètre de câble coûte deux fois moins cher que le tram. Son débit n'est certes pas celui d'un métro, mais il peut transporter, selon les modèles, jusqu'à 8 000 voyageurs par heure.

Le Monde, 19 octobre 2012.

2 Le téléphérique de Londres, un échec ?

Le nombre de personnes utilisant le téléphérique a chuté de moitié depuis l'année dernière. Ces chiffres sont les premiers à donner une indication précise de la popularité de la télécabine un an après son lancement et les chiffres gonflés en 2012 par les JO d'été (plus de 180 000 passagers par semaine).
Le téléphérique, qui relie la salle de spectacle O² Arena au centre d'exposition de Royal Docks, avait été décrit avant son lancement comme « une contribution unique et innovante au réseau de transport de Londres ». Cependant, les statistiques de fréquentation suggèrent qu'il n'a pas été adopté par les navetteurs[1] et reste bien en deçà de sa capacité à transporter 2 500 personnes par heure. Les détracteurs du projet ont souligné que l'itinéraire actuel de la télécabine peut être fait en utilisant la *Jubilee Line* du métro de Londres en deux minutes pour la moitié du prix. Pour eux, le téléphérique devrait être utilisé comme une composante à part entière des transports publics, avec un usage libre dans le cadre des abonnements.

Dezeen, 26 septembre 2013.

1. Personne se déplaçant entre son lieu d'habitation et son lieu de travail au quotidien.

A Analyser le sujet et la consigne

1) Identifiez les notions clés et délimitez l'espace concerné.

Méthode p. 40.

Quels sont les avantages des téléphériques urbains ? Aide doc. 2 p. 195

Pourquoi Londres est-il un exemple intéressant d'étude de métropole du Nord ?

Le téléphérique urbain à Londres, une solution durable ?

En confrontant les documents, montrez que le téléphérique urbain est une solution durable pour répondre aux mobilités croissantes mais que celui de Londres présente des limites.

Pourquoi la date de chaque document est-elle importante pour l'interpréter ?

Quel document présente le téléphérique comme une solution durable ? Aide doc. 2 p. 195

Quel document présente les limites du téléphérique ?

B Confronter deux documents

Méthode

a. **Confronter la nature et les auteurs des documents**, comparer leur point de vue, expliquer leurs différences ;
b. **Confronter les échelles des documents** : un changement d'échelle permet de nuancer ou de compléter l'analyse ;
c. **Confronter les informations des documents** : sont-elles identiques, complémentaires, opposables ?

2 Sélectionnez les réponses appropriées dans la liste suivante :

La nature de ces deux documents les oppose ; Les sources les opposent ; Les échelles permettent un complément d'analyse ; Leurs informations sont identiques ; Leurs informations sont complémentaires ; Leurs informations sont opposables.

3 Complétez le tableau suivant à partir des informations fournies par les documents.

Le téléphérique de Londres :	Une solution durable…	… qui présente des limites
Doc. 1	–	– ....
Doc. 2	– une vitrine pour la ville (inauguration pour les JO de 2012)	– ....

Sujet d'entraînement

SUJET : Les conséquences de la croissance urbaine à Lagos

Montrez que la croissance urbaine est rapide à Lagos, qu'elle témoigne du dynamisme de la métropole nigériane mais qu'elle engendre des problèmes difficiles à résoudre.

1 Les embouteillages quotidiens à Lagos

2 Une ville tentaculaire complexe

Personne ne sait combien d'habitants compte la capitale économique du Nigeria. Non seulement les recensements y sont rares, mais la ville annexe les villages environnants sans que les autorités sachent très bien où se situe désormais la frontière de leur zone de responsabilité. Les deux tiers des habitants de Lagos vivent dans des bidonvilles. Or, la politique d'amélioration de l'habitat urbain se limite souvent à la destruction de quartiers entiers au bénéfice (pour le meilleur des cas) de la construction de logements « sociaux », que les habitants expulsés ne pourront pas s'offrir. Parfois, ce sont des zones commerciales qui les remplacent. Dans le quartier de Victoria Island, le futur quartier ultramoderne Eko Atlantic sera, lui, gagné sur la mer. Le gouvernement reconnaît un « défi important d'aménagement urbain ». C'est un euphémisme. Les millions d'euros attribués pour rationaliser l'expansion urbaine ont longtemps plus alimenté la corruption que bénéficié aux habitants de la ville. Mais les choses changent et les premiers progrès apparaissent, entre autres dans les transports, la sécurité et la gestion des déchets.

L'Atlas des villes, HS Le Monde-La Vie, 2013.

Étude de documents

Capacités travaillées
- Rédiger un paragraphe de l'étude de document
- Confronter deux documents

Exercice guidé

SUJET : Aménager durablement une ville du Nord : Malmö (Suède)

Montrez que la ville de Malmö affiche la volonté de développer de nouveaux modes de vie en ville.
Portez un regard critique sur le document.

1 Portail d'accueil du site Internet de Malmö

Le Top 10 du développement durable de la municipalité de Malmö :
1. Assurer un cadre de vie agréable ;
2. Maintenir au moins un quart des trajets à vélo ;
3. Valoriser les déchets organiques en agrocarburant pour les bus ;
4. Distribuer des repas bio gratuits dans les cantines scolaires ;
5. Organiser des événements culturels et sportifs ;
6. Favoriser l'énergie éolienne ;
7. Rester la première ville suédoise pour le commerce équitable ;
8. Encourager l'autopartage ;
9. Construire des bâtiments économes en énergie ;
10. Animer et partager les espaces publics.

A Préparer l'étude de document

Méthode pour prélever des informations p. 119.
Méthode pour mobiliser des connaissances p. 159.

1) Complétez le tableau suivant.

Grandes parties de l'étude	Prélever les informations	Mobiliser des connaissances
De nouvelles manières d'habiter	– bâtiments économes en énergie – récupération des eaux de pluie –	→ – éco-construction – ....
De nouvelles formes de mobilités	–	– ....
De nouvelles relations sociales	–	– ....

B Rédiger un paragraphe d'étude de documents

Méthode

a. Commencer chaque partie par une phrase indiquant l'idée générale ;
b. Utiliser les informations des documents, complétées ou nuancées par les connaissances personnelles ;
c. Utiliser des mots de liaison pour donner du sens à la démonstration ;
d. Terminer chaque partie par une phrase de transition avec la suivante.

2) Recopiez le paragraphe rédigé ci-dessous, en utilisant le code couleur suivant.
en rouge, la phrase annonçant l'idée générale du paragraphe ; en vert, les informations prélevées dans le document ; en bleu, les connaissances personnelles ; en noir, les mots de liaison.

En premier lieu, Malmö fait la promotion de nouvelles manières d'habiter la ville. En effet, elle y développe l'éco-construction : bâtiments économes en énergie (larges ouvertures sur les façades exposées au soleil, toits végétalisés pour améliorer l'isolation) et équipements de récupération des eaux de pluie. Pour limiter l'étalement urbain et densifier la ville, la tendance est à la construction de petits bâtiments collectifs. Enfin, le chauffage est assuré par les énergies renouvelables (éoliennes).

3) Sur le modèle de rédaction de la 1re partie ci-dessus et en vous aidant du travail préparatoire (tableau), rédigez les deux derniers paragraphes de l'étude de document.

C Confronter deux documents

2 L'écoquartier de Malmö, un ghetto pour riche ?

À Malmö, l'achat d'un logement en plein centre de la ville coûte au maximum 2 800 euros le m², contre 3 200 à 4 500 euros pour les logements de l'écoquartier. Il y a beaucoup moins de mixité dans le quartier que dans le reste de la ville car les prix sont plus élevés. Il y a surtout ici des Suédois ou des Danois alors que Malmö dans son ensemble compte au moins 30 % de personnes immigrées.

Terraeco, 21 juillet 2010.

4) En vous aidant des informations apportées dans le doc. 2, rédigez un paragraphe critiquant le doc. 1.

Sujet d'entraînement

SUJET : Aménager durablement Mexico ?

Après avoir montré que les besoins essentiels ne sont pas assurés pour tous à Mexico, montrez que des projets d'aménagement durables apparaissent.

1 La persistance des inégalités de développement à Mexico

Unité administrative (Aide p. 14)	Personnel médical en 2011, pour 100 000 habitants	Part des familles bénéficiant du programme national d'aide au développement en 2010, en %	Part des foyers équipés en eau courante en 2010, en %
Benito Juarez	52	0	92,6
Nezahualcoyotl	9,8	4,7	98
La Paz	1,9	8,5	77

Sources : A. Ribardière et B. Tallet, *Atlas de Mexico*, Autrement, 2011, et Inegi, 2014.

2 Le « plan verde », un programme durable ?

Mexico avec ses 21 millions d'habitants est l'une des villes les plus étendues au monde. Le manque de transports en commun provoque des embouteillages interminables. Les nombreux pics de pollution ont valu à Mexico le titre peu honorable de ville la plus polluée au monde par l'ONU en 1992. Depuis, des améliorations ont été réalisées[1]. On compte désormais 200 stations de location de vélos publics réparties dans la ville, près de 60 000 abonnés et 138 km de voies réservées. [Malgré cela], l'usage automobile ne cesse de progresser. Ce programme fait partie intégrante d'un plan global, « Plan Vert », qui s'appuie sur sept piliers : propreté de l'eau, lutte contre la pollution de l'air, gestion des déchets… En matière de transports, de nouvelles lignes de bus en site propre, de métro ainsi que de tramways ont été aménagées et des bus fonctionnant avec des technologies propres sont à l'étude.

Terristorias, février 2013.

1. Location de vélos publics.

Production graphique

Capacités travaillées
- Formuler les titres de la légende
- Choisir des figurés

Exercice guidé

SUJET : La croissance urbaine à Mumbai et ses conséquences

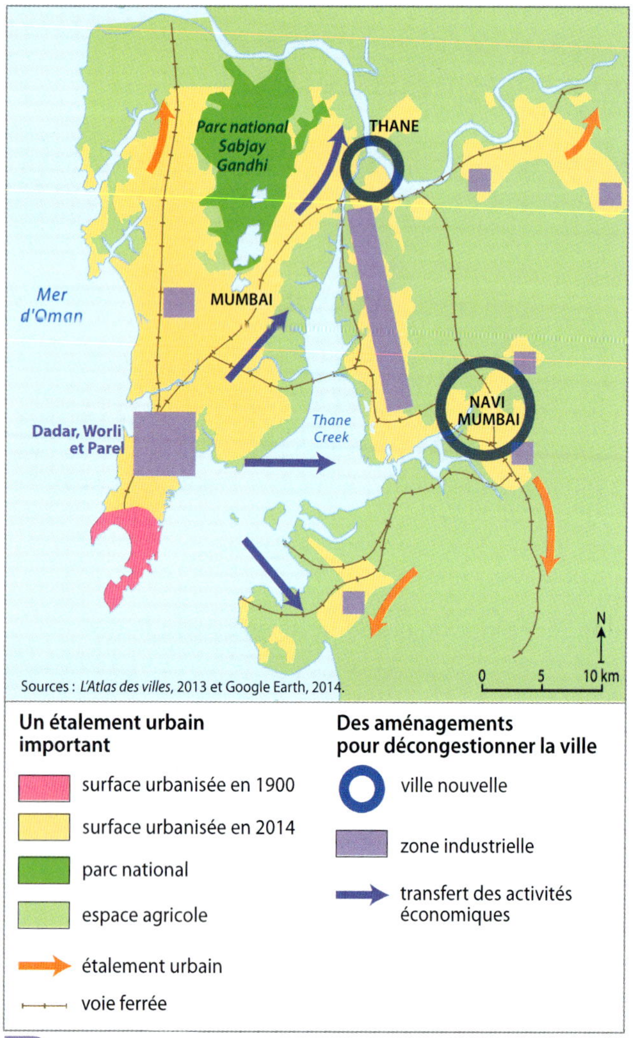

1 Une ville qui s'étale et devient multipolaire

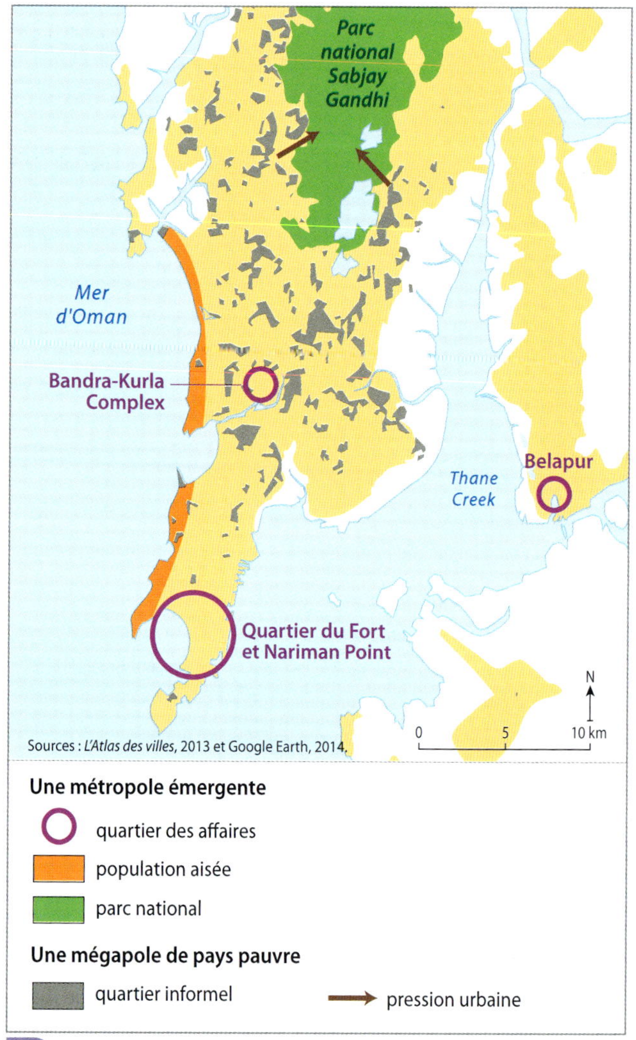

2 Une ville marquée par des inégalités socio-spatiales

A Formuler les titres de la légende

Méthode

a. Formuler des titres concis qui se complètent pour répondre au sujet ;
b. Utiliser les notions clés du cours ;
c. Choisir des titres qui regroupent l'ensemble des informations de la partie.

1 En vous aidant du titre donné à la partie I de la légende du croquis p. 207, choisissez parmi les propositions suivantes un titre pour les parties II et III et reportez-les dans la légende du croquis.

un inégal développement de la mégapole indienne ; une division nord-sud de Mumbai ; une forte ségrégation socio-spatiale ; limiter l'étalement urbain ; une grande diversité de risques urbains ; un zonage marqué.

2 Sélectionnez dans les doc. 1 et 2 les informations correspondant à chacun des figurés de la partie I de la légende. Reportez-les dans la légende du croquis p. 207.

B Choisir des figurés

Méthode

a. Il existe trois types de figurés pour caractériser les informations : Memento cartographique
- des figurés de surface (des couleurs ou des hachures) pour représenter une zone ;
- des figurés ponctuels (points, carrés…) pour situer un lieu ou représenter une information dont la localisation est ponctuelle ;
- des figurés linéaires : lignes (route, fleuve…) ou flèches (flux).

b. Le choix des couleurs répond à deux logiques :
- respecter les conventions cartographiques : bleu pour les informations liées à l'eau, vert pour les éléments naturels, noir pour les axes de transport ;
- choisir une même gamme de couleurs pour un même type d'informations.

c. Pour hiérarchiser les phénomènes représentés, varier les couleurs d'une même gamme (jaune, orange, rouge) ou la taille des figurés.

3 Complétez le tableau suivant.

Quelles informations sont représentées de préférence par des … ?	Informations prélevées dans les légendes des doc. 1 et 2
Figurés de surface	surface urbanisée en 2014 ; ....
Figurés linéaires	....
Figurés ponctuels	....

4 Dans la légende du croquis ci-dessous, attribuez à chaque information le figuré qui lui est associé sur le croquis. Donnez un titre à celui-ci.

Titre : ....

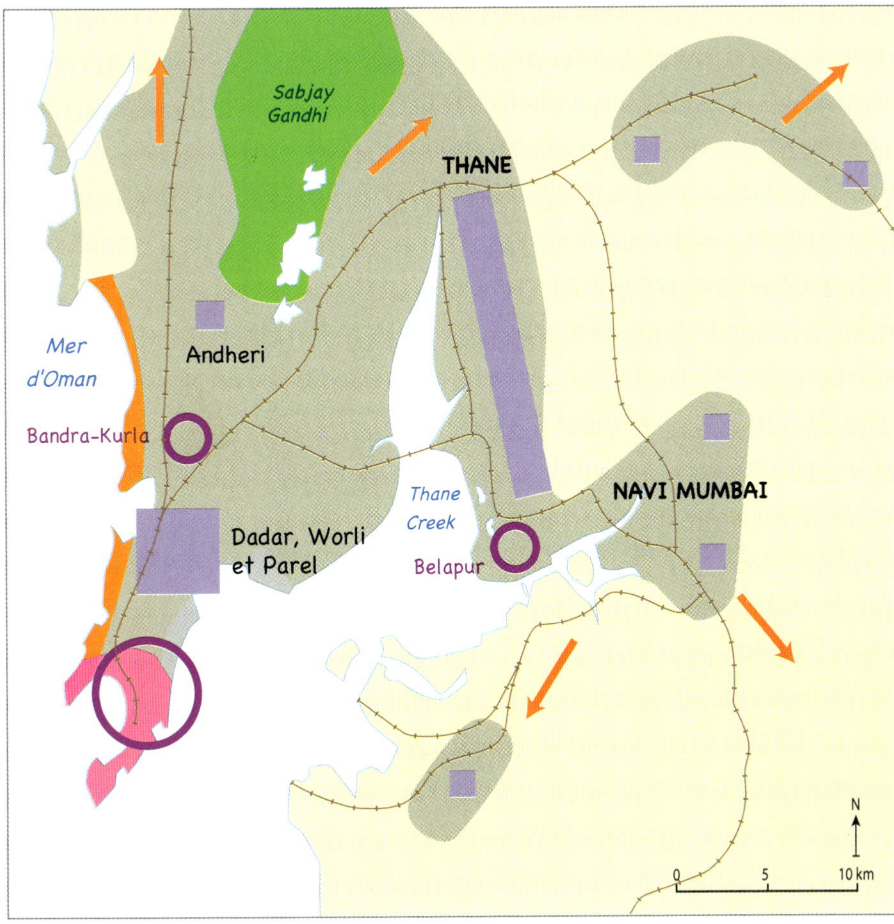

Une croissance urbaine forte
- ....
- ....
- ....

....
- ..... population aisée
- ..... quartier populaire et informel

....
- ..... quartier des affaires
- ..... zone industrielle
- ..... parc national

Composition

Capacités travaillées
- Rédiger un paragraphe de la composition
- Rédiger une conclusion

Exercice guidé

SUJET : La croissance urbaine et ses conséquences

Problématique suggérée : Quelles sont les manifestations de la croissance urbaine dans le monde ?

A Rédiger un paragraphe de composition

Méthode

a. Commencer chaque partie par une phrase indiquant l'idée générale ;
b. Construire chaque paragraphe autour d'une idée générale, organisée à travers des arguments qui s'enchaînent. Chacun des arguments doit être illustré d'au moins un exemple ;
c. Utiliser des mots de liaison pour donner du sens à la démonstration ;
d. Terminer chaque partie par une phrase de transition avec la suivante.

1) Dans le tableau suivant, donnez un titre (grandes parties du plan ; arguments ; exemples) à chaque colonne.

....	....	....
1. La croissance urbaine	a) L'explosion urbaine b) Une transition urbaine inégale selon les continents	– 3,5 milliards de citadins en 2010 – .... – ....
2. Une conséquence spatiale : l'étalement urbain	a) La mesure de l'étalement urbain b) Les facteurs de l'étalement c)	– .... – .... – ....
3. Une conséquence sociale : la ségrégation	a) .... b)	– .... – ....

2) Recopiez le paragraphe rédigé ci-dessous, en utilisant le code couleur suivant : en rouge la phrase indiquant l'idée générale ; en bleu les arguments ; en vert les exemples.

La croissance urbaine est un phénomène majeur à l'échelle mondiale, qui peut même être qualifié d'explosion urbaine pour certaines régions. En effet, le nombre de citadins est passé de 260 millions en 1900 à 3,5 milliards en 2010, soit une multiplication par 13 en un peu plus d'un siècle. Longtemps majoritairement rural, le monde a connu récemment une transition urbaine : aujourd'hui, 52 % de la population mondiale vit en ville.

3) Complétez le tableau à l'aide de vos connaissances, puis rédigez le reste de la composition.

B Rédiger une conclusion

Méthode

a. Rappeler l'apport de chacune des grandes parties de la composition dans la réponse à la problématique ;
b. Formuler une réponse finale (si possible, nuancée) à la problématique ;
c. Proposer une ouverture, à travers un thème proche, ou un autre espace, ou une autre échelle.

4) Complétez les idées principales de la conclusion.

La croissance du nombre de citadins explique donc la transition urbaine ....
En définitive, la croissance urbaine dans le monde se traduit par ....
Face à ce phénomène mondial, la question de la durabilité se pose alors avec force : ....

Fiche de révision

COMMENT AMÉNAGER DURABLEMENT LES VILLES POUR RÉPONDRE À LA CROISSANCE URBAINE ?

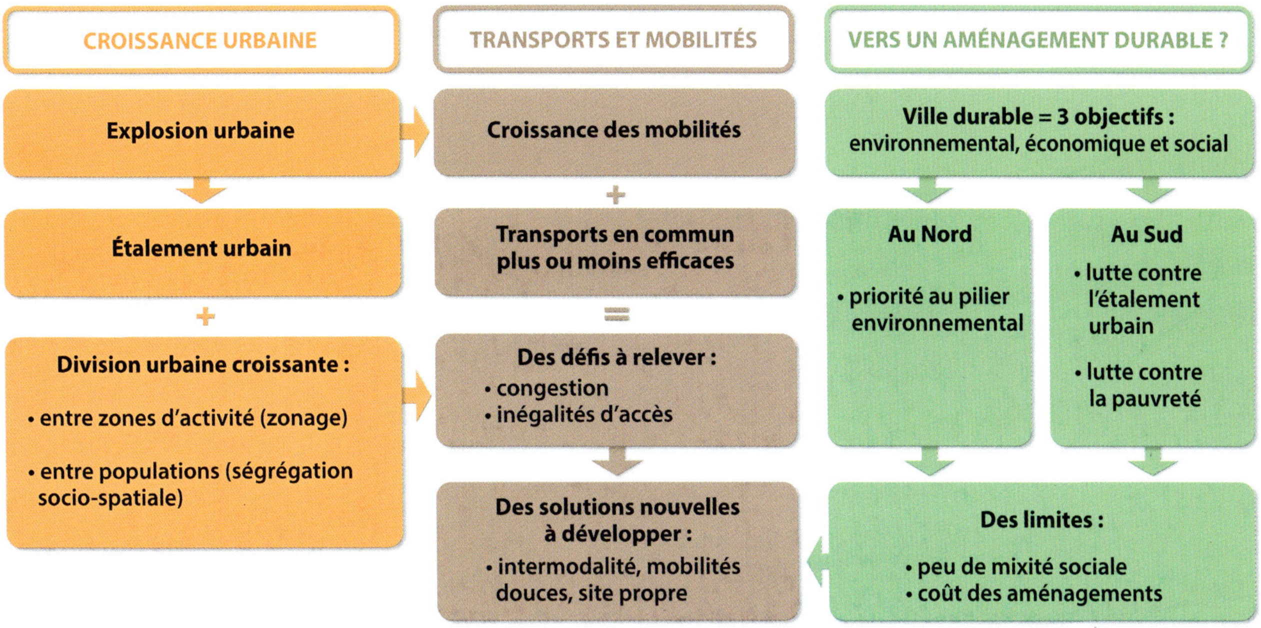

A Quelles sont les conséquences de la croissance urbaine ?

Aujourd'hui, la population mondiale vit majoritairement dans les villes. Cette croissance urbaine est très rapide en Afrique et en Asie (doublement de la population urbaine depuis 1950) et entraîne l'augmentation du nombre des grandes villes dans le monde (plus de 500 villes millionnaires). Les espaces urbains s'étalent et se divisent socialement (Londres). Plus d'un humain sur 6 vit dans un bidonville (Lagos).

B Quels sont les enjeux des mobilités urbaines ?

L'étalement urbain accroît les mobilités pendulaires (Londres) et les centres villes sont saturés (Lagos). Les transports répondent inégalement aux besoins de déplacement (quartiers pauvres délaissés à Lagos). Les transports collectifs se développent pour faciliter les mobilités (Kuala Lumpur, Bogota). Les situations et les solutions dépendent des moyens économiques et de la volonté politique : péage urbain à Londres, transports en site propre à Bogota.

C Comment gérer durablement les villes ?

La ville durable est un projet urbain qui respecte l'environnement, impulse un développement économique et œuvre à l'amélioration de la qualité de vie des citadins. Dans les pays du Nord, les écoquartiers et villes vertes se multiplient (Londres, Vancouver) mais ces quartiers ne sont pas toujours accessibles à l'ensemble des populations. Dans les villes du Sud, il s'agit d'abord de contrôler l'étalement (Kuala Lumpur) et d'améliorer l'accès aux services de base surtout dans les quartiers informels (Lagos). Parfois, ces projets ne sont que des vitrines (Eko Atlantic à Lagos, Putrajaya à Kuala Lumpur).

NE PAS CONFONDRE

Croissance urbaine / transition urbaine

Croissance urbaine : augmentation de la population urbaine.

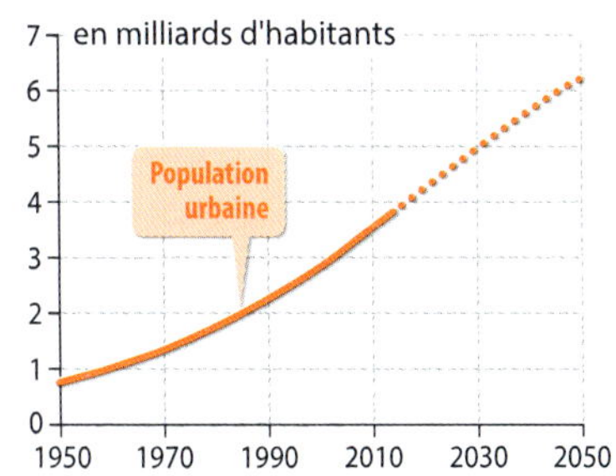

Source : World Urbanization Prospects, 2014.

Transition urbaine : passage d'une société essentiellement rurale à une société essentiellement urbaine.

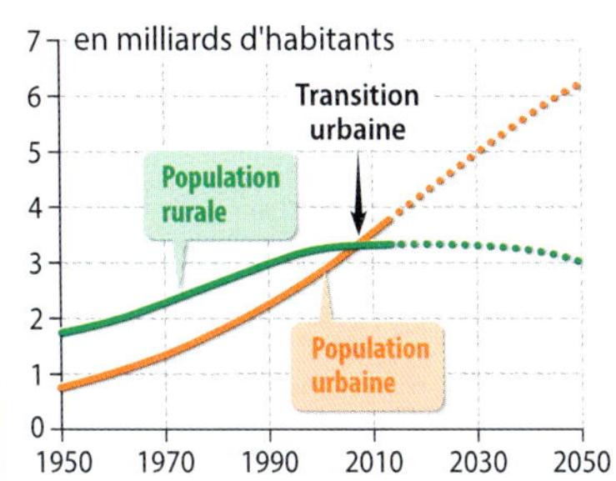

Source : World Urbanization Prospects, 2014.

Thème 4 Gérer les espaces terrestres

La station touristique de Wailea sur l'île Maui à Hawaï (États-Unis).

Deuxième île de l'archipel par la taille, Maui résulte de l'activité volcanique qui se poursuit encore aujourd'hui, le volcan Kilauea étant un des plus actifs au monde. Cette origine volcanique explique la concentration de la population sur le littoral et l'ancienneté du peuplement de l'île, où les hommes se sont installés sur les terres fertiles, malgré l'éloignement du continent. Aujourd'hui, l'agriculture est toujours importante à Hawaï mais le quart de l'activité économique de l'île est assuré par le tourisme. Par la convoitise qui s'exerce sur ses littoraux et son exposition au risque volcanique, Hawaï témoigne de la difficulté à gérer les espaces terrestres les plus fragiles.

CHAPITRE

6 Les mondes arctiques, une « nouvelle frontière » sur la planète

- Longtemps considéré comme un désert froid en marge du monde, l'Arctique est aujourd'hui bouleversé par le changement climatique.
- Progressivement libéré de ses glaces, l'Arctique apparaît comme une « nouvelle frontière » à exploiter. Ses ressources naturelles et l'ouverture de nouvelles routes maritimes en font un espace convoité par les États et les grandes entreprises mondiales.
- Ces changements entraînent des déséquilibres régionaux aux enjeux planétaires : la protection de l'environnement, la place des populations autochtones et la sécurisation militaire de la région.

Pourquoi les mondes arctiques sont-ils une « nouvelle frontière » ?

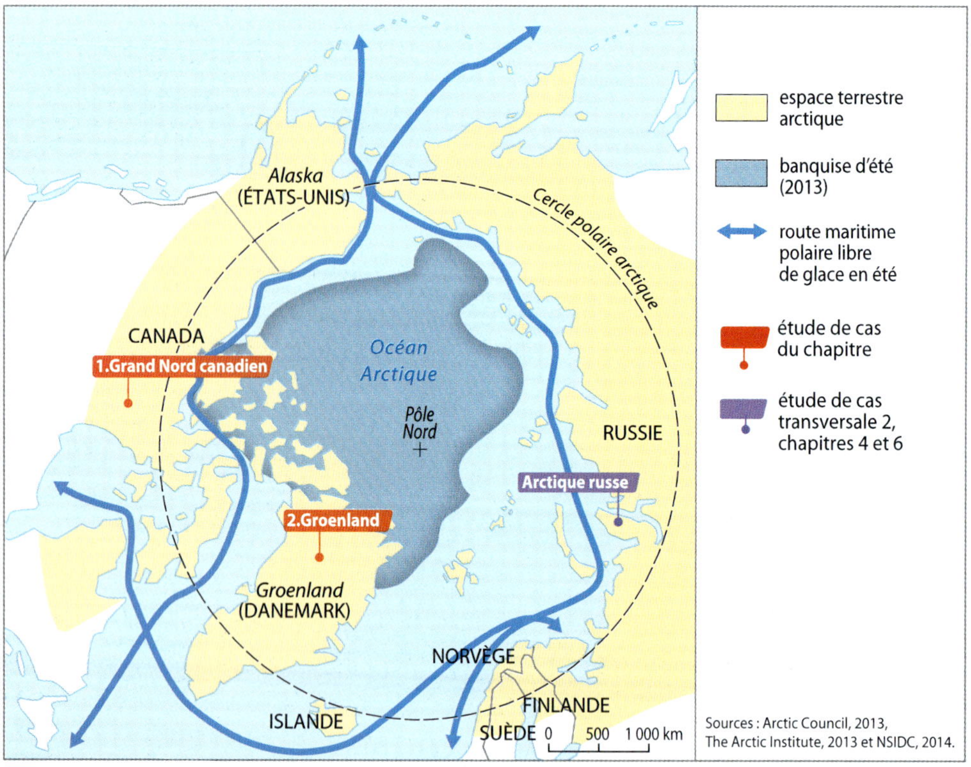

1 Les mondes arctiques et leurs routes maritimes

Questions

1. D'après la photographie, pourquoi est-il difficile de traverser l'océan Arctique ?
2. Où se localisent les routes de traversée de l'océan Arctique ? Listez les pays riverains de ces routes maritimes.
3. Pourquoi ces nouvelles routes maritimes sont-elles convoitées par les puissances mondiales et régionales ?

2 Premier convoi de cargos non russes à traverser l'océan Arctique le long des côtes russes en direction de la Chine (été 2012).
Pour développer le trafic maritime en hiver, la Russie, qui possède six brise-glace à propulsion nucléaire permettant de fendre la banquise (épaisse de 3 à 4 mètres), vient d'en mettre trois autres en chantier (coût : 1,3 milliard d'euros). Les routes maritimes polaires deviennent un enjeu de puissance. Elles sont amenées à se développer d'ici 2025 ou 2030 puisqu'elles réduiront alors les distances entre les grands centres économiques de l'hémisphère Nord.

Le Grand Nord canadien, une nouvelle frontière ?

Le **Grand Nord** canadien présente des conditions climatiques extrêmes. Pourtant, la fonte des glaces et l'ouverture de cette région au reste du monde offrent de nouvelles perspectives de mise en valeur. Cette mutation attire les États et les grandes entreprises mondiales. Le Canada cherche donc à renforcer sa souveraineté sur son territoire arctique.

Le Grand Nord canadien en chiffres

- **Superficie :** 3,9 millions de km^2
- **Population :** 119 355 habitants
- **IDH :** 0,873 (Monde : 0,693)

A Pourquoi le Grand Nord canadien est-il un espace contraignant ?

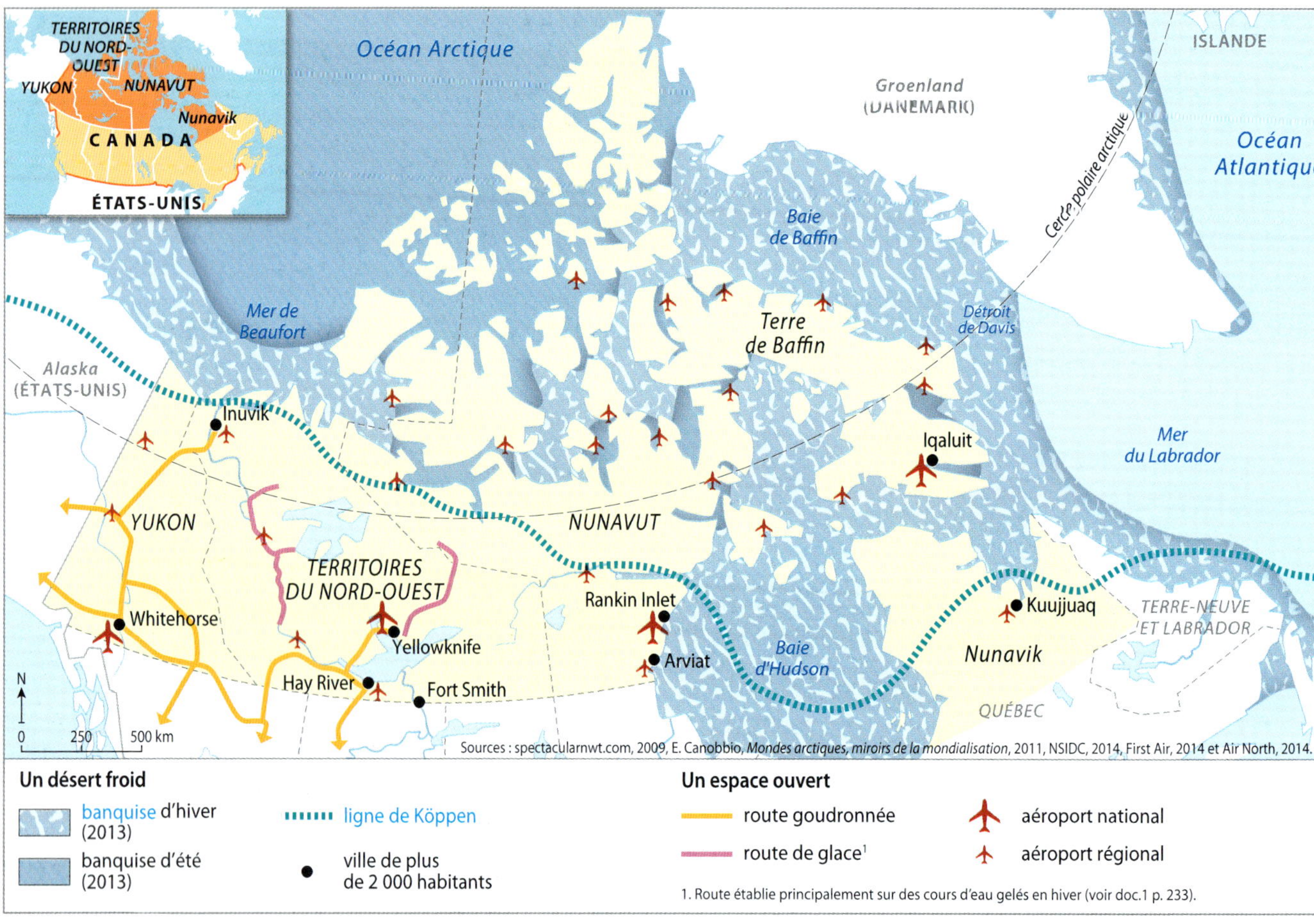

1 Un désert froid ouvert sur le monde

2 Le peuplement du Grand Nord canadien

	Grand Nord canadien	Canada
Nombre d'habitants en 2011	119 355	**33 476 688**
Densité en 2011, en hab./km^2	0, 03	**3,7**
Variation de la population entre 2006 et 2011, en %	7	**6**
Part de la population autochtone[1] en 2011, en %	56	**4**

Source : Statcan, 2014.

1. Au Canada, les populations autochtones sont les Indiens, les Inuits et les Métis.

Vocabulaire

Banquise : couche de glace formée par la congélation de l'eau de mer. Les formes varient de la bouillie glacée à la banquise épaisse (3 à 4 mètres) et permanente.

Contrainte : frein au développement des sociétés. Elle peut être physique ou socio-économique.

Grand Nord ou Nords : terme utilisé pour nommer les régions arctiques.

Ligne de Köppen : ligne climatique délimitant une zone au-delà de laquelle les températures sont inférieures à 10°C durant le mois le plus chaud (juillet) et où les arbres ne poussent plus.

3 Le port d'Iqaluit prisonnier des glaces en avril. ① Banquise d'hiver ; ② Port

① Intérieur d'une tente d'un camp d'été inuit pour la chasse (Terre de Baffin, Nunavut)

② Intérieur de maison inuit à Pangnirtung (Nunavut)

4 Les Inuits, entre tradition et modernité

Questions

1) Quelles sont les principales contraintes du Grand Nord canadien ? (doc. 1 et 3)

2) Comment se caractérise le peuplement du Grand Nord canadien ? Quelles mutations majeures connaissent ses populations ? (doc. 2 et 4)

3) Comment le Canada tente-t-il de surmonter les contraintes et d'intégrer son Grand Nord ? Montrez que cette intégration reste inégale. (doc. 1 et 3)

▶ **Bilan :** Complétez la 1re colonne de l'organigramme bilan p. 220.

B Pourquoi le Grand Nord canadien suscite-t-il un nouvel intérêt ?

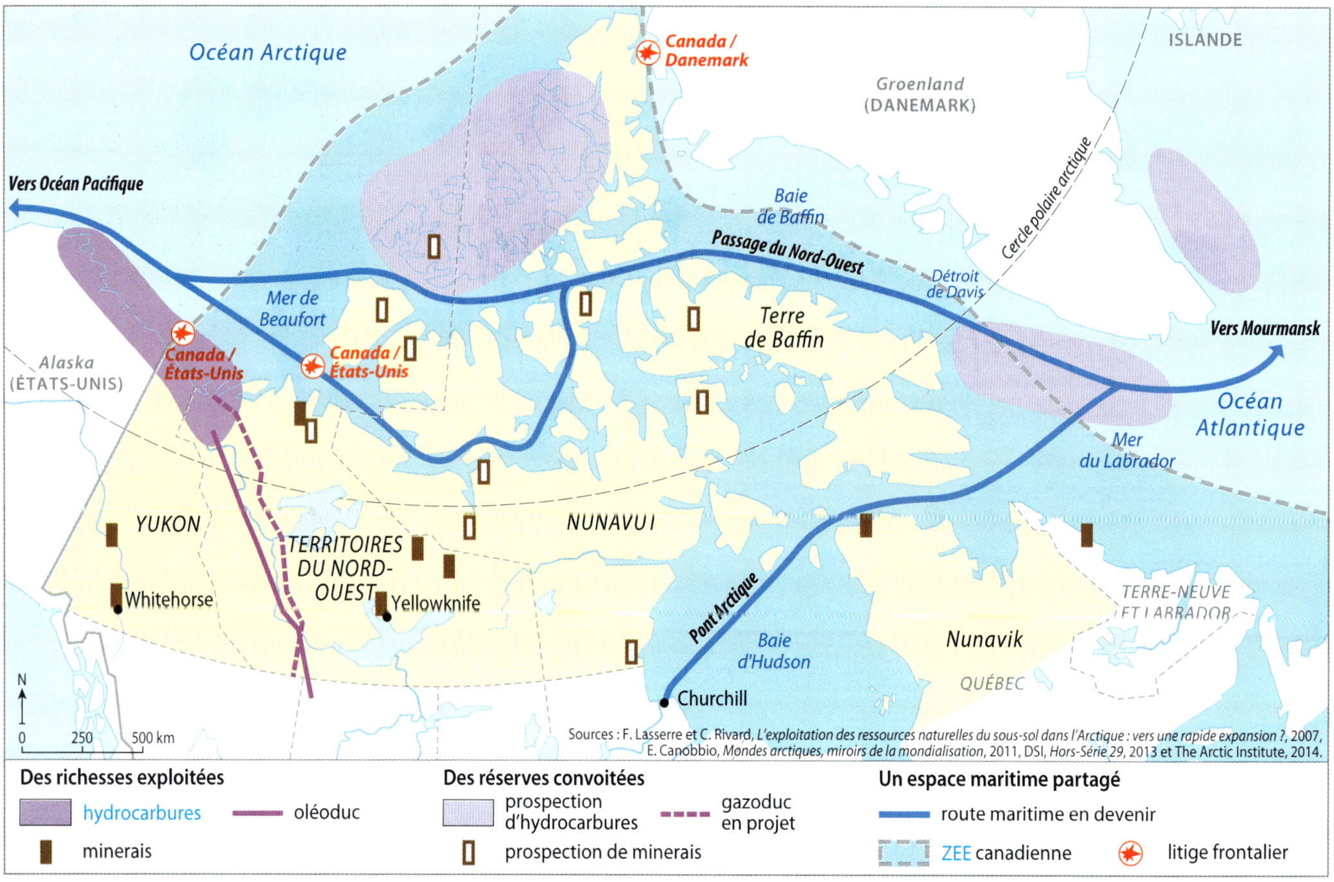

5 Un **front pionnier** riche en ressources

6 Les productions minières du Grand Nord canadien

	Part du Grand Nord canadien dans la production canadienne en 1995, en %	Part du Grand Nord canadien dans la production canadienne en 2012, en %	Rang mondial du Canada en 2012
Argent	18	38	10
Diamants	0	93	4
Or	39	41	6
Plomb	29	16	12
Zinc	36	38	6

Sources : British Geological Survey 2014, Statcan, 2014, US Geological Survey, 2014.

Vocabulaire

Front pionnier : nouvel espace exploité et mis en valeur pour un usage minier ou agricole.

Hydrocarbure : voir p. 130.

ZEE (Zone économique exclusive) : espace marin large de 200 milles nautiques (370 km) dans lequel l'État côtier dispose de droits exclusifs sur l'exploration et l'exploitation des ressources.

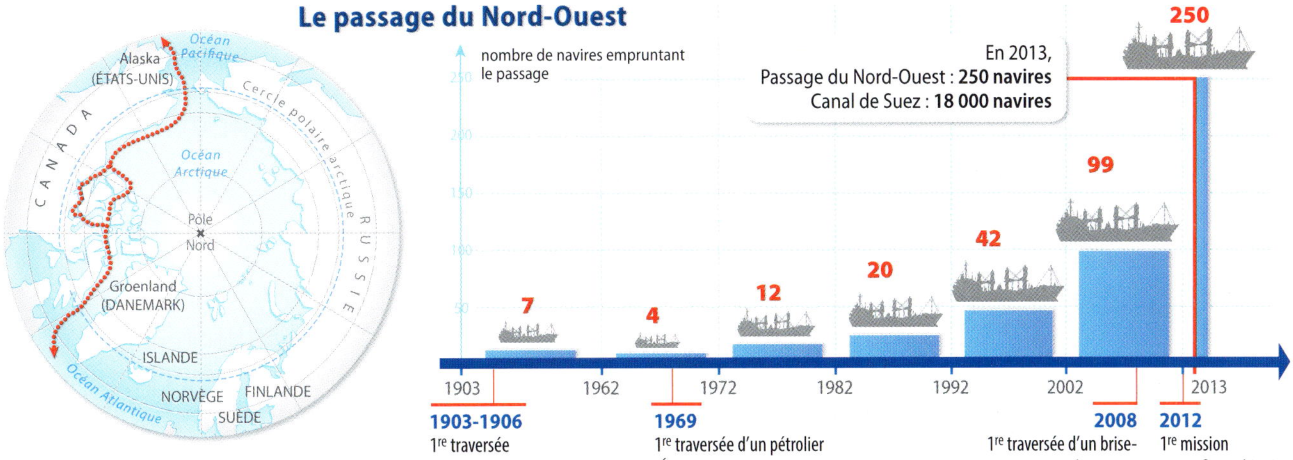

Source : SPRI, 2012.

7 **Une route maritime en devenir : le passage du Nord-Ouest**

8 **Concilier les intérêts de tous dans le Nord québécois**

En 2011, le gouvernement québécois lance le Plan Nord pour exploiter les ressources minérales. En 2012, le nouveau gouvernement réoriente ce plan qui devient le « Nord pour tous ».

Les ressources enfouies dans le sous-sol du Nord québécois suscitent l'intérêt de nombreuses compagnies minières, aussi bien québécoises que multinationales. Elles y ont multiplié leurs projets, attirées par la hausse des prix des métaux sur les marchés internationaux. Ce développement accéléré du Nord apporte son lot de défis pour les populations qui y sont établies. Les impacts environnementaux et les retombées économiques réelles soulèvent aussi des interrogations. Les Québécois et les communautés du Nord y trouveront-ils leur compte ?
Québec investira 868 millions de dollars d'argent public au cours des cinq prochaines années pour le développement d'infrastructures dans le Nord québécois (construction de routes, de parcs nationaux, de logements sociaux). Le gouvernement a dévoilé son nouveau régime d'impôt minier selon lequel toutes les compagnies minières paieront des redevances, qu'elles fassent ou non des profits. Ce nouveau régime de redevances permettra ainsi d'augmenter les revenus fiscaux issus des mines de la province de 15 % à 30 %.

Radio-Canada, mai 2013.

9 **Le développement du tourisme dans le Nunavut**

Questions

1 Quelles ressources font du Grand Nord un espace attractif ? (doc. 5 , 6 et 9)

2 Montrez que le passage du Nord-Ouest est en développement mais que son rôle est encore limité. (doc. 5 et 7)

3 Quels acteurs entrent en compétition pour le contrôle des ressources terrestres ? Des ressources maritimes ? Quelles sont les tensions qui en découlent ? (doc. 5 et 8)

Bilan : Complétez la 2e colonne de l'organigramme bilan p. 220.

C Quels sont les enjeux pour l'avenir du Grand Nord canadien ?

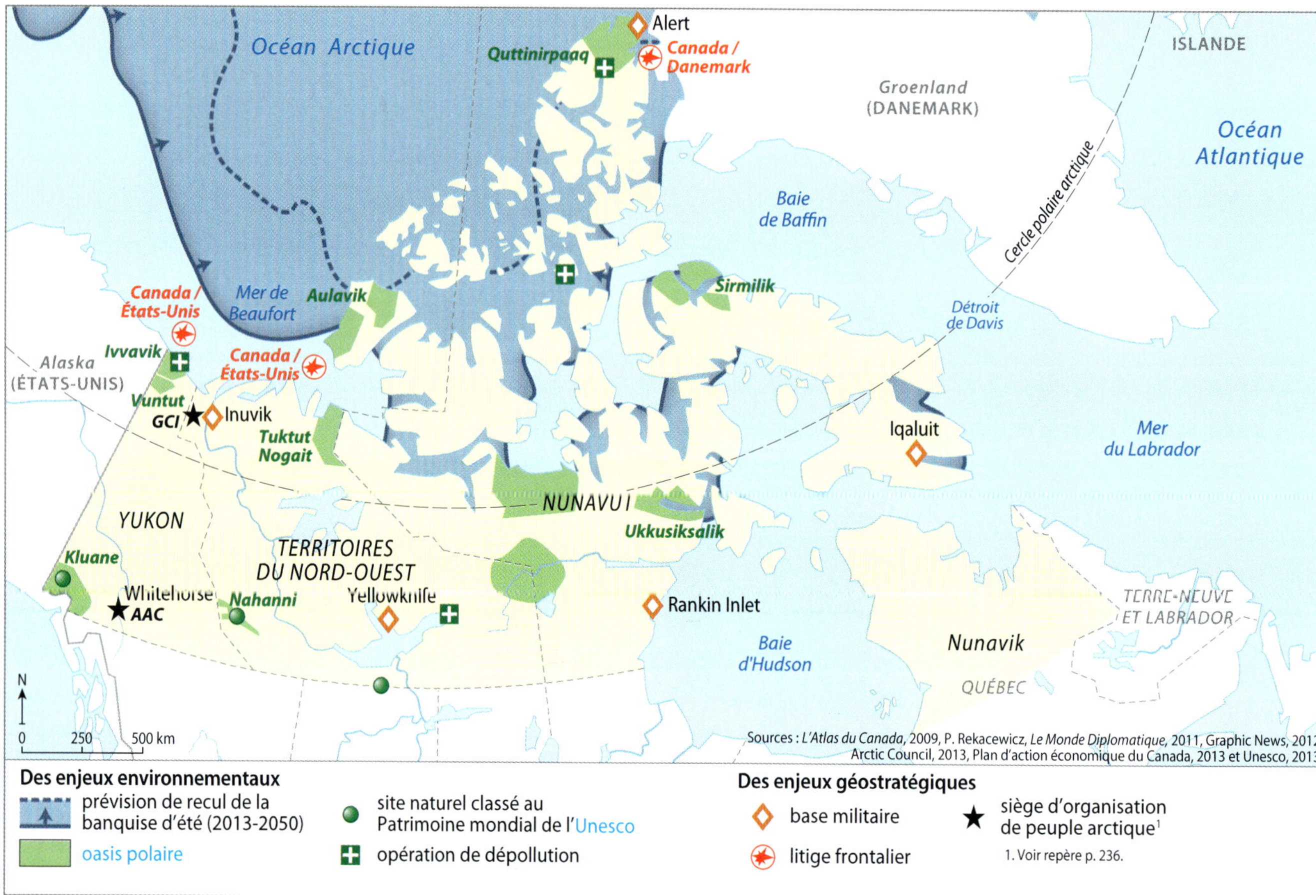

10 Un territoire au cœur des enjeux régionaux et mondiaux

11 L'Arctique, un enjeu stratégique mondial

Les États circumpolaires[1], d'autres pays et les grandes multinationales préparent leurs prochaines avancées dans le Grand Nord. La compétition est nouvelle entre tous ces acteurs. Les États-Unis sont les premiers à contester la souveraineté du Canada sur le passage du Nord-Ouest, d'où l'initiative diplomatique de créer à Ottawa[2] en 1996 le **Conseil de l'Arctique** afin que les États et communautés indigènes membres y discutent de questions touchant l'environnement, la situation des autochtones et le développement économique et social. Pour l'instant, le « grand jeu arctique », expression de Joël Plouffe, chercheur à l'Observatoire sur l'Arctique, se déroule pacifiquement. Ottawa s'est doté d'une Stratégie pour le Nord couvrant tous les champs d'activité, de la promotion de la culture inuite au développement durable. En prenant la présidence du Conseil de l'Arctique jusqu'en 2015, le Canada tente de consolider et élargir les actions de ce forum où « le dialogue transnational a amené les États, les acteurs sous-régionaux à travailler ensemble en vue d'atteindre des objectifs communs ». L'Arctique est la dernière frontière du monde en termes économique et militaire et le XXIe siècle sera son moment. C'est encore un havre de paix et de coopération. Il doit le rester.

J. Coulon, *Le Siècle de l'Arctique*, lapresse.ca, 9 mai 2013.

1. États situés de part et d'autre du cercle polaire arctique.
2. Capitale du Canada.

Vocabulaire

Conseil de l'Arctique : organisation régionale qui a pour objectif la mise en œuvre d'un développement durable en Arctique.

Gouvernance : voir p. 32.

Oasis polaire : zone d'une très grande biodiversité et protégée par un classement en réserve naturelle ou parc national.

Unesco : voir p. 38.

12 L'autonomie des Inuits, un processus en cours.
Au Canada, certains territoires comme le Nunavut et le Yukon sont autonomes en matière de développement économique, d'éducation et de santé. Actuellement, les « Premières nations » sont de plus en plus fédérées au sein du mouvement de contestation *Idle No more* (« Jamais plus l'inaction »).

13 Le renforcement de la souveraineté du Canada en Arctique.
Source : Garnotte, 2009.
Depuis son élection en 2006, le Premier ministre canadien, Stephen Harper, se rend régulièrement dans le Grand Nord. En effet, le Canada revendique la souveraineté sur le plateau continental (prolongement du continent sous l'océan) et le contrôle du passage du Nord-Ouest disputés par d'autres puissances (États-Unis, Europe).

Questions

1. Quelles sont les menaces environnementales pesant sur le Grand Nord canadien ? Selon les acteurs, à quelles échelles des solutions sont-elles prises ? (doc. 10 et 11)
2. Comment mettre en œuvre un développement respectueux des populations autochtones ? (doc. 11 et 12)
3. Quelle est la place du Canada dans la **gouvernance** de l'Arctique ? Quels sont les freins à la coopération ? (doc. 11 et 13)

▶ **Bilan :** Complétez la 3e colonne de l'organigramme bilan p. 220.

Bilan de l'étude de cas 1

Le Grand Nord canadien, une nouvelle frontière ?

L'essentiel

A Pourquoi le Grand Nord canadien est-il un espace contraignant ?

- Le froid, les glaces et l'isolement sont des contraintes majeures.
- La population est faible, mais elle augmente plus vite que la moyenne nationale et s'occidentalise.
- L'intégration se fait essentiellement par les infrastructures de transport et de télécommunication, mais elle reste inégale.

B Pourquoi le Grand Nord canadien suscite-t-il un nouvel intérêt ?

- Le Grand Nord apparaît comme un front pionnier (ressources naturelles, tourisme).
- Le passage du Nord-Ouest est convoité (passage maritime stratégique, ressources en hydrocarbures).
- Les retombées économiques de l'exploitation énergétique sont au cœur des tensions entre les grandes multinationales, les autochtones et l'État.

C Quels sont les enjeux pour l'avenir du Grand Nord canadien ?

- L'environnement arctique canadien est protégé à trois échelles : régionale, nationale et internationale.
- La mise en œuvre d'un développement durable passe aussi par la prise en compte des revendications sociales et politiques des populations autochtones.
- Le Canada affirme sa souveraineté en Arctique tout en favorisant une gouvernance régionale du Grand Nord canadien.

Passer à l'échelle régionale

Les contraintes du Grand Nord canadien sont-elles représentatives de celles de l'espace arctique ?

Carte 1 (p. 228-229)
Cours 1 (p. 232)

En quoi la convoitise du Grand Nord canadien reflète-t-elle celle de l'espace arctique ?

Carte 2 (p. 230)
Cours 2 (p. 234)

Les enjeux des mutations du Grand Nord canadien sont-ils semblables aux autres régions arctiques ?

Carte 3 (p. 231)
Cours 3 (p. 236)

Travailler autrement

Recopiez et complétez l'organigramme bilan de l'étude de cas en illustrant les idées d'exemples précis.

LE GRAND NORD CANADIEN, UNE NOUVELLE FRONTIÈRE CONVOITÉE

UN ESPACE CONTRAIGNANT ET OUVERT	UN ESPACE PIONNIER CONVOITÉ	UN ESPACE AU CŒUR DES ENJEUX RÉGIONAUX ET MONDIAUX
Des contraintes majeures	Des ressources convoitées	Un espace à préserver durablement ....
+	+	+
Un espace peu peuplé	Un espace maritime convoité	Prendre en compte les peuples autochtones ....
+	+	+
Un espace en cours d'intégration	Des acteurs en compétition	Un espace stratégique ....

Des schémas...

A Un espace contraignant et ouvert

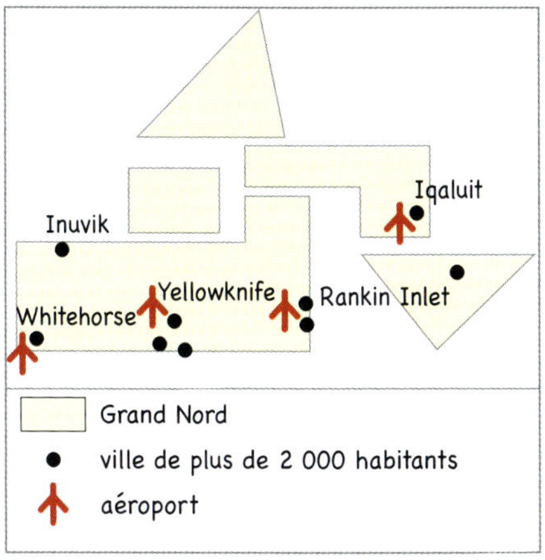

B Un espace pionnier convoité

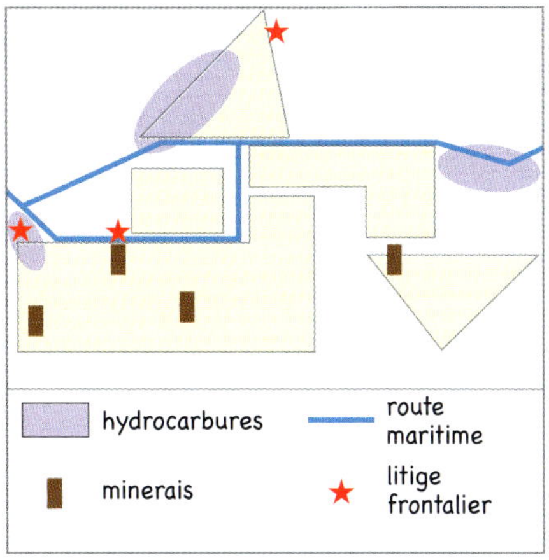

C Un espace au cœur des enjeux régionaux et mondiaux

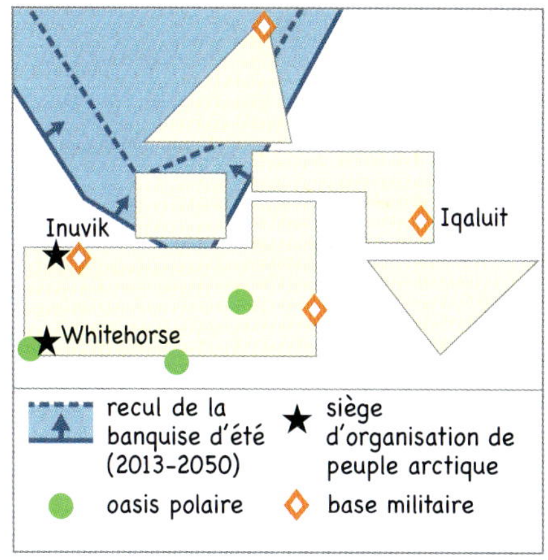

...au croquis de synthèse

Complétez la légende, le croquis, la nomenclature et le titre à l'aide des pages 214 à 219.

PDF FICHE À COMPLÉTER et correction en téléchargement sur le site Hachette-Éducation

Titre : ....

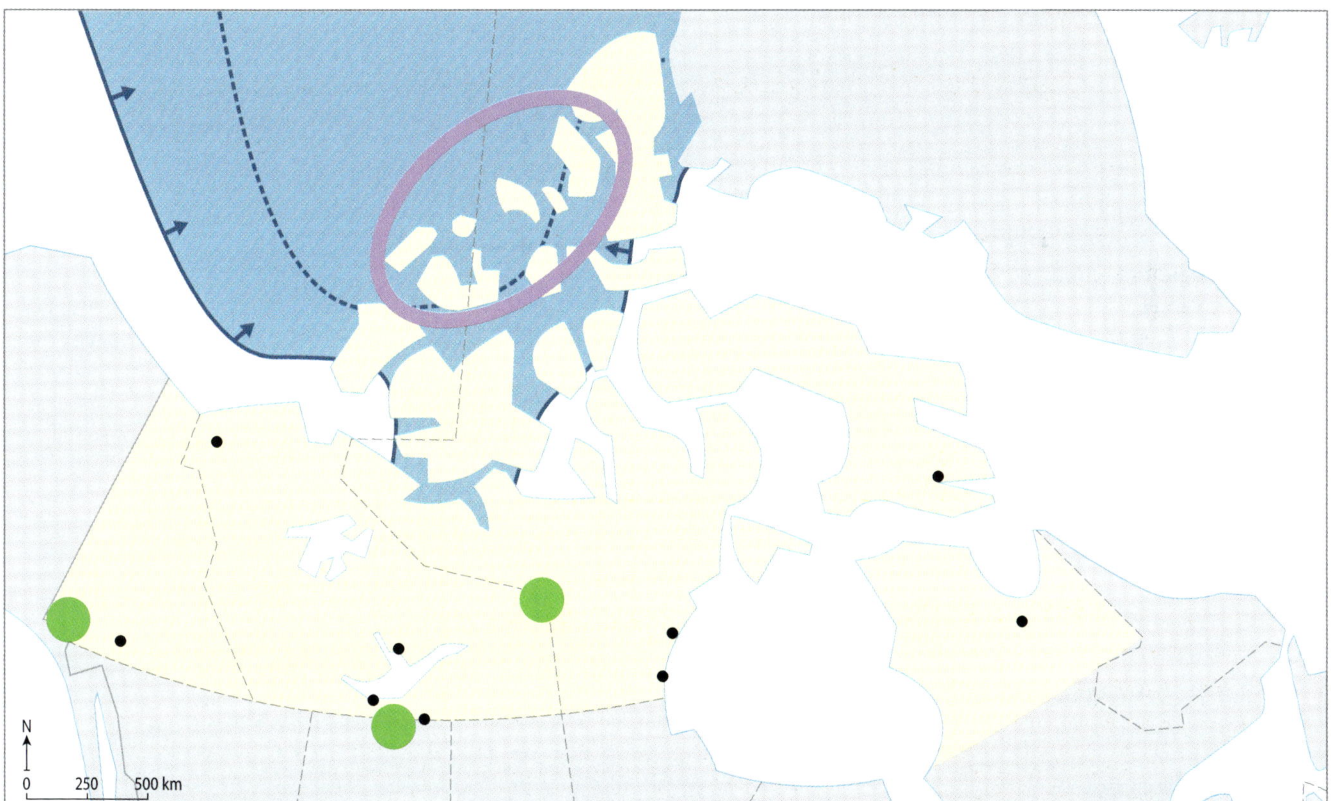

Un espace contraignant et ouvert

- ....
- ville de plus de 2 000 habitants
- aéroport national

Un espace pionnier convoité

- ....
- ....
- route maritime en devenir
- litige frontalier

Un espace au cœur des enjeux régionaux et mondiaux

- ....
- ....
- base militaire
- siège d'organisation de peuple arctique

Le Groenland, un espace arctique en quête d'indépendance

Situé au carrefour de l'Amérique et de l'Europe, le Groenland est une province autonome du Danemark bénéficiant depuis 2009 d'une autonomie élargie. Le changement climatique ouvre la voie à l'exploitation de ressources jusque-là inaccessibles. Ces mutations encouragent les revendications d'indépendance du Groenland.

Le Groenland en chiffres

- **Superficie :** 2,1 millions de km^2
- **Population :** 56 370 habitants
- **IDH :** 0,869 (monde : 0,693)

A Pourquoi le Groenland est-il un désert froid attractif ?

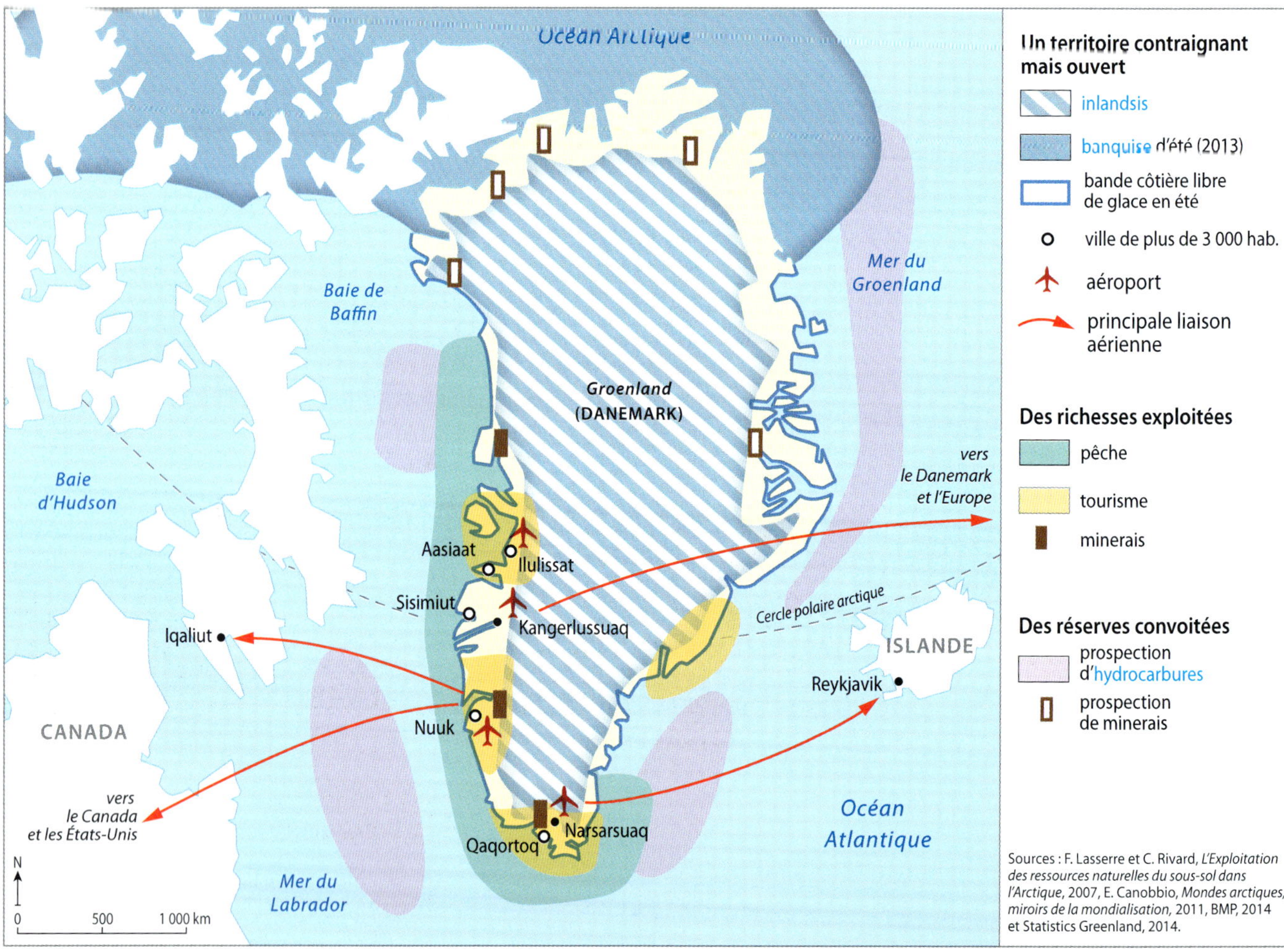

1 Une île arctique aux ressources encore peu exploitées

Vocabulaire

Banquise : couche de glace formée par la congélation de l'eau de mer, dont les formes varient de la bouillie glacée à la banquise épaisse (3 à 4 mètres) et permanente.

Contrainte : frein au développement des sociétés. Elle peut être physique ou socio-économique.

Hydrocarbure : voir p. 130.

Inlandsis : calotte glaciaire, formée d'eau douce, recouvrant le Groenland dans l'espace arctique et le continent Antarctique.

Intégration : processus d'insertion d'un espace à un autre, ici de l'espace arctique à l'espace mondial.

Terres rares : métaux non ferreux servant à la fabrication de produits électroniques de grande consommation (écrans plats, smartphones) et de technologie verte (moteurs hybrides, éoliennes).

2 **Ilulissat, baie de Disko.** ① Installation pétrolière ; ② Port ; ③ Banquise
Ilulissat est la 3e ville du Groenland avec 4 551 habitants. Enclavée dans une baie glacée, des infrastructures, notamment portuaires, permettent de l'intégrer au reste de l'espace groenlandais.

3 **Un territoire éloigné en voie d'intégration (aéroport de Kangerlussuaq)**

4 **De nouvelles richesses convoitées**

L'Europe cherche à ouvrir une nouvelle frontière, en explorant les glaces encore vierges du Groenland, à la recherche de minerais – or, fer, uranium, zinc et autres diamants. Le forage d'hydrocarbures autour des côtes de l'île, longtemps impossible, en est ainsi aujourd'hui à l'étape exploratoire, mené par de grandes compagnies pétrolières, telles que l'américain Exxon Mobil [ou le britannique] Cairn Energy. L'exploitation minière, auparavant inenvisageable du fait d'une couverture de glace atteignant 150 mètres d'épaisseur, est par ailleurs étudiée. La province autonome du Danemark possède enfin certains des plus importants gisements du monde en terres rares, dont la Chine dispose d'un quasi-monopole. Le projet d'extraction de minerais le plus avancé est mené par la London Mining, une entreprise minière britannique soutenue par des compagnies chinoises. D'autres pays, comme les États-Unis, le Canada ou la Russie, sont aussi intéressés.

Le Monde, 1er août 2012.

Questions

1. Quelles sont les contraintes naturelles du Groenland ? Quelles conséquences ont-elles sur le peuplement ? (doc. 1 et 2)
2. Montrez que le Groenland est un espace inégalement ouvert sur le reste du monde. (doc. 1, 2 et 3)
3. Quelles sont les ressources convoitées au Groenland ? Quels sont les acteurs qui entrent en compétition pour leur contrôle ? (doc. 1 et 4)

▶ **Bilan :** Complétez les deux premières colonnes de l'organigramme bilan p. 226.

B Quels sont les défis du développement du Groenland ?

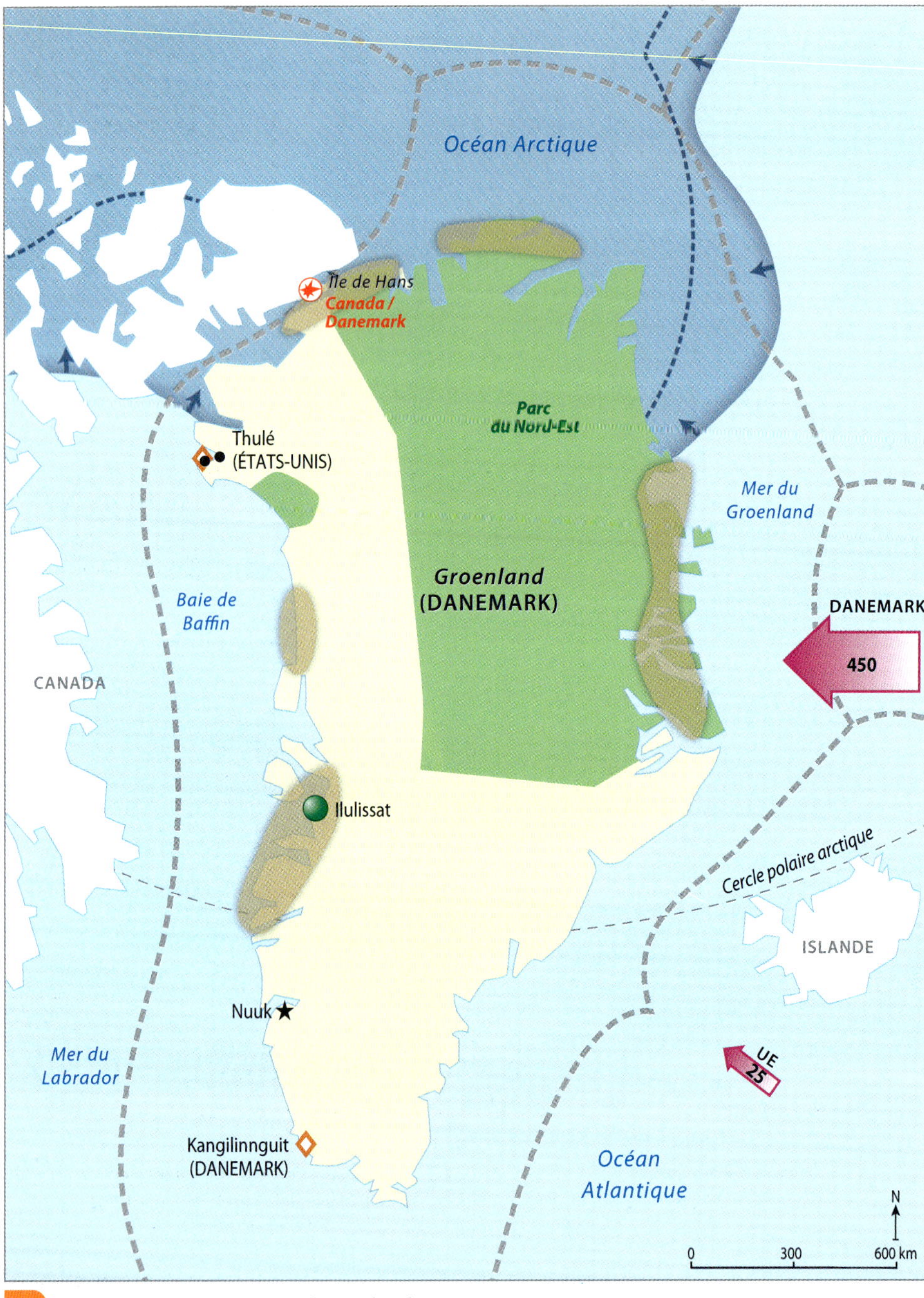

1. ICC (*Inuit Circumpolar Conference*, Conférence circumpolaire inuite) : organisation qui défend les droits et les intérêts des 150 000 Inuits de l'Arctique.

Sources : E. Canobbio, *Atlas des pôles*, 2007, Robin des Bois, 2009, Arctic Council, 2013, NSIDC, 2014 et Statistics Greenland, 2014.

5 Un territoire au cœur de multiples enjeux

Vocabulaire

Gouvernance : voir p. 32.
Oasis polaire : zone d'une très grande biodiversité et protégée par un classement en réserve naturelle ou parc national.
Unesco : voir p. 38.

ZEE (Zone économique exclusive) : espace marin large de 200 milles nautiques (370 km) dans lequel l'État côtier dispose de droits exclusifs sur l'exploration et l'exploitation des ressources.

Répondre aux besoins en logement social à Nuuk 6

7 Les défis de l'autonomie du Groenland

En 2009, le Groenland obtient l'autonomie renforcée, gère ses matières premières et a le droit d'organiser un référendum sur l'indépendance. Depuis 2005 déjà, il pouvait entretenir des relations avec l'étranger dans certains domaines de compétence. Les États-Unis d'ailleurs avaient poussé dans cette voie, lançant des projets industriels (aluminium) et éducatifs. Mais le Groenland doit relever des défis considérables. Les graves inégalités de revenus sont officiellement reconnues. Le Groenland abrite peu d'hommes, peu éduqués, peu formés[1] et surtout cibles idéales pour les investisseurs américains, chinois et autres. Le début de l'exploitation pétrolière s'accompagne d'une importation de main-d'œuvre qualifiée, qui ne peut que déstabiliser la population locale. Le scénario pessimiste voudrait que le Groenland devienne une pétro-république, comme on parle de pétromonarchie dans le golfe Arabo-Persique. Ce sera dans l'intérêt des compagnies pétrolières et des grands investisseurs, et l'on voit mal comment une cinquantaine de personnes aux affaires pourraient résister aux tentations.

T. Garcin, *Géopolitique de l'Arctique*, Economica, 2013.

1. En 2011, 46 étudiants groenlandais ont obtenu un diplôme universitaire et 187 sont entrés à l'université (Nuuk et Sisimiut).

2020: THE TERRITORIAL DISPUTE OVER HANS ISLAND IS RESOLVED BY THE MELTING OF THE ARCTIC ICE CAP.

8 Changement climatique et litiges frontaliers, deux enjeux majeurs.
Depuis 1993, l'île inhabitée de Hans a été officiellement attribuée au Danemark mais le Canada continue cependant de la revendiquer.

Traduction : « C'est à toi »
« 2020 : le conflit territorial de l'île de Hans est résolu par la fonte de la calotte glaciaire arctique. »

Questions

1) Quelles menaces environnementales pèsent sur le Groenland ? Quelles sont les mesures pour y faire face ? (doc. 5 et 8)

2) Pourquoi le pilier social est-il un élément essentiel du développement durable du Groenland ? (doc. 6 et 7)

3) Montrez que le Groenland développe de nouvelles formes de **gouvernance** mais qu'il devient également un enjeu pour les grandes puissances. (doc. 5, 7 et 8)

▶ **Bilan :** Complétez la 3e colonne de l'organigramme bilan p. 226

Le Groenland, un espace arctique en quête d'indépendance

L'essentiel

A Quelles sont les contraintes du Groenland ?

- Le froid, l'immensité et l'isolement sont des contraintes majeures.
- La population est faible, mais elle s'adapte aux contraintes à travers l'urbanisation.
- Le développement aérien et portuaire permet l'intégration qui reste néanmoins inégale.

B Pourquoi le Groenland est-il convoité ?

- Le potentiel énergétique et minier du Groenland est important mais difficile à exploiter.
- Le changement climatique et la fonte des glaces rendent possible l'exploitation de nouveaux gisements.
- De nombreux acteurs (États, grandes entreprises) entrent en compétition pour l'exploitation des ressources.

C Quels sont les défis du développement du Groenland ?

- Le changement climatique et les pressions environnementales ont des conséquences sur l'équilibre écologique de l'Arctique.
- La mise en œuvre d'un développement durable au Groenland passe par la prise en compte du pilier social.
- Le Groenland développe de nouvelles formes de gouvernance (autonomie, ICC) mais devient un enjeu pour les grandes puissances.

Passer à l'échelle régionale

Les contraintes du Groenland sont-elles représentatives de celles de l'espace arctique ?

Carte 1 (p. 228-229)
Cours 1 (p. 232)

En quoi la convoitise du Groenland reflète-t-elle celle de l'espace arctique ?

Carte 2 (p. 230)
Cours 2 (p. 234)

Les enjeux des mutations du Groenland sont-ils semblables aux autres régions arctiques ?

Carte 3 (p. 231)
Cours 3 (p. 236)

Travailler autrement

Recopiez et complétez l'organigramme bilan de l'étude de cas en illustrant les idées d'exemples précis.

LE GROENLAND, UN DÉSERT FROID EN MUTATION

UN ESPACE CONTRAIGNANT EN COURS D'INTÉGRATION ET OUVERT	UN ESPACE ATTRACTIF ET CONVOITÉ	UN ESPACE AU CŒUR DES ÉQUILIBRES RÉGIONAUX ET MONDIAUX
Des contraintes majeures	Des ressources naturelles nombreuses	Un espace à préserver durablement ....
+	+	+
Un espace peu peuplé	Des richesses potentielles convoitées	Des difficultés sociales à surmonter ....
+	+	+
Un espace en cours d'intégration	Des acteurs en compétition	De nouvelles formes de gouvernance ....

Des schémas…

A Un espace contraignant en cours d’intégration et ouvert

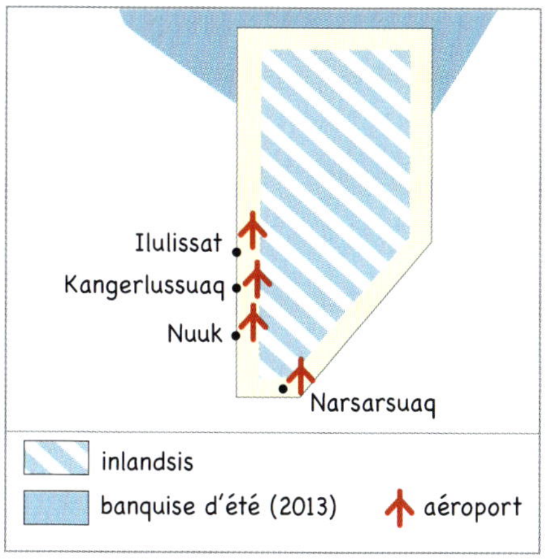

B Un espace attractif et convoité

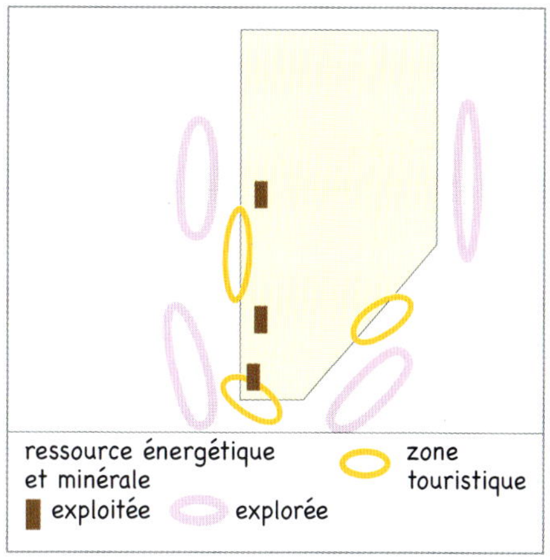

C Un espace au cœur des équilibres régionaux et mondiaux

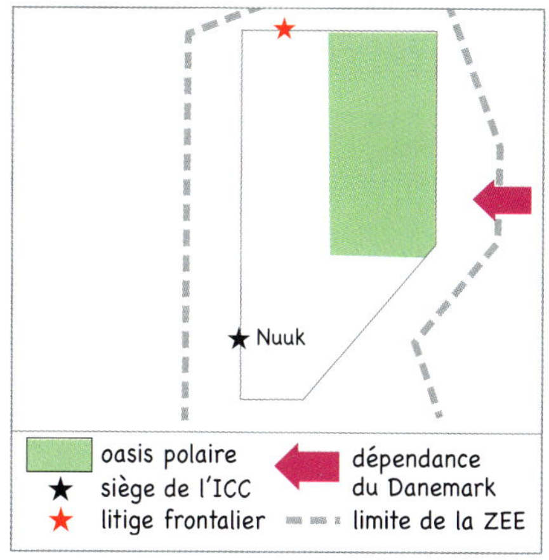

…au croquis de synthèse

Complétez la légende, le croquis, la nomenclature et le titre à l’aide des pages 222 à 225.

PDF **FICHE À COMPLÉTER** et correction en téléchargement sur le site Hachette-Éducation

Titre : ……………………………………………………………………

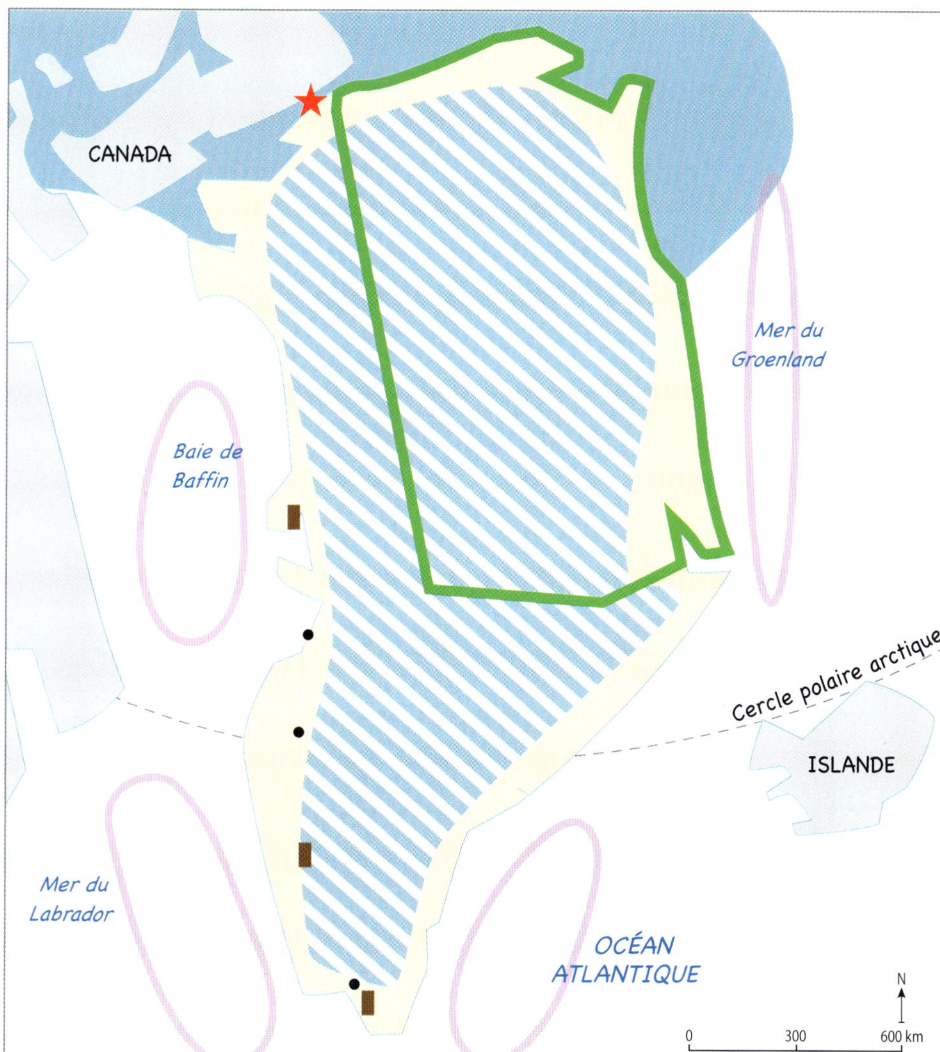

Un espace contraignant en cours d’intégration et ouvert

- …………………………
- …………………………
- • …………………………
- aéroport

Un espace attractif et convoité

- …………………………
- …………………………
- zone touristique

Un espace au cœur des équilibres régionaux et mondiaux

- …………………………
- ★ siège de l’ICC
- dépendance du Danemark
- ★ …………………………
- limite de la ZEE

L'Arctique, un espace contraignant en mutation

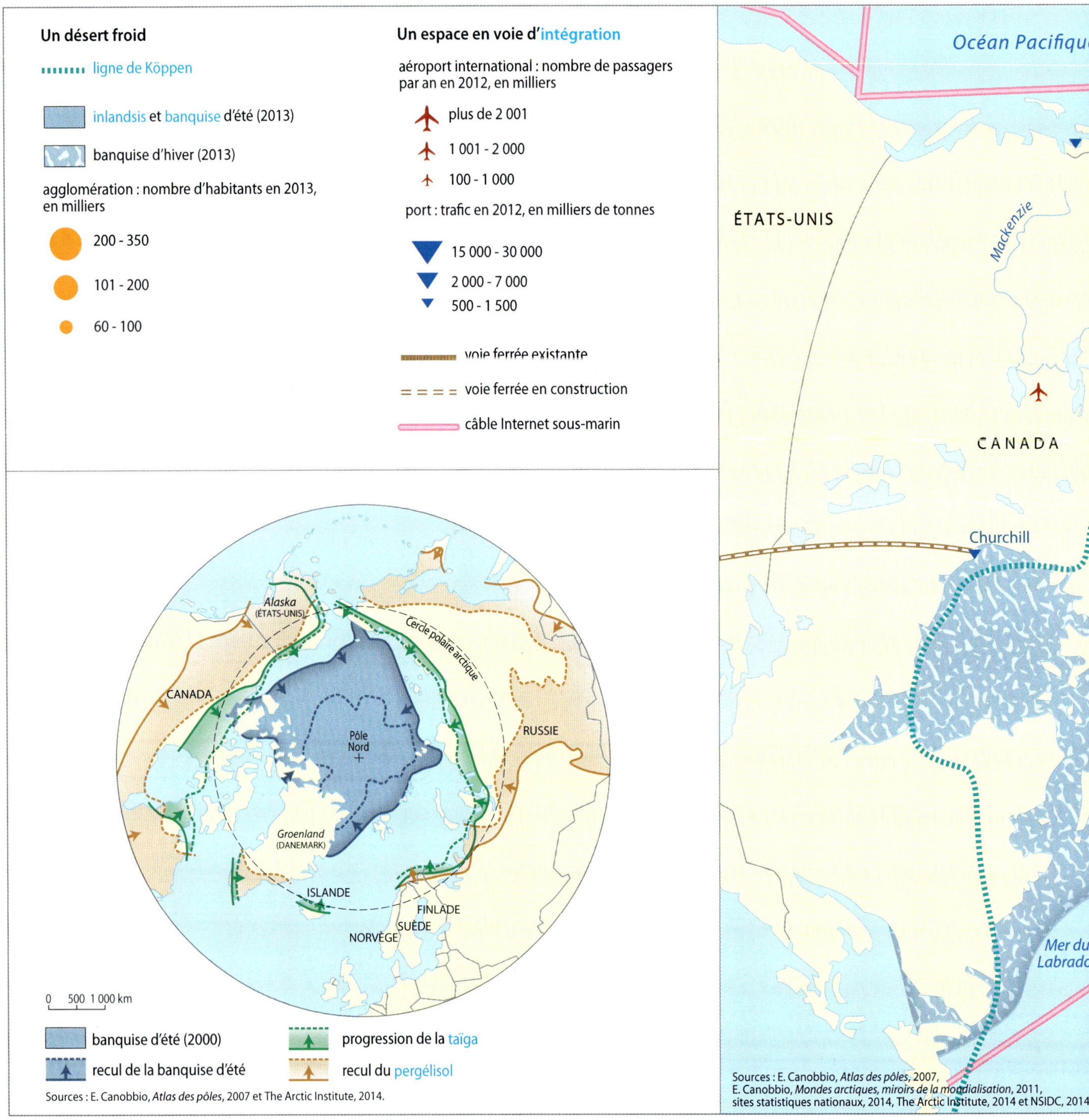

1 Des limites bioclimatiques en mutation (projection 2050)

Vocabulaire

Banquise : couche de glace issue de la congélation de l'eau de mer, dont les formes varient de la bouillie glacée à la banquise épaisse (3 à 4 mètres) et permanente.

Inlandsis : calotte glaciaire, formée d'eau douce, recouvrant le Groenland dans l'espace arctique et le continent Antarctique.

Intégration : processus d'insertion d'un espace à un autre, ici de l'espace arctique à l'espace mondial.

Ligne de Köppen : ligne climatique délimitant une zone au-delà de laquelle les températures sont inférieures à 10 °C durant le mois le plus chaud (juillet) et où les arbres ne poussent plus.

Pergélisol : couche supérieure du sol gelée en permanence.

Taïga : forêt de résineux caractérisant les marges sud de l'Arctique.

2 **L'Arctique, un espace contraignant en voie d'intégration**

Questions

1 Quelles contraintes physiques de l'espace arctique sont en mutation actuellement ? Quelles sont les perspectives ?

2 Quelles infrastructures participent à l'intégration de l'Arctique ?

3 En conclusion, quelles régions connaissent les mutations les plus importantes ?

L'Arctique, un espace riche en ressources donc convoité

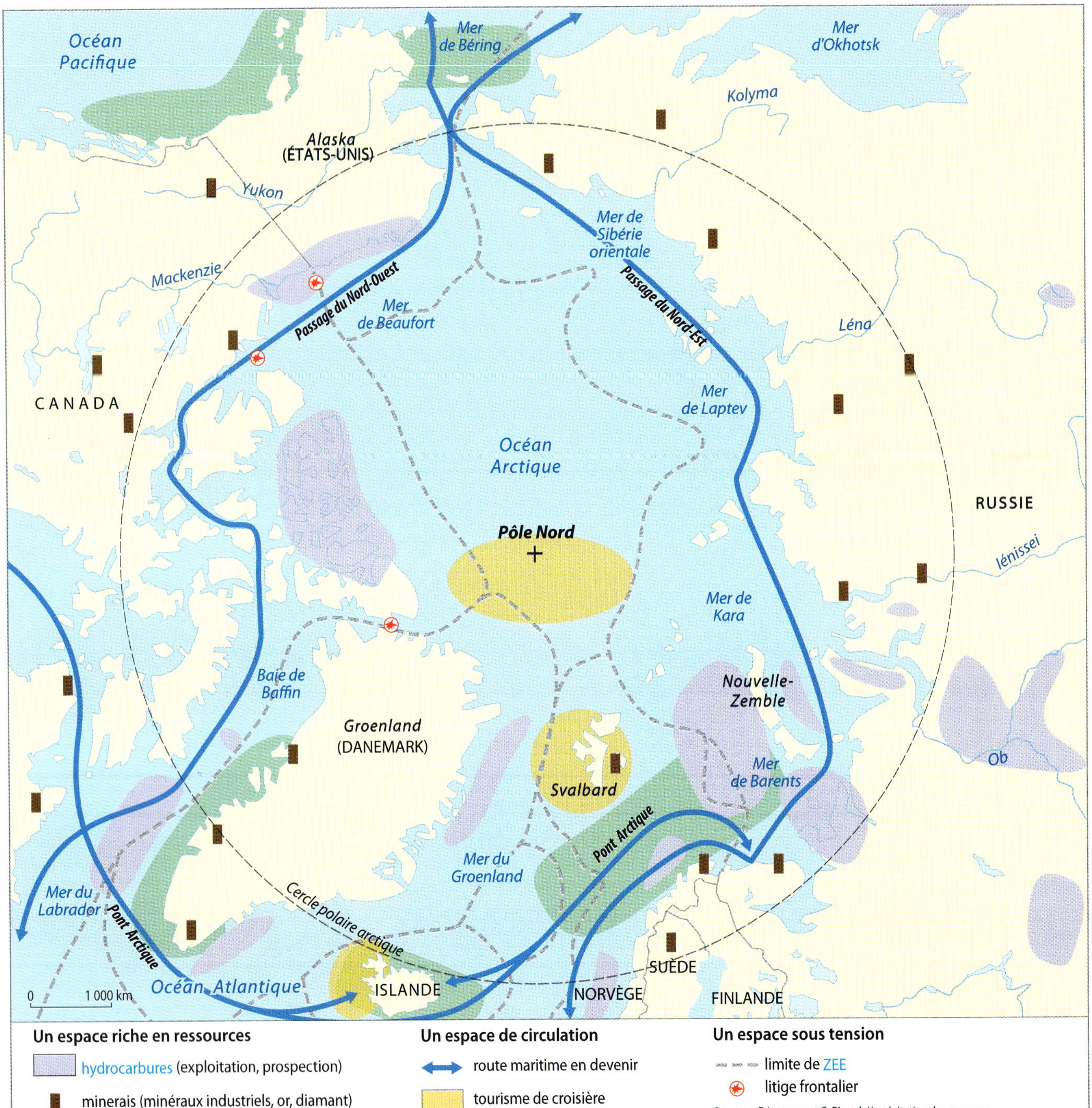

Sources : F. Lasserre et C. Rivard, *L'exploitation des ressources naturelles du sous-sol dans l'Arctique : vers une rapide expansion ?*, 2007, P. Rekacewicz, *Le Monde Diplomatique*, 2011 et The Arctic Institute, 2014.

Vocabulaire

Hydrocarbure : voir p. 130.

ZEE (Zone économique exclusive) : espace marin large de 200 milles nautiques (370 km) dans lequel l'État côtier dispose de droits exclusifs sur l'exploration et l'exploitation des ressources.

Questions

1. Pourquoi l'espace arctique est-il convoité ?
2. Par qui l'espace arctique est-il disputé ?

3

L'Arctique, un espace géostratégique majeur

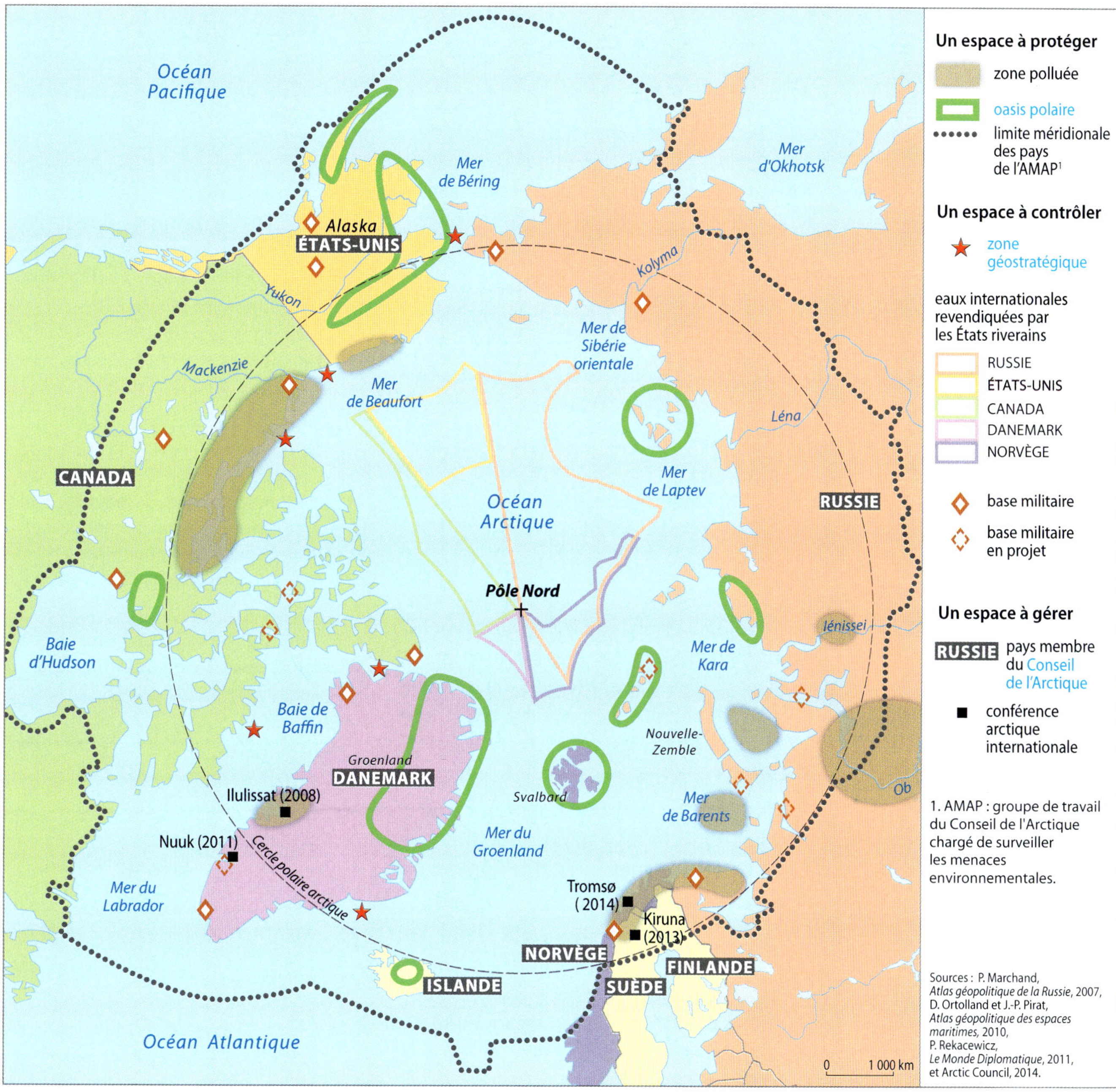

Vocabulaire

Conseil de l'Arctique : organisation régionale qui a pour objectif la mise en œuvre d'un développement durable en Arctique.

Oasis polaire : zone d'une très grande biodiversité et protégée par un classement en réserve naturelle ou parc national.

Zone géostratégique : zone dont le contrôle oppose les intérêts d'acteurs variés : zone de tensions frontalière, contrôle des passages maritimes, revendication des eaux internationales.

Questions

1. Pourquoi et comment protéger l'espace arctique ?
2. Où sont situées les zones géostratégiques de l'espace arctique ? Pourquoi sont-elles stratégiques ? (carte 2)
3. Dans quels cadres institutionnels des solutions peuvent-elles être trouvées ? Par quels acteurs ?

L'Arctique, un espace contraignant en voie d'intégration

▶ Quelles sont les caractéristiques de l'espace arctique ?

A Un milieu naturel très contraignant

• **L'Arctique est un vaste espace de 24 millions de km².** Il se caractérise par son immensité et son morcellement entre des espaces océaniques (17 millions de km²), insulaires (4 millions de km²) et continentaux (3 millions de km²). Les zones terrestres sont marquées par le passage de la **taïga** à la **toundra** dont la limite remonte vers le **cercle polaire**.

• **Les contraintes climatiques se manifestent par un froid extrême et une faiblesse du rayonnement solaire.** La température moyenne annuelle est de –7°C (Repère A). L'hiver dure environ 9 mois et la nuit polaire de 1 jour à 6 mois selon la distance du pôle Nord. La contrainte du froid (**ligne de Köppen, pergélisol**) peut ainsi définir les limites de l'espace arctique.

• **L'englacement et l'enneigement sont des contraintes majeures** pour la circulation et le développement économique (doc. 1). Sur terre et sur mer, les différentes formes de glaces (**banquise, inlandsis, iceberg**) et leurs variations saisonnières font de l'Arctique un espace en partie fermé.

B Un espace peu peuplé

• **L'Arctique est marqué par de très faibles densités de population** (1,75 hab/km²). Il compte environ 9,7 millions d'habitants dans ses limites administratives, dont 4 au Nord du cercle polaire. La Russie abrite plus de 70 % des populations arctiques et l'Europe 20 %. Les populations autochtones (Inuits, Sâmes) sont minoritaires (10 %), sauf au Canada (50 %).

• **Le peuplement arctique est urbain (80 %) et littoral.** La majorité des hommes est regroupée dans des agglomérations de moins de 5 000 habitants, sauf en Russie, où 46 villes ont plus de 5 000 habitants (dont 4 plus de 100 000). Les habitants des villages migrent de plus en plus vers les villes et le nomadisme disparaît (doc. 2).

• **Les populations de l'Arctique ont un mode de vie marqué par les contraintes :** l'isolement, l'éloignement, la nuit polaire, la faiblesse des équipements. Mais il existe différents degrés de **nordicité** car les contraintes climatiques et l'adaptation des populations varient. La nordicité décrit alors un espace arctique plus large que celui défini par les limites physiques.

C Un espace en voie d'intégration

• **La fonte des glaces, liée au changement climatique, ouvre l'Arctique au reste du monde** (Repère B). La superficie de la banquise d'été a atteint un nouveau minimum avec 3,4 millions de km² en 2012 (8 en 1970). L'espace arctique maintenant plus accessible devient un **front pionnier**.

• **Les régions arctiques sont en voie d'intégration par des politiques spécifiques.** L'exploitation des ressources naturelles et le développement des transports (lignes aériennes en priorité) relèvent de partenariats entre les acteurs publics (État) et privés (entreprises) au Canada ou en Laponie où l'Union européenne finance en partie la construction d'infrastructures de communication.

• **Le mode de vie des populations arctiques est bouleversé** (doc. 3). L'arrivée de nouveaux habitants, le poids minoritaire des autochtones, l'élévation du niveau de vie et le développement des politiques d'intégration engendrent un processus de **dénordification**. Il contribue au recul de la frontière nordique.

Vocabulaire

Banquise : voir p. 228 et p. 245.
Cercle polaire : limite au-delà de laquelle la nuit et le jour peuvent durer au moins 24 heures.
Dénordification : processus de désenclavement de l'Arctique marqué par le développement économique, l'amélioration des communications et les modifications des modes de vie.
Front pionnier : voir p. 216.
Iceberg : voir p. 245.
Inlandsis : voir p. 228 et p. 245.
Intégration : voir p. 222.
Ligne de Köppen : voir p. 228.
Nordicité : concept qui caractérise l'espace arctique en fonction de ses contraintes géographiques, son accessibilité, son peuplement et son développement économique.
Pergélisol : voir p. 228.
Taïga : voir p. 228.
Toundra : formation végétale basse caractérisant les hautes latitudes arctiques (lichens, mousses et quelques arbustes).

REPÈRE A

Les températures en Arctique

	Canada	Sibérie
Hiver		
Moyenne en janvier	–25,8°C	–44°C
Minimum	–30°C	–67,8°C
Été		
Moyenne en juillet	+7,7°C	+16°C
Maximum	+11,6°C	+36,7°C

Sources : climate-charts.com, 2014 et jeanlouisetienne.com, 2014.

REPÈRE B

Superficie de la banquise arctique

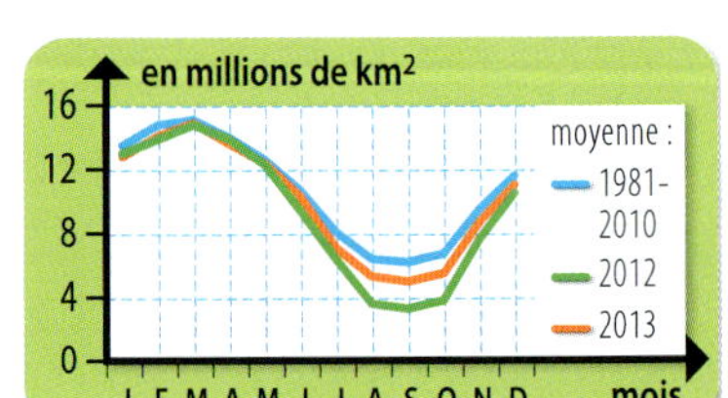

Source : NSIDC, 2014.

1 **Une circulation difficile sur les cours d'eau gelés (Canada)**

2 **Nomades et citadins à Nadym (Russie), des populations en contact.**
Les Nenets sont l'un des derniers peuples nomades de l'Arctique.

3 La diversité des modes de vie des populations arctiques

Les populations arctiques sont faibles en nombre, reculées et dispersées, peu reliées entre elles. La diversité l'emporte. Leurs langues, leurs traditions, leur relation à la cryosphère (glace, banquise, pergélisol), leur habitat, le rapport au danger naturel telles les inondations (au Nunavut, des murs d'eau chutent des glaciers), presque tout les différencie. Surtout, la relation à la modernité ne peut être comparable.

Certains de ces peuples, à l'histoire par exemple nomade, n'ont d'autre choix que l'urbanisation dans des agglomérations qui ressemblent à des entrepôts, à des hangars ou à des barres d'immeubles provisoires (Iqaluit). D'autres dépendent de l'argent facile ou de l'alcool, que leur fournissent à satiété les intérêts privés. D'autres sont exposés aux chantiers, à la pollution, à l'arrivée d'immigrants de l'intérieur (main-d'œuvre bien rémunérée), au tourisme de masse (Alaska). D'autres encore sont familiarisés avec les déplacements en avion (Canada). Bref, cette mosaïque de micro-sociétés présente plus de différences que de convergences.

T. Garcin, *Géopolitique de l'Arctique*, Economica, 2013.

1. À quelles contraintes les populations arctiques s'adaptent-elles ? Comment ? (doc. 1 et 3)
2. Quelles mutations connaissent les populations arctiques ? (doc. 3)

L'Arctique, un espace convoité

Pourquoi l'Arctique apparaît-il comme la dernière frontière de la planète ?

A D'importantes ressources économiques

• **Le potentiel énergétique est prometteur avec 15 % des réserves mondiales prouvées d'hydrocarbures.** Mais son exploitation est coûteuse (conditions d'accès difficile) et elle ne peut être rentable que si les prix des matières premières (pétrole et gaz) sont élevés. Les ressources minières (or, diamants, nickel, terres rares) attisent aussi les convoitises des grandes entreprises.

• **Les ressources halieutiques et hydrauliques s'accroissent en raison du réchauffement de l'Arctique.** Ce dernier favorise les migrations de poissons (morue, hareng) venant de l'Atlantique et le nouvel accès à des réserves d'eau douce (7 % des réserves mondiales). L'eau pure des icebergs (doc. 2) devient un produit commercial (Canada, Groenland).

• **Le tourisme polaire est en très forte croissance** (multiplié par 3 entre 1993 et 2013) (doc. 1). 1,5 million de personnes visitent l'Arctique tous les ans, attirées notamment par des écosystèmes uniques et des sites classés au Patrimoine mondial de l'Unesco comme la réserve de l'île de Wrangel (Russie), célèbre pour sa faune (morses, ours blancs, baleines grises).

B Des routes maritimes nouvelles

• **La fonte de la banquise d'été ouvre de nouvelles voies maritimes.** Le pont arctique est emprunté 4 mois par an. Le passage du Nord-Est est actuellement dégagé par des brise-glace à propulsion nucléaire. Celui du Nord-Ouest est plus difficile en raison de la traversée de l'archipel canadien et de l'épaisseur de la banquise.

• **Ces routes sont plus courtes que les « autoroutes maritimes » actuelles** (Repère A). Elles permettent d'éviter les canaux de Suez et Panama dans les trajets entre certains ports (Rotterdam, New York, Shanghai). Le passage du Nord-Est suscite l'intérêt des Russes, Canadiens, Américains et Chinois car il est le plus court (46 navires l'ont emprunté en 2012, contre 4 en 2010).

• **Leur exploitation demeure cependant incertaine et risquée.** Le trafic arctique (Repère B) est lié à une fonte des glaces difficilement prévisible. De plus, il dépend fortement des moyens financiers engagés dans l'utilisation de navires à coque renforcée et de brise-glace.

C Des tensions croissantes

• **À l'échelle locale, les logiques de mises en valeur diffèrent selon les acteurs.** Les FTN ont une logique d'exploitation des ressources pouvant déboucher sur une industrialisation et une élévation du niveau de vie des populations. Les ONG veillent à préserver l'équilibre environnemental (Greenpeace). Entre les deux, certains États proposent un développement concerté avec les populations locales (Canada, Finlande).

• **À l'échelle régionale, le partage de l'océan Arctique est l'objet d'arbitrages internationaux.** Au-delà de leur ZEE, les États doivent prouver qu'il existe un prolongement naturel de leurs terres sous la mer pour revendiquer l'espace maritime et l'exploiter. Les négociations ont été nombreuses, comme l'accord historique entre la Norvège et la Russie en 2010.

• **La convoitise de l'espace maritime attise encore les tensions entre les pays riverains** (bataille du Spitzberg en 2013) (doc. 3). L'appétit arctique ne pourra se régler que dans le cadre du droit international de la mer.

Vocabulaire

Écosystème : Système formé par un environnement et par l'ensemble des espèces qui y vivent.

Hydrocarbure : voir p. 130.

Pont arctique : route maritime entre les ports de Mourmansk (Russie) et Churchill (Canada), ouverte de juillet à octobre.

Ressource halieutique : voir p. 256.

Terres rares : métaux non ferreux servant à la fabrication de produits électroniques de grande consommation (écrans plats, smartphones) et de technologie verte (moteurs hybrides, éoliennes).

Unesco : voir p. 38.

ZEE (Zone économique exclusive) : voir p. 230.

REPÈRE A

Distances et durée du trajet entre grands ports, selon les routes maritimes

Source : F. Lasserre, *Passages et mers arctiques*, 2010.

REPÈRE B

Le trafic maritime international en Arctique

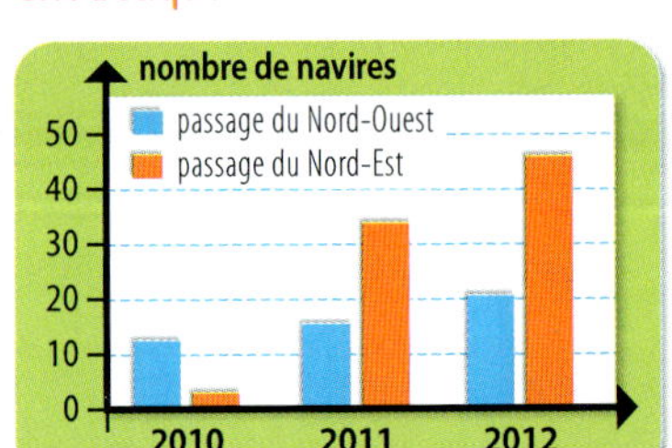

Sources : lemonde.fr, 2012 et SPRI, 2012.

L'oléoduc Trans-Alaska à Fairbanks, une excursion touristique

3 L'eau d'iceberg, un nouveau produit commercial canadien

2 La bataille du Spitzberg, au cœur du droit maritime international

L'archipel du Spitzberg[1] devient une nouvelle zone de bagarre internationale sur fond d'exploration pétrolière et de droits de pêche. Le traité de Paris de 1920 a accordé à Oslo (Norvège) la souveraineté de cet archipel. Sa richesse consiste en sa zone maritime de 800 000 km², riche en poissons et en hydrocarbures encore inexploités. En contrepartie de sa souveraineté, la Norvège est tenue d'accorder à toutes les parties au traité de Paris – une quarantaine d'États, dont la France, les États-Unis, la Russie – une égalité de traitement concernant la pêche et toute activité industrielle, maritime, commerciale dans l'archipel et ses eaux territoriales (jusqu'à 12 milles[2] marins des côtes). Les Norvégiens considèrent donc que les droits des autres pays signataires du traité ne s'appliquent pas dans la ZEE – jusqu'à 200 milles[3] marins des côtes –, mais uniquement sur les activités terrestres du Spitzberg et dans la zone des 12 milles, invoquant le fait que le concept de ZEE n'existait pas en 1920.

lemonde.fr, 24 janvier 2013.

1. Nom donné à l'archipel du Svalbard jusqu'en 1920. Aujourd'hui, Spitzberg est le nom donné à la plus grande île de l'archipel.
2. 12 milles marins : environ 22 km.
3. 200 milles marins : environ 370 km.

1 Quels sont les acteurs qui convoitent l'espace arctique ? Pourquoi ? (doc. 2 et 3)

2 Quelles sont les tensions pouvant apparaître entre ces acteurs ? (doc. 2)

L'Arctique, un enjeu pour les équilibres mondiaux

Quels sont les défis nés des mutations de l'Arctique ?

A Un espace à préserver durablement

• **Les conséquences du changement climatique en Arctique affectent le reste de la planète.** La modification des courants marins perturbe les grands climats mondiaux. La fonte précoce de l'inlandsis participe au réchauffement climatique et est un des facteurs favorisant la montée du niveau des océans (8 à 23 cm d'ici 2030 selon l'ONU), ce qui entraîne l'érosion des côtes (doc. 2).

• **Les fortes pressions environnementales accentuent les déséquilibres arctiques.** La biodiversité est modifiée. Les écosystèmes d'eau douce s'étendent et la taïga gagne sur la toundra. Ainsi, la survie des mammifères arctiques est menacée. L'ours polaire en devient un symbole.

• **Même si la sanctuarisation de l'Arctique n'est pas envisagée, les espaces protégés sont de plus en plus nombreux.** La protection de l'environnement est ancienne. Tous les États arctiques ont créé des parcs nationaux (Laponie suédoise en 1909) et des réserves naturelles, formant des oasis polaires.

B Un espace à développer durablement

• **Les modes de développement sont actuellement peu durables.** Les risques environnementaux et le coût de l'exploitation du pétrole étant élevés, de nombreuses grandes entreprises ont suspendu leurs opérations d'exploration. L'exploitation minière est souvent prédatrice pour l'environnement comme l'extraction du nickel à Norilsk (Russie).

• **La prise en compte des peuples autochtones a progressé mais est encore insuffisante** (autonomie du Nunavut, 1999). Représentés par 6 organisations arctiques (ICC, Conseil sâme) (Repère), ils débattent sur leur avenir entre l'exploitation économique et la préservation de leur mode de vie (doc. 1). Toutefois, ces organisations n'ont pas de pouvoirs décisionnels.

• **L'intégration des Nords aux espaces nationaux est encore variable.** Certains États (Finlande) sont plus avancés dans cette voie. Mais de grands événements (jeux d'hiver arctiques, conférences arctiques internationales) rapprochent les Nords et favorisent les liens entre communautés arctiques et nationales.

C Un espace à partager durablement

• **Ce nouvel intérêt pour l'Arctique entraîne une remilitarisation malgré la fin de la guerre froide.** Cette région reste un lieu de tensions mais sans conflit direct. La Russie (réouverture de la base militaire de l'île de Kotelnyi en 2013) ou la Norvège (création d'un bataillon arctique) profitent de ce contexte pour affirmer leur souveraineté.

• **L'Arctique est un enjeu entre les grandes puissances mondiales** et devient le miroir des nouveaux rapports de puissance. Les États-Unis et la Russie ne sont plus les acteurs centraux et sont concurrencés par d'autres États (Chine) tant par leur influence que par leur présence (doc. 3).

• **Une gouvernance de la région se met en place avec le Conseil de l'Arctique.** Mais son rôle se limite à des recommandations aux États membres. Pour certains, il est une coquille vide. Cependant, 6 nouveaux États y sont admis (mai 2013) comme observateurs permanents (Chine, Inde, Italie, Corée du Sud, Singapour et Japon), lesquels peuvent afficher officiellement leur politique arctique.

Vocabulaire

Conseil de l'Arctique : organisation régionale qui a pour objectif la mise en œuvre d'un développement durable en Arctique.

Érosion : dégradation naturelle du relief et du sol par l'action du vent et de l'eau.

Grand Nord ou Nords : terme utilisé pour nommer les régions arctiques.

Oasis polaire : zone d'une très grande biodiversité et protégée par un classement en réserve naturelle ou parc national.

Sanctuarisation : protection totale d'un espace de toute action humaine pouvant porter atteinte à l'environnement.

REPÈRE

Six organisations de peuples arctiques

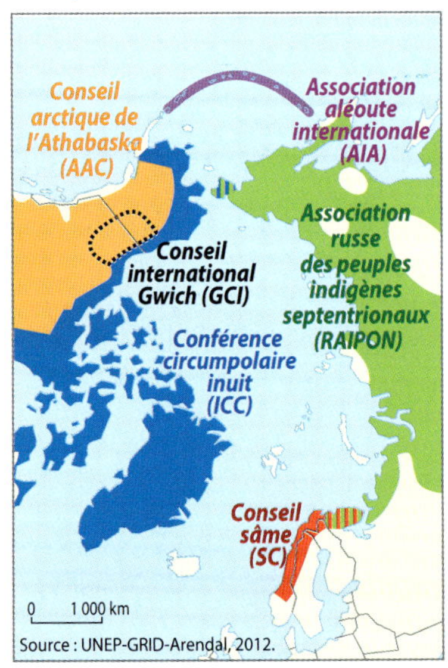

Source : UNEP-GRID-Arendal, 2012.

1 La culture sâme revendiquée : manifestation à Rovaniemi (Finlande).
Rovaniemi, proclamée « ville officielle du Père Noël », est un pôle touristique majeur de la Laponie.

Traduction : (1) « Créez votre propre culture, ne jouez pas avec celle des Sâmes » ; (2) « Nous nous sentons abusés par l'industrie touristique finlandaise » ; (3) « Respectez-nous ».

2 L'érosion des côtes, une conséquence du réchauffement climatique en Alaska

3 La Chine, acteur majeur de l'Arctique

Enjeux	– Transport maritime : réduction des distances entre les ports asiatiques et européens (moins de 40 % par le passage du Nord-Est) ; – Ressources : minerais, terres rares, hydrocarbures.
Moyens	– 2 brise-glace ; – Conseil de l'Arctique : la Chine en est membre observateur permanent depuis 2013 ; – 4 expéditions scientifiques depuis 1999.
De nouvelles relations avec…	– L'Islande : pour la maîtrise des routes maritimes • aide financière de la Chine depuis la crise de 2008 ; • coopération scientifique : expédition commune au Pôle Nord (2011). – Le Groenland : pour l'exploitation des ressources • visite diplomatique en Chine d'un ministre groenlandais (2011) ; • visite diplomatique au Danemark du président chinois (2012).

Source : T. Garcin et E. Laurent, *France Culture*, 9 mai 2013.

1 Pourquoi la Chine s'intéresse-t-elle à l'Arctique ? Par quels moyens ? (doc. 3)

Comment préserver durablement l'océan Arctique ?

L'océan Arctique est un milieu propice à l'observation du changement climatique. Il révèle à la fois la fragilité de cet espace et son rôle dans les équilibres environnementaux de la planète. Face à la fonte de la banquise, une coopération se met en place du point de vue scientifique mais est inaboutie du point de vue politique.

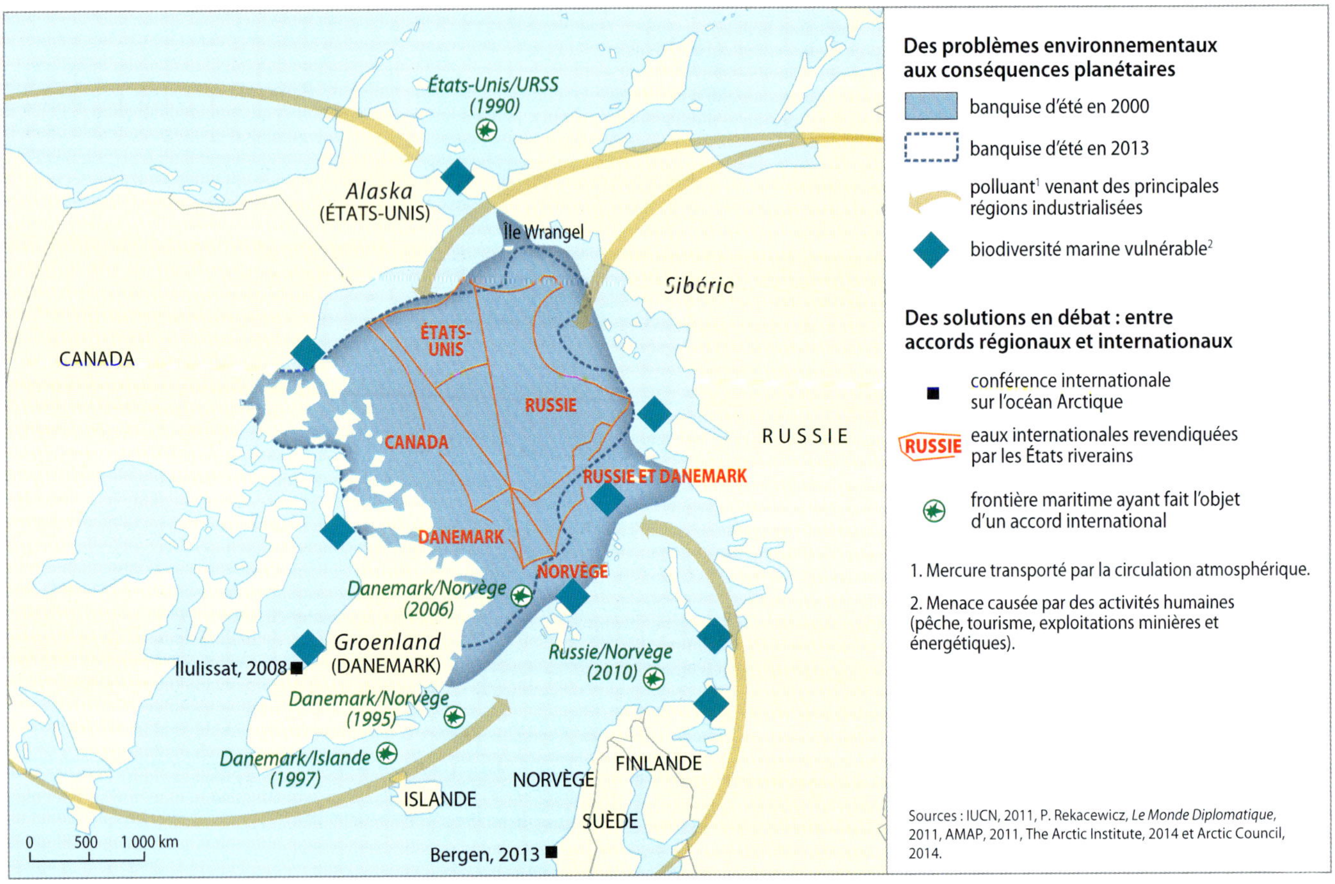

1 Un océan au cœur des équilibres environnementaux planétaires

2 La pollution de l'île Wrangel. Pendant la période soviétique (1922-1991), l'île Wrangel était occupée par une colonie militaire (200 habitants) surveillant les États-Unis. Elle est aujourd'hui jonchée de détritus (carburant, lubrifiant) menaçant son **écosystème** qui est inscrit sur la liste du Patrimoine mondial de l'Unesco depuis 2004.

Vocabulaire

Aire protégée : espace terrestre ou maritime soumis à une réglementation plus ou moins stricte visant à préserver son milieu (biodiversité, paysage, culture).

Écosystème : Système formé par un environnement et par l'ensemble des espèces qui y vivent.

Gouvernance : coordination de l'ensemble des acteurs et des règles qui constituent une autorité pour gérer les affaires publiques.

ZEE (Zone économique exclusive) : espace marin large de 200 milles nautiques (370 km) dans lequel l'État côtier dispose de droits exclusifs sur l'exploration et l'exploitation des ressources.

3 Une gouvernance de l'océan Arctique encore mal définie

Le devenir de l'Arctique, mais aussi la surpêche et les ressources minières et génétiques des grands fonds, incarnent les nouveaux enjeux économiques des océans et leur nécessaire régulation pour préserver les écosystèmes, ont expliqué à Monaco les participants à un colloque sur la Convention des Nations Unies sur le droit de la mer (CNUDM). L'océan Arctique est « un exemple typique » de collision entre une volonté de développement économique et un souci de protection de la nature. Greenpeace[1] bataille pour une interdiction de la pêche industrielle et des activités pétrolières et gazières. Le prince Albert II de Monaco a plaidé en ce sens, désirant « voir la partie de l'océan Arctique située au-delà des ZEE comme une aire protégée et dédiée à la recherche ».
« Les riverains n'accepteront jamais une mise en réserve[2] comme l'Antarctique, les enjeux sont trop importants, alors pourquoi pas une convention régionale à l'image de ce qui fut fait pour la mer Baltique ou la Méditerranée ? », propose le juriste Jean-Pierre Beurier. Certes, il existe des accords régionaux. Mais avant d'envisager une coopération, il y a d'abord en Arctique des conflits de territoire à régler.

AFP, 9 octobre 2012.

1. Greenpeace est une ONG de protection de l'environnement.
2. Action de protéger un lieu de toute occupation humaine.

4 Tara : une coopération scientifique pour mieux connaître l'Arctique. L'expédition internationale Tara, à bord d'un voilier polaire, étudie l'écosystème arctique dans un but scientifique et pédagogique pendant 202 jours. Elle regroupe 40 scientifiques de 11 nationalités.

Activités

Recopiez le tableau suivant sur votre cahier et complétez-le à l'aide des informations des documents.

	Des problèmes environnementaux (doc. 1 et 2)	Des solutions en débat (doc. 1, 3 et 4)
À l'échelle régionale	• Biodiversité terrestre et marine menacée • .... •	• Rôle du Conseil de l'Arctique • .... • ....
À l'échelle mondiale	• Modification des courants marins = changement climatique planétaire • Modification des équilibres de la biodiversité planétaire	• .... • ....
Conclusion	....	

À partir du tableau complété, rédigez en une dizaine de lignes une réponse au sujet : « Comment préserver durablement l'océan Arctique ? »

Consigne Bac

À partir du document 3, montrez les difficultés rencontrées par la mise en place d'une gouvernance de l'océan Arctique.

MÉTHODE
- Pour étudier un texte p. 80.
- Pour rédiger un paragraphe d'étude critique de documents p. 204.

Capacités travaillées
- Étudier un dessin de presse
- Critiquer un document

Exercice guidé

SUJET : L'Arctique, enjeu des équilibres planétaires

Après avoir montré que l'Arctique est au cœur des équilibres géopolitiques, socio-économiques et environnementaux planétaires, portez un regard critique sur le document.

Dessin de Kal publié dans *The Economist* (version anglaise) et *20 minutes* (version française), mars 2012.

A Étudier un dessin de presse

Méthode

a. Identifier la source : auteur, date, source, destinataires.

b. Décrire le dessin de presse :
– Repérer les éléments de construction : décor, couleurs, personnages, scène représentée ;
– Repérer les informations contenues dans le texte : titre, dialogue, ton employé ;
– Identifier les exagérations dans le dessin.

c. Interpréter le dessin de presse :
– Utiliser les connaissances extraites du cours pour interpréter le dessin ;
– Interpréter l'intention de l'auteur : illustrer, provoquer, dénoncer ;
– Organiser les informations en lien avec les différentes parties de la consigne.

1) À l'aide des informations fournies sur le document, rédigez une phrase identifiant la source.

2 Au brouillon, répondez aux questions suivantes pour comprendre les enjeux énoncés dans la consigne du sujet.

Quelle mutation environnementale est évoquée ici ? Quelles en sont les manifestations ?

Quelle mutation économique est envisagée ici ? Pourquoi ?

Quelle bataille est annoncée ici ? Quels en sont les acteurs ?

3 Complétez le tableau suivant à l'aide de vos réponses.

Thèmes de la consigne	Décrire le dessin de presse	Interpréter le dessin de presse en mobilisant des connaissances
1er enjeu : « équilibre géopolitique planétaire »	5 sous-marins cherchent à planter des panneaux pour s'approprier les fonds de l'océan Arctique.	Les États riverains de l'Arctique cherchent à étendre leur ZEE, ce qui provoque parfois des tensions (États-Unis/Canada).
2e enjeu :	....	....
3e enjeu :	....	....

B Critiquer un document

Méthode

a. Montrer que le document offre un point de vue :
– grâce à des codes (codes de la caricature, codes de l'affiche) ;
– qui permettent de transmettre un message (convaincre, séduire, provoquer, critiquer).

b. Évoquer ce que l'auteur ne mentionne pas sur le sujet.

4 Quels éléments sont exagérés dans cette caricature ? Quelle est l'intention de l'auteur : convaincre, séduire, provoquer, critiquer ?

5 En vous appuyant sur le cours 3 p. 236, montrez quels acteurs et quel enjeu des équilibres mondiaux ne sont pas évoqués dans cette caricature.

6 Rédigez la critique du document en reprenant, dans l'ordre, les réponses aux questions précédentes.

Sujet d'entraînement

SUJET : L'Arctique, un espace convoité et menacé

Après avoir montré que l'Arctique est un espace convoité par les grandes puissances mondiales, portez un regard critique sur le doc. 1.

1 La consommation et la production de pétrole dans le monde

Composition

Capacités travaillées
- Élaborer un plan
- Intégrer un schéma dans une composition

Exercice guidé

SUJET : Les mondes arctiques : quelles mutations ? Quels enjeux ?

A Analyser le sujet et choisir une problématique

1) Identifiez les notions clés et délimitez l'espace concerné.

Listez les changements climatiques, humains et économiques qui affectent les régions arctiques.

Les mondes arctiques : quelles mutations ? Quels enjeux ?

Citez des exemples qui montrent la diversité de cet espace.

Quels défis doivent être relevés dans cette région pour mettre en place un développement durable ?

2) Quelle problématique convient le mieux ? Pourquoi ? Méthode pour choisir une problématique p. 46

Problématique 1 : Quels défis soulèvent les changements des mondes arctiques pour assurer un développement durable ?

Problématique 2 : Pourquoi l'Arctique connaît-il de nombreuses mutations ?

Problématique 3 : Quels sont les mutations récentes et les nouveaux défis qui affectent l'Arctique ?

B Élaborer un plan

Méthode pour élaborer un plan p. 124

3) Reliez chacune des sous-parties aux deux grandes parties du plan.

I Les mutations des mondes arctiques •

II Les enjeux du développement des mondes arctiques •

- L'ouverture de nouvelles routes maritimes et le désenclavement aérien montrent un début d'intégration de l'Arctique dans l'espace mondial ;
- L'Arctique devient un espace convoité et disputé ;
- L'Arctique devient un espace menacé à protéger ;
- La fonte des glaces permet d'exploiter les richesses arctiques (hydrocarbures, minerais) ;
- Une nouvelle gouvernance est mise en place pour gérer durablement l'Arctique ;
- Les populations arctiques, peu nombreuses, voient leur mode de vie bouleversé par ces changements.

C Méthode pour intégrer un schéma dans une composition

Méthode

a. Dans une composition de géographie, le schéma est valorisé :
– le schéma permet d'illustrer une idée ou une partie. Il est intégré au fil de la rédaction ;
– le schéma reprend les notions du cours dans le titre et la légende ;
– les schémas ne doivent pas être nombreux mais réguliers.

b. Le schéma illustrant une composition est très simple :
– sa forme est simplifiée au maximum : triangle, cercle, rectangle… ;
– sa taille est réduite : une dizaine de centimètres maximum ;
– le nombre d'informations est limité : 4-5 informations maximum.

4) Pour illustrer la 1re partie de la composition, complétez la légende du schéma 1 à partir du planisphère 1 p. 228-229 et du planisphère 2 p. 230.

Les mutations de l'Arctique

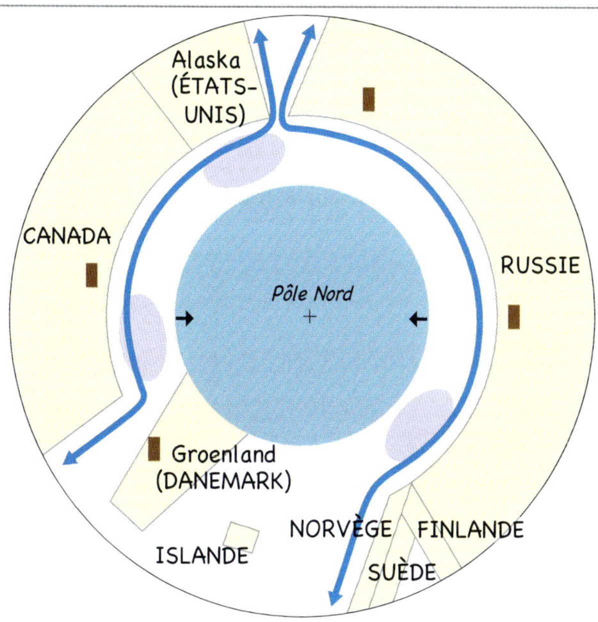

Un espace en voie d'intégration
- fonte de la banquise d'été
- ....

Un espace ....
- réserve d' ....
- réserve de ....

5) Pour illustrer la 2e partie de la composition, complétez le titre et le schéma 2 à partir du planisphère 3 p. 231 et du repère p. 236.

Titre : ....

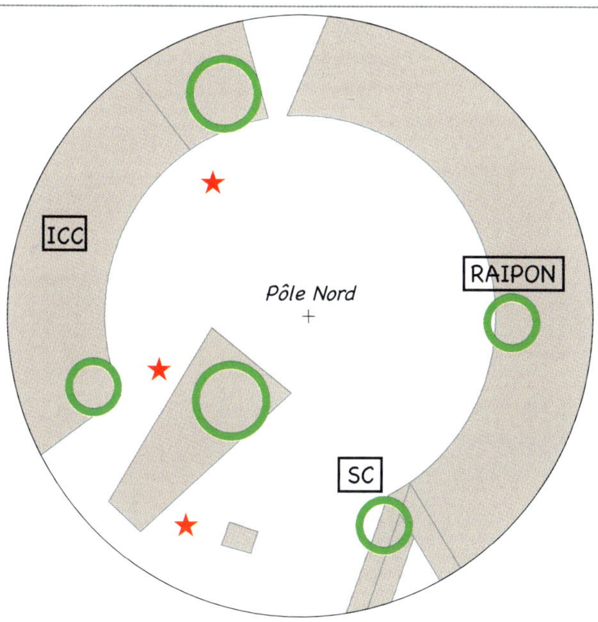

Un espace fragile et disputé
- ....
- oasis polaire

Un espace à gérer durablement
- ....
- ICC organisation de peuples arctiques

Utiliser un site éducatif en ligne

Capacités travaillées
- Utiliser une animation en ligne
- Sélectionner des informations

Sujet L'impact des changements climatiques en Arctique

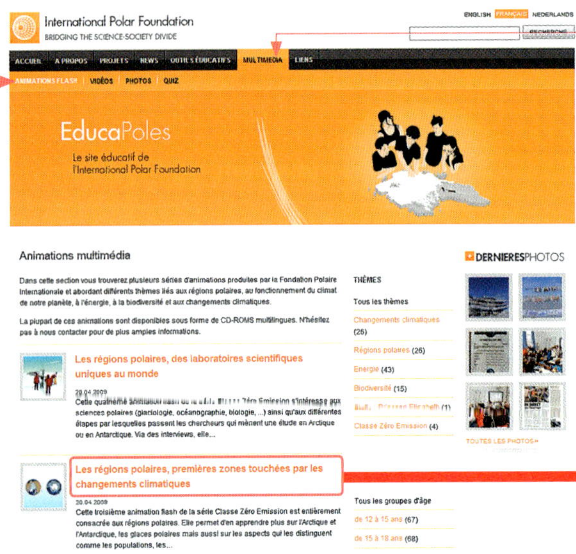

1. Outil de sélection des ressources multimédia

2. Outil de sélection des animations

Page d'accueil

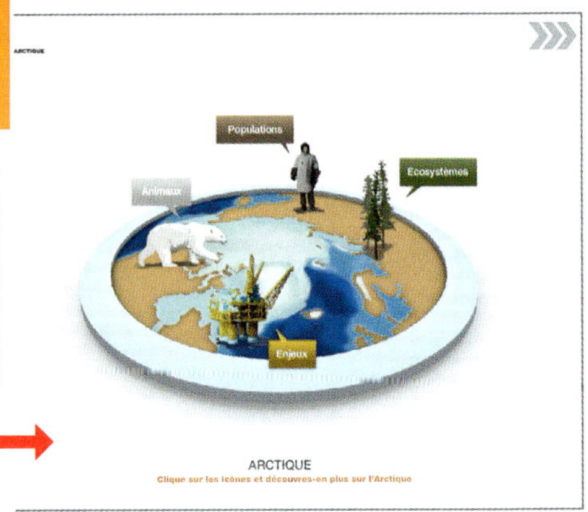

Animation

1 Réalisez l'exercice d'application en vous aidant de la méthode proposée.

Méthode pour utiliser un site éducatif en ligne	Application
Choisir le site éducatif en ligne utile au sujet : site éducatif institutionnel, site éducatif d'ONG…	Allez sur le site « Educapoles », le site éducatif de l'ONG Fondation polaire internationale.
Choisir le mode de ressources numériques : vidéo, animation, quizz, article de presse…	Consultez les « animations flashs » de la rubrique « multimédia ».
Choisir les ressources numériques selon le sujet.	Sélectionnez l'animation « Les régions polaires, premières zones touchées par les changements climatiques » ; et l'espace arctique grâce au curseur.
Prélever les informations utiles au sujet en les organisant en grandes parties.	Classez les informations dans les trois grandes parties suivantes : la mutation des écosystèmes ; les conséquences humaines ; l'apparition de nouveaux enjeux.

2 En guise de conclusion, complétez l'organigramme suivant.

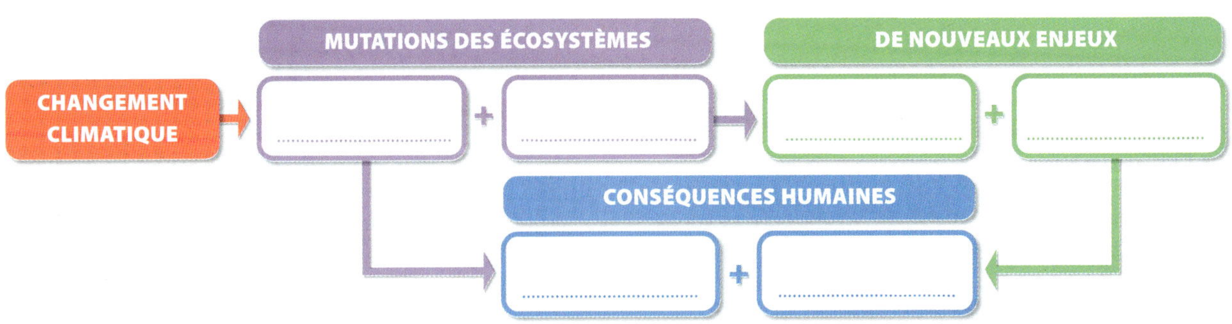

POURQUOI LES MONDES ARCTIQUES SONT-ILS UNE « NOUVELLE FRONTIÈRE » ?

UN ESPACE CONTRAIGNANT
- Des contraintes majeures
- +
- Un espace peu peuplé et une société en mutation
- +
- Un espace en voie d'intégration

UN ESPACE CONVOITÉ
- Des ressources naturelles convoitées
- +
- Un espace maritime convoité
- +
- Des acteurs aux intérêts opposés
  - Exploitation industrielle des ressources ≠ Exploitation raisonnée des ressources

UN ESPACE AU CŒUR DES ENJEUX MONDIAUX
- Un espace à préserver durablement
- +
- Des défis sociaux à relever
- +
- Un espace stratégique

UNE NOUVELLE FRONTIÈRE

A Comment caractériser l'espace arctique ?

L'Arctique se caractérise par sa nordicité. C'est un espace contraignant par son immensité (24 millions de km²), son froid extrême et son englacement. C'est un espace peu peuplé (9,7 millions d'habitants) et faiblement occupé. Les populations vivent de plus en plus regroupées dans de petites villes littorales (sauf en Russie) pour mieux surmonter les contraintes. Mais aujourd'hui cet espace connaît un processus d'intégration lié au développement des infrastructures de communication le reliant à l'espace mondial (Canada, Groenland).

B Pourquoi l'Arctique est-il un espace convoité ?

L'Arctique est convoité pour les ressources économiques. Son potentiel énergétique (15 % des réserves mondiales prouvées), halieutique, hydraulique et touristique (1,5 million de visiteurs) attire les grandes entreprises (Groenland). Cette attractivité est liée à une nouvelle accessibilité maritime avec la réduction de la banquise. Mais les différentes logiques de mise en valeur de ces ressources et le partage de l'espace maritime (ZEE) suscitent de nombreuses tensions entre les États, les grandes entreprises, les ONG et les populations arctiques (Canada).

C Quels sont les enjeux des mutations de l'Arctique ?

À l'échelle locale, l'enjeu principal est de favoriser un développement économique et social, respectueux des populations autochtones. À l'échelle régionale, la préservation de l'environnement terrestre et maritime (oasis polaires) est un enjeu qui concerne aussi la planète entière (océan Arctique). À l'échelle mondiale, l'Arctique devient un enjeu entre les grandes puissances qui tentent de s'immiscer dans la gouvernance arctique symbolisée par le Conseil de l'Arctique (admission de la Chine en 2013).

NE PAS CONFONDRE

Nord / Nords ou Grand Nord

⇧ Nord

Nords ou Grand Nord

Inlandsis, Banquise, Iceberg

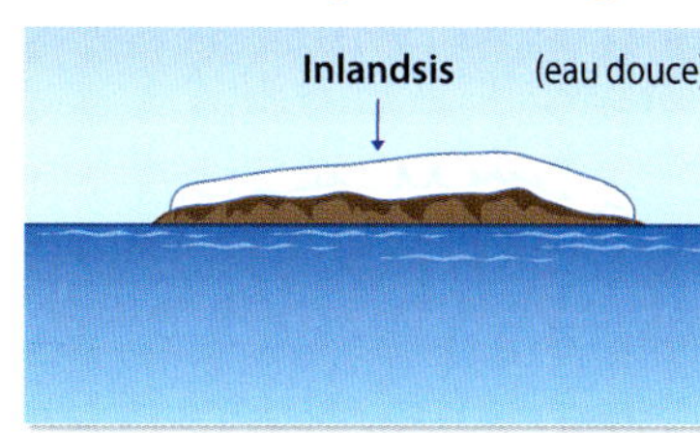

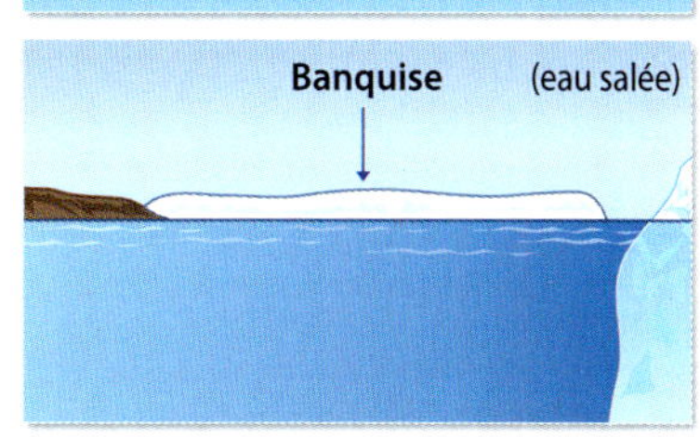

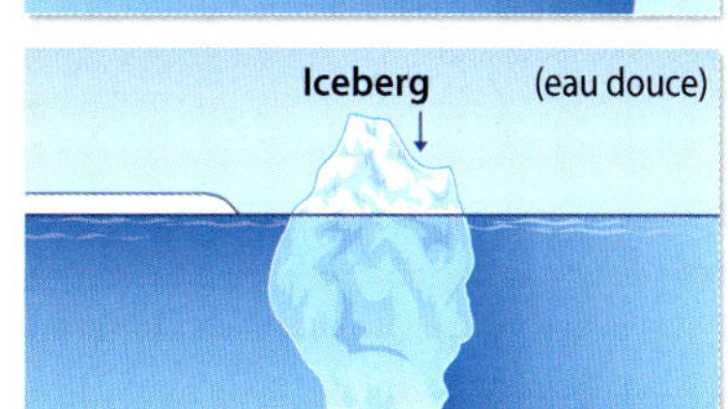

CHAPITRE

7 Les littoraux, espaces convoités

- Les littoraux, espaces de contact entre la terre et la mer sont très attractifs : 80 % de la population mondiale vit à moins de 200 kilomètres des côtes. Les littoraux sont d'ailleurs au cœur des échanges maritimes mondiaux et concentrent de plus en plus d'activités.
- Riches en ressources naturelles, les littoraux sont de plus en plus convoités par les hommes et leurs activités. Certains sont alors le théâtre de tensions entre les usagers ou les pays.
- Les littoraux sont des milieux fragiles et menacés par les risques naturels et les activités humaines. Pour faire face à ces menaces, des tentatives d'aménagements durables apparaissent.

Comment gérer durablement les littoraux dans le monde ?

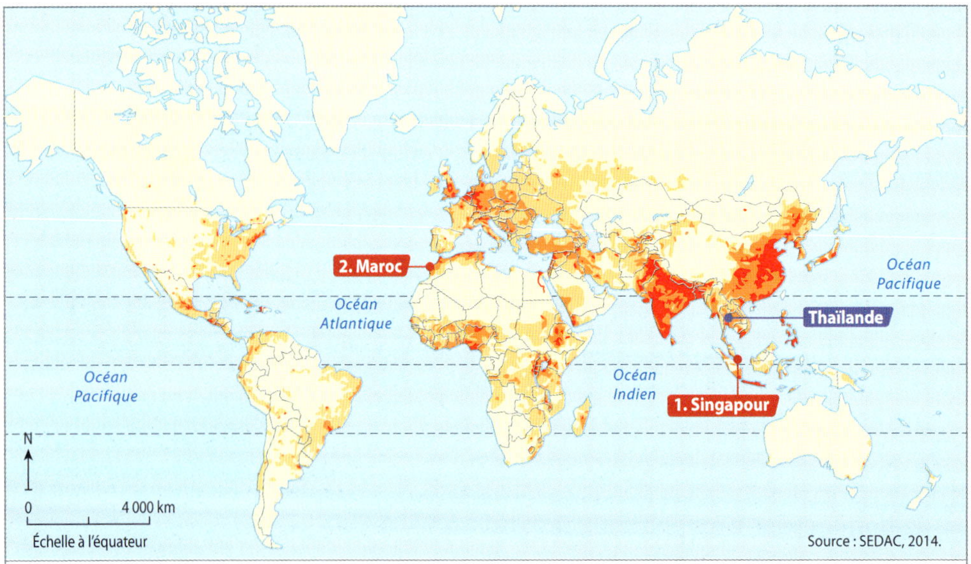

1 **Les littoraux, des espaces densément peuplés**

Questions

1) Où sont situés les littoraux les plus peuplés dans le monde ?
2) Repérez les différents usages du littoral à Malé.
3) Pourquoi peut-on dire que l'île de Malé est très artificialisée ? Quels sont les risques ?

2 Malé, capitale de l'archipel des Maldives.
Située dans l'océan Indien, Malé est la ville la plus peuplée des Maldives : plus de 103 000 habitants se regroupent sur 5,8 km^2. Sa très forte densité (17 800 hab./ km^2) et sa forte croissance démographique (+ de 6 % depuis 2000) ont conduit à une véritable artificialisation du territoire. L'économie touristique des Maldives explique l'attractivité et l'intense urbanisation de Malé.
Mais l'élévation du niveau marin hypothèque l'avenir de cette île située majoritairement à un mètre au-dessous du niveau de la mer. Les digues de béton tentent de répondre à cette menace.

Le développement de Singapour est-il compatible avec une gestion durable de son littoral ?

Singapour en chiffres

- **Population :** 5,4 millions d'habitants
- **Densité :** 7 540 hab./km^2
- **IDH (rang mondial) :** 0,895 (18e rang)

Située sur l'une des routes maritimes les plus fréquentées du monde, la cité-État de Singapour est devenue un pôle majeur du commerce mondial. Son littoral exigu a été aménagé pour s'adapter à cette ouverture mondiale. De nombreux conflits d'usage sont apparus, mettant en évidence la nécessité d'une gestion durable du littoral.

A Comment se manifeste la concentration des hommes et des activités sur le littoral de Singapour ?

Sources : R. De Koninck, *L'Atlas des villes*, HS Le Monde-La Vie, 2013 et P. Royer, *Géopolitique des mers et des océans*, 2012.

1 Singapour, une ville-port

Vocabulaire

Conteneur : caisse métallique de taille standardisée utilisée pour la manutention, le stockage et le transport de marchandises.

Interface : lieu de contact entre un espace et le reste du monde (ici la terre et la mer).

Mondialisation : processus de mise en relation et d'interdépendance des différentes parties du monde.

Zone franche : espace où les activités économiques bénéficient d'avantages fiscaux.

ZIP (Zone industrialo-portuaire) : espace côtier associant des fonctions portuaires (accueil de gros navires) et industrielles liées au transport maritime (transformation de matières premières).

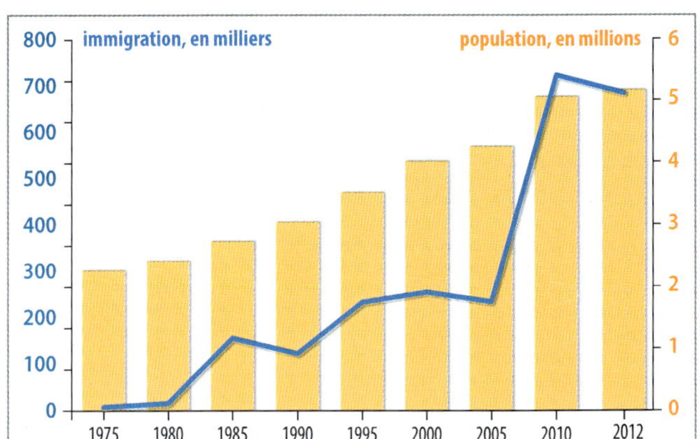

Sources : Banque mondiale, 2014, ONU, 2014, et Singstat, 2014.

2 Une population en croissance

3 Singapour, le 1er port de marchandises du monde. En 2012, 538 millions de tonnes de marchandises au total ont transité à Singapour, notamment grâce à son terminal à **conteneurs** qui est le 2e terminal mondial après celui de Shanghai.

4 L'île de Sentosa : un pôle touristique en croissance. La page d'accueil du site Internet montre les plages artificielles, les ports de plaisance, les parcs d'attractions et les hôtels de luxe de l'île. En 2012, 14 millions de touristes ont visité Singapour, souvent pour un court séjour. Les touristes internationaux sont de plus en plus nombreux (1,5 million de Chinois en 2012).

5 Un pôle majeur du commerce mondial

Depuis sa fondation en 1965, la République insulaire de Singapour connaît un essor et une prospérité économiques ayant peu d'équivalents. Posté à l'extrémité sud-est de l'Asie continentale et à la charnière des océans asiatiques, ce petit État cosmopolite est devenu l'un des plus prospères au monde. Misant sur la fonction portuaire déjà bien établie de ce qui fut pendant un siècle et demi un comptoir colonial, les dirigeants de l'État moderne y ont encouragé l'ouverture aux investissements étrangers et la diversification des activités industrielles et financières. Il en résulte un territoire constamment remodelé, en perpétuelle adaptation face aux exigences de la mondialisation. En 2000, l'ensemble des vingt-quatre **zones franches** gérées par le JTC[1] regroupait les deux tiers des quelque 435 000 salariés de l'industrie à Singapour, ce secteur comptant pour 21 % de l'emploi dans le pays contre 70 % pour le secteur des services.

R. De Koninck, *Encyclopaedia Universalis*, 2014.

1. Le *Jurong Town Corporation* est l'agence gouvernementale qui gère les parcs industriels de Singapour.

Questions

1) Montrez que Singapour présente de fortes densités de population et que la population augmente. (doc. 1 et 2) Pourquoi le littoral de Singapour est-il attractif ? (doc. 5)

2) Quelles activités font de Singapour un pôle du commerce mondial ? (doc. 1, 3 et 5)

3) Montrez que Singapour est également un pôle touristique. (doc. 1 et 4)

▶ **Bilan :** Complétez la 1re colonne de l'organigramme bilan p. 254.

B Quelles sont les pressions sur le littoral de Singapour ?

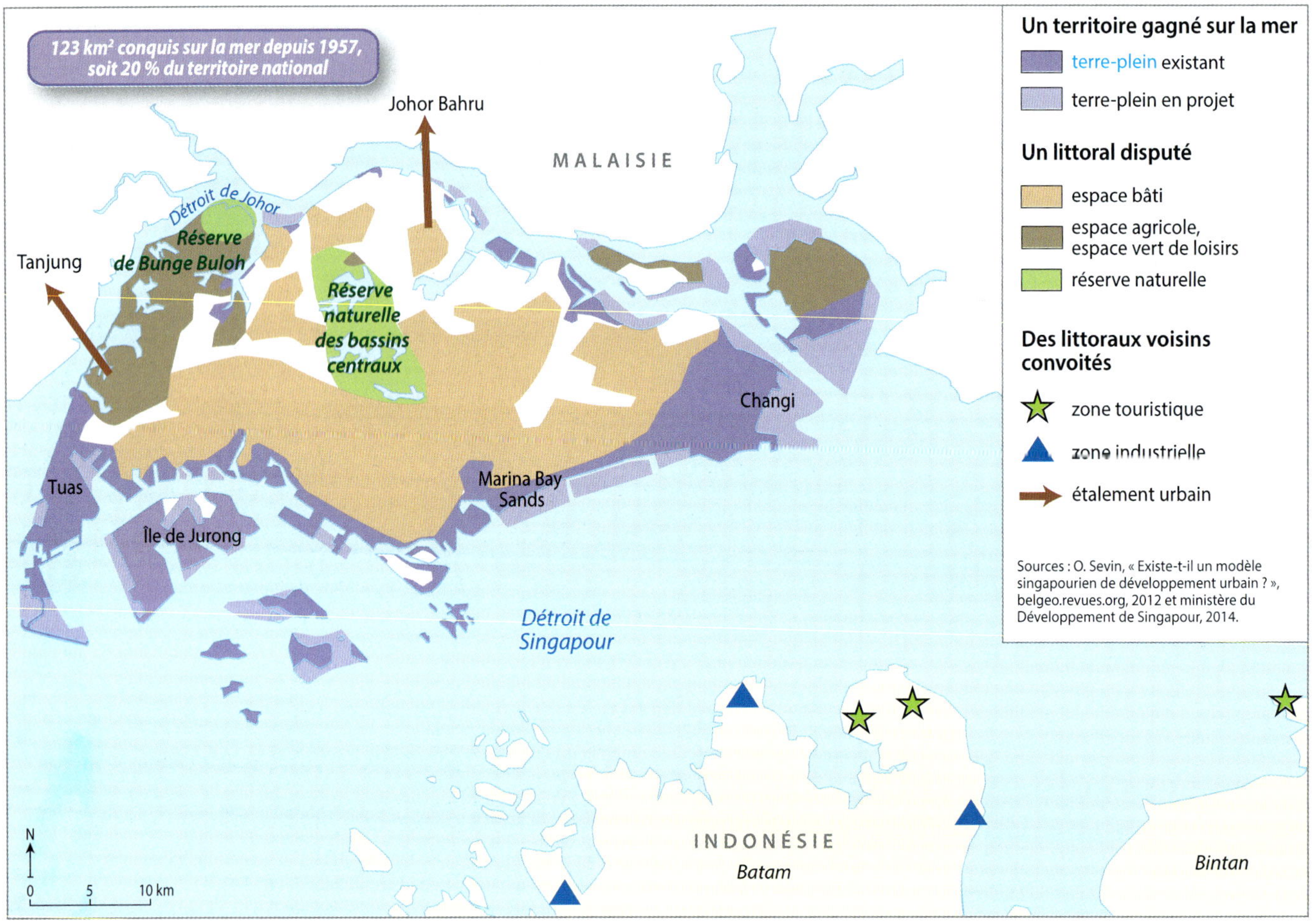

6 **Un littoral aménagé conquis sur la mer**

7 Un État arbitre des aménagements de Singapour

L'action de l'État s'exerce par le biais de l'aménagement du territoire et la conquête de nouvelles terres sur la mer. Quelques exemples : en bordure du détroit de Johor, sur la côte occidentale, la zone industrielle de Tuas a été ainsi conquise sur la mer dans les années 1980. C'est le littoral méridional qui a cependant été le plus profondément touché : l'aéroport international de Changi est construit sur un immense **polder** ; l'embouchure de la *Singapore River* a été totalement redessinée dans le cadre du projet de *Marina Bay* ; les îles du détroit de Singapour ont été pour partie réunies entre elles. Ce vaste mouvement a permis de mettre en place un véritable **zonage** des fonctions. Les terrains agricoles ont été délibérément sacrifiés au profit de l'extension de l'espace bâti. Les anciens quartiers ethniques (européen, chinois, malais et indien) ont été réaménagés, un quartier des affaires a été créé, tandis que les activités commerciales ont glissé plus à l'ouest le long d'*Orchard Road*. Les espaces industriels ont été clairement regroupés en trois grands ensembles. Enfin, une réserve naturelle a été créée dans le centre de l'île autour des réservoirs d'eau douce.

O. Sevin, « Existe-t-il un modèle singapourien de développement urbain ? », belgeo.revues.org, 2012.

Vocabulaire

Terre-plein : étendue de terre gagnée sur la mer par remblaiement, voir p. 279.

Polder : étendue de terre gagnée sur la mer par endiguement et drainage, voir p. 279.

Zonage : spécialisation des territoires urbains en fonction des activités.

8 ***Marina Bay Sands*, la vitrine internationale de Singapour.** ① complexe hôtelier de *Marina Bay Sands* ; ② activités de loisirs (casino, musée, stade flottant) ; ③ principal axe reliant les terre-pleins ; ④ quartier des affaires ; ⑤ terminal à conteneurs.

9 **Le détroit de Malacca, un espace sous tensions**

Questions

1) Expliquez pourquoi les espaces agricoles ont été « sacrifiés » à Singapour. (doc. 6 et 7)

2) Montrez que le territoire de Singapour est convoité par les différentes activités. (doc. 6 et 8)

3) Quelles solutions ont été mises en place pour atténuer les concurrences entre les différentes activités à Singapour ? Quel en est le principal acteur ? (doc. 6 et 7)

4) Montrez que le territoire de Singapour est source de tensions à l'échelle internationale. (doc. 9)

Bilan : Complétez la 2e colonne de l'organigramme bilan p. 254.

C Comment gérer durablement le littoral singapourien ?

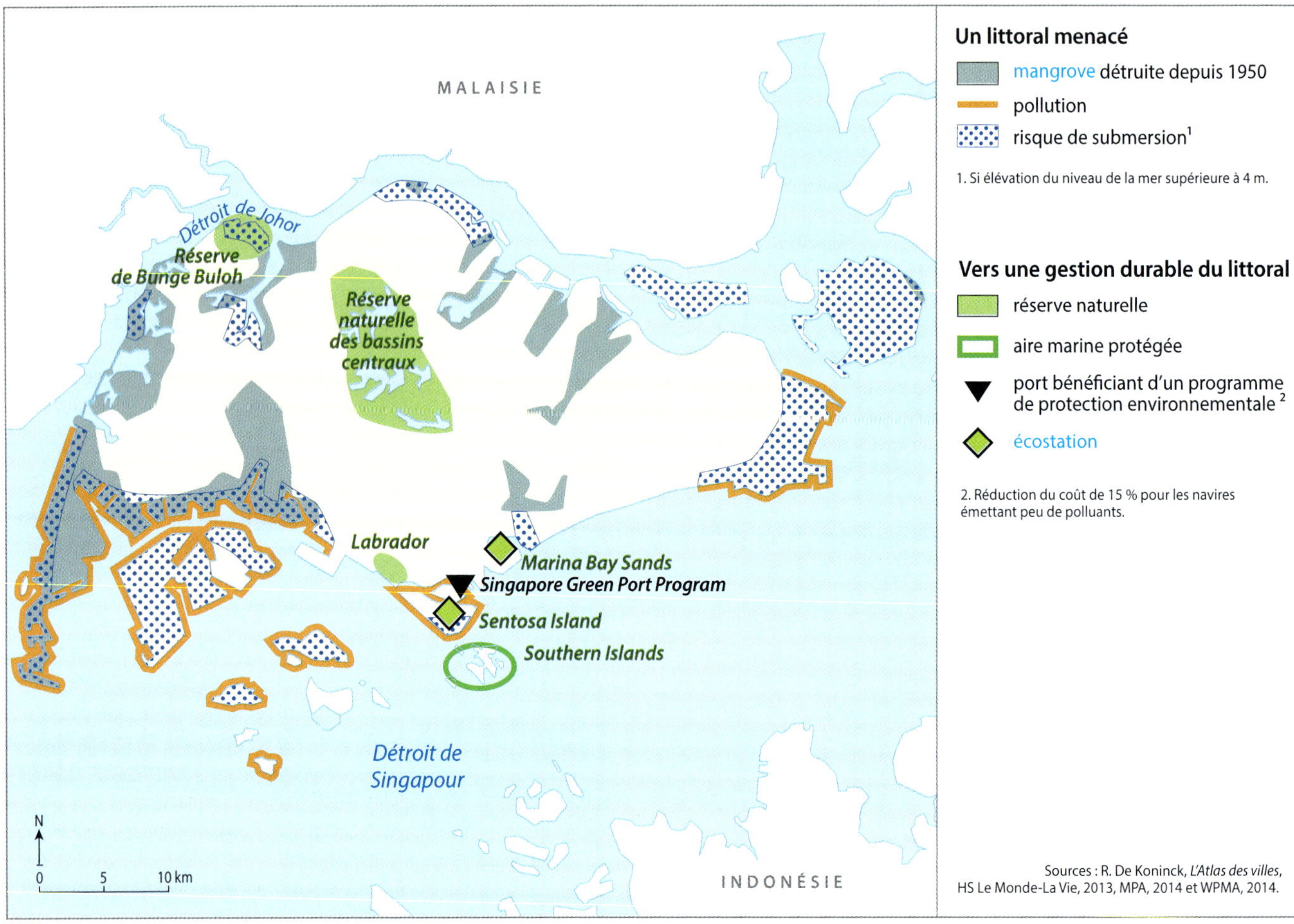

10 Un littoral vulnérable à protéger

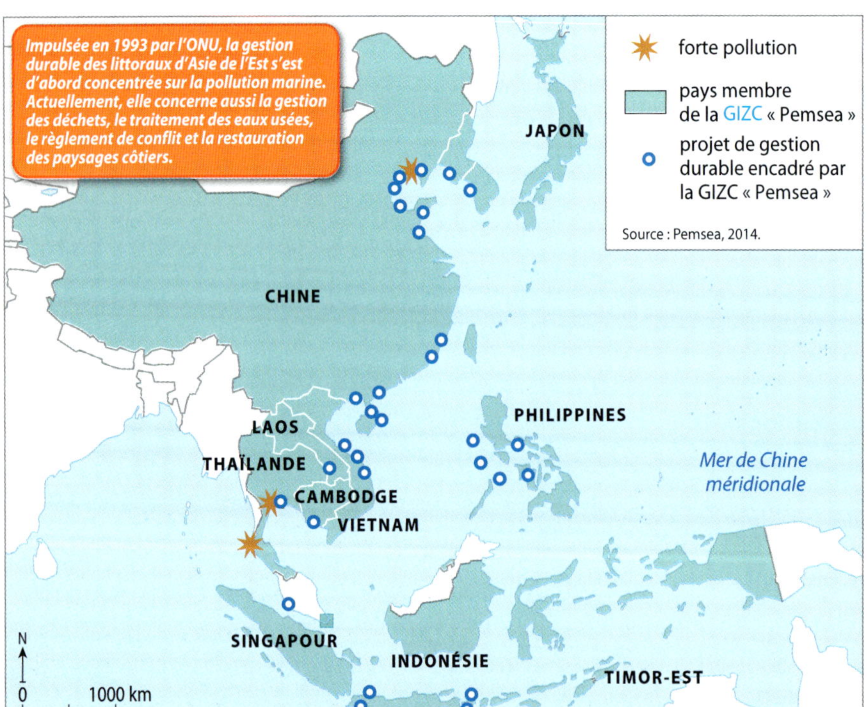

11 L'implication de Singapour dans la gestion durable des littoraux d'Asie de l'Est

Vocabulaire

Écostation : station touristique conçue de manière à limiter l'impact du tourisme sur le milieu naturel et culturel dans lequel il s'implante.

GIZC (Gestion intégrée des zones côtières) : programme visant au développement durable d'un littoral en prenant en compte les différents enjeux et acteurs.

Mangrove : formation végétale tropicale recouverte par la mer à marée haute.

12 **Le *Marina Barrage*.** Construit en 2008, le *Marina Barrage* atténue les inondations venues de la mer dans les zones basses de la ville. Il collecte les eaux terrestres pour faire face à la demande croissante en eau de l'archipel. Agrémenté de parcs, le réservoir est devenu une zone de loisirs.

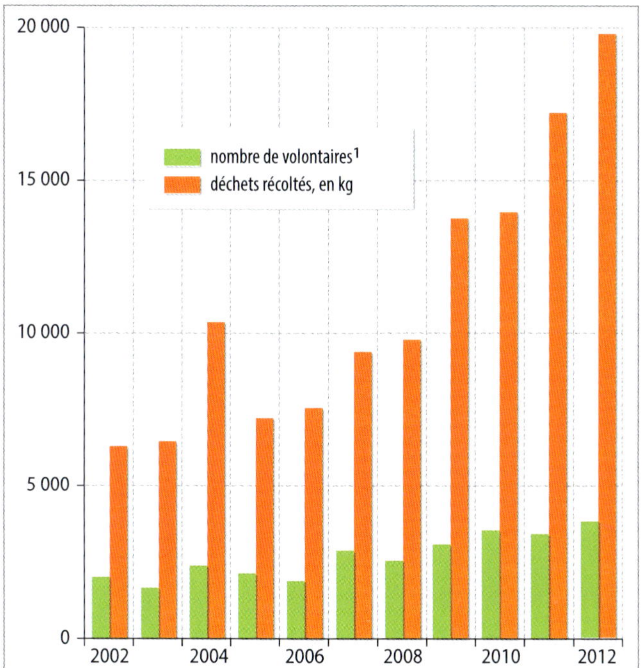

1. Chaque année, l'université de Singapour en partenariat avec l'ONG internationale *Ocean Conservancy* organise un nettoyage du littoral singapourien.

Source : Université nationale de Singapour, 2014.

13 **Le nettoyage annuel des plages**

14 Les besoins en sable de Singapour : une menace pour les littoraux en Asie ?

Deuxième ressource naturelle dans le monde après l'eau, le sable est présent dans quantité de produits, du verre aux microprocesseurs, mais c'est surtout parce qu'il entre à 80 % dans la composition du béton qu'il suscite d'énormes convoitises. L'exploitation du sable est particulièrement forte encore en Asie, où la pression de la démographie et du développement économique pousse les villes à s'étendre en gagnant sur la mer. Ainsi, le territoire de Singapour s'est-il agrandi de 20 % depuis les années 1960, à grand renfort de granulats ponctionnés chez ses voisins. En réaction, l'Indonésie, la Malaisie, le Cambodge et le Vietnam ont banni les exportations vers la cité-État trop gourmande mais la contrebande a pris le relais. Ponctionner le rivage devient donc une pratique de plus en plus répandue, mais qui entraîne des répercussions brutales, non seulement pour les écosystèmes des fonds marins et la pêche, mais aussi pour les franges côtières, où l'érosion s'accélère. Le retrait du trait de côte s'avère catastrophique : effet accru des tempêtes, inondations, arrivée de la mer dans des nappes d'eau douce.

Lemonde.fr, 29 mai 2013.

Questions

1. Quelles menaces pèsent sur le littoral singapourien ? (doc. 10) Montrez que la forte consommation de sable de Singapour porte aussi atteinte aux littoraux des pays voisins. (doc. 14)
2. Quelles solutions sont mises en place pour protéger les littoraux de Singapour ? (doc. 10 et 11)
3. Quelles solutions cherchent à concilier protection des littoraux et développement économique à Singapour ? (doc. 12 et 13)
4. Montrez que la gouvernance du littoral singapourien relève d'acteurs variés. Comment ces acteurs travaillent-ils en coordination ? (doc. 11 et 13)

Bilan : Complétez la 3e colonne de l'organigramme bilan p. 254.

Le développement de Singapour est-il compatible avec une gestion durable de son littoral ?

L'essentiel

A Comment se manifeste la concentration des hommes et des activités sur le littoral de Singapour ?

- La forte urbanisation et la croissance démographique s'expliquent par des facteurs historiques et économiques.
- Singapour est le 1er port mondial : ses activités industrialo-portuaires ont bénéficié de sa situation stratégique sur l'une des routes maritimes les plus fréquentées du monde.
- Le tourisme est une activité en plein développement.

B Quelles sont les pressions sur le littoral de Singapour ?

- Les activités agricoles ont cédé la place à d'autres usages.
- Sous l'impulsion de l'État, le territoire exigu de Singapour s'est étendu sur la mer pour accueillir des activités industrielles et tertiaires.
- Singapour est un espace sous tension du fait de la concurrence entre les usages du littoral et de la dimension stratégique du détroit de Malacca.

C Comment gérer durablement le littoral singapourien ?

- Les fragilités et les menaces du littoral sont de plus en plus prises en compte.
- Concilier protection du littoral et développement économique est une priorité actuelle pour l'État de Singapour.
- La GIZC de Singapour est amorcée pour répondre aux nouveaux enjeux du développement durable.

Passer à l'échelle mondiale

L'attractivité du littoral singapourien est-elle représentative de celle de tous les littoraux ?

Planisphère 1 (p. 262-263)
Cours 1 (p. 266)

La concurrence pour l'espace singapourien reflète-t-elle la situation de tous les littoraux ?

Planisphère 2 (p. 264)
Cours 2 (p. 268)

La volonté d'une gestion durable du littoral singapourien est-elle généralisée ?

Planisphère 3 (p. 265)
Cours 3 (p. 270)

Travailler autrement

Recopiez et complétez l'organigramme bilan de l'étude de cas en illustrant les idées d'exemples précis.

VERS UNE GESTION DURABLE DU LITTORAL DE SINGAPOUR

UNE FORTE LITTORALISATION	DES ACTIVITÉS EN CONCURRENCE	UNE GESTION DURABLE AFFIRMÉE
Une forte concentration humaine	Une activité agricole réduite	Des espaces fragiles et menacés ....
+	+	↓
Un espace au cœur des échanges mondiaux	Un territoire exigu fortement aménagé	Des opérations de développement durable ....
+	↓	+
Une mise en valeur touristique	Un espace sous tension	Des acteurs en concertation ....

Des schémas…

A Une forte littoralisation

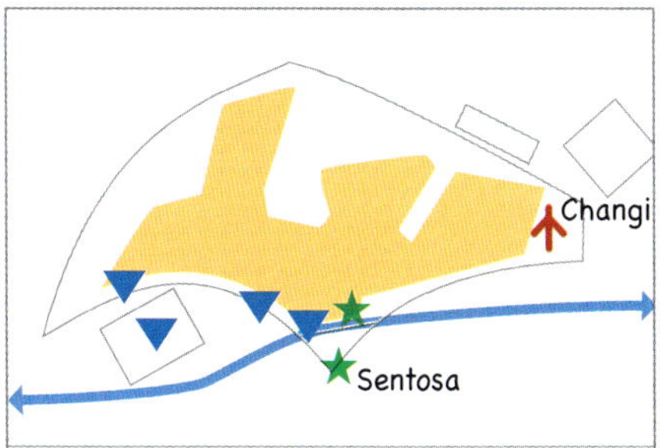

- espace densément urbanisé
- terminal portuaire
- zone touristique
- aéroport
- route maritime mondiale

B Des activités en concurrence

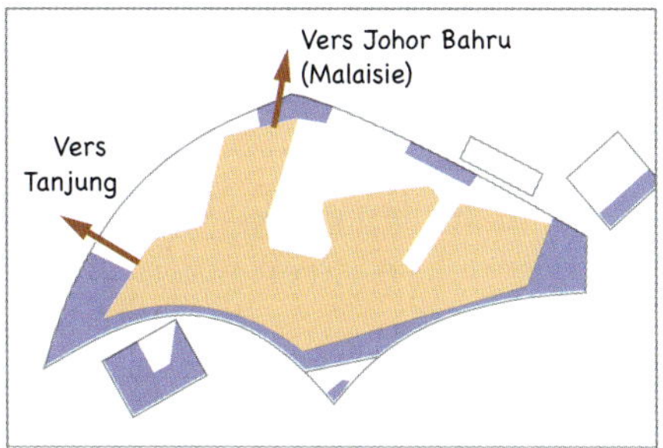

- terre-plein (industrie, infrastructures)
- espace densément urbanisé
- étalement urbain

C Une gestion durable affirmée

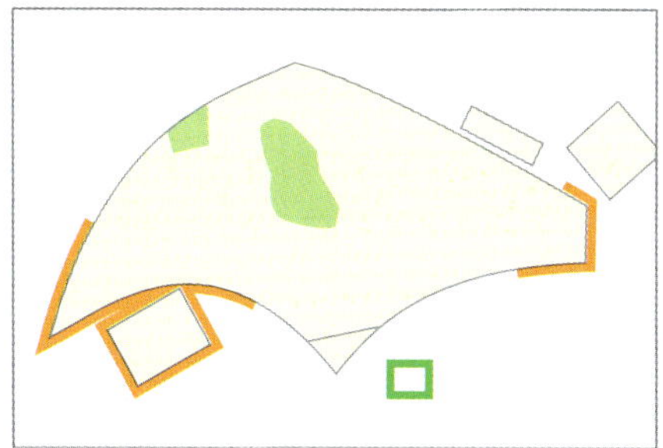

- pollution littorale importante
- aire protégée terrestre
- aire protégée marine

…au croquis de synthèse

À l'aide des schémas et des pages 248 à 253, complétez le croquis et sa légende.

FICHE À COMPLÉTER et correction en téléchargement sur le site Hachette-Éducation

Titre : Les littoraux de Singapour, des espaces convoités

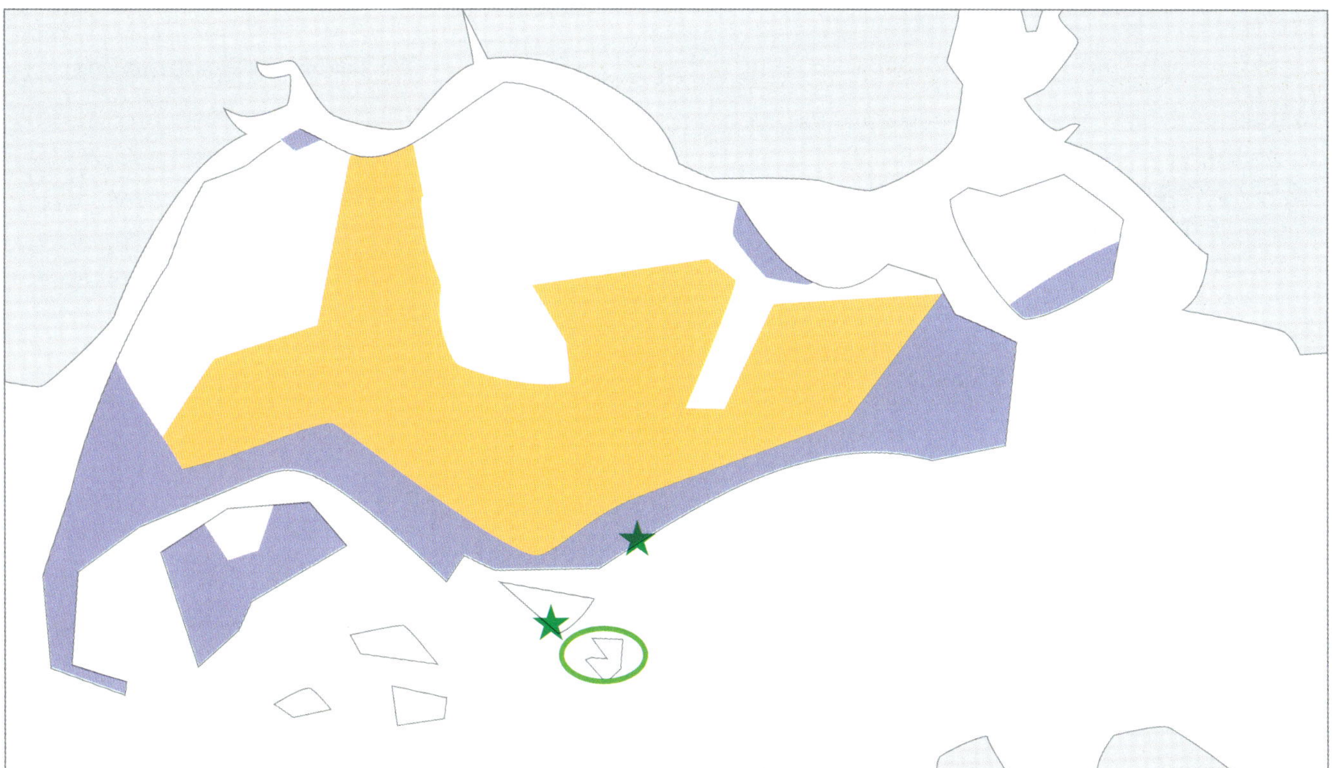

Une forte littoralisation

- .... terminal portuaire
- ★ zone touristique
- .... route maritime mondiale
- .... aéroport

Des activités en concurrence

- ....
- ....
- .... étalement urbain

Une gestion durable affirmée

- .... pollution littorale importante
- .... aire protégée terrestre
- aire protégée marine

Le littoral atlantique du Maroc : un littoral sous pression ?

Sur plus de 3 000 km, le littoral atlantique marocain concentre de plus en plus les hommes et les activités. Dès 1970, les pouvoirs publics ont accompagné le développement de l'industrie et du tourisme sur les côtes. Mais les pressions sur cet espace limité s'accentuent et nécessitent la mise en place d'une gestion concertée et durable.

Le Maroc en chiffres

- **Population :** 32,6 millions d'habitants
- **Littoral atlantique :** 47 % de la population marocaine
- **IDH (rang mondial) :** 0,591 (130e rang)

A Pourquoi le littoral atlantique du Maroc est-il convoité ?

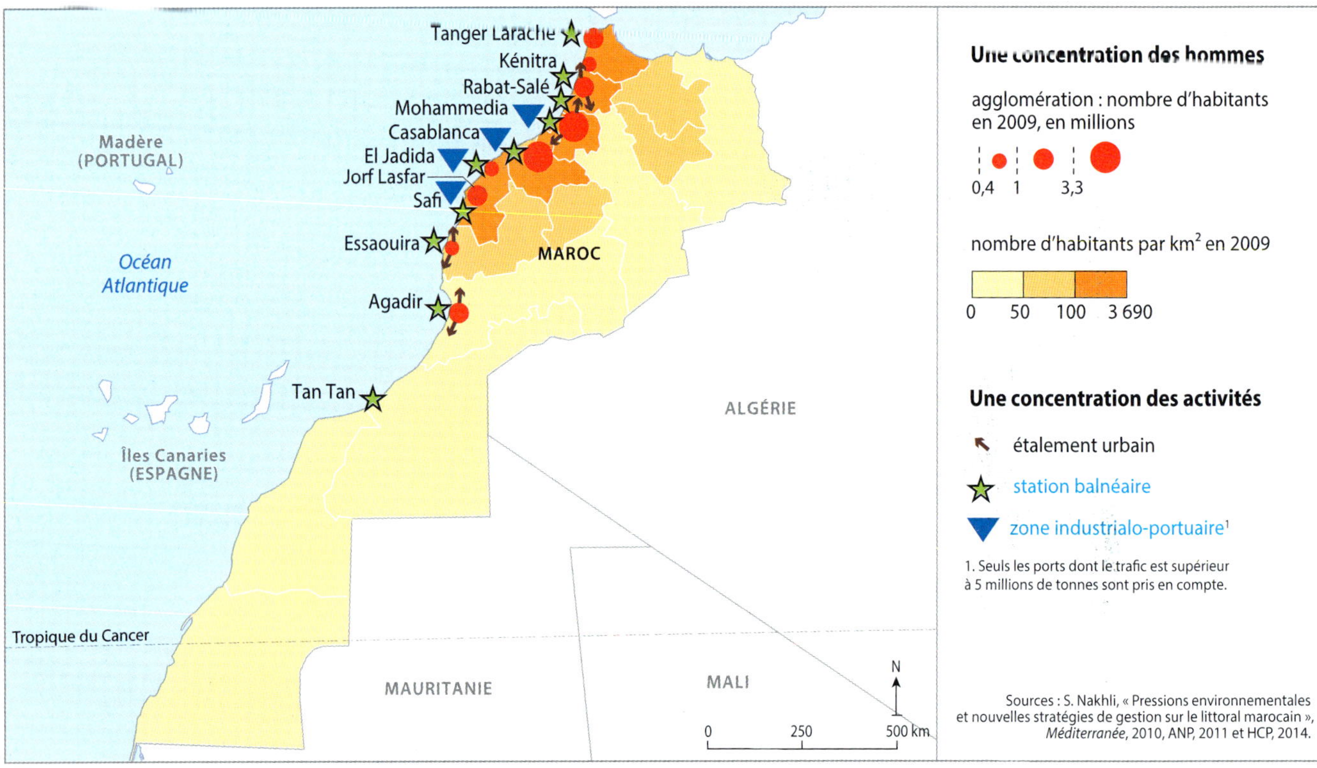

1 Une forte littoralisation des hommes et des activités sur le littoral atlantique

Vocabulaire

Halieutique : relatif à la pêche.
Littoralisation : concentration croissante des hommes et des activités dans les espaces littoraux.
Station balnéaire : espace aménagé en bord de mer pour accueillir des touristes.
ZEE (Zone économique exclusive) : espace marin large de 200 milles nautiques (370 km) dans lequel l'État côtier dispose de droits exclusifs sur l'exploration et l'exploitation des ressources.
ZIP (Zone industrialo-portuaire) : espace côtier associant des fonctions portuaires (accueil de gros navires) et industrielles liées au transport maritime (transformation de matières premières).

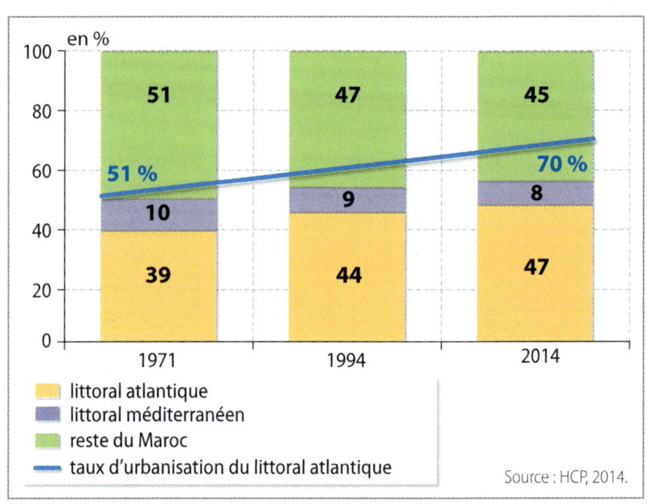

2 Le poids démographique du littoral atlantique

3 **Mohammedia, un littoral fortement convoité.**
① golf ; ② casino ; ③ hôtel ; ④ camping ; ⑤ port de pêche ; ⑥ stockage et raffinage pétrolier.

4 **La diversification des activités littorales : la création de la station balnéaire de Mazagan.** Le Maroc est le 2e pays africain le plus visité après l'Égypte (9,4 millions de visiteurs en 2012, principalement européens). Le Plan Azur mis en place par l'État vise à développer le tourisme balnéaire. Mazagan est la 2e station balnéaire réalisée dans le cadre de ce plan (500 lits, 8 restaurants).

5 **Les ressources halieutiques, des richesses convoitées**

Le protocole de pêche liant le Maroc et l'Union européenne [cession à l'UE de droits de pêche de la ZEE marocaine] a été très bien négocié du côté marocain. Assurant au Royaume un revenu annuel de 40 millions d'euros par an, l'accord s'étend à l'exploitation durable des ressources. Le Maroc s'est basé, entre autres, sur les avis scientifiques relatifs à l'état des stocks halieutiques et leur évolution durant les dernières années. De ce fait, le nouvel accord prévoit une réduction des possibilités de pêche par rapport à l'ancien protocole en autorisant seulement 126 navires européens contre 137 dans le cadre de l'ancien protocole. Le Maroc poursuit en effet la mise en œuvre du Plan « Halieutis » en vue du renforcement économique du secteur de la pêche nationale[1] tout en assurant une gestion durable et responsable des ressources halieutiques.

Aujourd'hui le Maroc, juillet 2013.

1. Représentant 3 % du PIB, le secteur de la pêche emploie plus de 660 000 personnes et fait vivre 3 millions de personnes.

Questions

1. Quels éléments montrent que le littoral marocain attire les hommes et les activités ? Montrez que cette attractivité est cependant inégale. (doc. 1 et 2)
2. Sur quelles activités le développement du littoral est-il fondé ? Quels aménagements en témoignent ? (doc. 1, 3 et 4)
3. Montrez que les ressources halieutiques du Maroc sont convoitées. (doc 5)
4. Montrez que les activités littorales peuvent entrer en concurrence et créer des conflits d'usage. (doc. 1 et 3)

▶ **Bilan :** Complétez les deux premières colonnes de l'organigramme bilan p. 260.

B Comment concilier développement et préservation du littoral atlantique au Maroc ?

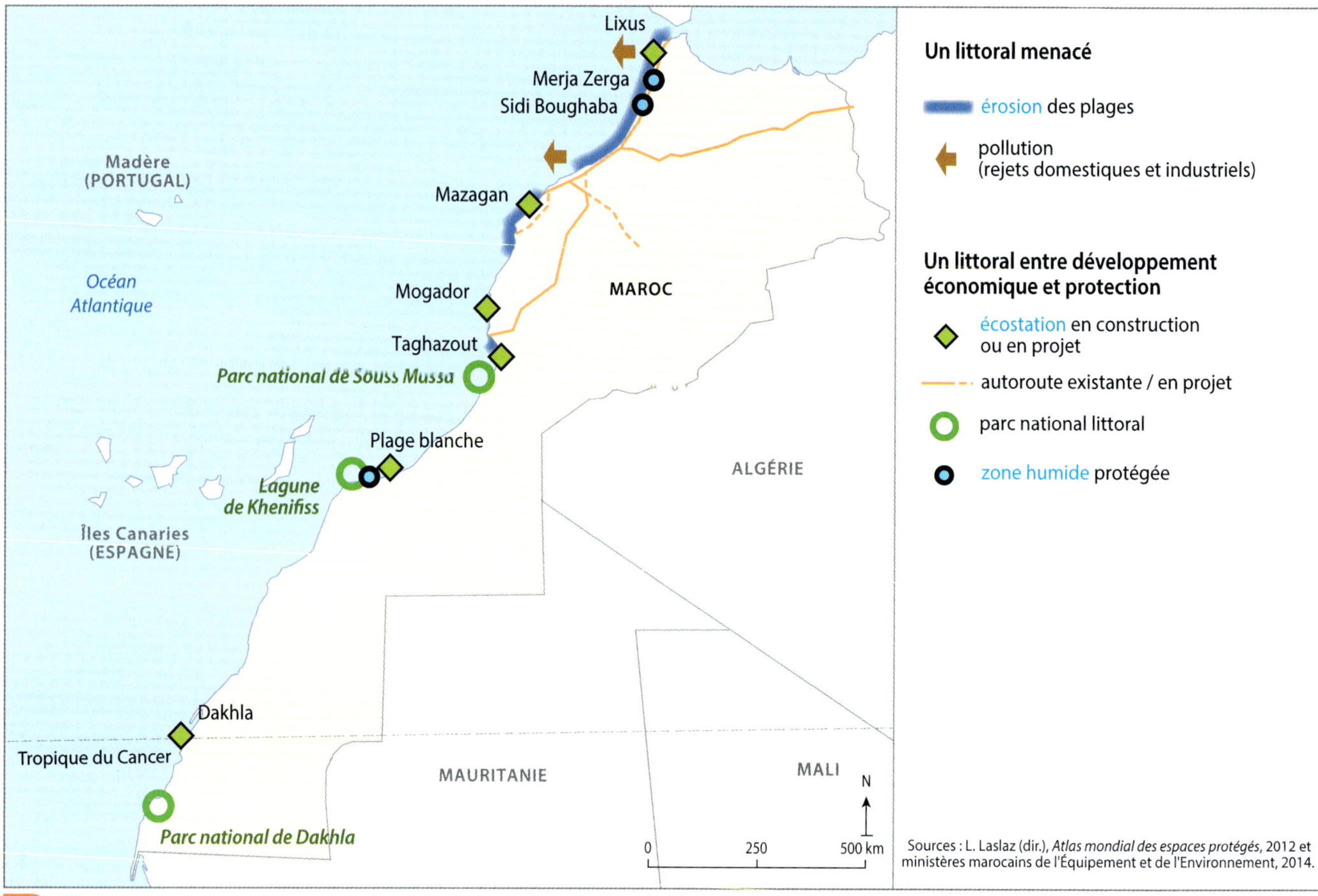

6 Un littoral menacé à préserver

7 Le rôle de l'État dans la gestion du littoral

Le ministre de l'Énergie, des Mines, de l'Eau et de l'Environnement vient de présenter un projet de loi relatif au littoral. Il prévoit l'instauration de schémas d'aménagement, de protection, de mise en valeur et de conservation du littoral. Ces schémas devraient permettre la mise en valeur des côtes marocaines tout en respectant l'environnement. Ils devraient délimiter les zones non constructibles, les lieux de rejet des eaux usées, les espaces maritimes destinés à l'utilisation des véhicules nautiques à moteur ainsi que les espaces réservés pour l'implantation des camping-cars. Le projet insiste sur l'importance du respect de l'ordre sur les plages à travers l'interdiction du stationnement et de la circulation des véhicules le long des rivages. Le projet de loi obligerait aussi les exploitants temporaires de certaines plages à garantir le libre accès à la plage pour tous. Mais certains militants écologistes et experts estiment que ce projet reste insuffisant. Ils reprochent par la même occasion au ministère de l'avoir élaboré sans concertation avec la société civile qui a, selon eux, son mot à dire.

Le Matin, quotidien marocain, 3 juin 2013.

Vocabulaire

Écostation : station touristique conçue de manière à limiter l'impact du tourisme sur le milieu naturel et culturel dans lequel il s'implante.

Érosion : dégradation naturelle du relief et du sol par l'action du vent et de l'eau.

GIZC (Gestion intégrée des zones côtières) : programme visant au développement durable d'un littoral en prenant en compte les différents enjeux et acteurs.

Gouvernance : voir p. 32.

Loi Littoral : texte juridique qui vise à encadrer l'aménagement des côtes pour limiter leur artificialisation.

PNUE (Programme des Nations Unies pour l'environnement) : agence de l'ONU spécialisée dans la collecte d'informations et la mise en place de projets destinés à promouvoir le développement durable dans le monde.

Zone humide : étendue de terre inondée ou gorgée d'eau douce ou salée, de façon permanente ou temporaire.

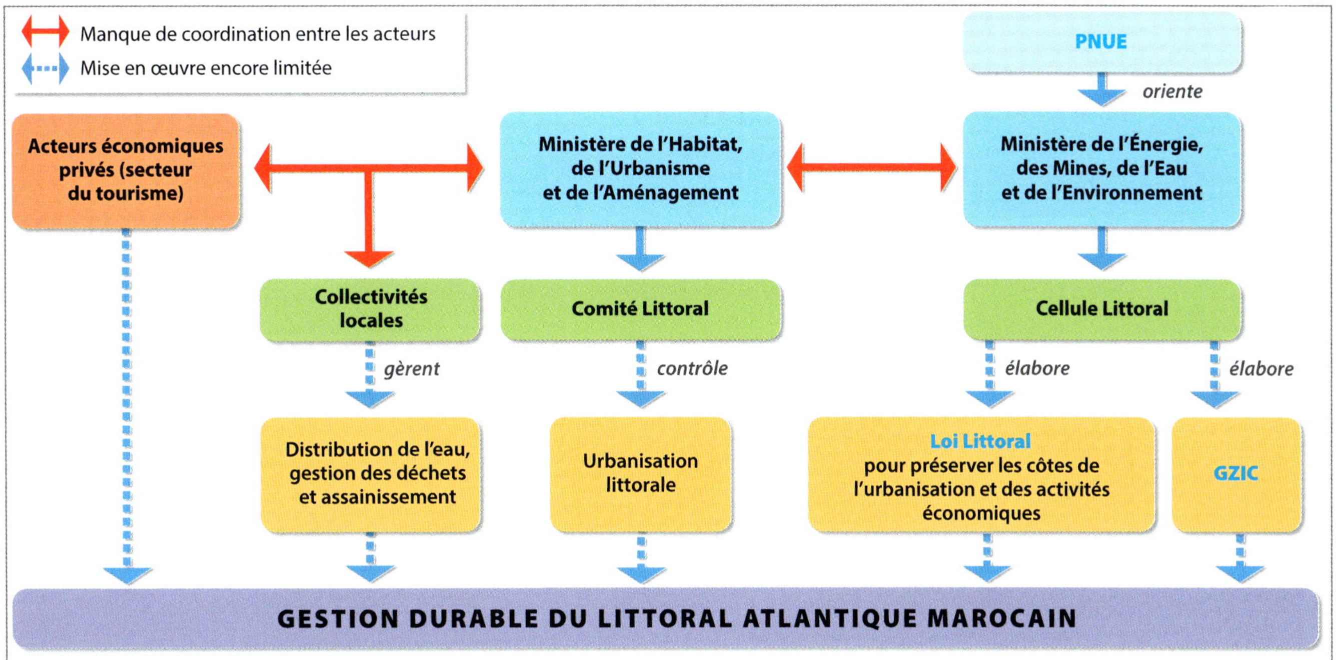

Sources : Ministère de l'Énergie, des Mines, de l'Eau et de l'Environnement marocain et ministère de l'Habitat, de l'Urbanisme et de l'Aménagement marocain, 2014.

8 **Une gouvernance littorale en construction**

9 **Les rejets industriels liés à l'exploitation du phosphate**

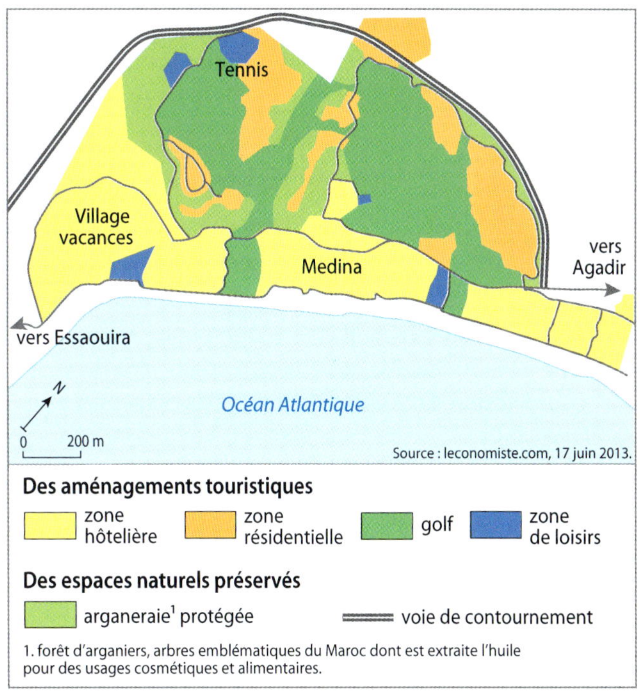

10 **L'écostation de Taghazout Bay, un projet durable ?**

Questions

1) Quelles sont les deux principales menaces qui pèsent sur le littoral atlantique marocain ? (doc. 6 et 9)

2) Quelles sont les solutions pour protéger le littoral ? (doc. 6) Pour concilier protection et développement ? (doc. 6, 7 et 10)

3) Distinguez les différents acteurs qui œuvrent pour la gestion durable du littoral. À quel problème cette gouvernance littorale doit-elle faire face ? (doc. 7 et 8)

▶ **Bilan :** Complétez la 3e colonne de l'organigramme bilan p. 260.

Le littoral atlantique du Maroc : un littoral sous pression ?

L'essentiel

A Comment se manifeste la littoralisation des hommes et des activités sur le littoral atlantique ?

- Le littoral nord-atlantique est un espace en plein essor démographique, contrairement au Sud.
- L'urbanisation et les activités industrielles se sont concentrées sur le littoral atlantique du fait de l'ouverture maritime du Maroc.
- Le tourisme littoral est en croissance grâce à la multiplication des stations balnéaires.

B Pourquoi le littoral atlantique marocain est-il convoité ?

- La mise en valeur du littoral marocain est variée : agriculture, industrie, tourisme, commerce.
- L'État a en partie planifié ce développement économique et les différents aménagements nécessaires (Plan Azur).
- Le littoral atlantique est l'objet de concurrence entre les différentes activités et les ressources halieutiques sont convoitées par l'UE.

C Comment concilier développement et préservation du littoral atlantique au Maroc ?

- Les acteurs qui agissent sur le littoral marocain prennent conscience des nombreuses pressions environnementales qui pèsent sur cet espace.
- Un aménagement plus durable du littoral commence à être pris en compte, même si les enjeux économiques priment.
- Une gestion durable des littoraux marocains nécessite une coordination de tous les acteurs. Celle-ci est encore en construction.

Passer à l'échelle régionale

L'attractivité du littoral atlantique marocain est-elle représentative de celle de tous les littoraux ?

Planisphère 1 (p. 262-263)
Cours 1 (p. 266)

La concurrence pour l'espace littoral marocain reflète-t-elle la situation de tous les littoraux ?

Planisphère 2 (p. 264)
Cours 2 (p. 268)

La volonté d'une gestion plus durable du littoral marocain est-elle généralisée ?

Planisphère 3 (p. 265)
Cours 3 (p. 270)

Travailler autrement

Recopiez et complétez l'organigramme bilan de l'étude de cas en illustrant les idées d'exemples précis.

GÉRER LES PRESSIONS SUR LE LITTORAL ATLANTIQUE MAROCAIN

DES ESPACES INÉGALEMENT ATTRACTIFS
- Une concentration humaine inégale ....
- \+ Une ouverture maritime inégale ....
- \+ Une mise en valeur touristique en essor ....

DES ACTIVITÉS EN CONCURRENCE
- Des activités multiples ....
- \+ Des aménagements planifiés ....
- → Des ressources convoitées et des conflits d'usage ....

UNE GESTION DURABLE LIMITÉE
- Des espaces fragiles et menacés ....
- → Des opérations de gestion durable ....
- \+ Une concertation des acteurs limitée ....

Des schémas…

A Des espaces inégalement attractifs

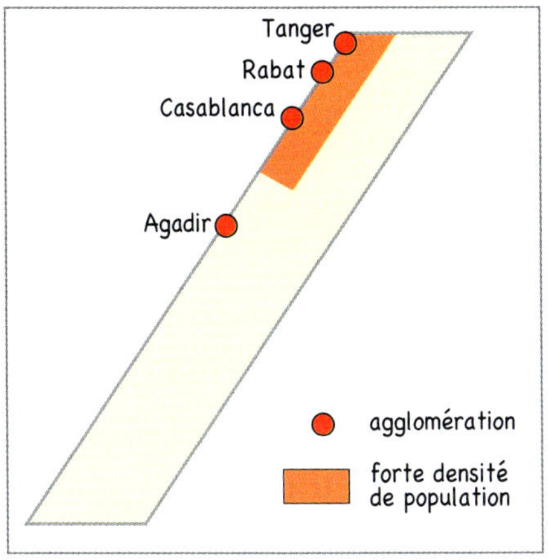

B Des activités en concurrence

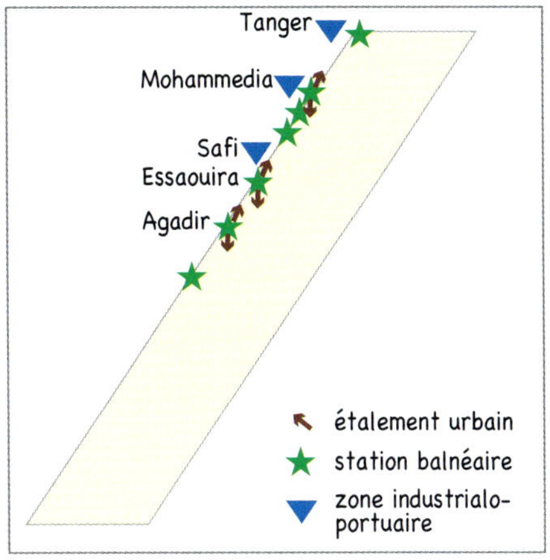

C Une gestion durable limitée

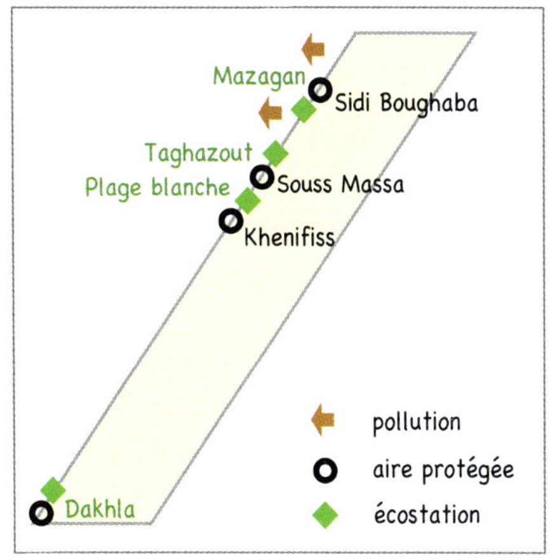

…au croquis de synthèse

À l'aide des schémas et des pages 256 à 259, complétez le croquis et sa légende.

FICHE À COMPLÉTER et correction en téléchargement sur le site Hachette-Éducation

Titre : Le littoral atlantique marocain, un espace convoité

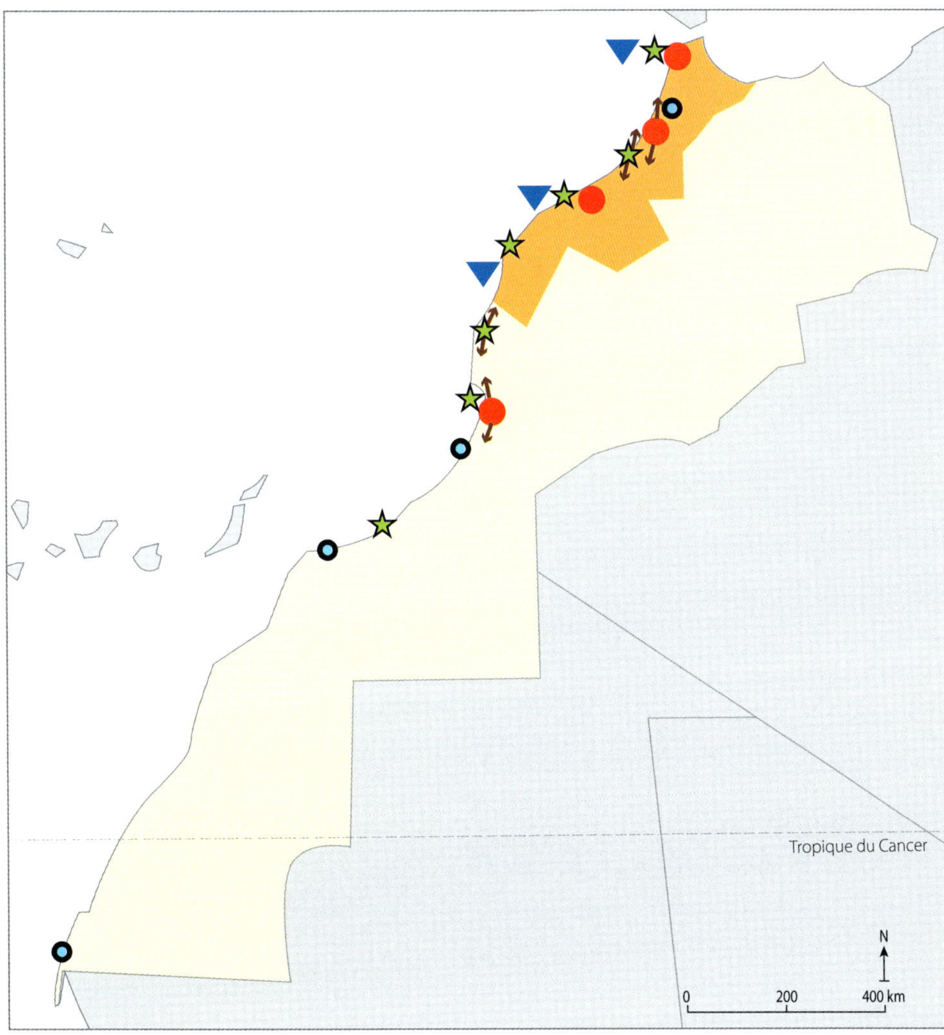

Des espaces inégalement attractifs

- (cercle rouge) ……………………………………
- …… forte densité de population

Des activités en concurrence

- (flèche) étalement urbain
- …… station balnéaire
- (triangle bleu) ……………………………………

Une gestion durable limitée

- (flèche) pollution
- …… ……………………………………
- (losange vert) ……………………………………

La concentration des hommes et des activités sur les littoraux

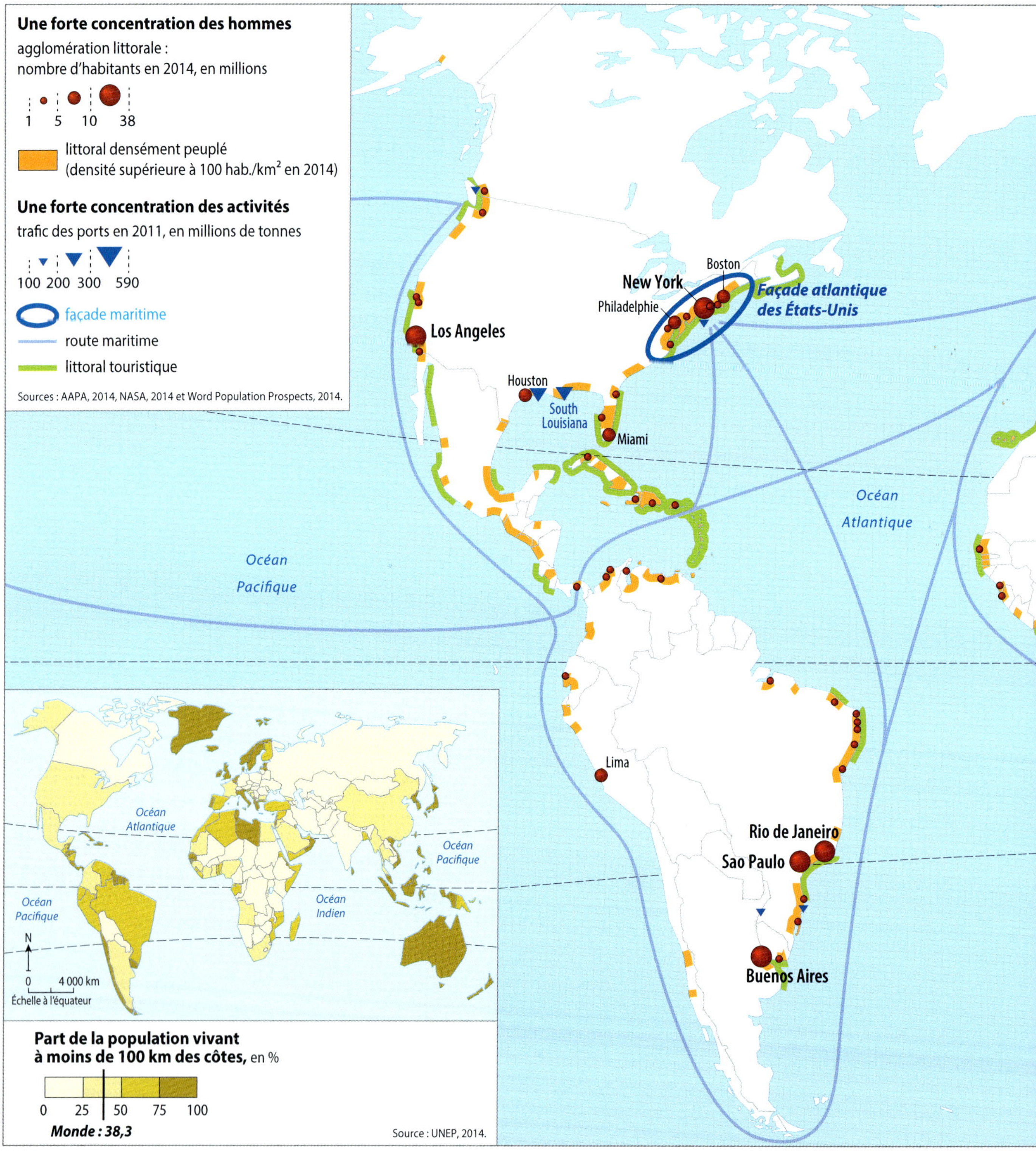

1 Une inégale littoralisation

Vocabulaire

Façade maritime : littoral comprenant de grands ports mondiaux en relation entre eux et partageant un même arrière-pays.
Littoralisation : concentration croissante des hommes et des activités dans les espaces littoraux.

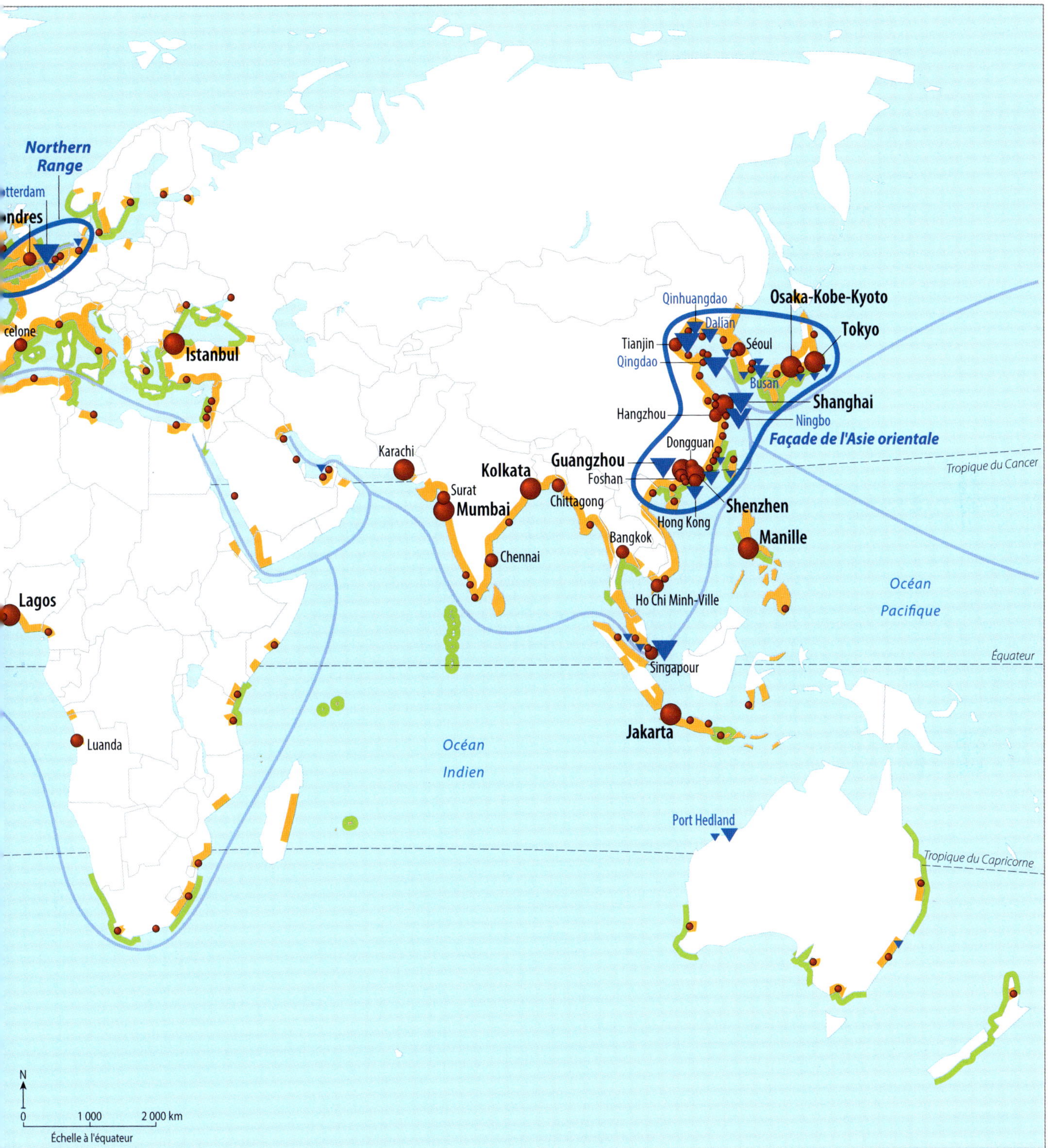

2 **Une forte concentration des hommes et des activités sur les littoraux**

Questions

1. Quelles sont les activités concentrées sur les littoraux ?
2. Quels sont les littoraux les plus attractifs ?

Les tensions sur les littoraux

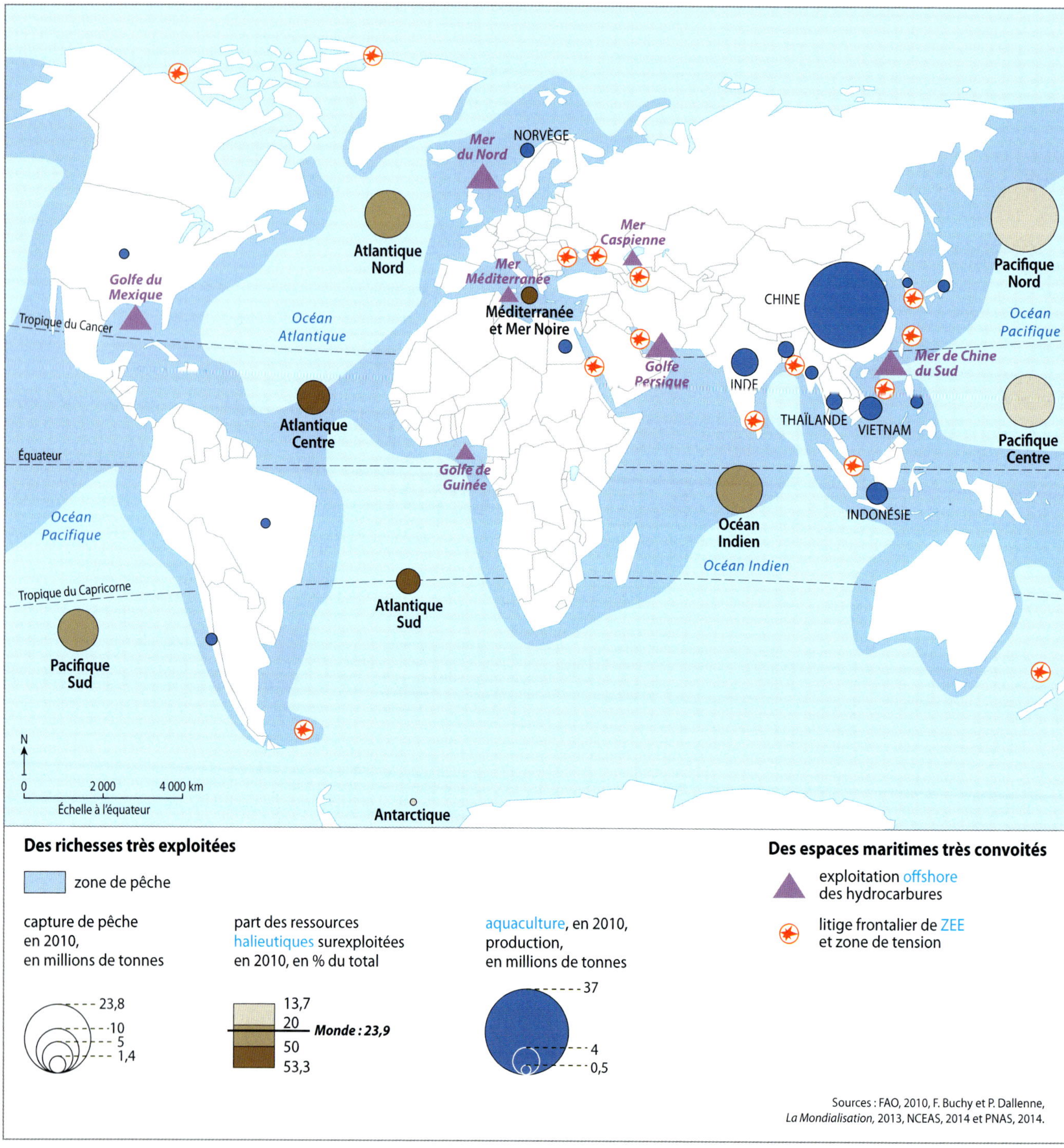

Vocabulaire

Aquaculture : élevage de végétaux et d'animaux en milieu aquatique.

Halieutique : relatif à la pêche.

Offshore : technique d'exploitation des énergies en mer (pétrole, parc éolien).

ZEE (Zone économique exclusive) : espace marin large de 200 milles nautiques (370 km) dans lequel l'État côtier dispose de droits exclusifs sur l'exploration et l'exploitation des ressources.

Question

- Pourquoi les littoraux sont-ils des espaces convoités ?

3

La recherche de nouvelles solutions pour les littoraux

Des espaces à protéger

- littoral très pollué[1]
- ★ île menacée de submersion

taux de protection marine en 2012, en %

0
10
25
100

absence d'aire marine protégée

Des espaces à gérer durablement

- ▼ port international bénéficiant d'un programme de développement durable[2]
- ◆ GIZC internationale
- ○ État ayant une bonne expérience de GIZC

1. OHI (*Ocean Health Index*) : indicateur évaluant la santé des océans inférieur à 50/100.
2. Parmi les 50 premiers ports mondiaux.

Sources : UNEP, 2012, C. Martinaud, F. Paris, *Océans, mers et îles. Appuis de la mondialisation*, 2013, OIC, 2014 et WPCI, 2014.

Vocabulaire

GIZC (Gestion intégrée des zones côtières) : programme visant au développement durable d'un littoral en prenant en compte les différents enjeux et acteurs.

Questions

1. Quelles menaces pèsent sur les littoraux ?
2. Quels sont les différents aspects de la gestion durable des littoraux ?

La littoralisation des hommes et des activités

Pourquoi les littoraux sont-ils des espaces attractifs ?

A Des espaces anciennement peuplés et urbanisés

• **Les littoraux concentrent 80 % de la population mondiale sur une bande de 200 km de large** (doc. 2). Cette **littoralisation** s'accompagne d'une forte urbanisation. En 2014, 18 des 28 mégapoles mondiales sont situées sur le littoral et sont des ports (Repère A).

• **Les densités de population varient selon les littoraux.** Alors qu'elles peuvent atteindre plus de 600 hab./km^2 en Asie orientale et plus de 200 hab./km^2 dans le bassin méditerranéen, elle ne sont que de 40 hab./km^2 en Australie ou en Amérique centrale. Les côtes des régions arides (Namibie, Sahara) ou des hautes latitudes (Sibérie, nord du Canada) sont vides.

• **Les facteurs d'attraction des littoraux sont différents selon les régions.** Si certains littoraux présentent de fortes densités depuis longtemps (**deltas** fertiles de Chine ou du Vietnam), d'autres littoraux ont été occupés à partir d'un port ou d'une ville à proximité d'une route de navigation (Méditerranée) ou sous l'impulsion de la colonisation (façade Est des États-Unis, Afrique de l'Ouest).

B Des espaces moteurs de la mondialisation

• **L'attractivité des littoraux tient de plus en plus au dynamisme économique de leur port.** Ils sont autant d'**interfaces** mettant en relation un avant-pays marin, espace des échanges maritimes, et un arrière-pays terrestre. Le port de Rotterdam ouvre ainsi l'Europe rhénane sur le passage maritime le plus fréquenté du monde de la mer du Nord et de la Manche.

• **Les littoraux sont au cœur des échanges mondiaux.** La **mondialisation** a entraîné une augmentation des flux de marchandises qui circulent à 80 % par voie maritime grâce à la baisse du coût du transport (navires plus gros et plus rapides, utilisation de **conteneurs**).

• **Quelques littoraux polarisent les principaux flux maritimes.** Les plus grandes zones portuaires et les métropoles importantes forment des **façades maritimes**. La façade atlantique des États-Unis, la Northern Range européenne et la côte pacifique de l'Asie sont les plus dynamiques. La Chine concentre 7 des 10 premiers ports mondiaux, dont Shanghai (Repère B) (doc. 3).

C Des espaces au cœur du tourisme international

• **Le développement du tourisme balnéaire explique aussi le dynamisme des littoraux.** Les rivages méditerranéens sont les plus attractifs (283 millions de visiteurs en 2011). Le bassin des Caraïbes se spécialise dans le tourisme de croisière et la recherche de l'exotisme par les pays du Nord conduit à l'aménagement de nouveaux espaces (côtes du Sénégal, îles de l'océan Indien).

• **L'urbanisation des littoraux s'accélère avec l'activité touristique.** Ce phénomène est ancien dans les pays du Nord (Floride, Costa del Sol en Espagne). Depuis 50 ans, certains villages côtiers des pays du Sud se sont transformés en **stations balnéaires** (Cancun au Mexique, Phuket en Thaïlande, San Alfonso del Mar au Chili) (doc. 1).

• **Le développement du tourisme est impulsé par les pays du Nord.** Le tourisme balnéaire est entre les mains de tours opérateurs européens ou américains (Club Med, American Orient Express) mais les populations locales bénéficient également de retombées économiques.

Vocabulaire

Conteneur : voir p. 248.
Delta : embouchure d'un fleuve où les eaux se divisent en plusieurs bras.
Façade maritime : voir p. 262.
Interface : lieu de contact entre un espace et le reste du monde (ici la terre et la mer).
Littoralisation : concentration croissante des hommes et des activités dans les espaces littoraux.
Mondialisation : voir p. 248.
Station balnéaire : voir p. 256.
Tourisme balnéaire : ensemble des services et des activités liés aux vacances en bord de mer.

REPÈRE A

Les plus grandes agglomérations littorales

Agglomération	Population, en millions d'habitants en 2005	Population, en millions d'habitants en 2014
Tokyo	35,6	38,2
Shanghai	16,6	23
New York	18,9	21,3
Mumbai (Bombay)	17,9	21,2
Dhaka	12,6	17,4

Source : World Urbanisation Prospects, 2014.

REPÈRE B

Trafic total des 5 plus grands ports mondiaux

Source : AAPA, 2014.

1 La station balnéaire de San Alfonso del Mar (Chili). Le complexe hôtelier et de loisirs (restaurants, salles de cinéma, discothèques) de San Alfonso del Mar abrite la plus grande piscine du monde (1 km de longueur) face aux eaux froides de l'océan Pacifique.

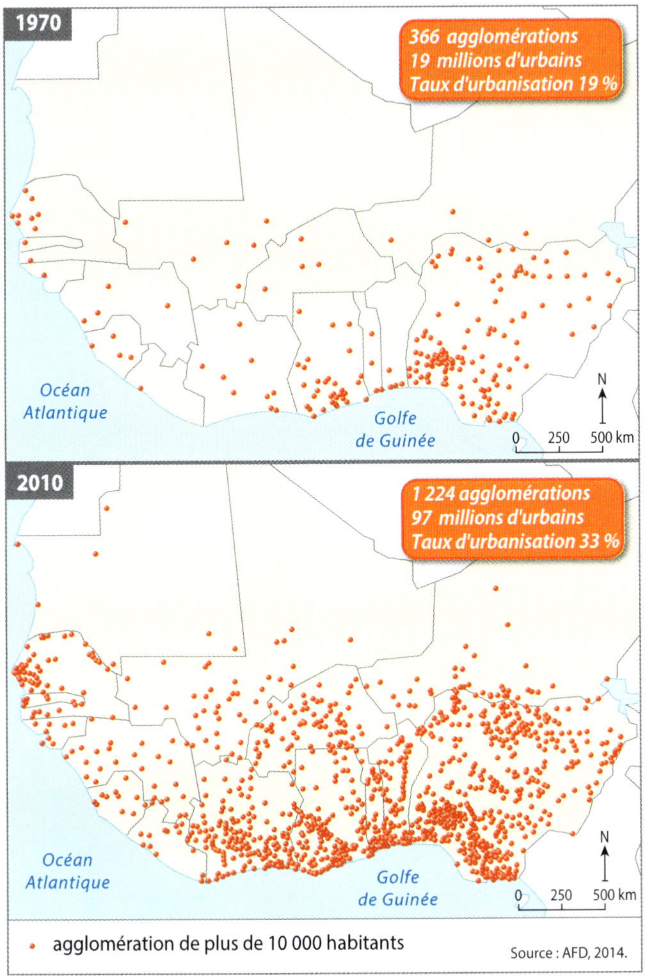

2 La littoralisation en Afrique de l'Ouest

3 Shanghai, une métropole littorale en développement

Shanghai devint dans les années 1990 la plus grande concentration de grues de construction au monde, avec l'érection du district d'affaires de Pudong et une modernisation tous azimuts. Avec 23 millions d'habitants (6 millions en 1953), [elle est] la ville la plus peuplée de Chine. [Son] PIB par habitant est de 12 700 dollars (9 400 euros), soit un tiers de plus que le PIB par habitant du pays entier.
La région de Shanghai est idéalement située, dans le delta du Yangzi, le plus grand fleuve de Chine. Cela en fait un aimant naturel pour les hommes et les marchandises, tant pour les zones riches et peuplées de l'intérieur que de l'étranger avec son ouverture sur la mer de Chine. Shanghai a ainsi attiré de nombreux investissements étrangers, en faisant la capitale économique de fait de la Chine. Son nouveau port géant (plus grand port de conteneurs au monde), son aéroport international, ses universités en font le phare économique du pays.
[En conséquence], les prix de l'immobilier ont explosé sous le poids de la spéculation, rendant la vie impossible aux jeunes qui s'y installent et doivent loger très loin de leur travail.

Rue89, 29 septembre 2013.

1. Comment se manifeste la littoralisation en Afrique de l'Ouest entre 1970 et 2010 ? (doc. 2)
2. Comment le port de Shanghai s'adapte-t-il à la mondialisation ? Quelles en sont les conséquences ? (doc. 3)

La concurrence pour l'espace littoral

▶ Quelles sont les activités et les tensions sur les littoraux ?

A Des ressources exploitées

• **Les littoraux présentent une grande biodiversité.** Rocheux (falaises) ou sableux (dunes), modelés par les marées, ils renferment une faune et une flore variées. Les deltas et les **estuaires** sont des écosystèmes fragiles menacés par les activités humaines (**mangrove** de Guadeloupe) (doc. 2).

• **La mise en valeur agricole des littoraux est variée.** Les rivages aux climats tempérés et humides accueillent des cultures spécialisées (maraîchage breton, riziculture asiatique). L'**aquaculture** en forte croissance représente aujourd'hui 1/3 de la production marine mondiale (Repère A).

• **La pêche devient industrielle, même si le nombre de pêcheurs artisanaux est encore majoritaire.** Dans le Nord-Ouest du Pacifique, première zone de pêche, les bateaux-usines américains ou japonais capturent chaque année 20 millions de tonnes de poissons. En 2014, 80 % des ressources **halieutiques** sont pleinement exploitées ou surexploitées.

B Des espaces aménagés

• **Le littoral est par définition un espace restreint, aujourd'hui artificialisé.** Les **ZIP** développent des terminaux à conteneurs et des aires de stockage (hydrocarbures et produits chimiques). Les stations touristiques associent complexes hôteliers et résidentiels, marinas et centres commerciaux (Malibu, Dubaï).

• **Les ports se dotent de plus en plus d'avant-ports en pleine mer.** L'augmentation des tonnages et de la taille des navires explique ce mouvement des aménagements portuaires vers le large : l'avant-port de Shanghai se situe à 28 km du littoral. Les anciens ports en **front d'eau** sont alors reconvertis en espaces résidentiels ou touristiques (Boston, Rotterdam).

• **Les terres gagnées sur la mer sont donc de plus en plus nombreuses.** Ces aménagements coûteux sont particulièrement nombreux en Asie (**terre-pleins** au Japon et à Singapour, **îles artificielles** en Chine ou au Qatar) (doc. 1). Au contraire, les Pays-Bas ne construisent plus de **polders** depuis 1980, privilégiant des solutions plus durables (restauration des estuaires).

C Des tensions croissantes

• **Les littoraux cristallisent les conflits d'usage.** Les activités agricoles s'accommodent mal de la présence de centres urbains et d'industries polluantes ou du tourisme (doc. 3). La protection des zones humides du littoral au Costa Rica dans le cadre de l'écotourisme par exemple s'est développée au détriment des activités agricoles (café, banane).

• **Les enjeux économiques et environnementaux sont difficiles à concilier sur les littoraux.** Tours opérateurs, industriels ou écologistes tentent de faire valoir leurs intérêts plus ou moins favorables aux populations locales. La réserve marine de la Réunion est ainsi accusée par les habitants et les pêcheurs de participer à la prolifération des requins (doc. 3 p. 273).

• **Certains littoraux sont des espaces de tensions internationales.** Les détroits, passages obligés des routes maritimes mondiales, sont devenus des zones de piraterie. Certains littoraux et la **ZEE** qui les prolonge font l'objet de litiges interétatiques (Repère B). Ainsi, dans la mer de Chine du Sud, plusieurs pays revendiquent l'archipel des Spratleys du fait de sa richesse en hydrocarbures (doc. 7 p. 130).

Vocabulaire

Aquaculture : élevage de végétaux et d'animaux en milieu aquatique.
Conflit d'usage : voir p. 94.
Estuaire : embouchure d'un fleuve affectée par les mouvements de la mer dans lequel il se jette.
Front d'eau : voir p. 172.
Halieutique : relatif à la pêche.
Île artificielle : voir p. 279.
Mangrove : voir p. 252.
Polder : voir p. 279.
Terre-plein : voir p. 279.
ZEE (Zone économique exclusive) : voir p. 264.
ZIP (Zone industrialo-portuaire) : voir p. 248.

REPÈRE A

Pêche et aquaculture dans le monde

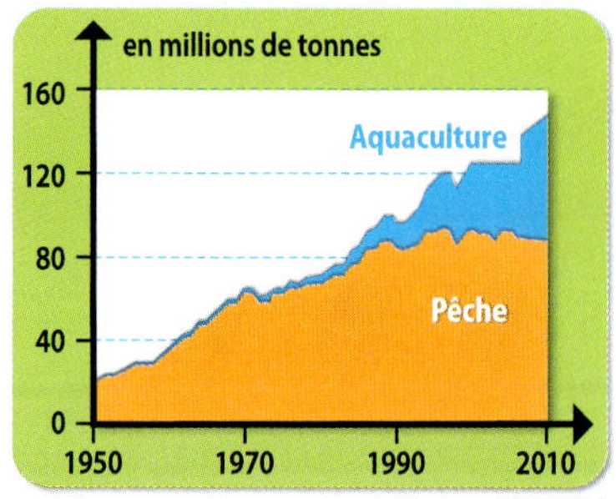

Source : FAO, 2014.

REPÈRE B

Délimitation des frontières maritimes

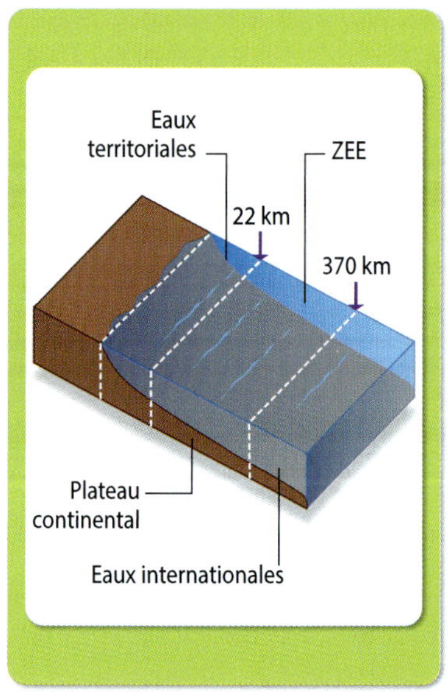

Source : Convention des Nations Unies sur le droit de la mer, 1982.

1 Le développement d'îles artificielles : The Pearl à Doha (Qatar)

2 Le recul de la mangrove face à l'urbanisation en Guadeloupe

3 Les conflits d'usage sur les littoraux en Inde

Si l'érosion est un phénomène naturel, celui-ci est aggravé par le développement industriel et la construction d'infrastructures. [À Pondichéry] il y a trente ans, un petit port a été construit, protégé par une longue jetée barrant l'océan sur une centaine de mètres. Bloqué par la jetée, le sable s'est amassé à la sortie du port [et non plus sur les] plages. Sans le sable, l'eau salée s'infiltre dans les nappes phréatiques à l'intérieur des terres. À Tengaithittu, un village proche du port de Pondichéry, tous les agriculteurs ont dû changer de métier. Certains ont vendu leurs terres à des promoteurs immobiliers. Le gouvernement de Pondichéry a récemment voulu construire un port plus vaste encore. Les villageois ont aussitôt pris les armes, puis donné l'assaut aux baraquements du chantier de construction. Le projet a été immédiatement suspendu.
Mais ceux qui vivent sur les côtes ne remportent pas tous leurs batailles. Sur les 7 525 kilomètres de littoral indien se construisent des zones économiques spéciales, des centrales thermiques ou nucléaires, et des ports. Le pays compte déjà un port tous les 40 km et, pour répondre à la croissance du trafic maritime de marchandises (40 % depuis 2007), une vingtaine d'autres sont en construction.

Le Monde, 14 août 2012.

1) Quels sont les aménagements réalisés sur cette île artificielle ? (doc. 1)

2) Pourquoi l'érosion des côtes en Inde accentue-t-elle les conflits d'usage ? (doc. 3)

Aménager durablement les littoraux

Comment gérer durablement les littoraux ?

A Prendre en compte la fragilité des littoraux

• **Les aménagements perturbent les écosystèmes fragiles des littoraux.** La pollution des eaux côtières est due aux rejets de nitrates utilisés dans l'agriculture (doc. 1 p. 79) ou aux rejets industriels et urbains (Repère A). L'assèchement des **zones humides** conduit à une perte irréversible pour la biodiversité.

• **La vulnérabilité des littoraux face aux risques est importante :** densément occupés, ils subissent de plein fouet les catastrophes naturelles. Le tsunami qui a touché la côte Nord-Est du Japon en 2011 a mis en lumière les effets conjugués des risques naturels et technologiques (accident nucléaire de Fukushima).

• **L'érosion des littoraux et l'élévation du niveau de la mer menacent l'avenir des espaces côtiers** (doc. 2). En 2012, la conférence des Nations Unies de Doha sur les changements climatiques estimait à 1 m l'élévation du niveau de la mer d'ici à 2050, entraînant la migration de 150 millions de personnes et la disparition de nombreuses îles (Tuvalu, en Polynésie).

B Aménager les littoraux de façon raisonnée

• **Face à ces menaces, des mesures de protection et de conservation des littoraux sont mises en place.** L'érosion marine des côtes peut être limitée par l'installation de brise-lames. Les réserves marines se multiplient et certaines bénéficient du label « Site classé au Patrimoine mondial de l'Unesco», comme celle des Galapagos depuis 2001.

• **Aujourd'hui, concilier protection des littoraux et développement économique est une priorité** (doc. 1). Des **écostations**, certifiées ***Green Globe***, tentent de réduire leur impact écologique (gestion des déchets, efficacité énergétique) tout en soutenant les communautés locales (comme celle d'Anantara aux Maldives).

• **Mais les applications sont très différentes selon les pays.** Dans certains cas, un cadre juridique contraignant existe : le Conservatoire du littoral en France a racheté 12 % de la côte afin de limiter l'urbanisation. Mais cette législation est souvent peu développée ou peu efficace : l'Algérie peine à faire appliquer la loi interdisant toute nouvelle installation d'industries sur le littoral.

C Favoriser la concertation entre les acteurs

• **La gestion des littoraux fait intervenir des acteurs variés à différentes échelles :** organisations internationales, États, ONG, collectivités locales, particuliers (doc. 3). Ainsi l'association Surfrider tente de sensibiliser la population au respect de la propreté des plages et des eaux de baignade.

• **Une gouvernance globale et concertée est donc nécessaire.** Des conventions favorables à la protection et à l'utilisation raisonnée des ressources littorales sont signées entre les différents acteurs. Celle sur la protection des zones humides (Ramsar) regroupe actuellement plus de 2 000 sites dans le monde (Repère B).

• **Les GIZC sont des outils conciliant développement économique et protection de l'environnement.** Apparue au Sommet de la Terre de Rio en 1992, cette démarche permet d'unir les acteurs et de définir les usages. L'État du Para (Brésil) tente ainsi de prendre en compte les attentes des pêcheurs, des écologistes mais aussi des compagnies forestières dans la gestion de la mangrove.

Vocabulaire

Écostation : station touristique conçue de manière à limiter l'impact du tourisme sur le milieu naturel et culturel dans lequel il s'implante.

Érosion : dégradation naturelle du relief et du sol par l'action du vent et de l'eau.

GIZC (Gestion intégrée des zones côtières) : programme visant au développement durable d'un littoral en prenant en compte les différents enjeux et acteurs.

Green Globe **:** norme internationale utilisée dans le tourisme certifiant que les principes du développement durable sont respectés.

Zone humide : étendue de terre inondée ou gorgée d'eau douce ou salée, de façon permanente ou temporaire.

REPÈRE A

Principaux déchets polluant les plages en %

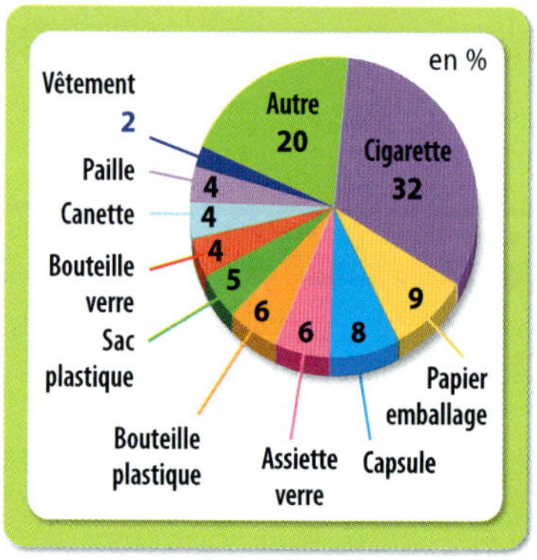

Source : *Ocean Conservancy*, 2014.

REPÈRE B

La protection des zones humides dans le monde

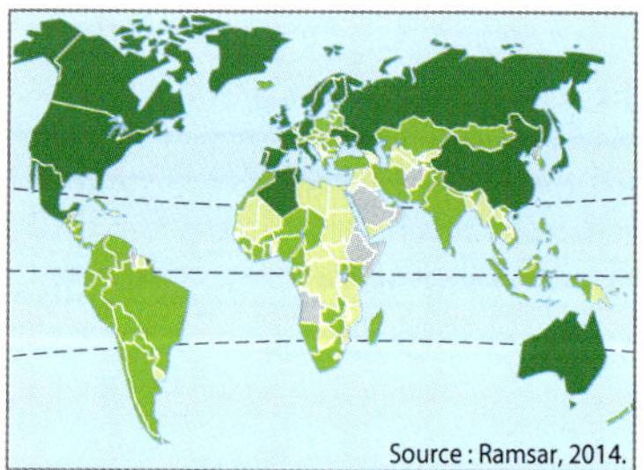

Source : Ramsar, 2014.

Nombre de zones humides protégées par la convention Ramsar en 2014

1 – 5 – 15 – 50 ; aucune donnée

1 Des aménagements durables pour que le Mont-Saint-Michel redevienne une île.
① Abbaye du Mont-Saint-Michel ; ② ancienne route d'accès ; ③ pont passerelle en construction.

2 Sensibiliser l'opinion internationale à la montée des eaux.
Bande dessinée pédagogique de l'ONG Alofa Tuvalu (Polynésie).

1 Quels aménagements permettront au Mont-Saint-Michel de retrouver son statut d'île ? (doc. 1)

2 Pourquoi la conservation de la mangrove est-elle un facteur essentiel de sécurité alimentaire et de lutte contre la pauvreté en Côte-d'Ivoire ? Quels acteurs sont mobilisés ? (doc. 3)

3 L'implication des populations dans la préservation des mangroves en Côte-d'Ivoire

Depuis quelques années, le village de pêcheurs d'Anan connaît une grave diminution de ses ressources halieutiques. Le diagnostic a montré que la cause de cette pénurie est la destruction des mangroves pour les besoins de bois de chauffe. Le projet [mené par le PNUD] a déjà restauré 10 km de mangrove le long de laquelle on peut déjà observer un retour de certaines espèces de poissons. En ce qui concerne les activités parallèles, une plantation communautaire d'acacias créée dans le cadre du projet a alimenté le village pendant 2 à 3 ans en bois de chauffe. Grâce à ce projet, environ 15 bénéficiaires formés dans la gestion des mangroves et à la création de plantations d'*Acacia mangium* ont créé leurs propres plantations d'*Acacia mangium*. Ils exploitent ces plantations en vendant le bois. Les femmes ont joué un grand rôle dans la mise en œuvre du projet. Les expériences réussies dans la création de parcs à bois de chauffage dans les zones périurbaines peuvent aussi être une solution durable pour la gestion du bois de chauffage dans les zones urbaines et constituer également une sorte d'activité génératrice de revenus dans la perspective de lutte contre la pauvreté.

PNUD, 2014.

Comment mettre en place un développement durable du littoral de La Réunion ?

L'île de La Réunion (France) est l'une des réserves mondiales de la biodiversité notamment grâce à sa richesse littorale. Mais la « côte sous le vent » qui accueille l'essentiel des espaces urbanisés et touristiques est menacée. C'est pourquoi des politiques sont menées pour mettre en place un développement durable de l'ensemble du littoral.

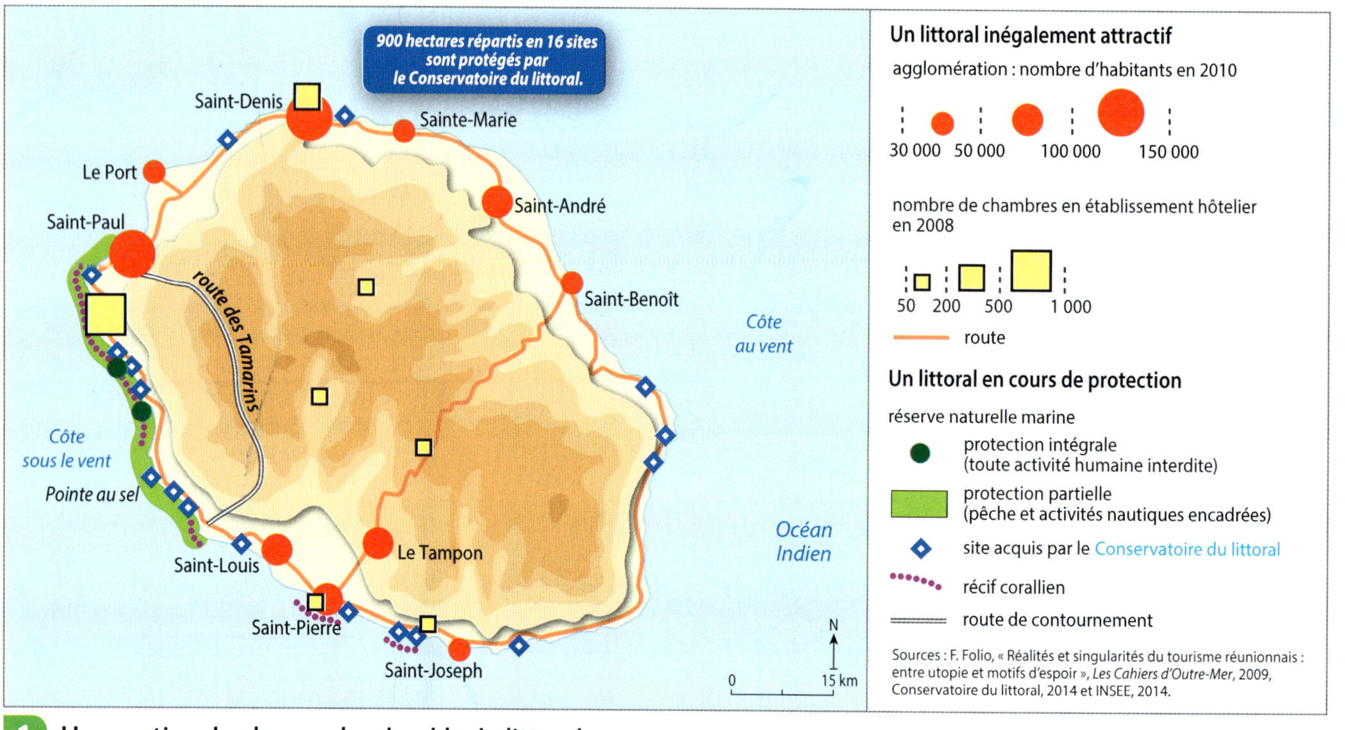

1 Une gestion de plus en plus durable du littoral

2 Le musée de la Pointe au sel.
Le Conservatoire du littoral et les collectivités mettent en valeur le patrimoine naturel et culturel du littoral de l'île de La Réunion. Ils préservent notamment ces bassins salants dont un écomusée retrace l'histoire.

Vocabulaire

Conservatoire du littoral : établissement public protégeant le littoral français.

3 Les critiques à l'égard de la réserve marine

L'île est divisée sur la meilleure façon de faire face au problème. Des requins, il y en a toujours eu au large, chacun l'admet, mais le fait qu'ils attaquent près de la zone balnéaire, sur la côte ouest, change la donne. Ces drames[1] ont des répercussions sur le tourisme et posent question. Les requins ont-ils changé de comportement ? C'est ce que cherchent à savoir les biologistes, tandis que les tenants d'une pêche radicale sont pressés d'en découdre avec les prédateurs.
À leurs yeux, le requin-bouledogue ne mérite pas l'attention que lui portent les défenseurs des océans, désireux de freiner le déclin des populations de requins dans le monde entier. Une partie de l'opinion – les surfeurs en première ligne – accuse la réserve naturelle créée en 2007 d'attirer le prédateur près des plages. Les scientifiques assurent, eux, que la faune marine commence à peine à aller mieux dans cet espace dont seul le cœur de 1 750 m^2 est totalement protégé. L'État a du mal à arbitrer entre les deux camps.

Le Bilan du Monde, Économie et environnement, 2014.

1. 20 attaques mortelles ont eu lieu à La Réunion depuis 1980 dont 5 depuis 2007.

4 Campagne d'information sur la réserve naturelle marine.

L'enjeu de cette réserve est de construire un modèle de développement durable permettant d'assurer la survie des récifs coralliens menacés par la surpêche et le tourisme. La pêche est autorisée, sauf dans la zone de « protection intégrale » (5 % de la superficie).

Activités

Complétez le tableau suivant à l'aide des informations des documents.

Développement durable du littoral				
		Pilier social et culturel	**Pilier économique**	**Pilier environnemental**
Actions	À l'échelle de la réserve		• activité de la pêche en partie réglementée •	• .... • ....
	À l'échelle de l'île	• protection du patrimoine historique ex : bassins salants de la Pointe au sel	....	....
Acteurs concernés		....		
Une vision opposée de la gestion du littoral ?		Pour les surfeurs et les pêcheurs :		Pour les scientifiques : ....

À partir du tableau complété, rédigez en une dizaine de lignes une réponse au sujet : « Comment mettre en place un développement durable du littoral de La Réunion ? »

Consigne Bac

À l'aide du document 3, vous montrerez qu'à La Réunion la mise en place d'une politique de protection du littoral a suscité des débats.

MÉTHODE
• Pour étudier un texte p. 81
• Pour rédiger un paragraphe d'étude de documents p. 204.

Étude de documents

Capacités travaillées
- Dégager les limites des documents
- Rédiger la conclusion de l'étude de documents

Exercice guidé

SUJET : La baie de Yokohama (Japon), un littoral en mutation

En confrontant les documents, montrez que le littoral de Yokohama est densément aménagé et en mutation. Dégagez ensuite les limites des documents pour traiter le sujet.

1 Les terre-pleins de Minato Mirai 21, un nouveau quartier de Yokohama. (1) hôtel ; (2) parc d'attractions ; (3) centre commercial (Yokohama Word Porters) ; (4) terminal de croisière.

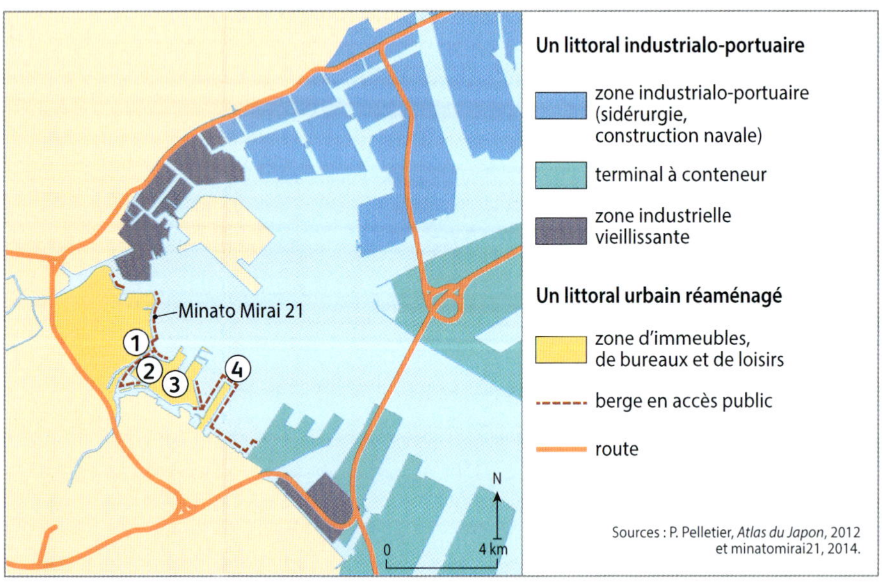

2 Les mutations des activités littorales de Yokohama

A Préparer l'étude critique de documents

1) En observant les documents, complétez la 2e colonne du tableau suivant. ▶ **Étudier une photographie** p. 118.
▶ **Étudier une carte** p. 43.

Thèmes de la consigne	Identifier les informations	Mobiliser des connaissances
Un littoral densément aménagé (doc. 1 et 2)	– terre-pleins, espaces gagnés sur la mer – terminaux portuaires – un littoral densément occupé –	– réponse à la très forte occupation des littoraux – .... – .... – ....
Un littoral en mutation (doc. 1 et 2)	– Minato Mirai, un nouveau quartier urbain –	– .... – ....

2) Complétez la 3e colonne du tableau en utilisant les notions suivantes.
infrastructures permettant les échanges entre avant et arrière-pays ; concurrence entre les activités (éviction des activités moins dynamiques) ; centre important du transport maritime ; implantation récente d'activités tertiaires sur les terre-pleins ; concentration des hommes et des infrastructures (littoralisation).

B Dégager les limites des documents pour traiter le sujet

Méthode

a. Confronter deux documents permet de constater que les éléments fournis ne sont pas identiques.
b. Mobiliser des connaissances aide à repérer des informations essentielles qui ne figurent pas dans les documents et/ou des informations subjectives.

3) Rédigez une phrase sur l'apport spécifique de chaque document.

4) Sélectionnez dans la liste suivante des notions en lien avec le sujet qui ne sont pas abordées par les documents :
saturation des littoraux ; concentration des flux maritimes ; conséquences environnementales des aménagements ; étroitesse des plaines littorales ; insertion dans la mondialisation ; conflits d'usage entre les usagers des aménagements ; dépendance de l'économie japonaise aux importations et exportations.

C Rédiger une conclusion de l'étude de documents

Méthode

La conclusion se limite à deux phrases qui doivent :
a. Rappeler l'intérêt des documents pour traiter le sujet ;
b. Rappeler les limites des documents (oublis, subjectivité) pour traiter le sujet.

5) Complétez la conclusion suivante en vous appuyant sur les réponses précédentes.

Finalement, ces deux documents montrent qu'une partie des terre-pleins sont réaménagés pour des fonctions tertiaires mais que la baie de Yokohama a encore une vocation industrialo-portuaire. Cependant, ...

Production graphique

Capacités travaillées
- Mobiliser des connaissances
- Coordonner des figurés

Exercice guidé

SUJET : Les littoraux : des espaces attractifs à gérer durablement

A Analyser le sujet

1 Délimitez l'espace concerné.

Quels problèmes pose la représentation cartographique des littoraux à l'échelle mondiale ?

Les littoraux dans le monde : des espaces attractifs à gérer durablement

2 Identifiez les notions clés.

Pourquoi une gestion durable est-elle nécessaire ? Quels exemples de gestion durable des littoraux peut-on cartographier à cette échelle ?

Cherchez des éléments cartographiables qui témoignent de la concentration des hommes et des activités sur les littoraux.

B Construire une légende

3 À l'aide des planisphères p. 262-263 et p. 265, sélectionnez dans la liste suivante les éléments de légende qui répondent au sujet et sont facilement cartographiables. **Méthode** p. 123.

part de la population vivant à moins de 100 km des côtes ; station balnéaire ; littoral menacé ; aéroport ; façade industrialo-portuaire ; État ayant un taux de protection marine important (supérieur à 25 %) ; autoroute ; littoral touristique ; les 10 plus grandes agglomérations littorales ; État ayant une bonne expérience de GZIC.

4 Classez les informations sélectionnées dans la légende du croquis.

Méthode

Coordonner des figurés

a. Lorsque les informations ont un thème commun, choisir une même gamme de couleurs pour les figurés.
Ex. : *littoral touristique* —, *station balnéaire* ★

b. Lorsque les figurés nuancent une même information, choisir un figuré commun dans des couleurs différentes ou dans un dégradé de couleurs.
Ex. : *faible croissance urbaine, forte croissance urbaine* 50% 100%

c. Lorsque les figurés se superposent dans leur localisation :
– choisir des figurés compatibles à cette superposition (hachures sur aplat de couleur ; figuré ponctuel sur aplat) ;
– choisir des couleurs compatibles (foncé sur clair, couleurs contrastées).

5 Choisissez une superposition possible pour les deux informations du tableau suivant et justifiez votre choix.

Information	Choix 1	Choix 2	Justification du choix
Littoral très menacé	▬	▲	
État ayant une bonne expérience de GIZC	○	■	

6 Choisissez un figuré pour chaque information de la légende du croquis.

C Réaliser le croquis

7 Complétez le croquis sans oublier le titre.

Titre : ....

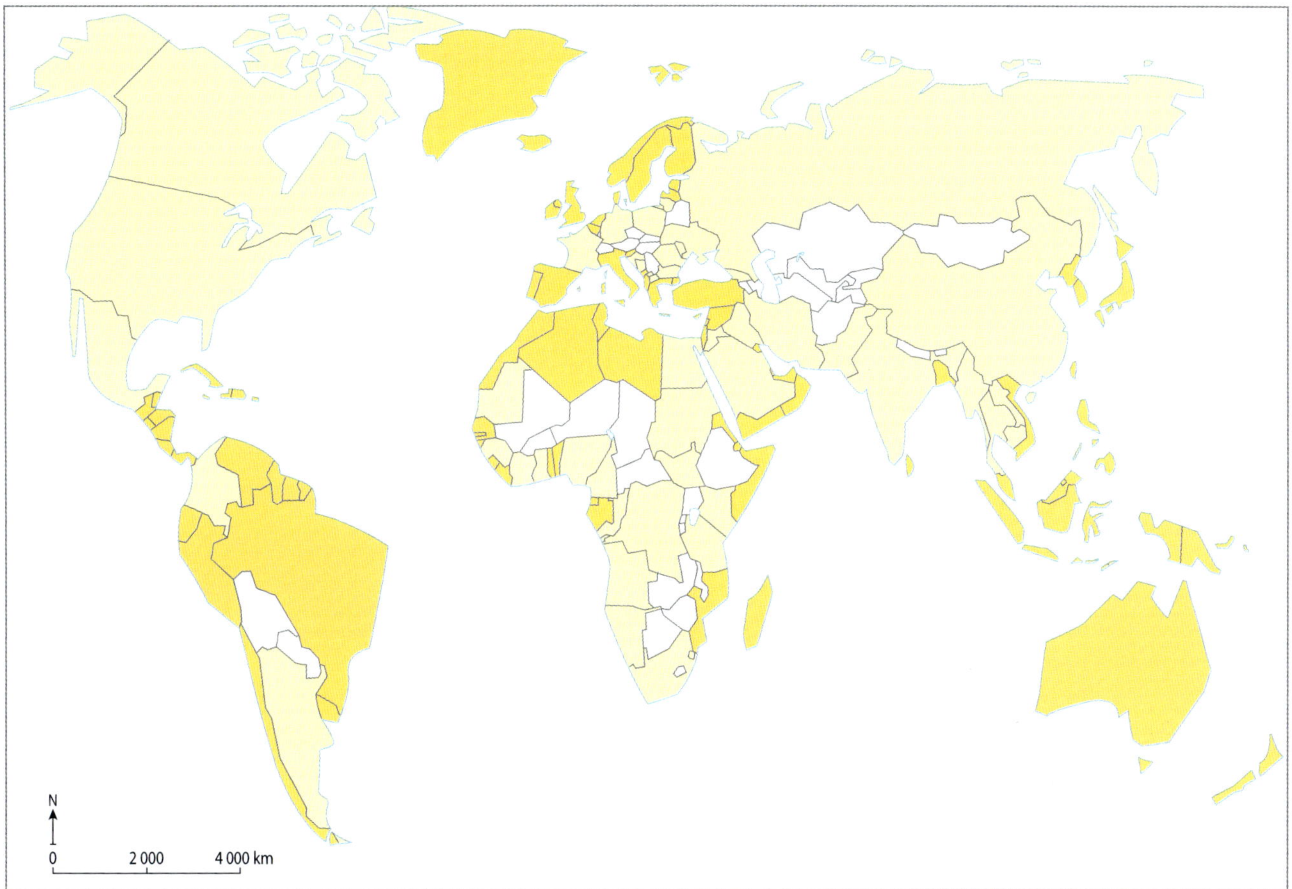

Des espaces attractifs

part de la population vivant
à moins de 100 km des côtes

0 50% 100%

....

....

....

Des espaces à gérer durablement

....

....

....

....

8 Complétez la nomenclature en plaçant le nom des océans, des agglomérations et des façades littorales. **Méthode** p. 161.

Utiliser un SIG (Géoportail)

Capacités travaillées
- Lire une carte
- Sélectionner des informations

Sujet La concurrence pour l'espace sur le littoral de La Réunion

En lien avec l'étude de cas flash p. 272-273

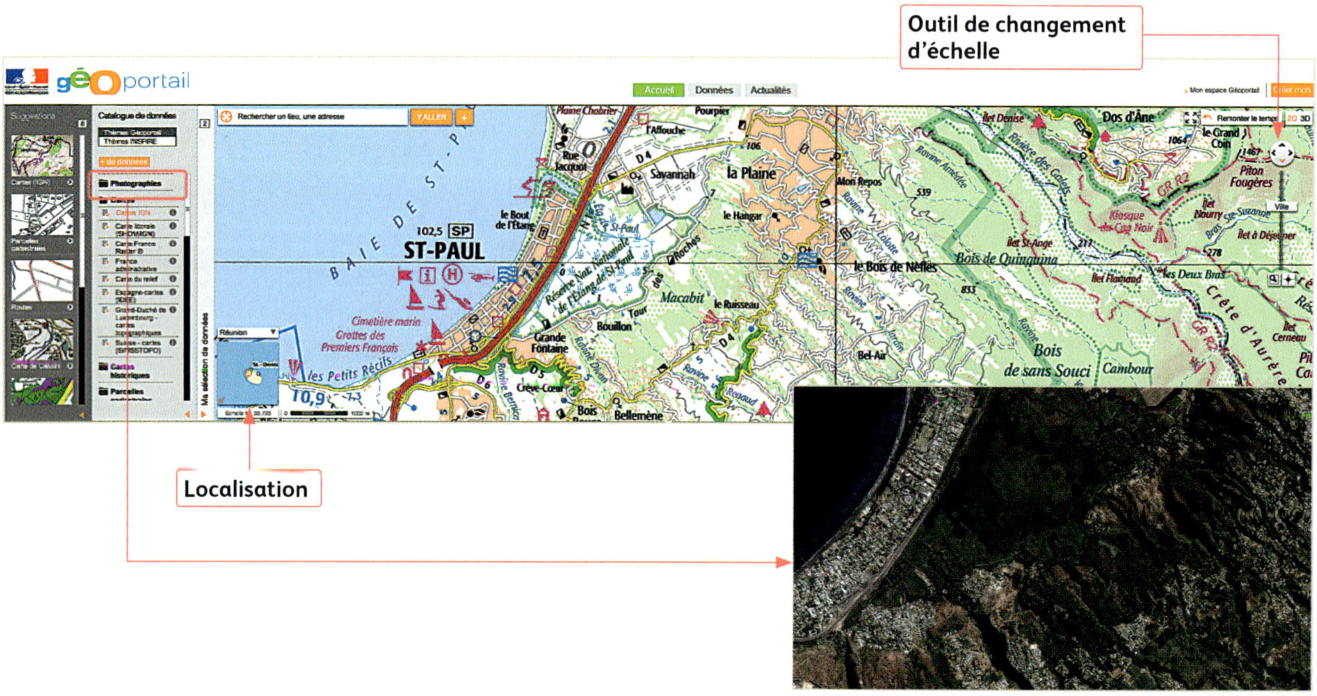

1 Réalisez l'exercice d'application en vous aidant de la méthode proposée.

Méthode pour utiliser un SIG	Application
Choisir un SIG, un Système d'informations géographiques, qui présente pour un même lieu des images satellites, des photographies aériennes et des cartes.	Allez sur le site « Géoportail », le site en ligne de l'Institut géographique national.
Sélectionner le lieu choisi grâce à la barre de recherche.	Tapez Saint-Paul 97411 dans la barre de recherche.
Sélectionner « carte IGN » ou « photo aérienne » dans l'onglet de gauche selon les informations recherchées.	Repérez les points communs et différences de représentation entre la carte et la photographie. Quels sont les apports de l'une et de l'autre ?
Identifier les éléments de l'image.	Listez au brouillon les activités économiques de Saint-Paul (diversité des activités touristiques, agriculture, pêche), les formes de l'urbanisation et les axes de transport.

2 Réalisez une trace écrite de l'analyse de l'espace.

Remplissez le tableau, puis rédigez un paragraphe qui montre l'orientation économique de Saint-Paul et la forte concentration des activités littorales.

Activités économiques	Formes de l'urbanisation	Infrastructures de transport

Fiche de révision

COMMENT GÉRER DURABLEMENT LES LITTORAUX DANS LE MONDE ?

DES ESPACES ATTRACTIFS	DES ESPACES CONVOITÉS	DES ESPACES À GÉRER DURABLEMENT
Des espaces peuplés et urbanisés →	Des espaces riches et surexploités →	Des espaces fragilisés (érosion, pollution, risque de submersion)
+	+	+
Des espaces au cœur des échanges mondiaux ↔	Des espaces fortement aménagés ↔	De nombreux acteurs œuvrant pour le développement raisonné des littoraux
+	↓	↓
Des espaces touristiques majeurs	Multiplication des conflits (d'usage, territoriaux)	Nécessité d'une gestion concertée et durable

A Pourquoi les littoraux sont-ils attractifs ?

Les littoraux concentrent les hommes et les activités mais les raisons de cette attraction peuvent varier selon les espaces (conditions naturelles, histoire du peuplement). Le dynamisme économique de certains littoraux explique aujourd'hui leur forte attractivité. Au cœur de la mondialisation, les grandes façades maritimes concentrent les flux de marchandises. Enfin, le tourisme balnéaire touche aussi bien les pays du Nord (Réunion) que du Sud (littoral marocain).

B Quelles sont les activités et les tensions sur les littoraux ?

Les littoraux sont exploités pour leurs ressources halieutiques et pour leur diversité naturelle qui permet une mise en valeur agricole. Les littoraux sont des espaces restreints très aménagés. Grâce à la construction de polders ou de terre-pleins, les ports se développent pour accueillir terminaux à conteneurs ou complexes touristiques (Singapour). Les conflits d'usage se multiplient dans ces espaces, déjà objets de tensions internationales (contrôle des détroits à Singapour).

C Comment gérer durablement les littoraux ?

Espaces fragiles, les littoraux sont soumis aux aléas naturels et subissent pollution, érosion et risque de submersion marine (Singapour). C'est pourquoi le développement durable est devenu un enjeu à toutes les échelles (internationale, nationale et locale). Mais la multiplicité des acteurs intervenant dans la gestion de ces espaces rend nécessaire une démarche concertée et globale (GZIC, réserve marine de La Réunion).

NE PAS CONFONDRE

Terre-plein : étendue de terre gagnée sur la mer par remblaiement.

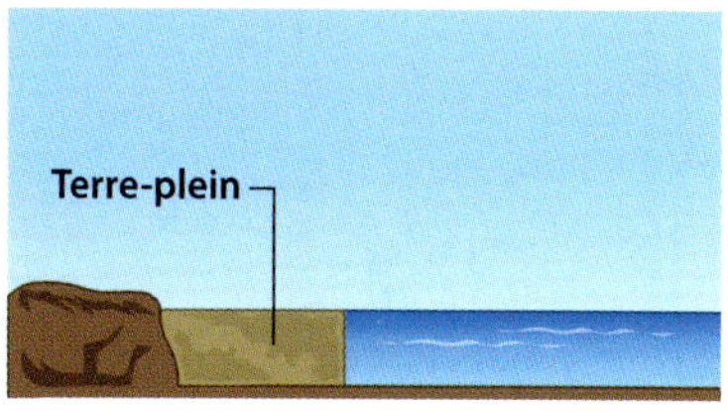

Polder : étendue de terre gagnée sur la mer par endiguement et drainage.

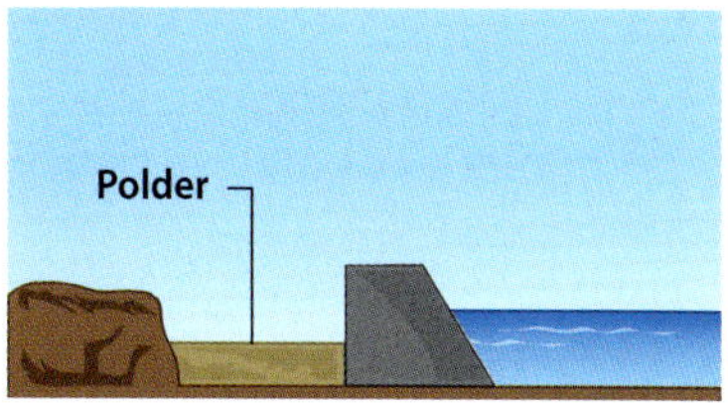

Île artificielle : étendue de terre créée *ex nihilo*, construite sur des piliers et raccordée à la terre ferme par une passerelle.

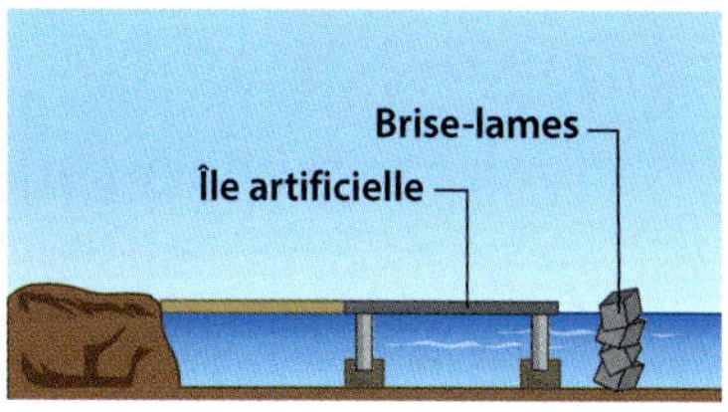

CHAPITRE

8 Les espaces exposés aux risques majeurs

- Dans le monde, les hommes sont exposés à de nombreux risques naturels et technologiques. Ces risques varient selon les régions et peuvent parfois provoquer des catastrophes importantes.
- Ces catastrophes sont très coûteuses dans les pays du Nord. Elles font généralement plus de victimes dans les pays du Sud où elles représentent un frein au développement, surtout dans les pays les plus pauvres.
- La prévision des risques et la protection des sociétés sont donc nécessaires mais parfois difficiles à mettre en place par les États, particulièrement les plus pauvres.

Comment les sociétés font-elles face aux risques majeurs ?

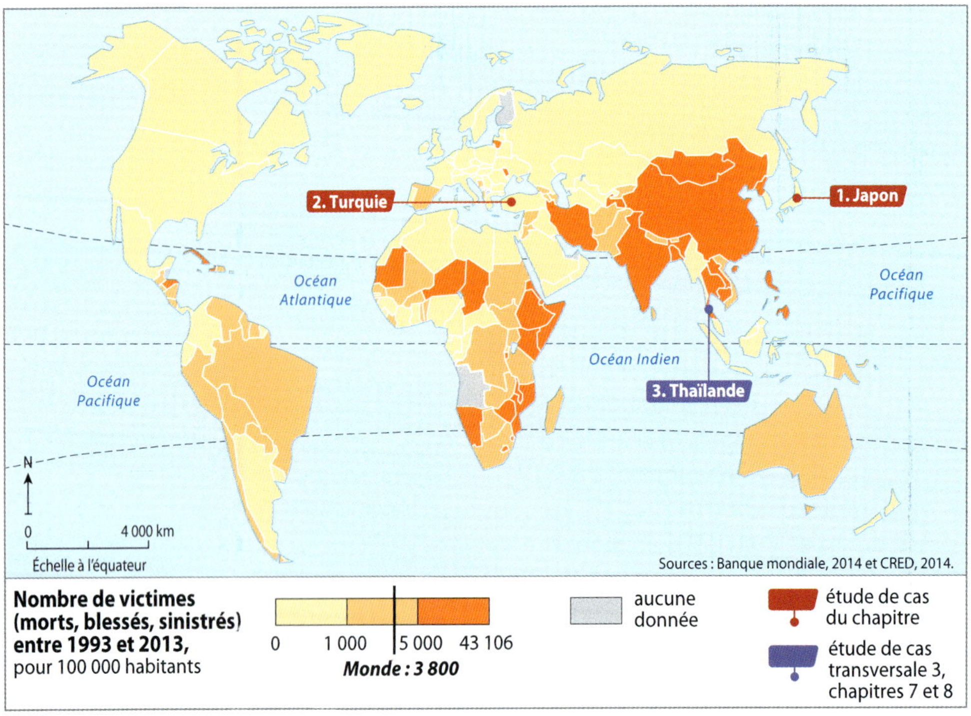

1 Les victimes des catastrophes naturelles entre 1993 et 2013

Questions

1. Quelles sont les régions dans le monde où le nombre de victimes des catastrophes naturelles est élevé ? Quelles sont celles où il est faible ?
2. Trouvez sur la photographie des informations qui expliquent le nombre élevé de victimes lié au cyclone Haiyan en 2013 aux Philippines.
3. Comment la photographie montre-t-elle que les catastrophes naturelles constituent un frein au développement pour les Philippines ?

2 **Dégâts après le passage du cyclone Haiyan à Tacloban (Philippines) en novembre 2013.**

Le cyclone Haiyan, l'un des plus violents enregistrés sur terre, a entraîné la mort de 6 000 personnes et la disparition de 2 000 autres. Près de 10 millions de Philippins, soit 10 % de la population, ont été touchés par la catastrophe et 4 millions de personnes ont perdu leur logement. Entre 2000 et 2012, les phénomènes naturels ont coûté en moyenne chaque année aux Philippines 188 millions d'euros, soit 0,7 % du PIB. Ils sont autant de freins dans la lutte contre la pauvreté, 40 % des Philippins vivant avec moins de 2 dollars par jour.

Le Japon : faire face aux risques après Fukushima

La catastrophe de Fukushima de mars 2011 a montré la forte exposition du Japon aux risques naturels et technologiques. Si les catastrophes y entraînent globalement peu de victimes, elles ont souvent des conséquences très importantes sur les infrastructures de ce pays riche. La gestion des risques au Japon est donc primordiale et en fait un des pays réputés comme les mieux préparés dans ce domaine.

Le Japon en chiffres

- **Population :** 127 millions d'habitants
- **IDH (rang mondial) :** 0,912 (10e)
- **PIB :** 3e rang mondial

A Pourquoi le Japon est-il inégalement exposé et vulnérable aux risques ?

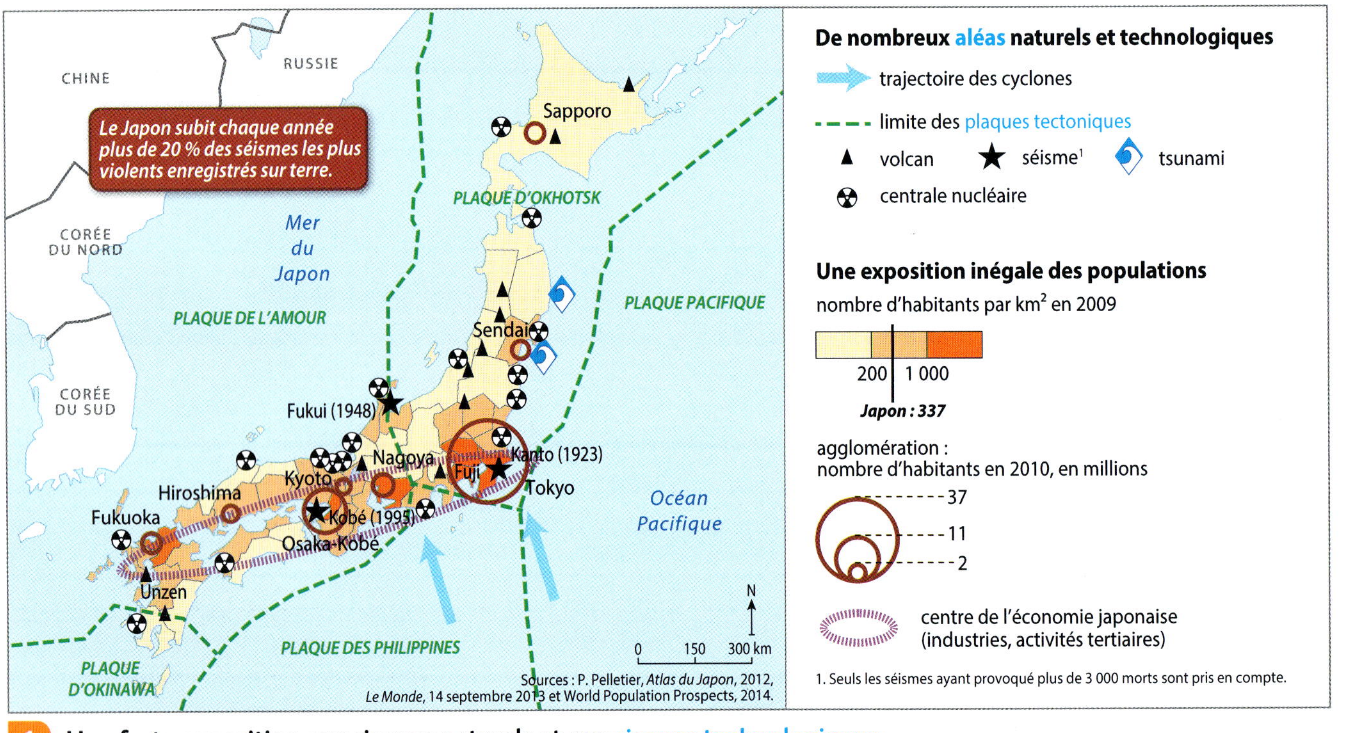

1 Une forte exposition aux risques naturels et aux risques technologiques.

2 Des quartiers inégaux face aux risques à Tokyo

À l'ombre des buildings de Tokyo existe une ville constituée de « villages » : lacis de ruelles bordées de petites maisons contiguës. Ces quartiers seront les plus menacés si la capitale est frappée par un grand séisme. Les incendies se propageraient. Ce fut le cas dans le quartier populaire de Nagata à Kobe : beaucoup de victimes ensevelies sous les décombres moururent brûlées vives, car les pompiers ne pouvaient accéder aux ruines. Dans les vieux quartiers, les habitants se préparent à un séisme avec les moyens les plus simples. À Kyojima, ils s'entraînent à constituer une chaîne avec des seaux d'eau, à manier des scies pour découper les charpentes, à fixer les tuyaux des lances d'incendie qu'il faudra dérouler sur parfois plus de 100 mètres, à aider les personnes âgées.

Le Monde, 7 septembre 2012.

Vocabulaire

Aléa : événement d'origine naturelle, technologique ou sanitaire qui a une probabilité plus ou moins forte de se dérouler.

Plaque tectonique : fragment de l'écorce terrestre. Les lignes de contact des plaques concentrent les zones sismiques et volcaniques.

Risque technologique : probabilité qu'un ou plusieurs aléas liés aux activités humaines (explosion, incendie, irradiation) affectent une société.

Vulnérabilité : fragilité des sociétés face à un aléa. Elle varie selon leur préparation et leur capacité à y faire face.

3 **La vague du tsunami de 2011 à Miyagi**

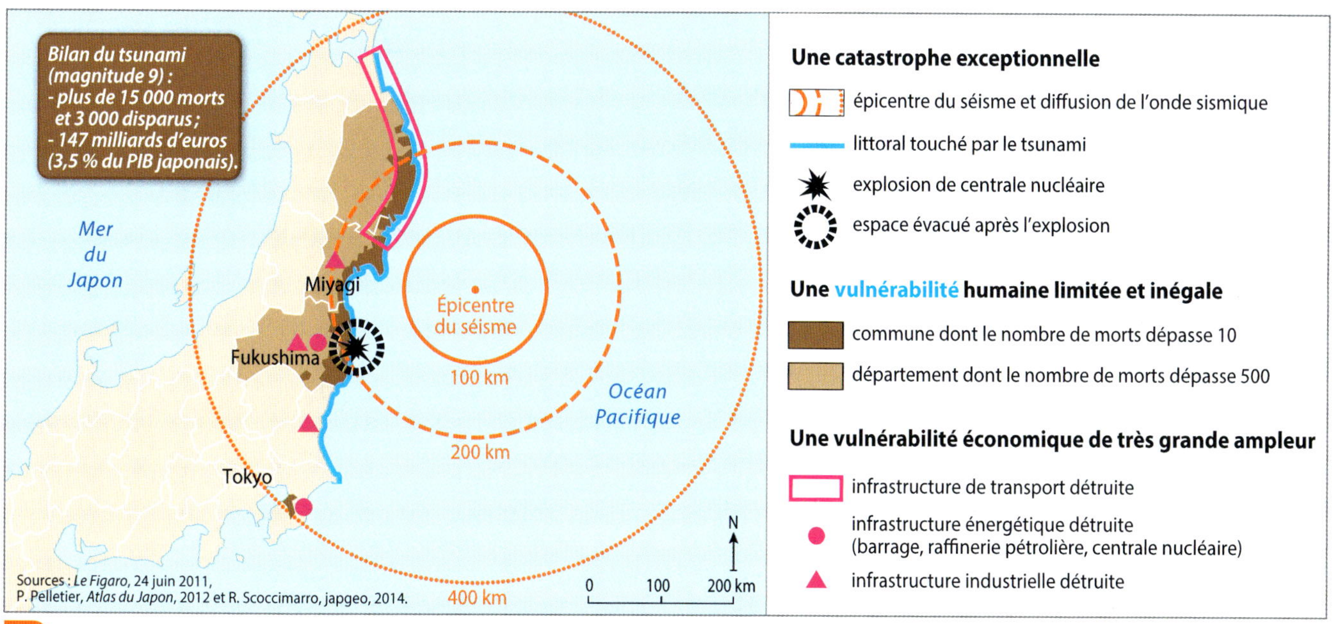

4 **Les conséquences humaines et matérielles du tsunami de 2011**

Questions

1) Quels sont les aléas naturels et technologiques qui peuvent affecter le territoire japonais ? (doc. 1)

2) Quelles sont les régions particulièrement soumises aux aléas ? Montrez que la population japonaise est inégalement exposée aux aléas. (doc. 1)

3) Montrez que la vulnérabilité humaine est globalement plus faible que la vulnérabilité économique au Japon. (doc. 3 et 4)

4) Pourquoi la ville de Tokyo est-elle particulièrement vulnérable ? Montrez que cette vulnérabilité est cependant inégale. (doc. 1 et 2)

▶ **Bilan :** Complétez les deux premières colonnes de l'organigramme bilan p. 286.

B Comment les Japonais réduisent-ils la vulnérabilité de leur territoire ?

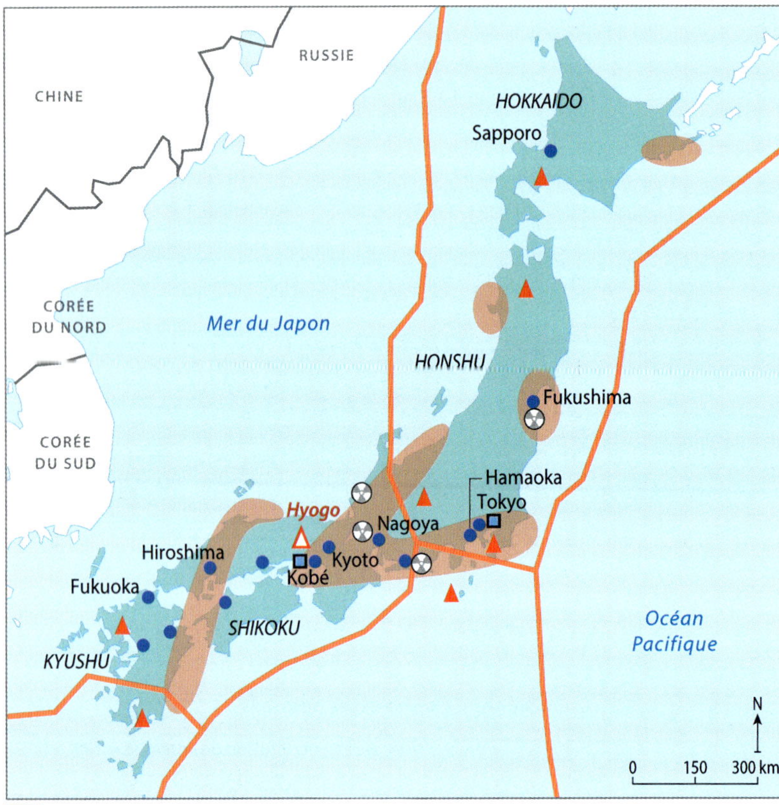

Une prévision difficile des aléas

- faille sous surveillance (sismographes)
- Centre de recherche sur les séismes
- zone de surveillance sismique
- principal centre de surveillance volcanique

Une prévention qui vise à diminuer la vulnérabilité

- centrale nucléaire définitivement fermée[1]
- mémorial de catastrophe[2]
- grande ville imposant des normes parasismiques

1. Après l'accident de la centrale de Fukushima en mars 2011, les 50 réacteurs nucléaires ont été arrêtés au Japon, certains définitivement.

2. Le séisme de 1923 avait fait plus de 100 000 morts à Tokyo et celui de 1995 à Kobé, plus de 6 400.

Sources : P. Pelletier, *Atlas du Japon*, 2012, *Le Monde*, 14 septembre 2013 et A. Dauphiné et D. Provitolo, *Risques et catastrophes*, 2013.

5 Une prévention efficace

6 Faire face à une catastrophe majeure

Les scientifiques du centre de prévention des catastrophes ont travaillé sur le pire scénario possible. S'inspirant de la catastrophe de Fukushima du 11 mars 2011, ils ont imaginé un tremblement de terre de magnitude 9,1 au cœur d'une nuit d'hiver, agitée par de forts vents qui accentueraient l'impact du tsunami provoqué par le séisme. Selon le scénario, la catastrophe pourrait faire 323 000 morts et détruire plus de 600 000 bâtiments dans une zone de 750 km de long, allant de Tokyo à l'île de Kyushu, dans le sud-ouest du pays. Malgré la faible probabilité d'un tel séisme, le gouvernement a voulu « sensibiliser le plus de monde possible à la nécessité de la prévention ». L'adoption de certaines mesures, notamment l'évacuation des populations exposées en moins de dix minutes après le séisme, pourrait réduire de 80 % le bilan. Le gouvernement en profite pour rappeler l'importance d'aménager des voies d'évacuation et des centres de repli. Il insiste également sur les mesures simples à prendre à la maison, comme fixer les meubles, éteindre tous les feux dès les premières secousses ou encore préparer un sac d'urgence. Au-delà du bilan humain, le scénario imaginé a suscité des réflexions sur l'impact économique d'une telle catastrophe car les régions touchées par ce séisme sont le cœur industriel du Japon. De même, le scénario ravive les craintes pesant sur les centrales nucléaires construites en bord de mer. La crise de Fukushima a soulevé des interrogations sur la qualité des expertises sismiques, dont les conclusions semblent avoir souvent minimisé les risques réels.

Le Monde, 31 août 2012.

Vocabulaire

Prévention : ensemble de mesures visant à réduire la vulnérabilité d'une société : prévision du risque, aménagements, plans d'information et de secours.

Prévision : ensemble de mesures visant à évaluer, grâce à des moyens techniques, la date et l'ampleur d'un aléa.

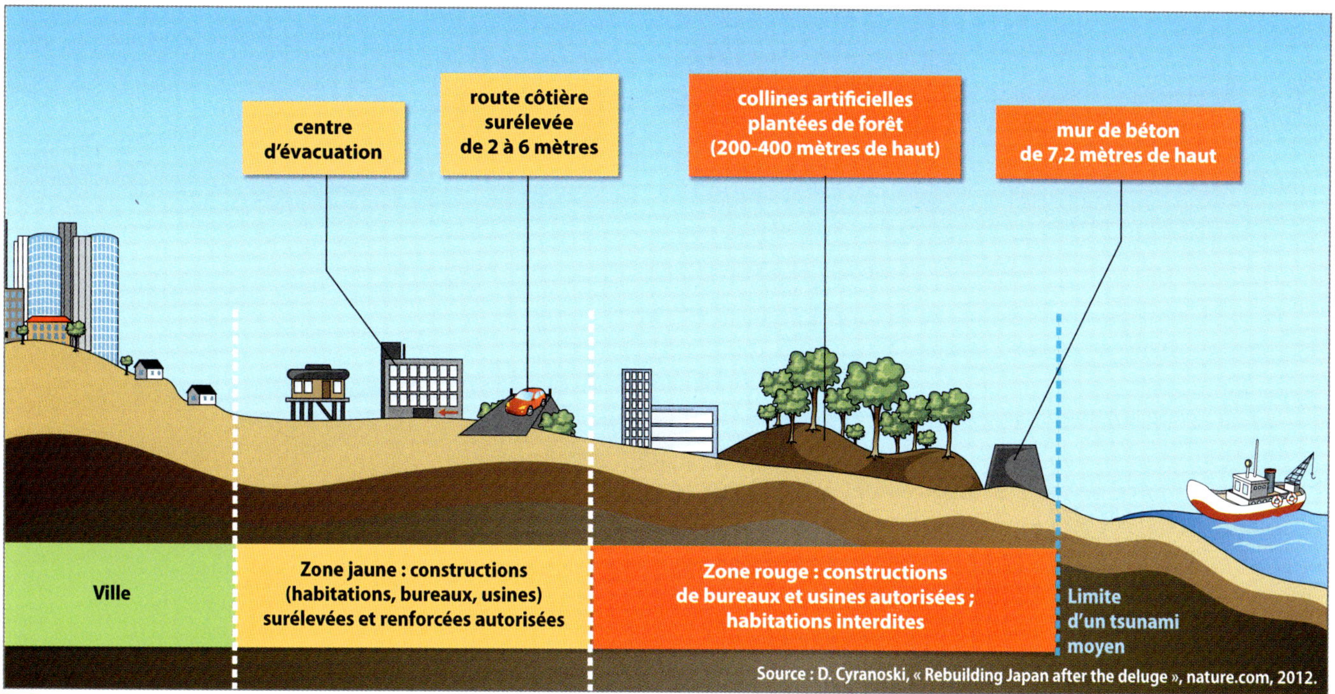

7 **Reconstruire après le tsunami de 2011 : projet de la municipalité de Sendai**

8 **Entretenir le souvenir de la catastrophe : mémorial du séisme de Kobé.**

Inauguré en 2002, ce mémorial associe un centre d'information et un lieu de mémoire de la catastrophe de 1995 qui avait coûté la vie à plus de 6 400 personnes et détruit une partie de la ville.

9 **Éduquer les populations aux risques : exercice dans une école de Tokyo**

Questions

1. Quelles sont les mesures prises pour tenter de prévoir les risques ? (doc. 5)
2. Quelles sont les mesures prises pour limiter la vulnérabilité et les effets des catastrophes ? (doc. 5, 7 et 9)
3. Montrez que la mémoire des catastrophes peut rendre cette gestion plus efficace. (doc. 8)
4. Quels acteurs participent à la gestion des risques ? (doc. 6 et 7)

▶ **Bilan :** Complétez la 3e colonne de l'organigramme bilan p. 286.

Le Japon : faire face aux risques après Fukushima

L'essentiel

A Pourquoi l'exposition aux risques est-elle forte ?

- Le Japon se situe sur la ceinture de feu du Pacifique. Il est donc fortement exposé aux aléas naturels : séismes et tsunamis, mais aussi cyclones.
- Le Japon doit également faire face à des aléas technologiques liés aux activités industrielles ou aux conséquences d'aléas naturels (Fukushima en 2011).
- La population japonaise est inégalement exposée aux risques. Le littoral sud-est est l'espace le plus menacé.

B Pourquoi la vulnérabilité du Japon est-elle inégale ?

- La vulnérabilité humaine est limitée : les catastrophes naturelles font globalement peu de victimes au Japon en raison d'une gestion efficace des risques.
- Mais la vulnérabilité économique est forte car le pays est riche.
- Tokyo et ses 37 millions d'habitants sont particulièrement vulnérables en raison de la forte exposition des populations dans certains quartiers.

C Comment les Japonais réduisent-ils la vulnérabilité de leur territoire ?

- Des systèmes de prévision perfectionnés ont été installés. Ainsi, un système d'alerte aux tsunamis signale les régions menacées, via la télévision et la radio.
- La prévention passe aussi par les constructions aux normes parasismiques, l'éducation de la population et la mise en place de plans de secours.
- La gestion des risques implique un coût financier important et de nombreux acteurs.

Passer à l'échelle mondiale

Tous les espaces terrestres sont-ils autant exposés aux aléas que le Japon ?

Planisphère 1 (p. 294-295)
Cours 1 (p. 298)

La vulnérabilité du Japon reflète-t-elle la vulnérabilité des sociétés humaines ?

Planisphère 2 (p. 296)
Cours 2 (p. 300)

Existe-t-il d'autres stratégies de gestion des risques que celles menées au Japon ?

Planisphère 3 (p. 297)
Cours 3 (p. 304)

Travailler autrement

Recopiez et complétez l'organigramme bilan de l'étude de cas en illustrant les idées d'exemples précis.

FAIRE FACE AUX RISQUES AU JAPON

UNE FORTE EXPOSITION AUX ALÉAS

- Des aléas naturels variés et puissants ....
- \+ Des aléas technologiques ....
- \+ Exposition élevée de la population ....
- = Des niveaux de risques élevés →

UNE VULNÉRABILITÉ INÉGALE

- Une vulnérabilité humaine faible ....
- \+ Une vulnérabilité économique forte .... →
- = Des catastrophes parfois extraordinaires .... →

UNE GESTION DES RISQUES EFFICACE

- Prendre en compte les risques .... (→ Une vulnérabilité humaine faible)
- \+ Agir pour limiter les dégâts ....
- \+ Développer une mémoire du risque ....

Des schémas...

A Une forte exposition aux aléas

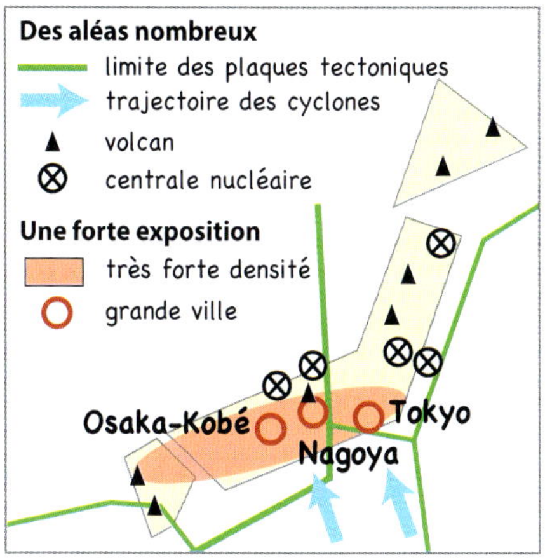

B Une vulnérabilité inégale

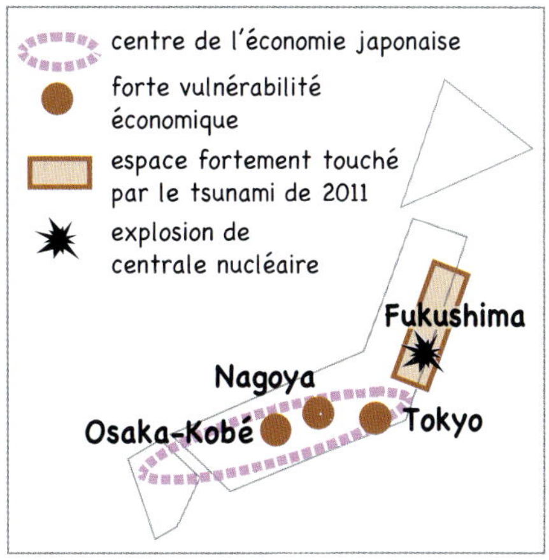

C Une gestion des risques efficace

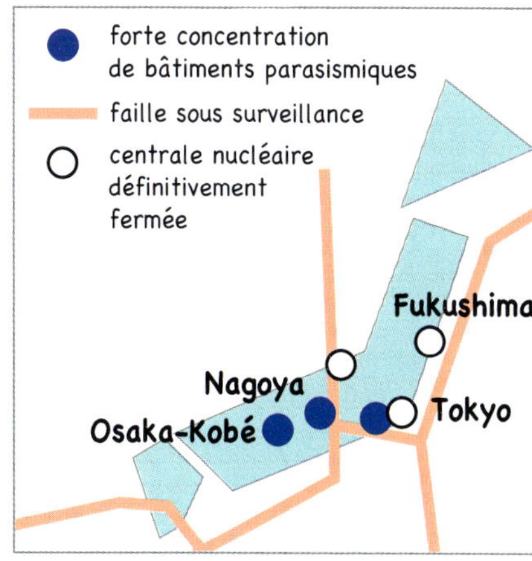

...au croquis de synthèse

Sur votre cahier, complétez le croquis, le titre et la légende à l'aide des pages 282 à 285.

PDF FICHE À COMPLÉTER et correction en téléchargement sur le site Hachette-Éducation

Titre : ....

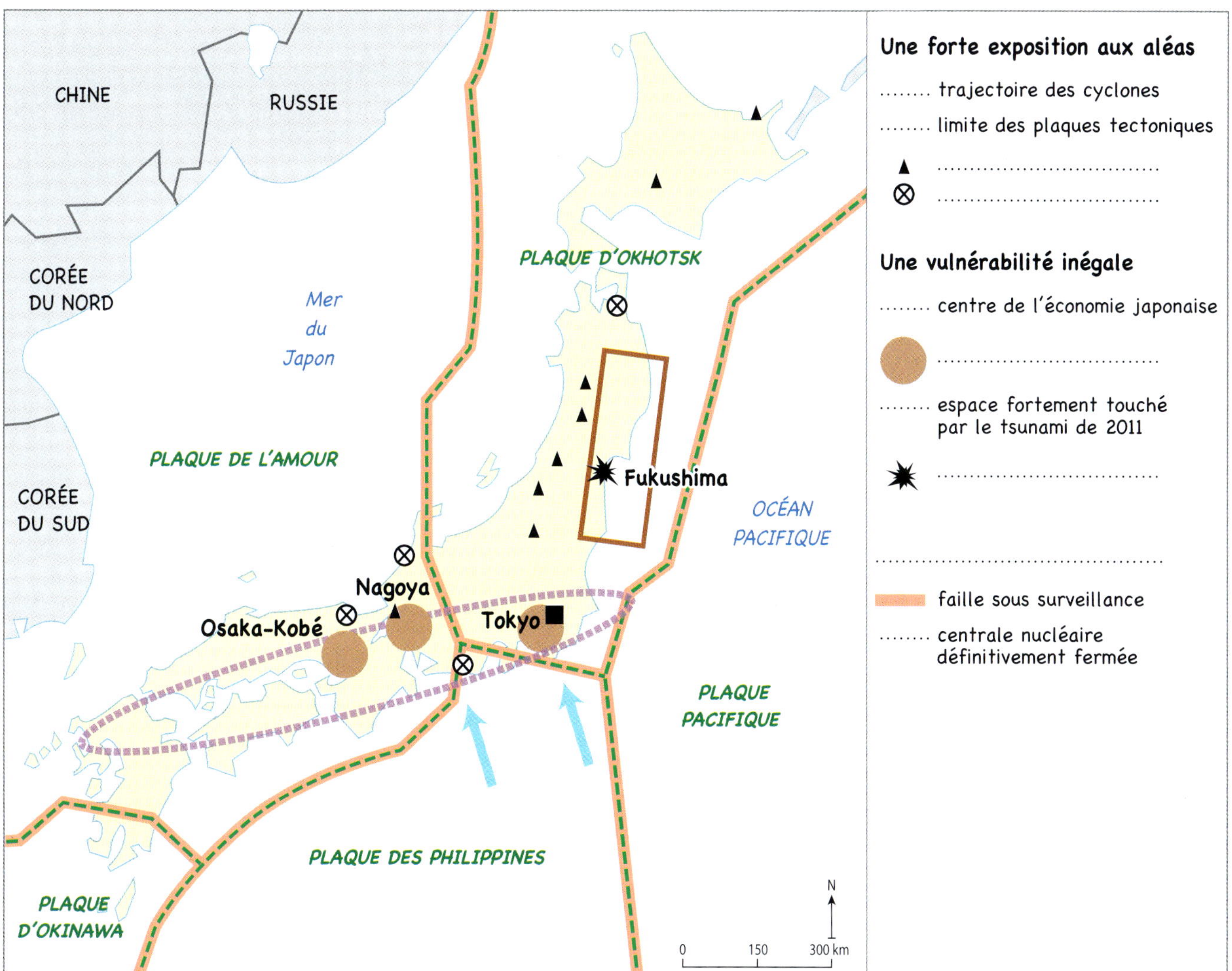

La Turquie : lutter contre les risques dans un pays émergent

La Turquie est particulièrement exposée aux séismes, mais les 74 millions de Turcs ne connaissent pas le même niveau de vulnérabilité dans un pays où les inégalités sociales sont marquées. Avec l'émergence économique de la Turquie, les mesures de gestion des risques progressent, tant dans la surveillance des aléas que dans la protection des populations.

La Turquie en chiffres

- **Population :** 74 millions d'habitants
- **IDH (rang mondial) :** 0,722 (90e)
- **PIB :** 17e rang mondial

A Pourquoi la Turquie est-elle inégalement exposée et vulnérable aux risques ?

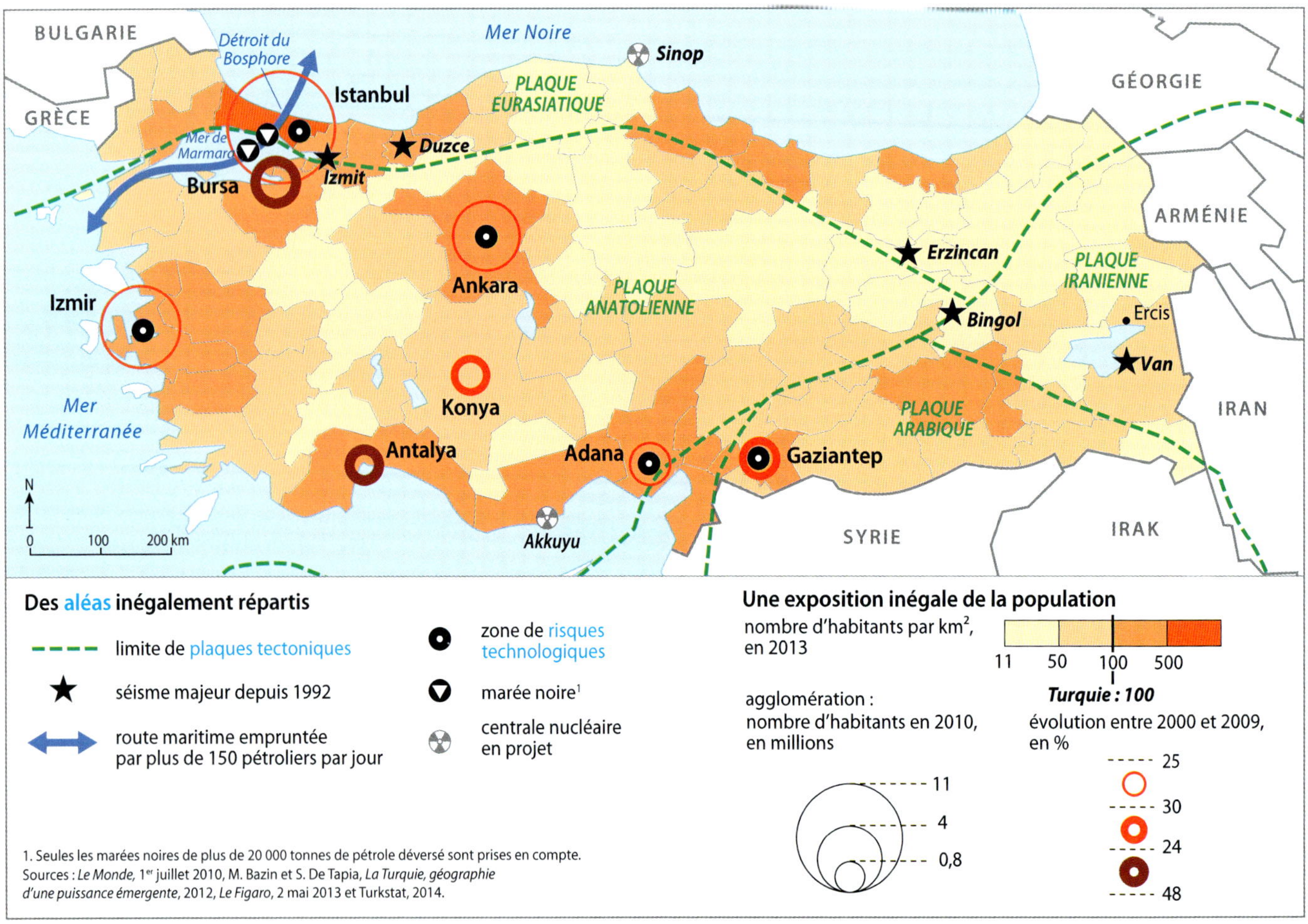

1 Une forte exposition aux risques

Vocabulaire

Aléa : événement d'origine naturelle, technologique ou sanitaire qui a une probabilité plus ou moins forte de se dérouler.

Plaque tectonique : fragment de l'écorce terrestre. Les lignes de contact des plaques concentrent les zones sismiques et volcaniques.

Risque : probabilité qu'un ou plusieurs aléas affectent une société.

Risque technologique : probabilité qu'un ou plusieurs aléas liés aux activités humaines (explosion, incendie, irradiation) affectent une société.

Vulnérabilité : fragilité des sociétés face à un aléa. Elle varie selon leur préparation et leur capacité à y faire face.

2 Des négligences après le séisme de Van

La ville de Van a subi en octobre un séisme d'une puissance de 7,2 sur l'échelle de Richter qui a fait 603 morts et plus de 5 000 blessés, endommagé les trois quarts des bâtiments de la région, à majorité kurde, et rendu environ 15 000 d'entre eux inhabitables. La polémique sur l'état du bâti dans un pays traversé par trois failles sismiques est relancée. Après le double séisme d'Izmit, en 1999, qui avait fait près de 20 000 morts, le même constat s'imposait déjà : les constructions insalubres, illégales, les permis de construire douteux et l'urbanisation sauvage avaient été pointés du doigt pour expliquer le nombre très élevé de victimes. Plus de 1 000 personnes étaient mortes sous des immeubles écroulés dans des quartiers populaires d'Istanbul, situés à plus de 80 km de l'épicentre du séisme. Depuis des années, les scientifiques et les urbanistes ne cessent de tirer la sonnette d'alarme, soulignant la fragilité des métropoles en cas de dégâts majeurs. Sur 1 730 écoles répertoriées comme « vulnérables », à peine un quart a été rénové depuis le séisme de 1999. Sur les 19 millions de maisons et d'immeubles d'habitation en Turquie, les spécialistes estiment qu'une bonne moitié subirait des dommages en cas de séisme.

Le Monde, 12 novembre 2011.

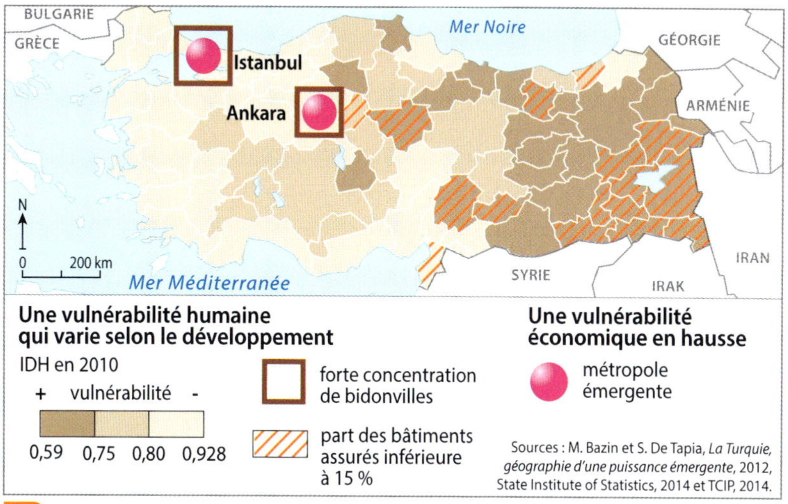

3 Une vulnérabilité inégale, reflet des inégalités de développement

4 Les conséquences du séisme d'Ercis (75 000 habitants) en 2011. Plus de 80 immeubles se sont effondrés à Ercis et, en attendant des secours en provenance d'autres villes, les rescapés, armés de lampes torches, ont tenté de secourir les survivants à mains nues.

5 Zeytinburnu (Istanbul), un quartier à haut risque. Ce quartier d'habitat spontané, né dans les années 1940, est vulnérable face aux risques naturels (tsunami, séisme) en raison de la densité (risque d'explosions et incendies post-séismes) et de la fragilité des constructions. Construit au niveau de la mer, il est aussi menacé par des risques technologiques liés au transport d'hydrocarbures.

Questions

1) Quels sont les aléas naturels et technologiques qui peuvent affecter le territoire turc ? (doc. 1)

2) Quelles régions sont particulièrement soumises aux aléas ? Montrez que la population turque est inégalement exposée à ces aléas. (doc. 1)

3) Montrez que la vulnérabilité humaine est inégale et que la vulnérabilité économique augmente. (doc. 2, 3 et 4)

4) Pourquoi la ville d'Istanbul est-elle particulièrement vulnérable ? Montrez que cette vulnérabilité est cependant inégale. (doc. 3 et 5)

▶ **Bilan :** Complétez les deux premières colonnes de l'organigramme bilan p. 292.

B Comment la gestion des risques peut-elle réduire la vulnérabilité en Turquie ?

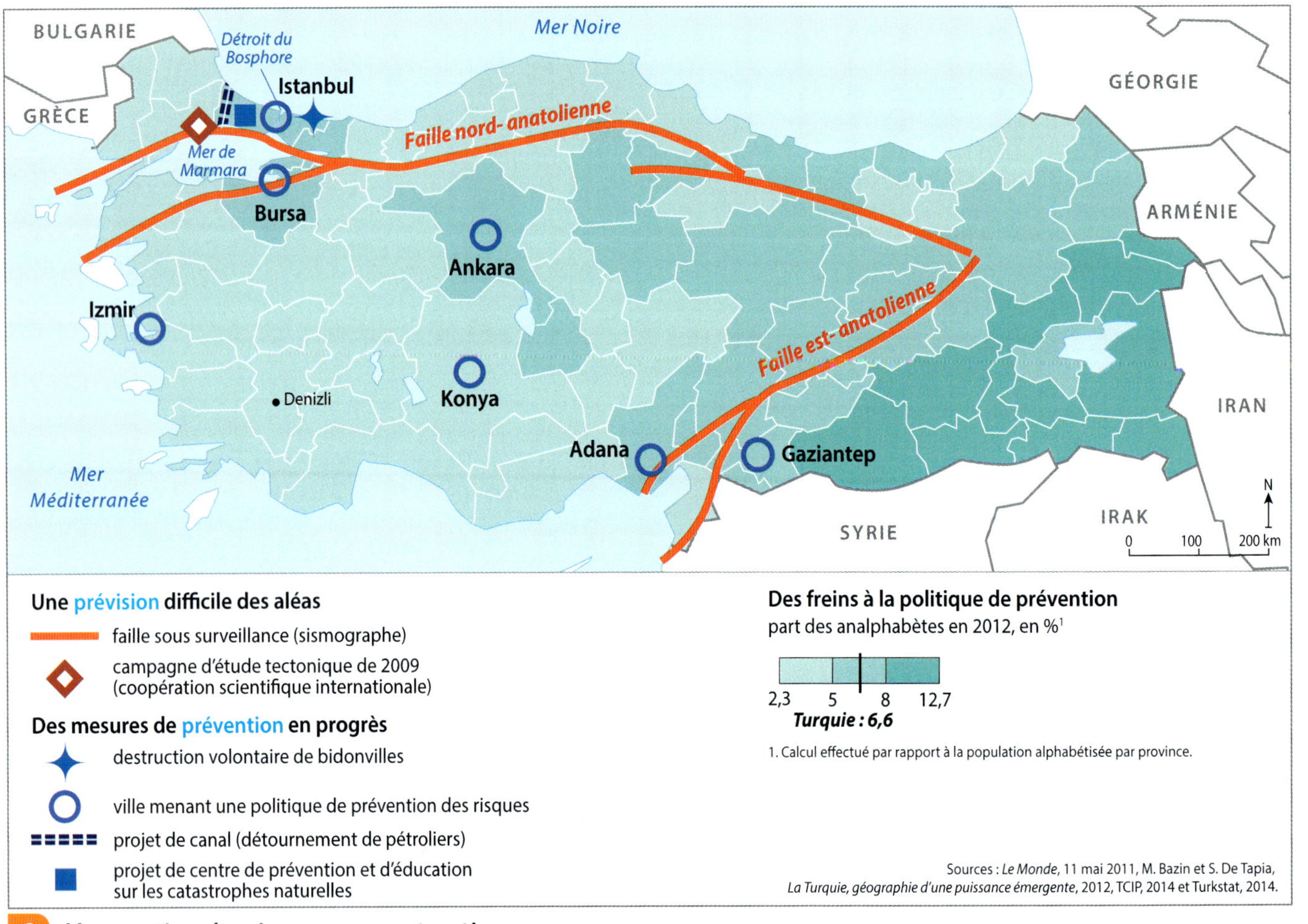

6 **Une gestion des risques en construction**

7 **« Disaster », une loi préventive controversée**

La peur d'un tremblement de terre de grande ampleur pousse les autorités turques à reconstruire la capitale économique du pays par la force. Elles ont entrepris de rénover les quartiers à risque, mais les plans sont controversés. Durant la croissance urbaine des années 1960 à 1980, les maisons à un seul étage se sont transformées en bâtiments de quatre ou cinq étages aux fondations instables. À la suite du tremblement de terre d'Izmit en 1999, la ville a engagé des ingénieurs pour réaliser une étude sur l'état des infrastructures de la ville et établir un plan d'action. La nouvelle loi « disaster » (2012) permet au gouvernement d'intervenir sur 92 % du territoire turc et d'imposer aux propriétaires soit la reconstruction dans les normes, soit la vente – à prix fixé par le gouvernement – des bâtiments jugés à risque sans qu'ils aient la possibilité de porter l'affaire en justice. Le gouvernement a promis aux habitants des appartements neufs, mais aussi plus petits, dans leur actuel quartier de résidence. Les anciens bâtiments – rachetés par l'État – seront démolis et les terrains revendus. Les opposants à la loi, eux, craignent une montée des prix de l'immobilier dans les zones rénovées et un éloignement des habitants vers des quartiers plus éloignés.

S. Harraudeau, « Istanbul change de visage », JOLpress, 19 septembre 2012.

Vocabulaire

Prévention : ensemble de mesures visant à réduire la vulnérabilité d'une société : prévision du risque, aménagements, plans d'information et de secours.

Prévision : ensemble de mesures visant à évaluer, grâce à des moyens techniques, la date et l'ampleur d'un aléa.

8 **Prendre en compte le risque dans la reconstruction après le séisme d'Izmit (1999).** ① bâtiments espacés construits aux normes parasismiques après le séisme de 1999 ; ② larges voies de communication pour faciliter l'évacuation de la population et l'accès des secours.

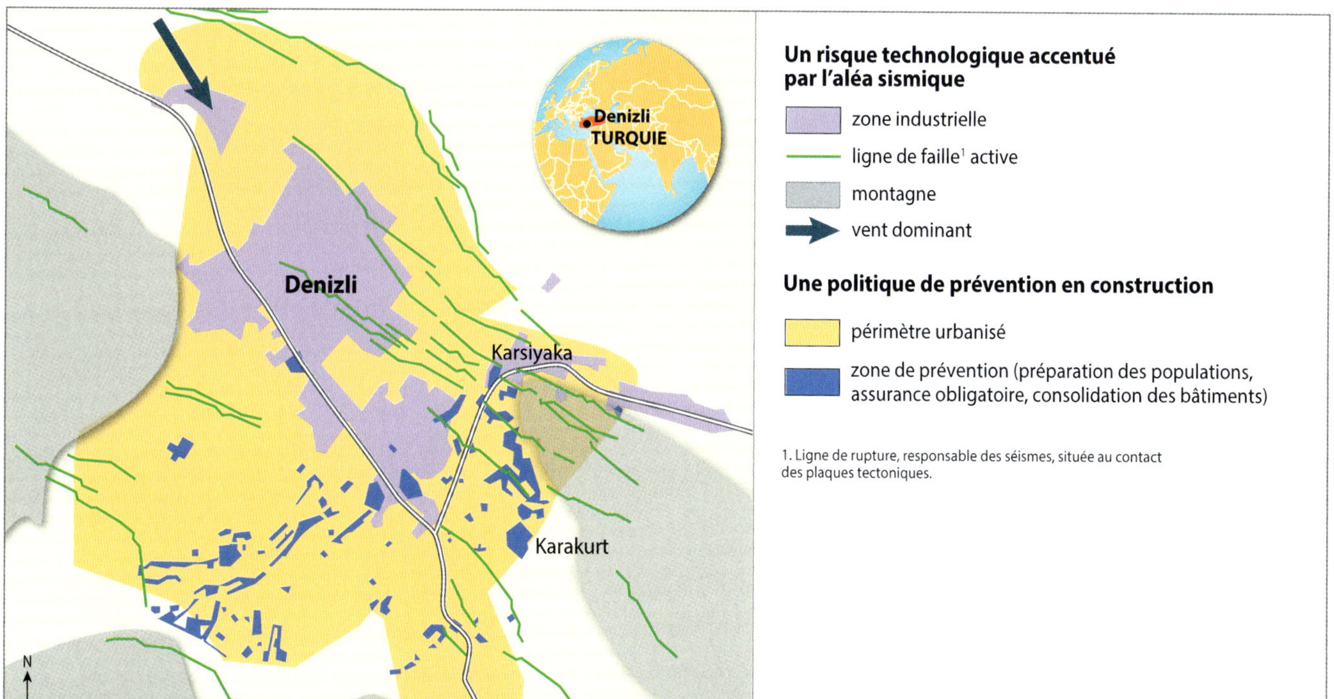

Source : M. Alkan, *Les risques de séismes et les risques technologiques à Denizli*, Mutlualkan, 2013 et Windfinder, 2014.

9 **Prévenir les risques technologiques à Denizli**

Questions

1. Quelles sont les mesures prises pour prévoir les risques ? (doc. 6)
2. Quelles sont les mesures prises pour limiter les dégâts des catastrophes ? (doc. 8 et 9)
3. Quels acteurs participent à la gestion des risques ? (doc. 6 et 7)
4. Quelles sont les limites de la gestion des risques en Turquie ? (doc. 6 et 7)

▶ **Bilan :** Complétez la 3e colonne de l'organigramme bilan p. 292

Bilan de l'étude de cas 2

La Turquie : lutter contre les risques dans un pays émergent

L'essentiel

A Pourquoi la Turquie est-elle inégalement exposée aux risques ?

- La Turquie est un pays fortement exposé aux aléas sismiques.
- Les aléas technologiques y sont également importants.
- Cependant, la population turque est inégalement exposée aux aléas.

B Pourquoi la Turquie est-elle inégalement vulnérable aux risques ?

- La vulnérabilité humaine dépend du niveau de développement de chacune des régions turques.
- La vulnérabilité économique peut être forte et progresse avec l'émergence de la Turquie.
- Les catastrophes naturelles sont un frein au développement de la Turquie.

C Comment la gestion des risques peut-elle réduire la vulnérabilité en Turquie ?

- La prévision des aléas se met en place le long de la faille nord-anatolienne.
- La prévention progresse en Turquie : construction aux normes parasismiques, éducation de la population, organisation des secours.
- La mise en place de ces mesures implique de nombreux acteurs mais elle est encore limitée (analphabétisme, mise en œuvre des normes).

Passer à l'échelle mondiale

Tous les espaces terrestres sont-ils autant exposés aux aléas que la Turquie ?

Planisphère 1 (p. 294-295)
Cours 1 (p. 298)

En quoi la vulnérabilité de la Turquie reflète-t-elle la vulnérabilité des sociétés humaines ?

Planisphère 2 (p. 296)
Cours 2 (p. 300)

Existe-t-il d'autres stratégies de gestion des risques que celles menées en Turquie ?

Planisphère 3 (p. 297)
Cours 3 (p. 304)

Travailler autrement

Recopiez et complétez l'organigramme bilan de l'étude de cas en illustrant les idées d'exemples précis.

FAIRE FACE AUX RISQUES EN TURQUIE

UNE EXPOSITION INÉGALE AUX ALÉAS

- Des aléas naturels peu variés mais puissants ....
- \+ Des aléas technologiques ....
- \+ Exposition inégale de la population turque ....
- = Des niveaux de risques élevés ....

UNE VULNÉRABILITÉ INÉGALE

- Une vulnérabilité humaine variable ....
- \+ Une vulnérabilité économique croissante ....
- = Des catastrophes au bilan parfois lourd ....

UNE GESTION DES RISQUES EN PROGRÈS

- Prendre en compte les risques ....
- \+ Agir pour limiter les dégâts ....
- \+ Éduquer aux risques ....

Des schémas…

A Une exposition inégale aux aléas

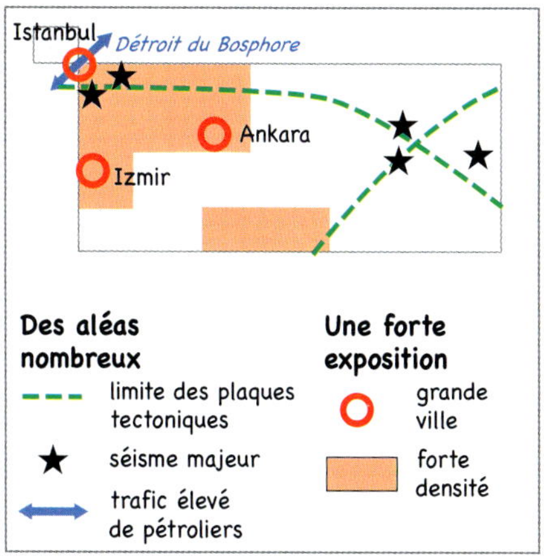

B Une vulnérabilité inégale

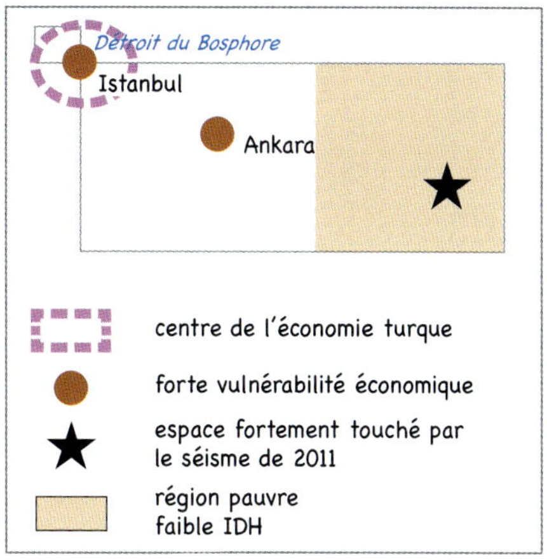

C Une gestion des risques en progrès

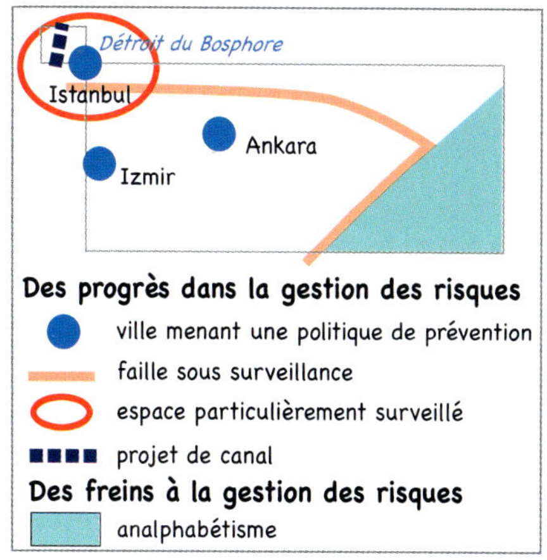

…au croquis de synthèse

Sur votre cahier, complétez le croquis, le titre et la légende à l'aide des pages 288-291.

PDF
FICHE À COMPLÉTER
et correction en téléchargement sur le site Hachette-Éducation

Titre : ....

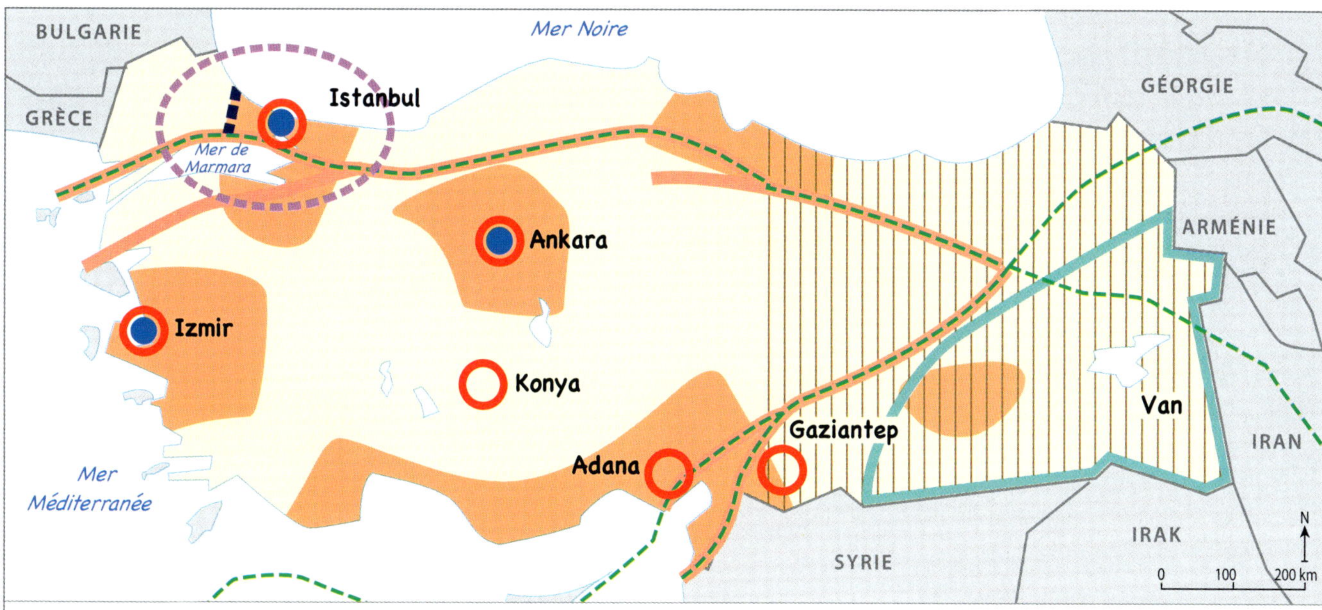

Une exposition inégale aux aléas

- (forte densité) ....
- (grande ville) ....
- (limite) ....
- .... trafic élevé de pétroliers

....

- .... centre de l'économie turque
- ★ ....
- .... région pauvre faible IDH

Une gestion des risques en progrès

- .... faille sous surveillance
- .... projet de canal (détournement des pétroliers)
- ● ....
- .... frein à la gestion des risques analphabétisme

L'exposition aux risques naturels et technologiques

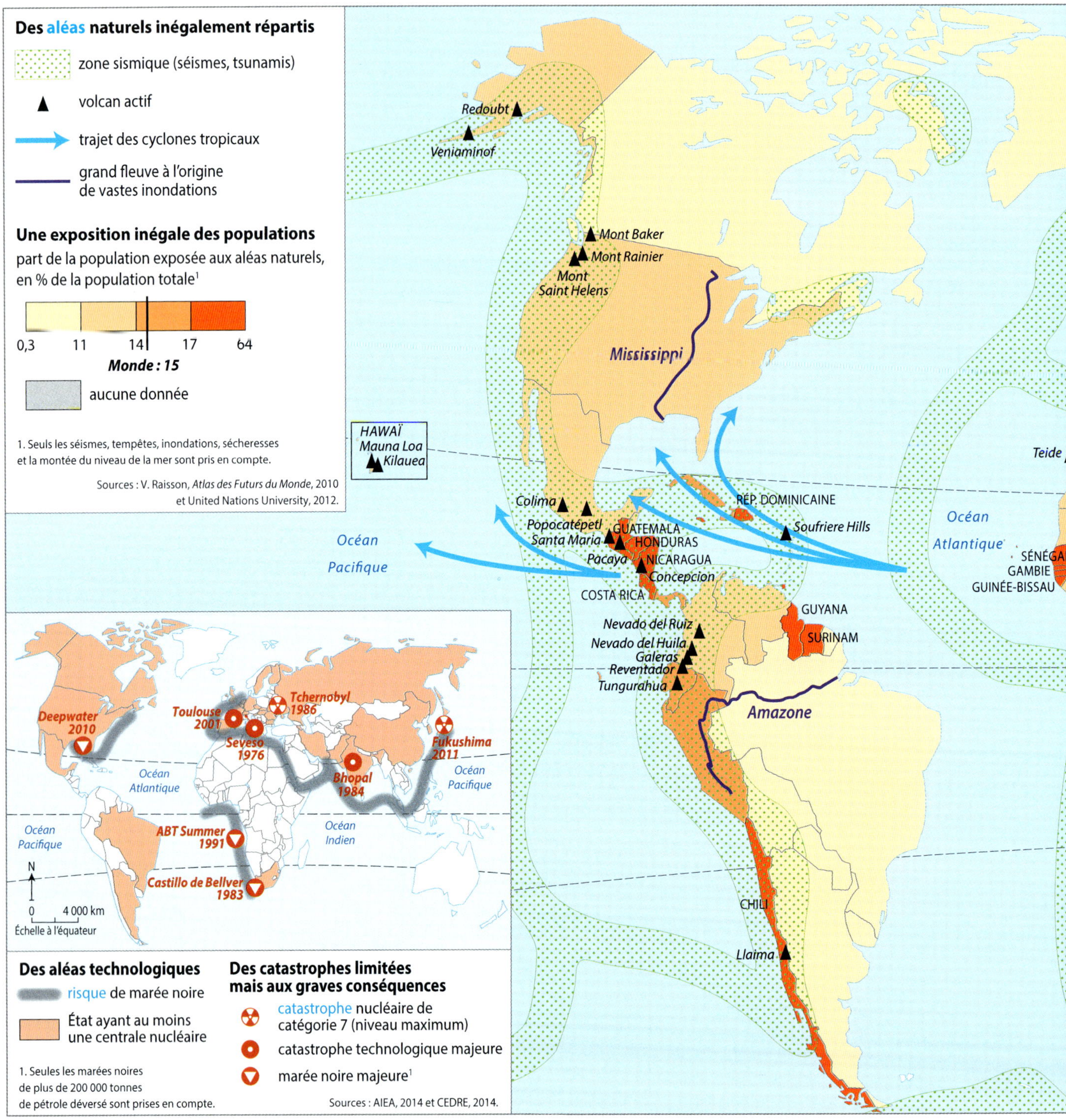

1 Les risques technologiques dans le monde

Vocabulaire

Aléa : événement d'origine naturelle, technologique ou sanitaire qui a une probabilité plus ou moins forte de se dérouler.

Catastrophe : réalisation brutale du risque entraînant des dégâts humains et/ou matériels importants.

Risque : probabilité qu'un ou plusieurs aléas affectent une société.

Risque technologique : probabilité qu'un ou plusieurs aléas liés aux activités humaines (explosion, incendie, irradiation) affectent une société.

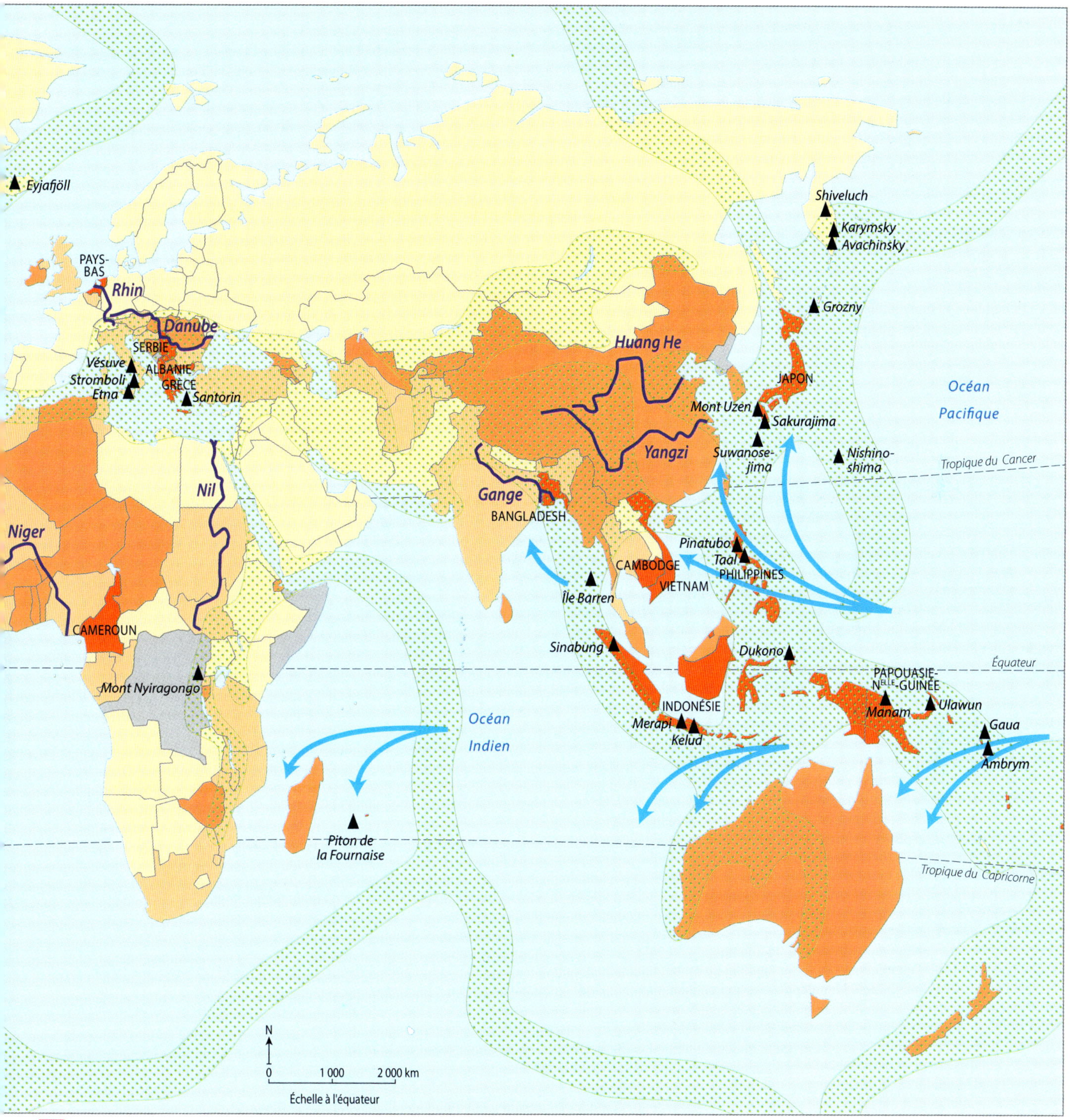

2 **Une exposition inégale de la population mondiale aux risques naturels**

Questions

1. Quels sont les principaux aléas naturels dans le monde ? Quelles sont les régions du monde les plus exposées à ces aléas ?
2. Quelles sont les régions du monde les plus exposées aux aléas technologiques ?
3. Quelles sont les régions exposées à la fois aux aléas naturels et aux aléas technologiques ?

Une vulnérabilité inégale face aux catastrophes

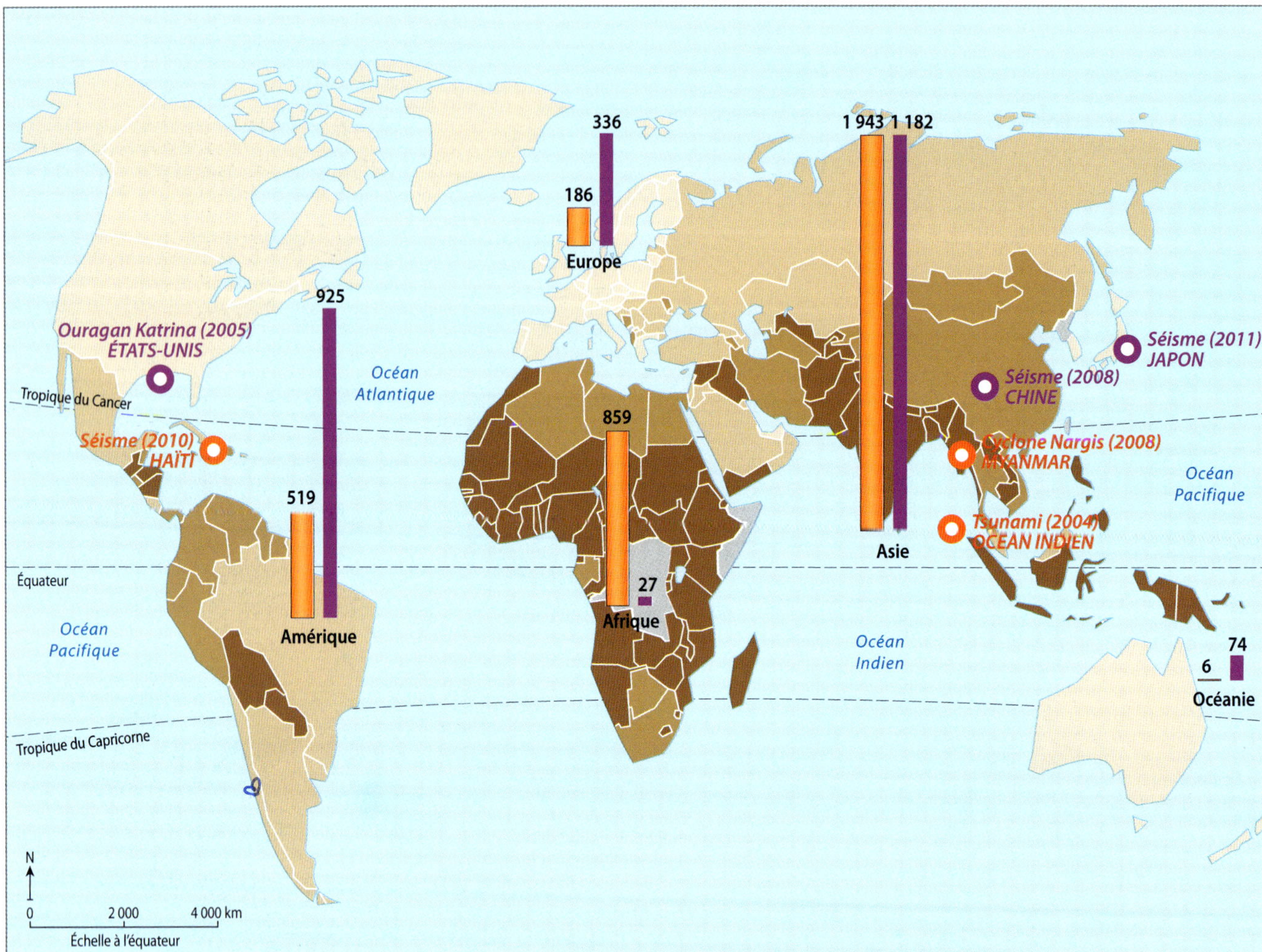

Une vulnérabilité inégale

indice de vulnérabilité
(indice 100 = vulnérabilité maximale)

– vulnérabilité +

27 37 46 53 75

Monde : 49

aucune donnée

Des conséquences variables des catastrophes naturelles selon les sociétés

186 nombre de morts par continent entre 1970 et 2013, en milliers

74 dégâts par continent entre 1970 et 2013, en milliards de dollars

les 3 catastrophes les plus meurtrières depuis 2000

les 3 catastrophes les plus coûteuses depuis 2000

Sources : Rianovosti, 2013, Banque mondiale, 2014 et OMS, 2014.

Vocabulaire

Prévention : ensemble de mesures visant à réduire la vulnérabilité d'une société : prévision du risque, aménagements, plans d'information et de secours.

Prévision : ensemble de mesures visant à évaluer, grâce à des moyens techniques, la date et l'ampleur d'un aléa.

Vulnérabilité : fragilité des sociétés face à un aléa. Elle varie selon leur préparation et leur capacité à y faire face.

La recherche de solutions face aux risques

Une prévision mondiale des aléas

- station d'alerte et de surveillance sismique
- centre d'alerte aux tsunamis
- principal volcan surveillé

Une prévention des risques variable

indice d'efficacité de la gestion des risques[1]
(indice 100 : efficacité maximale)

– efficacité +

8 22 31 45 64

Monde : 30

aucune donnée

métropole ayant développé des politiques de prévention (classement Unesco)

1. Indicateur calculé à partir de la gouvernance, de la qualité des soins médicaux et du matériel de sécurité disponible.

Sources : United Nations University, 2012, CATNAT, 2014 et Unesco, 2014.

Questions

1) Quelles sont les régions les plus vulnérables face aux risques naturels ? Quelles sont les régions qui le sont moins ?
2) Montrez que le niveau de vulnérabilité a des conséquences variables sur le bilan des catastrophes.
3) Quels liens peut-on établir entre la vulnérabilité et l'efficacité de la gestion des risques ?

Une inégale exposition aux risques

Quels sont les risques auxquels sont exposées les sociétés ?

A Des risques à différentes échelles

• **Toutes les sociétés humaines sont exposées aux risques.** Le nombre d'aléas et de catastrophes augmente à l'échelle mondiale (Repère A). Si le coût total des dommages augmente à un rythme de 6 % par an, le nombre de décès tend à diminuer même s'il fluctue. Les événements sont donc plus fréquents mais les risques sont mieux gérés (Repère B).

• **L'exposition aux risques dépend de nombreux facteurs.** Les densités de population élevées et l'urbanisation peuvent être des facteurs aggravants (doc. 1). Le risque se mesure surtout en termes d'enjeux humains et économiques. Il devient un risque majeur quand les enjeux sont multiples.

• **Les risques diffèrent selon les échelles spatiales et temporelles** (doc. 2). Si les cyclones ont des répercussions locales, d'autres risques touchent de vastes espaces : nuage radioactif de Tchernobyl, tsunami indonésien de 2004 ressenti jusqu'en Somalie. Si certains risques sont limités dans le temps (inondations, séismes), d'autres relèvent du temps long : risque nucléaire, changement climatique.

B Une exposition inégale aux risques naturels

• **Les aléas climatiques sont les plus répandus.** Environ 70 % des catastrophes naturelles sont dues au climat : cyclone, inondation, sécheresse (doc. 2 et 3). Certains pays sont davantage concernés comme l'Inde inondée chaque année par des crues liées au passage de la mousson.

• **Les aléas sismiques et volcaniques sont plus localisés au contact des plaques tectoniques** (p. 294-295). 80 % des tremblements de terre et la majorité des volcans actifs de la planète se situent sur la « ceinture de feu du Pacifique ». Le Sud-Ouest des États-Unis est aussi particulièrement exposé avec la faille de San Andreas qui passe près de San Francisco et Los Angeles.

• **Les actions humaines aggravent l'exposition aux risques naturels.** Les hommes s'installent dans des espaces sujets aux aléas en raison des atouts qu'ils en tirent (terres fertiles des volcans, littoraux touristiques tropicaux). En Asie, le nombre de personnes exposées aux inondations a ainsi doublé en 40 ans.

C Une exposition globale aux risques technologiques

• **Les risques technologiques concernent tous les pays.** L'industrialisation accentue l'exposition des sociétés à des substances dangereuses, surtout dans les espaces urbains (doc. 1). Parfois, un aléa naturel peut entraîner une catastrophe technologique, comme en 2011 l'explosion de la centrale nucléaire de Fukushima au Japon inondée par la vague d'un tsunami.

• **Les risques technologiques sont plus nombreux au Nord mais ont des conséquences plus graves au Sud.** En France, 6 millions de personnes vivent sous la menace de sites industriels à haut risque. Dans les pays du Sud, la vétusté des usines et le manque de contrôle aggravent les risques (environ 60 000 décès prématurés chaque année liés aux rejets toxiques des usines chinoises).

• **Les risques sanitaires sont accentués par la mondialisation et l'augmentation des flux aériens.** De nombreuses épidémies, comme le Syndrome respiratoire Sras ou la grippe H1N1 (18 500 morts en 2009 selon l'OMS), se sont diffusées rapidement du fait notamment de l'augmentation des mobilités.

Vocabulaire

Aléa : événement d'origine naturelle, technologique ou sanitaire qui a une probabilité plus ou moins forte de se dérouler.

Catastrophe : voir p. 294.

Enjeu : élément exposé pouvant être perdu ou endommagé (vies humaines, infrastructures, biens) lors d'une catastrophe.

Mousson : vent saisonnier qui, en été, souffle de l'océan Indien et apporte de fortes pluies sur le sud-est du continent asiatique.

Plaque tectonique : fragment de l'écorce terrestre. Les lignes de contact des plaques concentrent les zones sismiques et volcaniques.

Risque : probabilité qu'un ou plusieurs aléas affectent une société.

Risque technologique : probabilité qu'un ou plusieurs aléas liés aux activités humaines (explosion, incendie, irradiation) affectent une société.

REPÈRE A

Nombre de catastrophes naturelles depuis 1950

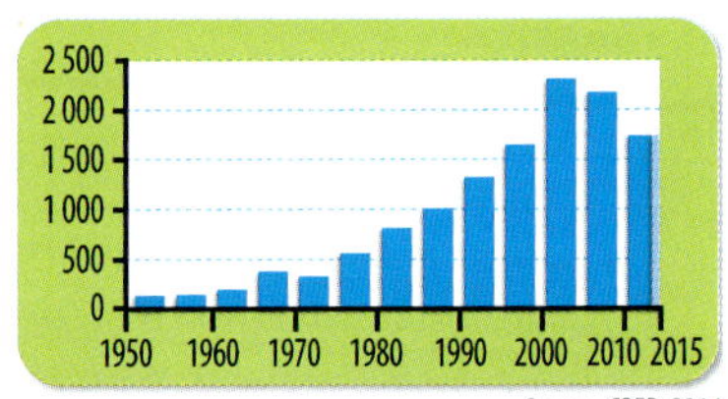

Source : CRED, 2014

REPÈRE B

Coût et nombre de morts dus aux catastrophes naturelles depuis 1950

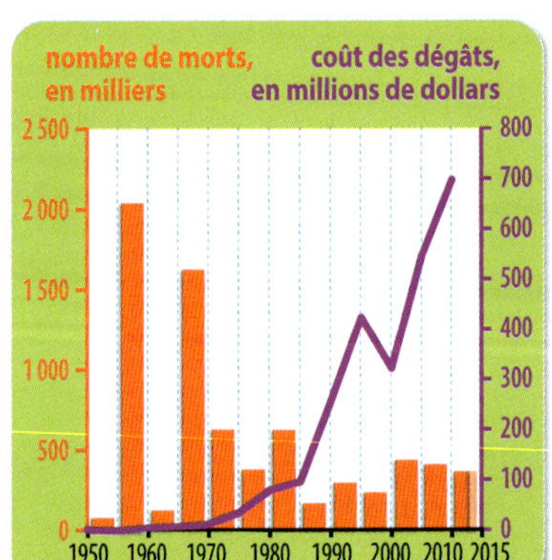

Source : CRED, 2014.

1 Des risques technologiques élevés à Moscou (Russie)

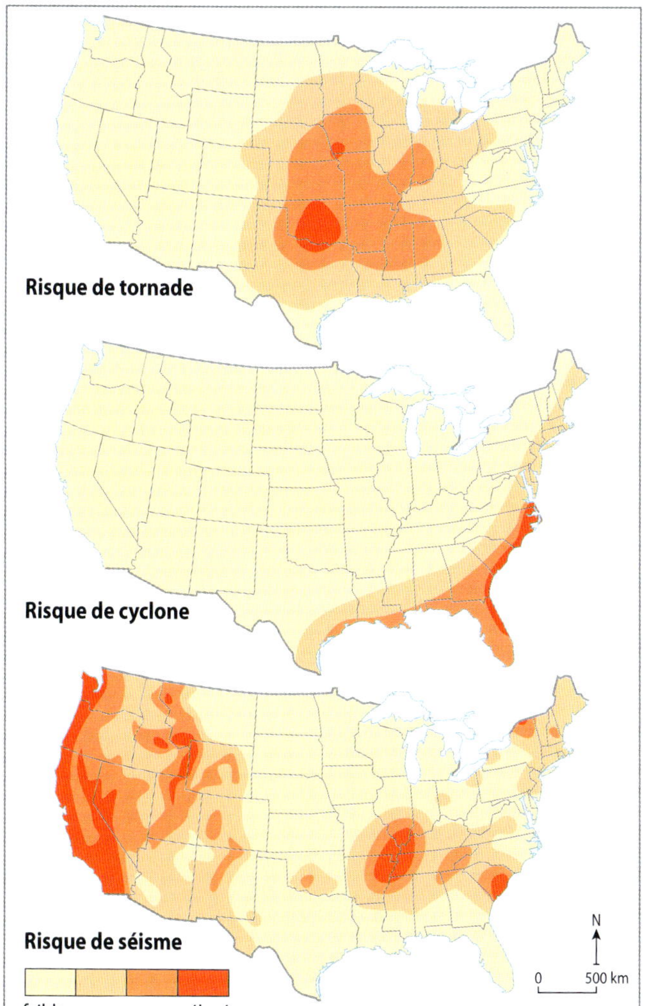

Source : US Geological Survey, Université de Miami, 2014.

2 Une exposition inégale aux aléas aux États-Unis

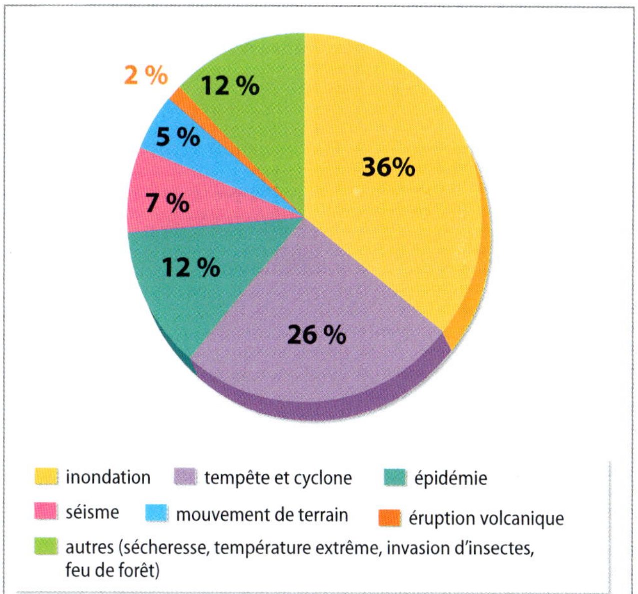

Source : CRED, 2014.

3 Les types de catastrophes naturelles dans le monde (1990-2013)

1. Quelle part les aléas climatiques représentent-ils dans les catastrophes naturelles entre 1990 et 2013 ? (doc. 3)
2. Expliquez pourquoi le niveau de risque technologique est élevé dans cette partie de Moscou. (doc. 1)

L'inégale vulnérabilité des sociétés

Pourquoi les sociétés sont-elles inégalement vulnérables face aux aléas ?

A Une vulnérabilité croissante à l'échelle mondiale

- **La vulnérabilité mesure la fragilité d'une société face à un aléa.** Elle dépend de la préparation et de la capacité des sociétés à faire face à une catastrophe. Les espaces les plus exposés aux risques ou les plus densément peuplés (Pays-Bas, Antilles françaises) ne sont pas forcément les plus vulnérables.
- **Face au même aléa, le bilan d'une catastrophe diffère selon la vulnérabilité.** En 2010, un séisme de magnitude 7 a entraîné la mort de plus de 220 000 personnes en Haïti, en raison notamment de la pauvreté des populations et de la vétusté des bâtiments. Au contraire, en 2013, dans le Sichuan (Chine), un séisme de la même ampleur a entraîné la mort de 200 personnes.
- **La transformation des espaces par l'action des hommes aggrave la vulnérabilité des sociétés.** Elle accentue les effets des aléas ou en crée de nouveaux (doc. 2). En Indonésie, la déforestation accélère l'érosion des sols qui favorise les glissements de terrain lors des fortes pluies. Dans les villes, les fortes densités ou les constructions en zone inondable accentuent les effets des inondations (200 000 sinistrés à Rio de Janeiro en 2013, construction de plus de 100 000 logements en zone inondable depuis 1980 en France).

B Au Nord, une vulnérabilité humaine en baisse

- **La vulnérabilité humaine diminue dans les pays du Nord.** La conscience du risque par les populations est plus forte. Le risque étant pris en compte dans l'aménagement du territoire (interdiction de construire dans les zones les plus exposées), les pertes humaines sont souvent plus faibles (Repère A).
- **La vulnérabilité économique est en revanche très forte au Nord.** Les dégâts sont souvent très élevés en raison de l'importance des enjeux exposés mais les compagnies d'assurance prennent en charge les remboursements. Ainsi, en 2012, les États-Unis représentent 67 % des pertes matérielles mondiales liées aux risques mais 90 % des dédommagements des assurances (doc. 3).
- **Cependant, des inégalités existent.** Les populations les moins favorisées sont souvent installées dans les espaces les plus vulnérables et leurs biens sont souvent mal assurés comme le montre l'exemple de Katrina (Repère B).

C Au Sud, une forte vulnérabilité

- **Les sociétés du Sud représentent 4/5e des victimes des catastrophes naturelles.** On dénombre en moyenne 23 décès par catastrophe naturelle dans un pays riche, contre 1 052 décès dans les pays les plus pauvres. Mais les catastrophes sont moins coûteuses car les enjeux sont plus faibles.
- **La pauvreté des pays du Sud augmente leur vulnérabilité face aux risques.** Les populations sont plus exposées (croissance urbaine mal maîtrisée) et souvent mal préparées (analphabétisme élevé, manque de réglementation et de moyens financiers pour les aménagements). Ainsi, aux Philippines, la précarité des habitations et le manque de moyens de communication a aggravé les conséquences meurtrières du cyclone Haiyan en 2013.
- **Les catastrophes freinent le développement des régions pauvres.** Les pertes économiques représentent souvent une part élevée du PIB (doc. 3). Les effets d'une catastrophe sont parfois visibles dans les paysages plusieurs années après son déroulement (doc. 1). Les catastrophes entraînent des épidémies qui affaiblissent les populations et réduisent leurs capacités de reconstruction.

Vocabulaire

Vulnérabilité : fragilité des sociétés face à un aléa. Elle varie selon leur préparation et leur capacité à y faire face.

REPÈRE A

Décès dus aux catastrophes naturelles entre 2002 et 2013

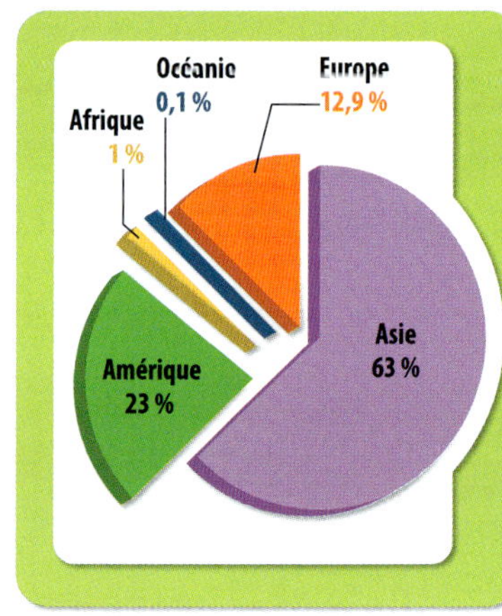

Source : CRED, 2014.

REPÈRE B

Les inégalités face au passage du cyclone Katrina à La Nouvelle-Orléans en 2005

	Part de la population, en %	Part des victimes, en %
Afro-Américains (La Nouvelle-Orléans)	37	74
Personnes âgées de plus de 75 ans (Louisiane)	27	47

Sources : J.-M. Zaninetti, *Annales de géographie* n° 2, 2007, OMS, 2014, et US census, 2014.

1 **La lenteur de la reconstruction en Haïti : Port-au-Prince, 4 ans après le séisme de 2010**

2 Des risques aggravés par l'action des hommes en Inde

Après la catastrophe [, en juin 2013,] provoquée par une mousson précoce, qui a vu des villages entiers engloutis par rivières en crue, torrents de boue ou flancs de montagne effondrés, le bilan humain a franchi la barre du millier de victimes.
L'État a connu une forte urbanisation le long du Gange et de ses affluents. De nombreuses routes ont été percées – le parc de véhicules de l'Uttarakhand a doublé entre 2005 et 2012 –, tandis que les constructions immobilières se sont multipliées. Les barrages hydroélectriques sont aussi en pleine expansion – 70 sont déjà édifiés ou en projet. Autant de travaux qui ont nourri une déforestation rampante. Cette déforestation accroît les risques d'inondations et de glissements de terrain en période de pluies diluviennes. C'est précisément ce qui s'est passé avec des précipitations exceptionnellement élevées, 5,5 fois supérieures à la moyenne de la saison.

Le Monde, 25 juin 2013.

3 Des catastrophes naturelles à l'impact inégal

	Dégâts en 2012, en millions de dollars	Dégâts en 2012, en % du PIB
États-Unis	98 469	0,6
Chine	19 834	0,2
Pakistan	2 500	1,1
Haïti	254	2,5
Samoa	133	18,8

Sources : CRED, 2014, et FMI, 2014.

1 Quelles sont les actions humaines qui expliquent l'augmentation des risques en Inde ? (doc. 2)

2 Quels sont les pays les plus affectés par les catastrophes naturelles en valeur absolue ? En part du PIB ? Expliquez ces différences. (doc. 3)

Comment le cyclone Sandy montre-t-il l'inégale vulnérabilité des populations face aux risques ?

En octobre 2012, le cyclone Sandy a entraîné la mort de plus de 180 personnes en Amérique du Nord et dans les Caraïbes. Il a engendré des milliards de dollars de dégâts et de pertes. Cependant, le bilan est inégal selon les États car il dépend de leurs capacités à faire face au cyclone, pendant et après son passage.

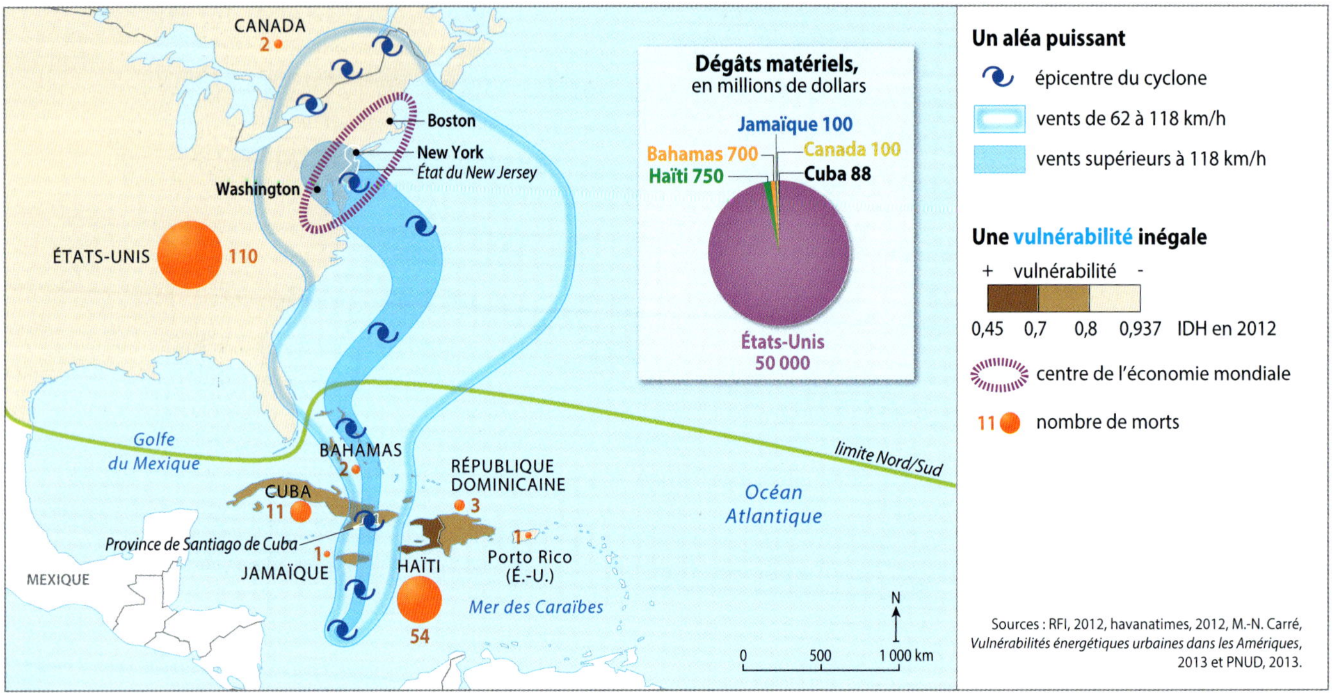

1 Le passage du cyclone Sandy et ses conséquences

2 Des niveaux de vulnérabilité variables

Il n'existe pas une mais plusieurs vulnérabilités. Le passage du cyclone Sandy a révélé une importante vulnérabilité physique des biens dans la ville de New York ; mais elle a révélé simultanément une très faible vulnérabilité physique des personnes. Pour la vulnérabilité économique, New York a su faire face de manière très efficace à la tempête, tant en amont dans la phase de préparation, que durant l'événement. Si New York a su faire face, c'est pour deux raisons. D'une part, les leçons de la catastrophe de Katrina[1] ont été tirées dans la phase préparatoire (évacuation des habitants, etc.). Cela montre que le retour d'expérience et la mémoire jouent un rôle majeur dans la gestion des risques. D'autre part, l'importance économique, symbolique et politique de la mégapole new-yorkaise, a justifié une mobilisation sans précédent de moyens de l'ensemble des États-Unis. La ville n'a été paralysée que pendant quelques jours et les pertes humaines ont été très faibles. Or, Sandy a également balayé Haïti, des zones plus rurales de l'État de New York et au-delà, jusqu'aux confins du Canada, [espaces moins médiatisés]. Les capacités de réponse aux risques naturels amplifient donc les inégalités qui existent déjà entre les territoires.

F. Mancebo, *Le Nouvel Observateur*, 2 novembre 2012.

1. En août 2005, l'ouragan Katrina avait dévasté La Nouvelle-Orléans entraînant la mort de 1 800 personnes et des dégâts de 44 milliards de dollars.

Vocabulaire

Vulnérabilité : fragilité des sociétés face à un aléa. Elle varie selon leur préparation et leur capacité à y faire face.

3 Le littoral du New Jersey (États-Unis) sous les eaux après le passage de Sandy

4 Le quartier de Barquita à Saint-Domingue (République dominicaine) inondé

5 Des catastrophes naturelles à l'impact inégal

	Une vulnérabilité inégale		Des dégâts contrastés	
	PIB/hab., en dollars	Population	Bilan humain	Bilan matériel
Province de Santiago de Cuba	5 383	1 045 000 hab. 170 hab./km^2	9 morts (0,8 pour 100 000 hab.)	– 170 000 maisons endommagées (dont 15 800 totalement détruites) – destruction de 96 980 hectares de cultures = 70 % de la production agricole
État du New Jersey	50 425	8 791 000 hab. 389 hab./km^2	23 morts (0,2 pour 100 000 hab.)	– 346 000 maisons endommagées ou détruites – réseau ferroviaire et téléphonique coupé – stations balnéaires détruites (Atlantic City)

Sources : *Le Figaro*, 25 octobre 2012, M.-N. Carré, *Vulnérabilités énergétiques urbaines dans les Amériques*, 2013, Banque mondiale, 2014 et US Census, 2014.

Activités

Recopiez le tableau suivant sur votre cahier et complétez-le à l'aide des informations des documents.

	Vulnérabilité humaine	Vulnérabilité économique
États du Nord	Constat : Un nombre de morts réduit par rapport à la population exposée : .... Explications :	Constat : .... Explications : ....
États du Sud	Constat : .... Explications :	Constat : Des dégâts surtout dans le domaine de l'agriculture : .... Explications : ....

À partir du tableau complété, rédigez en une dizaine de lignes une réponse au sujet : « Comment l'ouragan Sandy montre-t-il l'inégale vulnérabilité des populations face aux risques ? »

Consigne Bac

Montrez, à partir du document 5, que les sociétés sont inégalement vulnérables face aux risques.

MÉTHODE

• Pour étudier un tableau de données chiffrées p. 120.
• Pour auto-évaluer une étude de document p. 307.

Une inégale adaptation et prévention des risques

Comment mettre en place une gestion des risques pour limiter la vulnérabilité ?

A Prévoir les risques

• **La prévision des nombreux aléas est possible à l'aide de moyens techniques.** Des satellites sont utilisés pour suivre la trajectoire des cyclones mais certains aléas sont difficilement prévisibles. Des appareils de mesure enregistrent la température et les déformations des sols du Vésuve, qui menace 600 000 habitants, mais il est impossible de prévoir précisément la date d'une éruption.

• **La prévention est particulièrement importante pour que les populations prennent conscience du risque** (Repère). Elle passe par l'éducation : diffusion de l'information (médias, brochures) (doc. 2), exercices d'entraînement, mémoire du risque (pose de plaques et cérémonies commémoratives).

• **Les sociétés entrent progressivement dans l'ère du principe de précaution.** En lien avec la multiplication de risques nouveaux comme les crises sanitaires, ce principe consiste à prendre des mesures préventives parfois critiquées pour leur sévérité (vaccination massive, contrôle des mobilités).

B S'adapter pour limiter les catastrophes

• **Les sites présentant des risques technologiques sont répertoriés.** 10 000 sites industriels dangereux européens sont concernés par la directive Seveso. Entourés d'un périmètre de sécurité, ils répondent à des mesures de prévention : pompiers présents sur le site, salle de contrôle résistante à une explosion.

• **Des plans de prévention des risques sont mis en place** visant à contrôler l'urbanisation dans les zones à risque (doc. 1). Des normes spécifiques sont imposées selon les aléas possibles : brise-lame anti-tsunami, normes de construction parasismique. La tour Taipei 101, à Taiwan, est équipée d'une boule d'acier destinée à stabiliser le bâtiment en cas de séisme.

• **Des plans de secours sont élaborés pour limiter les conséquences des catastrophes** (doc. 2). À Los Angeles, en 2013, 300 personnes ont été initiées aux gestes d'urgence lors d'un exercice dans un centre construit pour résister aux séismes et destiné à devenir la plate-forme de coordination des secours.

C Des sociétés inégales face aux catastrophes

• **Au Nord, les sociétés investissent dans la gestion des risques :** surveillance des aléas (mesure des précipitations pour les inondations, capteurs sous-marins pour les tsunamis), prise en compte des risques dans la reconstruction (normes parasismiques), secours planifiés et efficaces. Cependant, cette gestion est très coûteuse : en 2012, la France, par exemple, a investi 14 millions d'euros dans un centre d'alerte aux tsunamis méditerranéens.

• **Au Sud, le manque de moyens limite l'action.** La pauvreté, le faible niveau d'éducation ou l'instabilité politique dans certains États freinent la mise en place de politiques fiables. Des exceptions existent cependant. Ainsi, au Vietnam, les mangroves longtemps défrichées pour permettre l'aquaculture sont replantées afin de protéger les littoraux des tempêtes tropicales.

• **La solidarité internationale contribue à réduire ces inégalités.** Les États et les collectivités locales, acteurs centraux de la gestion des risques, sont aidés par les ONG et les organismes internationaux dans les pays du Sud (doc. 3) : la Banque mondiale a dépensé 18 milliards de dollars entre 2003 et 2013 dans plus de 90 pays. Cependant, face au risque global du changement climatique, une gouvernance mondiale peine à se mettre en place.

Vocabulaire

Directive Seveso : directive européenne qui impose aux établissements industriels utilisant des substances dangereuses de prendre des mesures pour prévenir les accidents majeurs. Son nom provient de la catastrophe industrielle qui a eu lieu dans la ville de Seveso en Italie en 1976.

Mangrove : voir p. 252.

Principe de précaution : ensemble de mesures visant à éviter ou limiter un risque dont les conséquences sont incertaines.

Prévention : ensemble de mesures visant à réduire la vulnérabilité d'une société : prévision du risque, aménagements, plans d'information et de secours.

Prévision : ensemble de mesures visant à évaluer, grâce à des moyens techniques, la date et l'ampleur d'un aléa.

REPÈRE

De la crise à la gestion du risque

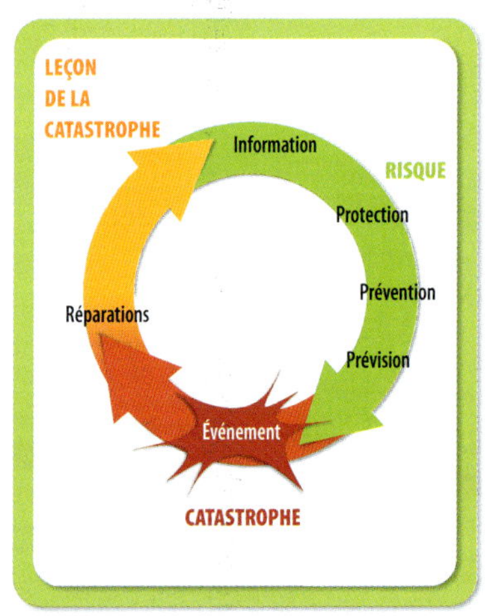

Source : R. Laganier et Y. Veyret, *Atlas des risques en France*, 2013.

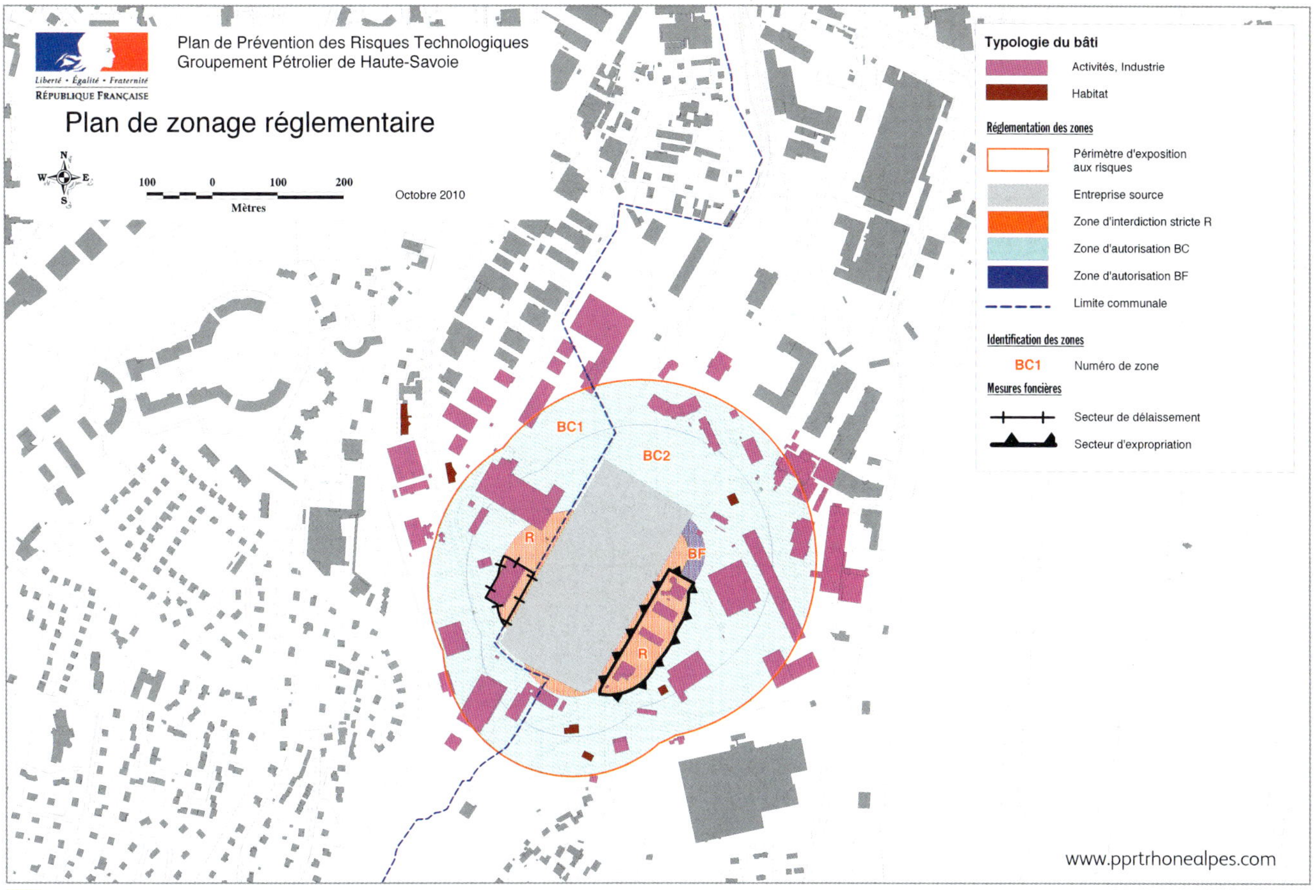

1 **Le plan de prévention des risques technologiques d'Annecy.** Le dépôt pétrolier de Haute-Savoie nécessaire pour le stockage et la distribution d'hydrocarbures compte 14 réservoirs. Le plan de prévention des risques technologiques de la préfecture a entraîné l'évacuation de quatre bâtiments et la délimitation de zones pour contrôler l'urbanisation.

2 **Brochure d'information : se préparer au risque sismique (Guadeloupe)**

Sources : ministère français de l'Environnement et conseil régional de Guadeloupe.

1 Quelles sont les mesures de prévention adoptées à Annecy pour faire face à l'aléa technologique ? (doc. 1)

2 Quels acteurs interviennent dans la protection des populations avant les catastrophes ? (doc. 1, 2 et 3)

3 La prévention des risques au Myanmar par l'ONG Vision du Monde

Chaque semaine, Daw Nyein Hla forme les femmes de sa communauté sur la prévention et la réduction des risques. Le village de San Pya est l'une des communautés où [l'ONG] Vision du Monde intervient. Le travail sur la réduction des catastrophes a commencé juste après le cyclone Nargis [en 2008]. La moitié du village est située dans la plaine et est sujet à des risques d'inondations. Lorsqu'ils ont compris l'intérêt de la prévention des risques, la communauté du village de San Pya a créé le Comité de Gestion des Risques du Village avec les autorités locales, les chefs du village, les dirigeants d'église, les professeurs, les étudiants et les villageois. Vision du Monde leur a fourni deux canots à moteur afin que les habitants puissent être évacués en cas d'inondations. Étant donné que la participation des enfants est l'une des priorités, Vision du Monde les a sensibilisés. Naw Say Gay Phaw, 11 ans, et ses amis sont contents de dessiner la carte des risques. « *Ces cartes sont très utiles. On peut voir quelle partie du village est dangereuse pour nous. Les professeurs nous ont appris les types de catastrophes* » dit-elle.

Visiondumonde.fr, 2014.

Capacités travaillées
- Auto-évaluer l'étude de document

MÉTHODE BAC

Exercice guidé

SUJET : L'inégale exposition aux risques sismiques en Turquie

Après avoir expliqué l'aléa sismique en Turquie, montrez que l'exposition des populations aux risques est inégale.

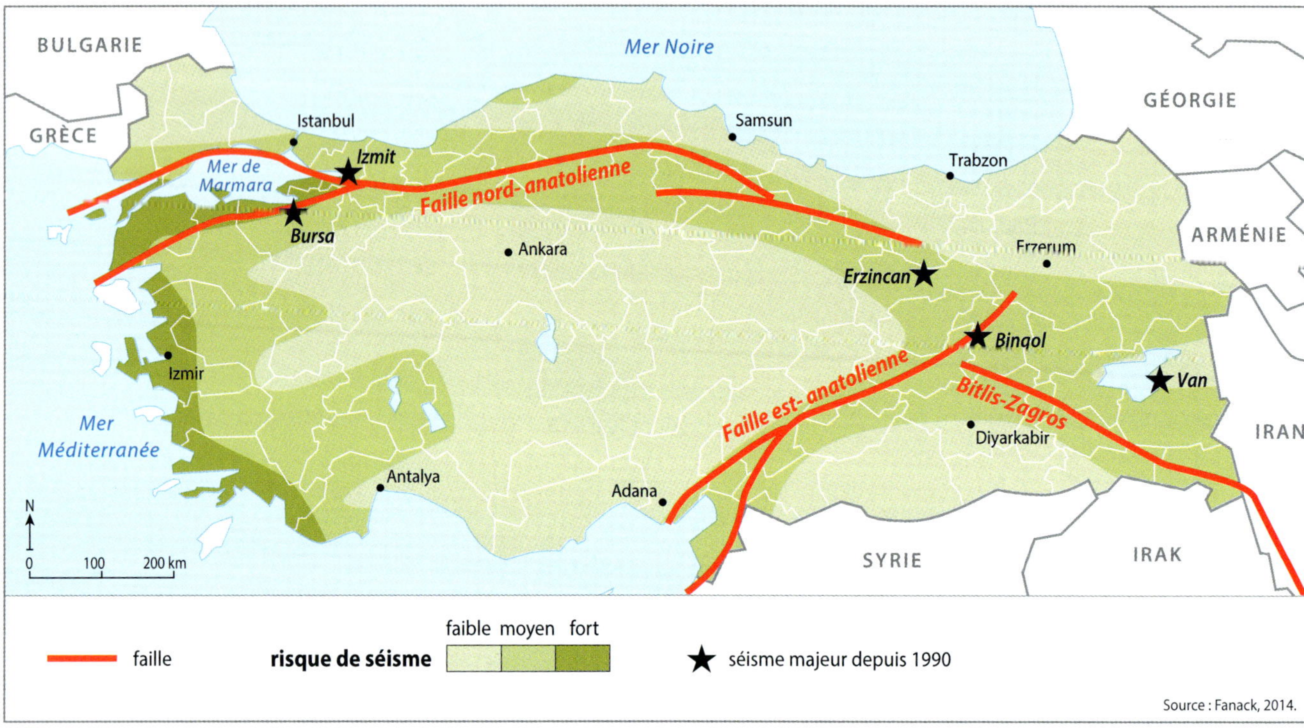

1 Le risque sismique en Turquie

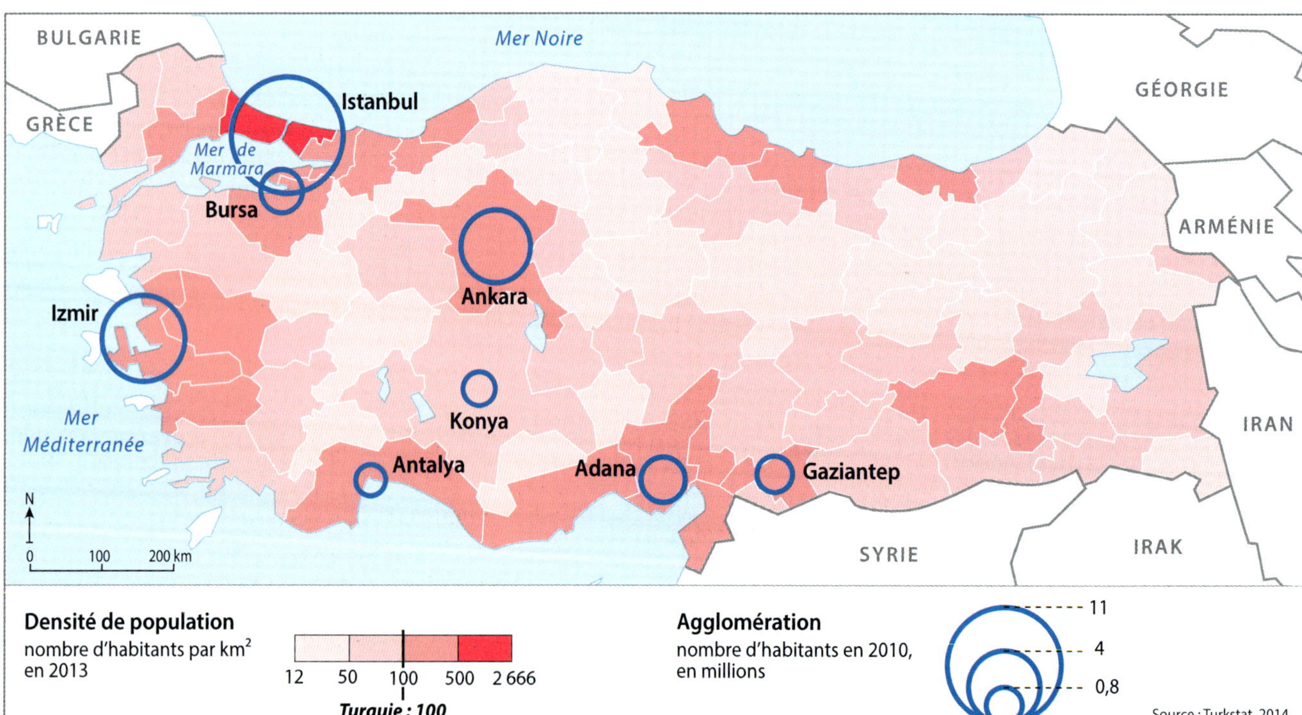

2 La répartition de la population turque

Méthode

Auto-évaluer une étude de document

Grandes étapes	Savoir-faire à maîtriser	Méthode	Acquis	En cours d'acquisition
Analyser le sujet et la consigne	Identifier les notions clés	p. 40	✔	
	Délimiter l'espace concerné			
Préparer l'étude de document	Identifier le document	p. 41		
	Identifier les informations	p. 81		
	Prélever les informations	p. 119		
	Mobiliser des connaissances	p. 159		
	Confronter deux documents	p. 203		
	Critiquer un document	p. 241		
	Dégager les limites d'un document pour traiter le sujet	p. 275		
Rédiger l'étude de document	Rédiger l'introduction	p. 121		
	Rédiger un paragraphe de l'étude de document	p. 204		
	Rédiger la conclusion	p. 275		

1) Sur votre cahier, réalisez les grandes étapes de l'étude de document en vous aidant de la grille de méthode.

2) Cochez les cases d'auto-évaluation. Pour les savoir-faire qui ne sont pas encore acquis, exercez-vous à l'aide du sujet suivant.

Sujet d'entraînement

SUJET : Le Japon, un pays fortement exposé aux aléas mais à la prévention active

Après avoir présenté les aléas qui menacent le Japon, montrez que les formes de prévention sont multiples.

1 Le Japon, un pays menacé par les aléas naturels et technologiques.

Traduction : « Les catastrophes qui frappent le Japon ; séisme ; tsunami ; explosion de centrale nucléaire. Quoi d'autre après ? »

2 Un pays modèle pour sa gestion des risques

L'archipel nippon est depuis longtemps habitué à vivre avec les colères de la terre, et son développement lui a permis de mettre en place un système de prévention et d'alerte sophistiqué. Un système d'alerte aux tsunamis perfectionné a été mis en place, avec des capteurs avancés en haute mer. Il doit signaler les régions menacées, via la télévision et la radio notamment, dans un délai ne dépassant pas les quatre minutes après un séisme. Les Japonais sont aussi les plus avancés dans le domaine des techniques d'amortissement des chocs sismiques pour les bâtiments. Plus de 2 000 grands immeubles sont équipés de ces systèmes « isolants », contre moins de 400 dans le reste du monde. Et les autorités ont élaboré un plan de routes réservées aux seuls secours en cas de catastrophe, ainsi qu'un réseau d'abris pour stocker du matériel de survie. La prévention passe aussi par la formation de la population. Dès la maternelle, des exercices de simulation et d'évacuation ont lieu plusieurs fois par an. Toutefois, cette prévention des risques sismiques a un coût économique.

Le Figaro, 11 mars 2011.

Sujet d'entraînement

SUJET : Les pays du Sud, des pays plus vulnérables face aux risques ?

Expliquez pourquoi les populations des pays du Sud sont plus vulnérables face aux risques majeurs et montrez que ces risques sont des freins à leur développement.

1 **Glissement de terrain dans un quartier pauvre de Rio de Janeiro (Brésil) en 2010**

2 **Les déplacements de population liés aux catastrophes naturelles**

L'Observatoire des situations de déplacement interne (IDMC) révèle que 32,4 millions de personnes ont été contraintes de quitter leur domicile en 2012 suite à une catastrophe naturelle. L'Asie, l'Afrique de l'Ouest et l'Afrique centrale ont subi l'essentiel de ces déplacements. 98 % des déplacements survenus en 2012 étaient liés à des phénomènes climatiques et météorologiques, les inondations qui ont touché l'Inde et le Nigeria représentant 41 % du total des déplacements au niveau mondial. Si c'est en Asie qu'ont eu lieu 81 % des déplacements mondiaux au cours des cinq dernières années, l'Afrique a totalisé un taux record pour la région avec 8,2 millions de nouveaux déplacés en 2012, soit plus de quatre fois plus qu'au cours des quatre années précédentes.
Comme l'explique C. Spurrell, porte-parole de l'IDMC : « On observe un phénomène récurrent dans les pays déjà en proie aux effets des conflits et de l'insécurité alimentaire comme le Nigeria, le Pakistan et le Soudan du Sud. Aux conséquences désastreuses des inondations viennent souvent s'ajouter la faim, la pauvreté et la violence, ce qui rend les populations encore plus vulnérables. » Si les déplacements liés aux catastrophes naturelles concernent aussi les pays riches, les populations des pays plus pauvres restent cependant beaucoup plus affectées par ce problème, puisqu'elles constituent 98 % des personnes déplacées ces cinq dernières années.

IDMC, 2014.

Capacités travaillées

- Auto-évaluer un croquis

SUJET : L'inégalité des espaces face aux risques majeurs

Auto-évaluer une production graphique

Méthode

Grandes étapes	Savoir-faire à maîtriser	Méthode	Acquis	En cours d'acquisition
Analyser le sujet	Identifier les notions clés	p. 44	✔	
	Délimiter l'espace concerné			
Préparer la production graphique	Identifier croquis et schéma	p. 84		
	Mobiliser des connaissances	p. 123		
	Construire une légende	p. 160		
	Formuler les titres de la légende	p. 206		
	Choisir des figurés	p. 207		
	Coordonner des figurés	p. 276		
Réaliser la production graphique	Choisir les crayons adaptés	p. 123		
	Choisir la nomenclature	p. 161		
	Présenter le croquis	p. 45		

● Sur votre cahier, réalisez les grandes étapes de la production graphique en vous aidant de la grille de méthode.

Titre : ....

....
....
....

Composition

Capacités travaillées
- Auto-évaluer une composition

SUJET : L'inégalité des sociétés dans l'exposition, la vulnérabilité et la gestion des risques majeurs

Auto-évaluer une composition

Méthode

Grandes étapes	Savoir-faire à maîtriser	Méthode	Acquis	En cours d'acquisition
Analyser le sujet	Identifier les notions clés	p. 46	✔	
	Délimiter l'espace concerné			
Préparer la composition	Choisir une problématique	p. 46		
	Construire un plan	p. 124		
Rédiger la composition	Rédiger une introduction	p. 124		
	Rédiger un paragraphe de la composition	p. 208		
	Intégrer un schéma dans une composition	p. 243		
	Rédiger une conclusion	p. 208		

1) Sur votre cahier, réalisez les grandes étapes de la composition en vous aidant de la grille de méthode.

2) Cochez les cases d'auto-évaluation. Pour les savoir-faire qui ne sont pas encore acquis, exercez-vous à l'aide du sujet suivant : L'inégale adaptation des sociétés face aux risques.

3) Présentez votre composition en respectant la forme suivante.

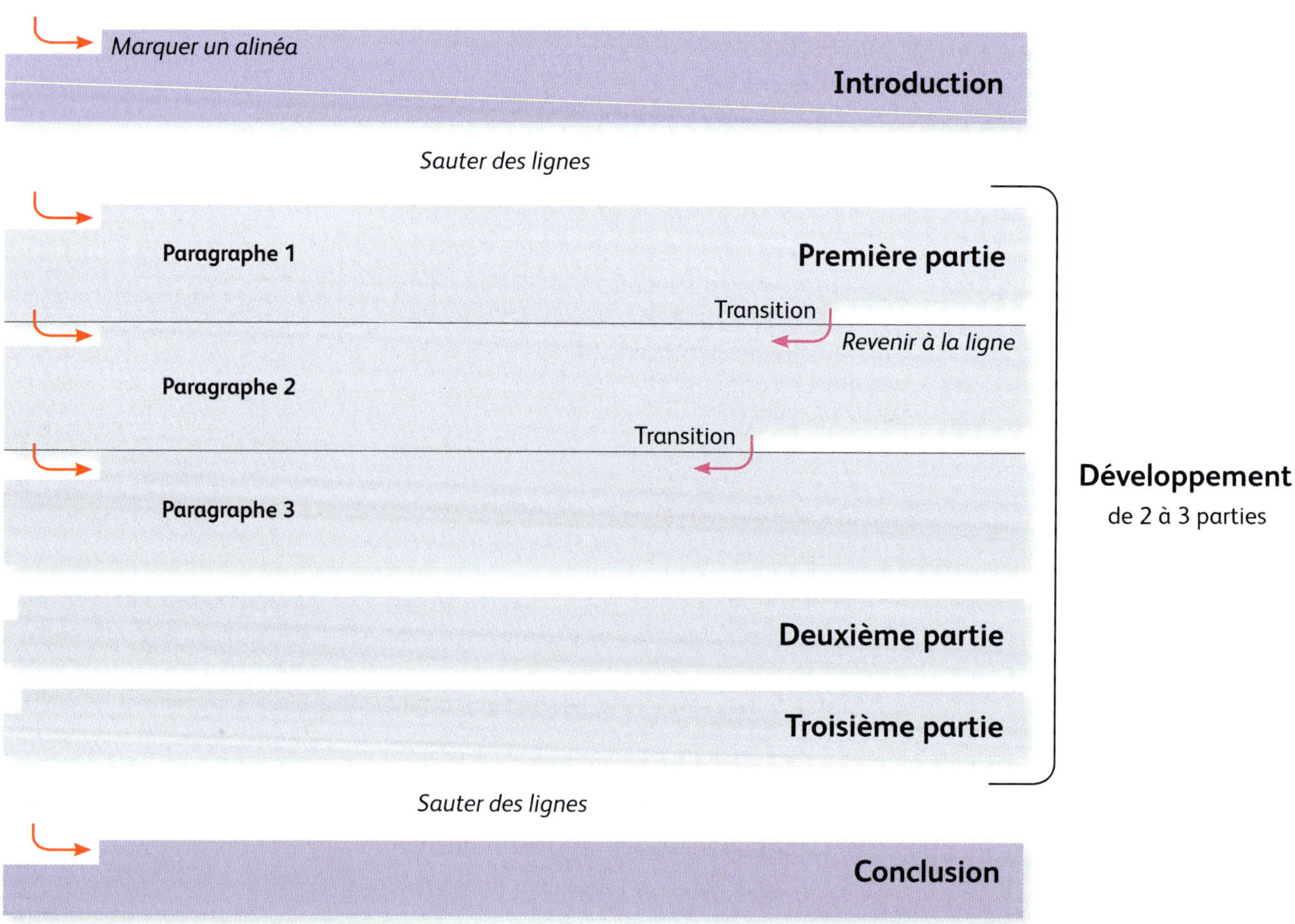

Fiche de révision

COMMENT LES SOCIÉTÉS FONT-ELLES FACE AUX RISQUES MAJEURS ?

DES ALÉAS VARIÉS	UNE VULNÉRABILITÉ INÉGALE	UNE GESTION DES RISQUES CONTRASTÉE
Aléas naturels	Vulnérabilité humaine forte dans les pays du Sud	Prévision des aléas
+	+	+
Aléas technologiques	Vulnérabilité économique forte dans les pays du Nord	Prévention : • éducation des populations • normes de construction
+	↓	+
Exposition variable des populations →	Catastrophes aux conséquences variables	← Mémoire du risque

A Quels sont les risques auxquels sont exposées les sociétés ?

Toutes les sociétés sont exposées à des risques dont la gravité varie dans l'espace et dans le temps. Selon les régions du monde, les populations sont exposées à un nombre variable d'aléas naturels terrestres (séismes, éruptions volcaniques) ou climatiques (cyclones, inondations). Par exemple, la Turquie est surtout exposée aux aléas sismiques. Les sociétés ont créé des aléas technologiques. Une large partie du territoire japonais est exposé à de nombreux aléas naturels et technologiques (centrales nucléaires).

B Pourquoi les sociétés sont-elles inégalement vulnérables face aux risques ?

La capacité des sociétés à faire face aux risques varie. Un aléa de même intensité peut avoir des conséquences différentes selon les États comme ce fut le cas du cyclone Sandy en 2012. Les pertes humaines sont généralement plus faibles dans les pays du Nord mais la vulnérabilité économique est très élevée (États-Unis, Japon). En raison des effets de la pauvreté, dans les pays du Sud, les catastrophes font généralement plus de victimes (Haïti, Turquie). Les catastrophes peuvent ralentir le développement de certains pays (Haïti).

C Comment mettre en place une gestion des risques pour limiter la vulnérabilité ?

La prévision des aléas et la prévention sont utiles pour baisser le niveau des risques. Ainsi, des capteurs sur les failles au Japon permettent d'alerter les populations avant le séisme. Des mesures sont prises pour limiter les dégâts des catastrophes (contrôle de l'urbanisation comme à Istanbul, normes de construction parasismiques comme au Japon). Mais la gestion des risques représente un coût élevé pour les États. Si les pays du Nord (Japon, États-Unis) investissent des sommes importantes, les pays du Sud (Thaïlande, Cuba) ont des capacités plus limitées.

NE PAS CONFONDRE

Risque : probabilité qu'un ou plusieurs aléas affectent une société.

Catastrophe : réalisation brutale du risque entraînant des dégâts humains et/ou matériels importants.

Aléa

Absence d'hommes = Absence de risques

Vulnérabilité

Le risque est probable

Catastrophe

Le risque se réalise

Études de cas transversales

1. Pourquoi l'eau et la révolution verte sont-elles des enjeux majeurs du développement indien ? 314-319

Chapitre 2
Nourrir les hommes

Chapitre 3
L'eau, ressource essentielle

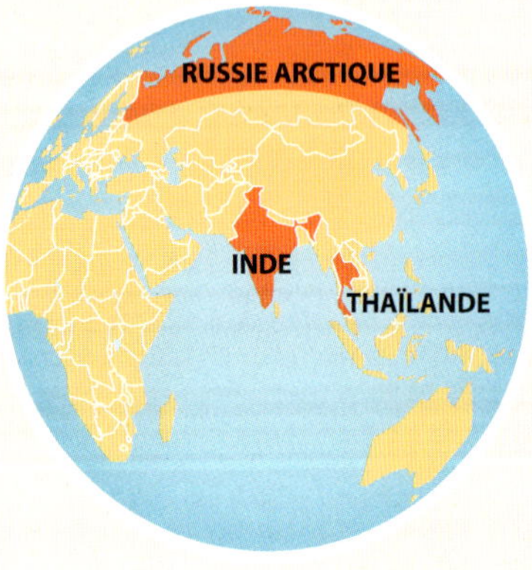

3. Le littoral de la Thaïlande, un espace convoité et exposé aux risques ? 326-331

Chapitre 4
L'enjeu énergétique

Chapitre 6
Les mondes arctiques, une « nouvelle frontière » sur la planète

L'Inde en chiffres
- **Population :** 1,2 milliard d'habitants
- **Superficie :** 3,3 millions de km²
- **IDH :** 0,554 (136ᵉ)

Pourquoi l'eau et la révolution verte sont-elles des enjeux majeurs du développement indien ?

L'eau est une ressource essentielle pour l'agriculture indienne et pour les usages croissants des 1,2 milliard d'Indiens. Aujourd'hui les ressources en eau sont donc menacées alors qu'elles sont indispensables à la sécurité alimentaire du pays. L'Inde doit donc relever un double défi : gérer des ressources en eau irrégulières tout en palliant l'essoufflement de la révolution verte.

A L'eau, une ressource essentielle pour le développement de l'Inde ?

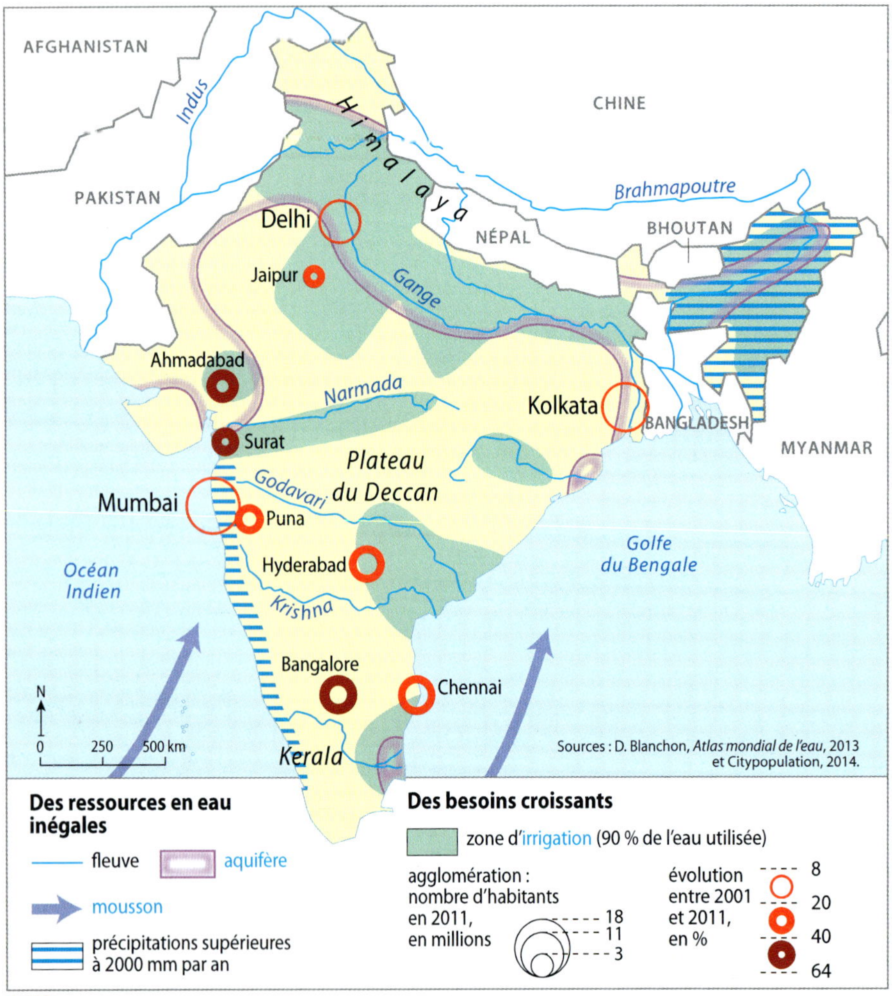

1 Des ressources en eau limitées face à des besoins croissants

Vocabulaire

Accès à l'eau : accès à domicile ou à moins de 15 minutes de marche à un minimum de 20 litres d'eau potable par personne et par jour.

Aquifère : réserve d'eau souterraine contenue dans les roches.

Goutte à goutte : procédé de micro-irrigation qui distribue la juste quantité d'eau aux plantes.

Irrigation : opération consistant à apporter de l'eau sur des terres cultivées.

Mousson : vents maritimes saisonniers porteurs de pluie qui soufflent en Asie en été de l'océan vers le continent.

Réseau d'adduction d'eau : voir p. 110.

Réseau d'assainissement : maintien de bonnes conditions d'hygiène dans un espace par la collecte, l'élimination efficace des excréments (fosses protégées, chasses d'eau) et l'évacuation des eaux usées.

2 Un accès à l'eau en progrès

	2000	2011
Ressources d'eau douce par habitant, en m³	1 343	1 184
Part des habitants ayant accès à l'eau en milieu rural, en %	76	90
Part des habitants ayant accès à l'eau en milieu urbain, en %	92	96
Part des habitants ayant accès à un réseau d'assainissement, en %	26	35
Part des terres irriguées, en %	32	35

Source : Banque mondiale, 2014.

3 Le Gange, une artère vitale menacée

Le Gange est aujourd'hui contaminé par les eaux usées et les déchets industriels. Il menace la santé de 400 millions d'Indiens. « Les usines de traitement ont été construites, sans qu'aucun budget de fonctionnement n'ait été prévu », explique R. Jaiswal, directeur de l'ONG EcoFriends. L'État devra également trouver des réponses à la baisse du débit du fleuve. Non seulement le réchauffement climatique fait fondre les glaciers de l'Himalaya qui l'alimentent, mais il est également surexploité par des agriculteurs, qui doivent irriguer des cultures très consommatrices en eau. À ce rythme, la moitié de la demande en eau ne pourra pas être satisfaite en 2030.

Le Monde HS, décembre 2013.

a

b

4 Des aménagements pour fournir de l'eau à tous

a **Le barrage de Srisailam.** Le barrage de Srisailam sur le fleuve Khrisna est un des plus importants de l'Inde. Il contribue à la production électrique, l'irrigation et l'alimentation en eau potable de la région.

b **Le développement de la micro-irrigation.** La micro-irrigation (pompe à pédale, système de goutte à goutte), économe en eau, permet une hausse des rendements et la possibilité de cultiver même en saison sèche.

5 Impliquer les populations pour gérer durablement l'eau au Kerala

Le projet Jalanidhi aide les villages souffrant de pénuries chroniques, en mettant l'accent sur les populations vulnérables. Concrètement, il a aidé les ménages à construire et gérer leur propre réseau d'adduction d'eau : de la mise en service de nouveaux puits (pour des prélèvements en surface) au forage de puits profonds (pour l'exploitation d'aquifères), en passant par la construction de dispositifs de captage pour collecter l'eau des nombreuses sources, ruisseaux, rivières et lacs que compte le Kerala. Si les dépenses ont été en grande partie prises en charge par l'État (75 %), la contribution des bénéficiaires s'est élevée à 15 %. Grâce à l'amélioration de la qualité de l'eau, les cas de diarrhée et de dysenterie ont diminué. De nombreuses familles veulent rejoindre cette initiative, mais les projets ne peuvent absorber qu'un nombre restreint de nouveaux usagers. Il y a dix ans, il suffisait de creuser à 2,4 m sous terre pour trouver de l'eau ; aujourd'hui, il faut creuser à 4,2 m, en raison de l'appauvrissement de l'aquifère.

Banque mondiale, 2013.

Questions

1. Montrez que les ressources en eau sont variées mais irrégulières selon les saisons et les régions. Donnez une preuve que l'accès à l'eau a progressé depuis 2000. (doc. 1 et 2)
2. Quels sont les principaux usages de l'eau en Inde ? Montrez que des aménagements sont réalisés à différentes échelles pour satisfaire ces besoins et permettre le développement de l'Inde. (doc. 1 et 4, doc. 1 p. 312)
3. Quelles sont les atteintes environnementales sur le Gange ? (doc. 3)
4. Quelles solutions permettent d'assurer une gestion durable de l'eau ? Quelles en sont les limites ? (doc. 4 et 5)

B La révolution verte est-elle une solution durable pour nourrir 1,2 milliard d'Indiens ?

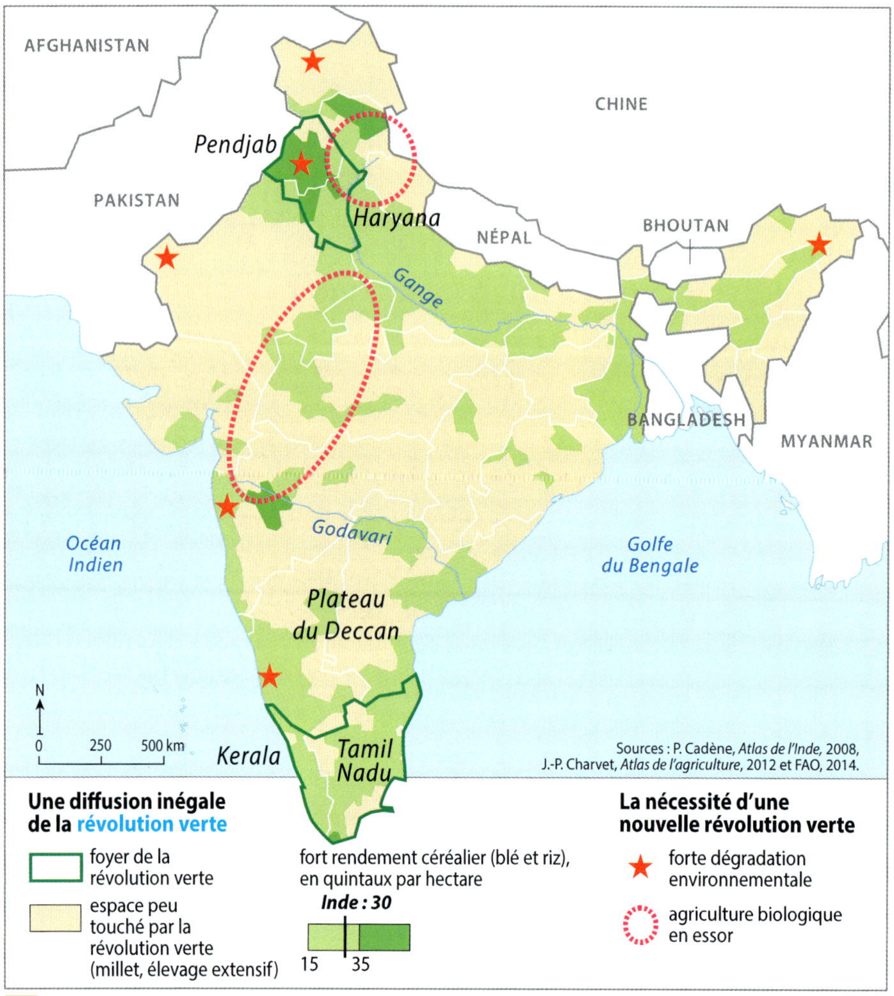

6 Diffusion et limites de la révolution verte

7 Les évolutions alimentaires et agricoles depuis 1960

	1960	2010
Nombre d'habitants, en millions	457	1 225
Production de céréales, en millions de tonnes	87	268
Exportations de céréales, en millions de tonnes	0	5
Consommation d'engrais, en kg/ha cultivé	2	64
Nombre de tracteurs en utilisation	31 000	2 091 000
Disponibilité alimentaire, en kcal/hab./jour[1]	2 017	2 321

Source : FAO, 2014.

1. Pour la FAO, la ration calorique se situe entre 2 400 et 2 800 Kcal/hab./jour.

8 Une nouvelle révolution verte nécessaire

Au milieu des années 60, furent introduites des variétés de semences à haut rendement. Elles requéraient une bonne irrigation et l'emploi d'engrais chimiques. L'autosuffisance en céréales fut atteinte en 1977. L'Inde est devenue un pays exportateur de produits tirés de l'agriculture.

Ces performances dissimulent une réalité fort contrastée : endettement important, épuisement des aquifères et appauvrissement des sols. Cela pose la question de la durabilité de ce mode d'exploitation et de la tentation de recourir à des **OGM** pour assurer les besoins caloriques et nutritionnels de la population[1].

L'agriculture indienne est caractérisée par la faible disponibilité de nouvelles terres à mettre en valeur et le risque d'une crise écologique découlant d'une sur-utilisation des **intrants**. Le défi à relever pour l'agriculture indienne est d'arriver à satisfaire les besoins alimentaires de plus en plus diversifiés d'une population plus urbanisée tout en étant capable de vendre sur le marché mondial. Pour y parvenir, une nouvelle révolution verte paraît incontournable.

P. Pelletier (dir.), *Géopolitique de l'Asie*, 2012.

1. L'Inde est, en 2011, le 4e pays producteur de produits agricoles génétiquement modifiés, introduits dans le pays dans les années 1990.

Vocabulaire

Agriculture biologique : voir p. 71.

Intrants : voir p. 62.

OGM (Organisme génétiquement modifié) : voir p. 56.

Révolution verte : intensification de la culture du riz ou du blé. Elle résulte de l'utilisation conjuguée de semences à haut rendement, de l'irrigation et d'intrants (engrais).

9 **Un recours massif aux intrants. Épandage de pesticides sur une rizière au Penjab**

10 **L'agriculture biologique, une alternative durable ?**
Dans le Kerala, les paysans sont initiés aux techniques de l'agriculture biologique. L'agriculture biologique indienne croît de 20 % chaque année mais ne représente, selon la FAO, que 0,6 % de la superficie cultivée.

Questions

1. Quelle était la situation alimentaire et agricole de l'Inde en 1960 ? (doc. 7 et 8)
2. Sur quelles nouvelles techniques agricoles s'est fondée la révolution verte ? (doc. 6, 8 et 9) Pour quels résultats ? (doc. 7 et 8)
3. Quelles sont les limites alimentaires et environnementales de la révolution verte ? (doc. 7, 9 et doc. 2 p. 73)
4. Quelle « nouvelle révolution verte » est expérimentée en Inde ? Quelles en sont les limites ? (doc. 6 et 10)

Chapitre 2 (p. 50 à 87)
Chapitre 3 (p. 88 à 125)

Pourquoi l'eau et la révolution verte sont-elles des enjeux majeurs du développement indien ?

L'essentiel

A L'eau, une ressource essentielle pour le développement de l'Inde ?

- Les ressources en eau sont variées mais irrégulières. L'accès à l'eau progresse même s'il reste inégal.
- De nombreux aménagements sont réalisés pour répondre aux besoins agricoles, industriels et urbains.
- Mais les ressources sont menacées par la pénurie et la pollution, ce qui nécessite une gestion plus durable de l'eau.

B La révolution verte est-elle une solution durable pour nourrir 1,2 milliard d'Indiens ?

- La population indienne a connu une forte augmentation depuis 1960 mais la situation alimentaire s'est néanmoins améliorée grâce à une forte augmentation de la production agricole.
- La révolution verte a permis cette croissance grâce à l'utilisation massive de l'irrigation et de nouveaux moyens techniques (nouvelles variétés, mécanisation, intrants).
- Même si l'Inde est aujourd'hui autosuffisante, les dégradations environnementales se multiplient. Une nouvelle révolution verte semble nécessaire pour mettre en place une agriculture durable.

Passer à l'échelle mondiale

Les pressions sur les ressources en eau de l'Inde sont-elles représentatives de la situation mondiale ?

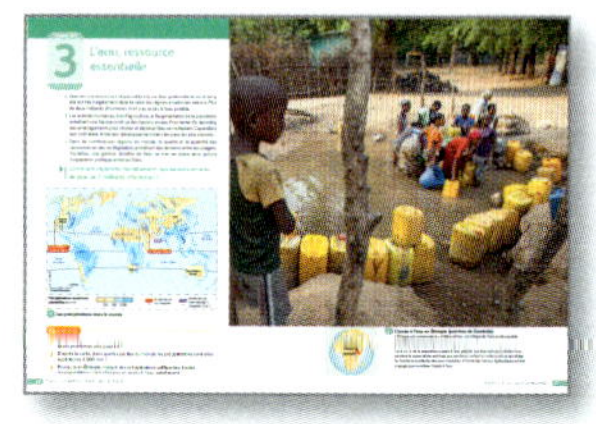

En quoi l'Inde reflète-t-elle la diversité des situations alimentaires et agricoles dans le monde ?

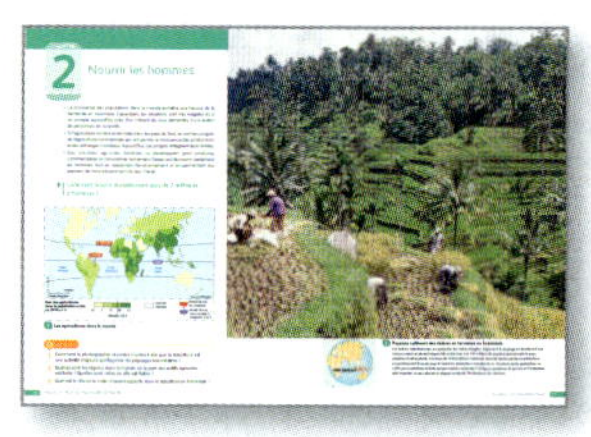

Travailler autrement

Recopiez et complétez l'organigramme bilan de l'étude de cas en illustrant les idées d'exemples précis.

L'EAU ET LA RÉVOLUTION VERTE, ENJEUX DU DÉVELOPPEMENT DE L'INDE

	L'EAU, UNE RESSOURCE ESSENTIELLE POUR LE DÉVELOPPEMENT DE L'INDE	LA RÉVOLUTION VERTE, UNE SOLUTION DURABLE POUR L'INDE
Des ressources limitées, des besoins croissants	Ressources variées mais irrégulières .... + Accès à l'eau en progrès	Croissance de la population .... + Croissance des productions ....
Des moyens pour répondre à l'augmentation des besoins	• Usages nombreux : .... • Aménagements à toutes les échelles :	Révolution verte • Moyens utilisés : .... • Résultats : ....
Vers une gestion plus durable des ressources ?	• Une ressource menacée : .... • Des tentatives pour gérer durablement l'eau :	• Les limites de la révolution verte : .... • Vers une nouvelle révolution verte : ....

Des schémas...

A L'eau, une ressource essentielle pour le développement de l'Inde

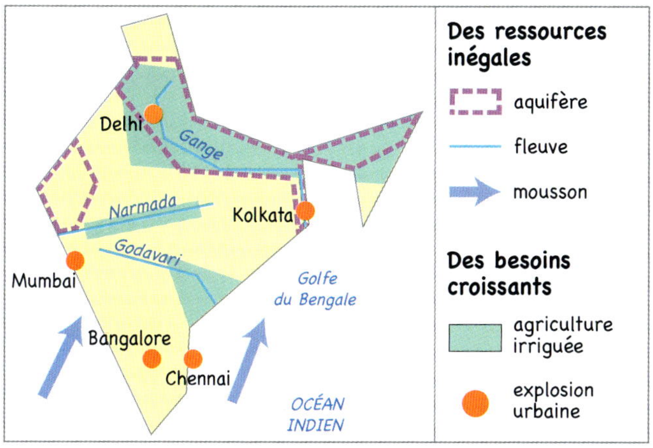

B La révolution verte, une solution durable pour nourrir l'Inde ?

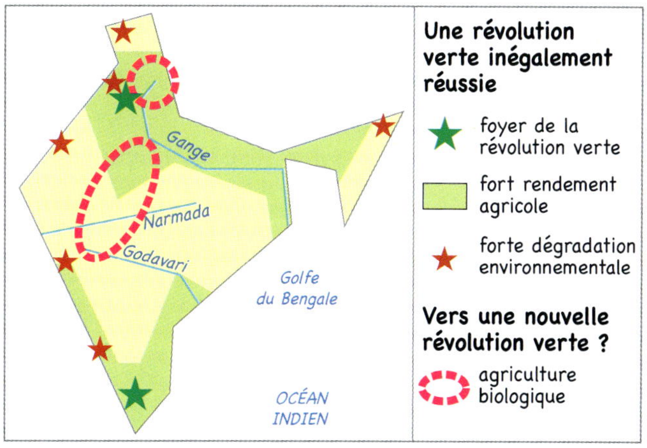

...au croquis de synthèse

Sur votre cahier, complétez le titre, la légende et le croquis à l'aide des pages 314 à 317.

PDF **FICHE À COMPLÉTER** et correction en téléchargement sur le site Hachette-Éducation

Titre : ....

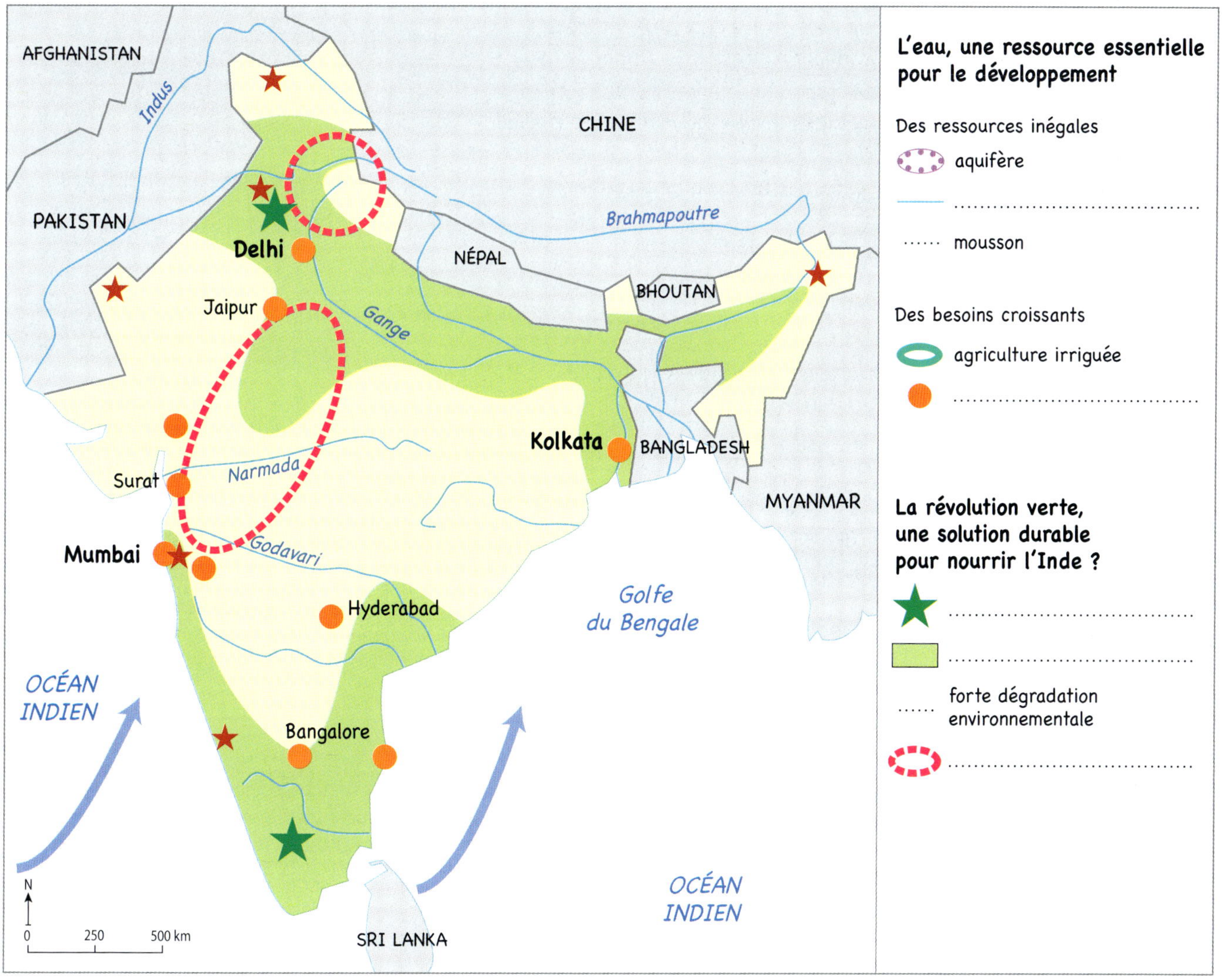

L'Arctique russe en chiffres
- **Population :** 7 millions d'habitants
- **Superficie :** 8 millions de km²

Les ressources énergétiques de l'Arctique : de nouveaux enjeux pour la Russie ?

Dans le contexte du réchauffement climatique, l'accès aux réserves de gaz et de pétrole de l'Arctique est devenu stratégique pour la Russie. Malgré des conditions d'exploitation difficiles, l'Arctique russe est un espace menacé et convoité. Les enjeux environnementaux, géopolitiques et sociaux sont autant de défis pour une mise en valeur durable.

A Pourquoi le potentiel énergétique de l'Arctique russe est-il si convoité, malgré une exploitation difficile ?

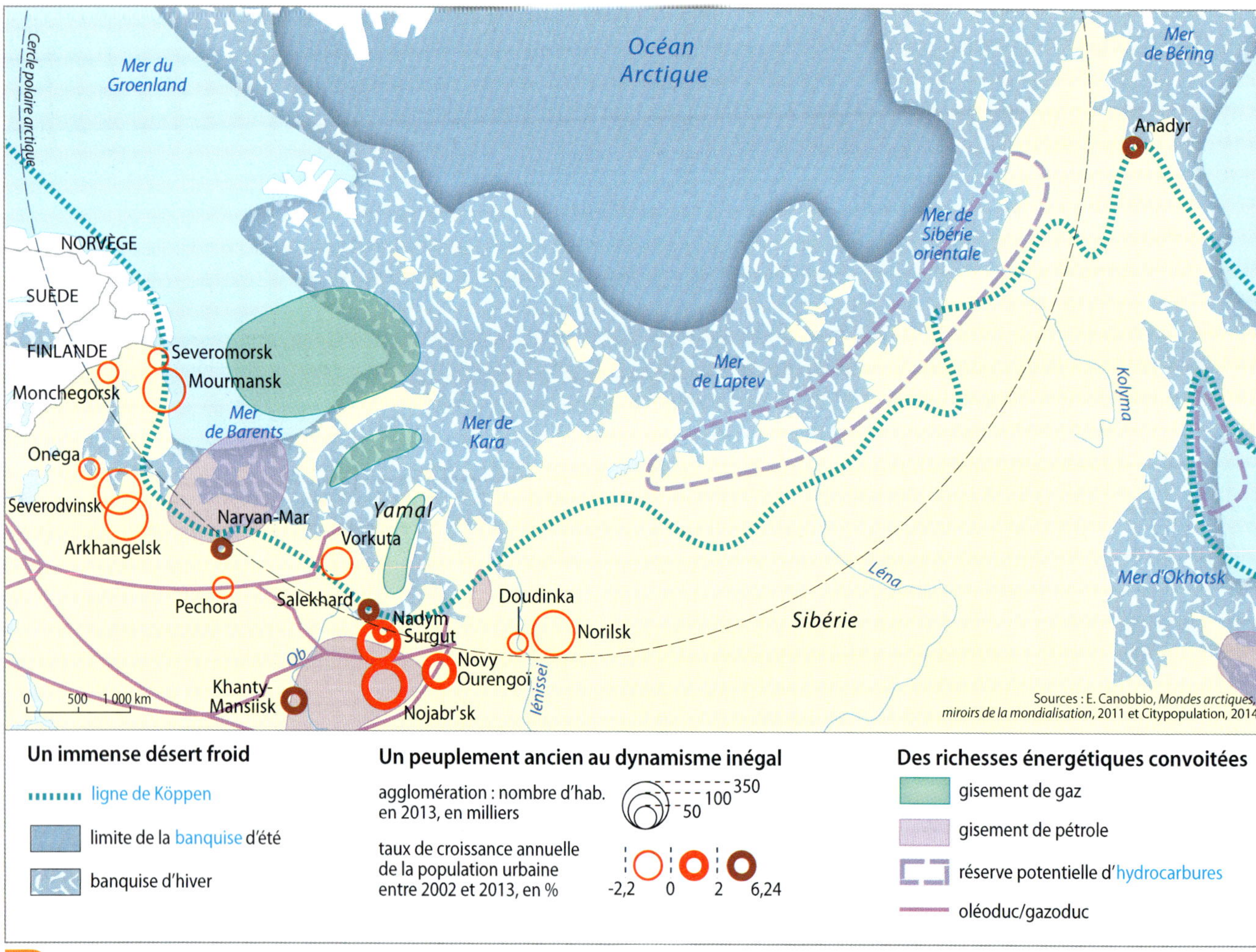

1 L'Arctique russe, un désert froid riche en hydrocarbures

Vocabulaire

Banquise : couche de glace née de la congélation de l'eau de mer. Les formes varient de la bouillie glacée à la banquise épaisse (3 à 4 mètres) et permanente.

Contrainte : frein au développement des sociétés. Elle peut être physique ou socio-économique.

Hydrocarbure : composé formé de carbone et d'hydrogène (pétrole, gaz).

Ligne de Köppen : ligne climatique délimitant une zone au-delà de laquelle les températures sont inférieures à 10°C durant le mois le plus chaud (juillet) et où les arbres ne poussent plus.

Offshore : technique d'exploitation des énergies en mer (pétrole, parc éolien).

Supermajor : grande compagnie pétrolière privée américaine ou européenne implantée internationalement.

2 **La plate-forme Prirazlomnaia, une exploitation offshore inédite.** Inaugurée en 2013 en mer de Petchora, cette plate-forme de forage fixe de la compagnie d'État Gazprom est conçue pour résister à la pression des glaces.

3 L'exploitation des hydrocarbures, moteur du développement local

Durant les décennies 1960-1970, l'extraction pétrolière s'est développée sur le cours moyen de l'Ob. Puis l'activité gazière s'est implantée plus au Nord. 22 des 29 villes de la région ont été créées pour les besoins de l'industrie. Rares sont celles qui ne sont pas un centre de production d'hydrocarbures et toutes peinent à diversifier leur économie. Ainsi, la ville de Novy-Ourengoï, sortie du néant il y a 35 ans, compte aujourd'hui 100 000 habitants et sa population est employée à 70 % par Gazprom, géant mondial du gaz. Jadis peuplés sporadiquement par les peuples premiers Khantys, Mansis et Nenets[1], les petits villages de pêche du passé (Salekhard, Khanty-Mansiisk) enregistrent les croissances urbaines les plus fortes du pays. La population de ces villes est jeune. Les 20-30 ans, célibataires sans enfants, constituent partout la majorité des nouveaux arrivants [venus des autres régions russes].

E. Canobbio, *Mondes arctiques, miroirs de la mondialisation*, La Documentation photographique, 2011.

1. Peuples autochtones.

4 Un potentiel énergétique qui attire les supermajors

Gisement	Compagnies partenaires (nationalité)	Projet	Mise en service
Shotkman (mer de Barents)	Gazprom (Compagnie d'État russe) – Total (France) – Statoil (Norvège)	Exploitation d'un gisement offshore géant à 650 km des côtes et en grande profondeur (280/380 m)	Projet suspendu : difficultés techniques et rentabilité trop aléatoire
Yamal LNG (péninsule de Yamal)	Novatek (compagnie de gaz privée russe) – Total (France) – CNPC (Chine)	Exploitation d'un gisement de gaz et transformation en GNL (gaz naturel liquéfié)	2017/2018
Perseevski (mer de Barents)	Rosneft (Compagnie pétrolière d'État russe) – Statoil (Norvège)	Exploitation de gisement de pétrole offshore	Inconnu

Sources : C. Locatelli, « Industrie gazière russe, le « modèle Gazprom » en question ? », *Cahier de recherche EDDEN*, n° 2, mars 2013 et *Le Monde*, 19 décembre 2013.

Questions

1) Quelles sont les ressources énergétiques de l'Arctique russe ? (doc. 1)
2) Quelles sont les contraintes liées à l'exploitation énergétique de l'Arctique ? (doc. 1, 2 et repère A p. 232)
3) Comment l'exploitation énergétique impulse-t-elle un développement ? Quelles sont les conséquences sociales de cette mise en valeur ? (doc. 1 et 3)
4) Qui sont les principaux acteurs de cette exploitation énergétique ? (doc. 4)

B Quels sont les enjeux de la mise en valeur énergétique de l'Arctique russe ?

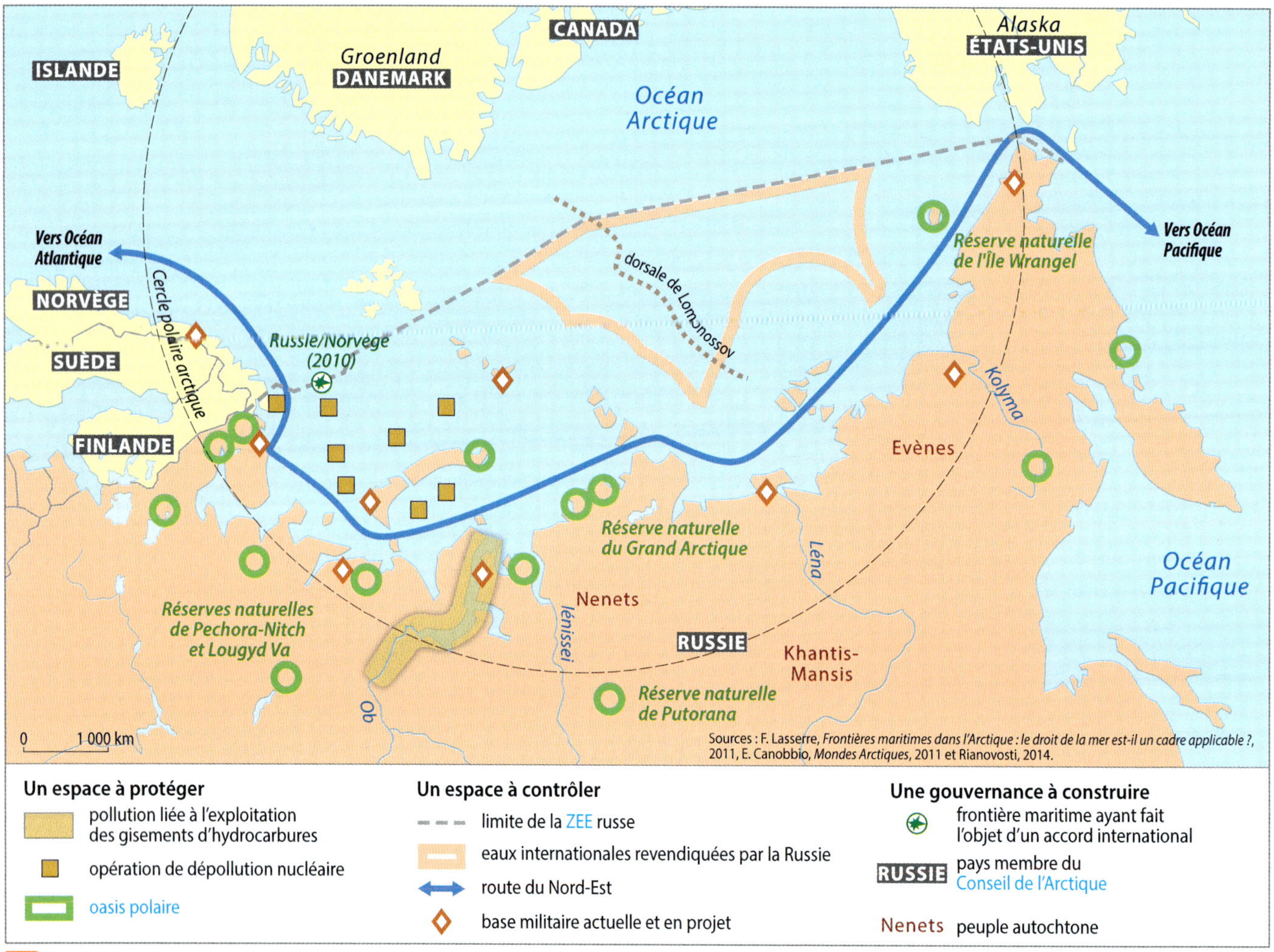

5 **Un espace au cœur d'enjeux environnementaux et géopolitiques**

6 **Une exploitation de l'Arctique russe contestée.**
En août 2013, l'ONG Greenpeace a perturbé les tests sismiques pour de futurs forages de la compagnie pétrolière russe Rosneft pour dénoncer les conséquences d'une marée noire qui seraient très difficiles à gérer du fait des conditions extrêmes de l'Arctique.

Vocabulaire

Conseil de l'Arctique : organisation régionale qui a pour objectif la mise en œuvre d'un développement durable en Arctique.

Oasis polaire : zone d'une très grande biodiversité et protégée par un classement en réserve naturelle ou parc national.

ZEE (Zone économique exclusive) : espace marin large de 200 milles nautiques (370 km) dans lequel l'État côtier dispose de droits exclusifs sur l'exploration et l'exploitation des ressources.

7 **L'enjeu culturel : prendre en compte les peuples autochtones.**
Le mode de vie traditionnel d'éleveurs de rennes des Nenets est déstabilisé par l'exploitation pétrolière. Pour défendre leurs droits, ils se sont organisés avec 40 autres peuples autochtones de l'Arctique russe (environ 270 000 personnes) au sein de l'association Raipon.

8 **L'Arctique, un enjeu géopolitique pour la Russie**

En plus de la Russie et du Canada, le Danemark est également impliqué dans les revendications territoriales autour de la dorsale de Lomonossov. Pour chacun de ces pays, la question est primordiale car cela permettrait de développer une ZEE exceptionnelle. Selon les estimations du Service géologique des États-Unis, les territoires situés au-delà du Cercle polaire arctique peuvent contenir environ 30 % des réserves mondiales de gaz naturel et 13 % des réserves mondiales de pétrole[1]. Ces ressources sont vitales pour la Russie afin de continuer son développement économique à long terme. Selon les experts, ce sont justement la défense des intérêts économiques dans l'Arctique ainsi que la nécessité de garantir la sécurité des sociétés qui prévoient de travailler dans l'océan Arctique qui expliquent le désir des autorités russes d'augmenter sa présence militaire dans la région.

La Russie d'aujourd'hui, 20 décembre 2013.

1. L'Arctique russe abrite 95 % des réserves de gaz de la Russie et 68 % de ses réserves de pétrole.

9 **Le renforcement de la souveraineté russe en Arctique.** En 2007, la Russie a déposé symboliquement un drapeau à plus de 4 000 mètres au fond de l'océan Arctique. Elle réclamait ainsi l'extension de sa ZEE.

Questions

1. Quels sont les enjeux socio-culturels et environnementaux liés à l'exploitation énergétique ? (doc. 5 et 7)
2. Montrez que le contrôle des ressources énergétiques est source de tensions à toutes les échelles. (doc. 6, 7 et 8)
3. Montrez que la Russie affirme sa souveraineté dans l'Arctique tout en menant une politique de coopération. (doc. 5, 8 et 9)

Les ressources énergétiques de l'Arctique : de nouveaux enjeux pour la Russie ?

L'essentiel

A Pourquoi le potentiel énergétique de l'Arctique russe est-il si convoité, malgré une exploitation difficile ?

- Les ressources énergétiques de l'Arctique russe sont immenses mais elles sont difficiles à exploiter du fait des contraintes physiques.
- L'exploitation des hydrocarbures favorise un développement local et régional qui reste très dépendant de l'activité énergétique.
- Le recours à des partenariats avec les supermajors est nécessaire pour faire face aux difficultés techniques et aux coûts d'exploitation très élevés.

B Quels sont les enjeux de la mise en valeur énergétique de l'Arctique russe ?

- L'exploitation des hydrocarbures peut mettre en péril un écosystème fragile. Les populations autochtones et des ONG contestent le mode de développement de l'Arctique russe.
- Le contrôle des ressources est source de tensions entre la Russie et les États riverains de l'Arctique qui se disputent l'extension de leur ZEE.
- La Russie affirme sa souveraineté sur l'Arctique en militarisant la région tout en menant une politique de coopération.

Passer à l'échelle mondiale

Les enjeux énergétiques de l'Arctique russe sont-ils révélateurs des enjeux énergétiques mondiaux ?

La situation de l'Arctique russe est-elle représentative des enjeux des mondes arctiques ?

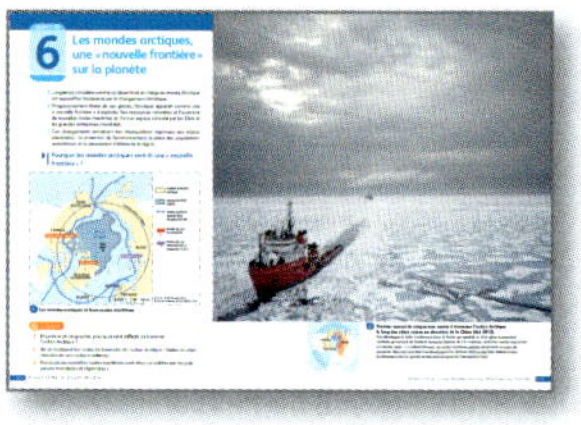

Travailler autrement

Recopiez et complétez l'organigramme bilan de l'étude de cas en illustrant avec des exemples précis.

LES RESSOURCES ÉNERGÉTIQUES DE L'ARCTIQUE RUSSE ET SES ENJEUX

UN DÉSERT FROID, RICHE EN HYDROCARBURES		UN ESPACE FRAGILE AU CŒUR D'ENJEUX ENVIRONNEMENTAUX ET GÉOPOLITIQUES
Des ressources abondantes mais de fortes contraintes d'exploitation	→	**Un environnement fragilisé** ....
+		+
Un facteur de la puissance russe qui impulse un développement local et régional	→	**Des tensions géopolitiques** ....
+		=
Une réserve convoitée par les supermajors	→	**Une politique entre militarisation et coopération** ....

Des schémas...

A Un désert froid riche en hydrocarbures

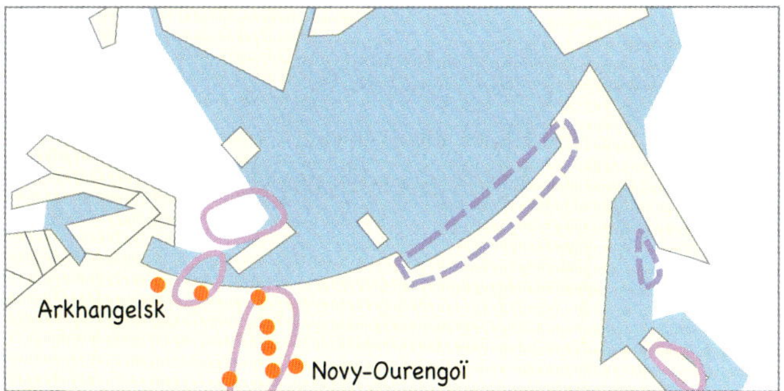

- limite de la banquise d'hiver
- ville dynamisée par l'exploitation des hydrocarbures
- gisement d'hydrocarbures
- réserve potentielle d'hydrocarbures

B Un espace fragile au cœur d'enjeux environnementaux et géopolitiques

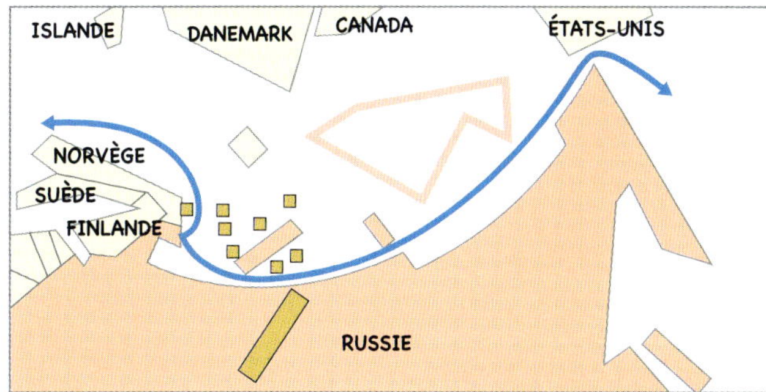

- zone de forte pollution (hydrocarbures, déchets nucléaires)
- eaux internationales revendiquées par la Russie
- route du Nord-Est sous contrôle russe
- **RUSSIE** pays membre du Conseil de l'Arctique

...au croquis de synthèse

Sur votre cahier, complétez le titre, la légende et le croquis à l'aide des pages 320-323.

PDF FICHE À COMPLÉTER et correction en téléchargement sur le site Hachette-Éducation

Titre : ....

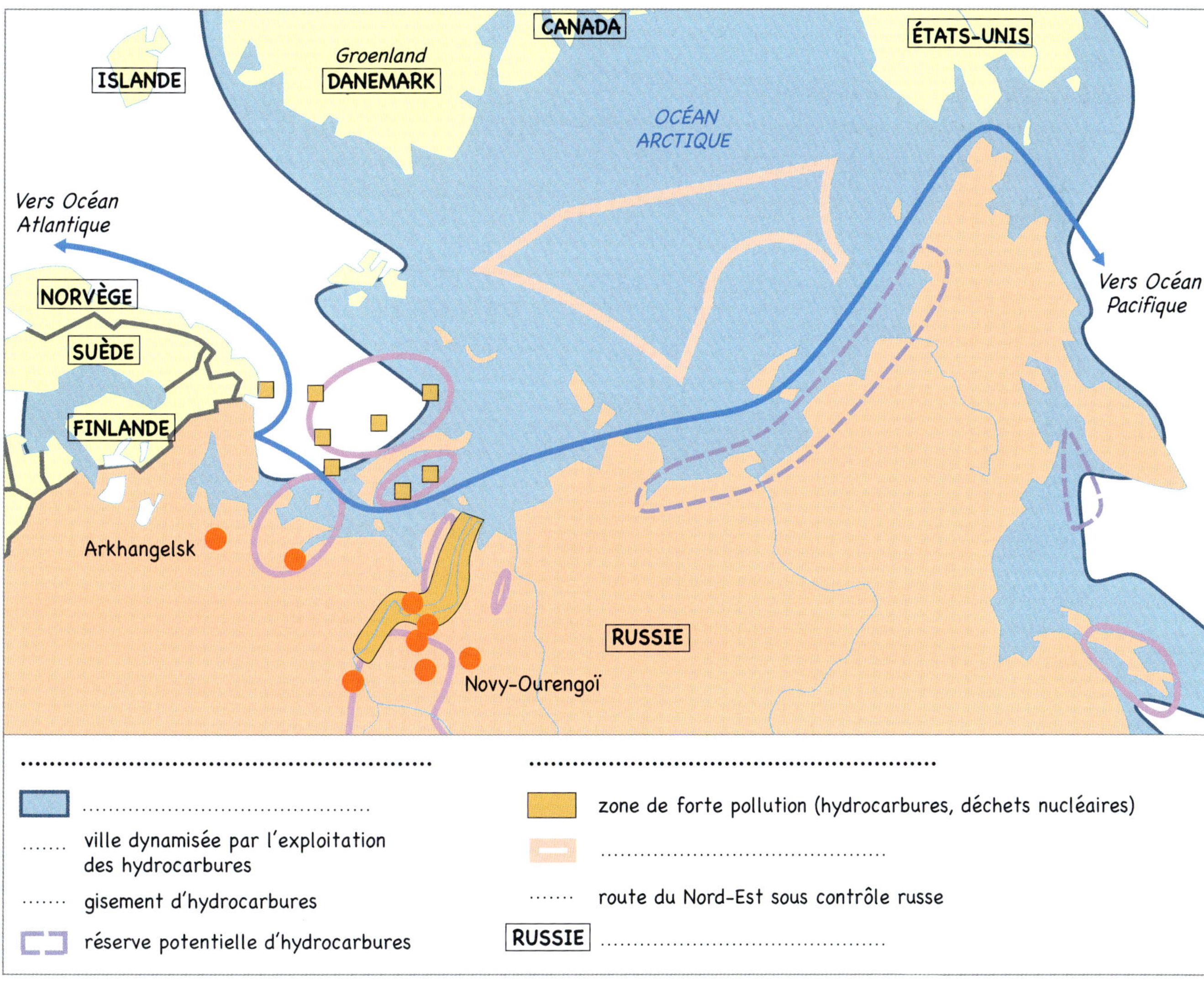

....

- ....
- .... ville dynamisée par l'exploitation des hydrocarbures
- .... gisement d'hydrocarbures
- réserve potentielle d'hydrocarbures

....

- zone de forte pollution (hydrocarbures, déchets nucléaires)
- ....
- .... route du Nord-Est sous contrôle russe
- **RUSSIE** ....

Le littoral de la Thaïlande, un espace convoité et exposé aux risques ?

La Thaïlande en chiffres
- **Population :** 70 millions d'habitants
- **IDH (rang mondial) :** 0,69 (103e)

Le littoral de la Thaïlande s'étire sur plus de 3 000 km. Il est de plus en plus aménagé en raison de son ouverture croissante au monde. Cette mise en valeur a des conséquences sociales et environnementales et aggrave l'exposition des hommes aux risques majeurs. La Thaïlande doit alors relever un double défi : valoriser son littoral de manière durable tout en se protégeant des risques.

A Comment concilier usages et protection du littoral thaïlandais ?

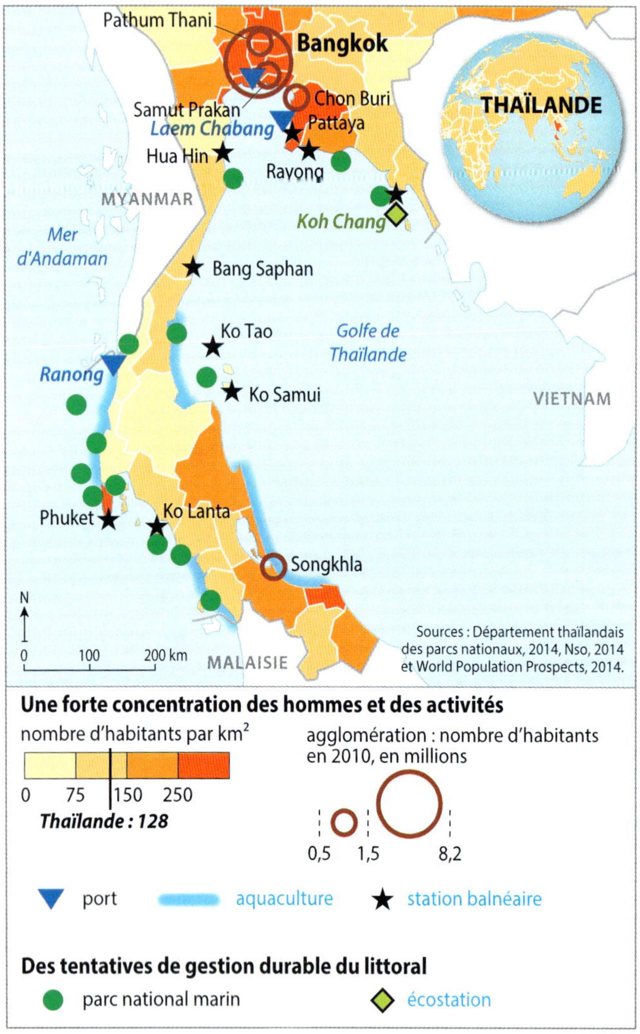

1 Un littoral convoité à protéger

2 Des conflits d'usage entre les « gitans » de la mer et le tourisme

Les « gitans » thaïlandais de la mer risquent d'être chassés de leurs terres par l'avancée inexorable des complexes touristiques. Avec la création de réserves naturelles marines, la diminution des stocks de poissons et la frénésie des constructions, les Chao Lay ont de plus en plus de mal à perpétuer leurs traditions ancestrales. Un exemple parmi d'autres de la pression que subissent les minorités autochtones dans un pays qui a vu le nombre de touristes atteindre 22 millions[1] en 2012. De nombreux Chao Lay ne savent ni lire ni écrire. Le concept de propriété leur est étranger. Ils ignoraient donc qu'ils pouvaient enregistrer la terre à leur nom et beaucoup d'entre eux n'ont aujourd'hui aucun titre de propriété. Jadis nomades, vendant poissons, concombres de mer et autres richesses de l'océan, les Chao Lay se sont sédentarisés et font face aux menaces d'arrestation et de saisie de leurs bateaux en pêchant dans les parcs nationaux.

Le Nouvel Observateur, 6 juin 2013.

1. En 2013, le nombre de touristes a atteint 26,7 millions, dont 60 % en provenance d'Asie de l'Est et 24 % d'Europe.

Vocabulaire

Aquaculture : élevage de végétaux et d'animaux en milieu aquatique.

Conflit d'usage : concurrence entre différents acteurs pour le contrôle et l'utilisation d'un espace ou d'une ressource.

Écostation : station touristique conçue de manière à limiter l'impact du tourisme sur le milieu naturel et culturel dans lequel il s'implante.

Mangrove : formation végétale tropicale recouverte par la mer à marée haute.

Station balnéaire : espace aménagé en bord de mer pour accueillir les touristes.

3 **Hua Hin, un littoral touristique densément aménagé.** ① complexe hôtelier ; ② restaurants de fruits de mer.

4 **Une ferme aquacole à Lo Yung (nord de Phuket).** Avec 600 000 tonnes produites par an, la Thaïlande est le premier exportateur de crevettes au monde. Selon l'ONG World Rainforest Movement, plus des deux tiers de la superficie de la mangrove thaïlandaise a été détruite pour la création de fermes à crevettes.

5 La protection des coraux

Le ministère de l'Environnement a pointé du doigt le problème du blanchiment des coraux, un phénomène durant lequel le corail perd sa couleur. Il a donc annoncé la fermeture de sites de plongée, au sein de 7 parcs nationaux marins, où 80 % des coraux sont touchés par le blanchiment. Plusieurs mesures sont en outre prises pour protéger les récifs coralliens, comme la restriction du nombre de visiteurs dans les parcs nationaux, la répression contre les pratiques de pêche illégale, l'installation de bouées de mouillage afin d'empêcher les bateaux de s'ancrer sur les coraux. L'Office national du tourisme de Thaïlande joue un rôle majeur dans la sensibilisation [à la protection des littoraux] par des campagnes de communication qui invitent à rendre les touristes « responsables » lors de leur visite en Thaïlande.

Office national du tourisme de Thaïlande, 2011.

Questions

1) Quelles sont les principales activités qui se concentrent sur le littoral thaïlandais ? Montrez que l'occupation et la mise en valeur du littoral sont inégales. (doc. 1, 3 et 4)

2) Quelles sont les conséquences sociales et environnementales de la concentration des hommes et des activités sur le littoral ? (doc. 2 et 3)

3) Montrez que des tentatives de gestion durable du littoral thaïlandais sont développées. Quelles en sont les limites ? (doc. 1 et 5)

B Comment faire face aux risques naturels sur le littoral thaïlandais ?

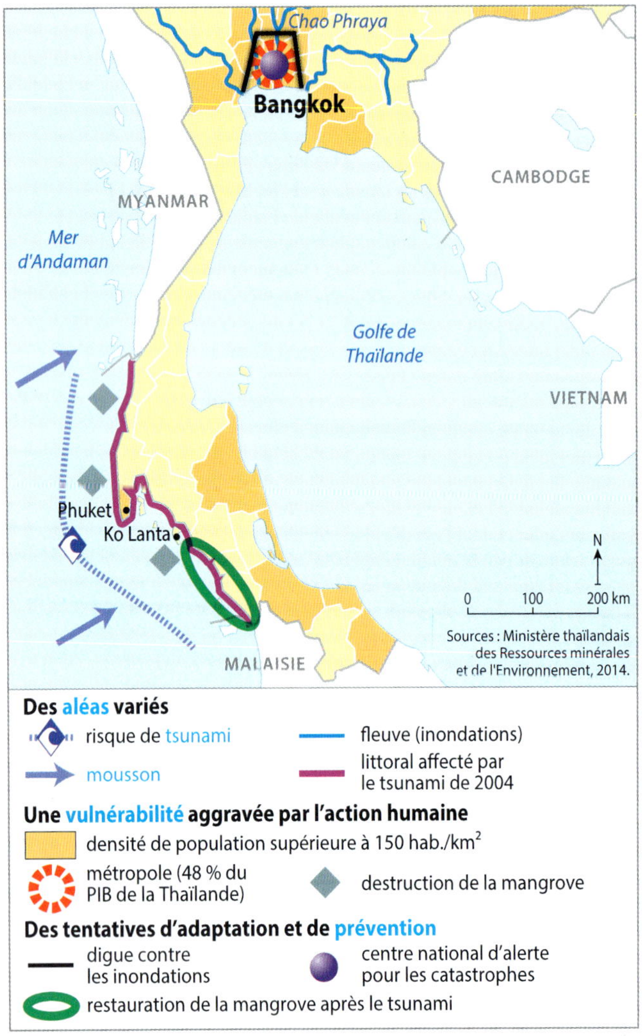

6 Des risques variés à prendre en compte

Vocabulaire

Aléa : événement d'origine naturelle, technologique ou sanitaire qui a une probabilité plus ou moins forte de se dérouler.
Mousson : voir p. 314.
Prévention : ensemble de mesures visant à réduire la vulnérabilité d'une société : prévision du risque, aménagements, plans d'information et de secours.
Prévision : ensemble de mesures visant à évaluer, grâce à des moyens techniques, la date et l'ampleur d'un aléa.
Risque : probabilité qu'un ou plusieurs aléas affectent une société.
Tsunami : raz de marée engendré par un mouvement brutal du fond de la mer au cours d'un séisme.
Vulnérabilité : fragilité des sociétés face à un aléa. Elle varie selon leur préparation et leur capacité à y faire face.

7 Deux catastrophes majeures aux conséquences différentes

	Morts	Coût, en milliards de dollars
Tsunami de 2004	8 345	1
Inondations de 2011 (Bangkok et sa région)	810	40

Source : CRED, 2014.

8 Une vulnérabilité aggravée par l'action humaine

La Thaïlande n'est pas un pays à exposition majeure aux risques et l'augmentation des catastrophes est surtout causée par la combinaison de phénomènes naturels et humains, en particulier la pression sur les côtes. [Par exemple], lors de la construction des centres touristiques, les dunes qui protégeaient autrefois l'arrière-pays ont été supprimées pour dégager la vue et permettre la construction de routes le long de la côte. Cela a accéléré l'érosion et multiplié les glissements de terrain et les inondations. Ces phénomènes peuvent à leur tour endommager les constructions et augmenter la vulnérabilité face aux cyclones.

Ministère thaïlandais des Ressources minérales, 2014.

Bangkok s'enfonce de 1 à 2 cm chaque année, sous l'effet de l'épuisement des eaux souterraines, du poids des constructions, de l'érosion et des glissements de terrain. Bangkok est désormais dans une sorte de cuvette. La ville est en outre bordée par une zone de l'océan Indien qui s'élève plus vite que la moyenne mondiale. « *Sans politique d'adaptation, la superficie inondable de Bangkok sera de 40 % en cas d'une élévation du niveau de la mer de 15 cm* », estime la Banque mondiale. Un scénario qui pourrait devenir réalité dès les années 2030. Menacée, au sud par l'océan Indien, la ville est, au nord, très vulnérable aux crues provoquées par la mousson. En réponse, le gouvernement prévoit la construction de digues le long du fleuve qui traverse la ville, la mise en place d'un système de pompage, la construction de canaux de détournement et la plantation de [mangrove].

Le Monde, 25 juin 2013.

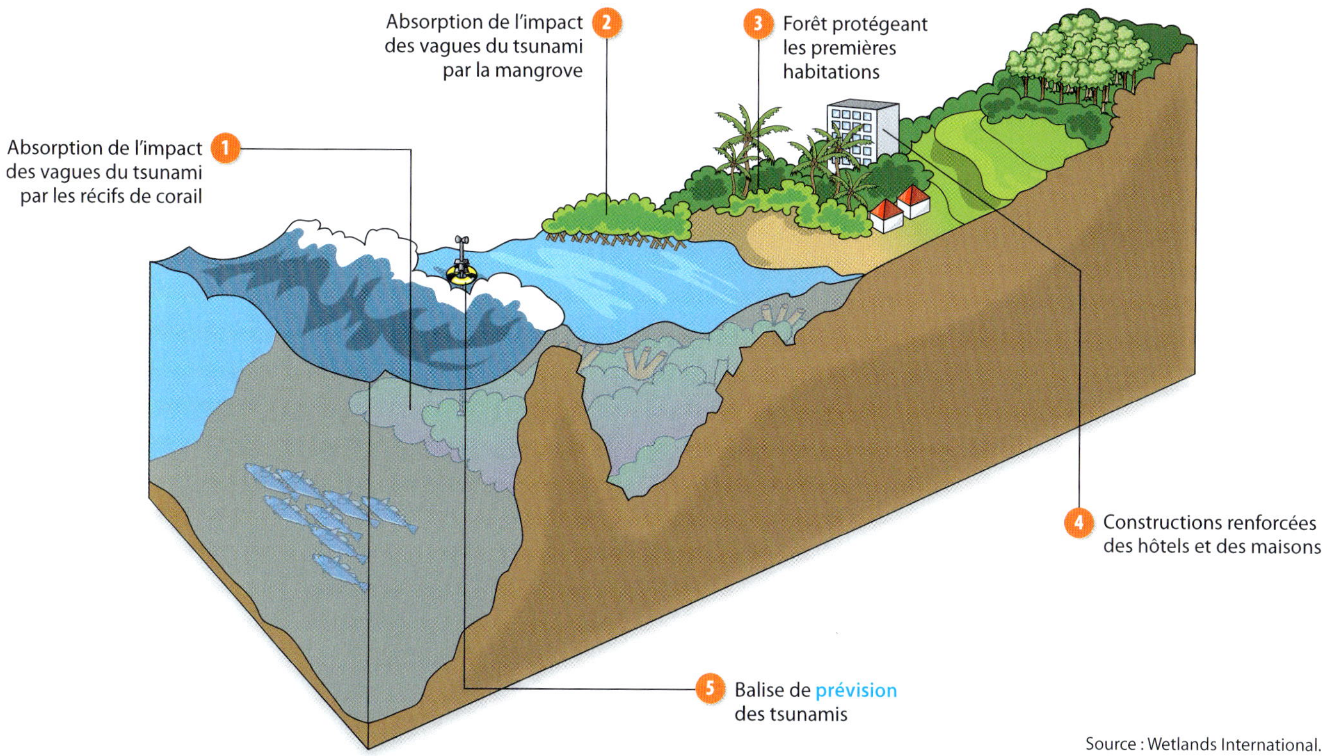

Source : Wetlands International.

9 **Plan de prévention proposé par l'ONG Wetlands International, pour lutter contre les tsunamis**

10 **Organiser un plan de secours à Phuket**

11 **Prévenir les risques en replantant la mangrove**

Questions

1. Quels sont les principaux aléas qui affectent le littoral thaïlandais ? Montrez que la population thaïlandaise est inégalement exposée aux risques. (doc. 6)
2. Montrez que la vulnérabilité humaine et économique est inégale. Pourquoi Bangkok a-t-elle une plus grande vulnérabilité que le reste du territoire ? (doc. 7, 8 et doc. 3 p. 313)
3. Comment peut-on prévoir les risques en Thaïlande ? (doc. 6 et 9) Comment peut-on limiter les effets des catastrophes ? (doc. 9, 10 et 11)

Le littoral de la Thaïlande, un espace convoité et exposé aux risques ?

L'essentiel

A Comment concilier usages et protection du littoral thaïlandais ?

- Le littoral thaïlandais concentre de nombreuses activités économiques qui le transforment. L'intégration de la Thaïlande dans la mondialisation a entraîné un développement du tourisme balnéaire.
- Cette littoralisation entraîne des conséquences environnementales, comme le recul de la mangrove, et des conflits d'usages entre des acteurs qui ont des pratiques différentes sur le littoral.
- Des tentatives de gestion durable du littoral sont développées avec une multiplication des parcs marins ou des écostations pour protéger le littoral thaïlandais.

B Comment faire face aux risques naturels sur le littoral thaïlandais ?

- Le littoral thaïlandais peut être affecté par des aléas variés et puissants comme les tsunamis ou les inondations.
- La vulnérabilité humaine et économique est inégale. Elle dépend de la concentration des hommes et des activités sur le littoral. Par leurs actions, les hommes aggravent le niveau de vulnérabilité.
- La gestion des risques s'effectue grâce à la prévision (centres d'alerte) et grâce à des mesures de prévention (replantation de la mangrove).

Passer à l'échelle mondiale

Les pressions sur le littoral de la Thaïlande sont-elles représentatives de la situation mondiale ?

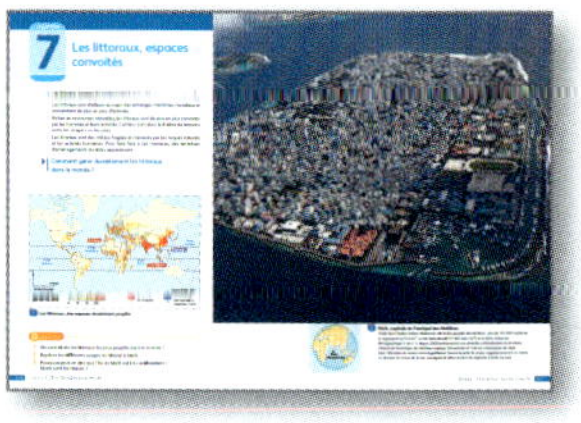

Comment les autres pays dans le monde font-ils face aux risques naturels ?

Travailler autrement

Recopiez et complétez l'organigramme bilan de l'étude de cas.

FAIRE FACE AUX PRESSIONS ET AUX RISQUES SUR LE LITTORAL THAÏLANDAIS

CONCILIER USAGES ET PROTECTION DU LITTORAL

Un littoral attractif
- Pour les hommes : ....
- Pour leurs activités : ....

Un littoral convoité
- Facteurs : ....
- Conséquences : ....

FAIRE FACE AUX RISQUES SUR LE LITTORAL

Une forte exposition aux risques
- Différents types d'aléas : ....
- Exposition inégale des populations : ....

Une forte vulnérabilité
- Humaine : ....
- Économique : ....

Vers une gestion durable du littoral ?

- Des menaces environnementales : ....
- Des tentatives pour concilier protection de l'environnement et développement économique : ....

- Des mesures de prévision : ....
- Des aménagements de protection : ....
- Des plans de secours : ....

Des schémas…

A Gérer un littoral convoité

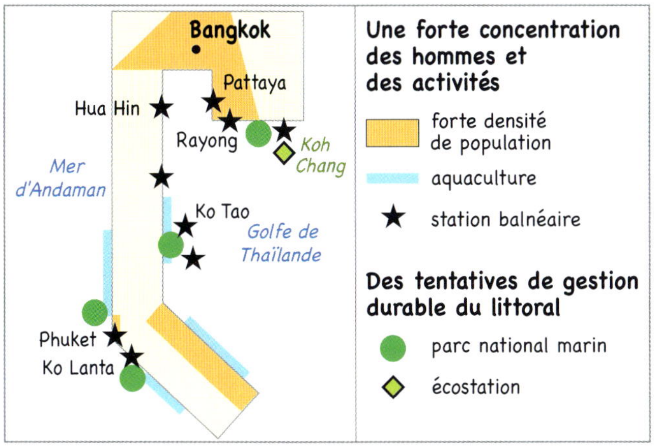

B Faire face aux risques sur le littoral

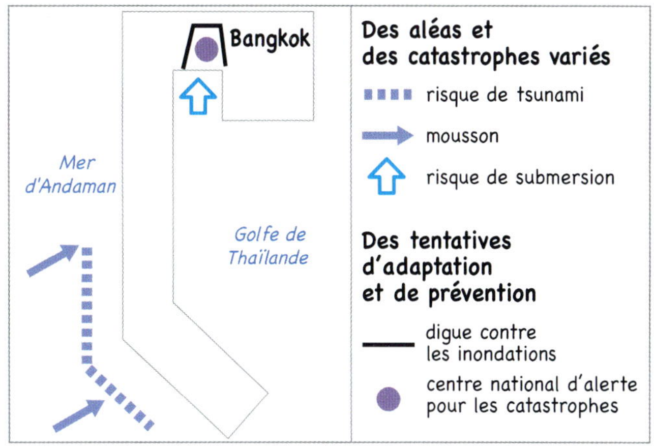

…au croquis de synthèse

Sur votre cahier, complétez le titre, la légende et le croquis à l'aide des pages 326 à 329.

FICHE À COMPLÉTER et correction en téléchargement sur le site Hachette-Education

Titre : ....

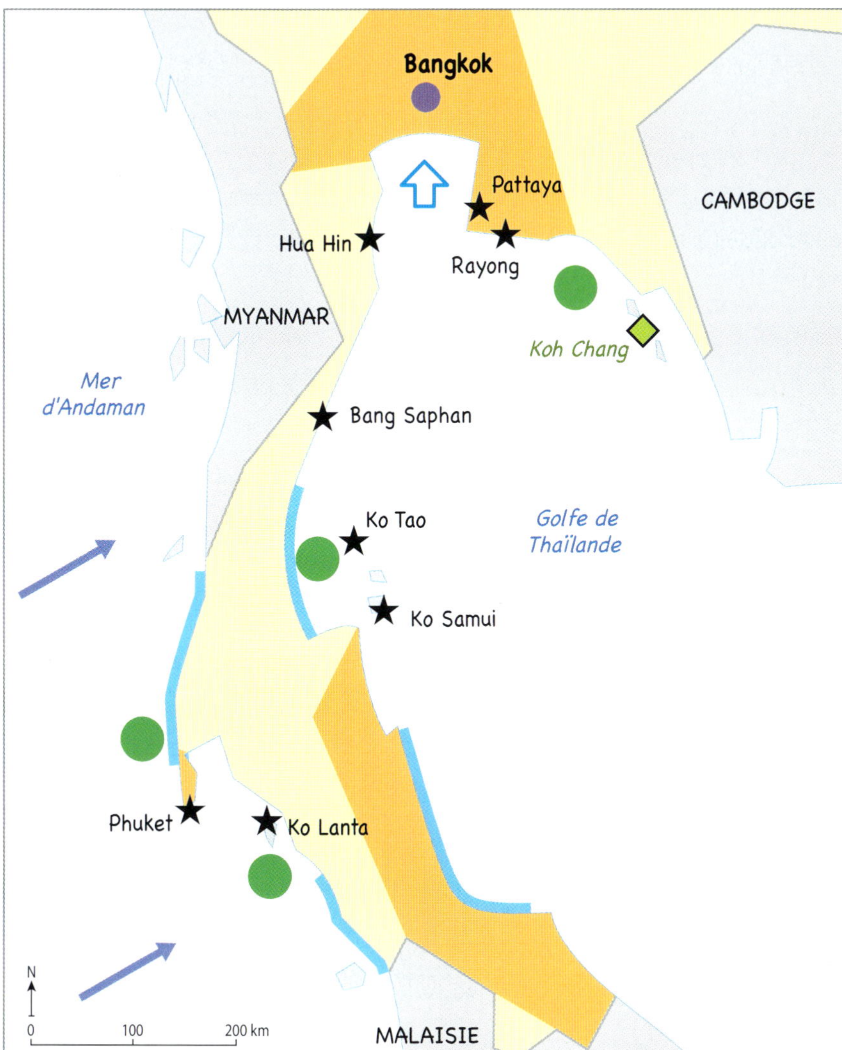

Gérer un littoral convoité

- ....
- ....
- .... station balnéaire
- parc national marin
- ....

Faire face aux risques sur le littoral

- .... risque de tsunami
- ....
- ....
- .... centre national d'alerte pour les catastrophes

Lexique

A

Accès à l'eau : accès à domicile ou à moins de 15 minutes de marche à un minimum de 20 litres d'eau potable par personne et par jour. Voir p. 98.

Accroissement naturel : différence entre la natalité et la mortalité. Voir p. 22.

Agenda 21 local : plan d'action qui fixe la mise en œuvre de chaque pilier du développement durable à l'échelle d'un territoire (ville, région, État). Son adoption à l'échelle locale n'est pas obligatoire et son contenu est très variable. Voir p. 30

Agglomération : unité urbaine qui s'étend sur plusieurs communes. Voir p. 188.

Agriculture biologique : agriculture n'utilisant ni intrants d'origine industrielle (pesticides, engrais) ni OGM. Voir p. 56.

Agriculture commerciale : agriculture dont la production est destinée à la vente (marchés urbains, exportations). Voir p. 54.

Agriculture intensive : agriculture à fort rendement à l'hectare. Voir p. 56.

Agriculture productiviste : agriculture commerciale recherchant l'augmentation des rendements par l'utilisation des progrès scientifiques et techniques. Voir p. 54.

Agriculture raisonnée : agriculture recherchant l'efficacité économique tout en limitant l'utilisation d'intrants d'origine industrielle. Voir p. 78.

Agriculture vivrière : agriculture dont la production est destinée à l'autoconsommation ou à la vente sur les marchés locaux. Voir p. 54.

Agro-business : ensemble des activités développées autour de l'agriculture commerciale (transformation, commercialisation). Voir p. 54.

Agrocarburant : carburant issu de la transformation de productions agricoles (colza, betterave, huile de palme). Voir p. 140.

Aide alimentaire : don de produits alimentaires d'un pays ou organisme donateur (organismes publics, ONG) à un pays bénéficiaire. Voir p. 60.

Aire protégée : espace terrestre ou maritime soumis à une réglementation plus ou moins stricte visant à préserver son milieu (biodiversité, paysage, culture). Voir p. 38.

Aléa : événement d'origine naturelle, technologique ou sanitaire qui a une probabilité plus ou moins forte de se dérouler. Voir p. 282.

AMAP (Association pour le maintien de l'agriculture paysanne) : partenariat entre un groupe de consommateurs et un producteur, basé sur un système de distribution de « paniers » composés des produits de la ferme. Voir p. 78.

Anémie : état maladif lié à des carences alimentaires. Voir p. 60.

Aquaculture : élevage d'animaux ou de végétaux aquatiques (poissons, crustacés). Voir p. 76.

Aqueduc : aménagement hydraulique pour le transport de l'eau. Voir p. 92.

Aquifère : réserve d'eau souterraine contenue dans les roches. Voir p. 90.

Aridité : sécheresse liée à de faibles précipitations et à une forte évaporation. Voir p. 98.

B

Banquise : couche de glace formée par la congélation de l'eau de mer. Les formes varient de la bouillie glacée à la banquise épaisse (3 à 4 mètres) et permanente. Voir p. 214 et p. 245.

Bien commun : ressource utilisée et gérée en commun. Voir p. 114.

Biomasse : matière organique permettant de produire de l'énergie. Dans les pays du Nord, elle est utilisée après transformation (déchets ménagers, biogaz), contrairement à la biomasse traditionnelle (bois, déjections animales) des pays du Sud. Voir p. 146.

C

Catastrophe : réalisation brutale du risque entraînant des dégâts humains et/ou matériels importants. Voir p. 294.

Cercle polaire : limite au-delà de laquelle la nuit et le jour peuvent durer au moins 24 heures. Voir p. 232.

Circuit court : circuit de distribution d'un produit limitant les intermédiaires et les kilomètres entre le producteur et le consommateur. Voir p. 64.

Commerce équitable : commerce qui cherche à assurer des revenus plus décents aux producteurs des pays du Sud par un meilleur partage de la valeur de la vente de leurs produits aux consommateurs du Nord. Voir p. 56.

Conflit d'usage : concurrence entre différents acteurs pour le contrôle et l'utilisation d'un espace ou d'une ressource. Voir p. 94.

Congestion : augmentation du trafic de véhicules provoquant un ralentissement du trafic. Voir p. 194.

Conseil de l'Arctique : organisation régionale qui a pour objectif la mise en œuvre d'un développement durable en Arctique. Voir p. 218.

Conservatoire du littoral : établissement public protégeant le littoral français. Voir p. 272.

Conteneur : caisse métallique de taille standardisée utilisée pour la manutention, le stockage et le transport de marchandises. Voir p. 248.

Contrainte : frein au développement des sociétés. Elle peut être physique ou socio-économique. Voir p. 214.

Coopérative : groupement d'agriculteurs dont le but est d'organiser la production et la vente de leurs produits afin de défendre leurs intérêts (notamment leurs revenus) sur le marché agricole. Voir p. 56.

Cueillette : ramassage des produits comestibles offerts par le milieu naturel. Voir p. 54.

D

Delta : embouchure d'un fleuve où les eaux se divisent en plusieurs bras. Voir p. 266.

Démocratie participative : forme de partage et d'exercice du pouvoir qui implique la participation des citoyens. Voir p. 198.

Dénordification : processus de désenclavement de l'Arctique marqué par le développement économique, l'amélioration des communications et les modifications des modes de vie. Voir p. 232.

Dessalement : technique de transformation de l'eau de mer en eau douce. Voir p. 92.

Développement : amélioration des conditions sociales et économiques apportant aux hommes la satisfaction de leurs besoins essentiels. Voir p. 14.

Développement durable : développement qui permet de répondre aux besoins des générations actuelles sans compromettre la satisfaction des besoins des générations futures. Voir p. 30.

Directive Seveso : directive européenne qui impose aux établissements industriels utilisant des substances dangereuses de prendre des mesures pour prévenir les accidents majeurs. Son nom provient de la catastrophe industrielle qui a eu lieu dans la ville de Seveso en Italie en 1976. Voir p. 304.

Disponibilité alimentaire : quantité de nourriture théoriquement disponible pour un individu. Voir p. 69.

Disponibilité en eau : volume d'eau renouvelable théoriquement disponible pour un individu. Voir p. 98.

E

Eau recyclée : eau usée réutilisable à la suite d'un traitement spécifique. Voir p. 94.

Eau renouvelable : eau souterraine ou de surface qui se renouvelle au sein du cycle de l'eau. Voir p. 106.

Eau virtuelle : quantité totale d'eau nécessaire à une production agricole ou industrielle. Voir p. 102.

Écocitoyenneté : adoption de comportements quotidiens protecteurs de l'environnement. Voir p. 32.

Éco-construction : bâtiment construit dans le respect de l'environnement (matériaux locaux, énergie durable, récupération des eaux de pluie). Voir p. 34.

Écoquartier : quartier aménagé pour répondre aux objectifs du développement durable. Voir p. 34.

Écostation : lieu touristique conçu pour limiter l'impact sur le milieu naturel et culturel dans lequel il s'implante. P.178

Écosystème : système formé par un environnement et par l'ensemble des espèces qui y vivent. Voir p. 36.

Efficacité énergétique : production et consommation énergétiques plus économes pour un même service rendu. Voir p. 140.

Électricité primaire : électricité d'origine nucléaire, hydraulique, éolienne, solaire et géothermique. Voir p. 132.

Énergie fossile : énergie non renouvelable produite à partir du pétrole, du gaz ou du charbon contenus dans le sous-sol. Voir p. 128.

Énergie grise : somme de toute l'énergie nécessaire à la fabrication, l'utilisation et le recyclage d'un produit. Voir p. 154.

Énergie primaire : produit énergétique non transformé (pétrole brut, rayonnement solaire, énergie du vent). Voir p. 144.

Énergie non renouvelable : voir p. 163.

Énergie renouvelable : énergie fournie par la nature en quantité illimitée (soleil, vent, eau) ou se régénérant à l'échelle humaine (biomasse, agrocarburant). Voir p. 128 et p. 163.

Enjeu : élément exposé pouvant être perdu ou endommagé (vies humaines, infrastructures, biens) lors d'une catastrophe. Voir p. 298.

Érosion : dégradation naturelle du relief et du sol par l'action du vent et de l'eau. Voir p. 236.

Estuaire : embouchure d'un fleuve affectée par les mouvements de la mer dans lequel il se jette. Voir p. 268.

Étalement urbain : croissance spatiale des villes sous l'effet d'un accroissement démographique, et/ou de l'implantation de nouvelles activités. Voir p. 168.

F

Façade maritime : littoral comprenant de grands ports mondiaux en relation entre eux et partageant un même arrière-pays. Voir p. 262.

FAO (*Food and Agriculture Organization*) : agence de l'ONU spécialisée dans la collecte d'informations et dans la mise en place de projets destinés à améliorer la situation alimentaire et agricole dans le monde. Voir p. 64.

***Feed lot* :** parc d'engraissement de bovins. Voir p. 76.

Fonds souverain : réserve alimentée par les excédents financiers d'un État qui place ces capitaux à l'étranger (immobilier, industrie, foncier). Voir p. 152.

***Food miles* (Kilomètres alimentaires) :** kilomètres parcourus par les produits alimentaires, du lieu de production au lieu de consommation. Voir p. 78.

Front d'eau : espace situé au bord de l'eau dont l'aménagement tire profit de cette proximité au niveau économique (commerce, tourisme) et du cadre de vie (loisirs). Voir p. 172.

Front pionnier : espace en cours de mise en valeur par les hommes. Voir p. 54.

FTN (Firme transnationale) : entreprise possédant au moins une filiale à l'étranger. Voir p. 114.

G

Gated community : quartier résidentiel fermé et surveillé. Voir p. 184.

Gentrification : afflux d'une population aisée dans un quartier auparavant populaire. Voir p. 168.

Géothermie : système permettant de capter la chaleur présente dans le sol. Voir p. 140.

GES (Gaz à effet de serre) : gaz (Co_2, méthane, ozone) piégé dans l'atmosphère contribuant au changement climatique. Voir p. 38.

Ghetto : quartier marginalisé réservé à une communauté, le plus souvent ethnique. Voir p. 192.

GIEC (Groupement intergouvernemental d'experts sur le climat) : bureau créé par l'ONU pour étudier la responsabilité de l'homme dans le changement climatique. Voir p. 32.

GIZC (Gestion intégrée des zones côtières) : programme visant au développement durable d'un littoral en prenant en compte les différents enjeux et acteurs. Voir p. 252.

Goutte à goutte : procédé de micro-irrigation qui distribue la juste quantité d'eau aux plantes. Voir p. 94.

Gouvernance : coordination de l'ensemble des acteurs et des règles qui constituent une autorité pour gérer les affaires publiques. Voir p. 32.

Grand Nord ou Nords : terme utilisé pour nommer les régions arctiques. Voir p. 214 et p.245.

Green Globe : norme internationale utilisée dans le tourisme certifiant que les principes du développement durable sont respectés. Voir p. 270

***Greenwashing* (ou écoblanchiment)** : pratique commerciale qui consiste à utiliser des arguments environnementaux parfois trompeurs pour vendre des produits. Voir p. 32.

H

Halieutique : relatif à la pêche. Voir p. 256

Huerta : espace agricole méditerranéen divisé en petites parcelles irriguées sur lesquelles est pratiquée une culture intensive de fruits et légumes. Voir p. 112.

Hydrocarbure : composé formé de carbone et d'hydrogène (pétrole, gaz). Voir p. 130.

Hydrocarbure non conventionnel : hydrocarbure piégé dans la roche ou le sable et difficile d'accès nécessitant des techniques d'extraction complexes (bitume, huile, gaz de schiste). Voir p. 137.

Hydroélectricité : électricité produite grâce à l'énergie des cours d'eau. Voir p. 112.

Hydropuissance : État possédant suffisamment de pouvoir (économique, politique) au sein d'un bassin versant pour contrôler la répartition et la gestion des ressources en eau. Voir p. 102.

I

Iceberg : Voir p. 245

IDH (Indicateur de développement humain) : indicateur de développement qui prend en compte l'espérance de vie à la naissance, la durée de scolarisation et le revenu national brut par habitant. Voir p. 14.

Indice de dépendance en eau : part des ressources en eau provenant d'autres États. Voir p. 102.

Industrie agroalimentaire : industrie de transformation et de valorisation d'un produit agricole. Voir p. 62.

Inlandsis : calotte glaciaire, formée d'eau douce, recouvrant le Groenland dans l'espace arctique et le continent Antarctique. Voir p. 110 et p. 245

Insécurité alimentaire : situation d'une population n'ayant pas accès à une alimentation suffisante. La situation inverse caractérise la sécurité alimentaire. Voir p. 52.

Intégration : processus d'insertion d'un espace à un autre, ici de l'espace arctique à l'espace mondial. Voir p. 222.

Interface : lieu de contact entre un espace et le reste du monde (ici la terre et la mer). Voir p. 248.

Intermodalité : utilisation combinée de plusieurs moyens de transport pour un même trajet. Voir p. 170.

Intrants : produits utilisés pour accroître la croissance des plantes (engrais, produits de traitement des végétaux, semences). Certains nuisent à l'environnement. Voir p. 62.

IPM (Indicateur de pauvreté multidimensionnelle) : part de la population des pays du Sud vivant dans une pauvreté aiguë (forte mortalité infantile, malnutrition…). Voir p. 16.

Irrigation : opération consistant à apporter de l'eau sur des terres cultivées. Voir p. 92.

L

Ligne de Köppen : ligne climatique délimitant une zone au-delà de laquelle les températures sont inférieures à 10°C durant le mois le plus chaud (juillet) et où les arbres ne poussent plus. Voir p. 214.

Littoralisation : concentration croissante des hommes et des activités dans les espaces littoraux. Voir p. 256.

Loi Littoral : texte juridique qui vise à encadrer l'aménagement des côtes pour limiter leur artificialisation. Voir p. 258.

M

Maîtrise de l'eau : ensemble des techniques visant à rendre l'eau accessible ou utilisable pour les activités humaines. Voir p. 112.

Malnutrition : déséquilibre de la ration alimentaire quotidienne caractérisée par les carences ou les excès de certains aliments. Voir p. 52 et p. 87.

Mangrove : formation végétale tropicale recouverte par la mer à marée haute. Voir p. 252.

Mégapole : très grande agglomération de plus de 10 millions d'habitants (seuil fixé par l'ONU). Voir p. 176.

Métropole : grande ville qui concentre la population, les activités et les fonctions de commandement et qui exerce une influence sur le territoire qui l'entoure. Voir p. 168.

Mix énergétique : répartition des diverses sources d'énergie dans la consommation d'un État. Voir p. 128.

Mixité fonctionnelle : mélange sur un même territoire de plusieurs fonctions urbaines (habitat, commerce). Voir p. 194.

Mixité sociale : mélange sur un même territoire de personnes aux niveaux de vie et aux cultures différentes. Elle s'oppose à la ségrégation socio-spatiale. Voir p. 172.

Mobilité douce : ensemble des modes de transports jugés plus propres à l'égard de l'environnement (vélo, tramway, téléphérique). Voir p. 38

Mobilité pendulaire : déplacement quotidien effectué entre le domicile et le lieu de travail. Voir p. 170.

Mondialisation : processus de mise en relation et d'interdépendance des différentes parties du monde. P. 248

Mousson : vent saisonnier qui, en été, souffle de l'océan Indien et apporte de fortes pluies sur le sud-est du continent asiatique. Voir p. 298

N

Nappe fossile : aquifère profond non renouvelable à l'échelle humaine. Voir p. 98.

Nappe phréatique : aquifère qui se recharge grâce à l'infiltration des eaux de surface. Voir p. 110.

Nimby (*Not in my back yard - pas dans mon jardin*) : opposition de riverains à l'implantation d'une infrastructure (transport, industrie, énergie). Voir p. 140.

Nord : ensemble des pays développés. Ce terme est souvent employé au pluriel pour qualifier la diversité de ces pays. Voir p. 16.

Nordicité : concept qui caractérise l'espace arctique en fonction de ses contraintes géographiques, son accessibilité, son peuplement et son développement économique. Voir p. 232.

O

Oasis : espace caractérisé par la présence de végétation autour d'un point d'eau (puits, lac) dans un désert. Voir p. 112.

Oasis polaire : zone d'une très grande biodiversité et protégée par un classement en réserve naturelle ou parc national. Voir p. 218.

Obésité : maladie liée à l'accumulation excessive de graisses dans l'organisme. Voir p. 52.

Offshore : technique d'exploitation des énergies en mer (pétrole, parc éolien). Voir p. 132.

OGM (Organisme génétiquement modifié) : organisme vivant (animal, végétal ou micro-organisme) dont le patrimoine génétique a été modifié pour lui donner de nouvelles propriétés (résistance aux maladies et aux insectes, quantité d'aliments par plant). Voir p. 56.

OMC (Organisation mondiale du commerce) : organisation régulant le commerce international et réglant les différends commerciaux. Voir p. 76.

OMD (Objectifs du millénaire pour le développement) : ensemble des huit objectifs de développement pour la planète fixés en 2000 par l'ONU et à atteindre en 2015. Voir p. 16.

OMS (Organisation mondiale de la santé) : agence de l'ONU spécialisée dans la collecte d'informations et la mise en place de projets destinés à améliorer la situation sanitaire dans le monde. Voir p. 130.

ONG (Organisation non gouvernementale) : organisation privée qui agit le plus souvent dans le domaine humanitaire ou environnemental. Elle ne relève ni d'un État ni d'une organisation internationale. Voir p. 36.

ONU (Organisation des Nations Unies) : institution internationale créée en 1945 groupant, en 2014, 193 États. Ses objectifs essentiels sont la promotion de la paix et du développement dans le monde. Voir p. 16.

OPEP (Organisation des pays exportateurs de pétrole) : organisation imposant des quotas de production pour éviter la chute des cours et maintenir les revenus des pays membres. Voir p. 150.

P

Parc national : espace protégé soumis à une réglementation spécifique pour assurer la sauvegarde de son patrimoine naturel ou/et culturel. Voir p. 36.

Pays émergent : pays du Sud dont la croissance économique est forte et dont les conditions de vie des populations s'améliorent. Voir p. 16.

Péage urbain : taxe de circulation dans une zone du centre d'une grande ville. Voir p. 170.

Pénurie : situation d'un pays qui dispose de moins de 1 000 m^3/hab./an d'eau douce renouvelable, ce qui pose des problèmes importants d'approvisionnement. Voir p. 98.

Lexique

Pergélisol : couche supérieure du sol gelée en permanence. Voir p. 228.

PIB (Produit intérieur brut) : valeur des richesses (biens et services) produites à l'intérieur d'un État. Voir p. 16.

Pic pétrolier : moment où la consommation pétrolière dépassera durablement les capacités de production en raison de l'épuisement de la ressource. Voir p. 154.

Plaque tectonique : fragment de l'écorce terrestre. Les lignes de contact des plaques concentrent les zones sismiques et volcaniques. Voir p. 282.

Plate-forme intermodale : nœud de circulation qui facilite le passage d'un moyen de transport à un autre. Voir p. 170.

PMA (Pays les moins avancés) : groupe des 49 États les plus pauvres et les moins développés. Voir p. 14.

PNUE (Programme des Nations Unies pour l'environnement) : agence de l'ONU spécialisée dans la collecte d'informations et la mise en place de projets destinés à promouvoir le développement durable dans le monde. Voir p. 258.

Polder : étendue de terre gagnée sur la mer par endiguement et drainage. Voir p. 250.

Politique antinataliste : politique visant à diminuer la natalité par des mesures incitatives ou autoritaires. Voir p. 26.

Pont arctique : route maritime entre les ports de Mourmansk (Russie) et Churchill (Canada), ouverte de juillet à octobre. Voir p. 234.

Prévention : ensemble de mesures visant à réduire la vulnérabilité d'une société : prévision du risque, aménagements, plans d'information et de secours. Voir p. 284.

Prévision : ensemble de mesures visant à évaluer, grâce à des moyens techniques, la date et l'ampleur d'un aléa. Voir p. 284.

Principe de précaution : ensemble de mesures visant à éviter ou limiter un risque dont les conséquences sont incertaines. Voir p. 304.

Q

Quartier des affaires : quartier qui concentre les activités économiques décisionnelles des métropoles (sièges sociaux des grandes entreprises, place boursière). Voir p. 168.

Quartier informel (bidonville) : quartier d'habitations précaires occupant des espaces délaissés par l'urbanisation traditionnelle (décharge, zone inondable). Voir p. 176.

R

Réforme agraire : transformation profonde du système agricole, par exemple par une redistribution des terres. Voir p. 54.

Réhabilitation : réaménagement d'un quartier par la restauration et la modernisation des bâtiments. Voir p. 172.

Rente énergétique : revenus financiers d'un État reposant sur l'exploitation de ses ressources énergétiques. Voir p. 150.

Réseau d'adduction d'eau : réseau aménagé (conduites, aqueducs) permettant de transporter l'eau de sa source à son lieu de consommation. Voir p. 110.

Réseau d'assainissement : maintien de bonnes conditions d'hygiène dans un espace par la collecte et élimination efficace des excréments (fosses protégées, chasses d'eau) et l'évacuation des eaux usées. Voir p. 110.

Ressource renouvelable : ressource qui se régénère en permanence à l'échelle humaine (eau, bois). Néanmoins, en cas de prélèvement plus rapide que le renouvellement, une ressource renouvelable peut s'épuiser. Voir p. 24.

Révolution verte : intensification de la culture du riz ou du blé. Elle résulte de l'utilisation conjuguée de semences à haut rendement, de l'irrigation et d'intrants (engrais). Voir p. 70.

Risque : probabilité qu'un ou plusieurs aléas affectent une société. Voir p. 288.

Risque technologique : probabilité qu'un ou plusieurs aléas liés aux activités humaines (explosion, incendie, irradiation) affectent une société. Voir p. 282.

S

Salinisation : processus d'accumulation de sels dans les sols, qui nuit à la croissance des plantes. Voir p. 102.

Sanctuarisation : protection totale d'un espace de toute action humaine pouvant porter atteinte à l'environnement. Voir p. 236.

Sécurité alimentaire : situation d'une population ayant accès à une alimentation suffisante. La situation inverse caractérise l'insécurité alimentaire. Voir p. 72.

Sécurité énergétique : situation d'une population ayant accès à une énergie suffisante et à un prix acceptable. La situation inverse caractérise l'insécurité énergétique. Voir p. 138.

Ségrégation socio-spatiale : spécialisation des territoires urbains en fonction des catégories sociales de population. Elle s'oppose à la mixité socio-spatiale. Voir p. 176.

Sous-nutrition (ou sous-alimentation) : insuffisance quantitative de la ration calorique quotidienne (inférieure à 2 400 kilocalories par jour). Voir p. 87.

Station balnéaire : espace aménagé en bord de mer pour accueillir des touristes. Voir p. 256.

Stress hydrique : situation d'un pays dont la disponibilité en eau est comprise entre 1 000 et 1 700 m^3/hab./an, ce qui pose des problèmes d'approvisionnement saisonnier. Voir p. 98.

Sud : ensemble des pays en développement. Ce terme est souvent employé au pluriel pour qualifier la grande diversité de ces pays. Voir p. 16.

Supermajor : grande compagnie pétrolière privée américaine ou européenne implantée internationalement. Voir p. 138.

Surexploitation : situation dans laquelle le prélèvement de la ressource est supérieur à sa capacité de renouvellement. Voir p. 94.

Surpopulation : excès de population par rapport aux ressources et infrastructures disponibles. Voir p. 24.

T

Taïga : forêt de résineux caractérisant les marges sud de l'Arctique. Voir p. 228.

Tarification sociale de l'eau : politique selon laquelle le prix de l'eau dépend de la quantité consommée (plus la quantité consommée est importante, plus l'eau coûte cher). Elle favorise les économies d'eau et l'accès des plus pauvres à la ressource. Voir p. 116.

Taux d'urbanisation : part d'urbains dans la population totale. Voir p. 188.

Taux de motorisation : nombre de véhicules motorisés (automobiles, deux roues à moteur) pour 1 000 habitants. Voir p. 190.

Terre-plein : étendue de terre gagnée sur la mer par remblaiement. Voir p. 250.

Terres rares : métaux non ferreux servant à la fabrication de produits électroniques de grande consommation (écrans plats, smartphones) et de technologie verte (moteurs hybrides, éoliennes). Voir p. 222.

Toundra : formation végétale basse caractérisant les hautes latitudes arctiques (lichens, mousses et quelques arbustes). Voir p. 232.

Tourisme balnéaire : ensemble des services et des activités liés aux vacances en bord de mer. Voir p. 266.

Traçabilité : système permettant d'identifier l'origine et de reconstituer le parcours d'un produit. Voir p. 78.

Transfert d'eau : transport des eaux souterraines ou fluviales par des canalisations et sur une longue distance. Voir p. 101.

Transition alimentaire : processus de modification des régimes alimentaires où les calories d'origine animale remplacent dans des proportions croissantes les calories d'origine végétale. Voir p. 52.

Transition démographique : passage d'un niveau d'équilibre démographique élevé à un niveau d'équilibre démographique bas, par la baisse de la mortalité puis de la natalité. Voir p. 22.

Transition énergétique : passage d'un système énergétique fondé sur la consommation d'énergies fossiles à un système énergétique intégrant efficacité énergétique et énergies renouvelables. Voir p. 132.

Transition urbaine : passage d'une société majoritairement rurale à une société majoritairement urbaine. Voir p. 192.

Transport en commun : moyen de transport qui permet d'acheminer plusieurs personnes ensemble (autocar, métro, pédibus). Voir p. 194.

Transport en site propre : transport empruntant une voie qui lui est réservée (tramway, piste cyclable). Voir p. 178.

U

Unesco : agence de l'ONU spécialisée dans la mise en place de projets destinés à favoriser la collaboration des États dans les domaines de l'éducation et de la culture. Voir p. 38.

Usage domestique : consommation d'eau par les ménages (hors industrie et agriculture). Voir p. 92.

V

Ville durable : ville qui cherche à prendre en compte simultanément les enjeux sociaux, économiques et environnementaux, conformément aux trois piliers du développement durable. Voir p. 191.

Ville nouvelle : ville créée à proximité d'une métropole afin d'y délocaliser certaines activités pour éviter la saturation de la métropole. Voir p. 168.

Vulnérabilité : fragilité des sociétés face à un aléa. Elle varie selon leur préparation et leur capacité à y faire face. Voir p. 282.

Z

ZEE (Zone économique exclusive) : espace marin large de 200 milles nautiques (370 km) dans lequel l'État côtier dispose de droits exclusifs sur l'exploration et l'exploitation des ressources. Voir p. 152.

ZIP (Zone industrialo-portuaire) : espace côtier associant des fonctions portuaires (accueil de gros navires) et industrielles liées au transport maritime (transformation de matières premières). Voir p. 248.

Zonage : spécialisation des territoires urbains en fonction des activités. Voir p. 192.

Zone franche : espace où les activités économiques bénéficient d'avantages fiscaux. Voir p. 248.

Zone géostratégique : zone dont le contrôle oppose les intérêts d'acteurs variés : zone de tensions frontalière, contrôle des passages maritimes, revendication des eaux internationales. Voir p. 231.

Zone humide : étendue de terre inondée ou gorgée d'eau douce ou salée, de façon permanente ou temporaire. Voir p. 116.

Crédits iconographiques

Couverture ©Xinhua/Zuma/REA
P10-11 ©G.M.B. Akhash/PANOS-REA

CHAPITRE 1
P12-13 ©Chris Stowers/PANOS-REA
P17 ©UN.ORG/FR/MILLENNIUMGOALS
P21 ©Spacephotos.com
P25 ©Uncle Grey for WWF France
P27 (3) ©Lv Jianshe/Imaginechina/AFP ; (5) ©Jiao Haiyang/China.org.cn
P29 ©JD Dallet/Getty Images
P33 ©SPC/AFP ; (4) ©Christophe Boul
P35 ©René Mattes/hemis.fr ; (4) ©Sicoval 2014/ V. Laratta
P36 ©DR
P37 (3) ©Luca Zanetti/LAIF-REA ; (5) ©Martin Harvey/ Gallo Images/Corbis
P39 (3) ©Robert Harding/hemis.fr ; (5) Garma festival/DR
P40 ©Bernd Hartung/Focus/Cosmos
P41 ©DR
P48-49 ©J.C. Moschetti/REA

CHAPITRE 2
P50 ©Wolfgang Kaehler/Corbis
P53 ©Gilberto Abade/DR
P55 (9) ©Paulo Fridman/Corbis ; (11) ©Ton Koene/Visuals Unlimited/Corbis
P56 ©Rickey Rogers/Reuters
P57 (15) ©www.ethiquable.coop ; (16) ©Terra Legal Amazonia/DR
P61 ©Bertrand Devimeux
P63 (9) ©Elevages sans frontières ; (10) ©Nick Tattersall/ Reuters
P65 ©Jerry Miner, Communication Officer, Global Horticulture Initiative
P73 (1) ©cartoons@courrierinternational.com ; (3) ©DR
P75 ©Joe Raedle/Getty Images/AFP
P77 (1) ©Yann Doelan/hemis.fr ; (2) ©Ocean/Corbis
P79 (1) ©Zhao Jianpeng/Imaginechina/AFP ; (3) ©www.alimentation.gouv.fr
P82 ©commerce équitable
P83 ©DR
P86 ©DR

CHAPITRE 3
P88-89 ©Franck Vogel
P91 ©George Steinmetz/Corbis
P93 ©Tim Roberts Photography/Shutterstock
P94 ©Nancy Nehring/Getty Images
P95 ©Kerrick James/Corbis
P99 ©Yahya Arhab/EPA/Corbis
P101 (8) ©Neil Emmerson/Robert Harding/Corbis ; (9) ©George Steinmetz/Corbis
P103 ©Warrick Page/AFP
P113 (2) ©Hacienda Riquelme Blog/DR ; (3) ©Artemis Enterprises, Inc/DR
P115 ©AFP
P117 ©Melanie Stetson Freeman/The Christian Science Monitor/Getty Images
P118 ©Pete Mcbride/National Geographic Society/Corbis
P119 ©Columbia Water Center
P121 ©Martin Sasse/LAIF REA

CHAPITRE 4
P126-127 ©Masdar 2014/DR
P129 ©Wu Changqing/Imaginechina/AFP
P131 ©Kieran Dodds/PANOS-REA
P133 (12) ©Imaginechina/AFP ; (14) ©Zheng Jiayu/ Xinhua Press/Corbis
P137 (4) ©Spacephotos.com ; (4) ©Andrew Harrer/ Bloomberg via Getty Images
P139 ©Chip Somodevilla/Getty Images/AFP
P141 (12) ©Joe Heller/Cagle Cartoons ; (14) ©Proehl Studios/Corbis
P149 ©Pascal Laurent/TOTAL
P151 ©Amnesty International
P153 ©mecei.org/DR
P155 (2) ©Pallava Bagla/Corbis ; (3) ©Osmani Simanca/ Cagle Cartoons
P157 ©Soren Kjeldgaard/Siemens AG
P162 ©« Fort Mac Money » David Dufresne/DR
P164-165 ©Exterior Architecture/Foster + Partners/Space Syntax

CHAPITRE 5
P166-167 ©Kristian Cabanis/Age Fotostock
P169 ©REX/SIPA
P171 (8) ©Ints Vikmanis/123RF; (9) ©DR
P173 (14) ©Neil Hall/REX/SIPA ; (16) ©Tom Chance
P177 ©Altitude/Yann Arthus-Bertrand
P179 (8) ©Jacob Silberberg/PANOS-REA ; (9) ©Eko Atlantic/DR
P183 (3) ©Steward Andrew/Sime/Photononstop ; (5) ©Atlantide Phototravel/Corbis
P185 (9) ©Tippy/Iconotec/Photononstop ; (10) ©DR
P193 (1) ©Brett Price/Latitude image ; (3) ©Y. Chiba/AFP
P195 (2) ©Franck Guiziou/hemis.fr ; (3) ©Pelli Clarke Pelli Architects/DR
P197 (4) ©Scott Dalton/The New York Times/REA ; (5) ©DR
P199 (1) ©Mithun, Inc. 2014/DR ; (2) ©ACF
P200 ©City of Vancouver/DR
P201 ©David Nunuk/All Canada Photos/Corbis
P203 ©George Osodi/PANOS-REA
P204 ©City of Malmö/DR
P210-211 ©Quincy Dien/Design Pics/Corbis

CHAPITRE 6
P212-213 ©Davide Monteleone/VII
P215 (3) ©Nancy Shaver ; (4) ©B&C Alexander/ Articphoto - B&C Alexander/Articphoto
P217 ©Mark Carwardine/Getty Images
P219 (12) ©Affaires indiennes et du Nord Canada/DR
P219 (13) ©Garnotte - Le Devoir, 9 août 2007
P223 (2) ©Stefan Schinning ; (3) ©Photo12/Alamy
P225 (6) ©Alban Kakulya/PANOS-REA ; (8) ©Ingrid Rice
P233 (1) ©Flickr/Grant Lockhart ; (2) ©B&C Alexander/ NPL/EBPhoto
P235 (1) ©Patrick J. Endres/AlaskaPhotoGraphics.com ; (3) ©CH&C-www.ch-and-c.com
P237 (1) ©Barents Indigenous Peoples' Office/DR ; (2) ©Gabriel Bouys/AFP
P238 ©Gorshkov Sergey/MINDEN
P239 ©design by www.laniak.com, photo F.Latreille-Tara Expéditions
P240 ©cartoons@courrierinternational.com
P241 ©Patrick Hickey/CartoonStock Ltd

CHAPITRE 7
P246-247 ©Pascal Maitre/Cosmos
P249 (3) ©Rainer Unkel/REA ; (4) ©Sentosa Development Corporation
P251 ©Andy Selinger/Age Fotostock
P253 ©Government of Singapore 2014/DR
P257 (3) ©spacephotos.com ; (4) ©Mazagan Beach Resort
P259 ©Ugurhan Betin/Getty Images
P267 ©Eliseo Fernadez/Reuters
P269 (1) ©Dominique Berbain/Explorer/Gamma-Rapho ; (2) ©Franck Decluzet
P271 (1) ©Charly Triballeau/AFP ; (2) ©Alofa Tuvalu/ ADEME, www.alofatuvalu.tv (dessins : Kent)
P272 ©Serge Gelabert
P273 ©Bruce CAUVIN (GIP Réserve nationale marine de La Réunion)
P274 ©Liliana Florea
P278 ©Extraits du Géoportail ©IGN-2014, autorisation n° 80-1416 ; ©spacephotos.com

CHAPITRE 8
P280-281 ©Aaron Favila/AP/SIPA
P283 ©Kyodo News/AP/SIPA
P285 (8) ©Neil Setchfield/Alamy/Photo12 ; (9) ©Yoshikazu Tsuno/AFP
P289 (4) ©Tommaso Ausili/Contrasto-REA ; (5) ©Sabri Toylan
P291 ©D. Schneider/Urba Images Server
P299 © frag/Fotolia.com
P301 ©Vlad Sokhin/Focus/Cosmos
P303 (3) ©Mark C. Olsen/US Air Force/Reuters ; (4) ©Ricardo Rojas/Reuters
P305 (1) ©PPRT de Rhône-Alpes ; (2) ©Sismik
P307 ©Alan Benson/Toonpool.com
P308 ©Reuters
P312 ©Eye Ubiquitous/Photo12
P313 (h) ©Ilya Naymushin/Reuters ; (b) ©Reuters
P315 (a) ©Visage/Getty Images ; (b) IDE/DR
P317 (h) ©John Stanmeyer/VII/Corbis ; (b) ©Aji Jayachandran/Demotix/Corbis
P321©Gazprom/DR
P322 ©Photo Courtesy of Greenpeace

P323 (h) ©B&C Alexander/ArcticPhoto ; (b) ©P. Chappatte
P327 (3) ©Photo12/Alamy ; (4) ©Yann Arthus-Bertrand/ Corbis
P329 (10) ©Alamy/Photo12
P329 (11) ©Pattanapong Hirunard/Bangkok Post Photo/ AFP

Les auteurs remercient particulièrement les cartographes de l'AFDEC et Beata de Domino.

Couverture et maquette intérieure : **Anne-Danielle Naname**
Mise en page : **Laure Raffaëlli-Péraudin** et **Olivier Brunot**
Iconographie : **Laurence Blauwblomme et Valérie Dereux**
Cartographie : **AFDEC**
Infographie : **Beata Gierasimczyk, Domino**
Relecture pédagogique : **Emmanuel Gaffiot** (professeur d'histoire-géographie au lycée de la Versoie à Thonon-les Bains) et **Sami Kilouchi** (professeur d'histoire-géographie au lycée Jean-Aicard Hyères)
Stagiaires : **Julie Domenget-Turbot** et **Quentin Tenneson**

www.hachette-education.com
ISBN : 978-2-01-135609-3

Relief sous-marin	profondeur en mètres	- 8 000 m	- 4 000	-200	0

principale dorsale océanique

Relief terrestre	0	200	1 000	3 000 m

▲ sommet altitude en mètres

1 Le relief

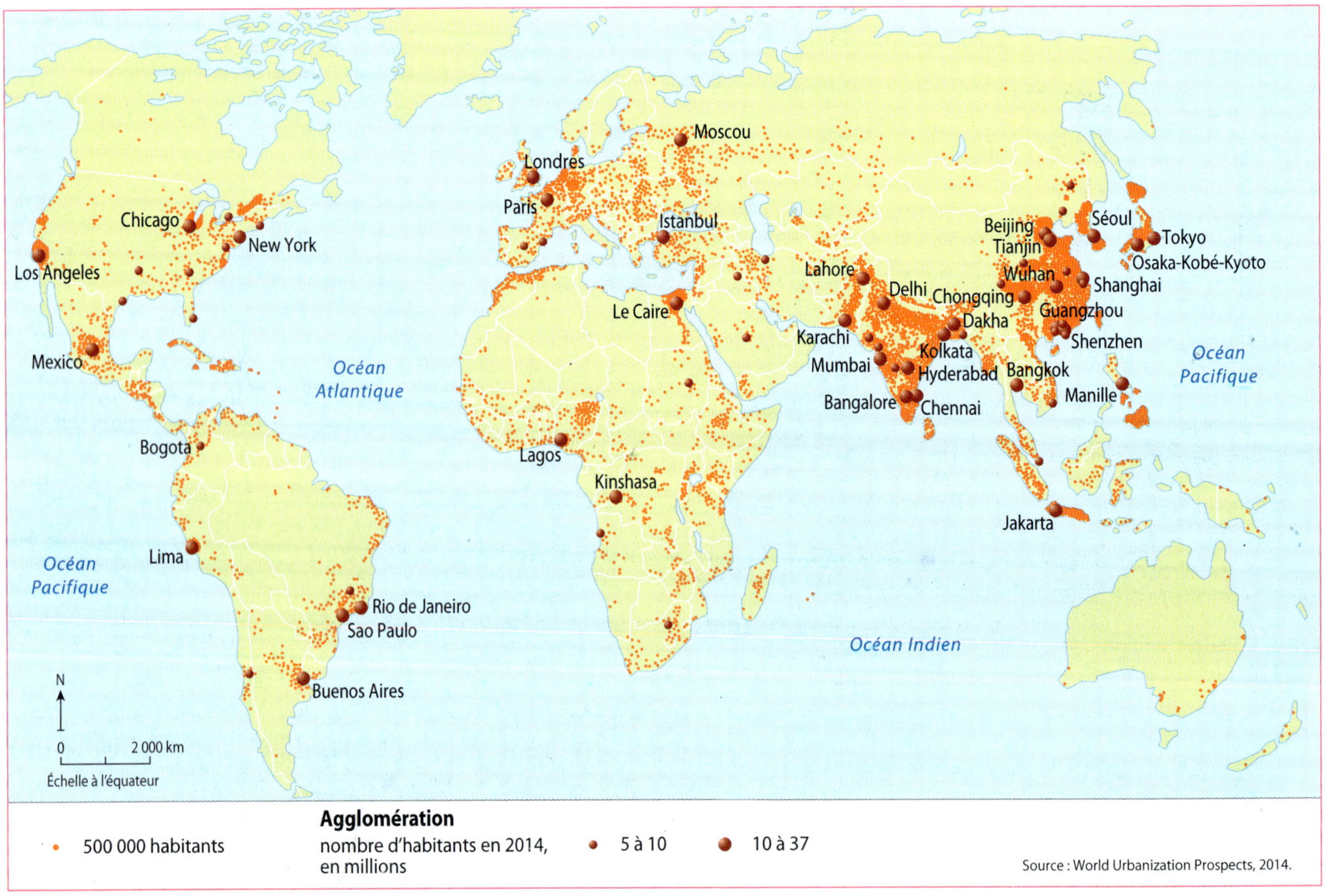

• 500 000 habitants

Agglomération
nombre d'habitants en 2014, en millions
● 5 à 10
● 10 à 37

Source : World Urbanization Prospects, 2014.

2 Le peuplement dans le monde

Achevé d'imprimer en Italie par G. Canale - Dépôt legal : Avril 2014 - Collection n° 32 - Edition n° 01 - 13/5609/6